Aufstieg zu den Einsteingleichungen

Michael Ruhrländer

Aufstieg zu den Einsteingleichungen

Raumzeit, Gravitationswellen,
Schwarze Löcher und mehr

2., überarbeitete und erweiterte Auflage

 Springer

Michael Ruhrländer
Mainz, Deutschland

ISBN 978-3-662-62545-3   ISBN 978-3-662-62546-0   (eBook)
https://doi.org/10.1007/978-3-662-62546-0

Die Deutsche Nationalbibliothek verzeichnet diese Publikation in der Deutschen Nationalbibliografie; detaillierte bibliografische Daten sind im Internet über http://dnb.d-nb.de abrufbar.

Ursprünglich erschienen bei Pro BUSINESS GmbH, Berlin, 2014
© Der/die Herausgeber bzw. der/die Autor(en), exklusiv lizenziert durch Springer-Verlag GmbH, DE, ein Teil von Springer Nature 2021

Einbandabbildung: © Jürgen Fälchle/stock.adobe.com

Planung/Lektorat: Lisa Edelhäuser
Springer ist ein Imprint der eingetragenen Gesellschaft Springer-Verlag GmbH, DE und ist ein Teil von Springer Nature.
Die Anschrift der Gesellschaft ist: Heidelberger Platz 3, 14197 Berlin, Germany

Vorwort zur zweiten Auflage

Inhaltliche Neuerungen

Die vorliegende zweite Auflage ist eine überarbeitete, verbesserte und erweiterte Ausgabe der ersten Auflage, die Ende 2014 im Pro Business Verlag Berlin erschienen ist. Der Wechsel zum Springer Verlag wurde notwendig, da der Pro Business Verlag im Februar 2020 Insolvenz angemeldet hat.

Der Aufbau des Buches ist im Wesentlichen gleich geblieben. Erweitert wurde der Inhalt um drei Kapitel. In Kap. 10 wird als Abschluss des Teils über die Tensorrechnung im euklidischen Raum der allgemeine Trägheitstensor im Dreidimensionalen besprochen. In den Kap. 25 und 26 werden weitere Anwendungen der Allgemeinen Relativitätstheorie auf Objekte außerhalb unseres Sonnensystems vorgestellt. In Kap. 25 behandeln wir das Thema „Gravitationswellen", das durch die erstmalig erfolgreiche Messung von Gravitationswellen auf der Erde im Jahr 2015 (bekannt gegeben im Februar 2016, geehrt durch den Physik-Nobelpreis 2017) in den letzten Jahren große Aufmerksamkeit erlangt hat. In Kap. 26 begeben wir uns in das Innere eines Sterns, untersuchen das Gleichgewicht zwischen Druck und Gravitation und leiten die sogenannte „innere" Schwarzschild-Lösung her. Diese beiden Kapitel haben wir gemeinsam mit Kap. 27 über statische kugelsymmetrische Schwarze Löcher in einem neuen Teil V zusammengefasst.

Danksagung

Herzlich bedanken möchte ich mich bei allen Lesern der ersten Auflage, die Kontakt mit mir aufgenommen und mich auf Verbesserungen und Ungereimtheiten aufmerksam gemacht haben. Durch ihre Beiträge und Hinweise wurde die vorliegende zweite Auflage ausführlicher, verständlicher sowie fehlerbereinigt, und die auf meiner Homepage veröffentlichte Errata-Liste der ersten Auflage ist obsolet geworden. Mein Dank geht auch an den Springer-Verlag, hier insbesondere an Dr. Lisa Edelhäuser und Stella Schmoll für die wiederum hervorragende Zusammenarbeit.

Obwohl ich mich sehr darum bemüht habe, das Buch fehlerfrei zu gestalten, wird es vermutlich einige (hoffentlich wenige) fehlerhafte Stellen im Text geben.

Vorwort zur zweiten Auflage

Die möglichen Fehlerstellen und die dazugehörigen Richtigstellungen sind in einer Errataliste auf meiner Homepage `http://www.michael-ruhrlaender.de` einsehbar. Dort werde ich auch etwaige Zusatzmaterialien zum Buch veröffentlichen.

Über dieses Buch

Albert Einstein hat die **Allgemeine Relativitätstheorie (ART)**, seine Theorie der Schwerkraft, 1915 erstmals veröffentlicht. Zu seiner Zeit und auch heute noch gilt die ART insbesondere wegen der mathematisch anspruchsvollen Darstellungen als schwer verstehbar. Zwar ist es schon lange nicht mehr so, wie man es anekdotisch dem britischen Astronomen Sir Arthur Stanley Eddington zuschreibt, der in den 1920-er Jahren auf die Frage eines Journalisten, ob es richtig sei, dass es nur drei Menschen auf der Welt gäbe, die die Allgemeine Relativitätstheorie verstanden hätten, mit der Gegenfrage: „Wer ist der dritte?" geantwortet haben soll. Heute ist die ART eine Standardvorlesung in einem Physikstudium, allerdings wird sie üblicherweise erst im Haupt- bzw. Masterstudium angeboten. Das heißt, diejenigen, die sich erstmals mit der ART auseinandersetzen, sind im Regelfall fortgeschrittene Physikstudenten, die schon fünf bis sechs Semester lang studiert haben und dabei die Grundgebiete der Physik (Mechanik, Elektrodynamik, Spezielle Relativitätstheorie, Quantenmechanik und Statistische Physik) gelernt sowie die dafür benötigten mathematischen Kenntnisse aufgebaut haben. Und das ist auch der Grund dafür, dass die allermeisten Lehrbücher über die Allgemeine Relativitätstheorie nur für Leser verstehbar sind, die dieses Vorwissen in Physik und Mathematik bereits erworben haben.

Hier wird ein komplett anderer Ansatz gewählt. An physikalischen und mathematischen Vorkenntnissen wird als Minimum nur das vorausgesetzt, was man in der Oberstufe von Gymnasien bzw. in Fachoberschulen lernt. Alles, was zum Verständnis der Allgemeinen Relativitätstheorie an weiterem Wissen erforderlich ist, wird behutsam und detailliert eingeführt. Mit genügend Lernwillen und Durchhaltevermögen können auch diejenigen naturwissenschaftlich Interessierten die Inhalte des Buches verstehen, die keinen Leistungskurs in Physik oder Mathematik absolviert haben bzw. deren Schulzeit schon weiter zurückliegt. Auch Physikstudenten, die sich erstmals mit der ART beschäftigen, finden hier einen leichten und ausführlich beschriebenen Zugang in die Thematik.

Das Buch bietet den einfachsten möglichen Einstieg in die *quantitative* ART, d.h., es beschreibt die Theorie auch in ihrer mathematischen Formulierung, also in einer Form ähnlich der, in der Einstein sie veröffentlicht hat. Der Leser muss sich daher mit einer ganzen Reihe von physikalischen Phänomenen und mathematischen Techniken auseinandersetzen, um dahin zu gelangen, dass er die Inhalte von Einsteins Gravitationstheorie auch formelmäßig versteht.

Entstehung

Der Autor ist kein ausgewiesener Experte der ART, also keiner, der - wie die meisten Autoren von Büchern über die Relativitätstheorie - damit aufwarten kann, dass er die Inhalte der Theorie in einer Reihe von Jahren in Vorlesungen an Universitäten vermittelt hat. Ich bin zwar studierter Mathematiker, habe mich aber nach Studium und Promotion für einen beruflichen Weg außerhalb von Universitäten entschieden und dann knapp 30 Jahre lang „in der Industrie" gearbeitet, und zwar in Arbeitsgebieten, die nichts mit Physik oder höherer Mathematik zu tun hatten. Was mich allerdings mein ganzes berufliches Leben begleitet, ist das Interesse an naturwissenschaftlichen, speziell physikalischen Fragestellungen.

Und so ist dieses Werk entstanden, weil ich mich im fortgeschrittenen Alter noch einmal intensiv mit der Einstein'schen Allgemeinen Relativitätstheorie beschäftigen wollte. Ich wollte diese Theorie in einer Tiefe verstehen, die über einen populärwissenschaftlichen Rahmen hinausgeht. Also habe ich mich auf die Suche nach für mich geeigneter Literatur begeben, musste aber schnell feststellen, dass es bislang zwei völlig verschiedene Ansätze zur Vermittlung der Inhalte der Theorie gibt. Zum einen existiert eine Vielzahl von Büchern und Artikeln, die in Alltagssprache versuchen, die grundlegenden Ideen und Konzepte sowie mögliche Folgen der Theorie darzustellen. Diese Erklärungsansätze kommen in der Regel ohne Formeln aus, bleiben also qualitativ beschreibend, sind aber zum Teil sehr gut darin, die physikalischen Hintergründe und möglichen Anwendungsbereiche zu vermitteln. Die andere Kategorie bilden jene Lehrbücher und Fachaufsätze, die man als fortgeschrittener Physikstudent parallel zu den Vorlesungen zur Hand nimmt und durcharbeitet. Diese Lehrbücher sind oftmals in einer „modernen", sehr abstrakten Formelsprache formuliert und waren für mich anfangs überwiegend unverständlich. Mit anderen Worten: Es gab für mich kein geeignetes Buch, das ich hernehmen konnte, um im Selbststudium die Allgemeine Relativitätstheorie auch quantitativ zu durchdringen. Ich war darauf angewiesen, aus einer Vielzahl unterschiedlicher Lektüren, die aus populärwissenschaftlichen Darstellungen, aus meist englischsprachigen physikalischen Lehrbüchern sowie aus im Internet verfügbaren Vorlesungsskripten und Lehrmaterialien bestanden, die für mich passenden Passagen herauszusuchen und durchzuarbeiten. Daneben habe ich als Gasthörer Vorlesungen zur Relativitätstheorie besucht und dadurch mein angelesenes Wissen weiter ausgebaut.

Das vorliegende Buch soll den von mir beschrittenen Weg zur Aneignung der grundlegenden Inhalte der Allgemeinen Relativitätstheorie deutlich abkürzen und die bestehende Lücke zwischen den populärwissenschaftlichen und den „hochwissenschaftlichen" Darstellungen schließen.

Da ich seit einigen Jahren an einer Fachhochschule Mathematik für angehende Ingenieure lehre, weiß ich ziemlich genau, welche physikalischen und mathematischen Vorkenntnisse jemand mitbringt, der ein solches Studium anfängt. Und daher war es mein Bestreben, das Niveau so zu wählen, dass Menschen mit ähnlichem Wissensstand dort andocken können, wo das Buch anfängt. Trotzdem sei darauf hingewiesen, dass das Durchlesen/Durcharbeiten für die allermeisten Leser sehr anstrengend sein wird, auch wenn die Anfangsvoraussetzungen eher gering sind. Denn das Buch nimmt zügig Fahrt auf und dringt schnell in Bereiche ein, die normalerweise in der Schule nicht mehr behandelt werden.

Gegenstand

Dieses Buch beschäftigt sich mit der Schwerkraft, auch **Gravitationskraft** genannt. Die Schwerkraft ist eine der vier sogenannten **physikalischen Fundamentalkräfte** (neben der Schwerkraft sind das die **elektromagnetische Kraft** sowie die **schwache** und **starke Kernkraft**) und zeichnet sich dadurch aus, dass sie überall gegenwärtig ist, d.h., man kann die Schwerkraft nicht ausschalten. Sie sorgt dafür, dass sich Galaxienhaufen bilden, dass die Sterne in unserer Milchstraße nicht auseinanderfliegen, dass die Planeten um die Sonne und der Mond um die Erde kreisen, dass der Apfel vom Baum fällt usw.

Was hat die Schwerkraft mit der Relativitätstheorie zu tun? Sie wissen vielleicht schon, dass es zwei grundverschiedene Relativitätstheorien gibt, die beide von Einstein entwickelt wurden. Die sogenannte **Spezielle Relativitätstheorie (SRT)**, die Einstein 1905 veröffentlichte, räumt auf mit unserem intuitiven, dem gesunden Menschenverstand folgenden Verständnis von Raum und Zeit. Sie ist - wie wir in Teil III darstellen werden - in der mathematischen Formulierung in ihren grundlegenden Konzepten auf Mittelstufenniveau verständlich. Trotzdem erfordert sie ein komplettes, der normalen Anschauung entgegen gerichtetes Umdenken über die Zeit und den Raum und ist wahrscheinlich eher aus diesem Grunde vielen Menschen bis heute unverständlich geblieben.

Die Allgemeine Relativitätstheorie baut auf zwei Fundamenten auf. Zum einen ist das die sogenannte **Newton'sche Gravitationstheorie**, die schon im 17. Jahrhundert von Isaac Newton entwickelt wurde und in den darauf folgenden Jahrhunderten die Grundlage für alle himmelsmechanischen Berechnungen (z.B. Umlaufbahnen der Planeten, Entdeckung neuer Planeten) und für erdbezogene Phänomene (z.B. Sonnen- und Mondfinsternisse, Entstehung der Gezeiten, Jahreszeitenwechsel) darstellte. Zum anderen baut die ART auf der Speziellen Relativitätstheorie auf, ist aber in einer mathematischen Sprache formuliert, die es bislang verhinderte, dass sie einem größeren Interessentenkreis zugänglich gemacht werden konnte.

Das Buch folgt in seiner Diktion dem Ansatz eines Lehrbuches, da es den Anspruch hat, quantitative Aussagen zur Allgemeinen Relativitätstheorie zu machen. Deswegen finden sich auch viele mathematische Ausdrücke in den einzelnen Kapiteln, was bestimmt den einen oder anderen Leser zunächst abschrecken mag. Aber, und das sei betont, in diesem Buch wird immer der leichteste, damit oftmals längere Weg gewählt, der langsam und gemächlich in die trotzdem nicht zu unterschätzenden Höhen führt. Steilere Passagen und sonstige mögliche Abkürzungen, die in der Regel eine weiter ausgebildete Klettertechnik (sprich höhere Mathematik) erfordern, werden immer dort vermieden, wo es einen leichter gängigen Umweg gibt.

Grundsätzlich lassen wir uns in diesem Buch von den physikalischen Phänomenen leiten, versuchen also immer zunächst den physikalischen Inhalt zu verstehen, um dann im nächsten Schritt die entsprechenden mathematischen Darstellungen herauszuarbeiten. Bei der Herleitung der Formeln verfolgen wir den Anspruch, dass *jeder* Schritt verständlich ist, d.h., es wird ausführlich und detailliert dargestellt, wie sich Schlussfolgerungen und Umformungen ergeben. Schließlich interpretieren wir die in den abgeleiteten Formeln steckenden Informationen nochmals physikalisch, sodass sich ein weiter vertieftes Verständnis für den Zusammenhang von physikalischen Inhalten und mathematischen Darstellungen aufbauen kann.

Adressaten

Für welchen Leserkreis ist dieses Buch geschrieben? Nun, das sind Menschen, die ein grundsätzliches Interesse an naturwissenschaftlichen, speziell physikalischen Fragen haben und die sich „in eine Sache verbeißen" können, die also eine große Leistungsbereitschaft und ein beträchtliches Durchhaltevermögen besitzen. Also z.B. Schüler, die beabsichtigen, ein naturwissenschaftliches oder technisches Studium aufzunehmen, oder Studenten mit anderen Fachrichtungen als Physik. Insbesondere aber auch Physikstudenten, die sich erstmals mit der Allgemeinen Relativitätstheorie auseinandersetzen und einen einfachen Einstieg dafür suchen. Oder, wie ich selbst, Menschen, die in ihrer Jugend vielleicht Ingenieurwissenschaft, Chemie, Mathematik o.Ä. studiert haben und die Beschäftigung mit der Physik als ihr Hobby ansehen.

Voraussetzungen

Kommen wir nun zur Frage, was denn einer mitbringen muss, um unserem Ansatz, der natürlich auch nicht „bei Adam und Eva" anfangen kann, folgen zu können. Von der Relativitätstheorie, auch von der Speziellen, muss man nichts wissen. Alles, was zum Verständnis der Allgemeinen Relativitätstheorie aus der Speziellen notwendig ist, wird in diesem Buch ausführlich dargestellt. Da die Allgemeine Relativitätstheorie eine Erweiterung der Newton'schen Theorie über die Schwerkraft ist, ist es sehr hilfreich, wenn Grundkenntnisse aus der klassischen Newton'schen Mechanik (z.B. Energie, Gravitationsgesetz, Planetenbahnen) vorhanden sind bzw. schnell wieder reaktiviert werden können. Sollten Sie über die klassische Mechanik keinerlei Kenntnisse haben, so müssen Sie nicht unbedingt auf andere Bücher zurückgreifen. Denn in den Anfangskapiteln dieses Buches werden die grundlegenden Begriffe und Konzepte aus der Newton'schen Theorie, sofern sie für das weitere Verständnis notwendig sind, dargestellt. Mit anderen Worten: Physikalische Grundkenntnisse sind hilfreich, aber nicht zwingend erforderlich.

Etwas anders verhält es sich mit den Vorkenntnissen in der Mathematik. Notwendig ist ein Wissensstand, der etwa dem mittleren Oberstufenniveau eines Gymnasiums bzw. einer Fachoberschule entspricht. Es wird vorausgesetzt, dass Sie Kenntnisse über Bruchrechnung, Potenzen, Wurzeln, Logarithmen, Lösen von Gleichungen sowie einfache Geometrie und trigonometrische Funktionen (Sinus, Kosinus, Tangens usw.) haben. Darüber hinaus wäre es sehr hilfreich, wenn Sie wissen oder sich parallel schnell aneignen, wie man Grenzwerte von Funktionen berechnet, Funktionen in einer Variablen differenziert und integriert und welche Gesetze zur Differenzial- und Integralrechnung es gibt. Aus der Geometrie bzw. Linearen Algebra sollten Kenntnisse vorhanden sein, etwa wie man mit Vektoren im Raum rechnet, was Skalar- und Vektorprodukte, Matrizen sowie Determinanten sind und wie man damit rechnet. Aber auch für die mathematischen Voraussetzungen gilt das oben Gesagte: Alle mathematischen Grundlagen, die über das gerade als notwendig Bezeichnete hinausgehen, werden in diesem Buch, wenn auch kurz, dargestellt, sodass Sie grundsätzlich kein anderes Mathematikbuch zur Hand nehmen müssen. Darüber hinaus finden Sie im Anhang (Kap. 29) diejenigen mathematischen Formeln und physikalischen Gesetze, die in diesem Buch zwar benutzt, aber nicht ausführlich hergeleitet oder erklärt werden, d.h., in diesem Anhang stehen die Dinge, die Sie „eigentlich" schon mitbringen sollten. Natürlich bleibt es Ihnen unbenommen, sich sowohl in die Physik wie auch in die Mathematik tiefer einzuarbeiten. Dazu gibt es jeweils am Ende der einzelnen Teile des Buches zu den angesprochenen Themen dedizierte Literaturempfehlungen, die auch alle im **Literaturverzeichnis** am Ende des Buches zu finden sind.

Titel

Der Titel des Buches „Aufstieg zu den Einsteingleichungen" ist bewusst gewählt. Wir haben einen anstrengenden und langen Weg vor uns, der in Etappen aufgeteilt ist, die man erreichen muss, um dem jeweils nächsten Abschnitt folgen zu können. Man kann das Buch also nicht punktuell oder abschnittsweise lesen (es sei denn, man hat schon gute Kenntnisse über unseren Gegenstand). Es ist also so wie bei einer Bergbesteigung: Zunächst muss das Basislager (Newton'sche Mechanik) erreicht werden. Im Basislager werden neue Klettertechniken (Vektor- und Tensorrechnung) gelernt und eingeübt, die dann zum Aufstieg ins Zwischenlager (Spezielle Relativitätstheorie) benötigt werden. Im Zwischenlager werden die Techniken perfektioniert (Ausbau der Vektor- und Tensorrechnung), und anschließend wird der Gipfel (Einsteingleichungen) ins Visier genommen und erstiegen. Den Gipfel unserer Unternehmung bilden also die Einsteingleichungen, in denen die Allgemeine Relativitätstheorie höchst komprimiert zusammengefasst ist. Um im Vorhinein schon einmal einen kurzen Blick darauf zu werfen, sie lauten

$$R_{\mu\nu} - \frac{1}{2} g_{\mu\nu} R = 8\pi\, G\, T_{\mu\nu},$$

bestehen also aus nur wenigen Ausdrücken, und trotzdem kann man ein ganzes Buch darüber schreiben, um mitzuteilen, was sie letztendlich bedeuten. Wieso eigentlich Einsteingleichungen, wo doch nur eine Gleichung da steht? Das liegt an der komprimierten Schreibweise: Die (tiefer gestellten) Indizes μ (griechischer Buchstabe My) und ν (griechischer Buchstabe Ny) können *jeweils* die vier Werte $\mu, \nu = t, x, y, z$ (was das genau bedeutet, wird später klar werden) annehmen. Das heißt, der Ausdruck $\mu\nu$ steht für alle möglichen Kombinationen der t, x, y, z, also $\mu\nu = tt$ oder $\mu\nu = tx$ oder $\mu\nu = ty$ oder auch $\mu\nu = zz$ usw. Ausführlicher geschrieben lauten die Gleichungen damit

$$R_{tt} - \frac{1}{2} g_{tt}\, R = 8\pi\, G\, T_{tt}$$

$$R_{tx} - \frac{1}{2} g_{tx}\, R = 8\pi\, G\, T_{tx}$$

$$R_{ty} - \frac{1}{2} g_{ty}\, R = 8\pi\, G\, T_{ty}$$

$$\vdots \quad \vdots \quad \vdots$$

$$R_{zz} - \frac{1}{2} g_{zz}\, R = 8\pi\, G\, T_{zz}.$$

Es gibt also zunächst $4 \cdot 4 = 16$ einzelne Gleichungen, die aber teilweise das Gleiche aussagen, letztlich bleiben *zehn* unabhängige Gleichungen übrig.

Wenn wir den Gipfel erreicht haben, bleibt noch etwas Zeit, uns insbesondere anzuschauen, welche quantitativen Konsequenzen die Allgemeine Relativitätstheorie hat, d.h., wo sie sich von ihrer Vorgängerin (der Newton'schen Gravitationstheorie) so sehr unterscheidet, dass sie beobachtete Phänomene erklären kann, für die die Newton'sche Theorie keine Antworten hat. Das ist ein sehr weites Feld, man denke etwa an die verschiedenen kosmologischen Modelle, mit denen man unser gesamtes Universum beschreiben kann, oder an die Darstellung Schwarzer Löcher oder an den Nachweis von Gravitationswellen. Alles Themen, über die man wiederum ganze Bücher schreiben kann. In diesem Buch beschränken wir uns im Wesentlichen auf die „klassischen" Themen, d.h. auf physikalische Phänomene in unserem Sonnensystem. Wir diskutieren die historisch früheste Lösung der Einsteingleichungen, die sogenannte **(äußere) Schwarzschild-Lösung**, und beschreiben damit z.B. die Periheldrehung des Merkurs, die Lichtablenkung im Schwerefeld der Sonne sowie als moderne Anwendung die GPS-Navigation. Danach untersuchen wir einige Phänomene rund um die Gravitationswellen, die in den letzten Jahren stärkere Beachtung gefunden haben, nachdem im Jahr 2016 die Ergebnisse der erstmaligen Messung von Gravitationswellen auf der Erde veröffentlicht wurden. Anschließend schauen wir uns an, aufgrund welcher Mechanismen Sterne kollabieren und wie man mithilfe der **(inneren) Schwarzschild-Lösung** das Innere eines Sterns beschreiben kann. In den letzten Abschnitten untersuchen wir einige Eigenschaften von statischen Schwarzen Löchern und gehen damit zu den wohl rätselhaftesten Objekten im Universum.

Aufbau

Dieses Buch besteht aus sechs Teilen.

- In Teil I werden zunächst die Grundelemente der Newton'schen Mechanik (u.a. Fallgesetze, Impuls, Kraft, Arbeit und Energie, Drehbewegungen) eingeführt. Es folgt eine ausführliche Darstellung des Newton'schen Gravitationsgesetzes inklusive der Herleitung der möglichen Bahnen von Planeten und Kometen im Sonnensystem. Damit wird die Grundlage für ein vertieftes Verständnis der wichtigsten mit der Newton'schen Schwerkraft verbundenen physikalischen Phänomene gelegt.

- In Teil II wird die für das Verständnis der Relativitätstheorie zwingend notwendige **Vektor- und Tensorrechnung** eingeführt, allerdings für den einfachsten Fall der zweidimensionalen flachen Ebene. Dieser Teil ist überwiegend mathematisch geprägt.

- In Teil III werden drei Themenbereiche behandelt. Als Erstes werden die Phänomene der Speziellen Relativitätstheorie mit möglichst einfachen mathematischen Mitteln vorgestellt, danach erfolgt eine weitere Vertiefung der Tensorrechnung, und abschließend wird die neu gelernte, erweiterte Tensorrechnung auf die bereits erzielten Ergebnisse der SRT angewendet, was zu einer neuen Formulierung der physikalischen Gesetze in der SRT führt.

- Teil IV beginnt mit einer Beschreibung physikalischer Phänomene unter dem Einfluss einer Gravitationswirkung, wodurch die Notwendigkeit einer Erweiterung sowohl der Newton'schen Gravitationstheorie als auch der Speziellen Relativitätstheorie erkennbar wird. Danach wird die Tensorrechnung so weiterentwickelt und verallgemeinert, dass die neuen Gesetze der Allgemeinen Relativitätstheorie, d.h. insbesondere die Einsteingleichungen, formuliert werden können. Abschließend werden einige Konsequenzen der Einstein'schen Theorie in unserem Sonnensystem behandelt.

- In Teil V werden einige ausgewählte Phänomene von kosmologischen Objekten diskutiert. Wir untersuchen, wie Gravitationswellen entstehen und wie sie auf der Erde gemessen werden können. Danach beschreiben wir den Kollaps eines Sternes und berechnen sein inneres Gleichgewicht. Zum Abschluss beschäftigen wir uns mit statischen Schwarzen Löchern und zeigen, wie man mit geschickt gewählten Koordinaten Aussagen über das Innere eines Schwarzes Loches machen kann.

- Teil VI besteht aus einem Anhang, in dem physikalische Gesetze, mathematische Formeln und Tabellen mit physikalischen Einheiten und Größenangaben von kosmologischen Objekten zum Nachschlagen aufgelistet sind.

Ein wichtiger Aspekt bei der Aneignung der quantitativen Beschreibung der Allgemeinen Relativitätstheorie besteht darin, die notwendigen (mathematischen) Techniken und Darstellungsweisen zu lernen, mit deren Hilfe die physikalischen Gesetze der ART formuliert sind. Wie gerade schon ausgeführt, spielt dabei die Tensorrechnung eine entscheidende Rolle. Es gibt aber darüber hinaus auch (meist vorgelagerte) weitere Themen aus der Mathematik, die schon für die Formulierung der Newton'schen Mechanik bzw. der Speziellen Relativitätstheorie erforderlich sind. Wir unterscheiden bei den mathematischen Werkzeugen und Fertigkeiten zwei Kategorien:

1. Werkzeuge und Fertigkeiten, deren Kenntnisse der Leser (eigentlich) mitbringen sollte, werden relativ kurz dargestellt und jeweils als nummerierte **Bemerkung** mit der Überschrift „**Mathematische Grundlagen** (kurz **MG:**)" eingeleitet sowie durch das Zeichen □ beendet.

2. Werkzeuge und Fertigkeiten, die neu zu erlernen und einzuüben sind, sind integrale Bestandteile des Buches und werden ebenfalls als nummerierte Bemerkung mit der Überschrift „**Mathematische Werkzeuge** (kurz **MW:**)" gekennzeichnet. Sie werden detailliert hergeleitet sowie ausführlich beschrieben und eingeübt. Auch diese Abschnitte werden durch das Symbol □ beendet.

Werden im Text nichthergeleitete Formeln benutzt, so wird unterstellt, dass diese dem Leser bekannt sind. Er kann sie aber im Anhang (Kap. 29) nochmals nachschlagen. Auch die in diesem Buch benutzten physikalischen Konstanten (z.B die Lichtgeschwindigkeit c) bzw. realen physikalischen Größen (z.B. die Masse der Sonne in kg) sind in einem Anhang (Kap. 30) nachlesbar.

Alle mathematischen Hilfsmittel werden immer dort definiert, wo sie aus physikalischer Sicht zum ersten Mal zum Einsatz kommen. Das hat den Vorteil, dass die Mathematik eng bei der Physik bleibt und damit klar wird, aus welchen physikalischen Gründen man diese oder jene Mathematik braucht. Der Nachteil dieser Vorgehensweise liegt darin, dass dadurch die Mathematik nicht kompakt, nicht aus einem Guss vermittelt, sondern in kleinen Häppchen serviert wird.

Pädagogische Hinweise

Ich habe in diesem Buch darauf verzichtet, Detailberechnungen in Anhänge oder separate „Boxen" zu verschieben, da ich den Lesefluss nicht durch Hin- und Herblättern stören wollte. Die Detailberechnungen sind also im Text integriert und können unmittelbar nachvollzogen werden, wenn der Leser das möchte. Es besteht natürlich auch immer die Möglichkeit, die Details zu überspringen und mit den nächsten Schritten fortzufahren, auch wenn nach Ansicht des Autors eine solche Vorgehensweise kein tiefes Verständnis der Gedankengänge und entstehenden Strukturen erzeugt. Die ausführlichen Darstellungen jeder einzelnen Berechnung sollten dem Leser, wenn er diese nachvollziehen kann, ausreichende Sicherheit geben, dass er tiefer in den Stoff eingedrungen ist. Auch ist es ratsam zu versuchen, die ein oder andere Herleitung von Formeln und Gesetzen selbstständig vorzunehmen und anschließend mit denen im Buch zu vergleichen. Dieses Buch enthält deswegen auch keine Übungsaufgaben, an denen der Leser überprüfen kann, ob er die durchgearbeiteten Teile wirklich verstanden hat.

Beim Lesen von physikalischer Literatur habe ich es immer als lästig empfunden, zurückblättern zu müssen, wenn im Text auf ein sehr viel früheres Ergebnis, das ich nicht mehr vollständig parat hatte, verwiesen wurde. Deshalb sind in diesem Buch die Verweise auf lang zurückliegende Ergebnisse zwar angegeben, die entsprechenden Formeln werden überwiegend aber auch noch einmal an den Verweisstellen wiederholt, sodass ein Zurückblättern zumindest in den Fällen vermieden werden kann, wo eine Wiedererkennung des Früheren vorhanden ist. Wird auf einen Sachverhalt verwiesen, der im gleichen Kapitel hergeleitet wurde, dann findet in der Regel keine Wiederholung statt, da ich davon ausgehe, dass die Erinnerung daran noch frisch ist.

Um noch einmal auf die Analogie Bergsteigen zurückzukommen: Auch das Tempo spielt bei einer Bergbesteigung eine Rolle. Ein berühmter Bergsteiger hat einmal auf die Frage eines Journalisten, wie er denn Berge besteige, schlicht mit „langsam" geantwortet. Und das sollten Sie auch beherzigen. Rechnen Sie damit, dass Sie im Schnitt etwa zwei Seiten pro Tag lesen bzw. durcharbeiten können, d.h., dass Sie ein knappes Jahr Zeit brauchen werden, um die Expedition erfolgreich abzuschließen.

Physikalische Gesetze

Wenn wir im Folgenden über Gesetze sprechen, so ist damit, wie in den Naturwissenschaften üblich, immer eine Modellaussage gemeint. Ein **physikalisches Gesetz** ist eine Hypothese darüber, wie sich beobachtete oder auch noch nicht beobachtbare Phänomene im Rahmen einer physikalischen Theorie erklären lassen. Physikalische Gesetze können also *niemals* den Anspruch erheben, wahr zu sein. Man kann die Richtigkeit physikalischer Modelle nicht beweisen, man kann die Modelle nur falsifizieren, was in der Regel durch widersprüchliche experimentelle Befunde geschieht. Der wissenschaftliche Fortschritt besteht dann darin, eine Erweiterung der bisherigen Gesetze zu finden und diese dann wiederum durch Experimente oder richtige Vorhersagen zu plausibilisieren.

Anmerkungen zur Notation

Textliche Hervorhebungen

Im Text werden neu eingeführte Begriffe mit **fetten** Buchstaben hervorgehoben. Soll eine Passage besonders betont werden, so schreiben wir die relevanten Wörter mit *schräggestellten* Buchstaben. Wichtige physikalische Aussagen werden mit einer $\boxed{\text{Box}}$ umrandet.

Koordinaten und Indizierung

Die in diesem Abschnitt benutzten Begriffe und Festlegungen werden alle im Verlauf des Buches ausführlich besprochen und erläutert, d.h., dieser Abschnitt dient eher als Nachschlagemöglichkeit denn als Definition.

- Im zweidimensionalen euklidischen Raum benutzen wir kartesische Koordinaten x, y oder alternativ Polarkoordinaten r, φ, um einen Punkt in der Ebene eindeutig zu identifizieren.

- Im Dreidimensionalen benutzen wir kartesische Koordinaten x, y, z, Kugelkoordinaten r, ϑ, φ oder Zylinderkoordinaten r, φ, z.

- In der vierdimensionalen Raumzeit kommt die Zeit als Koordinate hinzu und wir benutzen kartesische Koordinaten t, x, y, z bzw. Kugelkoordinaten t, r, ϑ, φ oder auch Zylinderkoordinaten t, r, φ, z.

Alle Koordinaten werden auch zur Indizierung von physikalischen Größen genutzt. Zum Beispiel schreiben wir die drei Komponenten eines dreidimensionalen Vektors $\vec{v}$ als v^x, v^y, v^z, wenn wir uns im kartesischen Koordinatensystem befinden. Wir benutzen die abkürzende Schreibweise v^i, wenn wir eine (beliebige) Komponente des Vektors meinen. Die hochgestellten Buchstaben x, y, z und i nennt man auch Indizes, die auch tiefgestellt sein können. Die in der Physik übliche Konvention für Indizes besteht darin, dass man kleine lateinische Buchstaben, z.B. i, j, k, für die Indizes x, y, z bzw. r, ϑ, φ im Zwei- oder Dreidimensionalen und kleine griechische Buchstaben, z.B. μ, ν, ρ für die Indizes t, x, y, z bzw. t, r, ϑ, φ in der Raumzeit wählt. Eine beliebige kartesische Komponente $A_{\mu\nu}$ eines indizierten vierdimensionalen Objekts kann also ein beliebiges Element aus folgender Auswahl sein:

$$\{A_{tt}, A_{tx}, A_{ty}, A_{tz}, A_{xt}, A_{xx}, A_{xy}, A_{xz}, A_{yt}, A_{yx}, A_{yy}, A_{yz}, A_{zt}, A_{zx}, A_{zy}, A_{zz}\}$$

Die Koordinaten selbst kürzen wir auch mit i, j, k im euklidischen Raum oder mit μ, ν, ρ ab. Bewegt sich zum Beispiel ein Punktteilchen durch den Raum, d.h., ändert sich seine Position im Zeitablauf, so schreiben wir kurz $i(t)$, wenn wir eine beliebige Koordinate des Teilchens zum Zeitpunkt t benennen wollen. Gleiches gilt für die Ableitung einer beliebigen Koordinate nach der Zeit, die wir kurz als di/dt notieren.

Inhaltsverzeichnis

Abbildungsverzeichnis

Abbildungsverzeichnis

Teil I.

Das Weltbild der Gravitation vor Einstein

In diesem Teil gehen wir zurück und schauen uns an, was Einsteins Vorläufer über die Gravitation herausgefunden haben. Wir tun das nicht nur aus historischem Interesse, sondern auch deswegen, weil zum einen in den alten Ansätzen schon sehr viel von dem Gedankengut drinsteckt, auf dem Einstein seine Allgemeine Relativitätstheorie aufgebaut hat. Zum anderen bietet die formelmäßige Beschreibung der sogenannten Newton'schen Mechanik und der frühen Gravitationsgesetze gute Gelegenheit, einige der grundlegenden mathematischen Konzepte, die wir auch in den späteren Kapiteln immer wieder brauchen werden, einzuführen und in physikalischen Gesetzen zu verankern.

Unserem Vorgehen entsprechend enthält der Teil I fast alle **mathematischen Grundlagen**, aber auch schon einige neue **mathematische Werkzeuge**, die im Schulunterricht normalerweise nicht mehr behandelt werden.

Was die Gravitation angeht, so fangen wir nicht ganz von vorne an, sondern überspringen die erdzentrischen Weltbilder von z.B. Aristoteles und Ptolemäus und starten im frühen 17. Jahrhundert. In dieser Vor-Newton'schen Zeit gab es zwei getrennte Ansätze, die sich mit dem Phänomen der Schwerkraft beschäftigten, ohne dass den damaligen Forschern schon bewusst war, dass es sich um verschiedene Aspekte eines einzigen physikalischen Gesetzes handelt. Untersucht wurden einerseits die Bewegungen der Himmelskörper mit astronomischen Beobachtungen, die durch die Erfindung des Fernrohres in damals völlig neuer Qualität möglich wurden, und andererseits die Fallgesetze auf der Erde, im Wesentlichen motiviert durch ballistische Versuche mit Kanonenkugeln.

1. Die Kepler'schen Gesetze

Nach Erfindung des Fernrohres gelang es den Astronomen, die Orte der Sonne, des Mondes, der Planeten und der Sterne wesentlich genauer zu bestimmen. Galileo Galilei (1564-1642) fand unter anderem vier „planetis", die den Jupiter umlaufen, und interpretierte sie als Monde des Jupiters, also als ein Planetensystem im Kleinen. Durch die vorliegenden Beobachtungsdaten gelang es schließlich Johannes Kepler (1571-1630), Gesetzmäßigkeiten zu finden, mit denen er den Stand der Planeten vorhersagen konnte. Er stellte fest, dass sich die Planeten nicht auf Kreisbahnen, wie im kopernikanischen Weltbild postuliert, sondern auf Ellipsenbahnen um die Sonne bewegen.

Bemerkung 1.1. **MG: Ellipse I**

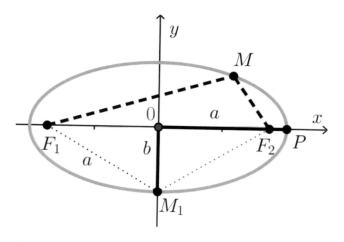

Abbildung 1.1.: Ellipse mit Halbachsen a und b

Eine **Ellipse** ist die Menge der (hellgrauen) Punkte in Abb. 1.1, für die die Summe ihrer Distanzen zu den beiden **Brennpunkten** F_1 und F_2 konstant ist. Das heißt, für jeden beliebigen Punkt M auf der Ellipse ist die Summe der gestrichelten Strecken $\overline{F_1M} + \overline{F_2M}$ konstant. Der Abstand a von 0 bis P wird **große Halbachse**, der Abstand b von 0 bis M_1 **kleine Halbachse** genannt. Wir berechnen die Summe der Strecken vom Punkt P zu den beiden Brennpunkten und erhalten

$$\overline{PF_2} + \overline{PF_1} = \left(a - \overline{0F_2}\right) + \left(a + \overline{0F_1}\right) = 2a,$$

© Der/die Autor(en), exklusiv lizenziert durch
Springer-Verlag GmbH, DE, ein Teil von Springer Nature 2021
M. Ruhrländer, *Aufstieg zu den Einsteingleichungen*,
https://doi.org/10.1007/978-3-662-62546-0_1

da $\overline{0F_2} = \overline{0F_1}$ ist. Das heißt, die Summe der Strecken jedes Punktes auf der Ellipse zu den beiden Brennpunkten beträgt stets $2a$. Der Punkt M_1 hat den gleichen Abstand zu den beiden Brennpunkten, d.h., es gilt

$$\overline{M_1F_1} = \overline{M_1F_2} = a,$$

wie die gepunkteten Linien in Abb. 1.1 zeigen. Wenn a und b gleich groß sind, dann fallen die beiden Brennpunkte zusammen und die Ellipse geht in einen Kreis über. □

Bemerkung 1.2. **MG: (x, y)-Koordinatensystem**
In Abb. 1.1 taucht auch erstmals ein **Koordinatensystem** auf, das durch zwei senkrecht aufeinanderstehende Geraden, die man Achsen nennt, charakterisiert. wird.

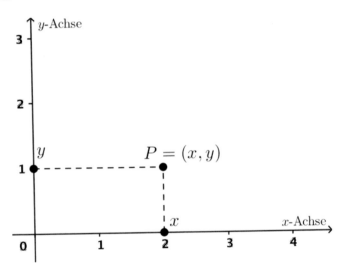

Abbildung 1.2.: Punkt in (x, y)-Ebene

Die x-Achse liegt horizontal und zeigt nach rechts (was durch einen Pfeil angedeutet wird), die y-Achse liegt vertikal und zeigt nach oben. Koordinatensysteme spielen bei unseren weiteren Ausführungen eine große Rolle. Erst sie gestatten es, zahlenmäßige Berechnungen z.B. zur Lage eines Punktes durchzuführen. Dazu stelle man sich vor, dass die x- und y-Achse in Einheiten (z.B. km) unterteilt sind, sodass man nach Festlegung des Nullpunktes (dort, wo sich die beiden Achsen schneiden) jeden anderen Punkt $P = (x, y)$ der (x, y)-Ebene (in unserem Beispiel die Umlaufebene des Planeten) durch seine Koordinaten, das sind die **Projektionen** (gestrichelte Linien in Abb. 1.2) auf die x- bzw.

y-Achse, eindeutig identifizieren kann. Liegt ein Punkt rechts von dem Nullpunkt, so ist seine x-Koordinate positiv, links entsprechend negativ. Liegt er oberhalb des Nullpunktes, so ist seine y-Koordinate positiv, unterhalb entsprechend negativ. Die Position eines Punktes wird durch das Koordinatensymbol (x, y) ausgedrückt, d.h., es ist üblich, einen beliebigen Punkt auf der x-Achse ebenfalls mit x zu bezeichnen, Gleiches gilt für y. Der Nullpunkt hat also die Koordinaten $(0, 0)$, wird in den Abbildungen aber meist kurz durch „0" gekennzeichnet. □

1.1. Erstes Kepler'sches Gesetz

> Alle Planeten bewegen sich auf Ellipsenbahnen um die Sonne. Die Sonne steht in einem der beiden Brennpunkte der jeweiligen Ellipsenbahnen.

Keplers erstes Gesetz beruht zwar auf dem heliozentrischen Weltbild von Kopernikus, stellt die Sonne allerdings nicht mehr genau ins Zentrum, sondern etwas außerhalb davon. Schauen wir uns die Planetenbewegungen etwas genauer an.

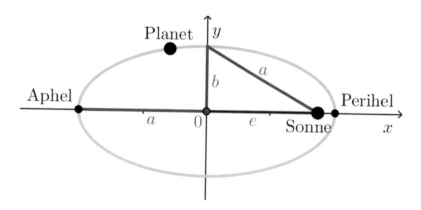

Abbildung 1.3.: Bahn eines Planeten

Abb. 1.3 zeigt die elliptische Bahnkurve eines Planeten. Das **Perihel** ist der Punkt, in dem der Planet der Sonne am nächsten kommt. Der Punkt, in dem der Abstand zur Sonne am größten ist, heißt **Aphel**. Der Abstand e ist die Entfernung der Brennpunkte (in einem Brennpunkt befindet sich die Sonne) zum Mittelpunkt der Ellipse.

Um den Abstand der beiden Brennpunkte der Ellipse zum Nullpunkt zu berechnen, wenden wir den **Satz des Pythagoras** (siehe Kap. 29) auf das rechtwinklige Dreieck an, das durch die Seiten (a, b, e) gebildet wird. Es gilt

$$e^2 + b^2 = a^2,$$

woraus

$$e = \sqrt{a^2 - b^2}$$

folgt. Damit ist die Position der Sonne klar, sie befindet sich immer im Punkt $(e, 0)$. Der zweite, in der Grafik nicht markierte Brennpunkt hat die Koordinaten $(-e, 0)$. Die **numerische Exzentrizität**

$$\varepsilon = \frac{e}{a} = \frac{\sqrt{a^2 - b^2}}{a} = \sqrt{\frac{a^2 - b^2}{a^2}} = \sqrt{1 - \frac{b^2}{a^2}} \tag{1.1}$$

gibt an, wie stark eine Ellipse von der Kreisbahn abweicht. Für die Kreisbahn folgt wegen $a = b$ die Beziehung $\varepsilon = 0$. Die Bahn der Erde hat eine kleine Exzentrizität von $0,017$, weicht also nur wenig von einer Kreisbahn ab, die Bahn des Merkurs besitzt unter den Planeten im Sonnensystem mit $0,205$ die größte Exzentrizität. Die Ellipsen in den Abbildungen haben eine Exzentrizität von ca. $0,85$, sie sollen also eher übertriebene Anschauungsbeispiele als Abbildungen realer Planetenbahnen sein.

Anmerkung: Wenn wir in den Berechnungen in diesem Buch durch eine Größe dividieren, so unterstellen wir *immer*, dass diese Größe *von null verschieden* ist. Im vorliegenden Fall bedeutet das, dass die Halbachsen a, b echt größer als null sind, wir es also mit „richtigen" Ellipsen zu tun haben und nicht mit sogenannten **Entartungsfällen**.

Bemerkung 1.3. **MG: Ellipse** II
Wir wollen nun alle möglichen Positionen (x, y) eines Planeten bestimmen, der sich auf einer elliptischen Bahn um die Sonne bewegt.

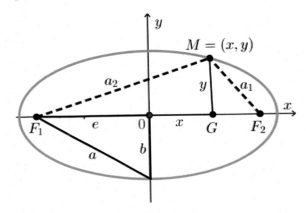

Abbildung 1.4.: Berechnung der Koordinaten des Planeten

In Abb. 1.4 ist ein Punkt M mit den Koordinaten x und y, also $M = (x, y)$ eingezeichnet, der von den beiden Brennpunkten F_1 und F_2 den Abstand

$$a_1 + a_2 = 2a$$

hat. Wenden wir auf die rechtwinkligen Dreiecke (F_1, G, M) und (G, F_2, M) jeweils den Satz des Pythagoras an und beachten, dass

$$\overline{F_1 G} = e + x$$

und

$$\overline{GF_2} = e - x$$

ist, so erhalten wir einerseits

$$y^2 = (a_1)^2 - \left(\overline{GF_2}\right)^2 = (a_1)^2 - (e - x)^2$$

sowie andererseits

$$y^2 = (a_2)^2 - \left(\overline{F_1 G}\right)^2 = (a_2)^2 - (e + x)^2. \tag{1.2}$$

Gleichsetzen der beiden letzten Gleichungen ergibt

$$(a_2)^2 - (e + x)^2 = (a_1)^2 - (e - x)^2.$$

Ausmultiplizieren auf beiden Seiten resultiert in

$$(a_2)^2 - \left(e^2 + 2ex + x^2\right) = (a_1)^2 - \left(e^2 - 2ex + x^2\right).$$

Vereinfachen führt zu

$$(a_2)^2 - 2ex = (a_1)^2 + 2ex$$

und weiter zu

$$(a_2)^2 - (a_1)^2 = 4ex.$$

Wir benutzen für die linke Seite die dritte binomische Formel (siehe Kap. 29):

$$a^2 - b^2 = (a + b)(a - b)$$

und erhalten

$$(a_2 + a_1)(a_2 - a_1) = 4ex.$$

Es war $a_1 + a_2 = 2a$, also folgt

$$2a \cdot (a_2 - a_1) = 4ex.$$

1. Die Kepler'schen Gesetze

Und daraus

$$a_2 - a_1 = \frac{2ex}{a}.$$

Da $a_1 = 2a - a_2$, folgt

$$a_2 - (2a - a_2) = \frac{2ex}{a},$$

also letztlich

$$a_2 = \frac{ex}{a} + a. \tag{1.3}$$

Dies eingesetzt in (1.2) ergibt

$$
\begin{aligned}
y^2 &= (a_2)^2 - (e + x)^2 \\
&\underset{1.3}{=} \left(\frac{ex}{a} + a\right)^2 - (e + x)^2 \\
&= \left(\frac{e^2 x^2}{a^2} + 2\frac{ex}{a}a + a^2\right) - \left(e^2 + 2ex + x^2\right) \\
&= \frac{e^2 x^2}{a^2} + 2ex + a^2 - e^2 - 2ex - x^2 \\
&= \frac{e^2 x^2}{a^2} - x^2 + a^2 - e^2.
\end{aligned}
$$

Jetzt benutzen wir, dass $a^2 - e^2 = b^2$ ist, und erhalten

$$
\begin{aligned}
y^2 &= \frac{e^2 x^2}{a^2} - x^2 + b^2 \\
&= \frac{e^2 x^2 - a^2 x^2}{a^2} + b^2 \\
&= \frac{\left(e^2 - a^2\right) x^2}{a^2} + b^2 \\
&\underset{e^2 - a^2 = -b^2}{=} \frac{-b^2 x^2}{a^2} + b^2.
\end{aligned}
$$

Man erhält also nach Division durch b^2

$$\frac{y^2}{b^2} = -\frac{x^2}{a^2} + 1$$

und daraus schließlich die allgemeine **Ellipsengleichung**

$$\frac{x^2}{a^2} + \frac{y^2}{b^2} = 1. \tag{1.4}$$

Damit haben wir die Gleichung für alle möglichen Positionen (x, y) des Planeten in seiner Umlaufebene gefunden. Das heißt, alle Punkte (x, y), die die obige Gleichung erfüllen, bilden die Ellipsenbahn, wobei der Ursprung des Koordinatensystems im Mittelpunkt der Ellipse liegt. $\square$

Über die Geschwindigkeit, mit der der Planet seine Ellipsenbahn durchläuft, macht das 1. Kepler'sche Gesetz keine Aussage. Kepler beobachtete, dass die Geschwindigkeit der Planeten größer wird, wenn sie sich der Sonne nähern, und kleiner, wenn sie sich von der Sonne entfernen. Im Perihel ist die Geschwindigkeit am größten, im Aphel ist sie minimal. Er fand auch einen quantitativen Zusammenhang.

1.2. Zweites Kepler'sches Gesetz (Flächensatz)

> Die gerade Verbindung zwischen der Sonne und einem Planeten überstreicht in gleichen Zeiten gleiche Flächen.

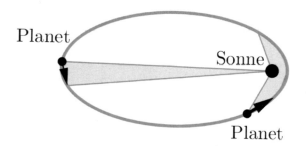

Abbildung 1.5.: 2. Kepler'sches Gesetz, Flächensatz

Die in Abb. 1.5 grau markierten Flächen sind also gleich, wenn der Planet die gleiche Zeit auf seiner Umlaufbahn benötigt, um diese Flächen zu generieren.

Schließlich stellte Kepler noch ein drittes Gesetz auf, das die Abmessungen verschiedener Planetenbahnen mit den jeweiligen Umlaufzeiten verbindet.

1.3. Drittes Kepler'sches Gesetz

> Die Quadrate der Umlaufzeiten zweier Planeten verhalten sich wie die dritten Potenzen ihrer großen Bahnhalbachsen.

Sind also T_1, T_2 die Umlaufzeiten und A_1, A_2 die großen Halbachsen der elliptischen Umlaufbahnen von zwei Planeten, so gilt:

$$\frac{(T_1)^2}{(T_2)^2} = \frac{(A_1)^3}{(A_2)^3} \tag{1.5}$$

bzw.

$$\frac{(A_1)^3}{(T_1)^2} = \frac{(A_2)^3}{(T_2)^2} = C = konstant.$$

Die Konstante C heißt **Kepler-Konstante**. Sie ist allerdings nicht universell gültig, sondern hängt von dem jeweiligen System bestehend aus Zentralgestirn und Planeten ab. Für unser Sonnensystem ist

$$C_S = 3,362 \cdot 10^{18}\,\text{m}^3/\text{s}^2. \tag{1.6}$$

Im System Erde-Mond mit der Erde als Zentralkörper gilt

$$C_E = 1,010 \cdot 10^{13}\,\text{m}^3/\text{s}^2.$$

1.4. Physikalische Größen und Einheiten

Mit der Kepler-Konstanten ist zum ersten Mal eine echte **physikalische Größe** aufgetaucht. Allgemein beschreiben die Gesetze der Physik Zusammenhänge zwischen physikalischen Größen wie z.B. Länge, Zeit, Kraft, Energie oder Temperatur. Solche Größen müssen eindeutig definiert sein und exakt gemessen werden können. Dabei bedeutet messen, die Größe mit einer zugehörigen, genau definierten **Einheit** zu vergleichen. Wenn wir z.B. den Abstand zweier Punkte messen, vergleichen wir diesen mit der Einheit der Länge, z.B. dem Meter. Ist der Abstand 20 Meter groß, so ist er 20-mal so lang wie die Einheit Meter. *Jede* physikalische Größe Q (aus dem Englischen „quantity") lässt sich als Produkt einer Zahl mit einer Einheit definieren, und man schreibt abstrakt

$$Q = \{Q\}\,[Q]\,,$$

wobei $\{Q\}$ die Zahl und $[Q]$ die Einheit bezeichnen. Die physikalischen Größen schreiben wir stets mit *kursiven* Buchstaben.

SI- und natürliche Einheiten

In dem ersten Teil des Buches benutzen wir für die Darstellung der Einheiten von physikalischen Größen das **Internationale Einheitensystem (SI)** (siehe Kap. 30). Im SI-System werden sieben Basisgrößen definiert, u.a. die Länge mit der Einheit Meter (m), die Zeit mit der Einheit Sekunde (s) sowie die Masse mit der Einheit Kilogramm (kg) (für die weiteren siehe Tab. 30.1 auf Seite 609). Alle in diesem Buch verwendeten physikalischen Größen werden durch die sieben Basisgrößen dargestellt. So wird z.B. die Kraft F, die - wie wir später noch sehen werden - das Produkt aus Masse und Beschleunigung ist, in der Einheit N (Newton) gemessen, und es gilt:

$$[F] = N = kg \cdot m/s^2,$$

da die Beschleunigung die Einheit m/s^2 hat. Für weitere Erläuterungen siehe auch die Tab. 30.2.

Bei der Beschreibung der Relativitätstheorie macht es Sinn, ein anderes Einheitensystem, das sogenannte **natürliche Einheitensystem**, zu benutzen, weil damit die Ausdrücke einfacher und einheitlicher werden. Dieses Einheitensystem wird in Teil III eingeführt (siehe auch Abschn. 30.2 auf Seite 610). Mit anderen Worten: wir benutzen das SI-Einheitensystem in diesem Text bis einschließlich Kap. 12, ab da werden wir überwiegend natürliche Einheiten verwenden.

Dimension

Jeder physikalischen Größe wird eine **Dimension** zugeordnet. Im Internationalen Einheitensystem heißen die Dimensionen der Basisgrößen wie die Basisgrößen, so heißt z.B. die Dimension der Basisgröße Länge ebenfalls Länge. Das Symbol einer Dimension ist ein aufrecht stehender, serifenlos geschriebener Großbuchstabe, für die Länge der Buchstabe L, für die Masse M und für die Zeit T. Die Dimension einer beliebigen physikalischen Größe Q lässt sich als Produkt von Potenzen der Dimensionen der Basisgrößen darstellen, z.B.

$$\dim Q = T^\alpha \cdot L^\beta \cdot M^\gamma,$$

wobei die griechischen Exponenten α, β, γ positive oder negative ganze Zahlen (inkl. null) sein können. Zum Beispiel ist die Dimension der Kraft gleich Masse mal Länge mal (Zeit hoch -2), in Formelsprache

$$\dim F = M \cdot L \cdot T^{-2}.$$

Sind alle Exponenten gleich null, so gilt

$$\dim Q = 1,$$

und man nennt Q dann **dimensionslos**. Die Dimension einer physikalischen Größe ist *unabhängig* vom gewählten Einheitensystem. Zum Beispiel hat die physikalische Größe Geschwindigkeit v die Dimension

$$\dim v = L \cdot T^{-1},$$

die unabhängig von der Wahl der Einheiten m/s bzw. km/h (Kilometer pro Stunde) ist. Weitere Details findet man im Abschn. 30.1 auf Seite 609.

1. Die Kepler'schen Gesetze

In physikalischen Gleichungen werden in der Regel verschiedene Größen durch Formeln miteinander verknüpft. Dabei *müssen* die Dimensionen der physikalischen Größen auf beiden Seiten der Gleichung übereinstimmen. Das heißt, zur Überprüfung der Richtigkeit von physikalischen Gleichungen ist es oftmals ratsam, zunächst die Dimensionen der Seiten zu vergleichen. Als Beispiel betrachten wir die Gleichung für die Länge s:

$$s = vt + at, \tag{1.7}$$

wobei t die Zeit, v die Geschwindigkeit und a die Beschleunigung bezeichnen. Die Dimension der linken Seite ist L, auf der rechten Seite müssen beide Summanden ebenfalls die Dimension L haben. Nun gilt

$$\dim vt = \mathsf{L} \cdot \mathsf{T}^{-1} \cdot \mathsf{T} = \mathsf{L},$$

aber

$$\dim at = \mathsf{L} \cdot \mathsf{T}^{-2} \cdot \mathsf{T} = \mathsf{L} \cdot \mathsf{T},$$

also ist Gl. (1.7) *keine* korrekte physikalische Gleichung.

Bei Anwendung komplizierter Funktionen (wie z.B. Exponentialfunktionen, Logarithmusfunktionen oder trigonometrische Funktionen) auf eine physikalische Größe Q nehmen wir *immer* an, dass die unabhängigen Variablen sowie die Werte der Funktion *dimensionslos,* also reelle Zahlen, sind. In physikalischen Gesetzen ist die erste Bedingung häufig erfüllt, da die Dimensionslosigkeit der Argumente durch *zusammengesetzte* physikalische Größen garantiert wird. Als Beispiel betrachten wir die Beschreibung einer Schwingung durch

$$y = \sin(\omega t) .$$

Hier bezeichne ω die **Kreisfrequenz** (wird später in Gl. (2.13) erklärt) und t die Zeit. Die Dimensionen sind:

$$\dim \omega = \mathsf{T}^{-1}, \dim t = \mathsf{T} \Rightarrow \dim(\omega t) = 1,$$

und damit ist auch die Größe $\sin(\omega t)$ dimensionslos.

In den nachfolgenden Rechnungen verfahren wir meistens so, dass wir die Formeln zunächst ohne Einheiten herleiten (wie z.B. in (1.5)) und erst am Ende oder nach Einsetzen konkreter Werte für die Variablen die korrespondierenden Einheiten hinzufügen, wie z.B. in (1.6).

2. Fallgesetze

In diesem Kapitel beschäftigen wir uns mit Bewegungen, die mit konstanter oder auch sich ändernder Geschwindigkeit ablaufen können. Wir werden uns mit der Beschreibung von Bewegungen beschäftigen, ohne dabei deren Ursache zu hinterfragen. Das passiert in Kapitel 3, wenn wir zeigen, *warum* Dinge fallen, wie sie fallen.

Wir führen die Konzepte der Momentangeschwindigkeit und Momentanbeschleunigung ein und leiten her, wie sich dadurch Bewegungen in Raum und Zeit beschreiben lassen. Unsere Überlegungen führen zu den Fallgesetzen auf der Erde, die überwiegend von Galilei bei seinen Untersuchungen der Flugkurven von Kanonenkugeln aufgestellt wurden.

Für die Herleitung dieser Gesetze brauchen wir etwas mehr Mathematik: Wir führen die **Ableitung einer Funktion** nach der Zeit ein und beschäftigen uns mit deren Umkehrung, der sog. **Integrationsrechnung**. Außerdem erweitern wir die im letzten Kapitel eingeführte Betrachtung von Koordinatensystemen und machen erste Schritte in Richtung **Vektorrechnung**.

2.1. Bewegung in einer Dimension

Um unsere Betrachtung von Bewegungen zu vereinfachen, stellen wir uns vor, dass sich die Position eines Objektes, dessen Bewegungen wir studieren wollen, durch die Angabe der Koordinaten *eines* Raumpunktes zu beliebiger Zeit charakterisieren lässt. Ein solches idealisiertes Objekt nennen wir **Teilchen** (oder **Massenpunkt**). Es hat also keine räumliche Ausdehnung, seine Masse ist in einem Punkt konzentriert. In vielen Fällen stellt diese Idealisierung keine große Einschränkung dar. Beispielsweise ist es für manche Zwecke sinnvoll, sich die Erde als Teilchen vorzustellen, das sich um die Sonne bewegt. In solchen Fällen ist man nur an der Bewegung des Erdmittelpunktes interessiert, die Größe und Eigendrehung der Erde bleiben außer Acht.

Wir beschränken uns im Folgenden zunächst auf die Bewegung in einer Dimension, also auf die Bewegung entlang einer geraden Linie. Ein einfaches Beispiel einer eindimensionalen Bewegung ist ein Auto, das auf einer ebenen, geraden und schmalen Straße fährt. Für eine solche Bewegung gibt es nur zwei mögliche Bewegungsrichtungen, eine positive (vorwärts) und eine negative (rückwärts).

© Der/die Autor(en), exklusiv lizenziert durch
Springer-Verlag GmbH, DE, ein Teil von Springer Nature 2021
M. Ruhrländer, *Aufstieg zu den Einsteingleichungen*,
https://doi.org/10.1007/978-3-662-62546-0_2

Zur grafischen Veranschaulichung benutzen wir hier erstmals die in der (Speziellen) Relativitätstheorie häufig eingesetzten **Raumzeitdiagramme**. Das sind Koordinatensysteme, deren waagerechte Achse den „Raum" (in den allermeisten Fällen aus Vereinfachungsgründen nur die x-Koordinate) und deren senkrechte Achse die Zeit abbildet. Die eingezeichnete Bewegung eines Teilchens nennt man **Weltlinie** des Teilchens. Abb. 2.1 zeigt die Weltlinie eines Teilchens, das sich zur Zeit $t = 0$ im Punkt $x = 1$ befunden hat und dort für alle Ewigkeit verharrt.

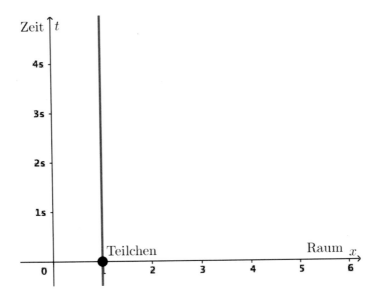

Abbildung 2.1.: Weltlinie eines Teilchens, das sich nicht bewegt

Geschwindigkeit

Bei der Beschreibung von Bewegungen kommt der Geschwindigkeit eine hohe Bedeutung zu. Vertraut ist uns im Alltag der Begriff der **Durchschnittsgeschwindigkeit**. Wir bilden das Verhältnis aus zurückgelegter Strecke und dafür aufgewendeter Zeit:

$$\text{Durchschnittsgeschwindigkeit} = \frac{\text{Gesamtstrecke}}{\text{Gesamtzeit}}.$$

Abb. 2.2 zeigt ein Teilchen (z.B. einen Wanderer), das sich mit konstanter Geschwindigkeit innerhalb 3 Sekunden vom Startpunkt $x = 1\,\text{m}$ bis zum Ziel $x = 4\,\text{m}$ bewegt. Berechnet man die Durchschnittsgeschwindigkeit DG, so bildet man die Differenz von Ziel- und Startpunkt und dividiert durch die Differenz von Endzeit und Startzeit:

$$DG = \frac{\text{Zielpunkt} - \text{Startpunkt}}{\text{Zielzeit} - \text{Startzeit}} = \frac{4\text{m} - 1\text{m}}{3\text{s} - 0\text{s}} = \frac{3\text{m}}{3\text{s}} = 1\,\frac{\text{m}}{\text{s}}$$

Der Wanderer geht also mit konstanter Geschwindigkeit von 1 Meter pro Sekunde bzw. $3,6\,\text{km/h}$, die in diesem Fall auch seine Durchschnittsgeschwindigkeit ist.

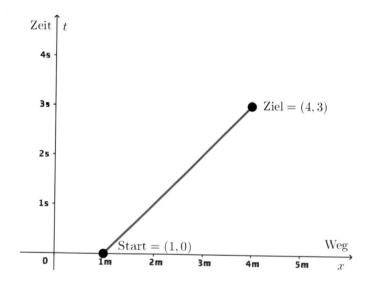

Abbildung 2.2.: Weltlinie eines Teilchens mit konstanter Geschwindigkeit

Natürlich muss der Wanderer nicht mit konstanter Geschwindigkeit laufen, er kann schneller oder langsamer werden, eine Pause machen oder sprinten. Für die Berechnung der Durchschnittsgeschwindigkeit spielt das alles keine Rolle, da man ja nur die Anfangs- und Endpositionen sowie die Anfangs- und Endzeiten benötigt. Abb. 2.3 zeigt eine solche Bewegung mit nichtkonstanter Geschwindigkeit. Der Wanderer läuft also bis zum Punkt A mit $1,5\,\text{m}$ pro Sekunde, macht dort eine Pause von einer Sekunde (die Geschwindigkeit ist also null) und läuft dann wieder mit $1,5\,\text{m}$ pro Sekunde bis zum Ziel. Seine Durchschnittsgeschwindigkeit ist wie im letzten Diagramm 1 Meter pro Sekunde.

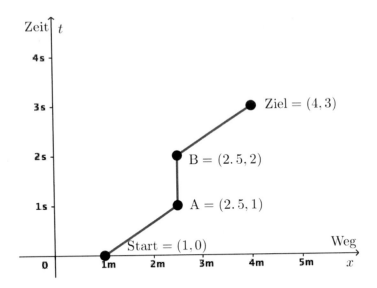

Abbildung 2.3.: Weltlinie eines Teilchens mit nichtkonstanter Geschwindigkeit

Wir können festhalten:

Bewegt sich ein Teilchen mit konstanter Geschwindigkeit, so ist seine Weltlinie eine Gerade. Bewegt sich ein Teilchen mit wechselnden Geschwindigkeiten, so ist seine Weltlinie ungerade, was wir **gekrümmt** nennen wollen. Die Weltlinie eines Teilchens ist umso flacher, je schneller das Teilchen ist, und umso steiler, je langsamer es ist. Bewegt es sich gar nicht, so ist seine Weltlinie senkrecht.

Wir wollen uns nun überlegen, wie man die augenblickliche Geschwindigkeit, die sogenannte **Momentangeschwindigkeit**, ermitteln kann. In der Praxis beim Autofahren ist das ganz einfach, man schaut auf die Geschwindigkeitsanzeige. Doch die Frage ist, wie errechnet das Auto die Momentangeschwindigkeit? Nun, ins Unreine gesprochen, ermittelt das Auto zu jeder Zeit eine Durchschnittsgeschwindigkeit, indem es zwei sehr nahe beieinander liegende Wegpunkte misst, deren Differenz bildet und durch die Differenz der korrespondierenden zwei sehr kurz aufeinanderfolgenden Zeitpunkte dividiert. Etwas präziser und mathematisch korrekter wollen wir annehmen, dass sich das Auto zum Zeitpunkt t_1 in der Position $x_1(t_1)$ befindet. Der Ort x, an dem sich das Auto zu einer bestimmten Zeit t befindet, ist damit eine von der Zeit t abhängige **Funktion**, und man schreibt dafür $x = x(t)$.

Bemerkung 2.1. **MG: Reellwertige Funktionen**

Man versteht unter einer **reellwertigen Funktion** f eine Vorschrift, die jeder reellen Zahl t *genau eine* reelle Zahl y zuordnet, und schreibt dafür in Kurzform $y = f(t)$. Zum Beispiel ist die Vorschrift, die jeder Zahl t deren Quadrat zuordnet, eine Funktion, die in Kurzform

$$y = f(t) = t^2 \tag{2.1}$$

geschrieben wird. Hingegen ist die Vorschrift, die jeder (positiven) Zahl t diejenige Zahl y zuordnet, die mit sich selbst multipliziert t ergibt, *keine* Funktion, wie das Beispiel $t = 4$ zeigt, da y sowohl 2 wie auch -2 sein kann und damit nicht eindeutig bestimmt ist. Die Größe t wird die **Variable** (oder das **Argument**) der Funktion genannt und die Zahl $y = f(t)$ der **Wert** der Funktion. Funktionen, die reelle Zahlen als Werte annehmen, nennt man auch **zahlenwertig** oder **skalar**. Als Variable der Funktion f wählt man häufig auch den Buchstaben x, also $y = f(x)$, und zwar dann, wenn statt der Zeit t eine andere Größe (z.B. der Ort) als Argument dienen soll.

In Abschn. 1.4 haben wir besprochen, dass die beiden Seiten von physikalischen Gleichungen dimensionsgleich sein müssen. Von daher müssen wir bei der Benutzung von Funktionen in physikalischen Zusammenhängen auf diese Bedingung achten. Wenn beispielsweise in Gl. (2.1) die Größe y eine Länge und die Variable t die Zeit darstellt, dann stimmen die Dimensionen der Seiten *nicht* überein. Gl. (2.1) ist dann zwar mathematisch korrekt, physikalisch aber nicht. $\square$

Nach einer kurzen Zeitspanne Δt befindet sich das Auto zum Zeitpunkt $t_2 = t_1 + \Delta t$ in Position $x_2 = x_1 + \Delta x$. Der griechische Großbuchstabe Δ („Delta") symbolisiert in diesem Text immer eine *Differenz* zweier Größen. Bilden wir die Durchschnittsgeschwindigkeit DG zwischen diesen zwei Punkten, so erhalten wir

$$DG \, von \, x_1 \, bis \, x_2 = \frac{x_2 - x_1}{t_2 - t_1} = \frac{x_1 + \Delta x - x_1}{t_1 + \Delta t - t_1} = \frac{\Delta x}{\Delta t}.$$

Die **Momentangeschwindigkeit** eines Teilchens zur Zeit t_1 wird nun so definiert, dass man die Zeitdifferenz Δt immer kleiner werden lässt (wodurch natürlich auch Δx kleiner wird), man führt einen sogenannten **Grenzwertprozess** durch und schreibt dafür $\Delta t \to 0$ („Δt strebt / konvergiert gegen null"). Bei diesem Grenzwertprozess beobachtet man die Durchschnittsgeschwindigkeit, und falls diese ebenfalls einen Grenzwert hat, so definiert man diesen Grenzwert als Momentangeschwindigkeit:

$$\text{Momentangeschwindigkeit zur Zeit } t_1 = \text{Grenzwert von } \frac{\Delta x}{\Delta t} \text{ für } \Delta t \to 0$$

Benutzt man die übliche Abkürzung für den Grenzwert, nämlich „lim" vom lateinischen Limes (= Grenze), also

$$\text{Grenzwert von } \frac{\Delta x}{\Delta t} \text{ für } \Delta t \to 0 = \lim_{\Delta t \to 0} \frac{\Delta x}{\Delta t},$$

sowie die Bezeichnung von $v(t_1)$ für die Momentangeschwindigkeit zur Zeit t_1, so erhält man

$$v(t_1) = \lim_{\Delta t \to 0} \frac{\Delta x}{\Delta t}.$$

Bemerkung 2.2. **MG: Die Ableitung einer Funktion**
Eine Funktion $f(x)$ heißt **differenzierbar** (oder **ableitbar**) in einem Punkt x_0, wenn der sogenannte **Differenzenquotient**

$$\frac{f(x) - f(x_0)}{x - x_0}$$

für $x \to x_0$ einen Grenzwert besitzt. Man nennt den Grenzwert die **(erste) Ableitung von** f **nach** x **an der Stelle** x_0 und schreibt dafür $f'(x_0)$ oder auch $df(x_0)/dx$, also

$$f'(x_0) = \frac{df(x_0)}{dx} = \lim_{x \to x_0} \frac{f(x) - f(x_0)}{x - x_0}.$$

Das Symbol $df(x_0)/dx$ soll dabei an „infinitesimal kleine" Differenzen im Zähler und im Nenner erinnern. Ist klar, welcher Punkt x_0 gemeint ist, schreibt man auch kurz df/dx bzw. dy/dx für $f'(x_0)$. Setzt man $\Delta x = x - x_0$, so kann man alternativ auch schreiben

$$f'(x_0) = \lim_{\Delta x \to 0} \frac{f(x_0 + \Delta x) - f(x_0)}{\Delta x}.$$

Ist f eine Funktion, die von der Zeit t abhängt, so wird in der Physik statt $f'(t_0)$ üblicherweise die Schreibweise $\dot{f}(t_0)$ gewählt.

Ist die Funktion $f(x)$ überall differenzierbar, so kann man die erste Ableitung ebenfalls als eine Funktion auffassen $f' = f'(x)$. Ist diese Funktion differenzierbar, d.h., existiert der Grenzwert

$$\lim_{x \to x_0} \frac{f'(x) - f'(x_0)}{x - x_0},$$

so nennt man diesen Grenzwert die **zweite Ableitung** von f im Punkt x_0 und schreibt

$$f''(x_0) = \frac{d^2 f(x_0)}{dx^2} = \lim_{x \to x_0} \frac{f'(x) - f'(x_0)}{x - x_0}$$

bzw.

$$\ddot{f}(t_0) = \frac{d^2 f(t_0)}{dt^2} = \lim_{t \to t_0} \frac{\dot{f}(t) - \dot{f}(t_0)}{t - t_0},$$

wenn die Funktion von der Zeit abhängt. In ähnlicher Form werden die dritten, vierten usw. Ableitungen definiert. $\square$

Die Momentangeschwindigkeit ist also die erste Ableitung der Funktion $x = x(t)$ nach t zum Zeitpunkt t_1

$$v(t_1) = \lim_{\Delta t \to 0} \frac{\Delta x}{\Delta t} = \frac{dx(t_1)}{dt} = \dot{x}(t_1).$$

Bevor wir nun einige einfache Berechnungen von Momentangeschwindigkeiten durchführen, wollen wir uns zunächst eine geometrische Interpretation der Momentangeschwindigkeit anschauen.

Abb. 2.4, die ein Weg-Zeit-Diagramm und *kein* Raumzeitdiagramm beinhaltet (beachte die Achsenbeschriftungen), stellt einen Ausschnitt der Teilchenkurve $x(t)$ dar. Eingezeichnet sind die Strecken $\Delta x = x_2 - x_1$ sowie $\Delta t = t_2 - t_1$ sowie die Verbindungslinie der beiden auf $x(t)$ liegenden Punkte (t_1, x_1) und (t_2, x_2).

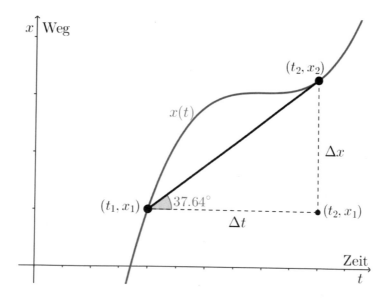

Abbildung 2.4.: Steigung der Sekante

Das Verhältnis von Δx zu Δt, also die Durchschnittsgeschwindigkeit zwischen t_1 und t_2, stellt die Steigung der geraden Verbindungslinie zwischen (t_1, x_1) und (t_2, x_2), die man auch **Sekante** nennt, dar. Denn betrachten wir das rechtwinklige Dreieck, das von den Punkten (t_1, x_1), (t_2, x_2) und (t_2, x_1) gebildet wird, und erinnern uns, dass die Steigung der Verbindungslinie der Tangens des **Steigungswinkels** $37,64°$ ist, so gilt in diesem Dreieck

$$\frac{\Delta x}{\Delta t} = \frac{\text{Gegenkathete}}{\text{Ankathete}} = \tan{(37,64°)}.$$

Nähern wir uns mit t_2 immer näher an t_1 an, so nähert sich die Steigung der Sekante immer mehr der Steigung der **Tangente** an die Kurve $x(t)$ im Punkt (t_1, x_1) an. In Abb. 2.5 ist ein weiterer Punkt (t_3, x_3) zwischen (t_1, x_1) und (t_2, x_2) dargestellt. Dessen Verbindungslinie zu (t_1, x_1) hat den Steigungswinkel $61,03°$. Man kann sich vorstellen, dass die Steigungswinkel von Verbindungslinien, die noch näher an (t_1, x_1) herankommen, sich immer mehr dem Steigungswinkel $71,16°$ der Tangente im Punkt (t_1, x_1) annähern.

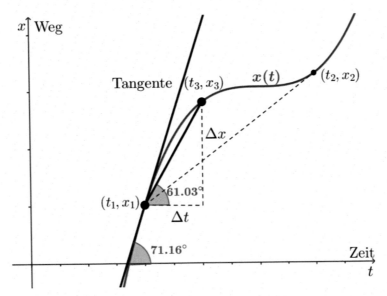

Abbildung 2.5.: Steigung der Tangente

Die Momentangeschwindigkeit für einen bestimmten Zeitpunkt ist die Steigung der Tangente an die Kurve $x(t)$ in diesem Zeitpunkt. Diese wird durch die 1. Ableitung des Ortes $x(t)$ nach der Zeit in diesem Zeitpunkt ermittelt.

Wir wollen einige Beispiele für die Momentangeschwindigkeit ausrechnen. Fangen wir mit dem einfachsten an.

Beispiel 2.1.
Ein Teilchen bewegt sich mit konstanter Geschwindigkeit v_0. Natürlich erwarten wir, dass dann auch zu allen Zeitpunkten die Momentangeschwindigkeit v_0

beträgt. Sei t_1 wieder der Zeitpunkt, in dem wir die Momentangeschwindigkeit errechnen wollen. Angenommen, das Teilchen ist zur Zeit $t = 0$ in $x = 0$ gestartet, dann ist es zur Zeit t_1 im Punkt $x(t_1) = v_0 \cdot t_1$ angekommen. Bilden wir

$$x(t_2) = x(t_1 + \Delta t) = v_0 \cdot (t_1 + \Delta t),$$

so folgt

$$\Delta x = x_2 - x_1 = v_0(t_1 + \Delta t) - v_0 t_1 = v_0 \Delta t$$

und damit für die Durchschnittsgeschwindigkeit

$$\frac{\Delta x}{\Delta t} = \frac{v_0 \Delta t}{\Delta t} = v_0,$$

d.h., die Durchschnittsgeschwindigkeit hängt gar nicht mehr von Δt ab, was wiederum bedeutet, dass

$$v(t_1) = \lim_{\Delta t \to 0} \frac{\Delta x}{\Delta t} = \lim_{\Delta t \to 0} v_0 = v_0$$

gilt, d.h., die Momentangeschwindigkeit ist ebenfalls gleich v_0. $\square$

Beispiel 2.2. Im nächsten Beispiel nehmen wir an, dass die Kurve des Teilchens durch $x(t) = t^2$ gegeben ist. Wir wollen die Momentangeschwindigkeit nach $10\,$s ermitteln, wenn wir wieder annehmen, dass sich das Teilchen bei $t = 0$ im Nullpunkt befunden hat. Betrachten wir zunächst allgemein Δx, so erhalten wir wie oben für einen beliebigen Zeitpunkt t_1:

$$\begin{aligned} \Delta x &= x(t_1 + \Delta t) - x(t_1) = (t_1 + \Delta t)^2 - (t_1)^2 \\ &= (t_1)^2 + 2t_1 \Delta t + (\Delta t)^2 - (t_1)^2 = 2t_1 \Delta t + (\Delta t)^2 \end{aligned}$$

Also folgt für die Durchschnittsgeschwindigkeit

$$\frac{\Delta x}{\Delta t} = \frac{2t_1 \Delta t + (\Delta t)^2}{\Delta t} = 2t_1 + \Delta t,$$

d.h., der erste Summand hängt gar nicht mehr von Δt ab und der zweite konvergiert gegen null, wenn Δt gegen null strebt. Also gilt

$$v(t_1) = \lim_{\Delta t \to 0} \frac{\Delta x}{\Delta t} = \lim_{\Delta t \to 0}(2t_1 + \Delta t) = 2t_1.$$

Wir erhalten also für die Ableitung von $x(t) = t^2$ nach der Zeit

$$\dot{x}(t) = \frac{dx(t)}{dt} = v(t) = 2t,$$

d.h., das Teilchen wird mit zunehmender Zeit immer schneller. Setzen wir für $t = 10\,$s ein, so ergibt sich für die Geschwindigkeit nach 10 Sekunden

$$v(10) = 2 \cdot 10\,\frac{\text{m}}{\text{s}} = 20\,\frac{\text{m}}{\text{s}} = 72\,\frac{\text{km}}{\text{h}}. \square$$

Beschleunigung

Ändert sich die Momentangeschwindigkeit eines Teilchens mit der Zeit, so erfährt es eine **Beschleunigung**. Die **Durchschnittsbeschleunigung** $\langle a \rangle$ in einem bestimmten Zeitintervall $\Delta t = t_2 - t_1$ wird durch das Verhältnis

$$\langle a \rangle = \frac{\Delta v}{\Delta t}$$

definiert, wobei $\Delta v = v_2 - v_1$ die Änderung der Momentangeschwindigkeit in diesem Zeitintervall ist. Die SI-Einheit für die Beschleunigung ist Meter pro Sekunde pro Sekunde

$$[\langle a \rangle] = \frac{\text{m}}{\text{s}^2}.$$

Die **Momentanbeschleunigung** $a(t)$ ist entsprechend als Grenzwert der Durchschnittsbeschleunigung für immer kleiner werdende Zeitintervalle definiert, d.h.

$$a(t) = \frac{dv}{dt} = \lim_{\Delta t \to 0} \frac{\Delta v}{\Delta t} = \dot{v}(t).$$

Die Beschleunigung ist damit die 1. Ableitung der Geschwindigkeit nach der Zeit. Da die Geschwindigkeit selbst die 1. Ableitung des Ortes $x(t)$ nach der Zeit ist, ist die Momentanbeschleunigung die 2. Ableitung des Ortes nach der Zeit und man schreibt

$$a(t) = \dot{v}(t) = \frac{dv}{dt} = \frac{d^2 x}{dt^2} = \ddot{x}(t).$$

Bewegt sich ein Teilchen mit konstanter Geschwindigkeit v_0, d.h., gilt $v(t) = v_0$ für alle Zeitpunkte, so ist $\Delta v = 0$ und damit auch $a(t) = 0$.

Beispiel 2.3.
Für das obige Beispiel mit $x(t) = t^2$ erhalten wir mit

$$\Delta v = v(t + \Delta t) - v(t) = 2 \cdot (t + \Delta t) - 2t$$

für die Durchschnittsbeschleunigung

$$\langle a \rangle = \frac{\Delta v}{\Delta t} = \frac{2 \cdot (t + \Delta t) - 2t}{\Delta t} = \frac{2 \cdot \Delta t}{\Delta t} = 2,$$

d.h., die Durchschnittsbeschleunigung hängt gar nicht mehr von Δt ab. Damit folgt für die Momentanbeschleunigung

$$a(t) = \lim_{\Delta t \to 0} \frac{\Delta v}{\Delta t} = 2,$$

das Teilchen bewegt sich also mit der konstanten Beschleunigung $2\,\text{m/s}^2$. $\square$

Oftmals wird man mit dem umgekehrten Problem konfrontiert, d.h., es ist die Beschleunigung oder die Geschwindigkeit vorgegeben und man will die Bewegungslinie $x(t)$ des Teilchens finden. Dazu müssen wir ein Verfahren anwenden, das **Integration** heißt und die Umkehrung der Ableitung ist.

Bemerkung 2.3. **MG: Stammfunktionen und Integrale**
Sei $f(x)$ eine reelle Funktion, dann heißt eine reelle Funktion $F(x)$, deren Ableitung gleich $f(x)$ ist, eine **Stammfunktion** von $f(x)$. Da die Ableitung einer konstanten Funktion gleich null ist, kann man zu jeder Stammfunktion eine Konstante hinzuaddieren und erhält wieder eine Stammfunktion. Stammfunktionen sind also nicht eindeutig, sie unterscheiden sich durch eine additive Konstante. Zum Beispiel ist

$$F(x) = \frac{x^2}{2} + 5$$

eine Stammfunktion von $f(x) = x$ genauso wie

$$F(x) = \frac{x^2}{2}.$$

Für die Stammfunktion $F(x)$ benutzt man auch die Schreibweise

$$F(x) = \int f(x)\, dx + C$$

und nennt $F(x)$ das **Integral** von $f(x)$ und die Konstante C die **Integrationskonstante**. $\square$

Wenn also die Beschleunigung $a(t)$ als Funktion der Zeit bekannt ist, so gilt es zunächst, eine Funktion $v(t)$ zu finden, deren 1. Ableitung der Beschleunigung entspricht. Wenn beispielsweise die Beschleunigung konstant ist, also

$$a(t) = \frac{dv}{dt} = a_0 = konstant,$$

dann ist die Geschwindigkeit eine Funktion der Zeit, deren Ableitung gerade die Konstante a_0 ergibt, d.h., $v(t)$ ist eine Stammfunktion von $a(t)$. Wenn wir die Integrationskonstante $C = v_0$ nennen, erhalten wir als allgemeine Lösung

$$v(t) = \int a_0\, dt + v_0 = a_0\, t + v_0, \tag{2.2}$$

da die Ableitung der Funktion $f(t) = a_0 t$ gleich $\dot{f}(t) = a_0$ ist. Die Konstante v_0 hat eine physikalische Bedeutung, sie ist nämlich die Anfangsgeschwindigkeit zur Zeit $t = 0$, da

$$v(0) = a_0 \cdot 0 + v_0 = v_0$$

ist. Die Funktion $x(t)$ für die Position des Teilchens ist dementsprechend jene Funktion, deren Ableitung die Geschwindigkeit ergibt

$$\frac{dx}{dt} = v(t) = a_0\, t + v_0.$$

Um $x(t)$ zu finden, können wir jeden Term separat betrachten. Die Funktion, deren Ableitung zur Konstanten v_0 führt, ist $v_0\, t$ plus einer beliebigen Integrationskonstanten x_0. Leitet man die Funktion

$$x(t) = \frac{1}{2} a_0\, t^2$$

nach der Zeit ab, so erhält man - ähnlich wie oben für $x(t) = t^2$ gezeigt - das Ergebnis $\dot{x}(t) = a_0\, t$. Zusammengefasst ergibt sich für die Position des Teilchens

$$x(t) = \frac{1}{2} a_0\, t^2 + v_0 t + x_0. \tag{2.3}$$

In der Lösung gibt es also zwei Integrationskonstanten: die Anfangsgeschwindigkeit v_0 und die Anfangsposition $x(0) = x_0$. Sie werden deshalb **Anfangsbedingungen** genannt. Die allgemeine Lösung hängt also nicht nur von der Beschleunigung a_0, sondern auch von den Anfangsbedingungen zur Zeit $t = 0$ ab. Da - wie wir noch sehen werden - die Beschleunigung eines Teilchens durch die Kräfte bestimmt wird, die auf das Teilchen einwirken, können wir im Prinzip seine Position für alle Zeiten berechnen, wenn wir die Kräfte und seine Anfangsposition und Anfangsgeschwindigkeit kennen. Man spricht dann von der **Lösung der Bewegungsgleichung**. Gl. (2.3) stellt also die Lösung der Bewegungsgleichung für den Fall einer konstanten Beschleunigung dar.

Der freie Fall

Wirft man einen Gegenstand senkrecht nach oben oder nach unten, so kann man, wenn man die Luftreibung und andere Einflüsse vernachlässigt, feststellen, dass der Gegenstand mit einer bestimmten konstanten Rate nach unten beschleunigt wird. Diese Rate wird **Gravitations- oder Erdbeschleunigung** genannt und mit g (vom englischen gravity = Schwerkraft) bezeichnet. Die Erdbeschleunigung ist in der Nähe der Erdoberfläche ungefähr gleich

$$a = -g = -9,81\,\text{m/s}^2.$$

Das Minuszeichen resultiert daher, dass wir ein Koordinatensystem gewählt haben, in dem die y-Achse (also die positive Richtung) nach oben zeigt. Die

Erdbeschleunigung zeigt nach unten auf den Erdmittelpunkt und ist daher negativ.

Es war wohl Galilei, der als Erster die Erdbeschleunigung konkret berechnet und zudem herausgefunden hat, dass die Rate, mit der Körper fallen, nicht von deren Gewicht abhängt. Es wird gesagt, dass er zwei Eisenkugeln, eine sehr viel schwerer als die andere, vom Schiefen Turm von Pisa hat fallen lassen. Die meisten Menschen zu seiner Zeit (und wahrscheinlich auch viele heutzutage) hätten erwartet, dass die schwerere Kugel schneller fällt als die leichte. Aber nein: Beide Kugeln erreichten gemeinsam den Erdboden. Diese Entdeckung Galileis, so sehr sie auch gegen den „gesunden Menschenverstand" verstößt (macht es nicht mehr Mühe, einen schweren Stein zu heben als einen leichten? Warum sollte der schwere dann auch nicht schneller fallen?), ist seitdem in zahllosen Experimenten bestätigt worden. Wir werden später sehen, dass sie aus den **Newton'schen Gesetzen** zusammen mit dem sog. **Äquivalenzprinzip** ableitbar ist.

Beispiel 2.4.

Wir wollen ein Anwendungsbeispiel für den freien Fall berechnen. Ein Ball werde mit einer Anfangsgeschwindigkeit von $v_0 = 30\,\text{m/s}$ senkrecht nach oben geworfen. Wie viel Zeit vergeht, bis er seinen höchsten Punkt erreicht? Welche Strecke legt er bis zu diesem Punkt nach oben zurück? Wir wählen den Ursprung unseres Koordinatensystems am Anfangsort des Balles und die Aufwärtsrichtung wieder als positiv. Während der Ball nach oben fliegt, verringert sich seine Geschwindigkeit, bis sie null wird. In diesem Moment ist der Ball an seinem höchsten Punkt. Nach (2.2) ist die unbekannte Steigezeit T_1 durch die bekannten Größen a, v_0 und v gegeben:

$$v\,(T_1) = aT_1 + v_0 = -gT_1 + v_0,$$

woraus wegen $v\,(T_1) = 0$

$$0 = -gT_1 + v_0, \quad d.h. \ T_1 = \frac{v_0}{g} \tag{2.4}$$

folgt, also in unserem Beispiel

$$T_1 = \frac{v_0}{g} = \frac{30\,\text{m/s}}{9,81\,\text{m/s}^2} = 3,06\,\text{s}.$$

Die Strecke, die der Ball in dieser Zeit zurücklegt, finden wir mit Gl. (2.3):

$$x\,(T_1) = \frac{1}{2}a\,T_1^2 + v_0\,T_1 + x_0.$$

Beachtet man, dass wir das Koordinatensystem so gewählt haben, dass $x_0 = 0$ gilt, so folgt mit $a = -g = -9,81$

$$x\,(3,06) = \frac{1}{2}\,(-9,81)\cdot(3,06)^2 + 30\cdot3,06 = -4,905\cdot9,3636+91,8 = 45,87\,\text{m}.\,\square$$

2.2. Bewegung in zwei und drei Dimensionen

Wir wollen nun die Einschränkung, dass sich das Teilchen nur entlang einer Achse bewegen kann, fallen lassen. Verschiebung, Geschwindigkeit und Beschleunigung werden jetzt als Größen aufgefasst, die sowohl einen Betrag als auch eine Richtung im Raum haben können. Solche Größen heißen **Vektoren**.

Bemerkung 2.4. **MG: Vektorrechnung**
Wir beschäftigen uns also mit der sog. **Vektorrechnung** und konzentrieren uns der Einfachheit halber zunächst auf den zweidimensionalen Fall, die (x, y)-Ebene, die wieder durch ein (x, y)-Koordinatensystem festgelegt sei. Vektoren kann man durch zwei Punkte P_1 und P_2 im Raum darstellen. Der Punkt P_1 heißt der Anfangspunkt und der Punkt P_2 der Endpunkt des Vektors. Vektoren stellen wir grafisch als Pfeile dar und bezeichnen sie entweder mit kleinen Buchstaben mit einem Pfeil darüber ($\vec{a}$) oder durch den Anfangs- und Endpunkt mit einem Pfeil darüber $\left(\overrightarrow{P_1P_2}\right)$, wie Abb. 2.6 zeigt.

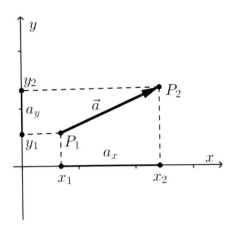

Abbildung 2.6.: Vektor als Verbindung zweier Punkte P_1 und P_2

Sind nun die Koordinaten der Punkte P_1 und P_2 durch $P_1 = (x_1, y_1)$ und $P_2 = (x_2, y_2)$ gegeben, so kann der Vektor $\vec{a}$ auch durch seine **Komponenten**

$$\vec{a} = \begin{pmatrix} a_x \\ a_y \end{pmatrix} = \begin{pmatrix} x_2 - x_1 \\ y_2 - y_1 \end{pmatrix}$$

dargestellt werden. Während wir die Koordinaten der Punkte in der Ebene *hintereinander* schreiben, z.B. $P = (x, y)$, schreibt man die Komponenten von Vektoren *untereinander*

$$\vec{a} = \begin{pmatrix} a_x \\ a_y \end{pmatrix}.$$

Sind $P_3 = (x_3, y_3)$ und $P_4 = (x_4, y_4)$ zwei weitere Punkte mit der Eigenschaft

$$\begin{pmatrix} x_4 - x_3 \\ y_4 - y_3 \end{pmatrix} = \begin{pmatrix} x_2 - x_1 \\ y_2 - y_1 \end{pmatrix},$$

so kann man den Vektor $\vec{a}$ auch als

$$\vec{a} = \begin{pmatrix} a_x \\ a_y \end{pmatrix} = \begin{pmatrix} x_4 - x_3 \\ y_4 - y_3 \end{pmatrix}$$

schreiben. Ein Vektor $\vec{a}$ wird nach Wahl eines Koordinatensystems eindeutig durch seine Komponenten a_x, a_y, die beliebige reelle Zahlen sein können, definiert. In der grafischen Darstellung können zwei *beliebige* Punkte P_1, P_2 als Anfangs- bzw. Endpunkte gewählt werden, vorausgesetzt, sie erfüllen die Bedingung:

$$\begin{pmatrix} a_x \\ a_y \end{pmatrix} = \begin{pmatrix} x_2 - x_1 \\ y_2 - y_1 \end{pmatrix}$$

Mit anderen Worten:

> Alle Pfeile in der Ebene, die die gleiche Länge und die gleiche Richtung haben, repräsentieren denselben Vektor.

Der **Nullvektor** wird durch

$$\vec{0} = \begin{pmatrix} 0 \\ 0 \end{pmatrix}$$

definiert. Die **Länge eines Vektors** $\vec{a}$ bezeichnen wir mit a, sie ergibt sich aus Abb. 2.6 mit dem Satz des Pythagoras zu

$$a = \sqrt{a_x^2 + a_y^2} = \sqrt{(x_2 - x_1)^2 + (y_2 - y_1)^2}. \tag{2.5}$$

Ist $P_1 = (0, 0)$ der Koordinatenursprung und $P = (x, y)$ ein beliebiger Punkt im Raum, so nennt man den Vektor

$$\vec{r}(P) = \overrightarrow{0P} = \begin{pmatrix} x \\ y \end{pmatrix}$$

den **Ortsvektor** zu P und schreibt, wenn klar ist, welcher Punkt P gemeint ist, statt $\vec{r}(P)$ kurz $\vec{r}$. Man kann also die Menge der Punkte in der Ebene eindeutig durch Ortsvektoren darstellen. Die **Einheitsvektoren** der Ebene sind die (Orts-)Vektoren

$$\vec{e}_x = \begin{pmatrix} 1 \\ 0 \end{pmatrix}, \vec{e}_y = \begin{pmatrix} 0 \\ 1 \end{pmatrix},$$

sie liegen auf der x- bzw. y-Achse, haben die Länge 1 und werden auch **kartesische Basisvektoren** genannt.

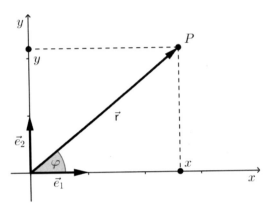

Abbildung 2.7.: Der Ortsvektor und die kartesischen Einheitsvektoren

Bezeichnet φ den Winkel zwischen dem Vektor $\vec{r}$ und der positiven x-Achse, so kann man an Abb. 2.7 ablesen, dass

$$\cos\varphi = \frac{\text{Ankathete}}{\text{Hypotenuse}} = \frac{x}{r}$$

und

$$\sin\varphi = \frac{\text{Gegenkathete}}{\text{Hypotenuse}} = \frac{y}{r},$$

also

$$x = r\cos\varphi \quad \text{und} \quad y = r\sin\varphi$$

gilt. Diese Schreibweise eines Vektors

$$\vec{r} = \begin{pmatrix} x \\ y \end{pmatrix} = \begin{pmatrix} r\cos\varphi \\ r\sin\varphi \end{pmatrix} \tag{2.6}$$

nennt man Darstellung in **Polarkoordinaten**. Für den Betrag von $\vec{r}$ ergibt sich mit (2.5)

$$r = \sqrt{r^2\cos^2\varphi + r^2\sin^2\varphi} = r\sqrt{\cos^2\varphi + \sin^2\varphi}$$

und daraus die wichtige Beziehung

$$\cos^2 \varphi + \sin^2 \varphi = 1. \qquad (2.7)$$

Zwei Vektoren

$$\vec{a} = \begin{pmatrix} a_x \\ a_y \end{pmatrix}, \ \vec{b} = \begin{pmatrix} b_x \\ b_y \end{pmatrix}$$

können addiert

$$\vec{a} + \vec{b} = \begin{pmatrix} a_x + b_x \\ a_y + b_y \end{pmatrix}$$

sowie mit einer Zahl (man sagt auch: mit einem **Skalar**) c multipliziert werden:

$$c \cdot \vec{a} = \begin{pmatrix} c \cdot a_x \\ c \cdot a_y \end{pmatrix}$$

Diese beiden Vektoroperationen kann man sich auch grafisch veranschaulichen. Bei der Addition heftet man eine Kopie des Vektors $\vec{b}$ an die Pfeilspitze des Vektors $\vec{a}$ und erhält die Summe als den Vektor der Diagonalen des Parallelogramms, das durch $\vec{a}$ und $\vec{b}$ aufgespannt wird, siehe Abb. 2.8. Die Multiplikation eines Vektors mit einer Zahl c bedeutet eine Streckung ($c > 1$) bzw. eine Stauchung des Vektors ($c < 1$). Ist $c < 0$, so ändert der Pfeil seine Richtung, die Spitze und der Pfeilanfang tauschen ihre Plätze.

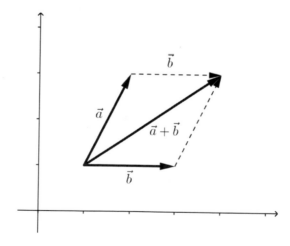

Abbildung 2.8.: Addition zweier Vektoren

Jeder Vektor $\vec{a}$ kann als **Linearkombination** der Basisvektoren geschrieben werden:

$$\vec{a} = \begin{pmatrix} a_x \\ a_y \end{pmatrix} = \begin{pmatrix} a_x \\ 0 \end{pmatrix} + \begin{pmatrix} 0 \\ a_y \end{pmatrix} = a_x \begin{pmatrix} 1 \\ 0 \end{pmatrix} + a_y \begin{pmatrix} 0 \\ 1 \end{pmatrix} = a_x \, \vec{e}_x + a_y \, \vec{e}_y \ \square$$

$$(2.8)$$

Trajektorie, Geschwindigkeits- und Beschleunigungsvektor

Bemerkung 2.5. **MG: Vektorwertige Funktionen**
Eine Funktion, die eine Zahl x eindeutig auf einen (zweidimensionalen) Vektor abbildet, heißt **vektorwertig**. Die Schreibweise für eine **vektorwertige Funktion**ist $\vec{f}(x)$. Mit dem Pfeil über f soll angedeutet werden, dass die Werte der Funktion Vektoren sind. In der Komponentenschreibweise erhält man mit den sogenannten **Komponentenfunktionen** f_1 und f_2:

$$\vec{f}(x) = \begin{pmatrix} f_1(x) \\ f_2(x) \end{pmatrix}$$

Die Komponentenfunktionen sind *reellwertige* Funktionen und ebenfalls von der Variable x abhängig. Man kann eine vektorwertige Funktion auch als Linearkombination der Basisvektoren schreiben

$$\vec{f}(x) = f_1(x)\,\vec{e}_x + f_2(x)\,\vec{e}_y.$$

Man sieht an dieser Darstellung, dass nur die Komponenten von der Variablen x abhängen, die kartesischen Basisvektoren bleiben unverändert. Wenn man in der physikalischen Anwendung den Ort eines Teilchens zu jedem beliebigen Zeitpunkt t untersuchen will, so wählt man häufig als Notation die Bezeichnung

$$\vec{r}(t) = \begin{pmatrix} x(t) \\ y(t) \end{pmatrix}$$

anstelle von

$$\vec{f}(t) = \begin{pmatrix} f_1(t) \\ f_2(t) \end{pmatrix}. \square$$

Wir wollen nun die Bewegung eines solchen Teilchens untersuchen. Das Teilchen hat zu jedem festen Zeitpunkt t eine Position in der Ebene, die sich durch einen Ortsvektor darstellen lässt:

$$\vec{r}(t) = x(t)\,\vec{e}_x + y(t)\,\vec{e}_y = \begin{pmatrix} x(t) \\ y(t) \end{pmatrix}$$

Da sich die Position des Teilchens im Zeitverlauf ändern kann, sind die Komponenten des Ortsvektors des Teilchens nicht mehr feste Zahlen, sondern hängen von der Zeitvariablen t ab. In Abb. 2.9 stellt die fett gedruckte Kurve den tatsächlichen Weg dar, den das Teilchen in der Ebene durchläuft. Diesen Weg nennt man auch **Trajektorie**. Jeder Punkt der Trajektorie, also jeder Ort des Teilchens, wird durch die Angabe einer x- und y-Koordinate angegeben.

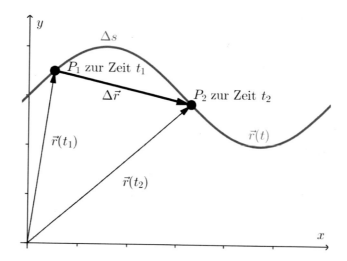

Abbildung 2.9.: Teilchenbahn, Trajektorie in der (x, y)-Ebene

Das Teilchen befindet sich zum Zeitpunkt t_1 im Punkt $P_1 = (x(t_1), y(t_1))$. Zu einem späteren Zeitpunkt t_2 befindet es sich im Punkt $P_2 = (x(t_2), y(t_2))$. Der Vektor der Verschiebung von P_1 nach P_2 gibt die räumliche Änderung des Ortsvektors an:

$$\Delta \vec{r} = \vec{r}(t_2) - \vec{r}(t_1)$$

Das Verhältnis von Verschiebungsvektor zum Zeitintervall $\Delta t = t_2 - t_1$ stellt den *Vektor der Durchschnittsgeschwindigkeit* dar:

$$\langle \vec{v} \rangle = \frac{\Delta \vec{r}}{\Delta t}$$

In Abb. 2.9 sehen wir, dass der Betrag des Verschiebungsvektors nicht gleich dem tatsächlich durchlaufenen Weg Δs des Teilchens ist. Der Verschiebungsvektor ist kleiner als diese Distanz, nähert sich aber bei kleiner werdendem Zeitintervall immer mehr der tatsächlichen Strecke, die das Teilchen entlang der Kurve zurücklegt. Die Richtung von $\Delta \vec{r}$ (und damit auch von $\Delta \vec{r}/\Delta t$) nähert sich dabei der Richtung der Tangente an die Kurve im Punkt P_1. Wir definieren den Vektor der Momentangeschwindigkeit zum Zeitpunkt t_1 als Grenzwert des Vektors der Durchschnittsgeschwindigkeit für Δt gegen null:

$$\vec{v}(t_1) = \lim_{\Delta t \to 0} \frac{\Delta \vec{r}}{\Delta t} = \frac{d\vec{r}}{dt} = \dot{\vec{r}}(t_1)$$

Der Vektor der Momentangeschwindigkeit ist also die Ableitung des Ortsvektors nach der Zeit. *Seine Richtung weist entlang der Tangente* an die Kurve, die von dem Teilchen im Raum durchlaufen wird. Er zeigt also immer in Richtung der Bewegung des Teilchens. Um die Komponenten der Momentangeschwindigkeit konkret zu berechnen, müssen wir den Ortsvektor in seine Komponenten zerlegen:

$$\Delta \vec{r} = \vec{r}(t_2) - \vec{r}(t_1) = \begin{pmatrix} x(t_2) - x(t_1) \\ y(t_2) - y(t_1) \end{pmatrix} = \begin{pmatrix} \Delta x \\ \Delta y \end{pmatrix}$$

Nun dividieren wir den Vektor $\Delta \vec{r}$ durch Δt und erhalten für die Komponenten

$$\frac{\Delta \vec{r}}{\Delta t} = \frac{1}{\Delta t} \begin{pmatrix} \Delta x \\ \Delta y \end{pmatrix} = \begin{pmatrix} \Delta x / \Delta t \\ \Delta y / \Delta t \end{pmatrix},$$

woraus

$$\vec{v}(t_1) = \lim_{\Delta t \to 0} \begin{pmatrix} \Delta x / \Delta t \\ \Delta y / \Delta t \end{pmatrix} = \begin{pmatrix} dx/dt \\ dy/dt \end{pmatrix} = \begin{pmatrix} \dot{x}(t_1) \\ \dot{y}(t_1) \end{pmatrix} = \begin{pmatrix} v_x(t_1) \\ v_y(t_1) \end{pmatrix}$$

folgt. Für die Ortskurve eines Teilchens haben wir damit die erste Ableitung berechnet, für den allgemeinen Fall gilt das entsprechend.

Bemerkung 2.6. **MW: Die Ableitung und das Integral einer vektorwertigen Funktion**

Ist

$$\vec{f}(x) = \begin{pmatrix} f_1(x) \\ f_2(x) \end{pmatrix}$$

eine vektorwertige Funktion, so wird die Ableitung von $\vec{f}$ nach x durch

$$\vec{f}'(x) = \begin{pmatrix} f_1'(x) \\ f_2'(x) \end{pmatrix}$$

definiert, d.h., die Ableitung einer vektorwertigen Funktion ist wieder eine vektorwertige Funktion mit den Komponentenfunktionen f_1' und f_2'. Man erhält sie, indem man die Ableitungen der Komponentenfunktionen f_1 und f_2 errechnet und als Komponenten eines Vektors auffasst. Ist die Variable die Zeit t, so schreibt man auch $\dot{\vec{f}}(t)$ anstelle von $\vec{f}'(t)$. Höhere Ableitungen einer vektorwertigen Funktion werden analog definiert. Will man das Integral einer vektorwertigen Funktion finden, so geht man ähnlich vor. Man integriert die Komponentenfunktionen einzeln und fasst diese Integrale als Komponenten eines Vektors auf, also

$$\int \vec{f}(x)\, dx = \begin{pmatrix} \int f_1(x)\, dx \\ \int f_2(x)\, dx \end{pmatrix}. \ \Box$$

Der Vektor der **Durchschnittsbeschleunigung** wird analog definiert als das Verhältnis der Änderung der Momentangeschwindigkeit $\Delta \vec{v}$ zum Zeitintervall Δt:

$$\langle \vec{a} \rangle = \frac{\Delta \vec{v}}{\Delta t}$$

Der Vektor der **Momentanbeschleunigung** ist die Ableitung des Geschwindigkeitsvektors nach der Zeit:

$$\vec{a} = \lim_{\Delta t \to 0} \frac{\Delta \vec{v}}{\Delta t} = \frac{d\vec{v}}{dt} = \dot{\vec{v}} = \ddot{\vec{r}}$$

Um die Komponenten der Momentanbeschleunigung zu bestimmen, gehen wir genau wie bei der Herleitung der Momentangeschwindigkeit vor

$$\vec{v}(t) = \begin{pmatrix} v_x(t) \\ v_y(t) \end{pmatrix} = \begin{pmatrix} dx/dt \\ dy/dt \end{pmatrix}.$$

Damit ergibt sich

$$\vec{a}(t) = \lim_{\Delta t \to 0} \frac{\Delta \vec{v}}{\Delta t} = \begin{pmatrix} d^2x/dt^2 \\ d^2y/dt^2 \end{pmatrix} = \begin{pmatrix} \ddot{x}(t) \\ \ddot{y}(t) \end{pmatrix} = \begin{pmatrix} a_x(t) \\ a_y(t) \end{pmatrix}.$$

Der Geschwindigkeitsvektor kann seinen Betrag, seine Richtung oder beides ändern. Von Beschleunigung sprechen wir, wenn der Geschwindigkeitsvektor in *irgendeiner* Weise variiert. Ein Teilchen kann sich mit einer Geschwindigkeit mit konstantem Betrag bewegen und trotzdem beschleunigt werden. Das ist zum Beispiel der Fall, wenn sich das Teilchen mit gleicher Schnelligkeit auf einer Kreislinie bewegt. Hier ändert sich (ständig) die Richtung, nicht aber der Betrag der Geschwindigkeit!

Wurfbewegungen

Eine wichtige Anwendung der Bewegung in zwei Dimensionen ist die eines Körpers, der in die Luft geworfen oder geschossen wird und sich dann frei bewegen kann. Wir wollen wieder die Idealsituation unterstellen, dass Luftreibung, Rotation der Erde usw. keinen Einfluss auf die Bewegung des Projektils haben. Die Bewegung soll ausschließlich durch die als konstant unterstellte Erdbeschleunigung g und die Anfangsbedingungen determiniert sein.

Galilei war wohl der Erste, der bei seinen Falluntersuchungen entdeckte, dass bei Wurfbewegungen die horizontalen und vertikalen Komponenten der Bewegung unabhängig voneinander sind, immer vorausgesetzt, dass keine weiteren horizontal oder vertikal wirkenden Kräfte die Bewegung beeinflussen. Manchmal wird diese Unabhängigkeit der Bewegungen auch die früheste Version des

Relativitätsprinzips genannt. Man kann sich dieses Prinzip folgendermaßen veranschaulichen. Stellen wir uns vor, wir befinden uns auf einem Bahnhof und ein Zug fährt mit konstanter Geschwindigkeit an uns vorbei. Im Zug steht ein Mann und wirft einen Ball senkrecht in die Luft. Aus Sicht des Mannes liegt eine Situation vor, wie wir sie weiter oben beschrieben haben. Für ihn gibt es nur die vertikale Wurfbewegung, und er kann die Flughöhe und die Fallzeit mit den obigen Mitteln bestimmen. Für uns ändert sich aber durch die Geschwindigkeit des Zuges die horizontale Position des Mannes und damit des Balles, d.h., wir beobachten, dass die Bewegung des Balles auch eine horizontale Komponente hat. Trotzdem fällt der Ball für uns und den Mann gleich schnell, d.h., die beiden Bewegungsrichtungen sind unabhängig.

Stellen wir uns nun vor, der Ball wird mit einer Anfangsgeschwindigkeit $\vec{v}_0$ geworfen, die sowohl eine vertikale (in Richtung positiver y-Achse) als auch eine horizontale Komponente (in Richtung positiver x-Achse) hat, und wir werfen zum Zeitpunkt $t = 0$ vom Ursprung des Koordinatensystems aus mit einem Winkel θ zur positiven x-Achse ab, siehe Abb. 2.10.

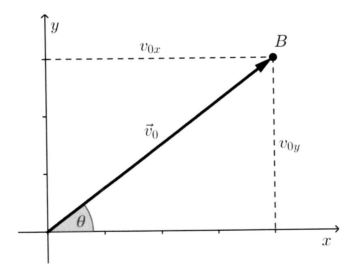

Abbildung 2.10.: Schräger Wurf

Dann gelten für die Komponenten der Erdbeschleunigung

$$\vec{a} = \begin{pmatrix} a_x \\ a_y \end{pmatrix} = \begin{pmatrix} 0 \\ -g \end{pmatrix}$$

und für die Komponenten der Geschwindigkeit

$$\vec{v}_0 = \begin{pmatrix} v_{0x} \\ v_{0y} \end{pmatrix} = \begin{pmatrix} v_0 \cos\theta \\ v_0 \sin\theta \end{pmatrix}.$$

Da es *keine* Beschleunigung in x-Richtung gibt, ist die x-Komponente der Geschwindigkeit für alle Zeitpunkte konstant

$$v_x(t) = v_{0x}.$$

Die y-Komponente ändert sich mit der Zeit

$$v_y(t) = v_{0y} - gt.$$

Also ist

$$\vec{v}(t) = \begin{pmatrix} v_{0x} \\ v_{0y} - gt \end{pmatrix}.$$

Durch komponentenweise Integration erhält man daraus die Bahnkurve des Balles

$$\vec{r}(t) = \begin{pmatrix} x(t) \\ y(t) \end{pmatrix} = \begin{pmatrix} v_{0x}t + x_0 \\ v_{0y}t - \dfrac{1}{2}gt^2 + y_0 \end{pmatrix}$$

mit den Integrationskonstanten x_0 und y_0. Beachtet man, dass wir vom Null-punkt aus werfen, d.h.

$$\vec{r}(0) = \begin{pmatrix} 0 \\ 0 \end{pmatrix},$$

so folgt $x_0 = 0$ und $y_0 = 0$ und somit

$$\vec{r}(t) = \begin{pmatrix} x(t) \\ y(t) \end{pmatrix} = \begin{pmatrix} v_{0x}\,t \\ v_{0y}\,t - \dfrac{1}{2}gt^2 \end{pmatrix}.$$

Beispiel 2.5.
Wir wollen die Reichweite eines Balles ermitteln, der mit der Geschwindigkeit $50\,\text{m/s}$ und einem Winkel von $36{,}87°$ zur Horizontalen in die Luft geworfen wird. Die Komponenten der Anfangsgeschwindigkeit sind

$$\vec{v}_0 = \begin{pmatrix} v_{0x} \\ v_{0y} \end{pmatrix} = \begin{pmatrix} v_0 \cos\theta \\ v_0 \sin\theta \end{pmatrix} = \begin{pmatrix} 50\cos(36{,}87°) \\ 50\sin(36{,}87°) \end{pmatrix} \approx \begin{pmatrix} 40\,\text{m/s} \\ 30\,\text{m/s} \end{pmatrix},$$

wobei das Zeichen $\approx$ „ungefähr gleich" bedeutet. Zunächst bestimmen wir die Zeit T_2, die der Ball fliegt, bevor er wieder auf die Erde fällt. Beim Aufprall auf die Erde ist die y-Komponente der Flugbahn gleich null, also folgt

$$0 = y(T_2) = v_{0y}\,T_2 - \frac{1}{2}gT_2^2.$$

Wir wissen, dass zur Startzeit $T_2 = 0$ der Ball im Nullpunkt lag, unterstellen also, dass $T_2 \neq 0$ ist, dividieren die Gleichung durch T_2 und lösen nach T_2 auf:

$$T_2 = \frac{2v_{0y}}{g} \tag{2.9}$$

Die gesamte Flugzeit ist also doppelt so lang wie die Steigezeit, siehe (2.4). Setzen wir die Zahlen ein, so erhalten wir

$$T_2 = \frac{2v_{0y}}{g} = \frac{30 \cdot 2}{9,81} = 6,1\,\text{s}.$$

Da sich der Ball in horizontaler Richtung mit der konstanten Geschwindigkeit von 40 m/s bewegt, beträgt die Entfernung R, die der Ball in positiver x-Richtung zurückgelegt hat:

$$R = v_{0x}\,T_2 = 40 \cdot 6,1 = 244\,\text{m} \,\square$$

Möchte man die Frage beantworten, wie der Abwurfwinkel gewählt werden muss, damit die Reichweite maximal wird, so setzt man im ersten Schritt die allgemeine Formel für T_2 (2.9) in die letzte Gleichung ein:

$$R = v_{0x}\,T_2 = v_{0x}\,\frac{2v_{0y}}{g} = \frac{2v_0\cos\theta v_0 \sin\theta}{g} = \frac{2v_0^2 \cos\theta \sin\theta}{g}$$

Diese Gleichung kann man vereinfachen, indem man die trigonometrische Gleichung für den doppelten Winkel benutzt:

$$\sin(2\theta) = 2\cos\theta\sin\theta$$

(siehe Kap. 29 auf Seite 605). Damit erhält man

$$R = \frac{v_0^2}{g}\sin 2\theta.$$

Der Sinus wird maximal, wenn $2\theta = 90°$, also $\theta = 45°$ ist, d.h., die maximale Reichweite ist

$$R_{max} = \frac{v_0^2}{g} \tag{2.10}$$

und der optimale Abwurfwinkel beträgt 45°. Wenn bei optimalem Abwurfwinkel die Abwurfgeschwindigkeit v_0 so groß ist, dass R_{max} den Erdradius überschreitet, also

$$\frac{v_0^2}{g} > 6378\,\text{km}$$

(siehe Kap. 30 auf Seite 609), so fällt der Ball nicht mehr auf die Erde zurück, sondern „er fällt an ihr vorbei". Will man ihn auf eine Umlaufbahn bringen, die nicht mit der Erde kollidiert, so muss er allerdings noch einen weiteren Schub in Richtung Umlaufbahn bekommen.

Kreisbewegung

Wir untersuchen die Bewegung eines Satelliten, der sich mit einer konstanten Geschwindigkeit v auf einer Kreisbahn mit Radius r um die Erde bewegt. Da sich die Richtung der Geschwindigkeit des Satelliten jederzeit ändert, erfährt der Satellit eine Beschleunigung, die **Zentripetalbeschleunigung** genannt wird. Um die Zentripetalbeschleunigung zu bestimmen, erinnern wir uns, dass die Geschwindigkeit $\vec{v}$ eines bewegten Teilchens immer entlang der Tangente an die Bahnkurve am momentanen Ort des Teilchens zeigt. Bei einer Kreisbahn heißt dies, dass der Geschwindigkeitsvektor $\vec{v}$ senkrecht auf dem Radius steht.

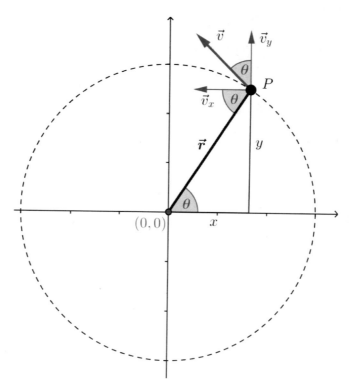

Abbildung 2.11.: Kreisförmige Satellitenbahn

Abb. 2.11 zeigt einen Satelliten, der sich momentan im Punkt P befindet und gegen den Uhrzeigersinn bewegt. Eingetragen ist der Winkel θ, der vom Ortsvektor $\vec{r}$ und der positiven x-Achse eingeschlossen wird. Der Winkel θ taucht auch zwischen den Vektoren $\vec{v}_x$ und $\vec{r}$ sowie zwischen den Vektoren $\vec{v}$ und $\vec{v}_y$ auf. Beachtet man, dass der Vektor $\vec{v}_x$ mit

$$\vec{v}_x = \begin{pmatrix} v_x \\ 0 \end{pmatrix} = \begin{pmatrix} -v\sin\theta \\ 0 \end{pmatrix}$$

39

2. *Fallgesetze*

in negative x-Richtung sowie der Vektor $\vec{v}_y$ mit

$$\vec{v}_y = \begin{pmatrix} 0 \\ v \cos\theta \end{pmatrix}$$

in positive y-Richtung zeigt, so folgt

$$\vec{v} = v_x \vec{e}_x + v_y \vec{e}_y = -v \sin\theta\, \vec{e}_x + v \cos\theta\, \vec{e}_y.$$

Wir nutzen nun aus, dass $\sin\theta = y/r$ und $\cos\theta = x/r$ ist, und erhalten

$$\vec{v} = \left(\frac{-vy}{r} \right) \vec{e}_x + \left(\frac{vx}{r} \right) \vec{e}_y.$$

Um die Beschleunigung zu erhalten, müssen wir diese Gleichung nach der Zeit ableiten. Da wir einen konstanten Geschwindigkeitsbetrag v und einen konstanten Radius r unterstellt haben, ändern sich diese Größen im Lauf der Zeit nicht. Also folgt für die Zentripetalbeschleunigung

$$\vec{a} = \frac{d\vec{v}}{dt} = \left(\frac{-v}{r}\frac{dy}{dt} \right) \vec{e}_x + \left(\frac{v}{r}\frac{dx}{dt} \right) \vec{e}_y.$$

Wegen $dy/dt = v_y = v \cos\theta$ und $dx/dt = v_x = -v \sin\theta$ erhält man daraus

$$\vec{a} = \left(-\frac{v^2 \cos\theta}{r} \right) \vec{e}_x + \left(-\frac{v^2 \sin\theta}{r} \right) \vec{e}_y.$$

Beachtet man Gl. (2.7):

$$\cos^2\theta + \sin^2\theta = 1,$$

so ergibt sich mit Gl. (2.5) für den Betrag der Beschleunigung

$$a = \sqrt{a_x^2 + a_y^2} = \frac{v^2}{r}\sqrt{\cos^2\theta + \sin^2\theta} = \frac{v^2}{r}. \tag{2.11}$$

Für die Richtung φ von $\vec{a}$ erhält man aus Abb. 2.12:

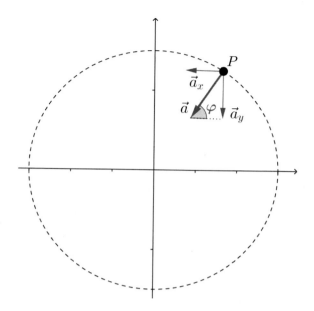

Abbildung 2.12.: Richtung der Zentripetalbeschleunigung

$$\tan \varphi = \frac{a_y}{a_x} = \frac{\left(-\dfrac{v^2 \sin \theta}{r} \right)}{\left(-\dfrac{v^2 \cos \theta}{r} \right)} = \frac{\sin \theta}{\cos \theta} = \tan \theta,$$

also $\varphi = \theta$, d.h., der Vektor $\vec{a}$ zeigt in Richtung Kreismittelpunkt. Da die Erdbeschleunigung ebenfalls auf den Erdmittelpunkt zeigt, können wir folgern, dass im (nahen) Erdumfeld die Zentripetalbeschleunigung auf einer kreisförmigen Satellitenbahn proportional zur Erdbeschleunigung ist. Da der Satellit mit konstanter Geschwindigkeit v fliegt, gilt für seine **Umlaufzeit** T

$$v = \frac{2\pi r}{T}, \text{ also } T = \frac{2\pi r}{v}. \tag{2.12}$$

Die Größe $2\pi/T$ nennt man **Kreisfrequenz** und bezeichnet sie mit dem griechischen Buchstaben Omega ω:

$$\omega = \frac{2\pi}{T} = \frac{v}{r} \tag{2.13}$$

Wir wollen die Ergebnisse zur Satellitenbahn in einem konkreten Beispiel anwenden.

Beispiel 2.6.

Ein Satellit bewege sich 200 km über der Erdoberfläche mit konstanter Geschwindigkeit auf einer Kreisbahn um den Erdmittelpunkt. Welche Geschwindigkeit besitzt er, wenn man annimmt, dass die Zentripetalbeschleunigung auch in dieser Höhe 9, 81 m/s² beträgt, und wie lange benötigt er für einen Umlauf? Der Radius der Umlaufbahn ist gleich dem Erdradius plus 200 km:

$$r = 6378 + 200 = 6578 \, \text{km}$$

Die Geschwindigkeit des Satelliten errechnen wir mit Gl. (2.11):

$$v^2 = r \cdot a = 6.578.000 \cdot 9, 81 = 64.530.180,$$

also

$$v = 8.033 \, \text{m/s} \approx 8 \, \text{km/s}.$$

Für die Umlaufzeit erhalten wir

$$T = \frac{2 \pi r}{v} \approx \frac{2 \pi \cdot 6578}{8} = 5166 \, \text{s} \approx 86 \, \text{min.} \; \Box$$

2.3. Verallgemeinerung auf drei Dimensionen

Wir haben uns bislang auf Bewegungen in zwei Dimensionen konzentriert, da insbesondere die grafischen Darstellungen wesentlich einfacher und damit verständlicher als im Dreidimensionalen sind. Die generellen Gesetzmäßigkeiten lassen sich jedoch leicht auf den dreidimensionalen Fall verallgemeinern. Bei der Behandlung von Teilchen, die sich im dreidimensionalen Raum bewegen, gibt es statt zwei nunmehr drei Koordinaten, die die Bahn des Teilchens beschreiben:

$$\vec{r}(t) = x(t) \, \vec{e}_x + y(t) \, \vec{e}_y + z(t) \, \vec{e}_z = \begin{pmatrix} x(t) \\ y(t) \\ z(t) \end{pmatrix},$$

wobei die Einheitsvektoren

$$\vec{e}_x = \begin{pmatrix} 1 \\ 0 \\ 0 \end{pmatrix}, \vec{e}_y = \begin{pmatrix} 0 \\ 1 \\ 0 \end{pmatrix}, \vec{e}_z = \begin{pmatrix} 0 \\ 0 \\ 1 \end{pmatrix}$$

lauten. Die übrigen Rechenregeln der Vektorrechnung übertragen sich sinngemäß, z.B. gilt für den Betrag von $\vec{r}(t)$

$$r(t) = \sqrt{x^2(t) + y^2(t) + z^2(t)}. \tag{2.14}$$

Geschwindigkeit und Beschleunigung ergeben sich analog zu

$$\vec{v}(t) = \lim_{\Delta t \to 0} \frac{\Delta x \vec{e}_x + \Delta y \vec{e}_y + \Delta z \vec{e}_z}{\Delta t} = \frac{dx}{dt}\vec{e}_x + \frac{dy}{dt}\vec{e}_y + \frac{dz}{dt}\vec{e}_z$$

$$= \begin{pmatrix} \dot{x}(t) \\ \dot{y}(t) \\ \dot{z}(t) \end{pmatrix} = \begin{pmatrix} v_x(t) \\ v_y(t) \\ v_z(t) \end{pmatrix},$$

sowie

$$\vec{a}(t) = \frac{dv_x}{dt}\vec{e}_x + \frac{dv_y}{dt}\vec{e}_y + \frac{dv_z}{dt}\vec{e}_z = \frac{d^2x}{dt^2}\vec{e}_x + \frac{d^2y}{dt^2}\vec{e}_y + \frac{d^2z}{dt^2}\vec{e}_z$$

$$= \begin{pmatrix} \ddot{x}(t) \\ \ddot{y}(t) \\ \ddot{z}(t) \end{pmatrix} = \begin{pmatrix} a_x(t) \\ a_y(t) \\ a_z(t) \end{pmatrix}.$$

3. Newton'sche Gesetze

Eine Wechselwirkung, die eine *Beschleunigung* eines Körpers hervorrufen kann, wird eine **Kraft** genannt. Isaac Newton (1642 - 1727) war der Erste, der die Beziehung zwischen Kräften und Beschleunigungen in Gesetzen formulierte, die die sogenannte **Newton'sche Mechanik** ausmachen. Diese war bis zum Anfang des 20. Jahrhunderts ohne Einschränkungen für jedes mechanische Problem anwendbar. Dann entdeckte man, dass die Newton'sche Mechanik durch Einsteins **Spezielle Relativitätstheorie** ersetzt werden muss, wenn die Geschwindigkeiten der wechselwirkenden Körper der Lichtgeschwindigkeit nahe kommen. Sind die wechselwirkenden Körper von der Größenordnung atomarer Strukturen, so tritt die **Quantenmechanik** an die Stelle der Newton'schen Mechanik. Dennoch hat die Newton'sche Mechanik auch heute noch eine große Relevanz, lässt sie sich doch auf die Bewegung von Objekten anwenden, deren Größe sich von kleinen bis zu astronomischen Skalen (z.B. **Galaxienhaufen**) erstreckt.

Newton löste sich von der über Jahrhunderte gefestigten Vorstellung, dass eine Kraft erforderlich ist, um einen Körper in einer **gleichförmigen Bewegung** zu halten. Er postulierte, wie schon Galilei vor ihm, dass ein Körper sich mit konstanter Geschwindigkeit bewegt oder in Ruhe verharrt, wenn *keine* Kräfte auf ihn wirken. Er erkannte zudem, dass die Beschleunigung eines Körpers von seiner Masse und der Kraft abhängt, die auf ihn ausgeübt wird. Je größer die Kraft ist, umso größer ist die Beschleunigung; und je größer die Masse ist, um so kleiner ist die Beschleunigung. Die Richtung der Beschleunigung ist die Richtung der Kraft. Die Kraft ist also selbst ein Vektor und wird mit $\vec{F}$ (nach dem englischen „Force") bezeichnet. Wirken gleichzeitig n Kräfte $\vec{F_i}$ auf den Körper, so ist die Beschleunigung $\vec{a}$ proportional zur Vektorsumme aller Kräfte

$$\vec{F} = \vec{F_1} + \vec{F_2} + \cdots + \vec{F_n}.$$

Aus diesen Überlegungen lassen sich zwei Gesetze ableiten:

© Der/die Autor(en), exklusiv lizenziert durch
Springer-Verlag GmbH, DE, ein Teil von Springer Nature 2021
M. Ruhrländer, *Aufstieg zu den Einsteingleichungen*,
https://doi.org/10.1007/978-3-662-62546-0_3

> **Erstes Newton'sches Gesetz (Trägheitsprinzip):** Wenn keine Kräfte auf einen Körper wirken ($\vec{F} = \vec{0}$), so kann sich seine Geschwindigkeit (Betrag *und* Richtung) nicht ändern.

> **Zweites Newton'sches Gesetz (Aktionsprinzip):** Die Beschleunigung $\vec{a}$ eines Körpers ist umgekehrt proportional zu seiner Masse m und direkt proportional zur resultierenden Gesamtkraft, die auf ihn wirkt:
>
> $$\vec{a} = \frac{\vec{F}}{m} \quad \text{oder} \quad \vec{F} = m\vec{a}$$

Die Einheit der Kraft ist 1 Newton (N) und entspricht jener Kraft, die man aufwenden muss, um einen Körper mit der Masse 1 kg mit $1\,\text{m/s}^2$ zu beschleunigen. Newton stellte noch ein drittes Gesetz auf:

> **Drittes Newton'sches Gesetz (Reaktionsprinzip):** Kräfte treten immer paarweise auf. Wenn Körper A eine Kraft auf Körper B ausübt, so wirkt eine gleich große, aber entgegengesetzte Kraft von Körper B auf Körper A.

Treten in einem System n Kräfte $\vec{F_i}$ auf, so gibt es also zu jeder dieser Kräfte eine Gegenkraft $\vec{F}_{i;gegen}$ mit

$$\vec{F_i} + \vec{F}_{i;gegen} = \vec{0},$$

sodass für die Gesamtkraft $\vec{F}$, die auch alle Gegenkräfte berücksichtigt,

$$\vec{F} = \left(\vec{F_1} + \vec{F}_{1;gegen} \right) + \cdots + \left(\vec{F_n} + \vec{F}_{n;gegen} \right) = \vec{0}$$

gilt. Die Gesamtkraft in einem System ist null. Aus dem dritten Newton'schen Gesetz kann man eine wichtige physikalische Gesetzmäßigkeit ableiten, nämlich die Erhaltung des Impulses.

3.1. Impulserhaltung

Der **Impuls** $\vec{p}$ eines Teilchens wird definiert als das Produkt aus seiner Masse m und seiner Geschwindigkeit $\vec{v}$

$$\vec{p} = m\vec{v}.$$

Der Impuls ist wie die Geschwindigkeit eine vektorielle Größe. Man kann sich den Impuls vorstellen als Maß für die Schwierigkeit, das Teilchen in den Ruhezustand zu überführen. Ein schwerer Lastwagen mit einer bestimmten Geschwindigkeit hat einen höheren Impuls als ein Pkw mit geringerer Geschwindigkeit. Es braucht mehr Bremskraft, um den Lastwagen zu stoppen als das

Auto. Das zweite Newton'sche Gesetz kann mithilfe des Impulses formuliert werden, wenn man unterstellt, dass die Masse konstant ist, sich also mit der Zeit nicht ändert:

$$\vec{F} = m\vec{a} = m\frac{d\vec{v}}{dt} = \frac{d(m\vec{v})}{dt} = \frac{d\vec{p}}{dt} \tag{3.1}$$

Betrachten wir zwei Teilchen, die jeweils eine gleich große, aber entgegengesetzte Kraft aufeinander ausüben. Wenn $\vec{F}_{12}$ die Kraft von dem ersten Teilchen auf das zweite und $\vec{F}_{21}$ die Kraft vom zweiten auf das erste ist, so gilt

$$\vec{F}_{12} = \frac{d\vec{p}_1}{dt}, \quad \vec{F}_{21} = \frac{d\vec{p}_2}{dt}.$$

Addiert man diese beiden Gleichungen und beachtet das dritte Newton'sche Gesetz ($\vec{F}_{12} = -\vec{F}_{21}$), so erhält man

$$0 = \frac{d\vec{p}_1}{dt} + \frac{d\vec{p}_2}{dt} = \frac{d(\vec{p}_1 + \vec{p}_2)}{dt},$$

also

$$\vec{p}_1 + \vec{p}_2 = konstant,$$

da eine Funktion, deren Ableitung null ist, nur eine Konstante sein kann. Wir können diese Aussage auf ein abgeschlossenes System mit n Teilchen mit Impulsen $\vec{p}_i = m_i\vec{v}_i$ erweitern. Definiert man den Gesamtimpuls des Systems als

$$\vec{p}_{ges} = \vec{p}_1 + \cdots + \vec{p}_n,$$

so folgt, da die Gesamtkraft des Systems gleich null ist, analog

$$\vec{p}_{ges} = \vec{p}_1 + \cdots + \vec{p}_n = m_1\vec{v}_1 + \cdots + m_n\vec{v}_n = konstant.$$

> Der Gesamtimpuls eines abgeschlossenen Systems von (eventuell miteinander wechselwirkenden) Teilchen bleibt zeitlich konstant.

Mithilfe der Newton'schen Gesetze können wir eine Vielzahl von Bewegungsproblemen lösen. Alle Anwendungen der Newton'schen Gesetze laufen auf zwei prinzipielle Möglichkeiten hinaus:

1. Wenn alle Kräfte bekannt sind, die auf ein Teilchen wirken, so lässt sich die Beschleunigung des Teilchens bestimmen. Wegen

$$\vec{F} = m\vec{a} = m\ddot{\vec{r}}(t)$$

kann man dann aus der Beschleunigung prinzipiell die Bahnkurve des Teilchens ableiten; prinzipiell meint, dass oftmals ein beträchtlicher mathematischer Aufwand zur Lösung der Bewegungsgleichung erforderlich ist bzw. dass man sich mit Annäherungslösungen zufrieden geben muss.

2. Kennt man umgekehrt die Beschleunigung eines Teilchens, so lassen sich die Kräfte bestimmen, die auf das Teilchen einwirken.

Wir stellen im Folgenden einige Anwendungsmöglichkeiten der Newton'schen Gesetze vor.

3.2. Die Gravitationskraft im Erdumfeld

Wenn wir in diesem Abschnitt von der Gravitationskraft bzw. Gewichtskraft $\vec{F}_g$ reden, dann meinen wir diejenige Kraft, die einen Körper in Richtung Erdmittelpunkt „zieht", also senkrecht nach unten in Richtung Erdboden wirkt. In den folgenden Kapiteln werden wir diesen vereinfachten Ansatz verallgemeinern.

Nehmen wir an, dass ein Körper der Masse m sich unter dem Einfluss der Erdbeschleunigung mit Betrag $g = 9,81\,\mathrm{m/s^2}$ im freien Fall befindet. Unter Vernachlässigung der Luftreibung u.Ä. sei die einzige Kraft, die auf den Körper wirkt, die Gravitationskraft. Diese nach unten gerichtete Kraft und die entsprechende nach unten gerichtete Beschleunigung können wir anhand des zweiten Newton'schen Gesetzes miteinander verknüpfen. Dazu legen wir wieder das Koordinatensystem so, dass der Körper entlang der nach oben gerichteten y-Achse nach unten fällt. Dann folgt

$$\vec{F}_g = m\vec{a} = m(-g)\,\vec{e}_y = \begin{pmatrix} 0 \\ -mg \\ 0 \end{pmatrix}$$

und daraus für den Betrag der Gravitationskraft

$$F_g = mg.$$

Das **Gewicht** G eines Körpers entspricht dem von einem Beobachter auf dem Erdboden gemessenen Betrag der Gesamtkraft, die aufgewendet werden muss, um den Körper am freien Fall zu hindern. Um z.B. einen Ball in Ruhe in der Hand zu halten, muss man eine aufwärts gerichtete Kraft aufbringen, welche die von der Erde ausgeübte Gravitationskraft kompensiert. Das heißt, das Gewicht G eines Körpers ist gleich dem Betrag F_g der Gravitationskraft, die auf diesen Körper ausgeübt wird:

$$G = F_g = mg$$

Das Gewicht ist also proportional zur Masse eines Körpers, ist aber nicht gleich der Masse eines Körpers. Bewegen wir den Körper z.B. auf den Mond, so ist sein Gewicht wegen der geringeren Gravitationsbeschleunigung auf dem Mond nur ca. ein Sechstel so groß wie auf der Erde, seine Masse verändert sich allerdings nicht.

Beispiel 3.1.

Als Beispiel wollen wir die Beschleunigung eines Körpers der Masse m berechnen, der eine schiefe Ebene, die um den Winkel θ gegen die Horizontale geneigt ist, reibungsfrei hinuntergleitet, siehe Abb. 3.1.

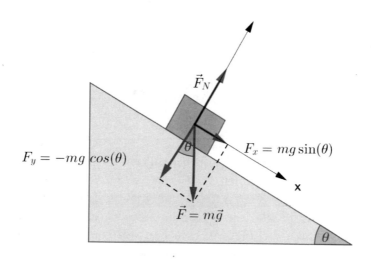

Abbildung 3.1.: Beschleunigung auf schiefer Ebene

Auf den Körper wirken die Gewichtskraft $\vec{F}$ und die **Normalkraft** $\vec{F}_N$, die von der schiefen Ebene auf den Körper ausgeübt wird und die Gegenkraft zu $F_y \, \vec{e}_y$ ist. Wir wählen ein Koordinatensystem, dessen Koordinatenachsen parallel (x-Achse) bzw. senkrecht (y-Achse) zur schiefen Ebene stehen. Dann hat die Beschleunigung $\vec{a}$, die auf den Körper wirkt, nur die Komponente a_x. Denn die Komponente F_y wird durch die Normalkraft, die in positive y-Richtung wirkt, nach dem dritten Newton'schen Gesetz gerade aufgehoben. Also folgt für die x-Komponente von $\vec{F}$

$$ma_x = F_x = mg \sin \theta$$

und daraus

$$a_x = g \sin \theta.$$

Die Beschleunigung auf der schiefen Ebene ist konstant und hat den Wert $g \sin \theta$. Bei $\theta = 0$ ist die Ebene horizontal und die Gewichtskraft hat nur eine y-Komponente, die durch die Normalkraft aufgehoben wird. Die Beschleunigung ist gleich null:

$$a_x = g \sin 0 = 0$$

Im anderen Extremfall, $\theta = 90°$, ist die schiefe Ebene vertikal. Dann hat die Gewichtskraft nur eine x-Komponente und die Normalkraft ist gleich null:

$$F_N = mg\cos(90°) = 0$$

Die Beschleunigung ist dann

$$a_x = g\sin(90°) = g.$$

Der Körper befindet sich im freien Fall. $\square$

Beispiel 3.2.
Als weiteres Beispiel wollen wir die **Zentripetalkraft**, die auf einen Satelliten in einer Erdumlaufbahn wirkt, ableiten. Wir haben im Abschnitt über Satellitenbahnen gezeigt, dass die *Zentripetalbeschleunigung* $\vec{a}_z$ vom Satelliten zum Erdmittelpunkt zeigt, d.h., ist $\vec{r}$ der Ortsvektor des Satelliten (mit dem Erdmittelpunkt als Nullpunkt), so folgt mit dem **Einheitsvektor in r-Richtung** $\vec{e}_r = \vec{r}/r$ und der Tatsache, dass die Zentripetalbeschleunigung den Betrag

$$|\vec{a}_z| = \frac{v^2}{r}$$

hat (siehe Gl. (2.11)), die Beziehung

$$\vec{a} = -\frac{v^2}{r}\,\vec{e}_r,$$

wobei das Minuszeichen die Richtung auf den Erdmittelpunkt bewirkt. Es ergibt sich mit dem zweiten Newton'schen Gesetz, dass, wenn m_s die Masse des Satelliten bezeichnet, die auf den Satelliten wirkende Zentripetalkraft

$$\vec{F}_z = m_s\,\vec{a}_z = -\frac{m_s v^2}{r}\,\vec{e}_r$$

ist. Die Zentripetalkraft wirkt also in Richtung des Ortsvektors $\vec{r}$ (was man **radial** nennt), und ihre Stärke hängt bezogen auf die jeweilige Position nur von dem Abstand r vom Nullpunkt ab (natürlich hängt die Stärke der Kraft auch von der Masse und der Bahngeschwindigkeit ab, diese ändern sich aber von Position zu Position nicht). Die Zentripetalkraft ist ein Beispiel für eine sogenannte Zentralkraft.

Kräfte, deren Stärke nur vom Abstand zum Ursprung abhängt und deren Richtung radial verläuft, heißen **Zentralkräfte**. Sie lassen sich in der Form

$$\vec{F} = f(r) \cdot \vec{e}_r \tag{3.2}$$

mit einer Funktion $f(r)$, die positionsbezogen nur vom Abstand r zum Nullpunkt abhängt, darstellen.

4. Arbeit und Energie

4.1. Arbeit in einer Dimension bei konstanter Kraft

Die **Arbeit**, die eine Kraft an einem Körper/Massenpunkt verrichtet, wird definiert als das Produkt dieser Kraft und der örtlichen Verschiebung des Angriffspunktes der Kraft. Zeigen Kraft und Verschiebung in unterschiedliche Richtungen, so verrichtet nur diejenige Kraftkomponente, die in Richtung der Verschiebung wirkt, Arbeit an dem Körper. Der Einfachheit halber betrachten wir zunächst den Fall, dass die Kraft konstant ist und der Körper sich nur entlang der x-Achse bewegen kann. Wenn θ der Winkel zwischen der Kraft $\vec{F}$ und der Verschiebung Δx ist, dann beträgt die an dem Körper verrichtete Arbeit W

$$W = F \cos\theta \Delta x = F_x \, \Delta x, \tag{4.1}$$

siehe Abb. 4.1.

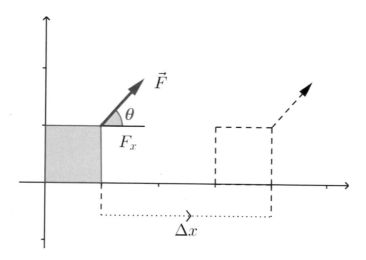

Abbildung 4.1.: Arbeit in einer Dimension

Die Arbeit ist eine skalare Größe (d.h. eine Zahl), die einen positiven Wert annimmt, wenn $\vec{F}$ und Δx in dieselbe Richtung zeigen, und einen negativen, wenn sie entgegengesetzt sind. Die Dimension der Arbeit ist Kraft mal Länge

© Der/die Autor(en), exklusiv lizenziert durch
Springer-Verlag GmbH, DE, ein Teil von Springer Nature 2021
M. Ruhrländer, *Aufstieg zu den Einsteingleichungen*,
https://doi.org/10.1007/978-3-662-62546-0_4

4. Arbeit und Energie

(oder „Kraft mal Weg"), ihre Einheit ist **Joule** (J):

$$J = N \cdot m,$$

siehe auch Tab. 30.2. Wirken mehrere Kräfte auf den Körper, so addieren sich die Arbeiten. Man kann auch zunächst die Vektorsumme der Kräfte bilden und dann die Arbeit der resultierenden Gesamtkraft berechnen.

Es gibt einen Zusammenhang zwischen der Arbeit an einem Massenpunkt und seiner Anfangs- und Endgeschwindigkeit. Ist F_x die Komponente der Kraft, die in Richtung der Verschiebung wirkt, so gilt $F_x = ma_x$. Da die Kraft konstant ist, ist auch die Beschleunigung a_x konstant. Bezeichnen v_a und v_e die Anfangs- und Endgeschwindigkeiten und t_a und t_e die Anfangs- und Endzeitpunkte der Verschiebung, so gilt mit Gl. (2.2)

$$v_e = a_x \left(t_e - t_a \right) + v_a,$$

woraus

$$t_e - t_a = \frac{v_e - v_a}{a_x}$$

folgt. Wir können daher mit Gl. (2.3) die Differenz

$$\Delta x = x \left(t_e \right) - x \left(t_a \right)$$

als

$$\Delta x = \frac{1}{2} a_x \left(t_e - t_a \right)^2 + v_a \left(t_e - t_a \right)$$

schreiben. Ersetzen wir die Zeitdifferenz $t_e - t_a$ durch den vorletzten Ausdruck, so erhalten wir

$$\Delta x = \frac{1}{2} a_x \left(\frac{v_e - v_a}{a_x} \right)^2 + v_a \left(\frac{v_e - v_a}{a_x} \right).$$

Ausmultiplizieren und Umstellen ergibt

$$2a_x \Delta x = v_e^2 - 2v_a v_e + v_a^2 + 2 \left(v_a v_e - v_a^2 \right) = v_e^2 - v_a^2.$$

Dies eingesetzt in (4.1) liefert

$$W = F_x \Delta x = ma_x \Delta x = \frac{1}{2} mv_e^2 - \frac{1}{2} mv_a^2.$$

Die Größe $mv^2/2$ wird die **kinetische Energie** eines Massenpunktes genannt. Sie ist eine skalare Größe und von der Masse und der Geschwindigkeit des Teilchens abhängig

$$E_{kin} = \frac{1}{2} mv^2. \tag{4.2}$$

Die Arbeit ist also die Änderung der kinetischen Energie

$$W = \Delta E_{kin} = \frac{1}{2}mv_e^2 - \frac{1}{2}mv_a^2.$$

4.2. Arbeit bei veränderlicher Kraft

In Abb. 4.2 ist die konstante Kraft F_x als Funktion der Position x wiedergegeben.

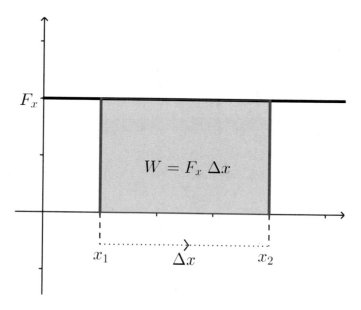

Abbildung 4.2.: Arbeit bei konstanter Kraft

Die Arbeit W wird durch die gekennzeichnete Fläche unter der Kraft-Weg-Kurve repräsentiert. Viele Kräfte, denen man in der Natur begegnet, sind jedoch nicht konstant, sondern ortsabhängig. Wenn man beispielsweise eine Feder spannt, so ist die **Federkraft** davon abhängig, wie weit die Feder bereits gespannt ist, sie ist proportional zur Auslenkung der Feder

$$F_{Feder} = -k\,(x - x_0)$$

(„**Hooke'sches Gesetz**"). Dabei bezeichnen k die Federkonstante, x_0 die Ruhelage und x die Auslenkung; das Minuszeichen deutet an, dass die Kraft die Feder in die Ruhelage zurückbringen will.

Wir benutzen in Abb. 4.3 wieder eine grafische Darstellung der Arbeit als Fläche unter einer Kurve, um unsere Definition der Arbeit auf nichtkonstante

Kräfte zu erweitern. Das Intervall von $a = x_1$ bis $b = x_{n+1}$ wird in n kleine Intervalle $\Delta x_i = x_{i+1} - x_i$ unterteilt. Für jedes kleine Intervall ist die Kraft näherungsweise konstant gleich F_{x_i}, und wir betrachten das in der Abbildung schattierte Rechteck $F_{x_i}\Delta x_i$ als Annäherung für die Fläche unter der Kraftkurve im Intervall Δx_i:

$$W_i \approx F_{x_i}\Delta x_i,$$

wobei $\approx$ wieder „ungefähr gleich" bedeutet.

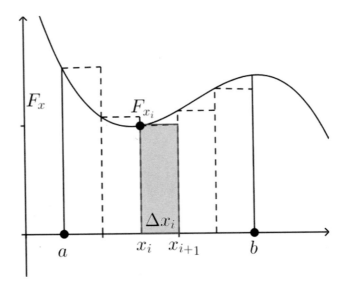

Abbildung 4.3.: Arbeit bei nichtkonstanter Kraft

Die Summe aller n Rechteckflächen nähert sich immer mehr der tatsächlichen Fläche unter der Kurve an, je kleiner die Intervalle Δx_i werden, d.h. je größer n wird

$$W = \lim_{n\to\infty} \sum_{i=1}^{n} W_i = \lim_{n\to\infty} \sum_{i=1}^{n} F_{x_i}\Delta x_i.$$

Dieser Grenzwert wird (wenn er denn existiert) als **bestimmtes Integral** von F_x über dem Intervall $[a, b]$ bezeichnet und folgendermaßen geschrieben:

$$W = \lim_{n\to\infty} \sum_{i=1}^{n} F_{x_i}\Delta x_i = \int_a^b F_x \, dx$$

Da für jedes kleine Intervall $\Delta x_i = x_{i+1} - x_i$

$$W_i \approx \Delta E_{kin}^i = \frac{1}{2}mv_{i+1}^2 - \frac{1}{2}mv_i^2$$

gilt und für jede beliebige Zahl n

$$W_1 + \cdots + W_n \approx \left(\frac{1}{2}mv_2^2 - \frac{1}{2}mv_1^2\right) + \cdots + \left(\frac{1}{2}mv_{n+1}^2 - \frac{1}{2}mv_n^2\right)$$

ist, heben sich bei der Summation alle Zwischenterme auf und es bleibt

$$\lim_{n\to\infty}\sum_{i=1}^{n} W_i = \lim_{n\to\infty}\left(\frac{1}{2}mv_{n+1}^2 - \frac{1}{2}mv_1^2\right)$$
$$= \lim_{n\to\infty}\left(\frac{1}{2}mv_b^2 - \frac{1}{2}mv_a^2\right) = \frac{1}{2}mv_b^2 - \frac{1}{2}mv_a^2.$$

Wir erhalten also genauso wie im Fall konstanter Kraft für den allgemeinen Fall

$$W = \Delta E_{kin} = \frac{1}{2}mv_b^2 - \frac{1}{2}mv_a^2.$$

Um in einer konkreten Situation die Arbeit zu berechnen, die an einem Körper durch eine Kraft verrichtet wird, muss man das obige bestimmte Integral ausrechnen. Es ist schon gesagt worden, dass die Integration die Umkehrung der Differenziation ist. Wir wollen dies noch etwas näher beleuchten.

Bemerkung 4.1. **MG: Hauptsatz der Differenzial- und Integralrechnung**
In der obigen Herleitung haben wir für die Darstellung des Flächeninhalts unter einer Kurve $f(x)$ das Symbol $\int$ benutzt, das auch zur Kennzeichnung einer Stammfunktion von $f(x)$ dient. Den Grund dafür liefert der sog. **Hauptsatz der Differenzial- und Integralrechnung**, der einen wichtigen Zusammenhang zwischen Stammfunktionen und Flächeninhalten aufzeigt:

Man kann ein bestimmtes Integral über dem Intervall $[a, b]$ durch folgenden Ausdruck berechnen:

$$\int_a^b f(x)\, dx = [F(x)]_a^b = F(b) - F(a),$$

wobei $F(x)$ eine Stammfunktion von $f(x)$ ist.

Die Wahl der Stammfunktion ist dabei beliebig, denn ist $G(x)$ eine weitere Stammfunktion von $f(x)$, so gilt $G(x) = F(x) + konst$, also

$$G(b) - G(a) = F(b) + konst. - (F(a) + konst.) = F(b) - F(a).$$

Der Ausdruck $[F(x)]_a^b$ ist nur ein Symbol, was man etwa als „F in den Grenzen a und b" aussprechen kann, und hilft bei der konkreten Berechnung, nicht die Übersicht zu verlieren. $\square$

Wir wollen ein einfaches Beispiel ausrechnen.

Beispiel 4.1.

Ein Körper der Masse $4\,\mathrm{kg}$ sei auf einem reibungsfreien Tisch mit einer horizontalen Feder verbunden, die dem Hooke'schen Gesetz

$$F_x = -k\,(x - x_0)$$

mit $k = 400\,\mathrm{N/m}$ gehorcht. Die Feder, deren Ruhelage der Ursprung sein soll ($x_0 = 0$), werde bis zum Punkt $x_1 = 5\,\mathrm{cm}$ gezogen. Wir wollen die Arbeit berechnen, die die Feder an dem Körper auf dem Weg von $0,05\,\mathrm{m}$ bis $0\,\mathrm{m}$ (gleiche Einheiten verwenden!) verrichtet, sowie die Geschwindigkeit des Körpers bei $0\,\mathrm{m}$. Da $x_0 = 0$, ist $F_x = -kx$. Ferner ist

$$G(x) = -k\,\frac{1}{2}x^2$$

eine Stammfunktion von F_x. Also folgt

$$
\begin{aligned}
W &= \int_{0,05}^{0} F_x\,dx = \int_{0,05}^{0} (-kx)\,dx = \left[-k\,\frac{1}{2}x^2 \right]_{0,05}^{0} \\
&= -\frac{k}{2}0^2 - \left(-\frac{k}{2}(0,05)^2 \right) = \frac{400}{2}0,0025 = 0,5\,\mathrm{J}.
\end{aligned}
$$

Da die Anfangsgeschwindigkeit bei $0,05\,\mathrm{m}$ gleich null ist ($v_a = 0$), gilt

$$\Delta E_{kin} = E_{kin} = \frac{1}{2}mv_e^2 = W = 0,5\,\mathrm{J}.$$

Also folgt

$$v_e = \sqrt{\frac{2E_{kin}}{m}} = \sqrt{\frac{2 \cdot 0,5}{4}} = 0,5\,\mathrm{m/s}.\ \square$$

4.3. Arbeit und Energie in drei Dimensionen

Wir betrachten einen Massenpunkt, der sich unter Einwirkung einer Kraft $\vec{F}$ auf einer Kurve $\vec{r}(t)$ von einem Punkt P_1 bis zum Punkt P_2 im Raum bewegt. Bezeichnet man mit φ den Winkel zwischen dem Kraftvektor $\vec{F}$ und einer kleinen Verschiebung $\Delta \vec{r}_i$ entlang dieser Kurve, so ist die Komponente der Kraft in Richtung von $\Delta \vec{r}_i$ gleich

$$F_r = F \cos \varphi,$$

siehe Abb. 4.4 Die von der Kraft bei dieser kleinen Verschiebung verrichtete Arbeit ist dann

$$\Delta W_i = F_r \Delta r_i = F \cos \varphi \Delta r_i.$$

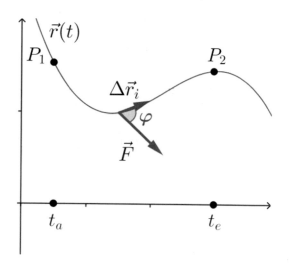

Abbildung 4.4.: Infinitesimale Arbeit

Diese Verknüpfung zwischen $\vec{F}$ und $\Delta \vec{r}_i$ spielt in der Physik eine wichtige Rolle und wird als **Skalarprodukt** der Vektoren $\vec{F}$ und $\Delta \vec{r}_i$ bezeichnet.

Bemerkung 4.2. **MG: Skalarprodukt zweier Vektoren**
Das Skalarprodukt zweier beliebiger Vektoren $\vec{a}$ und $\vec{b}$ wird mit $\vec{a} \cdot \vec{b}$ bezeichnet und ist definiert durch

$$\vec{a} \cdot \vec{b} = ab \cos \varphi = ab \cos \left(\angle \left(\vec{a}, \vec{b} \right) \right), \tag{4.3}$$

d.h., φ ist der Winkel zwischen $\vec{a}$ und $\vec{b}$.

Sind $\vec{a}$ und $\vec{b}$ von null verschieden, so bedeutet $\vec{a} \cdot \vec{b} = 0$, dass die Vektoren $\vec{a}$ und $\vec{b}$ senkrecht aufeinander stehen (man sagt auch: **orthogonal** zueinander sind), denn wegen $\cos \varphi = 0$ folgt dann

$$\varphi = \angle(\vec{a}, \vec{b}) = 90° \, bzw. \, 270°.$$

Sind hingegen $\vec{a}$ und $\vec{b}$ parallel, so ist $\varphi = 0°$ und damit

$$\vec{a} \cdot \vec{b} = ab \cos 0° = ab,$$

woraus allgemein folgt:

$$\vec{a} \cdot \vec{a} = a^2$$

Aus der Definition folgt ebenfalls, dass das Skalarprodukt **kommutativ** ist, d.h. dass gilt

$$\vec{a} \cdot \vec{b} = \vec{b} \cdot \vec{a}.$$

Außerdem ist das **Distributivgesetz** erfüllt:

$$(\vec{a} + \vec{b}) \cdot \vec{c} = \vec{a} \cdot \vec{c} + \vec{b} \cdot \vec{c}$$

Für die Skalarprodukte der Einheitsvektoren gilt

$$\vec{e}_x \cdot \vec{e}_x = \vec{e}_y \cdot \vec{e}_y = \vec{e}_z \cdot \vec{e}_z = 1,$$

$$\vec{e}_x \cdot \vec{e}_y = 0, \vec{e}_x \cdot \vec{e}_z = 0, \vec{e}_y \cdot \vec{e}_z = 0,$$

da die Länge der Einheitsvektoren 1 ist und sie senkrecht aufeinander stehen.

Man kann für zwei beliebige Vektoren

$$\vec{a} = \begin{pmatrix} a_x \\ a_y \\ a_z \end{pmatrix}, \vec{b} = \begin{pmatrix} b_x \\ b_y \\ b_z \end{pmatrix}$$

das Skalarprodukt durch die Komponenten der Vektoren ausdrücken:

$$\vec{a} \cdot \vec{b} = (a_x \vec{e}_x + a_y \vec{e}_y + a_z \vec{e}_z) \cdot (b_x \vec{e}_x + b_y \vec{e}_y + b_z \vec{e}_z)$$

Mit dem Distributivgesetz multiplizieren wir die beiden Klammern aus, benutzen die Skalarprodukte der Einheitsvektoren und erhalten der Reihe nach

$$a_x \vec{e}_x (b_x \vec{e}_x + b_y \vec{e}_y + b_z \vec{e}_z) = a_x b_x \underbrace{\vec{e}_x \cdot \vec{e}_x}_{=1} + a_x b_y \underbrace{\vec{e}_x \cdot \vec{e}_y}_{=0} + a_x b_z \underbrace{\vec{e}_x \cdot \vec{e}_z}_{=0},$$

$$a_y \vec{e}_y (b_x \vec{e}_x + b_y \vec{e}_y + b_z \vec{e}_z) = a_y b_x \underbrace{\vec{e}_y \cdot \vec{e}_x}_{=0} + a_y b_y \underbrace{\vec{e}_y \cdot \vec{e}_y}_{=1} + a_y b_z \underbrace{\vec{e}_y \cdot \vec{e}_z}_{=0},$$

$$a_z \vec{e}_z (b_x \vec{e}_x + b_y \vec{e}_y + b_z \vec{e}_z) = a_z b_x \underbrace{\vec{e}_z \cdot \vec{e}_x}_{=0} + a_z b_y \underbrace{\vec{e}_z \cdot \vec{e}_y}_{=0} + a_z b_z \underbrace{\vec{e}_z \cdot \vec{e}_z}_{=1}.$$

Also folgt insgesamt

$$\vec{a} \cdot \vec{b} = a_x b_x + a_y b_y + a_z b_z. \ \square \tag{4.4}$$

Kommen wir zurück zur Betrachtung des Massenpunktes, der sich unter der Einwirkung einer Kraft $\vec{F}$, entlang einer Kurve $\vec{r}(t)$ von einem Punkt P_1 bis zu einem Punkt P_2 bewegt. Mithilfe des Skalarproduktes lässt sich die Arbeit, die eine Kraft $\vec{F}$ während einer kleinen Verschiebung $\Delta \vec{r}_i$ entlang der Kurve verrichtet, schreiben als

$$\Delta W_i = F \cos \varphi \Delta r_i = \vec{F} \cdot \Delta \vec{r}_i.$$

Um die Gesamtarbeit W zu erhalten, summiert man wieder alle ΔW_i auf und lässt die Verschiebung gegen null bzw. n gegen ∞ konvergieren:

$$W = \lim_{\Delta r_i \to 0, n \to \infty} \sum_{i=1}^{n} \Delta W_i = \lim_{\Delta r_i \to 0, n \to \infty} \sum_{i=1}^{n} \vec{F} \cdot \Delta \vec{r}_i.$$

Man bezeichnet diesen Grenzwert als **Linienintegral** (oder **Kurvenintegral**) **von $\vec{F}$ entlang der Kurve** $\vec{r}(t)$ und schreibt:

$$W = \lim_{\Delta r_i \to 0, n \to \infty} \sum_{i=1}^{n} \vec{F} \cdot \Delta \vec{r}_i = \int_{P_1}^{P_2} \vec{F} \cdot d\vec{r} \tag{4.5}$$

Um ein solches Linienintegral konkret ausrechnen zu können, brauchen wir einige neue mathematische Hilfsmittel.

Bemerkung 4.3. **MW: Skalar- und Vektorfelder**
Bislang haben wir Funktionen betrachtet, deren Variable (x bzw. t) eine Zahl ist. Es gibt aber auch Funktionen, deren Werte z.B. von dem Ort abhängen, an dem diese Werte ermittelt werden. Die Temperatur z.B. ist eine solche Funktion, sie liefert für Punkte im Raum (in der Regel unterschiedliche) Werte. Da der Ort $\vec{r}$ durch seine Koordinaten x, y, z bestimmt wird, nennt man eine Funktion, die vom Ort, also von mehreren Variablen (x, y, z) abhängt, **multivariabel**. Eine multivariable Funktion

$$f = f(\vec{r}) = f(x, y, z),$$

deren Werte *Zahlen* sind, heißt **Skalarfeld**. Ist die Funktion *vektorwertig* und multivariabel, so wird sie **Vektorfeld** genannt und folgendermaßen geschrieben

$$\vec{f} = \vec{f}(\vec{r}) = \vec{f}(x, y, z) = \begin{pmatrix} f_1(x, y, z) \\ f_2(x, y, z) \\ f_3(x, y, z) \end{pmatrix}, \tag{4.6}$$

wobei die f_1, f_2, f_3 Skalarfelder und die **Komponentenfunktionen** von $\vec{f}$ sind. Um auf unser physikalisches Problem zurückzukommen: Bei der Berechnung der Arbeit, die eine Kraft entlang eines Weges leistet, haben wir bislang nicht explizit darauf hingewiesen, dass die Kraft auch von der Position

$$\vec{r} = \begin{pmatrix} x \\ y \\ z \end{pmatrix}$$

des Teilchens abhängen kann. Die Funktion $\vec{F}$ ist damit ein Vektorfeld

$$\vec{F}(\vec{r}) = \vec{F}(x, y, z) = \begin{pmatrix} F_x(x, y, z) \\ F_y(x, y, z) \\ F_z(x, y, z) \end{pmatrix}$$

mit den Skalarfeldern F_x (= Kraft in x-Richtung), F_y (= Kraft in y-Richtung) und F_z (= Kraft in z-Richtung). $\square$

Bemerkung 4.4. **MW: Differenzial**

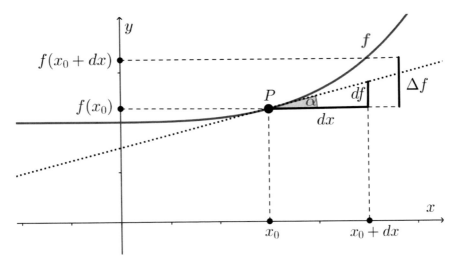

Abbildung 4.5.: Differenzial einer Funktion

Um den Zuwachs einer Funktion $f(x)$ in einer Umgebung eines Punktes x_0 zu bestimmen, berechnen wir die Funktionswerte an der Stelle x_0 und bei $x_0 + dx$. Ändert sich der x-Wert um dx, so ändert sich der Funktionswert um

$$\Delta f = f(x_0 + dx) - f(x_0).$$

Die Änderung der Tangente durch den Punkt $P = (x_0, f(x_0))$ zwischen x_0 und $x_0 + \Delta x$ ist in Abb. 4.5 mit df gekennzeichnet und wird als **Differenzial** von

f bezeichnet. df ist die Änderung des y-Wertes, wenn man von $(x_0, f(x_0))$ aus längs der dortigen Tangente um dx in x-Richtung fortschreitet. Wegen

$$\tan \alpha = f'(x_0) = \frac{df}{dx}$$

folgt

$$df = f'(x_0)\, dx. \tag{4.7}$$

Für kleine dx gilt näherungsweise

$$\Delta f = f(x_0 + dx) - f(x_0) \approx f'(x_0)\, dx.$$

Diese Abschätzung wird in diesem Buch insbesondere zur Vereinfachung komplizierter Sachverhalte vielfach benutzt.

Wir wollen das Konzept der Differenziale auf vektorwertige Funktionen $\vec{r}(t)$ erweitern. Die erste Ableitung von $\vec{r}(t)$ nach der Zeit war definiert durch

$$\dot{\vec{r}}(t) = \lim_{\Delta t \to 0} \frac{\Delta \vec{r}}{\Delta t} = \frac{d\vec{r}}{dt},$$

d.h.

$$d\vec{r} = \dot{\vec{r}}(t)\, dt, \tag{4.8}$$

und für kleine dt gilt näherungsweise

$$\Delta \vec{r} \approx \dot{\vec{r}}(t)\, dt,$$

und wie oben heißt die Größe $d\vec{r}$ das **Differenzial** von $\vec{r}(t)$. $\square$

Bemerkung 4.5. **MW: Linienintegral**
Um ein Linienintegral zwischen zwei Punkten P_1 und P_2 konkret auszurechnen, muss die Kurve $\vec{r}$, entlang derer man integriert, in der Form

$$\vec{r}(t) = \begin{pmatrix} x(t) \\ y(t) \\ z(t) \end{pmatrix}$$

vorliegen. Die Punkte seien durch $P_1 = \vec{r}(t_a)$ und $P_2 = \vec{r}(t_e)$ definiert, wobei t_a und t_e die Anfangs- und Endzeitpunkte der Verschiebung bezeichnen. Die Kraft $\vec{F}$, die von Ort zu Ort unterschiedlich sein kann, sei gegeben durch

$$\vec{F}(\vec{r}(t)) = \begin{pmatrix} F_x(\vec{r}(t)) \\ F_y(\vec{r}(t)) \\ F_z(\vec{r}(t)) \end{pmatrix}.$$

4. Arbeit und Energie

Das Kurvenintegral kann man mit dem Differenzial (4.8) umschreiben:

$$\int_{P_1}^{P_2} \vec{F} \cdot d\vec{r} = \int_{t_a}^{t_e} \vec{F}\left(\vec{r}(t)\right) \cdot \dot{\vec{r}}(t)\, dt \qquad (4.9)$$

Das heißt, das Kurvenintegral ist nunmehr ein gewöhnliches bestimmtes Integral mit den Integralgrenzen t_a und t_e. In Komponentenschreibweise gilt für das Skalarprodukt

$$\vec{F} \cdot \dot{\vec{r}}(t) = F_x\, \dot{x}(t) + F_y\, \dot{y}(t) + F_z\, \dot{z}(t),$$

sodass insgesamt folgt

$$W = \int_{P_1}^{P_2} \vec{F} \cdot d\vec{r} = \int_{t_a}^{t_e} \vec{F} \cdot \dot{\vec{r}}(t)\, dt = \int_{t_a}^{t_e} \left(F_x\, \dot{x}(t) + F_y\, \dot{y}(t) + F_z\, \dot{z}(t)\right) dt. \ \square$$

Für das nachfolgende Beispiel benötigen wir einige weitere Ableitungs- und Integrationsregeln.

Bemerkung 4.6. **MG: Produktregel**
Sind $g(t)$ und $h(t)$ zwei differenzierbare Funktionen, so gilt für die Ableitung des Produktes $g \cdot h$ der beiden Funktionen

$$\frac{d}{dt}\left[g(t) \cdot h(t)\right] = h(t) \cdot \dot{g}(t) + g(t) \cdot \dot{h}(t) = h\,\frac{dg}{dt} + g\,\frac{dh}{dt}. \ \square$$

Bemerkung 4.7. **MG: Ableitung und Integration von Funktionen der Form r (t) = tᵃ**
Als Beispiel wenden wir die Produktregel auf die Funktion $f(t) = t^3$ an. Wir wissen schon, dass

$$\frac{d}{dt}(t) = 1 \ und \ \frac{d}{dt}(t^2) = 2t$$

ist, damit folgt:

$$\frac{d}{dt}(t^3) = \frac{d}{dt}(t \cdot t^2) \stackrel{Produktregel}{=} t\,\frac{d\,t^2}{dt} + t^2\frac{d\,t}{dt} = t \cdot 2t + t^2 \cdot 1 = 3t^2$$

Daraus erhält man für $f(t) = t^4$:

$$\frac{d}{dt}(t^4) = \frac{d}{dt}(t \cdot t^3) \stackrel{Produktregel}{=} t\,\frac{d\,t^3}{dt} + t^3\frac{d\,t}{dt} = t \cdot 3t^3 + t^3 \cdot 1 = 4t^3$$

Allgemein gilt für eine Funktion $r(t) = t^a$, wobei a eine beliebige reelle Zahl sein darf,

$$\dot{r}(t) = \frac{d}{dt}(t^a) = at^{a-1} \quad und \quad \int r(t)\,dt = \int t^a\,dt = \frac{1}{a+1}\,t^{a+1}. \qquad (4.10)$$

Beim Ableiten wird also der Exponent a zum Faktor und zugleich der verbleibende Exponent um 1 verringert; die zweite Formel ergibt sich dadurch, dass die Integration die Umkehrung der Differenziation ist: Wenn man die rechte Seite ableitet, erhält man wieder $r(t) = t^a$. $\square$

Beispiel 4.2.

Als Anwendungsbeispiel betrachten wir das Kraftfeld

$$\vec{F}(\vec{r}) = \vec{F}(x, y, z) = \begin{pmatrix} 2x^2 - 3y \\ 4yz \\ 3x^2 z \end{pmatrix}$$

und berechnen die Arbeit längs zweier verschiedener Wege $\vec{r}_1$ und $\vec{r}_2$ zwischen den Punkten $P_1 = (0, 0, 0)$ und $P_2 = (1, 1, 1)$:

$$\vec{r}_1(t) = \begin{pmatrix} t \\ t \\ t \end{pmatrix}, 0 \leq t \leq 1,$$

$$\vec{r}_2(t) = \begin{pmatrix} t \\ t^2 \\ t^3 \end{pmatrix}, 0 \leq t \leq 1,$$

$\vec{r}_1$ ist die gerade Linie zwischen P_1 und P_2. Es gilt

$$\dot{\vec{r}}_1(t) = \begin{pmatrix} 1 \\ 1 \\ 1 \end{pmatrix} \quad und \quad \dot{\vec{r}}_2(t) = \begin{pmatrix} 1 \\ 2t \\ 3t^2 \end{pmatrix}.$$

Es ist

$$\vec{F}(\vec{r}_1(t)) = \begin{pmatrix} 2t^2 - 3t \\ 4t \cdot t \\ 3t^2 \cdot t \end{pmatrix} = \begin{pmatrix} 2t^2 - 3t \\ 4t^2 \\ 3t^3 \end{pmatrix}$$

und

$$\vec{F}(\vec{r}_2(t)) = \begin{pmatrix} 2t^2 - 3t^2 \\ 4t^2 \cdot t^3 \\ 3t^2 \cdot t^3 \end{pmatrix} = \begin{pmatrix} -t^2 \\ 4t^5 \\ 3t^5 \end{pmatrix}.$$

Damit folgt

$$\vec{F}\left(\vec{r}_1\left(t\right)\right)\cdot\dot{\vec{r}}_1\left(t\right) = \begin{pmatrix} 2t^2 - 3t \\ 4t^2 \\ 3t^3 \end{pmatrix} \cdot \begin{pmatrix} 1 \\ 1 \\ 1 \end{pmatrix} = 2t^2 - 3t + 4t^2 + 3t^3 = 3t^3 + 6t^2 - 3t$$

und

$$\vec{F}\left(\vec{r}_2\left(t\right)\right)\cdot\dot{\vec{r}}_2\left(t\right) = \begin{pmatrix} -t^2 \\ 4t^5 \\ 3t^5 \end{pmatrix} \cdot \begin{pmatrix} 1 \\ 2t \\ 3t^2 \end{pmatrix} = -t^2 + 8t^6 + 9t^7.$$

Damit können wir die auf beiden Wegen geleisteten Arbeiten berechnen:

$$W_{r_1} = \int_0^1 \left(3t^3 + 6t^2 - 3t\right) dt = \left[3\frac{1}{4}t^4 + 6\frac{1}{3}t^3 - 3\frac{1}{2}t^2\right]_0^1 = \frac{3}{4} + \frac{6}{3} - \frac{3}{2} = \frac{5}{4},$$

$$\begin{aligned} W_{r_2} &= \int_0^1 \left(-t^2 + 8t^6 + 9t^7\right) dt = \left[(-1)\frac{1}{3}t^3 + 8\frac{1}{7}t^7 + 9\frac{1}{8}t^8\right]_0^1 \\ &= -\frac{1}{3} + \frac{8}{7} + \frac{9}{8} = \frac{325}{168} \end{aligned}$$

In diesem Beispiel ist also die Arbeit vom Weg abhängig! □

Arbeit gleich Differenz der kinetischen Energie

Wir wollen nun noch herleiten, dass auch im allgemeinen Fall die Arbeit gleich der Differenz der kinetischen Energie ist. Dazu wenden wir mit der Kurzschreibweise $(v\left(t\right))^2 = v^2\left(t\right)$ die Produktregel auf die Funktion $v^2\left(t\right) = \vec{v}\left(t\right)\cdot\vec{v}\left(t\right)$ mit

$$\vec{v}\left(t\right) = \dot{\vec{r}}\left(t\right) = \begin{pmatrix} \dot{x}\left(t\right) \\ \dot{y}\left(t\right) \\ \dot{z}\left(t\right) \end{pmatrix}$$

an. Es ist

$$\frac{d}{dt}v^2\left(t\right) = \frac{d}{dt}\left(\vec{v}\left(t\right)\cdot\vec{v}\left(t\right)\right) = \frac{d}{dt}\left(\dot{x}\left(t\right)\cdot\dot{x}\left(t\right) + \dot{y}\left(t\right)\cdot\dot{y}\left(t\right) + \dot{z}\left(t\right)\cdot\dot{z}\left(t\right)\right).$$

Anwendung der Produktregel auf jeden Summanden ergibt:

$$\begin{aligned} \frac{d}{dt}v^2\left(t\right) &= 2\left(\dot{x}\left(t\right)\cdot\ddot{x}\left(t\right) + \dot{y}\left(t\right)\cdot\ddot{y}\left(t\right) + \dot{z}\left(t\right)\cdot\ddot{z}\left(t\right)\right) \\ &= 2\begin{pmatrix} \dot{x}\left(t\right) \\ \dot{y}\left(t\right) \\ \dot{z}\left(t\right) \end{pmatrix} \cdot \begin{pmatrix} \ddot{x}\left(t\right) \\ \ddot{y}\left(t\right) \\ \ddot{z}\left(t\right) \end{pmatrix} = 2\dot{\vec{r}}\left(t\right)\cdot\ddot{\vec{r}}\left(t\right) \end{aligned}$$

Die allgemeine Formel für die Arbeit lässt sich mit dem zweiten Newton'schen Gesetz $\vec{F} = m\vec{a} = m\ddot{\vec{r}}$ umformen zu

$$W = \int_{P_1}^{P_2} \vec{F} \cdot d\vec{r} = \int_{t_a}^{t_e} \vec{F}(\vec{r}(t)) \cdot \dot{\vec{r}}(t) \, dt = \int_{t_a}^{t_e} m\ddot{\vec{r}}(t) \cdot \dot{\vec{r}}(t) \, dt.$$

Der Integrand $m\ddot{\vec{r}}(t) \cdot \dot{\vec{r}}(t)$ ist aber - wie gerade hergeleitet - die Ableitung von $\frac{1}{2} mv^2(t)$, also folgt mit dem Hauptsatz der Differenzial- und Integralrechnung

$$W = \int_{t_a}^{t_e} m\ddot{\vec{r}}(t) \cdot \dot{\vec{r}}(t) \, dt = \frac{1}{2} mv^2(t_e) - \frac{1}{2} mv^2(t_a) = \Delta E_{kin}. \tag{4.11}$$

Wir kommen noch einmal auf das Beispiel 4.2 zurück, in dem wir festgestellt haben, dass im Regelfall die Arbeit vom Weg abhängt, entlang dessen die Kraft wirkt. Wir definieren nun eine **konservative Kraft** dadurch, dass diese Wegeabhängigkeit wegfällt:

> Die Arbeit, die eine **konservative Kraft** an einem Massenpunkt verrichtet, ist unabhängig davon, auf welchem Weg sich der Massenpunkt von einem Ort zu einem anderen bewegt. Sie hängt nur von den Anfangs- und Endpunkten ab.

Sind $\vec{r}_1$ und $\vec{r}_2$ zwei unterschiedliche Wege zwischen zwei Punkten P_1 und P_2, ist $\vec{F}$ eine konservative Kraft, und beachtet man, dass sich das Vorzeichen eines Integrals umdreht, wenn man die Integralgrenzen vertauscht:

$$\int_a^b f(x) \, dx = - \int_b^a f(x) \, dx,$$

so gilt, wenn W_1 die Arbeit von P_1 nach P_2 und W_2 die Arbeit von P_2 nach P_1 bezeichnen:

$$0 = W_1 - W_2 = \int_{P_1}^{P_2} \vec{F} \cdot d\vec{r}_1 - \int_{P_1}^{P_2} \vec{F} \cdot d\vec{r}_2 = \int_{P_1}^{P_2} \vec{F} \cdot d\vec{r}_1 + \int_{P_2}^{P_1} \vec{F} \cdot d\vec{r}_2,$$

d.h., man kann eine konservative Kraft auch dadurch definieren, dass die gesamte Arbeit entlang eines geschlossenen Weges gleich null ist, was symbolisch mit

$$\oint \vec{F} \cdot d\vec{r} = 0 \tag{4.12}$$

bezeichnet wird.

Beispiel 4.3.
Homogene Kraftfelder mit

$$\vec{F}(\vec{r}) = \begin{pmatrix} 0 \\ 0 \\ F_z \end{pmatrix}$$

mit $F_z = const.$, also z.B. die Gravitationskraft im Erdumfeld, sind konservativ, da wegen $\vec{F} \cdot d\vec{r} = F_z\,dz$ folgt:

$$\int_{P_1}^{P_2} \vec{F} \cdot d\vec{r} = \int_{z_1}^{z_2} F_z\,dz = -\int_{z_2}^{z_1} F_z\,dz,$$

also

$$\oint \vec{F} \cdot d\vec{r} = \int_{z_1}^{z_2} F_z\,dz + \int_{z_2}^{z_1} F_z\,dz = 0\,\square$$

4.4. Potenzielle Energie

Bringt man in einem *konservativen* Kraftfeld einen ruhenden Körper von einem festen Punkt P_0 zu einem anderen Punkt P, so hängt die dabei aufgewendete (oder gewonnene) Arbeit nur von P ab, sie ist also eine Funktion von P. Man nennt diese Funktion die **potenzielle Energie** $E_{pot}(P)$. Die Änderung der potenziellen Energie entspricht vom Betrag her der Arbeit, die die konservative Kraft verrichtet, ihr Vorzeichen ist dem der Arbeit entgegengesetzt:

$$\Delta E_{pot} = E_{pot}(P) - E_{pot}(P_0) = -W = -\int_{P_0}^{P} \vec{F} \cdot d\vec{r} \qquad (4.13)$$

Das Vorzeichen ist so gewählt, dass Arbeit, die bei einer Bewegung gegen die Kraft $\vec{F}$ geleistet wird ($\vec{F} \cdot d\vec{r} < 0$), negativ gerechnet wird. Man muss dem Körper Energie zuführen, was zu einer Erhöhung der potenziellen Energie führt, während die Arbeit, die *vom* Körper geleistet wird ($\vec{F} \cdot d\vec{r} > 0$), seine potenzielle Energie verringert und damit für andere Systeme genutzt werden kann (z.B. Wasser, das beim Herabfallen eine Turbine antreibt).

Der Nullpunkt der potenziellen Energie ist durch die Definition (4.13) nicht festgelegt, weil nur die Differenz ΔE_{pot} definiert wird. Üblich sind zwei Festlegungen:

1. Man wählt $E_{pot} = 0$ für den Nullpunkt des Koordinatensystems; z.B. wählt man für Experimente, bei denen die Schwerkraft $\vec{F} = (0, 0, -mg)$ eine Rolle spielt, $E_{pot}(P_0) = 0$ für $P_0 = (0, 0, 0)$.

2. Bei Problemen, bei denen der Körper ins Unendliche, was durch das Symbol ∞ gekennzeichnet wird, gelangen kann, wird $E_{pot}(\infty) = 0$ gesetzt. Damit wird

$$\int_P^\infty \vec{F} \cdot d\vec{r} = -\int_\infty^P \vec{F} \cdot d\vec{r} = E_{pot}(P) - E_{pot}(\infty) = E_{pot}(P),$$

d.h., die potenzielle Energie im Punkt P ist dann gleich der Arbeit, die man aufwenden muss (bzw. die man gewinnt), wenn man den Massenpunkt von P ins Unendliche bringt.

Die Arbeit, die man aufwenden muss, ist von der Wahl des Nullpunktes der potenziellen Energie unabhängig, da sie nur durch die Differenz ΔE_{pot} bestimmt wird.

Beispiel 4.4.
Wir berechnen die potenzielle Energie für einen Körper mit der Masse m im konstanten Gravitationsfeld $\vec{F} = (0, 0, -mg)$, der auf die Höhe h gehoben wird. Die erforderliche Arbeit ergibt sich mit $P_1 = (0, 0, 0)$ und $P_2 = (0, 0, h)$ zu

$$W = \int_{P_1}^{P_2} \vec{F} \cdot d\vec{r} = \int_0^h F_z \, dz = -\int_0^h mg \, dz = -mgh,$$

und damit

$$-W = mgh = E_{pot}(P_2) - E_{pot}(P_1).$$

Setzt man $E_{pot}(P_1) = 0$, so folgt

$$E_{pot}(0, 0, h) = mgh,$$

d.h., die am Körper geleistete Arbeit hat zu einer Erhöhung seiner potenziellen Energie geführt. $\square$

Wir können aus den bisherigen Ergebnissen eine wichtige Folgerung ableiten. Für ein konservatives Kraftfeld $\vec{F}$ gilt für die Bewegung eines Körpers von einem Punkt P_1 bis P_2 einerseits

$$W = \int_{P_1}^{P_2} \vec{F} \cdot d\vec{r} = E_{kin}(P_2) - E_{kin}(P_1)$$

und andererseits

$$W = \int_{P_1}^{P_2} \vec{F} \cdot d\vec{r} = E_{pot}\left(P_1\right) - E_{pot}\left(P_2\right),$$

woraus

$$E_{kin}\left(P_2\right) + E_{pot}\left(P_2\right) = E_{kin}\left(P_1\right) + E_{pot}\left(P_1\right)$$

folgt. Da die beiden Punkte beliebig gewählt waren, gilt generell folgende Aussage:

Energiesatz der Mechanik: In einem konservativen Kraftfeld ist in jedem Punkt P die Summe aus kinetischer und potenzieller Energie eines Massenpunktes konstant. Diese konstante Summe wird **mechanische Gesamtenergie** E genannt. Die Gesamtenergie

$$E = E_{kin} + E_{pot}$$

bleibt bei konservativen Kräften erhalten.

Beispiel 4.5.

Als Beispiel betrachten wir wieder den freien Fall eines Körpers der Masse m, der aus der Höhe h mit Anfangsgeschwindigkeit $v(h) = 0$ fallen gelassen wird. Dann gilt, wie oben hergeleitet, mit der Festlegung $E_{pot}(0) = 0$ für ein beliebiges $y \leq h$:

$$E_{pot}(y) = - \int_0^y -mg \, dy = mgy$$

Die Fallzeit, die der Körper bis zur Höhe y, also für die Strecke $h - y$, braucht, ergibt sich mit

$$h - y = \frac{1}{2} gt^2$$

zu

$$t = \sqrt{\frac{2\left(h - y\right)}{g}}.$$

Also folgt für die Geschwindigkeit v bei y:

$$v\left(y\right) = g \cdot t = g \sqrt{\frac{2\left(h - y\right)}{g}} = \sqrt{2g\left(h - y\right)}$$

und für die kinetische Energie

$$E_{kin}\left(y\right) = \frac{m}{2} v^2\left(y\right) = \frac{m}{2} \left(\sqrt{2g\left(h - y\right)}\right)^2 = mg\left(h - y\right).$$

Die Summe

$$E_{pot}(y) + E_{kin}(y) = mgh$$

ist also unabhängig von y und gleich der Gesamtenergie. $\square$

Um den Zusammenhang zwischen einer konservativen Kraft und der potenziellen Energie genauer zu beleuchten, benötigen wir wieder etwas mehr Mathematik.

Bemerkung 4.8. **MW: Partielle Ableitung und Gradient**
Die potenzielle Energie $E_{pot}(P)$ ändert ihren Wert, je nachdem in welchem Raumpunkt $P = (x, y, z)$ man sie misst. Sie ist also von den drei Unbekannten x, y, z abhängig und zahlenwertig. Für ein solches Skalarfeld $f = f(x, y, z)$ interessiert häufig, wie es sich pro Längeneinheit ändert, wenn man nur eine Variable z.B. x verändert, die beiden anderen Variablen aber unverändert belässt. Man nennt den Ausdruck

$$\lim_{\Delta x \to 0} \frac{f(x + \Delta x, y, z) - f(x, y, z)}{\Delta x} = \frac{\partial f(x, y, z)}{\partial x} \tag{4.14}$$

die **partielle Ableitung** von f nach x im Punkt (x, y, z), vorausgesetzt natürlich, dass der Grenzwert existiert. Ist die Funktion f für alle Punkte (x, y, z) nach x partiell differenzierbar, so schreibt man auch kurz

$$\frac{\partial f}{\partial x} \text{ für } \frac{\partial f(x, y, z)}{\partial x}.$$

Die partielle Ableitung nach x wird also genauso gebildet wie die gewöhnliche, wenn man die beiden anderen Variablen y, z als Konstanten ansieht. f wird durch diese Konstanthaltung von y und z zu einer Funktion, die nur von der Variablen x abhängt. Die Schreibweise $\partial f / \partial x$ anstelle des „normalen" df/dx soll aber verdeutlichen, dass die Funktion f tatsächlich von mehreren Variablen abhängt. Analog werden die partiellen Ableitungen von f nach y und z, nämlich $\partial f / \partial y$ sowie $\partial f / \partial z$ definiert. $\square$

Beispiel 4.6.
Als Beispiel berechnen wir die partiellen Ableitungen der Funktion

$$f(x, y, z) = x^2 + y^2 + z^2 :$$

$$\frac{\partial f}{\partial x} = \frac{\partial}{\partial x}(x^2 + y^2 + z^2) = 2x + 0 + 0 = 2x, \, da \, y, z \, konstant,$$

$$\frac{\partial f}{\partial y} = \frac{\partial}{\partial y}(x^2 + y^2 + z^2) = 0 + 2y + 0 = 2y, \, da \, x, z \, konstant,$$

$$\frac{\partial f}{\partial z} = \frac{\partial}{\partial z}(x^2 + y^2 + z^2) = 0 + 0 + 2z = 2z, \, da \, x, y \, konstant \, \square$$

Das Vektorfeld

$$grad\,f\,(x,y,z) = \begin{pmatrix} \partial f\,(x,y,z)\,/\partial x \\ \partial f\,(x,y,z)\,/\partial y \\ \partial f\,(x,y,z)\,/\partial z \end{pmatrix}, \qquad (4.15)$$

dessen Komponentenfunktionen die partiellen Ableitungen von $f\,(x,y,z)$ bilden, heißt **Gradient** von f. Man benutzt für den Gradienten auch abkürzend das Symbol **Nabla** ∇, ein auf den Kopf gestelltes Delta

$$grad\,f = \nabla f.$$

Der Gradient ist das multivariable Pendant zur 1. Ableitung. $\square$

Bemerkung 4.9. **MW: Differenzial von Skalarfeldern**
Will man die (infinitesimale) Änderung eines Skalarfeldes $f(\vec{r})$ bestimmen, wenn man von einem Punkt $P_1\,(\vec{r}) = P_1\,(x,y,z)$ in Richtung

$$d\vec{r} = \begin{pmatrix} dx \\ dy \\ dz \end{pmatrix}$$

zum benachbarten Punkt

$$P_2\,(\vec{r} + d\vec{r}) = P_2\,(x + dx, y + dy, z + dz)$$

geht, so ergibt sich für kleine Verschiebungen $d\vec{r}$

$$f\,(\vec{r} + d\vec{r}) - f\,(\vec{r}) \approx df\,(\vec{r}) = \nabla f\,(\vec{r}) \cdot d\vec{r} = \frac{\partial f\,(\vec{r})}{\partial x}\,dx + \frac{\partial f\,(\vec{r})}{\partial y}\,dy + \frac{\partial f\,(\vec{r})}{\partial z}\,dz.$$
$$(4.16)$$

Wie im Eindimensionalen (4.8) nennt man $df\,(\vec{r})$ das **Differenzial** von f an der Stelle $\vec{r}$. In zukünftigen Anwendungen schreiben wir immer dann, wenn wir unterstellen, dass die Verschiebung $d\vec{r}$ infinitesimal ist, aus Vereinfachungsgründen in der obigen Näherung das Gleichheitszeichen, d.h.

$$f\,(\vec{r} + d\vec{r}) - f\,(\vec{r}) = df\,(\vec{r}) = \nabla f\,(\vec{r}) \cdot d\vec{r}.\,\square$$

Wir können nunmehr mit dem Differenzial und aus der Definitionsgleichung (4.13) für die potenzielle Energie

$$W = \int_{P_1}^{P_2} \vec{F} \cdot d\vec{r} = -\Delta E_{pot} = -\,(E_{pot}\,(P_2) - E_{pot}\,(P_1))$$

ableiten, dass die (infinitesimale) Arbeit zwischen *benachbarten* Punkten P_1 und P_2 durch

$$dW = -\left(E_{pot}\left(P_2\right) - E_{pot}\left(P_1\right)\right) = -dE_{pot}\left(P_1\right)$$

berechnet werden kann. Andererseits gilt für die (infinitesimale) Arbeit, die von der Kraft $\vec{F}$ zwischen P_1 und P_2 geleistet wird,

$$dW = \vec{F}\left(P_1\right) \cdot d\vec{r}$$

und damit

$$-dE_{pot} = \vec{F} \cdot d\vec{r}.$$

Nun ist

$$\vec{F} \cdot d\vec{r} = F_x\, dx + F_y\, dy + F_z\, dz$$

und

$$-dE_{pot} = -\frac{\partial E_{pot}}{\partial x}\, dx - \frac{\partial E_{pot}}{\partial y}\, dy - \frac{\partial E_{pot}}{\partial z}\, dz,$$

woraus wegen der beliebig wählbaren Wege dx, dy, dz folgt, dass

$$
\begin{aligned}
F_x &= -\frac{\partial E_{pot}}{\partial x} \\
F_y &= -\frac{\partial E_{pot}}{\partial y} \\
F_z &= -\frac{\partial E_{pot}}{\partial z}
\end{aligned}
$$

gilt, d.h. zusammengefasst

$$\vec{F} = -\nabla E_{pot}. \tag{4.17}$$

Wir haben also gezeigt, dass man in einem konservativen Kraftfeld die Kraft $\vec{F}$ immer als (negativen) Gradienten der Potenzialfunktion E_{pot} darstellen kann. Es gilt aber auch die Umkehrung.

Kann man eine Kraft $\vec{F}$ als Gradient einer skalaren Funktion $\phi\left(x, y, z\right)$ darstellen, also

$$\vec{F} = \nabla \phi, \tag{4.18}$$

so ist das von $\vec{F}$ generierte Kraftfeld konservativ.

Um das zu zeigen, benötigen wir eine weitere Ableitungsregel.

Bemerkung 4.10. **MG: Kettenregel, Umkehrfunktion**
Ist $f = f(x)$ eine Funktion, so schreibt man die erste Ableitung von f nach der Variablen x üblicherweise als

$$f'(x) = \frac{df}{dx},$$

während die Schreibweise

$$\dot{f}(t) = \frac{df}{dt}$$

für die erste Ableitung dann gewählt wird, wenn die Funktion von der Zeitvariablen t abhängt.

Zur Herleitung der Kettenregel betrachten wir die Funktion $f(x) = x^3$. Ist

$$x = x(t) = t^2 + t + 5$$

selbst wieder eine Funktion, die von der Zeitvariablen t abhängt, so ist

$$f(x(t)) = f(t^2 + t + 5) = \left(t^2 + t + 5\right)^3.$$

Die Funktion $f(x(t))$ nennt man eine **zusammengesetzte Funktion** und man schreibt dafür auch

$$f \circ x(t) = f(x(t)).$$

Die 1. Ableitung einer zusammengesetzten Funktion $f \circ x(t)$ nach der Zeit kann nach der **Kettenregel** folgendermaßen berechnet werden:

$$\overbrace{f \circ x(t)}^{\cdot} = \frac{df((x(t))}{dt} = \frac{df(x(t))}{dx} \cdot \frac{dx}{dt} = f'(x(t)) \cdot \dot{x}(t). \qquad (4.19)$$

Man leitet also die **äußere Funktion** f nach x ab und wertet diese Ableitung an der Stelle $x(t)$ aus. Anschließend multipliziert man den Term noch mit der Ableitung der **inneren Funktion** x an der Stelle t. Für das obige Beispiel erhält man mit $f'(x) = 3x^2$ und $\dot{x}(t) = 2t + 1$ folgendes Ergebnis:

$$\overbrace{f \circ x(t)}^{\cdot} = \frac{d}{dt}\left(\left(t^2 + t + 5\right)^3\right) = f'(x(t)) \cdot \dot{x}(t) = 3\left(t^2 + t + 5\right)^2 \cdot (2t + 1)$$

Wir benutzen die Kettenregel, um eine nützliche Formel für die **Umkehrfunktion** zu erhalten. Die Umkehrabbildung f^{-1} von f ist, falls sie existiert, durch die beiden Gleichungen

$$\begin{aligned} f^{-1} \circ f(x) &= x \\ f \circ f^{-1}(y) &= y \end{aligned} \qquad (4.20)$$

definiert. Die Umkehrabbildung f^{-1} macht also alles das rückgängig, was die Funktion f mit der Variablen x angestellt hat. Dazu ein einfaches Beispiel

$$f\left(x\right) = 2x + 1 \Rightarrow f^{-1}\left(x\right) = \frac{x-1}{2},$$

denn:

$$f^{-1} \circ f\left(x\right) = f^{-1}(2x + 1) = \frac{(2x+1)-1}{2} = x$$

Differenziert man die erste Gleichung in (4.20) mit der Kettenregel, so erhält man

$$1 = x' = \left(f^{-1} \circ f\left(x\right)\right)' = \left(f^{-1}\right)'\left(f\left(x\right)\right) \cdot f'\left(x\right),$$

woraus mit $y = f\left(x\right)$ und $x = f^{-1}\left(y\right)$ die Formel für die **Ableitung der Umkehrfunktion** folgt

$$\left(f^{-1}\right)'\left(y\right) = \frac{1}{f'\left(x\right)} = \frac{1}{f'\left(f^{-1}\left(y\right)\right)}. \tag{4.21}$$

Wir verallgemeinern die Kettenregel auf den Fall, dass die Funktion

$$f = f\left(\vec{r}\right) = f\left(x, y, z\right)$$

von den drei Ortsvariablen abhängen kann und jede Ortsvariable wiederum von der Zeit

$$\vec{r}\left(t\right) = \begin{pmatrix} x\left(t\right) \\ y\left(t\right) \\ z\left(t\right) \end{pmatrix}.$$

Dann gilt analog die **multivariable Kettenregel**

$$\frac{d\left(f \circ \vec{r}\left(t\right)\right)}{dt} = f'\left(\vec{r}\left(t\right)\right) \cdot \dot{\vec{r}}\left(t\right). \tag{4.22}$$

Dabei ist $f'\left(\vec{r}\left(t\right)\right)$ die 1. Ableitung von f an der Stelle $\vec{r}\left(t\right)$, also

$$f'\left(\vec{r}\left(t\right)\right) = \begin{pmatrix} \partial f\left(\vec{r}\left(t\right)\right)/\partial x \\ \partial f\left(\vec{r}\left(t\right)\right)/\partial y \\ \partial f\left(\vec{r}\left(t\right)\right)/\partial z \end{pmatrix} = grad\, f(\vec{r}\left(t\right)) = \nabla f(\vec{r}\left(t\right))$$

und

$$\dot{\vec{r}}\left(t\right) = \begin{pmatrix} \dot{x}\left(t\right) \\ \dot{y}\left(t\right) \\ \dot{z}\left(t\right) \end{pmatrix} = \begin{pmatrix} dx/dt \\ dy/dt \\ dz/dt \end{pmatrix}.$$

4. Arbeit und Energie

Auf der rechten Seite von (4.22) stehen zwei Vektoren, die skalar miteinander multipliziert werden, also folgt

$$\frac{df\left(\vec{r}\left(t\right)\right)}{dt} = f\left(\vec{r}\left(t\right)\right) \cdot \dot{\vec{r}}\left(t\right) = \begin{pmatrix} \partial f\left(\vec{r}\left(t\right)\right)/\partial x \\ \partial f\left(\vec{r}\left(t\right)\right)/\partial y \\ \partial f\left(\vec{r}\left(t\right)\right)/\partial z \end{pmatrix} \cdot \begin{pmatrix} dx/dt \\ dy/dt \\ dz/dt \end{pmatrix} =$$

$$= \frac{\partial f\left(\vec{r}\left(t\right)\right)}{\partial x}\frac{dx}{dt} + \frac{\partial f\left(\vec{r}\left(t\right)\right)}{\partial y}\frac{dy}{dt} + \frac{\partial f\left(\vec{r}\left(t\right)\right)}{\partial z}\frac{dz}{dt}. \qquad (4.23)$$

Ist

$$\vec{f} = \vec{f}\left(\vec{r}\right) = \vec{f}\left(x,y,z\right) = \begin{pmatrix} f_1\left(x,y,z\right) \\ f_2\left(x,y,z\right) \\ f_3\left(x,y,z\right) \end{pmatrix}$$

ein Vektorfeld (4.6) und sind die Unbekannten x, y, z Funktionen, die von den Variablen x', y', z' abhängen, so gilt für die Komponentenfunktion f_1 folgende **multivariable vektorwertige Kettenregel**:

$$\frac{\partial f_1}{\partial x'} = \frac{\partial f_1}{\partial x}\frac{\partial x}{\partial x'} + \frac{\partial f_1}{\partial y}\frac{\partial y}{\partial x'} + \frac{\partial f_1}{\partial z}\frac{\partial z}{\partial x'}, \qquad (4.24)$$

und analog für die anderen Variablen und Komponentenfunktionen. $\square$

Wir zeigen nun, dass aus

$$\vec{F} = \nabla\phi$$

folgt, dass die Kraft $\vec{F}$ konservativ ist. Zunächst gilt

$$\vec{F} = \begin{pmatrix} F_x \\ F_y \\ F_z \end{pmatrix} = \nabla\phi = \begin{pmatrix} \partial\phi/\partial x \\ \partial\phi/\partial y \\ \partial\phi/\partial z \end{pmatrix}.$$

Für das Differenzial von ϕ folgt daraus

$$d\phi = \frac{\partial\phi}{\partial x}\,dx + \frac{\partial\phi}{\partial y}\,dy + \frac{\partial\phi}{\partial z}\,dz = F_x\,dx + F_y\,dy + F_z\,dz.$$

Seien nun P_1 und P_2 zwei beliebige Punkte und $\vec{r}\left(t\right)$ eine Kurve mit $\vec{r}\left(t_a\right) = P_1$ und $\vec{r}\left(t_e\right) = P_2$, dann folgt wie in Gl. (4.9) für die Arbeit, die die Kraft $\vec{F}$ von P_1 nach P_2 verrichtet,

$$W = \int_{P_1}^{P_2} \vec{F} \cdot d\vec{r} = \int_{t_a}^{t_e} \vec{F} \cdot \dot{\vec{r}}\left(t\right)\,dt = \int_{t_a}^{t_e} \left(F_x\,\dot{x}\left(t\right) + F_y\,\dot{y}\left(t\right) + F_z\,\dot{z}\left(t\right)\right)\,dt$$

$$= \int_{t_a}^{t_e} \left(\frac{\partial\phi}{\partial x}\,\dot{x}\left(t\right) + \frac{\partial\phi}{\partial y}\,\dot{y}\left(t\right) + \frac{\partial\phi}{\partial z}\,\dot{z}\left(t\right)\right)\,dt$$

$$= \int\limits_{t_a}^{t_e} \left(\frac{\partial \phi}{\partial x} \frac{dx}{dt} + \frac{\partial \phi}{\partial y} \frac{dy}{dt} + \frac{\partial \phi}{\partial z} \frac{dz}{dt} \right) dt$$

$$\stackrel{(4.23)}{=} \int\limits_{t_a}^{t_e} \frac{d\phi}{dt} dt.$$

Beachtet man noch, dass die Funktion ϕ ortsabhängig ist, also $\phi = \phi(\vec{r}(t))$, so folgt mit dem Hauptsatz der Differenzialrechnung

$$\int\limits_{t_a}^{t_e} \frac{d\phi}{dt} dt = \int\limits_{t_a}^{t_e} \frac{d\phi(\vec{r}(t))}{dt} dt = \phi(\vec{r}(t_e)) - \phi(\vec{r}(t_a)) = \phi(P_2) - \phi(P_1),$$

also insgesamt

$$W = \int\limits_{P_1}^{P_2} \vec{F} \cdot d\vec{r} = \phi(P_2) - \phi(P_1).$$

Die verrichtete Arbeit ist also nur von den beiden Punkten P_1 und P_2 abhängig und nicht von dem Weg zwischen den Punkten. Das Kraftfeld ist konservativ.

5. Drehbewegungen (Rotationen)

Wir behandeln zunächst **Drehbewegungen** („**Rotationen**"), die sich dadurch auszeichnen, dass die Drehachse fest im Raum verankert ist und senkrecht zur Bewegungsebene liegt. Die zu untersuchenden Größen wie z.B. Winkelgeschwindigkeit, Drehmoment oder Drehimpuls nehmen unter diesen Voraussetzungen eine besonders einfache Gestalt an, die viele Analogien zu den linearen Bewegungen („Translationen") in einer Dimension aufweisen. Im zweiten Teil wird die Voraussetzung einer festen Raumachse fallen gelassen, die Aussagen und Gesetzmäßigkeiten werden auf den allgemeinen Fall erweitert. Zum Abschluss stellen wir die physikalischen Größen von Translationen und Rotationen tabellarisch gegenüber.

5.1. Winkelgeschwindigkeit und Winkelbeschleunigung

Wir betrachten in Abb. 5.1 eine Scheibe, die drehbar in ihrem Mittelpunkt gelagert ist. Die Drehachse steht senkrecht zur Scheibe, schaut quasi aus der Buchseite heraus und ist durch einen kleinen schwarzen Ring gekennzeichnet.

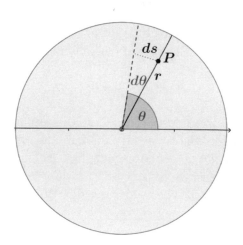

Abbildung 5.1.: Drehwinkel

© Der/die Autor(en), exklusiv lizenziert durch
Springer-Verlag GmbH, DE, ein Teil von Springer Nature 2021
M. Ruhrländer, *Aufstieg zu den Einsteingleichungen*,
https://doi.org/10.1007/978-3-662-62546-0_5

5. Drehbewegungen (Rotationen)

Wenn sich die Scheibe dreht, bewegen sich die Punkte der Scheibe unterschiedlich schnell, ein Randpunkt dreht sich schneller als ein Punkt in der Nähe der Achse. Es macht also keinen Sinn, von der Geschwindigkeit der Scheibe zu sprechen. Wenn sich die Scheibe allerdings einmal vollständig gedreht hat, so haben sich alle Punkte auf der Scheibe einmal gedreht. Eine Linie zwischen der Drehachse und einem beliebigen Punkt P bewegt sich in einer gegebenen Zeit um den gleichen Winkel, unabhängig von dem Abstand zwischen Punkt und Drehachse.

Wir betrachten ein Teilchen der Masse m im Punkt P auf der Scheibe. P ist durch seinen Abstand r und dem Winkel θ zwischen einer festen Bezugsachse (positive x-Achse) und der Linie zwischen Drehpunkt und Teilchen festgelegt. Während eines kurzen Zeitintervalls dt bewegt sich das Teilchen auf einem Kreisbogen um die Strecke ds, die durch

$$ds = v\,dt$$

gegeben ist, wobei v der Betrag der Geschwindigkeit des Teilchens entlang des Kreisbogens ist. Während dieser Zeit überstreicht die Linie zwischen Drehpunkt und Teilchen den **Drehwinkel** $d\theta$. Der Winkel $d\theta$ - im Bogenmaß gemessen - verhält sich zu einer Volldrehung (2π) wie ds zum Umfang $(2\pi r)$:

$$\frac{d\theta}{2\pi} = \frac{ds}{2\pi r},$$

woraus

$$d\theta = \frac{ds}{r}$$

folgt. Die **Winkelgeschwindigkeit** ω gibt an, wie sich der Winkel $d\theta$ mit der Zeit ändert. Sie ist für alle Teilchen auf der Scheibe gleich

$$\omega = \frac{d\theta}{dt} = \dot{\theta}.$$

Bei Drehungen um eine raumfeste Achse hat die Winkelgeschwindigkeit nur zwei mögliche Richtungen: Sie ist positiv für Drehungen gegen den Uhrzeigersinn (θ wird größer, also $d\theta > 0$) und negativ für Drehungen im Uhrzeigersinn. Die Einheit der Winkelgeschwindigkeit ist s^{-1}, da das Bogenmaß eine dimensionslose Einheit ist. Die zeitliche Änderung der Winkelgeschwindigkeit heißt **Winkelbeschleunigung**

$$\alpha = \frac{d\omega}{dt} = \dot{\omega} = \frac{d^2\theta}{dt^2} = \ddot{\theta}.$$

Die Einheit der Winkelbeschleunigung ist s^{-2}. Man kann die **Tangentialgeschwindigkeit** (= Geschwindigkeit entlang des Kreisbogens) v eines Teilchens auf einer Scheibe mit der Winkelgeschwindigkeit verknüpfen:

$$v = \frac{ds}{dt} = \frac{r d\theta}{dt} = r\omega$$

Genauso gibt es einen Zusammenhang zwischen der **Tangentialbeschleunigung** a_T eines Teilchens und der Winkelbeschleunigung:

$$a_T = \frac{dv}{dt} = r\frac{d\omega}{dt} = r\alpha \tag{5.1}$$

In Gl. 2.11 auf Seite 40 haben wir für die zum Drehpunkt gerichtete Zentipetalbeschleunigung $\vec{a}_Z$, die jedes Teilchen auf der Scheibe erfährt, den Betrag errechnet:

$$a_Z = \frac{v^2}{r}$$

Diese Gleichung kann man mit der Winkelgeschwindigkeit ω ausdrücken:

$$a_Z = \frac{v^2}{r} = \frac{(r\omega)^2}{r} = r\omega^2$$

Es gibt eine Analogie zwischen dem Drehwinkel, der Winkelgeschwindigkeit sowie der Winkelbeschleunigung und den Größen Verschiebung, Geschwindigkeit und Beschleunigung bei der eindimensionalen geraden Bewegung: Sind ω_0 und θ_0 die Anfangswerte von Winkelgeschwindigkeit und Position, so sind die Drehbewegungen

$$
\begin{aligned}
\omega &= \omega_0 + \alpha t \\
\theta &= \theta_0 + \omega_0 t + \frac{1}{2}\alpha t^2
\end{aligned}
$$

analog zu den Bewegungsgleichungen

$$
\begin{aligned}
v &= v_0 + at \\
x &= x_0 + v_0 t + \frac{1}{2}at^2.
\end{aligned}
$$

5.2. Drehmoment und Trägheitsmoment

In Abb. 5.2 greift eine Kraft $\vec{F}$ im Punkt P an einem Teilchen mit Masse m an und versetzt die Scheibe in eine Rotation.

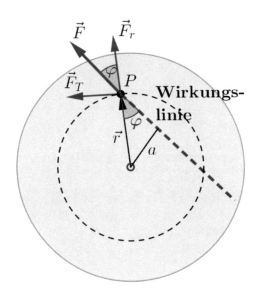

Abbildung 5.2.: Drehmoment

Der senkrechte Abstand zwischen der Wirkungslinie der Kraft (gerade gestrichelte Linie) und der Drehachse, die wieder durch den Mittelpunkt der Scheibe gehen soll, heißt **Hebelarm** a der Kraft. Das Produkt aus Kraft und Hebelarm heißt **Drehmoment** M. Das Drehmoment bestimmt die Winkelgeschwindigkeit eines Objektes. Der Hebelarm errechnet sich zu

$$\frac{a}{r} = \sin\varphi \Rightarrow a = r\sin\varphi,$$

wobei φ der Winkel zwischen $\vec{F}$ und dem Ortsvektor des Teilchens $\vec{r}$ ist. Für das Drehmoment M folgt daraus

$$M = F \cdot a = F \cdot r \cdot \sin\varphi.$$

Zerlegt man die Kraft in die radiale Komponente $F_r = F \cdot \cos\varphi$ und die tangentiale Komponente $F_T = F \cdot \sin\varphi$, so hat die die radiale Komponente keinen Einfluss auf die Drehung der Scheibe. Das Drehmoment kann als Funktion von F_T geschrieben werden:

$$M = F \cdot a = F \cdot r \cdot \sin\varphi = F_T \cdot r$$

Die tangentiale Komponente kann man nach dem zweiten Newton'schen Gesetz und mit (5.1) schreiben als

$$F_T = ma_T = mr\alpha.$$

Multipliziert man beide Seiten mit r, so erhält man

$$M = F_T \cdot r = mr^2\alpha.$$

Den Ausdruck mr^2 nennt man **Trägheitsmoment** I des Teilchens

$$I = mr^2.$$

Das Trägheitsmoment ist eine von der Drehachse abhängige Eigenschaft eines Körpers (r ist der Abstand des Teilchens von der Drehachse) und stellt ein Maß für den Widerstand dar, den ein Körper einer Änderung seiner Drehbewegung entgegensetzt. Für das Drehmoment gilt also

$$M = I \cdot \alpha.$$

Diese Gleichung bildet das Analogon zum zweiten Newton'schen Gesetz:

$$F = m \cdot a$$

Hat man einen starren Körper mit n Teilchen (Masse m_i, Abstand zur Drehachse r_i) vorliegen, so ist die Winkelbeschleunigung für alle Teilchen gleich. Das resultierende Drehmoment ergibt sich mit dem **erweiterten Trägheitsmoment**

$$I = m_1 r_1^2 + \cdots + m_n r_n^2 \tag{5.2}$$

zu

$$M = m_1 r_1^2 \alpha + \cdots + m_n r_n^2 \alpha = \alpha \left(m_1 r_1^2 + \cdots + m_n r_n^2 \right) = I \cdot \alpha.$$

Auch die kinetische Energie der Drehbewegung des Teilchens lässt sich durch das Trägheitsmoment ausdrücken:

$$E_{kin} = \frac{1}{2} mv^2 = \frac{1}{2} m(r\omega)^2 = \frac{1}{2} mr^2\omega^2 = \frac{1}{2} I\omega^2,$$

was der Gleichung

$$E_{kin} = \frac{1}{2} mv^2$$

für die lineare Bewegung entspricht.

5.3. Drehimpuls

Der **Drehimpuls** L eines Teilchens mit Masse m, das sich auf einer Kreisbahn mit dem Radius r mit der Winkelgeschwindigkeit ω bewegt, wird definiert als Produkt des Impulses und des Radius:

$$L = pr = mvr = m(\omega r)r = mr^2\omega = I\omega,$$

wobei wir wieder voraussetzen, dass die Drehachse senkrecht zur Bewegungsebene steht. Für beliebige Bewegungen ist der Drehimpuls eines Teilchens relativ zum Ursprung definiert als

$$L = mvr_\perp = mvr\sin\theta.$$

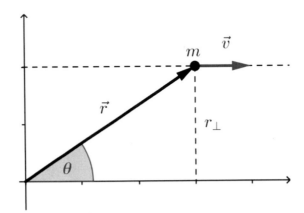

Abbildung 5.3.: Drehimpuls

In Abb. 5.3 ist $\vec{v}$ die Teilchengeschwindigkeit und $r_\perp = r\sin\theta$ die senkrechte
Komponente des Ortsvektors $\vec{r}$. Das Teilchen besitzt also *relativ zum Punkt 0*
einen Drehimpuls, obwohl es sich nicht auf einer Kreisbahn, sondern auf einer
Geraden mit Abstand $r_\perp$ bewegt.

5.4. Der allgemeine Fall der Drehbewegungen

Wir wollen nun die Voraussetzung einer im Raum festen Drehachse fallen lassen
und die Aussagen über die Drehbewegungen verallgemeinern. Zur Darstellung
der *vektoriellen* Größen, die mit den Drehbewegungen zusammenhängen, benötigen wir ein weiteres mathematisches Konzept.

Bemerkung 5.1. **MW: Kreuz- oder Vektorprodukt**
Das **Kreuz- oder Vektorprodukt** zweier Vektoren $\vec{a}$ und $\vec{b}$ wird definiert als
Vektor $\vec{c} = \vec{a} \times \vec{b}$ mit folgenden Eigenschaften.

1. Der Betrag von $\vec{c}$ ist gleich dem Flächeninhalt des Parallelogramms, das
   von den Vektoren $\vec{a}$ und $\vec{b}$ aufgespannt wird.

2. Der Vektor $\vec{c}$ steht senkrecht sowohl auf $\vec{a}$ als auch auf $\vec{b}$.

3. Die Vektoren $\vec{a}$, $\vec{b}$ und $\vec{c}$ bilden ein Rechtssystem.

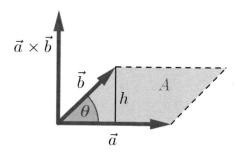

Abbildung 5.4.: Kreuzprodukt

Dabei bedeutet ein Rechtssystem, dass ich, wenn ich vom Vektor $\vec{a}$ auf kürzestem Weg den Vektor $\vec{b}$ erreichen will, gegen den Uhrzeigersinn drehen muss und vom Vektor $\vec{b}$ auf kürzestem Weg den Vektor $\vec{c} = \vec{a} \times \vec{b}$ wiederum durch Drehung gegen den Uhrzeigersinn erreiche. Oder mit einem anderen Bild erklärt: Stellt man sich vor, dass unter dem Vektor $\vec{a} \times \vec{b}$ ein Schlitz angebracht ist, in den ich einen Schraubendreher hineinstecken kann, um den Vektor $\vec{a}$ auf kürzestem Weg in Richtung $\vec{b}$ zu drehen, so muss ich den Vektor $\vec{a} \times \vec{b}$ rechts herum drehen usw.

Der Flächeninhalt A des Parallelogramms in Abb. 5.4 ist Grundlinie a mal Höhe h:

$$A = a \cdot h = a \cdot b \sin \angle \left(\vec{a}, \vec{b} \right) = a \cdot b \sin \theta$$

Also folgt

$$\left| \vec{a} \times \vec{b} \right| = A = a \cdot b \sin \theta.$$

Aus der Definition kann man einige Rechenregeln des Kreuzproduktes ableiten.

1. $\vec{a} \times (\vec{b} + \vec{c}) = \vec{a} \times \vec{b} + \vec{a} \times \vec{c}$ und $(\vec{a} + \vec{b}) \times \vec{c} = (\vec{a} \times \vec{c}) + \left(\vec{b} \times \vec{c} \right)$ (**Distributivgesetze**)

2. $\vec{a} \times \vec{b} = -\vec{b} \times \vec{a}$ (**Antisymmetriegesetz**)

3. $\lambda \cdot (\vec{a} \times \vec{b}) = (\lambda \cdot \vec{a}) \times \vec{b} = \vec{a} \times (\lambda \cdot \vec{b})$ (**Multiplikation mit Skalar** λ)

Sind die beiden Vektoren $\vec{a}$ und $\vec{b}$ parallel, d.h., es gibt eine Zahl k, sodass $\vec{a} = k \cdot \vec{b}$, so folgt

$$\vec{a} \times \vec{b} = \vec{0}, \text{ insbesondere } \vec{a} \times \vec{a} = \vec{0}, \tag{5.3}$$

denn der Flächeninhalt des von den beiden Vektoren aufgespannten Parallelogramms ist gleich null.

Wir wollen als Nächstes das Kreuzprodukt durch die Komponenten der Vektoren ausdrücken und berechnen zunächst die Kreuzprodukte der Einheitsvektoren $\vec{e}_x, \vec{e}_y, \vec{e}_z$. Dabei beachten wir, dass das Kreuzprodukt eines Vektors mit sich selbst null ergibt, dass die Einheitsvektoren senkrecht aufeinander stehen, dass das von zwei Einheitsvektoren aufgespannte Parallelogramm ein Quadrat mit Flächeninhalt 1 ist und dass $\vec{e}_x, \vec{e}_y, \vec{e}_z$ ein Rechtssystem bilden. Dann folgt:

$$\vec{e}_x \times \vec{e}_x = 0$$
$$\vec{e}_y \times \vec{e}_y = 0$$
$$\vec{e}_z \times \vec{e}_z = 0$$
$$\vec{e}_x \times \vec{e}_y = \vec{e}_z$$
$$\vec{e}_y \times \vec{e}_z = \vec{e}_x$$
$$\vec{e}_z \times \vec{e}_x = \vec{e}_y$$

Sind nun

$$\vec{a} = a_x\,\vec{e}_x + a_y\,\vec{e}_y + a_z\,\vec{e}_z$$

und

$$\vec{b} = b_x\,\vec{e}_x + b_y\,\vec{e}_y + b_z\,\vec{e}_z$$

zwei beliebige Vektoren, so folgt mit dem Distributivgesetz

$$
\begin{aligned}
\vec{a} \times \vec{b} &= (a_x\,\vec{e}_x + a_y\,\vec{e}_y + a_z\,\vec{e}_z) \times (b_x\,\vec{e}_x + b_y\,\vec{e}_y + b_z\,\vec{e}_z) \\
&= a_x b_x \underbrace{(\vec{e}_x \times \vec{e}_x)}_{=0} + a_x b_y \underbrace{(\vec{e}_x \times \vec{e}_y)}_{=\vec{e}_z} + a_x b_z \underbrace{(\vec{e}_x \times \vec{e}_z)}_{=-\vec{e}_y} \\
&+ a_y b_x \underbrace{(\vec{e}_y \times \vec{e}_x)}_{=-\vec{e}_z} + a_y b_y \underbrace{(\vec{e}_y \times \vec{e}_y)}_{=0} + a_y b_z \underbrace{(\vec{e}_y \times \vec{e}_z)}_{=\vec{e}_x} \\
&+ a_z b_x \underbrace{(\vec{e}_z \times \vec{e}_x)}_{=\vec{e}_y} + a_z b_y \underbrace{(\vec{e}_z \times \vec{e}_y)}_{=-\vec{e}_x} + a_z b_z \underbrace{(\vec{e}_z \times \vec{e}_z)}_{=0} \\
&= (a_y b_z - a_z b_y)\,\vec{e}_x + (a_z b_x - a_x b_z)\,\vec{e}_y + (a_x b_y - a_y b_x)\,\vec{e}_z,
\end{aligned}
$$

d.h.

$$
\vec{a} \times \vec{b} = \begin{pmatrix} a_x \\ a_y \\ a_z \end{pmatrix} \times \begin{pmatrix} b_x \\ b_y \\ b_z \end{pmatrix} = \begin{pmatrix} a_y b_z - a_z b_y \\ a_z b_x - a_x b_z \\ a_x b_y - a_y b_x \end{pmatrix}.
$$

Sind $\vec{a}(t)$ und $\vec{b}(t)$ vektorwertige Funktionen, die von der Variablen t abhängen, so folgt mit der Produktregel für die Ableitungen

$$\frac{d}{dt}\left(\vec{a}(t) \times \vec{b}(t)\right) = \frac{d\vec{a}(t)}{dt} \times \vec{b}(t) + \vec{a}(t) \times \frac{d\vec{b}(t)}{dt}, \tag{5.4}$$

also eine ähnliche Produktregel wie bei der Multiplikation von gewöhnlichen Funktionen. Wir überprüfen die Formel exemplarisch an der x-Komponente von $\vec{a} \times \vec{b}$. Es gilt:

$$
\frac{d}{dt} \left(\vec{a}(t) \times \vec{b}(t) \right)_x = \frac{d}{dt} \left(a_y(t) b_z(t) - a_z(t) b_y(t) \right)
$$

$$
= \dot{a}_y(t) b_z(t) + a_y(t) \dot{b}_z(t) - \left(\dot{a}_z(t) b_y(t) + a_z(t) \dot{b}_y(t) \right)
$$

$$
= \dot{a}_y(t) b_z(t) - \dot{a}_z(t) b_y(t) + \left(a_y(t) \dot{b}_z(t) - a_z(t) \dot{b}_y(t) \right)
$$

$$
= \left(\dot{\vec{a}}(t) \times \vec{b}(t) \right)_x + \left(\vec{a}(t) \times \dot{\vec{b}}(t) \right)_x \quad \square
$$

Nach diesen Ausführungen zum Kreuzprodukt wollen wir nun die Drehbewegungen verallgemeinern. Wir betrachten ein Teilchen, das sich auf einem beliebigen Kreis im Raum bewegt. Seien $\vec{R}$ der Radiusvektor (Vektor vom Mittelpunkt des Kreises zum Teilchen) und $\vec{v}$ der Vektor der Tangentialgeschwindigkeit des Teilchens, der senkrecht auf $\vec{R}$ steht. Die beiden Vektoren $\vec{R}$ und $\vec{v}$ liegen in der **Bewegungsebene** des Teilchens, also in der Ebene, die durch den Kreis definiert wird. Wir *definieren* die Winkelgeschwindigkeit als einen Vektor $\vec{\omega}$, der senkrecht auf dem Kreis steht, sodass die Vektoren $\vec{R}$, $\vec{v}$ und $\vec{\omega}$ ein Rechtssystem bilden, also

$$
\vec{\omega} = \text{Konstante} \cdot \left(\vec{R} \times \vec{v} \right) .
$$

Die Konstante wird so bestimmt, dass - wie im einfachen Fall - der Betrag von $\vec{\omega}$ gleich

$$
\omega = d\theta/dt = v/R
$$

ist, d.h.

$$
\vec{\omega} = \frac{1}{R^2} (\vec{R} \times \vec{v}).
$$

Zur Probe rechnen wir noch einmal nach:

$$
\omega = |\vec{\omega}| = \left| \frac{1}{R^2} (\vec{R} \times \vec{v}) \right| = \frac{1}{R^2} \left| \vec{R} \times \vec{v} \right|
$$

$$
= \frac{1}{R^2} Rv \sin \left(\angle(\vec{R}, \vec{v}) \right) = \frac{v \sin(90°)}{R} = \frac{v}{R}.
$$

Abb. 5.5 zeigt eine Kraft $\vec{F}$, die auf ein Teilchen am Ort P mit dem Ortsvektor $\vec{r}$ wirkt. Das dabei ausgeübte Drehmoment ist ein *Vektor* $\vec{M}$ mit dem Betrag

$$
M = Fr \sin \varphi,
$$

der senkrecht zur Ebene steht, die von $\vec{F}$ und $\vec{r}$ aufgespannt wird (in der Abbildung ist das die (x, y)-Ebene, es kann aber auch eine beliebig im Raum liegende Ebene sein). φ gibt den Winkel zwischen $\vec{F}$ und $\vec{r}$ an.

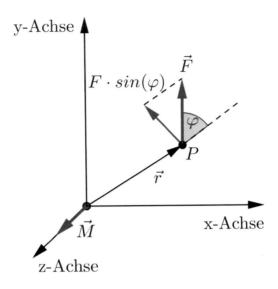

Abbildung 5.5.: Drehmoment als Vektor

Dies entspricht der bisherigen Definition des Drehmoments, allerdings ist dem Drehmoment jetzt eine Richtung zugeordnet:

$$\vec{M} = \vec{r} \times \vec{F}$$

Etwas ausführlicher nennt man $\vec{M}$ das Drehmoment der am Teilchen m angreifenden Kraft um den Punkt 0. Auch der Drehimpuls eines Teilchens lässt sich als Kreuzprodukt schreiben:

$$\vec{L} = \vec{r} \times \vec{p} = \vec{r} \times m\vec{v} = m\left(\vec{r} \times \vec{v}\right) \tag{5.5}$$

Drehimpuls und Drehmoment sind immer in Bezug auf einen festen Punkt (z.B. den Ursprung des Koordinatensystems) definiert. Wenn der Ursprung des Koordinatensystems in der Drehebene des Teilchens liegt, wenn also der Ortsvektor $\vec{r}$ gleich dem Radiusvektor $\vec{R}$ ist, dann zeigt der Drehimpuls in die gleiche Richtung wie die Winkelgeschwindigkeit

$$\vec{L} = \vec{r} \times \vec{p} = \vec{R} \times \vec{p} = \vec{R} \times m\vec{v} = m\left(\vec{R} \times \vec{v}\right) = mR^2\vec{\omega} = I\vec{\omega}.$$

Leitet man den Drehimpuls mit der Ableitungsregel für Kreuzprodukte (5.4) nach der Zeit ab, so erhält man mit dem zweiten Newton'schen Gesetz (3.1):

$$\vec{F} = \frac{d\vec{p}}{dt}$$

die Beziehung

$$\frac{d\vec{L}}{dt} = \frac{d\,(\vec{r} \times \vec{p})}{dt} = \frac{d\vec{r}}{dt} \times \vec{p} + \vec{r} \times \frac{d\vec{p}}{dt} = \underbrace{\vec{v} \times m\vec{v}}_{=0} + \vec{r} \times \frac{d\vec{p}}{dt} = \vec{r} \times \frac{d\vec{p}}{dt} = \vec{r} \times \vec{F} = \vec{M}.$$

> Die zeitliche Änderung des Drehimpulses ist gleich dem wirkenden Drehmoment. Das heißt, wenn das (Gesamt-)Drehmoment null ist, ist der Drehimpuls konstant.

In Zentralkraftfeldern gilt (siehe Gl. 3.2 auf Seite 51)

$$\vec{F} = f\,(r)\,\vec{e}_r,$$

wobei

$$\vec{e}_r = \frac{\vec{r}}{r}$$

der Einheitsvektor in Richtung $\vec{r}$ ist. Ist $\vec{F}$ eine Zentralkraft, so gilt

$$\vec{M} = \vec{r} \times \vec{F} = \vec{r} \times f\,(r)\,\vec{e}_r = \vec{r} \times f\,(r)\,\frac{\vec{r}}{r} = \frac{f\,(r)}{r}\,\underbrace{(\vec{r} \times \vec{r})}_{=0} = 0,$$

das Drehmoment ist also null, also gilt auch

$$\vec{M} = \frac{d}{dt}\vec{L} = 0, \tag{5.6}$$

d.h., wir erhalten ein wichtiges Ergebnis:

> In Zentralkraftfeldern ist das Drehmoment gleich null, der Drehimpuls ist daher bei allen Bewegungen zeitlich konstant.

5.5. Gegenüberstellung der physikalischen Größen bei Translationen und Rotationen

Zum Abschluss dieses Kapitels fassen wir die erzielten Ergebnisse für die Drehbewegungen nochmals zusammen und stellen sie den entsprechenden Größen bei den linearen Bewegungen („**Translationen**") tabellarisch gegenüber.

5. Drehbewegungen (Rotationen)

Translationen	Rotationen
Länge s	Winkel θ
Masse m	Trägheitsmoment $I = mR^2$, $\vec{R}$ Radius.
Geschwindigkeit $\vec{v}$	Winkelgeschwindigkeit $\vec{\omega} = \dfrac{1}{R^2}\,(\vec{R} \times \vec{v})$
Impuls $\vec{p} = m\vec{v}$	Drehimpuls $\vec{L} = \vec{r} \times m\vec{v}$, $\vec{r}$ Ortsvektor
Kraft $\vec{F}$	Drehmoment $\vec{M} = \vec{r} \times \vec{F}$
$\vec{F} = \dfrac{d\vec{p}}{dt}$	$\vec{M} = \dfrac{d\vec{L}}{dt}$
Kin. Energie $E_{kin} = \dfrac{1}{2}\,mv^2$	Kin. Energie $E_{kin} = \dfrac{1}{2}\,I\omega^2$

Tabelle 5.1.: Translationen und Rotationen

6. Das Newton'sche Gravitationsgesetz

Nach den vorbereitenden Aussagen in den letzten Kapiteln kommen wir nun zum Kernpunkt dieses ersten Teils, zum Gravitationsgesetz von Newton. Die Kepler'schen Gesetze zur Erklärung der Planetenbahnen waren ein wichtiger Schritt zum Verständnis der Vorgänge im Sonnensystem. Es waren aus den damaligen Beobachtungsdaten aufgestellte Regeln, die nicht aus theoretischen Überlegungen abgeleitet werden konnten. Erst Newton realisierte, dass die Umlaufbewegung des Mondes um die Erde und die Umlaufbahnen der Planeten um die Sonne Kräften zuzuschreiben sind, die zudem über beträchtliche Entfernungen wirken müssen. Die Erde selbst wirkt durch ihre Gravitation auf Objekte (fallende Äpfel usw.), die nicht im direkten Kontakt mit ihr sind. Newton postulierte und bewies, dass die Planetenumlaufbahnen und die Erdanziehung einer Kraft zuzuschreiben sind, die zwischen zwei Körpern wirkt und umso kleiner ist, je weiter die beiden Körper voneinander entfernt sind. Nach dem **Newton'schen Gravitationsgesetz** übt jeder Körper eine anziehende Kraft auf jeden anderen Körper aus. Diese ist proportional zu dem Produkt der Massen der beiden Körper und umgekehrt proportional zu dem Quadrat ihres Abstandes. Es gibt keine sichere Überlieferung, wie Newton sein Gravitationsgesetz gefunden hat. Ein möglicher Erklärungsansatz liegt darin, dass er das dritte Kepler'sche Gesetz für kreisförmige Planetenbahnen untersucht hat. Dieses besagt, dass das Verhältnis aus der dritten Potenz der Radien R der Umlaufbahnen zu dem Quadrat ihrer Umlaufzeiten T für alle Planeten den gleichen Wert ergibt, d.h.

$$\frac{R^3}{T^2} = const.,$$

vergleiche Formel 1.5 auf Seite 11. Zu Newtons Zeit kannte man auch schon die Zentripetalbeschleunigung a bei Kreisbewegungen (siehe Gl. 2.11 auf Seite 40)

$$a = \frac{v^2}{R} \Rightarrow v^2 = aR,$$

wobei

$$v = \frac{2\pi R}{T} \Rightarrow T = \frac{2\pi R}{v}$$

© Der/die Autor(en), exklusiv lizenziert durch
Springer-Verlag GmbH, DE, ein Teil von Springer Nature 2021
M. Ruhrländer, *Aufstieg zu den Einsteingleichungen*,
https://doi.org/10.1007/978-3-662-62546-0_6

die durchschnittliche Umlaufgeschwindigkeit ist. Dann folgt

$$const. = \frac{R^3}{T^2} = \frac{R^3}{\left(\dfrac{2\pi R}{v}\right)^2} = \frac{R^3}{\dfrac{4\pi^2 R^2}{v^2}} = \frac{Rv^2}{4\pi^2} = \frac{RaR}{4\pi^2} = \frac{R^2 a}{4\pi^2}.$$

Wenn also der Ausdruck $R^2 a/\left(4\pi^2\right)$ konstant ist, dann muss die Beschleunigung a proportional zu $1/R^2$ sein. So könnte Newton auf sein berühmtes Gravitationsgesetz gestoßen sein.

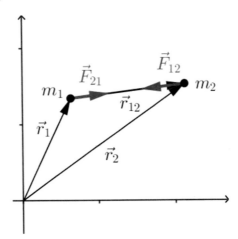

Abbildung 6.1.: Newton'sches Gravitationsgesetz

In Abb. 6.1 sind zwei Massen m_1 und m_2 mit ihren jeweiligen Ortsvektoren $\vec{r}_1$ und $\vec{r}_2$ dargestellt. Der Vektor $\vec{r}_{12} = \vec{r}_2 - \vec{r}_1$ zeigt vom Körper m_1 zum Körper m_2. Die Gravitationskraft $\vec{F}_{12}$, mit der m_1 auf m_2 wirkt, wird *definiert* durch

$$\vec{F}_{12} = -\frac{Gm_1 m_2}{r_{12}^2} \cdot \frac{\vec{r}_{12}}{r_{12}} = -\frac{Gm_1 m_2}{|\vec{r}_2 - \vec{r}_1|^2} \cdot \frac{\vec{r}_2 - \vec{r}_1}{|\vec{r}_2 - \vec{r}_1|}. \tag{6.1}$$

$\vec{r}_{12}/r_{12}$ ist ein Einheitsvektor, der von m_1 nach m_2 zeigt, und das Minuszeichen garantiert, dass $\vec{F}_{12}$ eine anziehende Kraft ist. G ist die **Gravitationskonstante**, die den Wert

$$G = 6,67 \cdot 10^{-11}\ \mathsf{N} \cdot \mathsf{m}^2/\mathsf{kg}^2$$

hat. Die Kraft $\vec{F}_{21}$, die der Körper m_2 auf m_1 ausübt, ist nach dem dritten Newton'schen Gesetz genauso groß wie $\vec{F}_{12}$, zeigt aber in die entgegengesetzte Richtung. Bezeichnet man mit r den Abstand zweier Körper, so ist der Betrag der Gravitationskraft $\vec{F}$ gegeben durch

$$F = \frac{Gm_1 m_2}{r^2}. \tag{6.2}$$

Beispiel 6.1.

Als Beispiel berechnen wir die Gravitationskraft zwischen zwei Körpern mit Masse $1\,\text{kg}$, die $1\,\text{m}$ voneinander entfernt sind:

$$F = \frac{Gm_1m_2}{r^2} = \frac{6,67 \cdot 10^{-11}\,\text{N} \cdot \text{m}^2/\text{kg}^2 \cdot 1\,\text{kg} \cdot 1\,\text{kg}}{(1\,\text{m})^2} = 6,674 \cdot 10^{-11}\,\text{N}\ \square$$

Das Beispiel zeigt, dass die Gravitationskraft extrem klein ist. Die Gewichtskraft der Masse $1\,\text{kg}$ beträgt

$$F_G = mg = 9,81\,\text{N},$$

also mehr als 100 Milliarden mal so viel.

Beispiel 6.2.

Wir zeigen, dass sich als Folgerung des Newton'schen Gravitationsgesetzes das Galilei'sche Fallgesetz nahe der Erdoberfläche ergibt. Ist

$$M_E = 5,974 \cdot 10^{24}\,\text{kg}$$

die Masse der Erde und ist

$$R_E = 6,378 \cdot 10^6\,\text{m}$$

der mittlere Erdradius (siehe auch Tab. 30.3), so hat die Gravitationskraft, die von der Erde auf eine beliebige Masse m im Abstand $\approx R_E$ vom Erdmittelpunkt ausgeübt wird, den Betrag

$$F = \frac{GmM_E}{R_E^2} = m \cdot \frac{6,674 \cdot 10^{-11} \cdot 5,974 \cdot 10^{24}}{(6,378 \cdot 10^6)^2} \approx m \cdot 9,81 = mg.$$

Da die Newton'sche Gravitationskraft und auch die Erdanziehungskraft beide auf den Erdmittelpunkt zeigen, liegt also im erdnahen Umfeld eine Übereinstimmung beider Kräfte vor. $\square$

Aus der letzten Gleichung folgt

$$g = \frac{GM_E}{R_E^2}. \tag{6.3}$$

Da die Erdbeschleunigung $g = 9,81\,\text{m/s}^2$ leicht gemessen werden kann und der Erdradius R_E bekannt ist, lässt sich mit (6.3) entweder die Konstante G oder die Erdmasse M_E bestimmen. Newton selbst ging in seiner Bestimmung der Gravitationskonstanten G von einer Abschätzung der Erdmasse aus. Da die Gravitationskraft so gering ist, ist die Gravitationskonstante G die am wenigsten genau bekannte Konstante in der Physik, man kennt sie nur (mit einer kleinen Fehlerwahrscheinlichkeit) bis zur vierten Stelle nach dem Komma.

Beispiel 6.3.

Als weiterer Test für die Gültigkeit des Gravitationsgesetzes vergleichen wir die Beschleunigung des Mondes auf seiner Umlaufbahn mit der Beschleunigung von Objekten nahe der Erdoberfläche. Die Entfernung zum Mond beträgt etwa das 60-Fache des Erdradius, d.h., die Erdbeschleunigung sollte $60^2 = 3600$-mal so groß sein, wie die Beschleunigung des Mondes zur Erde hin. Unterstellt man eine kreisförmige Umlaufbahn des Mondes um die Erde, so beträgt die Umlaufgeschwindigkeit nach Gl. 2.12 auf Seite 41

$$v = 2\pi r/T,$$

wobei r den Abstand Mond-Erdmittelpunkt und T die Umlaufzeit des Mondes bezeichnen. Die Beschleunigung des Mondes auf seiner Umlaufbahn a_m ist nach Formel 2.11 auf Seite 40 (der Mond ist ein „Erdsatellit") die Zentripetalbeschleunigung

$$a_m = \frac{v^2}{r} = \frac{(2\pi r/T)^2}{r} = \frac{4\pi^2 r}{T^2}.$$

Für $r = 3,84 \cdot 10^8$ m und $T = 27,3$ Tage folgt

$$a_m = \frac{4\pi^2 r}{T^2} = 2,72 \cdot 10^{-3} \, \text{m/s}^2.$$

Vergleicht man diese Zahl mit der Erdbeschleunigung $g = 9,81 \, \text{m/s}^2$, so ergibt sich tatsächlich

$$\frac{g}{a_m} = \frac{9,81}{2,72 \cdot 10^{-3}} = 3607 \approx 60^2. \ \square$$

6.1. Die potenzielle Energie der Newton'schen Gravitationskraft

Nimmt man an, dass sich die Masse m_1 im Nullpunkt befindet und dass die Masse m_2 den Ortsvektor $\vec{r}$ besitzt, so kann das Gravitationsgesetz mit dem Einheitsvektor $\vec{e}_r = \vec{r}/r$ in der Form

$$\vec{F} = -\frac{Gm_1 m_2}{r^2} \cdot \vec{e}_r \tag{6.4}$$

geschrieben werden. Wir wollen nun eine Funktion finden, die die potenzielle Energie der Gravitationskraft beschreiben soll. Dazu stellen wir einige Vorüberlegungen an. Mit der Ableitungsregel

$$\frac{d}{dx} x^a = ax^{a-1}$$

(siehe Gl. (4.10)) und der Kettenregel (siehe Gl. (4.22)) folgt mit $r = |\vec{r}| = \sqrt{x^2 + y^2 + z^2}$:

$$
\begin{aligned}
\frac{\partial}{\partial x}\left(\frac{1}{\sqrt{x^2 + y^2 + z^2}}\right) &= \frac{\partial}{\partial x}\left(x^2 + y^2 + z^2\right)^{-1/2} \\
&= -\frac{1}{2}\left(x^2 + y^2 + z^2\right)^{-3/2} \cdot 2x \\
&= \frac{-x}{(x^2 + y^2 + z^2)^{3/2}} \\
&= \frac{-x}{(x^2 + y^2 + z^2)\sqrt{x^2 + y^2 + z^2}} \\
&= -\frac{1}{r^2}\frac{x}{r}.
\end{aligned}
$$

Und genauso

$$
\frac{\partial}{\partial y}\left(\frac{1}{\sqrt{x^2 + y^2 + z^2}}\right) = -\frac{1}{r^2}\frac{y}{r},
$$

$$
\frac{\partial}{\partial z}\left(\frac{1}{\sqrt{x^2 + y^2 + z^2}}\right) = -\frac{1}{r^2}\frac{z}{r}.
$$

Also gilt für den Gradienten

$$
\nabla\frac{1}{r} = \nabla\left(\frac{1}{\sqrt{x^2 + y^2 + z^2}}\right) = -\frac{1}{r^2}\begin{pmatrix} x/r \\ y/r \\ z/r \end{pmatrix} = -\frac{1}{r^2}\frac{\vec{r}}{r} = -\frac{1}{r^2}\vec{e}_r.
$$

Es folgt

$$
\nabla\left(\frac{Gm_1 m_2}{r}\right) = -\frac{Gm_1 m_2}{r^2}\vec{e}_r = \vec{F},
$$

also folgt wegen $-\nabla E(r) = \vec{F}$ (siehe Gl. (4.17)), dass die potenzielle Energie durch folgenden Ausdruck gegeben ist:

$$
E_{pot}(r) = -\frac{Gm_1 m_2}{r}. \tag{6.5}
$$

Damit existiert zur Gravitationskraft also eine Potenzialfunktion, und das Gravitationsfeld ist nach Gl. (4.18) konservativ. Die Newton'sche Bewegungsgleichung in einem Gravitationsfeld, das von einem Körper mit Masse M generiert wird, lautet also für ein Teilchen mit Masse m

$$
m\ddot{\vec{r}} = -m\,\nabla\phi(\vec{r}) \tag{6.6}
$$

mit der Potenzialfunktion

$$\phi\left(\vec{r}\right) = -\frac{GM}{r}. \tag{6.7}$$

Wir wollen herausfinden, wie ein Körper die durch die Gravitationskraft verursachte Bindung an die Erde überwinden kann. Zunächst betrachten wir einen Körper mit Masse m nahe der Erdoberfläche und unterstellen, dass die Gravitationskraft konstant mg beträgt. Wenn wir den Gegenstand mit der Geschwindigkeit v_0 vertikal nach oben abschießen, dann wird er eine maximale Höhe erreichen. Das leiten wir aus der Energieerhaltung, die in einem konservativen Kraftfeld gilt, mit folgenden Überlegungen ab. Wir setzen die potenzielle Energie des Erdschwerefeldes auf der Erdoberfläche gleich null, d.h., der Körper hat anfangs keine potenzielle Energie. Die kinetische Startenergie beträgt $mv_0^2/2$. Erreicht der Körper seine maximale Höhe h_{max}, so ist seine Geschwindigkeit, also auch seine kinetische Energie null, die potenzielle Energie beträgt mgh_{max}. Also folgt aus der Energieerhaltung

$$\frac{1}{2}\,mv_0^2 = mgh_{max}$$

und daraus

$$h_{max} = \frac{v_0^2}{2g}.$$

Die Gleichung besagt, dass die maximale Höhe mit steigender Anfangsgeschwindigkeit zunimmt. Aber sie sagt auch, dass ein Körper niemals die Bindung an die Erde überwinden kann. Egal wie groß man die Anfangsgeschwindigkeit wählt, der Körper würde immer eine maximale Höhe erreichen und dann wieder auf die Erde fallen. Nun wissen wir aber, dass es durchaus möglich ist, die Bindung der Erde zu überwinden, unser Fehler liegt in dem verwendeten Ansatz. Die Annahme, dass das Gravitationsfeld homogen ist, ist nur für Höhen von maximal 10 km über dem Boden praktikabel. Verwenden müssen wir für unsere Fragestellung vielmehr das Newton'sche Gravitationsgesetz, das nicht homogen ist, sondern wie $1/r^2$ abfällt.

Bezeichnen im Folgenden M_E die Erdmasse und R_E den Erdradius. Die Änderung der potenziellen Energie bei einer Verschiebung eines Teilchens mit der Masse m vom Punkt $\vec{r}_1$ zum Punkt $\vec{r}_2$ ist gegeben durch

$$E_{pot}\left(r_2\right) - E_{pot}\left(r_1\right) = \frac{GM_E\,m}{r_1} - \frac{GM_E\,m}{r_2}.$$

Setzen wir $r_1 = R_E$ und die potenzielle Energie auf der Erdoberfläche gleich null, so folgt für einen beliebigen Ort $r\ (> R_E)$

$$E_{pot}\left(r\right) = -\frac{GM_E\,m}{r},$$

und wegen

$$E_{pot}\left(R_E\right) = -\frac{GM_E\,m}{R_E} = 0$$

erhalten wir

$$E_{pot}\left(r\right) = \frac{GM_E\,m}{R_E} - \frac{GM_E\,m}{r}.$$

Schreiben wir die potenzielle Energie als Funktion des Abstands

$$y = r - R_E$$

von der Erdoberfläche, so ergibt sich mit dem Hauptnenner und unter Ausnutzung von Gl. (6.3)

$$\begin{aligned}
E_{pot}\left(r\right) &= \frac{GM_E\,m}{R_E} - \frac{GM_E\,m}{r} = \frac{GM_E\,m}{rR_E}\left(r - R_E\right) \\
&= m\cdot\left(\frac{GM_E}{R_E^2}\right)\cdot y\cdot\frac{R_E}{r} = mgy\cdot\frac{R_E}{r}.
\end{aligned}$$

Diese Gleichung zeigt noch einmal, dass nahe der Erdoberfläche ($r \approx R_E$) die potenzielle Energie ungefähr mgy ist, was wir oben unter der Annahme einer homogenen Gravitationskraft schon gezeigt hatten.

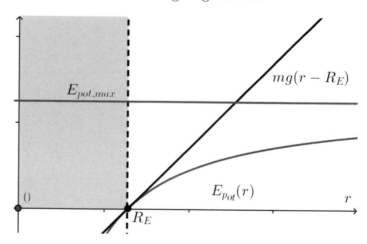

Abbildung 6.2.: Potenzielle Energie im Gravitationsfeld der Erde, $E_{pot}\left(R_E\right) = 0$

Abb. 6.2 zeigt die potenzielle Energie als Funktion von r. Die Gerade ist die potenzielle Energie für das konstante Gravitationsfeld $F = mg$. Die Funktion $E_{pot}(r)$ wächst nicht ins Unendliche (wie die Gerade), sondern hat ihr Maximum bei

$$E_{pot,max} = \frac{GM_E\,m}{R_E} = mgR_E,$$

was aus der Funktionsgleichung für die potenzielle Energie

$$E_{pot}(r) = \frac{GM_E\,m}{R_E} - \frac{GM_E\,m}{r}$$

sofort ablesbar ist, da für jedes r der zweite Term den ersten verringert.

Wir können jetzt die Frage beantworten, wie groß denn die Abschussgeschwindigkeit mindestens sein muss, damit ein Körper die Bindungskraft der Erde überwinden kann. Es ist zwar auch im Newton'schen Gravitationsfeld so, dass ein Körper mit wachsendem Abstand r vom Erdmittelpunkt seine potenzielle Energie vergrößert, allerdings kann sie das Maximum mgR_E nicht überschreiten. Da wir uns in einem konservativen Kraftfeld befinden, gilt der Energieerhaltungssatz, d.h., die kinetische Energie beim Abschuss (da ist die potenzielle Energie gleich null) kann höchstens um den Maximalwert der potenziellen Energie kleiner werden. Besitzt der Körper also eine höhere kinetische Energie als die maximale potenzielle Energie, so überwindet der Körper die Bindung an die Erde und fliegt, falls sonst keine anderen Einflüsse auf ihn wirken, ins Unendliche. Die kritische Anfangsgeschwindigkeit, die der Körper mit der Masse m haben muss, um zu entweichen, heißt **Fluchtgeschwindigkeit** v_F und errechnet sich aus

$$E_{kin} = \frac{1}{2}\,mv_F^2 = E_{pot,max} = \frac{GM_E\,m}{R_E} = mgR_E$$

zu

$$\begin{aligned} v_F &= \sqrt{\frac{2GM_E}{R_E}} = \sqrt{2gR_E} = \sqrt{2\cdot 9,81\cdot 6,37\cdot 10^6} \\ &= 11,2\,\text{km/s} \approx 40.000\,\text{km/h}. \end{aligned} \tag{6.8}$$

Im Abschn. 4.4 wurde dargestellt, dass man bei der Festlegung des Nullpunktes der potenziellen Energie freie Wahl hat. Wir wollen den Nullpunkt der potenziellen Energie, der bei den letzten Ausführungen auf der Erdoberfläche lag, nunmehr so setzen, dass die potenzielle Energie zwischen zwei Körpern null wird, wenn der Abstand zwischen ihnen unendlich ist, d.h., mit Gl. (6.5) folgt

$$E_{pot}(r) = -\frac{GM_E\,m}{r}, \quad E_{pot}(r) = 0 \;\; für\, r \to \infty.$$

Die potenzielle Energie ist durch diese Wahl immer negativ, dadurch wird Arbeit frei, wenn z.B. ein Körper zu Boden fällt.

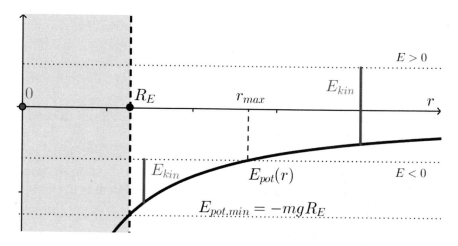

Abbildung 6.3.: Potenzielle Energie im Gravitationsfeld der Erde, $E_{pot}(\infty) = 0$

Abb. 6.3 zeigt wieder die potenzielle Energie als Funktion von r. Der minimale Wert der potenziellen Energie wird bei

$$E_{pot,min} = E_{pot}(R_E) = -\frac{GM_E\,m}{R_E} = -mgR_E,$$

also an der Erdoberfläche angenommen. Die Funktion nimmt mit wachsendem r zu und nähert sich null, wenn r gegen unendlich strebt, d.h., die potenzielle Energie kann wiederum höchstens um mgR_E wachsen, genauso wie in dem Fall, als $E_{pot}(R_E) = 0$ war. Ebenso folgt, dass ein Körper die Erdbindung überwinden kann, wenn die kinetische Energie größer gleich mgR_E ist. Da die potenzielle Energie auf der Erdoberfläche gleich $-mgR_E$ ist, muss die geforderte Gesamtenergie $E = E_{kin} + E_{pot}$ des Körpers größer oder gleich null sein. In der Abbildung sind zwei mögliche Werte für die Gesamtenergie eingetragen ($E < 0$ und $E > 0$). Eine negative Gesamtenergie bedeutet, dass die anfängliche kinetische Energie auf der Erdoberfläche kleiner als mgR_E ist. In diesem Fall schneiden sich die Gesamtenergie und die potenzielle Energie in einem Punkt r_{max}, der nicht überschritten werden kann. Der Körper ist an das System gebunden. Ist die Gesamtenergie E hingegen positiv, dann gibt es keine Begrenzung für den Abstand r, der Körper ist nicht an das System gebunden und kann sich beliebig weit entfernen.

6.2. Ableitung der Kepler-Gesetze aus Newtons Gravitationsgesetz

Newton selbst hat gezeigt, dass aus seinem Gravitationsgesetz die drei Kepler'schen Gesetze zu den Umlaufbahnen der Planeten um die Sonne folgen.

6. Das Newton'sche Gravitationsgesetz

Wir wollen diese (lange) Rechnung auch deswegen detailliert nachvollziehen, weil wir später genau aufzeigen werden, an welchen Stellen die Einstein'sche Theorie eine Änderung der Newton'schen Umlaufbahnen bewirkt. Mit diesen durch Einstein modifizierten Umlaufbahnen werden wir z.B. die in der Realität beobachtete Periheldrehung des Merkurs erklären.

Dieser Abschnitt ist der mathematisch anspruchsvollste in Teil I und erfordert daher einiges an Durchhaltevermögen!

Nimmt man an, dass sich die Masse der Sonne M_S im Nullpunkt befindet und dass die Masse eines Planeten m den Ortsvektor $\vec{r}$ besitzt, so kann mit dem Einheitsvektor $\vec{e}_r = \vec{r}/r$ das Gravitationsgesetz in der Form

$$\vec{F} = -\frac{GM_S\,m}{r^2}\,\vec{e}_r = f\left(r\right)\vec{e}_r$$

und die potenzielle Energie in der Form

$$E_{pot}\left(r\right) = -\frac{GM_S\,m}{r}, \quad E_{pot}\left(r\right) = 0\,\text{für}\,r \to \infty$$

geschrieben werden. Das Gravitationsfeld ist ein Zentralkraftfeld, also ist nach (5.6) das Drehmoment gleich null und somit der Drehimpulsvektor $\vec{L}\left(t\right) = \vec{L}$ zeitlich konstant. Da der Drehimpulsvektor $\vec{L}\left(t\right)$ in jedem Zeitpunkt t wegen

$$\vec{L}\left(t\right) = m\,\vec{r}\left(t\right) \times \vec{v}\left(t\right)$$

senkrecht auf den Orts- und Geschwindigkeitsvektoren $\vec{r}\left(t\right)$ und $\vec{v}\left(t\right)$ des Planeten steht, seine Richtung im Zeitablauf aber nicht ändert, liegen zu jedem Zeitpunkt die Sonne und der Planet in einer festen Ebene, die wir als (x, y)-Ebene ansehen wollen. Wir wollen für die Herleitung der möglichen Planetenbahnen (zeitabhängige) Polarkoordinaten (siehe Gl. 2.6 auf Seite 30) benutzen:

$$\vec{r}\left(t\right) = \begin{pmatrix} x\left(t\right) \\ y\left(t\right) \end{pmatrix} = \begin{pmatrix} r\left(t\right)\cos\varphi\left(t\right) \\ r\left(t\right)\sin\varphi\left(t\right) \end{pmatrix}$$

Dabei sei die Orientierung der Umlaufbahn so gewählt, dass sich die Planeten gegen den Uhrzeigersinn um die Sonne bewegen, d.h., für den Winkel φ gilt innerhalb einer Umlaufperiode

$$\varphi\left(t_2\right) > \varphi\left(t_1\right) \text{ für } t_2 > t_1. \tag{6.9}$$

Für die weitere Behandlung benötigen wir die Ableitungen der trigonometrischen Funktionen.

Bemerkung 6.1. **MG: Ableitung von** $\sin(t)$, $\cos(t)$
In Abb. 6.4 sind die Größen

$$\sin(t), \sin(t + \Delta t), \cos(t) \text{ sowie } \cos(t + \Delta t)$$

am *Einheitskreis* dargestellt.

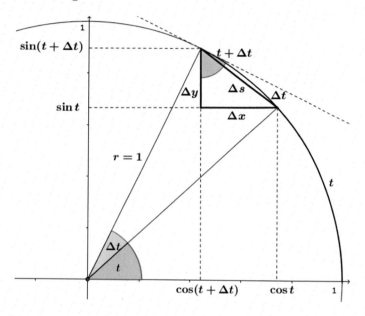

Abbildung 6.4.: Ableitung der Sinus- und Kosinusfunktion

Zunächst ist zu bemerken, dass bei einem Kreis mit Radius r für einen beliebigen Kreisbogen t mit dem zugehörigen Winkel φ gilt, dass das Verhältnis des Kreisbogens t zu Gesamtumfang $2\pi r$ gleich dem Verhältnis des Winkels φ zum Vollwinkel 2π ist. Also gilt

$$\frac{t}{2\pi r} = \frac{\varphi}{2\pi} \Rightarrow t = \varphi r.$$

Beim Einheitskreis $r = 1$ ist somit der Kreisbogenabschnitt t gleich dem Winkel t. Aus Abb. 6.4 ist ersichtlich, dass das Dreieck mit den Seiten $(\Delta x, \Delta y, \Delta s)$ für kleine Δt eine gute Annäherung für das Kreisbogendreieck $(\Delta x, \Delta y, \Delta t)$ ist. Ebenso ist der Winkel $t + \Delta t$ für kleine Δt eine gute Annäherung für den Winkel zwischen den Schenkeln Δy und Δs. Somit folgt

$$\frac{\sin(t + \Delta t) - \sin t}{\Delta t} = \frac{\Delta y}{\Delta t} \approx \frac{\Delta y}{\Delta s} \approx \cos(t + \Delta t),$$

und

$$\frac{\cos(t + \Delta t) - \cos t}{\Delta t} = -\frac{\Delta x}{\Delta t} \approx -\frac{\Delta x}{\Delta s} \approx -\sin(t + \Delta t),$$

d.h.

$$\begin{aligned}
\frac{d}{dt}\left(\sin t\right) &= \lim_{\Delta t \to 0} \frac{\sin\left(t + \Delta t\right) - \sin t}{\Delta t} = \lim_{\Delta t \to 0} \frac{\Delta y}{\Delta t} \\
&= \lim_{\Delta t \to 0} \cos\left(t + \Delta t\right) = \cos t,
\end{aligned} \tag{6.10}$$

$$\begin{aligned}
\frac{d}{dt}\left(\cos t\right) &= \lim_{\Delta t \to 0} \frac{\cos\left(t + \Delta t\right) - \cos t}{\Delta t} = \lim_{\Delta t \to 0} -\frac{\Delta x}{\Delta t} \\
&= \lim_{\Delta t \to 0} -\sin\left(t + \Delta t\right) = -\sin t.\ \square
\end{aligned} \tag{6.11}$$

Bahnkurve eines Teilchens in Polarkoordinaten

Mit diesen Ergebnissen können wir die Ableitung der Bahnkurve eines Teilchens in Polarkoordinaten berechnen. Beachten wir, dass sich mit der Kettenregel (4.19) die Ableitung von $\sin \varphi\left(t\right)$ zu

$$\frac{d}{dt}\left(\sin \varphi\left(t\right)\right) = \sin' \varphi\left(t\right) \cdot \frac{d}{dt}\left(\varphi\left(t\right)\right) = \cos \varphi\left(t\right) \cdot \dot{\varphi}\left(t\right)$$

ergibt und genauso

$$\frac{d}{dt}\left(\cos \varphi\left(t\right)\right) = \cos' \varphi\left(t\right) \cdot \frac{d}{dt}\left(\varphi\left(t\right)\right) = -\sin \varphi\left(t\right) \cdot \dot{\varphi}\left(t\right),$$

so folgt mit der Produktregel

$$\begin{aligned}
\dot{\vec{r}}\left(t\right) &= \begin{pmatrix} \dot{x}\left(t\right) \\ \dot{y}\left(t\right) \end{pmatrix} = \begin{pmatrix} \dfrac{d}{dt}\left[r\left(t\right)\cos \varphi\left(t\right)\right] \\ \dfrac{d}{dt}\left[r\left(t\right)\sin \varphi\left(t\right)\right] \end{pmatrix} \\[2ex]
&= \begin{pmatrix} \dot{r}\left(t\right)\cos \varphi\left(t\right) + r\left(t\right) \dfrac{d}{dt}\left(\cos \varphi\left(t\right)\right) \\ \dot{r}\left(t\right)\sin \varphi\left(t\right) + r\left(t\right) \dfrac{d}{dt}\left(\sin \varphi\left(t\right)\right) \end{pmatrix} \\[2ex]
&= \begin{pmatrix} \dot{r}\left(t\right)\cos \varphi\left(t\right) - r\left(t\right)\dot{\varphi}\left(t\right)\sin \varphi\left(t\right) \\ \dot{r}\left(t\right)\sin \varphi\left(t\right) + r\left(t\right)\dot{\varphi}\left(t\right)\cos \varphi\left(t\right) \end{pmatrix} \\[2ex]
&= \dot{r}\left(t\right) \begin{pmatrix} \cos \varphi\left(t\right) \\ \sin \varphi\left(t\right) \end{pmatrix} + r\left(t\right)\dot{\varphi}\left(t\right) \begin{pmatrix} -\sin \varphi\left(t\right) \\ \cos \varphi\left(t\right) \end{pmatrix} \\[2ex]
&= \dot{r}\left(t\right) \vec{e}_r + r\left(t\right)\dot{\varphi}\left(t\right) \vec{e}_\varphi,
\end{aligned} \tag{6.12}$$

wobei

$$\vec{e}_r(t) = \frac{\vec{r}(t)}{r(t)} = \begin{pmatrix} \cos\varphi(t) \\ \sin\varphi(t) \end{pmatrix}$$

als Einheitsvektor in r-Richtung und

$$\vec{e}_\varphi(t) = \begin{pmatrix} -\sin\varphi(t) \\ \cos\varphi(t) \end{pmatrix}$$

als Einheitsvektor in φ-Richtung definiert wird. Da

$$|\vec{e}_r(t)| = \left| \begin{pmatrix} \cos\varphi(t) \\ \sin\varphi(t) \end{pmatrix} \right| = \sqrt{\cos^2\varphi(t) + \sin^2\varphi(t)} = 1$$

und

$$|\vec{e}_\varphi(t)| = \left| \begin{pmatrix} -\sin\varphi(t) \\ \cos\varphi(t) \end{pmatrix} \right| = \sqrt{\sin^2\varphi(t) + \cos^2\varphi(t)} = 1,$$

handelt es sich tatsächlich um Einheitsvektoren, und wegen

$$\begin{aligned} \vec{e}_r(t) \cdot \vec{e}_\varphi(t) &= \begin{pmatrix} \cos\varphi(t) \\ \sin\varphi(t) \end{pmatrix} \cdot \begin{pmatrix} -\sin\varphi(t) \\ \cos\varphi(t) \end{pmatrix} \\ &= -\cos\varphi(t)\sin\varphi(t) + \cos\varphi(t)\sin\varphi(t) = 0 \end{aligned}$$

stehen die beiden Einheitsvektoren senkrecht aufeinander. Man beachte aber, dass diese Vektoren nicht konstant sind, sie hängen von dem jeweiligen Winkel $\varphi(t)$ ab.

Bestimmung der Planetenbahnen

Wir wollen nun den Drehimpuls- und Energieerhaltungssatz nutzen, um zu einer Bestimmungsgleichung für die Planetenbahnen zu kommen. Um diese Bestimmungsgleichungen so einfach wie möglich zu machen, nutzen wir wieder den Drehimpulserhaltungssatz und lassen der Übersichtlichkeit halber in den folgenden Gleichungen bei den (Vektor-)Funktionen die Zeitvariable t weg, d.h., wir schreiben z.B. $\vec{r}$ für $\vec{r}(t)$.

Da das Kreuzprodukt zweier paralleler Vektoren gleich null ist, gilt mit (6.12)

$$\begin{aligned} \vec{r} \times \dot{\vec{r}} &= r\vec{e}_r \times (\dot{r}\vec{e}_r + r\dot{\varphi}\vec{e}_\varphi) = \underbrace{r\vec{e}_r \times \dot{r}\vec{e}_r}_{=0} + r\vec{e}_r \times r\dot{\varphi}\vec{e}_\varphi \\ &= r\vec{e}_r \times r\dot{\varphi}\vec{e}_\varphi = r^2\dot{\varphi}(\vec{e}_r \times \vec{e}_\varphi) \\ &= r^2\dot{\varphi}\vec{e}_z, \end{aligned} \qquad (6.13)$$

da der Einheitsvektor in z-Richtung $\vec{e}_z$ senkrecht auf der von $\vec{e}_r$ und $\vec{e}_\varphi$ aufgespannten (x, y)-Ebene steht. Mit (5.5) folgt aus (6.13) für den Drehimpulsvektor $\vec{L}$

$$\vec{L} = \vec{r} \times m\vec{v} = \vec{r} \times m\dot{\vec{r}} = m\,\vec{r} \times \dot{\vec{r}} = mr^2\dot{\varphi}\vec{e}_z,$$

also lautet der Betrag des Drehimpulses in Polarkoordinaten

$$L = \left|\vec{L}\right| = mr^2\left|\dot{\varphi}\right| = mr^2\dot{\varphi}. \tag{6.14}$$

Die letzte Gleichung gilt, da nach (6.9) $\varphi(t)$ eine monoton wachsende Funktion und deswegen die Ableitung von $\varphi(t)$ überall größer gleich null ist: $\dot{\varphi}(t) \geq 0$. Wegen

$$
\begin{aligned}
v^2 &= \left|\dot{\vec{r}}\right|^2 = (\dot{r}\vec{e}_r + r\dot{\varphi}\vec{e}_\varphi)\cdot(\dot{r}\vec{e}_r + r\dot{\varphi}\vec{e}_\varphi) \\
&= \dot{r}\vec{e}_r\cdot\dot{r}\vec{e}_r + \dot{r}\vec{e}_r\cdot r\dot{\varphi}\vec{e}_\varphi + r\dot{\varphi}\vec{e}_\varphi\cdot\dot{r}\vec{e}_r + r\dot{\varphi}\vec{e}_\varphi\cdot r\dot{\varphi}\vec{e}_\varphi \\
&= \dot{r}^2\underbrace{\vec{e}_r\cdot\vec{e}_r}_{=1} + 2\dot{r}r\dot{\varphi}\underbrace{\vec{e}_\varphi\cdot\vec{e}_r}_{=0} + r^2\dot{\varphi}^2\underbrace{\vec{e}_\varphi\cdot\vec{e}_\varphi}_{=1} \\
&= \dot{r}^2 + r^2\dot{\varphi}^2
\end{aligned}
$$

lautet der Energieerhaltungssatz im Gravitationsfeld

$$E = E_{kin} + E_{pot}(r) = \frac{1}{2}mv^2 + E_{pot}(r) = \frac{1}{2}m\left(\dot{r}^2 + r^2\dot{\varphi}^2\right) + E_{pot}(r).$$

Die Größe $\dot{\varphi}$ können wir mit Gl. (6.14), woraus

$$\dot{\varphi}^2 = \frac{L^2}{m^2r^4}$$

folgt, aus dem Energiesatz eliminieren und erhalten:

$$E = \frac{1}{2}m\left(\dot{r}^2 + r^2\dot{\varphi}^2\right) + E_{pot}(r) = \frac{1}{2}m\dot{r}^2 + \frac{L^2}{2mr^2} + E_{pot}(r)$$

Wir lösen diese Gleichung nach $\dot{r}(t)$ auf

$$\frac{dr}{dt} = \dot{r} = \sqrt{\frac{2\left(E - E_{pot}(r)\right)}{m} - \frac{L^2}{m^2r^2}}.$$

Aus Gl. (6.14) folgt

$$\frac{d\varphi}{dt} = \frac{L}{mr^2}.$$

Beachtet man, dass mit der Kettenregel

$$\frac{dr}{dt} = \frac{dr}{d\varphi}\cdot\frac{d\varphi}{dt}$$

gilt, so erhält man

$$\frac{dr}{dt} = \frac{dr}{d\varphi} \cdot \frac{d\varphi}{dt} = \frac{dr}{d\varphi} \cdot \frac{L}{mr^2} = \sqrt{\frac{2\left(E - E_{pot}\left(r\right)\right)}{m} - \frac{L^2}{m^2 r^2}}$$

und schließlich daraus durch Division mit L/m

$$\frac{1}{r^2}\frac{dr}{d\varphi} = \sqrt{\frac{2m\left(E - E_{pot}\left(r\right)\right)}{L^2} - \frac{1}{r^2}}.$$

Wir definieren eine Funktion $\sigma(\varphi)$ durch $\sigma(\varphi) = 1/r(\varphi)$ und erhalten mit der Ableitungsformel 4.10 auf Seite 65

$$\frac{d\sigma}{dr} = \frac{d}{dr}\left(\frac{1}{r}\right) = \frac{d}{dr}\left(r^{-1}\right) = (-1)\,r^{-2} = -\frac{1}{r^2}$$

und daraus mit der Kettenregel

$$\frac{d\sigma}{d\varphi} = \frac{d\sigma}{dr}\frac{dr}{d\varphi} = -\frac{1}{r^2}\frac{dr}{d\varphi}.$$

Beachten wir noch, dass sich die potenzielle Energie schreiben lässt als

$$E_{pot} = -\frac{GM_s m}{r} = -GM_s m\sigma = -A\sigma$$

mit $A = GM_s m$, so folgt

$$-\frac{d\sigma}{d\varphi} = \frac{1}{r^2}\frac{dr}{d\varphi} = \sqrt{\frac{2m\left(E + A\sigma\right)}{L^2} - \sigma^2}. \tag{6.15}$$

Wir wollen diese Gleichung vereinfachen und formen den Wurzelterm auf der rechten Seite weiter um, wobei wir noch p durch $p = \dfrac{L^2}{mA}$ definieren

$$\sqrt{\frac{2m\left(E + A\sigma\right)}{L^2} - \sigma^2} = \sqrt{-\sigma^2 + 2\sigma\frac{mA}{L^2} + \frac{2mE}{L^2}}$$
$$= \sqrt{-\sigma^2 + 2\sigma\frac{1}{p} + \frac{2mE}{L^2}}.$$

Wir machen eine **quadratische Ergänzung**, d.h., wir subtrahieren und addieren den Term $1/p^2$ und erhalten mit den **Binomischen Formeln** (Kap. 29)

6. Das Newton'sche Gravitationsgesetz

$$\sqrt{\frac{2m\left(E+A\sigma\right)}{L^2}-\sigma^2} = \sqrt{-\left(\sigma^2-2\sigma\frac{1}{p}+\left(\frac{1}{p}\right)^2\right)+\frac{2mE}{L^2}+\left(\frac{1}{p}\right)^2}$$

$$= \sqrt{-\left(\sigma-\frac{1}{p}\right)^2+\frac{2mE}{L^2}+\frac{1}{p^2}}$$

$$= \sqrt{-\left(\sigma-\frac{1}{p}\right)^2+\frac{1}{p^2}\left(\frac{2mEp^2}{L^2}+1\right)}$$

$$= \sqrt{-\left(\sigma-\frac{1}{p}\right)^2+\frac{1}{p^2}\left(\frac{2EL^2}{mA^2}+1\right)}.$$

Definiert man die Größe ε durch

$$\varepsilon = \sqrt{1+\frac{2EL^2}{mA^2}} = \sqrt{1+\frac{2EL^2}{m\left(GM_s m\right)^2}} = \sqrt{1+\frac{2EL^2}{m^3 G^2 M_s^2}}, \qquad (6.16)$$

so folgt insgesamt für den Wurzelterm

$$\sqrt{\frac{2m\left(E+A\sigma\right)}{L^2}-\sigma^2} = \sqrt{\frac{\varepsilon^2}{p^2}-\left(\sigma-\frac{1}{p}\right)^2}.$$

Mit diesem Ergebnis erhalten wir aus Gl. (6.15)

$$-\frac{d\sigma}{d\varphi} = \sqrt{\frac{\varepsilon^2}{p^2}-\left(\sigma-\frac{1}{p}\right)^2}.$$

Diese Gleichung wird quadriert zu

$$\left(\frac{d\sigma}{d\varphi}\right)^2+\left(\sigma-\frac{1}{p}\right)^2 = \frac{\varepsilon^2}{p^2}.$$

Setzt man noch

$$\tau = \frac{p}{\varepsilon}\left(\sigma-\frac{1}{p}\right),$$

so folgt

$$\frac{d\tau}{d\varphi} = \frac{d}{d\varphi}\left(\frac{p}{\varepsilon}\left(\sigma-\frac{1}{p}\right)\right) = \frac{p}{\varepsilon}\frac{d\sigma}{d\varphi}$$

und damit aus obiger Gleichung

$$\left(\frac{d\tau}{d\varphi}\right)^2+\tau^2 = 1.$$

Diese Gleichung wird durch $\tau = \cos\varphi$ erfüllt, denn es ist

$$\left(\frac{d\tau}{d\varphi}\right)^2 + \tau^2 = (-\sin\varphi)^2 + \cos^2\varphi = \sin^2\varphi + \cos^2\varphi = 1.$$

Wegen

$$\cos\varphi = \tau = \frac{p}{\varepsilon}\left(\sigma - \frac{1}{p}\right)$$

folgt

$$\sigma = \frac{\varepsilon\cos\varphi + 1}{p}$$

und daraus schließlich

$$r(\varphi) = \frac{1}{\sigma(\varphi)} = \frac{p}{\varepsilon\cos\varphi + 1}. \tag{6.17}$$

Diese Gleichung gibt in den polaren Koordinaten (r,φ) Auskunft über die möglichen Bahnen im Sonnensystem, die ein Himmelskörper nehmen kann. Um genauer zu verstehen, wie man diese Gleichung interpretieren kann, gehen wir wieder zurück zu den kartesischen Koordinaten (x,y) der Bahnebene. Es gilt

$$r^2 = x^2 + y^2 \quad und \quad \cos\varphi = \frac{x}{r} = \frac{x}{\sqrt{x^2 + y^2}}.$$

Diese beiden Ausdrücke eingesetzt in (6.17) ergibt

$$\sqrt{x^2 + y^2} = \frac{p}{\frac{\varepsilon x}{\sqrt{x^2 + y^2}} + 1} = \frac{p}{\frac{\varepsilon x + \sqrt{x^2 + y^2}}{\sqrt{x^2 + y^2}}} = \frac{p\sqrt{x^2 + y^2}}{\varepsilon x + \sqrt{x^2 + y^2}},$$

woraus

$$1 = \frac{p}{\varepsilon x + \sqrt{x^2 + y^2}}$$

folgt und daraus

$$\sqrt{x^2 + y^2} = p - \varepsilon x.$$

Dies quadriert führt zu

$$x^2 + y^2 = p^2 - 2p\varepsilon x + \varepsilon^2 x^2.$$

Die Terme mit x^2 werden zusammengefasst

$$x^2\left(1 - \varepsilon^2\right) + y^2 = p^2 - 2p\varepsilon x. \tag{6.18}$$

Division durch $1 - \varepsilon^2$, wobei wir $\varepsilon \neq 1$ annehmen, und Umstellung ergibt

$$x^2 + \frac{2p\varepsilon x}{1 - \varepsilon^2} + \frac{y^2}{1 - \varepsilon^2} = \frac{p^2}{1 - \varepsilon^2}.$$

Auf beiden Seiten der Gleichung wird die quadratische Ergänzung

$$\frac{p^2 \varepsilon^2}{\left(1 - \varepsilon^2\right)^2}$$

addiert, d.h.

$$x^2 + \frac{2p\varepsilon x}{1 - \varepsilon^2} + \frac{p^2 \varepsilon^2}{\left(1 - \varepsilon^2\right)^2} + \frac{y^2}{1 - \varepsilon^2} = \frac{p^2}{1 - \varepsilon^2} + \frac{p^2 \varepsilon^2}{\left(1 - \varepsilon^2\right)^2},$$

sodass sich

$$\left(x + \frac{p\varepsilon}{1 - \varepsilon^2}\right)^2 + \frac{y^2}{1 - \varepsilon^2} = \frac{p^2 \left(1 - \varepsilon^2\right) + p^2 \varepsilon^2}{\left(1 - \varepsilon^2\right)^2} = \frac{p^2}{\left(1 - \varepsilon^2\right)^2}$$

ergibt. Setzt man $a = \dfrac{p}{1 - \varepsilon^2}$ und teilt die Gleichung durch a^2, so folgt

$$\frac{(x + a\varepsilon)^2}{a^2} + \frac{y^2}{a^2 \left(1 - \varepsilon^2\right)} = 1. \tag{6.19}$$

Wir interpretieren diese Gleichung, indem wir die Fälle $\varepsilon < 1$ und $\varepsilon > 1$ unterscheiden. Den Fall $\varepsilon = 1$ hatten wir bei der Herleitung von (6.19) ausgeschlossen. Dieser wird anschließend behandelt. Wir werden sehen, dass die obige Gleichung Bahnkurven beschreibt, die man als **Kegelschnitte** bezeichnet.

Bemerkung 6.2. **MG: Kegelschnitte**
Unter den **Kegelschnitten** versteht man diejenigen ebenen Kurven, die entstehen, wenn man eine Ebene mit einem Doppelkegel schneidet, siehe Abb. 6.5. Es können folgende Situationen entstehen.

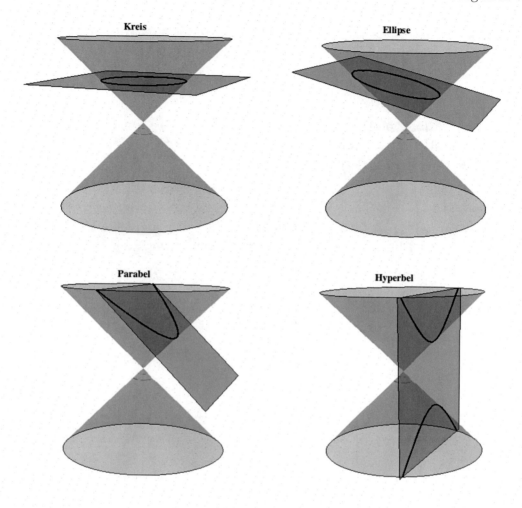

Abbildung 6.5.: Kegelschnitte

Liegt die Schnittebene parallel zur Grundfläche des Kegels, so erhält man einen **Kreis** als Schnittlinie zwischen der Ebene und den Außenwänden des Kegels. Schrägt man die Ebene etwas ab, so ergibt sich als Schnittlinie eine **Ellipse**. Verläuft die Schnittlinie parallel zu den Außenwänden, so nennt man die Kurve **Parabel**. Steht die Schnittebene noch steiler, so erhält man als Schnittlinie die beiden Äste einer **Hyperbel**. Die sogenannten **Entartungsfälle**, z.B. dass die Ebene die Spitze schneidet, betrachten wir hier nicht weiter. Die vier (nicht entarteten) Kegelschnittfunktionen in Abb. 6.5 werden durch folgende Eigenschaften charakterisiert:

- Ein *Kreis* besteht aus allen Punkten $P = (x, y)$, die von einem gegebenen Punkt $M = (x_0, y_0)$ den gleichen Abstand $r > 0$ haben. M heißt der **Mittelpunkt** und r der **Radius** des Kreises. Die sogenannte **Hauptform** der Kreisgleichung ist

$$(x - x_0)^2 + (y - y_0)^2 = r^2.$$

- Eine *Ellipse* besteht aus allen Punkten $P = (x, y)$, für die die Summe der Entfernungen von zwei gegebenen Punkten F_1 und F_2 konstant ist. Die Hauptform der Ellipsengleichung lautet

$$\frac{(x - x_0)^2}{a^2} + \frac{(y - y_0)^2}{b^2} = 1,$$

wobei $(x_0, y_0) = M$ den Mittelpunkt, a die große und b die kleine Halbachse der Ellipse bezeichnen (siehe auch Bemerkung 1.1).

- Eine Parabel besteht aus allen Punkten $P = (x, y)$, die von einer gegebenen Geraden g und einem gegebenen Punkt F den gleichen Abstand haben.

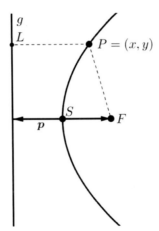

Abbildung 6.6.: Parabel mit Brennpunkt F und Geraden g

In Abb. 6.6 ist die Gerade g und der Punkt F („**Brennpunkt**") sowie der Abstand p („**Parameter**") zwischen der Geraden und dem Brennpunkt eingezeichnet. Die Strecken vom Punkt P zum Brennpunkt und zum Lotpunkt L sind gleich:

$$\overline{PF} = \overline{PL}.$$

Den Punkt $S = (x_0, y_0)$ mit dem kleinsten Abstand zur Geraden g nennt man den **Scheitelpunkt** der Parabel. Die Hauptform der Parabelgleichung lautet

$$(y - y_0)^2 = 2p\,(x - x_0).$$

- Eine Hyperbel besteht aus allen Punkten $P = (x, y)$, für die die Differenz der Entfernungen von zwei gegebenen Punkten F_1 und F_2 konstant ist.

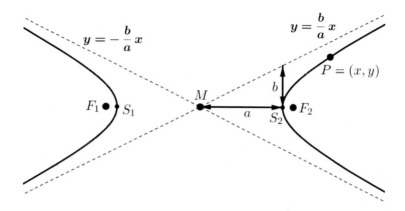

Abbildung 6.7.: Hyperbel mit Brennpunkten F_1 und F_2

In Abb. 6.7 sind die beiden Brennpunkte F_1 und F_2 sowie der Mittelpunkt $M = (x_0, y_0)$ zwischen den Brennpunkten eingezeichnet. Die Hyperbel besteht aus den zwei (fett gedruckten) Ästen und hat die Eigenschaft, dass für alle Punkte $P = (x, y)$ gilt

$$\left| \overline{PF_1} - \overline{PF_2} \right| = const.$$

In der Abbildung sind die beiden Scheitelpunkte S_1 und S_2, die den kürzesten Abstand der beiden Hyperbeläste kennzeichnen, eingezeichnet. Den Abstand a vom Mittelpunkt M zu den Scheitelpunkten nennt man die **große Halbachse**. Die **kleine Halbachse** b wird durch

$$b^2 = \overline{MF_2}^2 - a^2$$

definiert. Die Hyperbel nähert sich für sehr große positive und negative x-Werte immer mehr an die beiden Geraden $y = \pm \dfrac{b}{a} x$ („**Asymptoten**") an. Die Hauptform der Hyperbelgleichung ist

$$\frac{(x - x_0)^2}{a^2} - \frac{(y - y_0)^2}{b^2} = 1. \ \Box$$

Der Fall $\varepsilon < 1$

Das erste Kepler'sche Gesetz

In Gl. (6.16) hatten wir ε definiert als

$$\varepsilon = \sqrt{1 + \frac{2EL^2}{mA^2}} = \sqrt{1 + \frac{2EL^2}{m^3G^2M_s^2}},$$

d.h., wenn $\varepsilon < 1$ sein soll, so bedeutet das, dass die Gesamtenergie E negativ sein muss. Wir haben im Abschn. 6.1 schon herausgearbeitet, dass ein Teilchen nicht aus dem Gravitationsfeld der Sonne ins Unendliche entweichen kann, wenn die Gesamtenergie negativ ist. Es ist an die Sonne gebunden, seine Bahnkurve verläuft ganz im Endlichen. Wenn $\varepsilon < 1$ ist, so ist die Größe b definiert durch

$$b = a\sqrt{1 - \varepsilon^2} = \frac{p}{1 - \varepsilon^2}\sqrt{1 - \varepsilon^2} = \frac{p}{\sqrt{1 - \varepsilon^2}}$$

$$= \frac{L^2}{mA\sqrt{1 - \varepsilon^2}} = \frac{L^2}{m^2GM_s\sqrt{1 - \varepsilon^2}} > 0.$$

Also lässt sich Gl. (6.19) schreiben als

$$\frac{(x + a\varepsilon)^2}{a^2} + \frac{y^2}{a^2(1 - \varepsilon^2)} = \frac{(x + a\varepsilon)^2}{a^2} + \frac{y^2}{b^2} = 1.$$

Diese Gleichung beschreibt eine Ellipse mit den Halbachsen a und b. Der Unterschied zur Ellipsengleichung 1.4 auf Seite 10 liegt darin, dass der Koordinatenursprung jetzt nicht mehr im Mittelpunkt der Ellipse liegt, sondern in einem der Brennpunkte im Abstand $e = a\varepsilon$ vom Mittelpunkt entfernt, wie Abb. 6.8 zeigt.

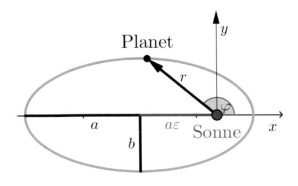

Abbildung 6.8.: Elliptische Planetenbahn

Wir haben somit aus dem Newton'schen Gravitationsgesetz das erste Kepler'sche Gesetz abgeleitet. Die Planeten bewegen sich auf einer elliptischen Bahn um die Sonne. Dabei bezeichnen

$$a = \frac{p}{1-\varepsilon^2} = \frac{L^2}{mA} \cdot \frac{1}{1-\left(1+\dfrac{2EL^2}{mA^2}\right)} = \frac{A}{2(-E)} = \frac{GM_s\,m}{2(-E)}$$

die große Halbachse und

$$\begin{aligned}
b &= \frac{p}{\sqrt{1-\varepsilon^2}} = \frac{L^2}{m^2 G M_s \sqrt{1-\varepsilon^2}} \\[2mm]
&= \frac{L^2}{m^2 G M_s \sqrt{1-\left(1+\dfrac{2EL^2}{mA^2}\right)}} \\[2mm]
&= \frac{L}{m^2 G M_s \sqrt{-\dfrac{2E}{mA^2}}} \\[2mm]
&= \frac{L}{m^2 G M_s \sqrt{-\dfrac{2E}{m^3 G^2 M_s^2}}} \\[2mm]
&= \frac{L}{\sqrt{2m(-E)}}
\end{aligned}$$

die kleine Halbachse sowie

$$\varepsilon = \sqrt{1+\frac{2EL^2}{mA^2}} = \sqrt{1+\frac{2EL^2}{m^3 G^2 M_s^2}}$$

die Exzentrizität (siehe Bemerkung 1.3 auf Seite 8) der Ellipse. Man beachte, dass wegen $E < 0$ die obigen Wurzelausdrücke, in denen $-E$ vorkommt, wohldefiniert sind.

Als Spezialfall ist die kreisförmige Umlaufbahn enthalten. Dafür müssen die beiden Halbachsen a und b gleich sein, also

$$a = \frac{GM_s m}{2(-E)} = \frac{L}{\sqrt{2m(-E)}} = b,$$

woraus sich durch Quadrieren und Auflösen nach E die Bedingung

$$E = -\frac{G^2 M_s^2 m^3}{2L^2}$$

ergibt. Beachtet man

$$E = \frac{mv^2}{2} - \frac{GM_s m}{r}$$

und

$$L^2 = m^2 v^2 r^2,$$

so folgt aus obiger Gleichung

$$\frac{mv^2}{2} - \frac{GM_s m}{r} = -\frac{G^2 M_s^2 m^3}{2m^2 v^2 r^2}$$

und daraus

$$\frac{v^4 r^2}{2v^2 r^2} - \frac{2GM_s r v^2}{2r^2 v^2} + \frac{G^2 M_s^2}{2v^2 r^2} = 0,$$

also

$$v^4 r^2 - 2GM_s r v^2 + G^2 M_s^2 = 0.$$

Division durch r^2 ergibt

$$v^4 - \frac{2GM_s}{r} v^2 + \frac{G^2 M_s^2}{r^2} = \left(v^2 - \frac{GM_s}{r} \right)^2 = 0,$$

woraus die Beziehung zwischen dem Bahnradius r und der Umlaufgeschwindigkeit v folgt:

$$v = \sqrt{\frac{GM_s}{r}}.$$

Diese Formel sieht ähnlich aus wie die der Fluchtgeschwindigkeit in Gl. 6.8 auf Seite 98, hat aber im Nenner der rechten Seite einen Bahnradius, der immer größer als der Sonnenradius R_s ist. Außerdem ist der Zähler um den Faktor 2 kleiner. Von daher ist die Umlaufgeschwindigkeit auf einer Kreisbahn natürlich kleiner als die Fluchtgeschwindigkeit.

Das zweite Kepler'sche Gesetz

Das zweite Kepler'sche Gesetz folgt direkt aus der Tatsache, dass im Gravitationsfeld der Drehimpuls zeitlich konstant ist. Abb. 6.9 zeigt einen Planeten, der um die Sonne kreist. Im Zeitintervall dt bewegt sich der Planet um $d\vec{s} = \vec{v}\,dt$, der Radiusvektor $\vec{r}$ überstreicht in diesem Zeitintervall die eingezeichnete Fläche dA.

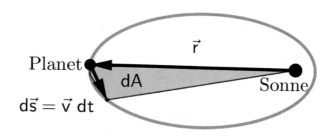

Abbildung 6.9.: Zweites Kepler'sches Gesetz, Flächensatz

Diese ist genau halb so groß wie das durch die beiden Vektoren $\vec{r}$ und $d\vec{s}$ aufgespannte Parallelogramm mit der Fläche $|\vec{r} \times d\vec{s}|$, also

$$dA = \frac{1}{2}\left|\vec{r} \times d\vec{s}\right| = \frac{1}{2}\left|\vec{r} \times \vec{v}\,dt\right| = \frac{dt}{2m}\left|\vec{r} \times m\vec{v}\right| = \frac{dt}{2m}\left|\vec{L}\right|,$$

wobei $\vec{L} = \vec{r} \times m\vec{v}$ der Drehimpuls des Planeten relativ zur Sonne ist. Also folgt

$$\frac{dA}{dt} = \frac{1}{2m}\left|\vec{L}\right| = \frac{L}{2m},$$

d.h., die pro Zeitintervall überstrichene Fläche ist proportional zum Betrag des Drehimpulses, also konstant. Dies ist die Aussage des zweiten Kepler'schen Gesetzes.

Wenn T die volle Umlaufzeit bezeichnet, so besagt der Flächensatz, dass für den Flächeninhalt A der Ellipse gilt

$$A = \int_0^T \frac{dA}{dt}\,dt = \int_0^T \frac{L}{2m}\,dt = \frac{L}{2m}\int_0^T dt = \frac{TL}{2m}. \tag{6.20}$$

Das dritte Kepler'sche Gesetz

Um das dritte Kepler'sche Gesetz abzuleiten, benötigen wir noch die Bestimmung des Flächeninhalts einer beliebigen Ellipse mit den Halbachsen a und b.

Bemerkung 6.3. **MW: Flächeninhalt einer Ellipse**
Zur Herleitung des Flächeninhalts einer Ellipse betrachten wir zunächst den Einheitskreis mit dem Koordinatenursprung als Mittelpunkt, der sich durch die Gleichung

$$x^2 + y^2 = 1$$

beschreiben lässt. Daraus ergibt sich

$$y = y\left(x\right) = \pm\sqrt{1 - x^2},$$

wobei die Funktionen $y\left(x\right) = \sqrt{1 - x^2}$ den oberen Halbkreis und $y\left(x\right) = -\sqrt{1 - x^2}$ den unteren Halbkreis beschreiben. Um den Flächeninhalt des Einheitskreises zu bestimmen, genügt es, den Flächeninhalt des oberen Halbkreises zu berechnen und mit 2 zu multiplizieren. Der Flächeninhalt des oberen Halbkreises A_{ohk} berechnet sich durch Integration über $y\left(x\right) = \sqrt{1 - x^2}$ in den Grenzen von -1 bis 1

$$A_{ohk} = \int_{-1}^{1} \sqrt{1 - x^2}\, dx.$$

Um dieses Integral zu berechnen, benutzen wir die **Substitutionsmethode**.

Bemerkung 6.4. **MG: Substitutionsmethode**

Ist $y = f\left(x\right)$ eine Funktion, die von der Variable x abhängt und $x = g\left(t\right)$ ebenfalls eine Funktion, die von der Variable t abhängt, so kann man das Integral $\int f\left(x\right)\, dx$, das als Integrationsvariable x hat, auch durch ein Integral mit t als Integrationsvariable berechnen. Dazu muss man an jeder Stelle des Orginalintegrals die Variable x durch $g\left(t\right)$ ersetzen. Das heißt: Aus $f\left(x\right)$ wird $f(g\left(t\right))$ und das Differenzial dx wird wegen

$$\frac{dx}{dt} = \frac{g\left(t\right)}{dt} = \dot{g}\left(t\right)$$

durch

$$dx = \dot{g}\left(t\right) dt$$

ersetzt. Damit folgt die Substitutionsformel

$$\int f\left(x\right) dx = \int f\left(g\left(t\right)\right) \dot{g}\left(t\right) dt = \int f\left(g\left(t\right)\right) \cdot \frac{dx}{dt}\, dt. \qquad (6.21)$$

Will man ein bestimmtes Integral $\int_a^b f\left(x\right)\, dx$ mit der Substitutionsmethode berechnen, so ändern sich die Integralgrenzen: Wenn die Variable x zwischen a und b variiert, so variiert die Variable t wegen $t = g^{-1}\left(x\right)$ zwischen $g^{-1}(a)$ und $g^{-1}(b)$. Dabei ist $g^{-1}\left(x\right)$ die **Umkehrfunktion** von $g\left(t\right)$, die durch

$$t = g^{-1}\left(g\left(t\right)\right) \quad und \quad x = g\left(g^{-1}\left(x\right)\right)$$

definiert wird. Also lautet die Substitutionsformel für bestimmte Integrale:

$$\int_a^b f\left(x\right) dx = \int_{g^{-1}(a)}^{g^{-1}(b)} f\left(g\left(t\right)\right) \cdot \frac{dx}{dt}\, dt \,\square$$

Wir wenden die Substitutionsformel jetzt auf das Integral

$$\int_{-1}^{1} \sqrt{1 - x^2}\, dx$$

an, setzen

$$x = \sin t$$

und erhalten

$$\frac{dx}{dt} = \cos t.$$

Die Umkehrfunktion des Sinus nennt man **Arcussinus** ($\arcsin x$), d.h., es gilt

$$t = \arcsin x$$

und die Grenzen des Integrals nach der Substitution sind

$$\arcsin(-1) = -\frac{\pi}{2},$$

da $\sin(-\pi/2) = -1$, und

$$\arcsin(1) = \frac{\pi}{2},$$

da $\sin(\pi/2) = 1$. Beachten wir noch, dass wegen

$$\sin^2 t + \cos^2 t = 1$$

folgt, dass für $-\pi/2 \leq t \leq \pi/2$

$$\cos t = \sqrt{1 - \sin^2 t}$$

gilt, so erhält man

$$\int_{-1}^{1} \sqrt{1 - x^2}\, dx = \int_{\arcsin(-1)}^{\arcsin(1)} \sqrt{1 - \sin^2(t)} \cdot \frac{dx}{dt}\, dt = \int_{-\frac{\pi}{2}}^{\frac{\pi}{2}} \cos t \cdot \cos t\, dt.$$

Das Integral auf der rechten Seite berechnen wir mit der Formel der **partiellen Integration**.

Bemerkung 6.5. **MG: Formel der partiellen Integration**
Nach der Produktregel der Differenziation (siehe Bemerkung 4.6) gilt für die Ableitung eines Produktes zweier Funktionen $u(x)$ und $v(x)$:

$$(u \cdot v)' = u' \cdot v + u \cdot v'$$

6. Das Newton'sche Gravitationsgesetz

Integriert man beide Seiten über das Intervall $[a, b]$, so folgt

$$\int_a^b (u \cdot v)' \, dx = \int_a^b (u' \cdot v + u \cdot v') \, dx = \int_a^b u' \cdot v \, dx + \int_a^b u \cdot v' \, dx.$$

Die linke Seite ist nach dem Hauptsatz der Differenzial- und Integralrechnung (siehe Bemerkung 4.1 auf Seite 57) aber nicht anderes als

$$\int_a^b (u \cdot v)' \, dx = [u(x) \cdot v(x)]_a^b = u(b) \cdot v(b) - u(a) \cdot v(a).$$

Also folgt nach Umstellung die Formel der partiellen Integration

$$\int_a^b u' \cdot v \, dx = u(b) \cdot v(b) - u(a) \cdot v(a) - \int_a^b u \cdot v' \, dx. \, \square \qquad (6.22)$$

Wir wenden diese Formel auf das obige Integral an und erhalten mit

$$u(x) = \sin x, v(x) = \cos x, u'(x) = \cos x, v'(x) = -\sin x$$

das Ergebnis

$$\int_{-\frac{\pi}{2}}^{\frac{\pi}{2}} \cos t \cdot \cos t \, dt = [\sin(t)\cos(t)]_{-\frac{\pi}{2}}^{\frac{\pi}{2}} - \int_{-\frac{\pi}{2}}^{\frac{\pi}{2}} \sin t \, (-\sin t) \, dt.$$

Da

$$\cos\left(\frac{\pi}{2}\right) = \cos\left(-\frac{\pi}{2}\right) = 0$$

und

$$\sin^2(t) = 1 - \cos^2 t,$$

folgt

$$\int_{-\frac{\pi}{2}}^{\frac{\pi}{2}} \cos^2 t \, dt = \int_{-\frac{\pi}{2}}^{\frac{\pi}{2}} \sin^2 t \, dt = \int_{-\frac{\pi}{2}}^{\frac{\pi}{2}} 1 \, dt - \int_{-\frac{\pi}{2}}^{\frac{\pi}{2}} \cos^2 t \, dt$$

$$= \frac{\pi}{2} - \left(-\frac{\pi}{2}\right) - \int_{-\frac{\pi}{2}}^{\frac{\pi}{2}} \cos^2 t \, dt.$$

Nun bringt man die Integrale auf eine Seite und erhält

$$2 \int_{-\frac{\pi}{2}}^{\frac{\pi}{2}} \cos^2 t \, dt = \pi.$$

Division durch 2 ergibt schließlich

$$A_{ohk} = \int_{-1}^{1} \sqrt{1 - x^2} \, dx = \int_{-\frac{\pi}{2}}^{\frac{\pi}{2}} \cos^2 t \, dt = \frac{\pi}{2}$$

und damit für den Flächeninhalt des Einheitskreises

$$A_{EK} = 2A_{ohk} = \pi.$$

Wir erweitern dieses Ergebnis für den Flächeninhalt A_{Kreis} eines Kreises mit Radius R, der seinen Mittelpunkt im Ursprung hat und sich durch folgende Gleichung darstellen lässt

$$x^2 + y^2 = R^2.$$

Es gilt mit der Substitution $x = t \cdot R$ und somit $\dfrac{dx}{dt} = R$

$$
\begin{aligned}
A_{Kreis} &= 2\int_{-R}^{R} \sqrt{R^2 - x^2}\, dx = 2\int_{-1}^{1} \sqrt{R^2 - R^2 t^2} \cdot R\, dt \\
&= 2R^2 \int_{-1}^{1} \sqrt{1 - t^2}\, dt = 2R^2 \frac{\pi}{2} = \pi R^2.
\end{aligned}
$$

Wir erhalten natürlich das bekannte Ergebnis.

Zur Berechnung des Flächeninhalts einer beliebigen Ellipse gehen wir von der Bestimmungsgleichung

$$\frac{x^2}{a^2} + \frac{y^2}{b^2} = 1,\, a > 0,\, b > 0$$

aus. Daraus folgt für die obere Halbellipse

$$y = b\sqrt{1 - \frac{x^2}{a^2}}.$$

Mit dem Resultat des Kreises erhalten wir für die Fläche A der Ellipse

$$
\begin{aligned}
A &= 2\int_{-a}^{a} b\sqrt{1 - \frac{x^2}{a^2}}\, dx = 2b\int_{-a}^{a} \sqrt{\frac{a^2 - x^2}{a^2}}\, dx \\
&= \frac{2b}{a}\int_{-a}^{a} \sqrt{a^2 - x^2}\, dx = \frac{2b\,\pi a^2}{a\,\,2} = \pi ab. \ \Box
\end{aligned}
$$

Führen wir dieses Ergebnis mit dem obigen aus Gl. (6.20) zusammen, so ergibt sich

$$A = \pi ab = \frac{TL}{2m}$$

und daraus

$$T^2 = \frac{4m^2\pi^2 a^2 b^2}{L^2}$$

mit den weiter oben hergeleiteten Halbachsen

$$a = \frac{GM_s m}{2\left(-E\right)}$$

und

$$b = \frac{L}{\sqrt{2m\left(-E\right)}}.$$

Wir überprüfen nun das dritte Kepler'sche Gesetz, d.h., ob das Verhältnis der dritten Potenzen der großen Halbachse $\left(a^3\right)$ zum Quadrat der Umlaufzeit $\left(T^2\right)$ für alle Planeten im Sonnensystem konstant ist, d.h., unabhängig ist von der Masse, der Umlaufzeit, der Entfernung der Planeten von der Sonne oder anderen planetenspezifischen Eigenschaften. Es gilt:

$$\frac{a^3}{T^2} = \frac{a^3}{\dfrac{4m^2\pi^2 a^2 b^2}{L^2}} = \frac{aL^2}{4m^2\pi^2 b^2} = \frac{\dfrac{GM_S m}{2(-E)} \cdot L^2}{4m^2\pi^2 \cdot \dfrac{L^2}{2m(-E)}} = \frac{GM_S}{4\pi^2}$$

Der Term auf der rechten Seite enthält nur noch die universelle Gravitationskonstante G, die Masse der Sonne M_S und die Zahl $4\pi^2$, also keine planetenspezifischen Besonderheiten mehr. Damit ist auch das dritte Kepler'sche Gesetz aus dem Newton'schen Gravitationsgesetz hergeleitet.

Der Ansatz von Newton geht allerdings über Kepler hinaus. Er beinhaltet auch Lösungen für Bahnkurven von Himmelskörpern, die nicht an die Sonne gebunden sind. Bevor wir uns diesen Fällen zuwenden, noch eine Bemerkung zum verwendeten Modell.

Reale Planetenbahnen

Wir haben in der Herleitung der Kepler-Gesetze der Einfachheit halber unterstellt, dass die Sonne unbewegt in einem der Brennpunkte der Ellipsenbahn steht. Die Sonne bewegt sich aber tatsächlich ebenfalls auf einer der Planetenbahn gegenläufigen Ellipsenbahn, wobei der Schwerpunkt von Sonne und Planet in einem der gemeinsamen Brennpunkte der Ellipse liegt (für weitere Details siehe [31]). Von daher ist die Aussage des ersten Kepler'schen Gesetzes:

> „Alle Planeten bewegen sich auf Ellipsenbahnen um die Sonne. Die Sonne steht in einem der beiden Brennpunkte der jeweiligen Ellipsenbahnen."

nur annähernd richtig. Wir haben außerdem unterstellt, dass wir es mit einem System zu tun haben, das nur aus einem Planeten und der Sonne („Zwei-Körper-Problem") besteht. Auch diese Annahme stimmt in der Realität nicht.

Insbesondere die Gravitationskräfte der Planeten untereinander bewirken, dass die Planetenbahnen (kleine) Abweichungen von Ellipsen aufweisen. Aber auch andere Effekte wie z.B. die Eigenrotation (und damit verbundene Abplattung) der Sonne tragen mit dazu bei, dass es zu Abweichungen von geschlossenen Ellipsenbahnen kommt. Nach jedem Umlauf ist die Linie vom Zentrum zum sonnennächsten Punkt, dem **Perihel** der Bahn, ein wenig gedreht. Diese Periheldrehung ist für den Merkur am größten und von der Größenordnung einer Bogensekunde pro Umlauf; sie wird zu etwa 90% durch die anderen Planeten und zu 10% durch andere Effekte verursacht. Schon im 19. Jahrhundert hat man festgestellt, dass zwischen den beobachteten Werten der Periheldrehung des Merkurs und den aus der Newton'schen Gravitationstheorie errechneten eine (kleine) Differenz in Höhe von ca. 43 Bogensekunden pro Jahrhundert besteht, die man sich nicht erklären konnte. Wir kommen später wieder auf dieses Phänomen zurück und werden zeigen, dass die Allgemeine Relativitätstheorie genau diese Differenz zwischen der Rechnung innerhalb der Newton'schen Theorie und der astronomischen Beobachtung erklärt.

Die Fälle $\varepsilon > 1$ und $\varepsilon = 1$

Wir betrachten nochmals Gl. 6.16 auf Seite 106:

$$\varepsilon = \sqrt{1 + \frac{2EL^2}{mA^2}} = \sqrt{1 + \frac{2EL^2}{m^3G^2M_s^2}}$$

Wenn $\varepsilon > 1$ sein soll, so bedeutet das, dass die Gesamtenergie E positiv sein muss. Wir hatten im Abschn. 6.1 gezeigt, dass ein Teilchen aus dem Gravitationsfeld der Sonne ins Unendliche entweichen kann, wenn die Gesamtenergie positiv ist. Es ist nicht an die Sonne gebunden, seine Bahnkurve kommt aus dem Unendlichen und strebt wieder ins Unendliche. Wenn $\varepsilon > 1$ ist, so ist die Größe

$$b = a\sqrt{\varepsilon^2 - 1}$$

größer als null. Wir betrachten Gl. 6.19 auf Seite 108:

$$\frac{(x + a\varepsilon)^2}{a^2} + \frac{y^2}{a^2(1 - \varepsilon^2)} = 1$$

und können diese auch als

$$\frac{(x + a\varepsilon)^2}{a^2} - \frac{y^2}{a^2(\varepsilon^2 - 1)} = \frac{(x + a\varepsilon)^2}{a^2} - \frac{y^2}{b^2} = 1 \tag{6.23}$$

schreiben. Diese Gleichung stellt eine Hyperbel mit den Halbachsen a und b dar und beschreibt z.B. die Bahn eines Kometen, dessen Richtung zwar durch das

Schwerefeld der Sonne geändert wird, der sich aber aufgrund seiner positiven Gesamtenergie wieder aus dem Sonnensystem entfernt, wie Abb. 6.10 zeigt.

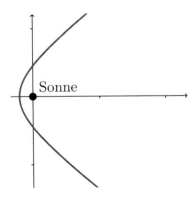

Abbildung 6.10.: Hyperbolische Kometenbahn

Der Fall $\varepsilon = 1$ bedeutet, dass die Energie E gleich null ist, d.h., das Teilchen entweicht zwar ins Unendliche, kommt aber dort mit verschwindender kinetischer Energie an. Da wir bei der Herleitung von Gl. (6.19) durch den Term $1 - \varepsilon^2$ dividiert haben, setzen wir vorher bei Gl. (6.18):

$$x^2(1 - \varepsilon^2) + y^2 = p^2 - 2p\varepsilon x$$

auf. Mit $\varepsilon = 1$ folgt daraus, dass in diesem Fall

$$y^2 = p^2 - 2px$$

gilt. Die Bahnkurve ist also eine Parabel, siehe Abb. 6.11.

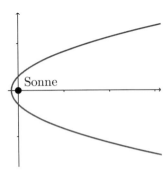

Abbildung 6.11.: Parabolische Kometenbahn

Insgesamt ergibt sich als Folgerung aus dem Newton'schen Gravitationsgesetz, dass sich die Himmelskörper im Sonnensystem (immer in der idealen

Zwei-Körper-Situation) auf Kegelschnittkurven bewegen. Die Herleitung der verschiedenen möglichen Bahnkurven von Himmelskörpern im Sonnensystem hat auch gezeigt, dass aus dem Newton'schen Gravitationsgesetz nicht nur die drei Kepler-Gesetze folgen, sondern dass sich (neben anderen Phänomenen) auch Hyperbel- oder Parabelbahnen vorhersagen lassen. Damit ging die Newton'sche Gravitationstheorie über die Reproduktion von damals bereits bekanntem Wissen hinaus und hat in den folgenden beinahe 250 Jahren so gut wie alle astronomischen Beobachtungen erklären können.

6.3. Das Gravitationsfeld ausgedehnter Körper

Wir sind bisher (stillschweigend) davon ausgegangen, dass ein Körper, der ein Gravitationsfeld erzeugt, ein Massenpunkt der Gesamtmasse M im Mittelpunkt ist. Nun wollen wir untersuchen, welchen Einfluss die räumliche Massenverteilung auf das Gravitationsfeld hat, und werden herausfinden, dass die durch eine Zentralmasse erzeugte Gravitationskraft an einem Punkt der Oberfläche oder außerhalb davon in vielen Situationen in etwa das Gleiche ist, als wenn die gesamte Masse im Zentrum lokalisiert ist.

Hohlkugel

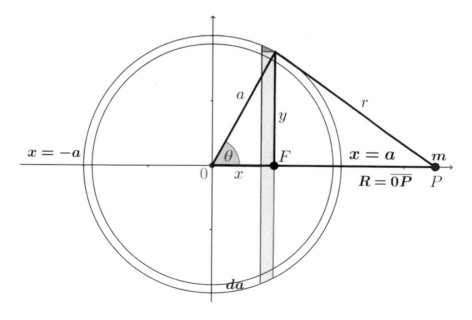

Abbildung 6.12.: Gravitationsfeld einer Kugelschale

Wir berechnen dazu zunächst das Gravitationsfeld einer Hohlkugel für einen Beobachter mit Masse m im Punkt P außerhalb der Kugel.

Die Kugelschale möge den Radius a und eine verschwindend kleine Wanddicke $da \ll a$ („$\ll$" bedeutet „ist sehr klein gegenüber") haben. Die Masse M der Kugelschale sei homogen, d.h. gleichmäßig, auf der Kugelschale verteilt. Ist ϱ die an jedem Ort auf der Kugelschale konstante **Massendichte**, so ist ϱ definiert durch die Masse dividiert durch das Volumen der Kugelschale

$$\varrho = \frac{M}{\text{Volumen der Kugelschale}}.$$

Eine Kreisscheibe der (kleinen) Dicke dx schneidet aus der Kugelschale einen Kreisring (grau). Dessen Breite ds errechnen wir, indem wir das kleine Dreieck in Abb. 6.12 vergrößern und interpretieren. Zunächst nehmen wir an, dass ds, das eigentlich ein Kreisbogenstück ist, wegen der „Kleinheit" der Größen da und dx annähernd eine gerade Linie ist, siehe Abb. 6.13. Da der Winkel zwischen a und dx gleich dem Winkel θ ist, der von dem Radius der Kugel a und dem Abstand R zwischen dem Koordinatenursprung und dem Punkt P gebildet wird, ist der Winkel zwischen dx und ds gleich $90° - \theta$.

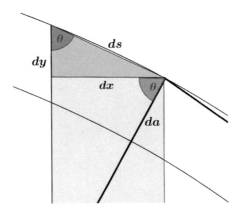

Abbildung 6.13.: Ausschnitt aus der Kugelschale

Das heißt, man findet den Winkel θ auch in dem kleinen Dreieck als Winkel zwischen dy und ds wieder, sodass für die Breite des Kreisringes gilt („$\Rightarrow$" bedeutet „daraus folgt"):

$$\frac{dx}{ds} = \sin\theta \Rightarrow ds = \frac{dx}{\sin\theta} \Rightarrow dx = ds \sin\theta$$

Die Masse dM des Streifens mit der Breite ds und der Dicke da und dem Umfang $2\pi y$ errechnet sich durch

$$dM = \varrho \cdot Volumen\, des\, Kreisringes = \varrho \cdot 2\pi y \cdot ds \cdot da,$$

was wegen $y = a \sin \theta$ als

$$dM = \varrho \cdot 2\pi a \cdot ds \cdot \sin \theta \cdot da = \varrho \cdot 2\pi a \cdot dx \cdot da$$

geschrieben werden kann. Alle Massenelemente dM haben den gleichen Abstand r vom Punkt P, also ist die potenzielle Energie einer kleinen Probemasse m in P im Gravitationsfeld, das von dM erzeugt wird, gleich

$$dE_{pot} = -\frac{G \, dM \, m}{r}.$$

Den Beitrag der gesamten Hohlkugel zum Gravitationsfeld im Punkt P erhält man nun durch Summation aller Massenelemente dM der Kugelschale, d.h. durch Integration über alle Streifen dx von $x = -a$ bis $x = a$:

$$E_{pot} = \int_{-a}^{a} dE_{pot} = -Gm \int_{-a}^{a} \frac{dM}{r} = -Gm\varrho 2\pi a \cdot da \int_{-a}^{a} \frac{dx}{r}$$

Um dieses Integral ausrechnen zu können, müssen wir noch eine Beziehung zwischen x und r finden. Aus der obigen Grafik liest man mit dem *Satz des Pythagoras*

$$r^2 = y^2 + (R - x)^2 = y^2 + x^2 + R^2 - 2Rx = a^2 + R^2 - 2Rx$$

ab, woraus

$$x = -\frac{r^2}{2R} + \frac{a^2}{2R} + \frac{R}{2}$$

folgt. Damit erhält man

$$\frac{dx}{dr} = \frac{d}{dr} \left(-\frac{r^2}{2R} + \frac{a^2}{2R} + \frac{R}{2} \right) = -\frac{r}{R}.$$

Um die Substitutionsformel $x \to r$ auf das letzte Integral anwenden zu können, müssen noch die geänderten Integralgrenzen berechnet werden. Wir setzen $x = -a$ und erhalten

$$-a = -\frac{r^2}{2R} + \frac{a^2}{2R} + \frac{R}{2} \Rightarrow r^2 = R^2 + 2aR + a^2 \Rightarrow r^2 = (R + a)^2 \Rightarrow r = R + a.$$

Ebenso für $x = a$:

$$a = -\frac{r^2}{2R} + \frac{a^2}{2R} + \frac{R}{2} \Rightarrow r^2 = R^2 - 2aR + a^2 \Rightarrow r^2 = (R - a)^2 \Rightarrow r = R - a > 0$$

$$(6.24)$$

6. Das Newton'sche Gravitationsgesetz

Damit folgt insgesamt

$$
\begin{aligned}
E_{pot} &= -Gm\varrho 2\pi a \cdot da \int_{-a}^{a} \frac{dx}{r} = -Gm\varrho 2\pi a \cdot da \int_{R+a}^{R-a} \frac{1}{r} \cdot \frac{dx}{dr} dr \\
&= -Gm\varrho 2\pi a \cdot da \int_{R+a}^{R-a} \frac{1}{r} \cdot \left(-\frac{r}{R}\right) dr = \frac{Gm\varrho 2\pi a \cdot da}{R} \int_{R+a}^{R-a} dr \\
&= \frac{Gm\varrho 2\pi a \cdot da}{R} [R - a - (R + a)] = -\frac{Gm\varrho 4\pi a^2 \cdot da}{R}. \qquad (6.25)
\end{aligned}
$$

Wir benutzen nochmals die Beziehungen

$$
\frac{dx}{ds} = \sin\theta \Rightarrow ds = \frac{dx}{\sin\theta} \Rightarrow dx = ds\sin\theta,
$$

um die Oberfläche einer Kugel mit Radius a auszurechnen. Mit den gleichen Argumenten wie oben folgt wegen $y = a\sin\theta$ für ein infinitesimal kleines Flächenelement dA auf der Kugel

$$
dA = 2\pi y \cdot ds = 2\pi a \sin\theta \cdot ds = 2\pi a \cdot dx.
$$

Summiert man über alle Flächenelemente dA auf, so erhält man analog

$$
A = \int_{-a}^{a} 2\pi a\, dx = 2\pi a \int_{-a}^{a} dx = 2\pi a\, [a - (-a)] = 4\pi a^2.
$$

Beachtet man noch, dass das Volumen V der Kugelschale gleich Oberfläche mal Wanddicke ist, also

$$
V = A \cdot da = 4\pi a^2 da,
$$

so folgt für die Masse M der Kugelschale

$$
M = \varrho V = \varrho 4\pi a^2 da,
$$

sodass für die potenzielle Energie letztlich folgt

$$
E_{pot} = -\frac{Gm\varrho 4\pi a^2 \cdot da}{R} = -\frac{GmM}{R}.
$$

Die Gravitationskraft erhält man aus

$$
\vec{F} = -grad\, E = -\frac{dE_{pot}}{dR}\vec{e}_R = -\frac{GmM}{R^2}\vec{e}_R.
$$

Das heißt:

> Gravitationskraft und potenzielle Energie im Gravitationsfeld außerhalb einer homogenen Kugelschale der Masse M sind genau dieselben wie im Fall, wenn die Masse M im Mittelpunkt der Hohlkugel vereinigt wäre.

Wenn wir uns im Inneren der Hohlkugel befinden, geht die Herleitung ähnlich. In einem solchen Fall ist der Abstand R des Punktes P vom Mittelpunkt der Hohlkugel kleiner als der Radius $R < a$, und die obere Integrationsgrenze in Gl. (6.25) ändert sich mit (6.24) in

$$a = -\frac{r^2}{2R} + \frac{a^2}{2R} + \frac{R}{2} \Rightarrow r^2 = R^2 - 2aR + a^2 \Rightarrow r^2 = (a-R)^2 \Rightarrow r = a - R > 0.$$

Damit wird die potenzielle Energie zu

$$
\begin{aligned}
E_{pot} &= \frac{Gm\varrho 2\pi a \cdot da}{R} \int_{R+a}^{a-R} dr = \frac{Gm\varrho 2\pi a \cdot da}{R}(-2R) \qquad (6.26)\\
&= -\frac{Gm\varrho 4\pi a^2 \cdot da}{a} = -\frac{GmM}{a} = const.
\end{aligned}
$$

Also ist für ein Teilchen innerhalb der Hohlkugel die potenzielle Energie immer konstant, egal an welchem Ort innerhalb der Kugel sich das Teilchen aufhält. Da die Gravitationskraft sich aus der potenziellen Energie durch Ableiten ergibt, ist also in diesem Fall

$$\vec{F} = -grad\, E_{pot} = -grad\,(const.) = 0.$$

Das heißt:

> Die Gravitationskraft ist im Inneren der Hohlkugel überall null. Die Beiträge der einzelnen Oberflächenelemente, die ja in verschiedene Richtungen wirken, heben sich exakt auf.

Vollkugel

Wir gehen nun von der Kugelschale auf eine homogene Vollkugel über. Eine homogene Vollkugel mit dem Radius A entsteht durch Summation/Integration über konzentrische Kugelschalen, deren Radien von 0 bis A laufen. Die Masse einer homogenen Vollkugel ist also

$$M = \varrho V = \varrho \int_0^A 4\pi a^2 da = 4\pi\varrho \cdot \frac{A^3}{3}.$$

Für einen Punkt P mit Masse m außerhalb der Vollkugel ($R > A$) folgt aus Gl. (6.25)

$$E_{pot} = \int_0^A -\frac{Gm\varrho 4\pi a^2}{R}\, da = -\frac{Gm\varrho 4\pi}{R} \int_0^A a^2\, da = -\frac{Gm\varrho 4\pi}{R}\frac{A^3}{3} = -\frac{GmM}{R}.$$

Wir erhalten also genau das gleiche Ergebnis wie für die Kugelschale:

> Gravitationskraft und potenzielle Energie im Gravitationsfeld außerhalb einer homogenen Vollkugel der Masse M sind genau dieselben wie im Fall, wenn die Masse M im Mittelpunkt der Vollkugel vereinigt wäre.

Für einen Punkt innerhalb der Vollkugel ($R < A$) teilen wir die Integration über a in zwei Teile auf, nämlich in einen, wo der Radius a kleiner als R ist ($0 \leq a \leq R$, dort ist Gl. (6.25) anzusetzen) und in einen Teil, wo der Radius a größer als R ist ($R \leq a \leq A$, dort ist Gl. (6.26) zu benutzen). Es folgt:

$$
\begin{aligned}
E_{pot} &= \int_0^R -\frac{Gm\varrho 4\pi a^2}{R}\, da + \int_R^A -\frac{Gm\varrho 4\pi a^2 \cdot da}{a} \\
&= -Gm\varrho 4\pi \left(\int_0^R \frac{a^2}{R}\, da + \int_R^A a\, da \right)
\end{aligned}
$$

Mit $M = 4\pi\varrho \cdot \dfrac{A^3}{3}$ folgt nach Berechnung der beiden Integrale

$$
\begin{aligned}
E_{pot} &= -Gm\varrho 4\pi \left(\frac{R^2}{3} + \frac{A^2}{2} - \frac{R^2}{2} \right) = -Gm\varrho 4\pi \left(-\frac{R^2}{6} + \frac{A^2}{2} \right) \\
&= -\frac{GmM}{2A^3}\left(3A^2 - R^2 \right).
\end{aligned}
$$

Physikalisch bedeutet die letzte Gleichung, dass nur die Massenelemente der Vollkugel, deren Abstand zum Mittelpunkt kleiner als R sind, zum Potenzial beitragen, der Term $-3GmM/2A$ liefert nur einen konstanten Beitrag zur potenziellen Energie und drückt aus, dass sich die Massenelemente der Vollkugel, die einen Abstand größer R zum Mittelpunkt haben, gegenseitig aufheben. Die Gravitationskraft $\vec{F}_i$ im Innern ergibt sich durch

$$
\vec{F}_i = -grad\, E_{pot} = -\frac{d}{dR}\left(\frac{GmM}{2A^3} R^2 \right) \vec{e}_R = -\frac{GmM}{A^3} R\, \vec{e}_R.
$$

Für die Gravitationskraft F einer Vollkugel mit Radius A folgt zusammenfassend

$$
\vec{F} = \begin{cases} -\dfrac{GmM}{R^2}\, \vec{e}_R & \text{für } R \geq A \\[2ex] -\dfrac{GmM}{A^3} R\, \vec{e}_R & \text{für } R \leq A \end{cases}.
$$

Wir haben gezeigt, dass sich unsere Annahme einer Punktmasse bei der Herleitung der Gesetzmäßigkeiten in den letzten Kapiteln zumindest für diejenigen

Zentralkörper, die sich annähernd als Hohl- oder Vollkugel modellieren lassen, gerechtfertigt war. Es macht keinen Unterschied, ob die Gesamtmasse solcher Körper beliebig verteilt oder im Mittelpunkt konzentriert ist, solange sich der Probekörper außerhalb des Zentralkörpers befindet.

6.4. Die Poisson-Gleichung

Wir leiten noch eine weitere wichtige Gleichung her, die das Newton'sche Gravitationsgesetz in einer anderen Form darstellt. Die Newton'sche Bewegungsgleichung in einem Gravitationsfeld, das von einem Körper mit Masse M generiert wird, lautet nach Gl. (6.6) für ein (Probe-)Teilchen mit Masse m

$$m\ddot{\vec{r}} = \vec{F} = -m\,\nabla\phi(\vec{r}) = -m\,\nabla\left(-\frac{GM}{r}\right) = m\left(-\frac{GM}{r^3}\,\vec{r}\right).$$

Wenn wir uns die Masse M als die homogen verteilte Masse einer Kugel mit Radius r und Volumen

$$V = \frac{4}{3}\pi r^3$$

und Massendichte ρ vorstellen, so gilt

$$M = \rho V = \rho\,\frac{4}{3}\pi r^3,$$

d.h., in einem solchen Fall gilt für die Gravitationskraft auf der Kugeloberfläche mit dem Abstand r vom Mittelpunkt der Kugel entfernt:

$$\vec{F} = m\left(-\frac{GM}{r^3}\,\vec{r}\right) = m\left(-\frac{G\rho\,\frac{4}{3}\pi r^3}{r^3}\,\vec{r}\right) = -m\left(\frac{4}{3}\pi G\rho\,\vec{r}\right) \tag{6.27}$$

Bemerkung 6.6. **MW: Divergenz**
Wir führen einen weiteren sogenannten **Differenzialoperator** (der *Gradient* ist auch ein solcher) ein, nämlich die **Divergenz**. Der Gradient wird auf eine Skalarfunktion ϕ angewendet (z.B. $\phi(\vec{r}) = -GM/r$) und macht daraus einen Vektor (z.B. $\nabla\phi(\vec{r}) = \left(GM/r^3\right)\vec{r}$). Die Divergenz ist in einem gewissen Sinn die Umkehrung: Hat man ein Vektorfeld

$$\vec{A}(\vec{r}) = \begin{pmatrix} A_x(\vec{r}) \\ A_y(\vec{r}) \\ A_z(\vec{r}) \end{pmatrix},$$

6. Das Newton'sche Gravitationsgesetz

so wird die Divergenz definiert als

$$div \, \vec{A} = \frac{\partial A_x}{\partial x} + \frac{\partial A_y}{\partial y} + \frac{\partial A_z}{\partial z},$$

wobei wir in der letzten Gleichung wieder der Einfachheit halber das Argument $\vec{r}$ weggelassen haben. Die Divergenz macht also aus einem Vektor einen Skalar, d.h. eine Zahl. $\square$

Um die Divergenz der Gravitationskraft auf der Kugeloberfläche (6.27) zu berechnen, berechnen wir zunächst die Divergenz des Vektors

$$\vec{r} = \begin{pmatrix} x \\ y \\ z \end{pmatrix} :$$

$$div \, \vec{r} = div \begin{pmatrix} x \\ y \\ z \end{pmatrix} = \frac{\partial x}{\partial x} + \frac{\partial y}{\partial y} + \frac{\partial z}{\partial z} = 1 + 1 + 1 = 3$$

Also folgt

$$\begin{aligned} div \, \vec{F} &= div \left(-m \left(\frac{4}{3}\pi G\rho \, \vec{r} \right) \right) = -m \frac{4}{3}\pi G\rho \, (div \, \vec{r}) \\ &= -m \frac{4}{3}\pi G\rho \, 3 = -m \, 4\pi G\rho. \end{aligned}$$

Da für das Gravitationspotenzial $\vec{F} = -m \, \nabla\phi(\vec{r})$ gilt, ergibt sich

$$div \, \nabla\phi(\vec{r}) = 4\pi G\rho.$$

Schreibt man die Divergenz des Gradienten $\nabla\phi$ aus, so erhält man

$$\begin{aligned} div \, \nabla\phi(\vec{r}) &= div \left(\frac{\partial\phi}{\partial x}, \frac{\partial\phi}{\partial y}, \frac{\partial\phi}{\partial z} \right) = \frac{\partial}{\partial x}\left(\frac{\partial\phi}{\partial x} \right) + \frac{\partial}{\partial y}\left(\frac{\partial\phi}{\partial y} \right) + \frac{\partial}{\partial z}\left(\frac{\partial\phi}{\partial z} \right) \\ &= \frac{\partial^2\phi}{\partial x^2} + \frac{\partial^2\phi}{\partial y^2} + \frac{\partial^2\phi}{\partial z^2}, \end{aligned} \tag{6.28}$$

also die Summe der zweiten Ableitungen, die man auch **Laplace-Operator** nennt und mit Δ oder ∇^2 abkürzt, also

$$\nabla^2\phi = \Delta\phi = 4\pi G\rho. \tag{6.29}$$

Diese Gleichung nennt man **Poisson-Gleichung** nach dem französischen Mathematiker Siméon Denis Poisson. Sie ist auch gültig, wenn keine homogene

Massenverteilung und kein kugelförmiges Volumen vorliegen. Die mathematischen Mittel, die man zur Herleitung des allgemeinen Falles benötigt, übersteigen aber diese einführende Behandlung der Allgemeinen Relativitätstheorie. Man kann die Herleitung des allgemeinen Falles in [31] nachlesen. Die Poisson-Gleichung kann man so interpretieren, dass auf der linken Seite das Gravitationsfeld ϕ steht und auf der rechten Seite dessen Quelle, nämlich die Massendichte ρ. Sie spielt bei der Herleitung der Einsteingleichungen in Teil IV eine wichtige Rolle.

6.5. Schwere und träge Masse, Äquivalenzprinzip

Die Eigenschaft eines Gegenstandes, die Ursache dafür ist, dass die Gravitationskraft auf einen anderen Gegenstand wirkt, haben wir Masse genannt und mit m bezeichnet. Genau den gleichen Begriff und die gleiche Notation haben wir dazu verwendet, um den Widerstand eines Körpers gegen Beschleunigungen zu kennzeichnen, ohne bislang darüber Rechenschaft abgelegt zu haben, dass es sich bei diesen Eigenschaften eines Gegenstandes um das Gleiche handelt. Tatsächlich unterscheidet man in der Physik diese beiden Phänomene und nennt die erste Eigenschaft **schwere** und die zweite **träge Masse**. Man kann sich leicht vorstellen, dass schwere und träge Masse eines Gegenstandes nicht gleich sein müssen. Schreibt man m_s für die schwere Masse und m_t für die träge Masse eines Körpers, so gilt für die Kraft, die die Erde auf den Körper in der Nähe des Erdbodens ausübt:

$$F = \frac{GM_E\, m_s}{R_E^2},$$

wobei M_E die schwere Masse der Erde und R_E den Erdradius bezeichnen. Andererseits gilt nach dem zweiten Newton'schen Gesetz für eine beliebige Kraft

$$\vec{F} = m_t \vec{a},$$

woraus sich der Betrag der Fallbeschleunigung durch

$$a = \frac{F}{m_t} = \frac{GM_E}{R_E^2} \cdot \frac{m_s}{m_t}$$

ergibt. Wenn die Gewichtskraft nur eine weitere Eigenschaft der Materie wäre, wie beispielsweise die elektrische Ladung oder Dichte, dann sollte das Verhältnis m_s/m_t von der chemischen Zusammensetzung des Körpers, seiner Temperatur oder irgendeiner anderen physikalischen Größe abhängen, d.h., die Fallbeschleunigung wäre für verschiedene Körper unterschiedlich. Die Erfahrungen zeigen jedoch, dass die Fallbeschleunigung a für alle Gegenstände gleich ist. Damit hat auch das Verhältnis m_s/m_t für jeden Körper denselben Wert, was der Grund dafür ist, dass man

$$m_s = m_t = m$$

setzt und damit gleichzeitig Betrag und Einheiten der Newton'schen Gravitationskonstante G festlegt. Die Fallbeschleunigung ergibt sich damit zu

$$a = \frac{GM_E}{R_E^2} \tag{6.30}$$

und ist nicht mehr von der Masse des Körpers abhängig. Obwohl die Äquivalenz von schwerer und träger Masse dank raffinierter Experimente bis auf einen relativen Fehler von 10^{-12} überprüft wurde und damit zu den am besten gesicherten physikalischen Gesetzen zählt, darf man nicht vergessen, dass sie (nur) eine experimentelle Erkenntnis ist. Die Gleichheit von schwerer und träger Masse, die man **Äquivalenzprinzip** nennt, bildet eine der wichtigsten Grundlagen von Einsteins Allgemeiner Relativitätstheorie, der wir uns in Teil IV des Buches widmen werden.

7. Literaturhinweise und Weiterführendes zu Teil I

Zum Abschluss des ersten Teils möchte ich auf einige Bücher über die Newton'sche Mechanik und die bei der Herleitung der physikalischen Gesetze verwendete Mathematik hinweisen. Über die Newton'sche Mechanik gibt es allein bei Amazon in der Rubrik „Naturwissenschaften und Technik" ca. 2500 Bücherangebote. Da sind Literaturempfehlungen natürlich immer sehr subjektiv, d.h., die kleine Auswahl, die ich hier vorstellen möchte, besteht einerseits aus denjenigen Büchern, die bei der Anfertigung des Buches besonders hilfreich waren. Andererseits habe ich auch einige Bücher aufgenommen, die helfen sollen, etwaige mathematische und/oder physikalische Lücken zu schließen, die bei Ihnen beim Lesen bis hierhin eventuell aufgetreten sind. Ganz allgemein ist es so, dass die Aneignung von Wissen leichter fällt, wenn man den Gegenstand, den man erlernen will, von verschiedenen Seiten angeht. Das heißt, alle hier vorgestellten Bücher können dabei helfen, die Inhalte dieses ersten Teils besser zu verstehen.

In der Rubrik „populärwissenschaftliche Bücher" gibt es zwei empfehlenswerte Bücher, die teilweise weit über das hinausgehen, was wir hier in diesem ersten Teil besprochen haben. George Gamov beschreibt in seinem dünnen Büchlein Gravity [15] die Newton'sche Gravitationstheorie und deren Folgerungen überwiegend in Alltagssprache und benutzt nur an wenigen Stellen mathematische Ausdrücke auf einem Niveau, das leicht unterhalb dessen liegt, was hier bislang eingesetzt wurde.

Besonders hervorzuheben ist das Buch von Bernard Schutz Gravity from the ground up [34], das ganz ähnlich wie dieses Buch sowohl die Newton'sche als auch die Einstein'sche Gravitationstheorie behandelt, und mit wenig Mathematik (z.B. ohne Differenzialrechnung) auskommt. Es werden die Effekte der beiden Theorien im Erde-Mond-System, in unserem Sonnensystem, in Galaxien, bei Neutronensternen und Schwarzen Löchern und für das gesamte Universum ausführlich und optisch attraktiv dargestellt. Wenn man also eine eher beschreibende Schilderung der physikalischen Phänomene, die mit der Schwerkraft zusammenhängen, sucht, ist man bei Schutz bestens aufgehoben.

In der Kategorie „Was muss/sollte ich mitbringen, um die Physik und Mathematik bis hierher besser verstehen zu können" gibt es eine Reihe von Physik-

© Der/die Autor(en), exklusiv lizenziert durch
Springer-Verlag GmbH, DE, ein Teil von Springer Nature 2021
M. Ruhrländer, *Aufstieg zu den Einsteingleichungen*,
https://doi.org/10.1007/978-3-662-62546-0_7

und Mathematikbüchern. Zu nennen wäre das Schulbuch Physik Oberstufe [28], das auf den ersten ca. 100 Seiten die Newton'sche Mechanik auf etwas niedrigerem Niveau, dafür mit vielen Beispielen und anschaulichen Darstellungen behandelt.

Zu empfehlen sind ebenfalls die zwei für angehende Ingenieure vorgesehenen Lehrbücher der technischen Mechanik [16, 17], die mit vielen Beispielen und „moderater" Mathematik die dynamischen Phänomene der Mechanik erklären. Diese beiden Bücher liegen vom Niveau her unterhalb typischer Lehrbücher der Physik und sind deshalb für unsere Zwecke auch besser geeignet.

Bei den Büchern, die mathematische Grundkenntnisse vermitteln, ist zunächst wieder ein Schulbuch Lambacher Schweizer, Mathematik für Gymnasien, Gesamtband Oberstufe [22] zu nennen. Dort werden Differenzial- und Integralrechnung (in einer Dimension) sowie einfache Vektor- und Matrizenrechnung ausführlich und mit vielen Beispielen behandelt.

Einen ähnlichen Zweck erfüllen die drei Bücher [8], [21] und [30], die eine mathematische Brücke von der Schule zum Studium schlagen wollen. Die beiden ersten Bücher sind knapp gehalten, eignen sich also eher für diejenigen, die ihr Wissen nur auffrischen wollen. Das dritte ist ausführlicher und deshalb besser geeignet, wenn man neue Sachverhalte (z.B. Differenzial- und Integralrechnung) erlernen möchte.

In der Rubrik „für die Erstellung des ersten Teils genutzte/hilfreiche Bücher" ist an erster Stelle das 1522 Seiten umfassende Lehrbuch von Paul A. Tipler Physik [38] zu nennen. In diesem Begleittext für die anfänglichen Physikvorlesungen, die angehende Naturwissenschaftler und Ingenieure besuchen müssen, werden in den ersten zehn Kapiteln (auf 340 Seiten) die mathematischen und physikalischen Grundlagen für die Behandlung der Newton'schen Mechanik sehr ausführlich und mit vielen Beispielen und grafischen Darstellungen gelegt. Das Niveau des Buches liegt etwas unterhalb dessen, was im ersten Teil beschrieben ist, war aber eine große Hilfe, insbesondere bei der Abfassung der ersten Kapitel. Wer auch an physikalischen Theorien neben der Newton'schen Mechanik interessiert ist, dem kann als Einstieg in die quantitative Physik Tiplers Buch uneingeschränkt empfohlen werden. Ein ganz ähnliches Konzept verfolgt das (ebenfalls sehr umfangreiche) Buch Physik von Halliday, Resnick und Walter [18], und es ist schon fast Geschmacksache, welches der beiden Bücher man favorisiert, da sie im Aufbau und in den Inhalten nahezu identisch sind.

Was die im ersten Teil in achtzehn „Mathematischen Grundlagen" und acht „Mathematischen Werkzeugen" dargestellte Mathematik angeht, so sind zur weiteren Vertiefung ebenfalls keine „reinen" Mathematikfachbücher, sondern anwendungsorientierte Werke für Ingenieursstudenten zu empfehlen. Neben den sehr ausführlichen und guten Büchern von Papula Mathematik für Ingenieure und Naturwissenschaftler Band 1,2 [26, 27] ist auch mein Buch Lineare Algebra für Naturwissenschaftler und Ingenieure [29] gut geeignet, die neu zu lernenden mathematischen Begriffe und Ergebnisse inhaltlich tiefer zu verankern.

Für die Formulierung der etwas schwierigeren Passagen im ersten Teil des Buches, wie z.B. der Herleitung der Planetenbahnen aus dem Newton'schen Gravitationsgesetz, mussten einige „echte" Physiklehrbücher herhalten. Hier sind mit aufsteigendem Schwierigkeitsgrad die Bücher von Demtröder [7], Fließbach [13] und Scheck [33] zu nennen. Diese gehören in die Kategorie „weiterführende Literatur", da sie sowohl von der mathematischen Darstellung wie auch von den physikalischen Inhalten deutlich über das hinaus gehen, was hier im ersten Teil dargestellt ist.

Teil II.

Vektor- und Tensorrechnung
in der euklidischen Ebene

In Teil I haben wir schon gesehen, dass sich die dort behandelten physikalischen Phänomene überwiegend in Vektorgleichungen ausdrücken lassen. Die Formulierung physikalischer Gesetze in Form von Vektorgleichungen hat - wie wir noch sehen werden - den unschätzbaren Vorteil, dass man eine freie Wahl des Koordinatensystems hat, d.h., man kann dasjenige Koordinatensystem aussuchen, das sich für die Lösung des vorliegenden Problems am besten eignet. Dieses Prinzip haben wir in Teil I schon an mehreren Stellen benutzt (wir haben z.B. bei der Berechnung der Planetenbahnen mit Polarkoordinaten gerechnet und den Koordinatenursprung in einen Brennpunkt der Ellipse gelegt), ohne dass wir jeweils auf diese Wahlfreiheit verwiesen haben. Die Vektoren bzw. Vektorfelder waren bislang auch die kompliziertesten Größen, mit denen wir zu tun hatten. Neben den Skalaren (Zahlen) und den Vektoren gibt es allerdings noch die sogenannten **Tensoren**, die sich dadurch auszeichnen, dass sie nicht nur in *keine* Richtung (wie die Skalare), auch nicht in *eine* Richtung (wie die Vektoren), sondern in *mehrere* Richtungen gleichzeitig zeigen. Es wird sich herausstellen, dass diese Größen sich dafür eignen, die physikalischen Gesetze der Relativitätstheorie zu beschreiben. Physikalische Gesetze, die als Tensorgleichungen aufgestellt sind, haben den gleichen Vorteil wie die Vektorgleichungen: Sie lassen die Wahl eines beliebigen Koordinatensystems zu, ohne ihre Form dabei zu ändern.

In diesem Teil führen wir die Tensorrechnung für den einfachsten aller möglichen Fälle ein, nämlich für die zweidimensionale euklidische Ebene. Das tun wir zum einen deswegen, weil die in den späteren Kapiteln benötigten tensoriellen Darstellungen sich beinahe eins zu eins aus dem Zweidimensionalen übertragen lassen, und zum anderen, weil die Herleitungen und Formeln in zwei Dimensionen einfacher und anschaulicher sind als in höheren. Trotzdem ist dieser zweite Teil in den ersten Kapiteln manchmal abstrakt und später dann in einer Sprache („Indexnotation") formuliert, die beim erstmaligen Durcharbeiten Mühe machen wird und Durchhaltevermögen erfordert. Doch diese Mühe lohnt sich, weil damit schon ein Großteil der (mathematischen) Grundlagen für die Relativitätstheorie gelegt wird.

8. Vektorrechnung in der euklidischen Ebene

In diesem Kapitel erweitern wir unsere Kenntnisse über die Vektorrechnung in der sogenannten **euklidischen Ebene**. Der uns umgebende Raum ist zwar dreidimensional, wir behandeln aber in diesem Kapitel aus *Einfachheitsgründen* die Vektorrechnung in der Ebene. Die neuen Konzepte und Begrifflichkeiten der (zweidimensionalen) Vektorrechnung lassen sich überwiegend eins zu eins auf den drei- und später auch auf den vierdimensionalen Fall verallgemeinern, von daher verzichten wir hier auf die komplizierteren Darstellungen im Dreidimensionalen.

8.1. Euklidische Ebene, Abstand, Skalarprodukt

Wir wollen in der Folge definieren, was genau wir unter der euklidischen Ebene verstehen. Die euklidische Ebene besteht aus einer Menge von Punkten. Wir wählen einen beliebigen dieser Punkte als Ursprung eines Koordinatensystems, dessen zwei senkrecht aufeinander stehende x- und y-Achsen sich in diesem Punkt schneiden. Ein solches Koordinatensystem wird nach dem französischen Mathematiker René Descartes **kartesisches Koordinatensystem** genannt. Die zwei Achsen des Koordinatensystems repräsentieren jeweils die reellen Zahlen, zum Beispiel finden sich auf der x-Achse rechts vom Ursprung alle positiven und links davon alle negativen reellen Zahlen. Jeder Punkt P der Ebene lässt sich dann eindeutig durch zwei Zahlen, nämlich seine Koordinaten, d.h. die Projektionen auf die Koordinatenachsen, identifizieren $P \to (P^x, P^y)$, wie Abb. 8.1 zeigt.

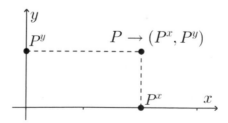

Abbildung 8.1.: Punkt in euklidischer Ebene

© Der/die Autor(en), exklusiv lizenziert durch
Springer-Verlag GmbH, DE, ein Teil von Springer Nature 2021
M. Ruhrländer, *Aufstieg zu den Einsteingleichungen*,
https://doi.org/10.1007/978-3-662-62546-0_8

8. Vektorrechnung in der euklidischen Ebene

Wir benutzen zur Darstellung der Koordinaten eines Punktes ab jetzt das Symbol $\rightarrow$, um auch von der Schreibweise her zu unterscheiden zwischen dem geometrischen Objekt „Punkt der Ebene" und dessen Koordinaten in einem ganz bestimmten (x, y)-Koordinatensystem K. Der Punkt als geometrisches Objekt bleibt immer unverändert, seine Koordinaten (P^x, P^y) ändern sich jedoch, je nachdem, wie das Koordinatensystem gewählt wurde.

Wählen wir z.B. ein zweites (x', y')-Koordinatensystem K', dessen Ursprung genau der Punkt P sein soll, so hat P in diesem Koordinatensystem die Koordinaten $(0, 0)$. Wenn es wichtig ist zu dokumentieren, welches Koordinatensystem wir gerade benutzen, so schreiben wir das Koordinatensystem unter den Pfeil $\rightarrow$, also:

$$P \underset{K}{\rightarrow} (P^x, P^y) \text{ bzw. } P \underset{K'}{\rightarrow} (0, 0)$$

Die Kurzschreibweise $P \underset{K}{\rightarrow} (P^x, P^y)$ liest sich also wie folgt: „Der Punkt P hat im Koordinatensystem K die Koordinaten P^x und P^y".

Abstand zweier Vektoren

Sei jetzt wieder K ein kartesisches (x, y)-Koordinatensystem. Den **Abstand** d zweier Punkte $P \rightarrow (P^x, P^y)$ und $Q \rightarrow (Q^x, Q^y)$ *definieren* wir als

$$d(P, Q) = \sqrt{(Q^x - P^x)^2 + (Q^y - P^y)^2}. \tag{8.1}$$

Wie in Abb. 8.2 ersichtlich, stand bei dieser Formel zur Berechnung des Abstandes zweier Punkte der **Satz des Pythagoras** (siehe Kap. 29 auf Seite 605) Pate. Da die beiden Punkte P und Q geometrische Objekte sind, ist der Abstand zwischen ihnen ebenfalls ein geometrisches Objekt, d.h., er ist immer derselbe, egal welches Koordinatensystem man auswählt.

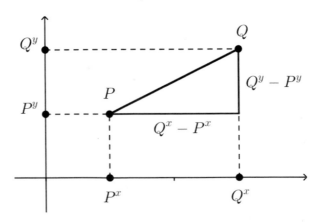

Abbildung 8.2.: Abstand zweier Punkte in der euklidischen Ebene

Man nennt diese Eigenschaft **Invarianz unter Koordinatensystemwechsel**. Der zweidimensionale Raum hat durch die Festlegung, wie man Abstände misst, eine koordinatensystemunabhängige (**invariante**) Struktur erhalten. Diese Struktur nennt man **euklidische Geometrie**, und die Menge aller Punkte nennt man die **euklidische Ebene**. Die euklidische Ebene (und ebenso der dreidimensionale euklidische Raum) zeichnet sich also durch die Art und Weise der Längenmessung aus, und wir werden sehen, dass sowohl in der Speziellen als auch in der Allgemeinen Relativitätstheorie diese für uns so natürliche Messmethode jeweils durch eine komplett andere ersetzt werden muss.

Wir wollen nun zeigen, dass aus der Invarianz der Längenmessung auch die Invarianz der Winkelmessung folgt. Dazu müssen wir das geometrische Objekt **Vektor** einführen und wählen zunächst einen geometrischen Zugang, den wir später durch eine *transformationsbezogene* Definition ersetzen. Vektoren werden geometrisch durch zwei Punkte P und Q festgelegt. Der Punkt P heißt der Anfangspunkt und der Punkt Q der Endpunkt des Vektors. Vektoren stellen wir grafisch als Pfeile dar und bezeichnen sie mit kleinen Buchstaben mit einem Pfeil darüber $\vec{a}$. Ein Vektor lässt sich - ähnlich wie ein Punkt in der Ebene durch seine Koordinaten - auch durch seine **Komponenten** darstellen

$$\vec{a} \underset{K}{\rightarrow} \left(\begin{array}{c} a^x \\ a^y \end{array} \right) = \left(\begin{array}{c} Q^x - P^x \\ Q^y - P^y \end{array} \right),$$

was in Abb. 8.3 grafisch dargestellt wird.

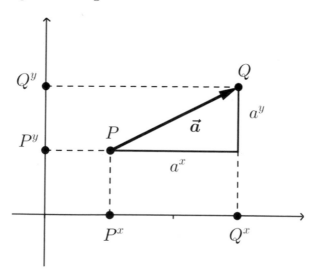

Abbildung 8.3.: Vektor in der euklidischen Ebene

Auch hier haben wir eine neue Schreibweise gewählt. Einerseits wollen wir durch die Benutzung des Pfeils → deutlich machen, dass die Komponenten eines Vektors a^x, a^y vom gewählten Koordinatensystem abhängen (nicht aber der Vektor selbst!), und andererseits haben wir die Indizes x, y nach oben gestellt. Die Gründe dafür werden später in Abschn. 9.2 dargestellt. Die Länge eines Vektors $\vec{a}$ wird *definiert* als der Abstand seines Anfangs- und Endpunktes, wir schreiben dafür

$$a = \sqrt{(a^x)^2 + (a^y)^2} = \sqrt{(Q^x - P^x)^2 + (Q^y - P^y)^2},$$

d.h., auch die Länge eines Vektors ist eine invariante Größe. Wie schon in Bemerkung 2.4 gezeigt, ist die Summe zweier Vektoren wieder ein Vektor und auch das Produkt eines Vektors mit einer Zahl.

Skalarprodukt zweier Vektoren

Wenn wir für zwei Vektoren

$$\vec{a} \to \left(\begin{array}{c} a^x \\ a^y \end{array} \right), \vec{b} \to \left(\begin{array}{c} b^x \\ b^y \end{array} \right)$$

ein Skalarprodukt $\vec{a} \cdot \vec{b}$ durch

$$\vec{a} \cdot \vec{b} = a^x b^x + a^y b^y \tag{8.2}$$

definieren, so gelten die Rechenregeln, wie wir sie in Bemerkung 4.2 auf Seite 59 hergeleitet haben. Insbesondere folgt, dass die Länge von $\vec{a}$ sich durch das Skalarprodukt ausdrücken lässt:

$$a = \sqrt{(a^x)^2 + (a^y)^2} = \sqrt{\vec{a} \cdot \vec{a}},$$

also

$$a^2 = \vec{a} \cdot \vec{a}.$$

Da das in (8.2) definierte Skalarprodukt durch die Komponenten der beiden Vektoren berechnet wird und diese von der Wahl des Koordinatensystems abhängen, ist auf den ersten Blick nicht klar, ob in jedem beliebigen Koordinatensystem immer das gleiche Ergebnis herauskommt. Dass das Skalarprodukt tatsächlich eine invariante Größe ist, sieht man folgendermaßen. Zunächst folgt mit den Rechenregeln für das Skalarprodukt, dass mit $\vec{c} = \vec{a} + \vec{b}$

$$c^2 = \left(\vec{a} + \vec{b} \right) \cdot \left(\vec{a} + \vec{b} \right) = \vec{a} \cdot \vec{a} + 2\vec{a} \cdot \vec{b} + \vec{b} \cdot \vec{b} = a^2 + 2\vec{a} \cdot \vec{b} + b^2$$

gilt. Durch Umstellen nach dem Skalarprodukt erhält man daraus

$$\vec{a} \cdot \vec{b} = \frac{1}{2} \left(c^2 - a^2 - b^2 \right).$$

Da die rechte Seite der Gleichung dieselbe Zahl in allen Koordinatensystemen liefert, gilt das auch für die linke Seite. Das Skalarprodukt zweier Vektoren ist also eine invariante Größe.

Beispiel 8.1.

Als Beispiel berechnen wir die Skalarprodukte der zwei **kartesischen Basisvektoren**, die durch die Festlegung, dass sie in Richtung der positiven Koordinatenachsen zeigen sollen und die Länge 1 haben, definiert sind, also

$$\vec{e}_x \; \rightarrow \; \begin{pmatrix} 1 \\ 0 \end{pmatrix},$$

$$\vec{e}_y \; \rightarrow \; \begin{pmatrix} 0 \\ 1 \end{pmatrix}.$$

Man beachte, dass die Basisvektoren *koordinatensystemabhängig* sind, da sie die Richtungen der Koordinatenachsen einnehmen. Es folgt

$$\vec{e}_x \cdot \vec{e}_x \;=\; \vec{e}_y \cdot \vec{e}_y = 1,$$
$$\vec{e}_x \cdot \vec{e}_y \;=\; \vec{e}_y \cdot \vec{e}_x = 0. \;\square$$

Winkelmessung und Linearkombination

Mit dem Skalarprodukt kann man jetzt auch die Winkelmessung invariant definieren. Dazu ordnet man zwei Vektoren $\vec{a}$ und $\vec{b}$ den zwischen ihnen gebildeten Winkel $\varphi\left(\vec{a}, \vec{b}\right)$ durch

$$\cos\varphi\left(\vec{a}, \vec{b}\right) = \frac{\vec{a} \cdot \vec{b}}{ab}$$

zu. Da auf der rechten Seite nur invariante Größen stehen, ist auch die linke Seite invariant. Jeder Vektor

$$\vec{a} \rightarrow \begin{pmatrix} a^x \\ a^y \end{pmatrix}$$

lässt sich als **Linearkombination** der Basisvektoren schreiben:

$$\vec{a} = a^x \vec{e}_x + a^y \vec{e}_y,$$

denn es gilt für die Komponenten des Vektors auf der rechten Seite

$$a^x \begin{pmatrix} 1 \\ 0 \end{pmatrix} + a^y \begin{pmatrix} 0 \\ 1 \end{pmatrix} = \begin{pmatrix} a^x \\ a^y \end{pmatrix}.$$

Hat man ein Koordinatensystem mit den entsprechenden Basisvektoren aus-
gewählt, so ergeben sich die Komponenten eines Vektors

$$\vec{a} \rightarrow \begin{pmatrix} a^x \\ a^y \end{pmatrix}$$

in diesem Koordinatensystem durch

$$\begin{aligned} \vec{a} \cdot \vec{e}_x &= a^x \cdot 1 + a^y \cdot 0 = a^x, \\ \vec{a} \cdot \vec{e}_y &= a^x \cdot 0 + a^y \cdot 1 = a^y. \end{aligned}$$

8.2. Basiswechsel

Zunächst sei bemerkt, dass die Wahl eines kartesischen Koordinatensystems
auch die zwei oben beschriebenen Basisvektoren $\vec{e}_x, \vec{e}_y$ (kurz: **Basis**) eindeutig
festlegt und dass umgekehrt durch die Wahl einer Basis das Koordinatensys-
tem eindeutig definiert ist. Nun ist es so, dass es nicht nur *eine* Basis für den
(zweidimensionalen) Raum gibt, sondern beliebig (sogar unendlich) viele. Dazu
stelle man sich z.B. vor, dass wir uns ein kartesisches Koordinatensystem und
damit eine Basis auswählen und dann das Koordinatensystem um einen beliebigen Winkel um den Nullpunkt drehen. Wir erhalten dann für jeden Winkel
ein neues Koordinatensystem und damit auch eine neue Basis. Wie das im Einzelnen aussieht, werden wir weiter unten detailliert untersuchen. Hier wollen
wir den Begriff Basis so weit wie möglich fassen. Dazu verwenden wir folgende
Definition.

Zwei (beliebige) Vektoren $\vec{e}_x, \vec{e}_y$ bilden eine **Basis des zweidimensionalen Raumes**, wenn sich *jeder* Vektor $\vec{v}$ als *eindeutige* Linearkombination der
Vektoren $\vec{e}_x, \vec{e}_y$ schreiben lässt, d.h.

$$\vec{v} = v^1 \vec{e}_x + v^2 \vec{e}_y,$$

die Zahlen v^1, v^2 sind also eindeutig bestimmt, sie werden die **Komponenten**
von $\vec{v}$ bzgl. der Basis $\vec{e}_x, \vec{e}_y$ genannt. Wie oben gezeigt, erfüllen die kartesischen
Basisvektoren $\vec{e}_x, \vec{e}_y$ diese Bedingung, sie bilden eine Basis.

Wir wollen nun herausfinden, wie man die Basisvektoren von zwei Basen
ineinander umrechnet. Sei dazu eine zweite Basis $\vec{e}_{1'}, \vec{e}_{2'}$ gegeben. Dann lässt
sich jeder dieser Vektoren als Linearkombination der Basisvektoren $\vec{e}_x, \vec{e}_y$ darstellen:

$$\begin{aligned} \vec{e}_{1'} &= a^1_1 \vec{e}_x + a^2_1 \vec{e}_y \\ \vec{e}_{2'} &= a^1_2 \vec{e}_x + a^2_2 \vec{e}_y \end{aligned} \tag{8.3}$$

mit vier eindeutig bestimmten Zahlen $a^i{}_j, (i, j = 1, 2)$. Betrachten wir einen beliebigen Vektor

$$\vec{v} = v^1 \vec{e}_x + v^2 \vec{e}_y,$$

der auch als Linearkombination der Basisvektoren $\vec{e}_{1'}, \vec{e}_{2'}$ geschrieben werden kann:

$$\vec{v} = v^{1'} \vec{e}_{1'} + v^{2'} \vec{e}_{2'},$$

dann folgt mit Gl. (8.3)

$$
\begin{aligned}
\vec{v} &= v^{1'} \vec{e}_{1'} + v^{2'} \vec{e}_{2'} \\
&= v^{1'} \left(a^1{}_1 \vec{e}_x + a^2{}_1 \vec{e}_y \right) + v^{2'} \left(a^1{}_2 \vec{e}_x + a^2{}_2 \vec{e}_y \right).
\end{aligned}
$$

Wir fassen die Terme, die zu den Basisvektoren $\vec{e}_x, \vec{e}_y$ gehören, zusammen und erhalten

$$\vec{v} = \left(v^{1'} a^1{}_1 + v^{2'} a^1{}_2 \right) \vec{e}_x + \left(v^{1'} a^2{}_1 + v^{2'} a^2{}_2 \right) \vec{e}_y.$$

Daraus lesen wir wegen der *Eindeutigkeit* der Linearkombinationen die Beziehung zwischen den Vektorkomponenten in den beiden Basen ab. Es gilt

$$
\begin{aligned}
v^1 &= v^{1'} a^1{}_1 + v^{2'} a^1{}_2, \\
v^2 &= v^{1'} a^2{}_1 + v^{2'} a^2{}_2.
\end{aligned}
\tag{8.4}
$$

Vergleichen wir (8.3) mit (8.4), so stellen wir fest, dass sich die Basisvektoren und die zugehörigen Vektorkomponenten *unterschiedlich* transformieren. Man nennt das Transformationsverhalten der Vektorkomponenten auch **kontravariant** (zu dem Verhalten der Basisvektoren). Diese Unterschiedlichkeit sorgt dafür, dass der Vektor $\vec{v}$ in den beiden Basen gleichermaßen als Linearkombination dargestellt werden kann. Ein Wechsel der Basisvektoren wird durch eine gegenläufige (kontravariante) Änderung in den Vektorkomponenten neutralisiert.

Von besonderer Bedeutung sind in der Physik Basiswechsel, die aus Verschiebungen des ursprünglichen Koordinatensystems, d.h. Verschiebungen des Nullpunktes, bzw. durch Drehungen des ursprünglichen Koordinatensystems herrühren. Wir wissen aus Erfahrung, dass der uns umgebende Raum keine ausgezeichneten Orte oder Richtungen hat. Das bedeutet, dass die Form der physikalischen Gesetze sich nicht ändern sollte, wenn wir das Koordinatensystem drehen oder verschieben. Wir wollen dazu einige Beispiele betrachten und die Transformationen von Basisvektoren bzw. Vektorkomponenten bei einem Basiswechsel konkret ausrechnen.

Gedrehte und verschobene Koordinatensysteme

Der einfachste Koordinatensystemwechsel besteht darin, das Koordinatensystem K um einen bestimmten Vektor $\vec{b}$ zu verschieben.

Beispiel 8.2.
Wir betrachten einen zweidimensionalen Vektor $\vec{a}$, der durch einen Anfangspunkt P und einen Endpunkt Q eindeutig festgelegt ist.

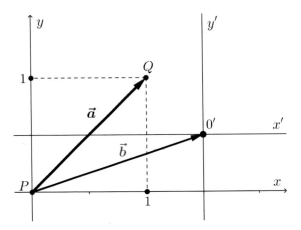

Abbildung 8.4.: Verschiebung des Koordinatensystems

In Abb. 8.4 ist der Vektor $\vec{a}$ eingezeichnet. Er hat im (x, y)-Koordinatensystem K die Komponenten.

$$\vec{a} \underset{K}{\to} \begin{pmatrix} 1 \\ 1 \end{pmatrix}.$$

Das (x', y')-Koordinatensystem K' geht durch Verschiebung um den Vektor

$$\vec{b} \underset{K}{\to} \begin{pmatrix} b^x \\ b^y \end{pmatrix} = \begin{pmatrix} 1,5 \\ 0,5 \end{pmatrix}$$

aus K hervor. Wir wollen die Komponenten des Vektors $\vec{a}$ in K' berechnen. Für die Koordinaten der Punkte P und Q in K' folgt

$$P \underset{K'}{\to} \begin{pmatrix} P^{x'} \\ P^{y'} \end{pmatrix} = \begin{pmatrix} 0 - b^x \\ 0 - b^y \end{pmatrix} = \begin{pmatrix} 0 - 1,5 \\ 0 - 0,5 \end{pmatrix} = \begin{pmatrix} -1,5 \\ -0,5 \end{pmatrix}$$

und

$$Q \underset{K'}{\to} \begin{pmatrix} Q^{x'} \\ Q^{y'} \end{pmatrix} = \begin{pmatrix} 1 - b^x \\ 1 - b^y \end{pmatrix} = \begin{pmatrix} 1 - 1,5 \\ 1 - 0,5 \end{pmatrix} = \begin{pmatrix} -0,5 \\ 0,5 \end{pmatrix},$$

also folgt

$$\vec{a} \underset{K'}{\to} \begin{pmatrix} Q^{x'} - P^{x'} \\ Q^{y'} - P^{y'} \end{pmatrix} = \begin{pmatrix} -0,5 - (-1,5) \\ 0,5 - (-0,5) \end{pmatrix} = \begin{pmatrix} 1 \\ 1 \end{pmatrix}.$$

Der Vektor $\vec{a}$ hat also in dem verschobenen Koordinatensystem K' dieselben Komponenten wie in K und damit auch dieselbe Länge. Und die Rechnung hat gezeigt, dass das für jeden beliebigen Vektor $\vec{a}$ gleichermaßen gilt. $\square$

Nun wollen wir als zweites Beispiel das Koordinatensystem drehen, den Null-punkt dabei aber nicht verschieben.

Beispiel 8.3.

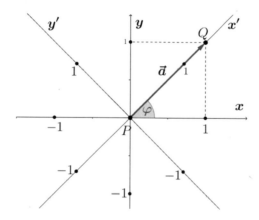

Abbildung 8.5.: Gedrehtes Koordinatensystem

Dreht man das (x, y)-Koordinatensystem um den Winkel φ, so erhält man ein weiteres Koordinatensystem K' mit den Achsen x' und y'. In diesem ge-drehten Koordinatensystem (in Abb. 8.5: $\varphi = 45°$) hat *derselbe* Vektor

$$\vec{a} \underset{K}{\to} \begin{pmatrix} 1 \\ 1 \end{pmatrix}$$

die Komponenten $\sqrt{2}$ und 0, da $\vec{a}$ jetzt auf der x'-Achse (d.h. $y' = 0$) liegt und die Länge von $\vec{a}$ nach dem Satz des Pythagoras gleich $\sqrt{2}$ ist, also

$$\vec{a} \underset{K'}{\to} \begin{pmatrix} \sqrt{2} \\ 0 \end{pmatrix}. \square$$

Wir betrachten in Abb. 8.6 die Basisvektoren in den beiden Koordinaten-systemen K und K'.

8. Vektorrechnung in der euklidischen Ebene

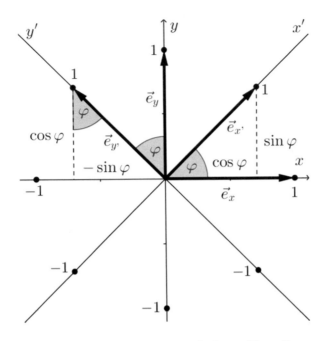

Abbildung 8.6.: Basisvektoren im gedrehten Koordinatensystem

In dem um den Winkel φ gedrehten (x', y')-Koordinatensystem gilt

$$\vec{e}_{x'} \underset{K'}{\to} \begin{pmatrix} 1 \\ 0 \end{pmatrix} \quad \text{sowie} \quad \vec{e}_{y'} \underset{K'}{\to} \begin{pmatrix} 0 \\ 1 \end{pmatrix}.$$

Welche Komponenten haben diese beiden Vektoren im Koordinatensystem K? In Abb. 8.6 liest man ab:

$$\vec{e}_{x'} \underset{K}{\to} \begin{pmatrix} \cos\varphi \\ \sin\varphi \end{pmatrix}$$

$$\vec{e}_{y'} \underset{K}{\to} \begin{pmatrix} -\sin\varphi \\ \cos\varphi \end{pmatrix} \tag{8.5}$$

Daraus erhält man folgende Darstellung für die Basisvektoren von K'

$$\begin{aligned} \vec{e}_{x'} &= \cos\varphi\,\vec{e}_x + \sin\varphi\,\vec{e}_y, \\ \vec{e}_{y'} &= -\sin\varphi\,\vec{e}_x + \cos\varphi\,\vec{e}_y. \end{aligned} \tag{8.6}$$

Wir können nun mit der Transformationsformel (8.4) die Koordinaten eines Punktes P im Koordinatensystem K durch die Koordinaten im Koordinatensystem K' ausrechnen. Dazu setzen wir

$$v^{1'} = x', v^{2'} = y', a^1{}_1 = \cos\varphi, a^2{}_1 = \sin\varphi, a^1{}_2 = -\sin\varphi, a^2{}_2 = \cos\varphi$$

und erhalten

$$
\begin{aligned}
x &= x' \cos \varphi - y' \sin \varphi, \\
y &= x' \sin \varphi + y' \cos \varphi.
\end{aligned}
\tag{8.7}
$$

Vergleicht man diese Transformation mit der aus Gl. (8.6), so ergibt sich wieder, dass sich die Koordinaten eines Punktes kontravariant zu den Basisvektoren transformieren.

Wir wollen auch die Umkehrtransformation, d.h. die Umrechnung der (x, y)-Koordinaten in (x', y')-Koordinaten, herleiten und beachten, dass man dazu das K' Koordinatensystem um $-\varphi$ drehen muss, um das Koordinatensystem K zu erhalten. Nun ist der Kosinus eine **gerade Funktion**, d.h.

$$
\cos \varphi = \cos (-\varphi) \,,
$$

und der Sinus eine **ungerade**, d.h.

$$
-\sin \varphi = \sin (-\varphi) \,,
$$

d.h., es folgt

$$
\begin{aligned}
x' &= x \cos(-\varphi) - y \sin(-\varphi) = x \cos \varphi + y \sin \varphi, \\
y' &= x \sin(-\varphi) + y \cos(-\varphi) = -x \sin \varphi + y \cos \varphi.
\end{aligned}
\tag{8.8}
$$

Betrachten wir noch einmal das obige Beispiel 8.3. Dort war $(x, y) = (1, 1)$ und $\varphi = 45°$, d.h.

$$
\cos \varphi = \sin \varphi = \frac{\sqrt{2}}{2}.
$$

Damit folgt

$$
\begin{aligned}
x' &= x \cos(45°) + y \sin(45°) = \frac{\sqrt{2}}{2} + \frac{\sqrt{2}}{2} = \sqrt{2}, \\
y' &= -x \sin(45°) + y \cos(45°) = -\frac{\sqrt{2}}{2} + \frac{\sqrt{2}}{2} = 0,
\end{aligned}
$$

also das gleiche Ergebnis wie in Beispiel 8.3.

In der euklidischen Geometrie ist die Länge eines Vektors (der Abstand zwischen zwei Punkten) eine Invariante, d.h., in allen Koordinatensystemen erhält man den gleichen Wert. Wir betrachten einen beliebigen zweidimensionalen Ortsvektor

$$
\vec{r} \underset{K}{\rightarrow} \begin{pmatrix} x \\ y \end{pmatrix},
$$

dann ist die Länge des Vektors im Koordinatensystem K

$$r = |\vec{r}| = \sqrt{x^2 + y^2}.$$

Ist K' ein um den Winkel φ gedrehtes Koordinatensystem, so folgt mit (8.8) für die Länge im Koordinatensystem K'

$$
\begin{aligned}
r &= \sqrt{x'^2 + y'^2} = \sqrt{(x\cos\varphi + y\sin\varphi)^2 + (-x\sin\varphi + y\cos\varphi)^2} \\
&= \sqrt{x^2(\cos^2\varphi + \sin^2\varphi) + y^2(\sin^2\varphi + \cos^2\varphi)} \\
&= \sqrt{x^2 + y^2},
\end{aligned}
$$

also erhält man den gleichen Wert. Für den Vektor

$$\vec{r} \underset{K'}{\to} \begin{pmatrix} x' \\ y' \end{pmatrix}$$

gilt

$$\vec{r} = x'\vec{e}_{x'} + y'\vec{e}_{y'}.$$

Setzt man für die Komponenten und die Einheitsvektoren die gefundenen Transformationsgleichungen (8.8) und (8.6) ein, so erhält man

$$
\begin{aligned}
\vec{r} &= x'\vec{e}_{x'} + y'\vec{e}_{y'} \\
&= (x\cos\varphi + y\sin\varphi)(\cos\varphi\,\vec{e}_x + \sin\varphi\,\vec{e}_y) \\
&\quad + (-x\sin\varphi + y\cos\varphi)(-\sin\varphi\,\vec{e}_x + \cos\varphi\,\vec{e}_y) \\
&= x\cos^2\varphi\,\vec{e}_x + y\sin\varphi\cos\varphi\,\vec{e}_x + x\cos\varphi\sin\varphi\,\vec{e}_y + y\sin^2\varphi\,\vec{e}_y \\
&\quad + x\sin^2\varphi\,\vec{e}_x - y\cos\varphi\sin\varphi\,\vec{e}_x - x\sin\varphi\cos\varphi\,\vec{e}_y + y\cos^2\varphi\,\vec{e}_y \\
&= x(\cos^2\varphi + \sin^2\varphi)\,\vec{e}_x + y(\cos^2\varphi + \sin^2\varphi)\,\vec{e}_y \\
&= x\vec{e}_x + y\vec{e}_y.
\end{aligned}
$$

Man erhält also das erwartete Ergebnis

$$\vec{r} = x'\vec{e}_{x'} + y'\vec{e}_{y'} = x\vec{e}_x + y\vec{e}_y.$$

Matrizenrechnung

Wir wollen die gefundenen Transformationsgleichungen mithilfe der **Matrizenrechnung**, die in [29] ausführlich dargestellt wird, weiter untersuchen.

Bemerkung 8.1. **MW: Matrizen**

Eine **Matrix** ist ein rechteckiges Zahlenschema, in dem die Zahlen in Zeilen und Spalten angeordnet sind. In diesem Buch behandeln wir Matrizen für den zwei-, drei- und vierdimensionalen Raum. Wir wollen zunächst **quadratische** Matrizen behandeln, das sind Matrizen mit der gleichen Zeilen- und Spaltenanzahl. Zweidimensionale (quadratische) Matrizen bestehen aus vier Zahlen, die in zwei Zeilen und zwei Spalten angeordnet sind. Dreidimensionale Matrizen bestehen aus neun Zahlen, die in je drei Zeilen und Spalten angeordnet sind. In der Relativitätstheorie kommt die Zeit als vierte Dimension hinzu, die dort benötigten vierdimensionalen quadratischen Matrizen haben 16 Zahlen und je vier Zeilen und Spalten. Wir wollen im Folgenden die Eigenschaften und Rechenregeln von Matrizen immer am einfachsten Fall, nämlich dem zweidimensionalen, erläutern bzw. herleiten. Das „Schöne" an der Matrizenrechnung ist, dass sich die zweidimensionalen Eigenschaften und Rechenregeln überwiegend eins zu eins auf die anderen Fälle übertragen lassen. Matrizen bezeichnen wir mit großen Buchstaben und schreiben für eine Matrix $A = \left(a^i_{\ j} \right)$. Der obere Index i bezeichnet die Zeilennummer und der untere j die Spaltennummer. Die Zeilen- bzw. Spaltennummern laufen von 1 bis 2:

$$A = \left(a^i_{\ j} \right) = \begin{pmatrix} a^1_{\ 1} & a^1_{\ 2} \\ a^2_{\ 1} & a^2_{\ 2} \end{pmatrix}$$

Die Zahlen $a^i_{\ j}$ heißen **Matrixelemente**. Man kann eine Matrix in Zeilenvektoren und Spaltenvektoren aufteilen. Die **Zeilenvektoren** werden definiert durch

$$\vec{a}^1 \ \rightarrow \ (a^1_{\ 1}, a^1_{\ 2})$$
$$\vec{a}^2 \ \rightarrow \ (a^2_{\ 1}, a^2_{\ 2})$$

und die **Spaltenvektoren** durch

$$\vec{a}_1 \rightarrow \begin{pmatrix} a^1_{\ 1} \\ a^2_{\ 1} \end{pmatrix}, \vec{a}_2 \rightarrow \begin{pmatrix} a^1_{\ 2} \\ a^2_{\ 2} \end{pmatrix}.$$

Wir definieren jetzt einige Eigenschaften bzw. Rechenoperationen, die man mit Matrizen ausführen kann.

1. Zwei Matrizen $A = \left(a^i_{\ j} \right)$ und $B = \left(b^i_{\ j} \right)$ sind gleich, wenn gilt

$$a^i_{\ j} = b^i_{\ j}$$

für alle i und j.

2. Vertauscht man die Zeilen und Spalten einer Matrix

$$A = \left(a^i_{\ j} \right) = \begin{pmatrix} a^1_{\ 1} & a^1_{\ 2} \\ a^2_{\ 1} & a^2_{\ 2} \end{pmatrix},$$

so erhält man die **zu A transponierte Matrix**

$$A^T = \left(a^j{}_i\right) = \left(\begin{array}{cc} a^1{}_1 & \mathbf{a^2{}_1} \\ \mathbf{a^1{}_2} & a^2{}_2 \end{array}\right).$$

3. Zwei Matrizen A und B werden addiert, indem ihre Matrixelemente addiert werden:

$$A + B = \left(\begin{array}{cc} a^1{}_1 + b^1{}_1 & a^1{}_2 + b^1{}_2 \\ a^2{}_1 + b^2{}_1 & a^2{}_2 + b^2{}_2 \end{array}\right)$$

4. Eine Matrix wird mit einer Zahl c multipliziert, indem alle Matrixelemente mit der Zahl c multipliziert werden:

$$cA = \left(\begin{array}{cc} ca^1{}_1 & ca^1{}_2 \\ ca^2{}_1 & ca^2{}_2 \end{array}\right)$$

5. Eine Matrix $A = \left(a^i{}_j\right)$ kann man mit einem Vektor $\vec{v} \to \left(\begin{array}{c} v^1 \\ v^2 \end{array}\right)$ multiplizieren, das Ergebnis ist wieder ein Vektor

$$A \cdot \vec{v} = \vec{w} \to \left(\begin{array}{c} w^1 \\ w^2 \end{array}\right),$$

dessen Komponenten sich wie folgt errechnen:

$$\begin{array}{rcl} w^1 &=& a^1{}_1 v^1 + a^1{}_2 v^2 \\ w^2 &=& a^2{}_1 v^1 + a^2{}_2 v^2 \end{array}$$

Wenn wir unterstellen, dass sich das Skalarprodukt eines Zeilenvektors mit einem Spaltenvektor genauso errechnet wie zwischen zwei Spaltenvektoren, so kann man die Komponenten von $\vec{w}$ auch folgendermaßen schreiben

$$\begin{array}{rcl} w^1 &=& \vec{a}^1 \cdot \vec{v} \\ w^2 &=& \vec{a}^2 \cdot \vec{v}. \end{array}$$

6. Eine Matrix $A = \left(a^i{}_j\right)$ kann man mit einer anderen Matrix $B = \left(b^i{}_j\right)$ multiplizieren, das Ergebnis ist wieder eine Matrix

$$A \cdot B = C = \left(c^i{}_j\right),$$

deren Matrixelemente sich folgendermaßen errechnen:

$$c^1{}_1 = a^1{}_1 b^1{}_1 + a^1{}_2 b^2{}_1$$

$$c_2^1 = a_1^1 b_2^1 + a_2^1 b_2^2$$
$$c_1^2 = a_1^2 b_1^1 + a_2^2 b_1^2$$
$$c_2^2 = a_1^2 b_2^1 + a_2^2 b_2^2$$

Auch hier kann man wieder die Skalarproduktrechnung anwenden, es gilt:

$$c_1^1 = \vec{a}^1 \cdot \vec{b}_1$$
$$c_2^1 = \vec{a}^1 \cdot \vec{b}_2$$
$$c_1^2 = \vec{a}^2 \cdot \vec{b}_1$$
$$c_2^2 = \vec{a}^2 \cdot \vec{b}_2$$

Man beachte, dass die hoch- bzw. tiefgestellten Indizes auf beiden Seiten der Gleichungen korrespondieren.

7. Falkschema: Das konkrete Berechnen eines Produktes von zwei Matrizen A und B kann man sich mit dem sogenannten **Falkschema** nochmals verdeutlichen:

$$\begin{array}{cc|cc}
 & & b_1^1 & \mathbf{b_2^1} \\
 & & b_1^2 & \mathbf{b_2^2} \\
\hline
a_1^1 & a_2^1 & & \\
\mathbf{a_1^2} & \mathbf{a_2^2} & & \mathbf{c_2^2}
\end{array}$$

Für die Berechnung des Elements c_2^2 stelle man sich vor, man nehme den zweiten Spaltenvektor von B und lege ihn über den zweiten Zeilenvektor von A, dann multipliziere man die übereinander liegenden Elemente und addiere anschließend die zwei so gebildeten Produkte. Als Beispiel betrachten wir

$$\begin{array}{cc|cc}
 & & b_1^1 & 1 \\
 & & b_1^2 & 2 \\
\hline
a_1^1 & a_2^1 & & \\
5 & 6 & & c_2^2 = 17
\end{array} ,$$

dann berechnet sich c_2^2 durch

$$c_2^2 = 1 \cdot 5 + 2 \cdot 6 = 17.$$

Das Falkschema ist insbesondere im drei- und vierdimensionalen Fall sehr hilfreich bei der Multiplikation von Matrizen.

8. Anders als bei der Multiplikation von Zahlen kommt es bei der Multiplikation von Matrizen auf die Reihenfolge der Matrizen an, d.h., im Allgemeinen ist

$$A \cdot B \neq B \cdot A.$$

Man sagt, die Multiplikation von Matrizen ist **nichtkommutativ**. Wir zeigen diesen Sachverhalt an einem einfachen Beispiel. Seien

$$A = \begin{pmatrix} 1 & 0 \\ 0 & 0 \end{pmatrix} \text{ und } B = \begin{pmatrix} 0 & 1 \\ 0 & 0 \end{pmatrix}$$

zwei Matrizen, dann folgt

$$A \cdot B = \begin{pmatrix} 1 & 0 \\ 0 & 0 \end{pmatrix} \begin{pmatrix} 0 & 1 \\ 0 & 0 \end{pmatrix} = \begin{pmatrix} 0 & 1 \\ 0 & 0 \end{pmatrix},$$

aber

$$B \cdot A = \begin{pmatrix} 0 & 1 \\ 0 & 0 \end{pmatrix} \begin{pmatrix} 1 & 0 \\ 0 & 0 \end{pmatrix} = \begin{pmatrix} 0 & 0 \\ 0 & 0 \end{pmatrix}.$$

9. Sind drei Matrizen A, B, C gegeben, so darf man bei der Multiplikation von allen zunächst die ersten zwei miteinander multiplizieren und dann das Ergebnis mit der dritten, oder auch zuerst die letzten zwei und dann das Ergebnis mit der ersten, also

$$A \cdot B \cdot C = (A \cdot B) \cdot C = A \cdot (B \cdot C),$$

dabei muss allerdings die Reihenfolge der Matrizen beibehalten werden.

10. Zeilen- und Spaltenvektoren kann man als spezielle Matrizen auffassen. Zeilenvektoren sind Matrizen mit einer Zeile und zwei Spalten (sog. 1×2-Matrix), Spaltenvektoren sind Matrizen mit einer Spalte und zwei Zeilen (2×1-Matrix). Beachtet man, dass die Transponierte einer 2×1-Matrix eine 1×2-Matrix ist, d.h.

$$\begin{pmatrix} a \\ b \end{pmatrix}^T = \begin{pmatrix} a & b \end{pmatrix},$$

so kann man das Skalarprodukt zweier Vektoren

$$\vec{a} \to \begin{pmatrix} a^x \\ a^y \end{pmatrix}, \vec{b} \to \begin{pmatrix} b^x \\ b^y \end{pmatrix}$$

auch durch Matrixmultiplikation ausrechnen

$$\vec{a} \cdot \vec{b} = \begin{pmatrix} a^x \\ a^y \end{pmatrix}^T \begin{pmatrix} b^x \\ b^y \end{pmatrix} = \begin{pmatrix} a^x & a^y \end{pmatrix} \begin{pmatrix} b^x \\ b^y \end{pmatrix} = a^x b^x + a^y b^y.$$

11. Sind A, B zwei Matrizen, so gilt

$$(A \cdot B)^T = B^T \cdot A^T.$$

Dabei muss die geänderte Reihenfolge beachtet werden!

12. Die Matrix

$$E = \begin{pmatrix} 1 & 0 \\ 0 & 1 \end{pmatrix}$$

nennt man **Einheitsmatrix**. Die Elemente der Einheitsmatrix schreibt man auch als

$$E = \left(\delta^i_j \right),$$

wobei die Größe

$$\delta^i_j = \begin{cases} 1 & falls\ i = j \\ 0 & falls\ i \neq j \end{cases}$$

Kronecker-Delta genannt wird.

Es gilt für einen Vektor $\vec{v} \to \begin{pmatrix} v^1 \\ v^2 \end{pmatrix}$

$$E \cdot \vec{v} \to \begin{pmatrix} 1 & 0 \\ 0 & 1 \end{pmatrix} \begin{pmatrix} v^1 \\ v^2 \end{pmatrix} = \begin{pmatrix} 1 \cdot v^1 + 0 \cdot v^2 \\ 0 \cdot v^1 + 1 \cdot v^2 \end{pmatrix} = \begin{pmatrix} v^1 \\ v^2 \end{pmatrix},$$

also

$$E \cdot \vec{v} = \vec{v}.$$

Für eine Matrix $A = \left(a^i_j \right)$ gilt genauso

$$A \cdot E = \begin{pmatrix} a^1_1 & a^1_2 \\ a^2_1 & a^2_2 \end{pmatrix} \begin{pmatrix} 1 & 0 \\ 0 & 1 \end{pmatrix} = \begin{pmatrix} a^1_1 & a^1_2 \\ a^2_1 & a^2_2 \end{pmatrix} = A.$$

Die Multiplikation mit der Einheitsmatrix verändert also Vektoren und Matrizen nicht, sie ist das Analogon der Multiplikation mit 1 bei Zahlen.

13. Existiert zu einer Matrix $A = \left(a^i_j \right)$ eine Matrix X derart, dass

$$A \cdot X = X \cdot A = E,$$

so nennt man X die zu A inverse Matrix und schreibt $X = A^{-1}$. Nicht zu jeder Matrix gibt es die inverse Matrix, z.B. besitzt die Matrix

$$A = \begin{pmatrix} 1 & 0 \\ 0 & 0 \end{pmatrix}$$

keine inverse Matrix. Denn ist $X = (x^i_j)$ eine beliebige Matrix, so folgt

$$A \cdot X = \begin{pmatrix} 1 & 0 \\ 0 & 0 \end{pmatrix} \begin{pmatrix} x^1_1 & x^1_2 \\ x^2_1 & x^2_2 \end{pmatrix} = \begin{pmatrix} x^1_1 & x^1_2 \\ 0 & 0 \end{pmatrix},$$

d.h., man kann niemals als Ergebnis die Einheitsmatrix E erhalten.

14. Die Summe der Diagonalelemente einer Matrix $A = \left(a^i{}_j \right)$ nennt man die **Spur** von A:

$$Spur\,(A) = a^1{}_1 + a^2{}_2 \;\square \tag{8.9}$$

In den weiteren Ausführungen wird häufig darauf zurückgegriffen, dass man Matrizen auch als **lineare Abbildungen** betrachten kann.

Bemerkung 8.2. **MW: Lineare Abbildungen**

Ein Vektorfeld $\vec{\phi}$ heißt **linear**, wenn für alle Vektoren $\vec{x}, \vec{y}$ und alle Zahlen α

$$\begin{aligned} \vec{\phi}\,(\vec{x} + \vec{y}) &= \vec{\phi}\,(\vec{x}) + \vec{\phi}\,(\vec{y})\,, \\ \vec{\phi}\,(\alpha\vec{x}) &= \alpha\vec{\phi}\,(\vec{x}) \end{aligned} \tag{8.10}$$

gilt. Man kann die Multiplikation einer Matrix mit einem Vektor als lineare Funktion auffassen. Denn multipliziert man eine Matrix M mit einer Summe von zwei Vektoren $\vec{a} + \vec{b}$, so gilt nach den obigen Rechenregeln

$$M \cdot \left(\vec{a} + \vec{b} \right) = M \cdot \vec{a} + M \cdot \vec{b}. \tag{8.11}$$

Ebenso gilt für die Multiplikation mit einer Zahl c

$$M \cdot (c\vec{a}) = c\,(M \cdot \vec{a})\,,$$

wie man leicht nachprüfen kann. $\square$

Drehmatrizen

Die beiden Gleichungen in der Formel (8.8) kann man mit der Matrixschreibweise als eine Gleichung schreiben

$$\begin{pmatrix} x' \\ y' \end{pmatrix} = \begin{pmatrix} x \cos\varphi + y \sin\varphi \\ -x \sin\varphi + y \cos\varphi \end{pmatrix} = \begin{pmatrix} \cos\varphi & \sin\varphi \\ -\sin\varphi & \cos\varphi \end{pmatrix} \begin{pmatrix} x \\ y \end{pmatrix}. \tag{8.12}$$

Die Matrix

$$D = \begin{pmatrix} \cos\varphi & \sin\varphi \\ -\sin\varphi & \cos\varphi \end{pmatrix} \tag{8.13}$$

auf der rechten Seite wird **Drehmatrix** genannt. Wir fragen uns nun, ob man mithilfe der Matrixrechnung auch die umgekehrte Koordinatentransformation (8.7)

$$\begin{pmatrix} x \\ y \end{pmatrix} = \begin{pmatrix} \cos\varphi & -\sin\varphi \\ \sin\varphi & \cos\varphi \end{pmatrix} \begin{pmatrix} x' \\ y' \end{pmatrix} \tag{8.14}$$

ermitteln kann. Wir wissen ja schon, dass diese Vorschrift tatsächlich die Umkehrtransformation ist. Trotzdem wollen wir es nochmals mithilfe der Matrizrechnung explizit zeigen. Dazu führen wir beide Transformationen hintereinander aus und erwarten, dass wir dann wieder dort landen, wo wir gestartet sind. Beginnen wollen wir mit der letzten Gleichung, in die wir für x', y' (8.12) einsetzen

$$
\begin{pmatrix} x \\ y \end{pmatrix} = \begin{pmatrix} \cos\varphi & -\sin\varphi \\ \sin\varphi & \cos\varphi \end{pmatrix} \begin{pmatrix} x' \\ y' \end{pmatrix}
$$

$$
= \begin{pmatrix} \cos\varphi & -\sin\varphi \\ \sin\varphi & \cos\varphi \end{pmatrix} \begin{pmatrix} \cos\varphi & \sin\varphi \\ -\sin\varphi & \cos\varphi \end{pmatrix} \begin{pmatrix} x \\ y \end{pmatrix}.
$$

Da nach Bemerkung 8.1 für drei Matrizen $A(BC) = (AB)C$ gilt, rechnen wir zunächst das Produkt der beiden Matrizen auf der rechten Seite aus

$$
\begin{pmatrix} \cos\varphi & -\sin\varphi \\ \sin\varphi & \cos\varphi \end{pmatrix} \begin{pmatrix} \cos\varphi & \sin\varphi \\ -\sin\varphi & \cos\varphi \end{pmatrix} =
$$

$$
\begin{pmatrix} \cos^2\varphi + \sin^2\varphi & \sin\varphi\cos\varphi - \sin\varphi\cos\varphi \\ \sin\varphi\cos\varphi - \sin\varphi\cos\varphi & \cos^2\varphi + \sin^2\varphi \end{pmatrix} = \begin{pmatrix} 1 & 0 \\ 0 & 1 \end{pmatrix} = E,
$$

d.h., die Matrix in Gl. (8.14) ist die inverse Matrix zur Drehmatrix D, und wir erhalten

$$
\begin{pmatrix} x \\ y \end{pmatrix} = \begin{pmatrix} 1 & 0 \\ 0 & 1 \end{pmatrix} \begin{pmatrix} x \\ y \end{pmatrix},
$$

also eine immer gültige Gleichung.

Allgemeine (krummlinige) Koordinatensysteme

Wir wollen den Begriff des Koordinatensystems erweitern und auch Koordinatensysteme zulassen, deren Achsen keine geraden Linien sind. Zunächst betrachten wir allerdings wieder ein kartesisches (x, y)-Koordinatensystem K und nennen eine vektorwertige Abbildung

$$
\vec{r}(s) \underset{K}{\to} \begin{pmatrix} x(s) \\ y(s) \end{pmatrix},
$$

wobei die Variable s eine reelle Zahl und $x(s), y(s)$ die Komponentenfunktionen von $\vec{r}(s)$ sind, eine **Kurve**. Man sagt, dass die Kurve durch die reelle Zahl s **parametrisiert** wird. Kurven sind uns schon als Bahnkurven von Teilchen in Abschn. 6.2 bei der Herleitung der Kepler-Bahnen der Planeten begegnet; dort war die Zeit t der Parameter. Wenn wir nun annehmen, dass die Abbildung $\vec{r}(s)$ differenzierbar ist, dann können wir die Ableitung nach dem Parameter

s bilden. Ist $\vec{r}(s_0)$ ein beliebiger Punkt auf der Kurve, so definiert $d\vec{r}(s_0)/ds$ den **Tangentenvektor** an die Kurve im Punkt $\vec{r}(s_0)$. Da die Ableitung als Grenzwert einer Differenz gebildet wird, ist das Resultat stets ein Vektor, denn mit den Einheitsvektoren $\vec{e}_x, \vec{e}_y$ folgt

$$
\begin{aligned}
\frac{d\vec{r}(s_0)}{ds} &= \lim_{h \to 0} \frac{\vec{r}(s_0 + h) - \vec{r}(s_0)}{h} \\
&= \lim_{h \to 0} \frac{x(s_0 + h) - x(s_0)}{h} \vec{e}_x + \lim_{h \to 0} \frac{y(s_0 + h) - y(s_0)}{h} \vec{e}_y \\
&= \frac{dx(s_0)}{ds} \vec{e}_x + \frac{dy(s_0)}{ds} \vec{e}_y.
\end{aligned}
$$

Der Tangentenvektor hat also die Komponenten

$$
\frac{d\vec{r}}{ds} \underset{K}{\to} \begin{pmatrix} dx/ds \\ dy/ds \end{pmatrix}
$$

und er zeigt in jedem Punkt *in Richtung der Kurve* (siehe auch Abschn. 2.1). Mit diesen Definitionen können wir die zu einem kartesischen Koordinatensystem korrespondierenden Basisvektoren auch als Tangentenvektoren der zwei Koordinatenachsen auffassen. Die Koordinatenachsen werden als Kurven betrachtet, d.h., die x-Achse ist die Kurve

$$
\vec{K}_x(s) \underset{K}{\to} \begin{pmatrix} s \\ 0 \end{pmatrix}
$$

und entsprechend die y-Achse

$$
\vec{K}_y(s) \underset{K}{\to} \begin{pmatrix} 0 \\ s \end{pmatrix}.
$$

Bildet man die Tangentenvektoren dieser zwei Kurven, so erhält man

$$
\frac{d\vec{K}_x(s)}{ds} \underset{K}{\to} \begin{pmatrix} 1 \\ 0 \end{pmatrix}, \frac{d\vec{K}_y(s)}{ds} \underset{K}{\to} \begin{pmatrix} 0 \\ 1 \end{pmatrix},
$$

also

$$
\frac{d\vec{K}_x(s)}{ds} = \vec{e}_x, \frac{d\vec{K}_y(s)}{ds} = \vec{e}_y.
$$

Diese Definition der Basisvektoren ist sehr praktisch, weil man sie auf den Fall krummliniger Koordinatensysteme verallgemeinern kann. Man kann sie aber auch benutzen, um den Tangentenvektor einer Kurve $\vec{r}(s)$ mithilfe der Kettenregel darzustellen. Mit Gl. 4.23 auf Seite 76 folgt nämlich

$$
\frac{d\vec{r}}{ds} = \frac{\partial \vec{r}}{\partial x} \frac{dx}{ds} + \frac{\partial \vec{r}}{\partial y} \frac{dy}{ds} = \frac{dx}{ds} \vec{e}_x + \frac{dy}{ds} \vec{e}_y,
$$

da

$$\frac{\partial \vec{r}}{\partial x} \to \begin{pmatrix} \partial x/\partial x \\ \partial y/\partial x \end{pmatrix} = \begin{pmatrix} 1 \\ 0 \end{pmatrix}$$

und analog für den anderen Basisvektor

$$\frac{\partial \vec{r}}{\partial y} \to \begin{pmatrix} \partial y/\partial x \\ \partial y/\partial y \end{pmatrix} = \begin{pmatrix} 0 \\ 1 \end{pmatrix}$$

gilt. Insgesamt folgt also

$$\frac{\partial \vec{r}}{\partial x} = \vec{e}_x, \frac{\partial \vec{r}}{\partial y} = \vec{e}_y.$$

Wir definieren ein **allgemeines (krummliniges) Koordinatensystem** K' für die euklidische Ebene als eine Menge von Zahlenpaaren (x', y'), die die Position eines jeden Punktes P in der Ebene eindeutig bestimmen, und nennen die Zahlen x', y' die Koordinaten des Punktes P im Koordinatensystem K'. Eine **allgemeine Koordinatentransformation** im $\mathbb{R}^2$ ist eine Vorschrift $\vec{\phi}$, die die Koordinaten (x', y') auf die kartesischen Koordinaten (x, y) abbildet,

$$\vec{\phi}(x', y') = \begin{pmatrix} x \\ y \end{pmatrix} = \begin{pmatrix} x(x', y') \\ y(x', y') \end{pmatrix}.$$

Wir schreiben die Abbildung ϕ auch einprägsam in der Form

$$\begin{aligned} x &= x(x', y') \\ y &= y(x', y'), \end{aligned} \tag{8.15}$$

d.h., wir bezeichnen die *Komponentenfunktionen* von $\vec{\phi}$ ebenfalls mit x, y. Es sollte aber aus dem jeweiligen Zusammenhang klar sein, ob wir die kartesischen Koordinaten eines Punktes oder die Komponentenfunktionen von $\vec{\phi}$ meinen, wenn wir über x, y sprechen. Wir verlangen, dass die Funktion $\vec{\phi}$ **differenzierbar** und **umkehrbar** ist, d.h., neben der Transformation $(x', y') \to (x, y)$ soll auch die umgekehrte Transformation $(x, y) \to (x', y')$ möglich sein. Beide Begriffe werden im Folgenden erläutert. Die erste Forderung, die wir an die Funktion $\vec{\phi}$ stellen, besteht darin, dass sie differenzierbar sein soll. Dazu müssen wir die Ableitung eines Vektorfeldes (einer multivariablen vektorwertigen Funktion) $\vec{\phi}$ definieren.

Bemerkung 8.3. **MW: Ableitung eines Vektorfeldes**
Sei ein Vektorfeld

$$\vec{\phi}(x', y') \to \begin{pmatrix} x(x', y') \\ y(x', y') \end{pmatrix}$$

gegeben. Die zwei Komponentenfunktionen x, y sind multivariable *reellwertige* Funktionen, deren Ableitung nach Bemerkung 4.8 auf Seite 71 durch die jeweiligen Gradienten gegeben sind, also

$$grad\, x \;\to\; \left(\frac{\partial x}{\partial x'}, \frac{\partial x}{\partial y'}\right),$$

$$grad\, y \;\to\; \left(\frac{\partial y}{\partial x'}, \frac{\partial y}{\partial y'}\right).$$

Die Komponenten der Gradienten haben wir dabei als *Zeilenvektoren* geschrieben. Die 1. Ableitung von $\vec{\phi}$ an einer Stelle (x'_0, y'_0) wird als diejenige 2×2-Matrix ϕ' definiert, deren Zeilen jeweils die Gradienten der Komponentenfunktionen von $\vec{\phi}$ sind, d.h.

$$\phi'(x'_0, y'_0) = \begin{pmatrix} \dfrac{\partial x\,(x'_0, y'_0)}{\partial x'} & \dfrac{\partial x\,(x'_0, y'_0)}{\partial y'} \\[3mm] \dfrac{\partial y\,(x'_0, y'_0)}{\partial x'} & \dfrac{\partial y\,(x'_0, y'_0)}{\partial y'} \end{pmatrix}.$$

Diese Matrix nennt man **Jacobi-Matrix** (nach dem deutschen Mathematiker Karl Gustav Jacob Jacobi). Die erste Ableitung einer vektorwertigen Funktion an einer bestimmten Stelle ist also eine Matrix und damit eine lineare Funktion. Berechnet man die erste Ableitung an einer anderen Stelle, so erhält man wiederum eine Matrix, allerdings im Allgemeinen nicht die gleiche wie zuvor, da die Matrixelemente partielle Ableitungen sind, die mit den Punkten im Raum variieren. Trotzdem wollen wir aus Vereinfachheitsgründen in der Folge das Argument (x'_0, y'_0) weglassen, wenn klar ist, welcher Punkt gemeint ist bzw. wenn alle Punkte gleichzeitig dargestellt werden sollen. Wir schreiben also kurz

$$\phi' = \begin{pmatrix} \partial x/\partial x' & \partial x/\partial y' \\ \partial y/\partial x' & \partial y/\partial y' \end{pmatrix}. \;\Box$$

Beispiel 8.4.
Als Beispiel berechnen wir die Jacobi-Matrix der Abbildung

$$\vec{\phi}(x', y') \;\to\; \begin{pmatrix} x \\ y \end{pmatrix} = \begin{pmatrix} x(x', y') \\ y(x', y') \end{pmatrix} = \begin{pmatrix} \cos\varphi & -\sin\varphi \\ \sin\varphi & \cos\varphi \end{pmatrix} \begin{pmatrix} x' \\ y' \end{pmatrix}$$

$$= \begin{pmatrix} x'\cos\varphi - y'\sin\varphi \\ x'\sin\varphi + y'\cos\varphi \end{pmatrix}$$

aus Gl. (8.7). Es gilt für festes φ

$$\frac{\partial x}{\partial x'} \;=\; \frac{\partial}{\partial x'}\left(x'\cos\varphi - y'\sin\varphi\right) = \cos\varphi$$

$$\frac{\partial x}{\partial y'} = \frac{\partial}{\partial y'}\left(x'\cos\varphi - y'\sin\varphi\right) = -\sin\varphi$$

$$\frac{\partial y}{\partial x'} = \frac{\partial}{\partial x'}\left(x'\sin\varphi + y'\cos\varphi\right) = \sin\varphi$$

$$\frac{\partial y}{\partial y'} = \frac{\partial}{\partial y'}\left(x'\sin\varphi + y'\cos\varphi\right) = \cos\varphi,$$

also folgt

$$\phi' = \begin{pmatrix} \partial x/\partial x' & \partial x/\partial y' \\ \partial y/\partial x' & \partial y/\partial y' \end{pmatrix} = \begin{pmatrix} \cos\varphi & -\sin\varphi \\ \sin\varphi & \cos\varphi \end{pmatrix}. \tag{8.16}$$

Die Jacobi-Matrix ist also für alle Punkte (x', y') dieselbe, also konstant. $\square$

Bemerkung 8.4. **MW: Umkehrfunktion eines Vektorfeldes**
Wir verallgemeinern den Begriff *Umkehrfunktion* (siehe Bemerkung 4.10 auf Seite 74) auf ein Vektorfeld $\vec{\phi}(\vec{u})$. Existiert ein weiteres Vektorfeld $\vec{\psi}(\vec{u})$ mit

$$\vec{\psi}\left(\vec{\phi}(\vec{u})\right) = \vec{\phi}\left(\vec{\psi}(\vec{u})\right) = \vec{u}, \tag{8.17}$$

so wird $\vec{\psi}$ als die (eindeutige) **Umkehrfunktion** von $\vec{\phi}$ bezeichnet und als

$$\vec{\psi} = \left(\vec{\phi}\right)^{-1}$$

geschrieben. $\square$

Beispiel 8.5.
Betrachten wir als Beispiel die Funktion $\vec{\phi}$ aus Gl. (8.7). Wir überprüfen exemplarisch, ob durch Gl. (8.14) die Umkehrfunktion $\left(\vec{\phi}\right)^{-1}$ definiert wird. Es gilt mit der Drehmatrix (8.13)

$$\vec{\phi}\begin{pmatrix} x \\ y \end{pmatrix} = \vec{\phi}\begin{pmatrix} x'\cos\varphi - y'\sin\varphi \\ x'\sin\varphi + y'\cos\varphi \end{pmatrix} =$$

$$\begin{pmatrix} \cos\varphi & \sin\varphi \\ -\sin\varphi & \cos\varphi \end{pmatrix}\begin{pmatrix} x'\cos\varphi - y'\sin\varphi \\ x'\sin\varphi + y'\cos\varphi \end{pmatrix} =$$

$$\begin{pmatrix} x'\cos^2\varphi - y'\sin\varphi\cos\varphi + x'\sin^2\varphi + y'\cos\varphi\sin\varphi \\ -x'\left(\sin\varphi\cos\varphi - y'\sin^2\varphi\right) + x'\sin\varphi\cos\varphi + y'\cos^2\varphi \end{pmatrix} =$$

$$\begin{pmatrix} x'\cos^2\varphi + x'\sin^2\varphi \\ y'\sin^2\varphi + y'\cos^2\varphi \end{pmatrix} = \begin{pmatrix} x' \\ y' \end{pmatrix}.$$

Definiert man also die Umkehrabbildung durch

$$\left(\vec{\phi}\right)^{-1}(x', y') := \begin{pmatrix} x'\cos\varphi - y'\sin\varphi \\ x'\sin\varphi + y'\cos\varphi \end{pmatrix},$$

so gilt

$$\vec{\phi}\left(\left(\vec{\phi}\right)^{-1}(x',y')\right) = \begin{pmatrix} x' \\ y' \end{pmatrix}. \square$$

Es ist oftmals nicht unmittelbar ersichtlich, ob zu einer gegebenen Funktion eine Umkehrfunktion existiert. Dazu gibt es aber das folgende Prüfkriterium. Eine multivariable vektorwertige Funktion

$$\vec{\phi}(x',y') \to \begin{pmatrix} x(x',y') \\ y(x',y') \end{pmatrix}$$

ist genau dann (in einer Umgebung eines Punktes) umkehrbar, wenn die Jacobi-Matrix

$$\phi' = \begin{pmatrix} \partial x/\partial x' & \partial x/\partial y' \\ \partial y/\partial x' & \partial y/\partial y' \end{pmatrix}$$

in diesem Punkt invertierbar ist, wenn also die Umkehrmatrix $(\phi')^{-1}$ existiert. Ein weiteres Kriterium zur Überprüfung, ob eine Matrix umkehrbar ist, liefert die sogenannte **Determinantenrechnung**.

Bemerkung 8.5. **MW: Determinante einer Matrix, inverse Matrix**
Sei A eine 2×2-Matrix

$$A = \begin{pmatrix} a & b \\ c & d \end{pmatrix},$$

dann nennt man den Ausdruck

$$\det A = \det \begin{pmatrix} a & b \\ c & d \end{pmatrix} = a \cdot d - c \cdot b \qquad (8.18)$$

die **Determinante** von A. Diese Formel gilt nur für 2×2-Matrizen, für Matrizen höherer Ordnung gibt es andere Berechnungsalgorithmen (siehe [29]), die wir aber hier nicht behandeln wollen. Es gilt nun folgende Aussage: Die Matrix A ist genau dann invertierbar, wenn die Determinante ungleich null ist:

$$A \text{ invertierbar} \Leftrightarrow \det A \neq 0 \square$$

Beispiel 8.6.
Als Beispiel berechnen wir die Determinante der Jacobi-Matrix für Drehungen (8.16)

$$\begin{aligned}
\det \phi' &= \det \begin{pmatrix} \cos\varphi & -\sin\varphi \\ \sin\varphi & \cos\varphi \end{pmatrix} = \cos^2\varphi - \sin\varphi(-\sin\varphi) \\
&= \cos^2\varphi + \sin^2\varphi = 1
\end{aligned}$$

und erhalten nochmals das Ergebnis, dass diese Matrix invertierbar ist. $\square$

Ist die Determinante einer Matrix ungleich null, so kann man die Inverse der Matrix

$$A = \begin{pmatrix} a & b \\ c & d \end{pmatrix}$$

durch folgende Formel berechnen

$$A^{-1} = \frac{1}{\det A} \begin{pmatrix} d & -b \\ -c & a \end{pmatrix}, \tag{8.19}$$

denn es gilt

$$
\begin{aligned}
A \cdot A^{-1} &= \begin{pmatrix} a & b \\ c & d \end{pmatrix} \frac{1}{\det A} \begin{pmatrix} d & -b \\ -c & a \end{pmatrix} \\
&= \frac{1}{ad - cb} \begin{pmatrix} ad - cb & -ab + ba \\ cd - cd & -bc + ad \end{pmatrix} = \begin{pmatrix} 1 & 0 \\ 0 & 1 \end{pmatrix}.
\end{aligned}
$$

Beispiel 8.7.
Als Beispiel berechnen wir die inverse Matrix der Jacobi-Matrix für Drehungen

$$(\phi')^{-1} = \frac{1}{\det \phi'} \begin{pmatrix} \cos\varphi & \sin\varphi \\ -\sin\varphi & \cos\varphi \end{pmatrix} = \begin{pmatrix} \cos\varphi & \sin\varphi \\ -\sin\varphi & \cos\varphi \end{pmatrix},$$

da $\det\phi' = 1$. Wie erwartet, erhalten wir also wieder die Drehmatrix D (8.13).
$\square$

Koordinatenlinien

Die Kurven, die durch

$$
\begin{aligned}
\vec{K}_1(s) &= \vec{\phi}(s, y') \\
\vec{K}_2(s) &= \vec{\phi}(x', s)
\end{aligned}
$$

beschrieben werden, wobei die x', y' beliebig, aber fest gewählt seien und der Parameter s variiert, heißen **Koordinatenlinien**. Durch jeden Punkt $(x, y) = \vec{\phi}(x', y')$ laufen genau zwei Koordinatenlinien.

Als Beispiel betrachten wir die Koordinatenlinien der Polarkoordinaten in der euklidischen Ebene.

Beispiel 8.8.
Die Polarkoordinaten hatten wir schon in Gl. 2.6 auf Seite 30 eingeführt und bei der Herleitung der Kepler-Bahnen intensiv genutzt. Sie sind das wichtigste Beispiel für krummlinige Koordinaten in der Ebene. Die Polarkoordinaten

P erlauben es, einen (zweidimensionalen) Vektor $\vec{r}$ durch seinen Abstand r vom Ursprung und den Winkel φ zwischen $\vec{r}$ und der positiven x-Achse auszudrücken, wobei die Beziehung zwischen den kartesischen Koordinaten (x, y) und den Polarkoordinaten von $\vec{r}$ durch

$$\vec{\phi}(r, \varphi) \underset{K}{\rightarrow} \left(\begin{array}{c} r \cos \varphi \\ r \sin \varphi \end{array} \right) = \left(\begin{array}{c} x(r, \varphi) \\ y(r, \varphi) \end{array} \right) \tag{8.20}$$

gegeben ist. Dabei haben wir wie üblich $x' = r$ und $y' = \varphi$ gesetzt, wobei $r \geq 0$ und $-\pi < \varphi \leq \pi$ ist. Die Kurve $\vec{K}_1(r) = \vec{\phi}(r, \varphi)$ mit festem Winkel φ ist eine Gerade durch den Nullpunkt, die Kurve $\vec{K}_2(\varphi) = \vec{\phi}(r, \varphi)$ mit festem r ist ein Kreis mit Radius r um den Nullpunkt. Abb. 8.7 zeigt einige Koordinatenlinien.

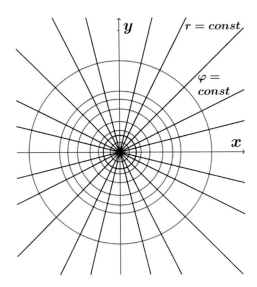

Abbildung 8.7.: Koordinatenlinien der Polarkoordinaten

Da die Polarkoordinaten für $r = 0$ nicht eindeutig bestimmt sind (der Winkel φ kann beliebig gewählt werden), ist die Umkehrfunktion der Polarkoordinaten nur für $(x, y) \neq (0, 0)$ definiert. Sie ergibt sich zu

$$\left(\vec{\phi} \right)^{-1} (x, y) \underset{P}{\rightarrow} \left(\begin{array}{c} \sqrt{x^2 + y^2} \\ arc\,(x, y) \end{array} \right) = \left(\begin{array}{c} r\,(x, y) \\ \varphi\,(x, y) \end{array} \right), \tag{8.21}$$

wobei arc die **Arcusfunktion** bezeichnet. $\square$

Bemerkung 8.6. **MW: Die Arcusfunktion**

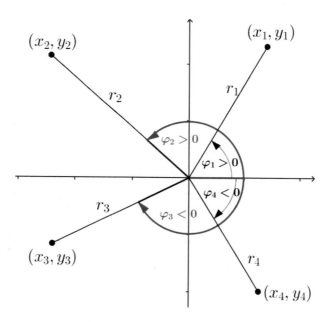

Abbildung 8.8.: Arcusfunktion

Die Arcusfunktion liefert den im Bogenmaß gemessenen Winkel φ zwischen der Verbindungslinie des Nullpunktes mit einem Punkt $(x, y) \neq (0,0)$ und der *positiven* x-Achse. Dabei wird immer der betragsmäßig kleinere Winkel gewählt. In Abb. 8.8 ist in jedem Quadranten ein beliebiger Punkt (x, y), die Verbindungsstrecke zum Nullpunkt mit der Länge $r = \sqrt{x^2 + y^2} > 0$ sowie der Winkel φ zur positiven x-Achse eingezeichnet. Für $y \geq 0$ ist $\varphi \geq 0$, für negative y-Werte ist φ negativ. Für $y = 0, x < 0$ ist $\varphi = \pi$ und für $y = 0, x > 0$ ist $\varphi = 0$. Analytisch wird die Arcusfunktion durch

$$\varphi = arc\,(x, y) = \begin{cases} \arccos \dfrac{x}{r} = \arccos \dfrac{x}{\sqrt{x^2 + y^2}} & y \geq 0 \\[2mm] -\arccos \dfrac{x}{r} = -\arccos \dfrac{x}{\sqrt{x^2 + y^2}} & y < 0 \end{cases}$$

definiert, wobei $\arccos x$ (**Arcuskosinus**) die Umkehrfunktion des Kosinus bezeichnet. $\square$

Zur Bestimmung der Basisvektoren der Polarkoordinaten, die wir $\vec{e}_r$ und $\vec{e}_\varphi$ nennen wollen, berechnen wir die Tangentenvektoren der Koordinatenlinien. Dazu differenzieren wir zunächst die Kurve $\vec{K}_1(r) = \vec{\phi}(r, \varphi)$ nach r und erhalten

$$\vec{e}_r = \frac{d\vec{K}_1}{dr} \rightarrow \begin{pmatrix} \partial x\,(r, \varphi)\,/\partial r \\ \partial y\,(r, \varphi)\,/\partial r \end{pmatrix} = \begin{pmatrix} \partial\,(r \cos \varphi)\,/\partial r \\ \partial\,(r \sin \varphi)\,/\partial r \end{pmatrix} = \begin{pmatrix} \cos \varphi \\ \sin \varphi \end{pmatrix}. \quad (8.22)$$

167

Für die Ableitung der Kurve $\vec{K}_2(\varphi) = \vec{\phi}(r, \varphi)$ nach φ erhalten wir

$$\vec{e}_\varphi = \frac{d\vec{K}_2}{d\varphi} \rightarrow \left(\begin{array}{c} \partial x(r, \varphi) / \partial\varphi \\ \partial y(r, \varphi) / \partial\varphi \end{array} \right) = \left(\begin{array}{c} \partial(r\cos\varphi) / \partial\varphi \\ \partial(r\sin\varphi) / \partial\varphi \end{array} \right) = \left(\begin{array}{c} -r\sin\varphi \\ r\cos\varphi \end{array} \right).$$
(8.23)

Wir stellen zunächst fest, dass die Basisvektoren der Polarkoordinaten für jeden Punkt $P = (x, y) = (r, \varphi)$ einen anderen Wert haben. Anders als bei gradlinigen Koordinatensystemen, bei denen die Basisvektoren konstant sind, gelten die Basisvektoren der Polarkoordinaten also nur für einen bestimmten Punkt und werden deshalb auch **lokale Basis** genannt. Berechnet man das Skalarprodukt der beiden Basisvektoren (am selben Punkt), so erhält man

$$\vec{e}_r \cdot \vec{e}_\varphi = -r\cos\varphi\sin\varphi + r\cos\varphi\sin\varphi = 0,$$

die beiden Basisvektoren stehen also in jedem Punkt senkrecht aufeinander. Die Polarkoordinaten gehören damit zu den sogenannten **orthogonalen** Koordinatensystemen. Die Länge der beiden Basisvektoren ergibt sich zu

$$\begin{aligned} |\vec{e}_r| &= \sqrt{\cos^2\varphi + \sin^2\varphi} = 1 \\ |\vec{e}_\varphi| &= \sqrt{r^2\sin^2\varphi + r^2\cos^2\varphi} = r, \end{aligned}$$
(8.24)

es sind also *keine* Einheitsvektoren.

Wir wollen nun untersuchen, wie sich die Koordinaten eines beliebigen Punktes sowie die Basisvektoren bei allgemeinen Koordinatentransformationen verändern. Wenn wir eine kleine Verschiebung eines zweidimensionalen (Orts-)Vektors $\vec{r}$ mit $\Delta\vec{r}$ bezeichnen, so folgt für die Komponenten von $\Delta\vec{r}$ im kartesischen Koordinatensystem K

$$\Delta\vec{r} \underset{K}{\rightarrow} (\Delta x, \Delta y)$$

und in einem Koordinatensystem K'

$$\Delta\vec{r} \underset{K'}{\rightarrow} (\Delta x', \Delta y').$$

Um die Transformation/Umrechnung zwischen $\Delta x', \Delta y'$ und $\Delta x, \Delta y$ zu berechnen, verwenden wir die Formel vom totalen Differenzial 4.16 auf Seite 72:

$$\begin{aligned} \Delta x &= \frac{\partial x}{\partial x'}\Delta x' + \frac{\partial x}{\partial y'}\Delta y' \\ \Delta y &= \frac{\partial y}{\partial x'}\Delta x' + \frac{\partial y}{\partial y'}\Delta y' \end{aligned}$$

oder in Matrixschreibweise

$$\begin{pmatrix} \Delta x \\ \Delta y \end{pmatrix} = \begin{pmatrix} \partial x/\partial x' & \partial x/\partial y' \\ \partial y/\partial x' & \partial y/\partial y' \end{pmatrix} \begin{pmatrix} \Delta x' \\ \Delta y' \end{pmatrix}. \tag{8.25}$$

Natürlich gilt auch die Umkehrtransformation

$$\begin{pmatrix} \Delta x' \\ \Delta y' \end{pmatrix} = \begin{pmatrix} \partial x'/\partial x & \partial x'/\partial y \\ \partial y'/\partial x & \partial y'/\partial y \end{pmatrix} \begin{pmatrix} \Delta x \\ \Delta y \end{pmatrix}. \tag{8.26}$$

Für die Transformation der Basisvektoren folgt analog

$$\begin{aligned} \vec{e}_{x'} &= \frac{\partial x}{\partial x'}\, \vec{e}_x + \frac{\partial y}{\partial x'}\, \vec{e}_y \\ \vec{e}_{y'} &= \frac{\partial x}{\partial y'}\, \vec{e}_x + \frac{\partial y}{\partial y'}\, \vec{e}_y \end{aligned} \tag{8.27}$$

bzw.

$$\begin{aligned} \vec{e}_{x} &= \frac{\partial x'}{\partial x}\, \vec{e}_{x'} + \frac{\partial y'}{\partial x}\, \vec{e}_{y'} \\ \vec{e}_{y} &= \frac{\partial x'}{\partial y}\, \vec{e}_{x'} + \frac{\partial y'}{\partial y}\, \vec{e}_{y'}. \end{aligned} \tag{8.28}$$

Multipliziert man die beiden Transformationsmatrizen, so erhält man

$$\begin{pmatrix} \dfrac{\partial x}{\partial x'} & \dfrac{\partial x}{\partial y'} \\[2mm] \dfrac{\partial y}{\partial x'} & \dfrac{\partial y}{\partial y'} \end{pmatrix} \begin{pmatrix} \dfrac{\partial x'}{\partial x} & \dfrac{\partial x'}{\partial y} \\[2mm] \dfrac{\partial y'}{\partial x} & \dfrac{\partial y'}{\partial y} \end{pmatrix} = \begin{pmatrix} \dfrac{\partial x}{\partial x'}\dfrac{\partial x'}{\partial x} + \dfrac{\partial x}{\partial y'}\dfrac{\partial y'}{\partial x} & \dfrac{\partial x}{\partial x'}\dfrac{\partial x'}{\partial y} + \dfrac{\partial x}{\partial y'}\dfrac{\partial y'}{\partial y} \\[3mm] \dfrac{\partial y}{\partial x'}\dfrac{\partial x'}{\partial x} + \dfrac{\partial y}{\partial y'}\dfrac{\partial y'}{\partial x} & \dfrac{\partial y}{\partial x'}\dfrac{\partial x'}{\partial y} + \dfrac{\partial y}{\partial y'}\dfrac{\partial y'}{\partial y} \end{pmatrix}.$$

Für die Matrixelemente auf der rechten Seite wenden wir jeweils die Kettenregel 4.24 auf Seite 76 an und erhalten

$$\begin{aligned} \frac{\partial x}{\partial x'}\frac{\partial x'}{\partial x} + \frac{\partial x}{\partial y'}\frac{\partial y'}{\partial x} &= \frac{\partial x}{\partial x} = 1 \\ \frac{\partial x}{\partial x'}\frac{\partial x'}{\partial y} + \frac{\partial x}{\partial y'}\frac{\partial y'}{\partial y} &= \frac{\partial x}{\partial y} = 0 \\ \frac{\partial y}{\partial x'}\frac{\partial x'}{\partial x} + \frac{\partial y}{\partial y'}\frac{\partial y'}{\partial x} &= \frac{\partial y}{\partial x} = 0 \\ \frac{\partial y}{\partial x'}\frac{\partial x'}{\partial y} + \frac{\partial y}{\partial y'}\frac{\partial y'}{\partial y} &= \frac{\partial y}{\partial y} = 1, \end{aligned}$$

wobei wir die Differenziale nicht einfach gekürzt haben, sondern die partiellen Ableitungen ausgerechnet haben. Zum Beispiel bezeichnet $\partial x/\partial x$ die Ableitung der Funktion $f(x,y) = x$ nach der Variablen x! Insgesamt erhalten wir

$$
\begin{pmatrix} \partial x/\partial x' & \partial x/\partial y' \\ \partial y/\partial x' & \partial y/\partial y' \end{pmatrix} \begin{pmatrix} \partial x'/\partial x & \partial x'/\partial y \\ \partial y'/\partial x & \partial y'/\partial y \end{pmatrix} = \begin{pmatrix} 1 & 0 \\ 0 & 1 \end{pmatrix}. \tag{8.29}
$$

Die Transformationsmatrizen sind, was man auch erwarten konnte, also invers zueinander. Wir wollen uns diese Zusammenhänge an dem Beispiel Polarkoordinaten nochmals verdeutlichen.

Beispiel 8.9.

In (8.20) wurde gezeigt, dass man die kartesischen Koordinaten x und y als Funktionen von r und φ auffassen kann:

$$
\begin{aligned}
x &= x(r,\varphi) = r\cos\varphi \\
y &= y(r,\varphi) = r\sin\varphi
\end{aligned}
$$

und umgekehrt r, φ als Funktionen von x, y

$$
\begin{aligned}
r &= r(x,y) = \sqrt{x^2 + y^2} \\
\varphi &= \varphi(x,y) = \pm\arccos\frac{x}{\sqrt{x^2+y^2}}.
\end{aligned}
$$

Für die Jacobi-Matrix ergibt sich mit $x' = r$ und $y' = \varphi$

$$
\phi' = \begin{pmatrix} \partial x/\partial r & \partial x/\partial \varphi \\ \partial y/\partial r & \partial y/\partial \varphi \end{pmatrix} = \begin{pmatrix} \cos\varphi & -r\sin\varphi \\ \sin\varphi & r\cos\varphi \end{pmatrix}.
$$

Um die Matrix der Umkehrtransformation zu bestimmen, benutzen wir die Formel aus Bemerkung 8.5 auf Seite 164. Dazu berechnen wir zunächst die Determinante von ϕ'

$$
\det\phi' = \det\begin{pmatrix} \cos\varphi & -r\sin\varphi \\ \sin\varphi & r\cos\varphi \end{pmatrix} = r\cos^2\varphi + r\sin^2\varphi = r,
$$

d.h., für $r \neq 0$ ist die Determinante ungleich null. Für die Jacobi-Matrix der Umkehrtransformation folgt dann mit der Formel (8.19)

$$
(\phi')^{-1} = \frac{1}{\det\phi'}\begin{pmatrix} r\cos\varphi & r\sin\varphi \\ -\sin\varphi & \cos\varphi \end{pmatrix} = \begin{pmatrix} \cos\varphi & \sin\varphi \\ -\sin\varphi/r & \cos\varphi/r \end{pmatrix}.
$$

Natürlich kann man die Jacobi-Matrix der Umkehrfunktion auch direkt durch Berechnung der partiellen Ableitungen der Komponentenfunktionen berechnen, der Aufwand dafür ist allerdings erheblich höher. Für die Determinante der Jacobi-Matrix der Umkehrtransformation ergibt sich

$$
\det\begin{pmatrix} \cos\varphi & \sin\varphi \\ -\sin\varphi/r & \cos\varphi/r \end{pmatrix} = \frac{1}{r}\cos^2\varphi + \frac{1}{r}\sin^2\varphi = \frac{1}{r},
$$

auch sie ist für alle $r \neq 0$ definiert und ungleich null. $\square$

Die Koordinatentransformationen der Polarkoordinaten ergeben sich mit den Formeln (8.25) und (8.26) zu

$$\begin{pmatrix} \Delta x \\ \Delta y \end{pmatrix} = \begin{pmatrix} \partial x/\partial r & \partial x/\partial \varphi \\ \partial x/\partial r & \partial x/\partial \varphi \end{pmatrix} \begin{pmatrix} \Delta r \\ \Delta \varphi \end{pmatrix} = \begin{pmatrix} \cos\varphi & -r\sin\varphi \\ \sin\varphi & r\cos\varphi \end{pmatrix} \begin{pmatrix} \Delta r \\ \Delta \varphi \end{pmatrix} \tag{8.30}$$

sowie

$$\begin{pmatrix} \Delta r \\ \Delta \varphi \end{pmatrix} = \begin{pmatrix} \partial r/\partial x & \partial r/\partial y \\ \partial \varphi/\partial x & \partial \varphi/\partial y \end{pmatrix} \begin{pmatrix} \Delta x \\ \Delta y \end{pmatrix} = \begin{pmatrix} \cos\varphi & \sin\varphi \\ -\sin\varphi/r & \cos\varphi/r \end{pmatrix} \begin{pmatrix} \Delta x \\ \Delta y \end{pmatrix}. \tag{8.31}$$

Die Transformation auf Polarkoordinaten verändert die Länge des Verschiebungsvektors $\Delta\vec{r}$ nicht, denn es gilt einerseits

$$\begin{aligned} |\Delta\vec{r}|^2 &= |\Delta x \vec{e}_x + \Delta y \vec{e}_y|^2 \\ &= \Delta x^2 \underbrace{\vec{e}_x \cdot \vec{e}_x}_{=1} + 2\Delta x \Delta y \underbrace{\vec{e}_x \cdot \vec{e}_y}_{=0} + \Delta y^2 \underbrace{\vec{e}_y \cdot \vec{e}_y}_{=1} = \Delta x^2 + \Delta y^2 \end{aligned}$$

und andererseits mit (8.24) und (8.31)

$$\begin{aligned} |\Delta\vec{r}|^2 &= |\Delta r \, \vec{e}_r + \Delta\varphi \, \vec{e}_\varphi|^2 = \Delta r^2 \, |\vec{e}_r|^2 + 2 \, |\Delta r \Delta\varphi| \, \vec{e}_r \cdot \vec{e}_\varphi + \Delta\varphi^2 \, |\vec{e}_\varphi|^2 \\ &\underset{\vec{e}_r \cdot \vec{e}_\varphi = 0}{=} \Delta r^2 \, |\vec{e}_r|^2 + \Delta\varphi^2 \, |\vec{e}_\varphi|^2 \underset{|\vec{e}_r|=1;|\vec{e}_\varphi|=r}{=} \Delta r^2 + r^2 \Delta\varphi^2 \\ &= \left(\cos\varphi \, \Delta x + \sin\varphi \, \Delta y \right)^2 + r^2 \left(\frac{-\sin\varphi}{r} \Delta x + \frac{\cos\varphi}{r} \Delta y \right)^2 \\ &= \cos^2\varphi \, \Delta x^2 + 2\cos\varphi \sin\varphi \, \Delta x \Delta y + \sin^2\varphi \, \Delta y^2 \\ &\quad + r^2 \left(\frac{\sin^2\varphi}{r^2} \Delta x^2 - \frac{2\cos\varphi \sin\varphi}{r^2} \Delta x \Delta y + \frac{\cos^2\varphi}{r^2} \Delta y^2 \right) \\ &= \Delta x^2 \left(\cos^2\varphi + \sin^2\varphi \right) + \Delta y^2 \left(\cos^2\varphi + \sin^2\varphi \right) \\ &= \Delta x^2 + \Delta y^2, \end{aligned}$$

also eine Übereinstimmung.

Wir leiten nun eine Transformationsformel zwischen den Komponenten eines Vektors $\vec{v}$ in einem (beliebigen) (x', y')-Koordinatensystem K' und denen im kartesischen (x, y) - Koordinatensystem K her. Der Vektor lässt sich in beiden Koordinatensystemen als Linearkombination der Basisvektoren schreiben

$$\vec{v} = v^x \vec{e}_x + v^y \vec{e}_y = v^{x'} \vec{e}_{x'} + v^{y'} \vec{e}_{y'}.$$

Wir ersetzen nun die Basisvektoren in K' mit Gl. (8.27)

$$\vec{v} = v^{x'} \vec{e}_{x'} + v^{y'} \vec{e}_{y'}$$

$$= v^{x'} \left(\frac{\partial x}{\partial x'} \vec{e}_x + \frac{\partial y}{\partial x'} \vec{e}_y \right) + v^{y'} \left(\frac{\partial x}{\partial y'} \vec{e}_x + \frac{\partial y}{\partial y'} \vec{e}_y \right).$$

Wir fassen die Terme, die zu den Basisvektoren $\vec{e}_x, \vec{e}_y$ gehören, zusammen und erhalten

$$\vec{v} = \left(v^{x'} \frac{\partial x}{\partial x'} + v^{y'} \frac{\partial x}{\partial y'} \right) \vec{e}_x + \left(v^{x'} \frac{\partial y}{\partial x'} + v^{y'} \frac{\partial y}{\partial y'} \right) \vec{e}_y.$$

Daraus lesen wir wegen der Eindeutigkeit der Linearkombinationen die Beziehung zwischen den Vektorkomponenten in den beiden Basen ab. Es gilt

$$\begin{pmatrix} v^x \\ v^y \end{pmatrix} = \begin{pmatrix} v^{x'} \partial x/\partial x' + v^{y'} \partial x/\partial y' \\ v^{x'} \partial y/\partial x' + v^{y'} \partial y/\partial y' \end{pmatrix} = \begin{pmatrix} \partial x/\partial x' & \partial x/\partial y' \\ \partial y/\partial x' & \partial y/\partial y' \end{pmatrix} \begin{pmatrix} v^{x'} \\ v^{y'} \end{pmatrix},$$
(8.32)

d.h., die Komponenten eines Vektors transformieren sich bei Koordinatensystemwechsel genau wie die Koordinatenverschiebungen. Das war auch zu erwarten, denn die Komponenten eines Vektors sind ja nichts anderes als die Differenz der Koordinaten der Anfangs- und Endpunkte des Vektors. Wie in Abschn. 8.2 transformieren sich die Komponenten eines Vektors auch bei allgemeinen Koordinatenwechseln kontravariant zu den Basisvektoren. Natürlich gilt auch die Umkehrtransformation, d.h.

$$\begin{pmatrix} v^{x'} \\ v^{y'} \end{pmatrix} = \begin{pmatrix} \partial x'/\partial x & \partial x'/\partial y \\ \partial y'/\partial x & \partial y'/\partial y \end{pmatrix} \begin{pmatrix} v^x \\ v^y \end{pmatrix}.$$
(8.33)

Wir wollen aus den beiden Transformationsformeln für Vektorkomponenten ein wichtiges Prinzip/Gesetz ableiten.

Vektorgleichungen in der euklidischen Ebene

Ein Vektor, dessen Komponenten in einem Koordinatensystem sämtlich null sind, ist auch in allen anderen Koordinatensystemen der Nullvektor. Denn sei $\vec{v}$ ein Vektor, dessen Komponenten in einem beliebigen (x, y)-Koordinatensystem K gleich null sind,

$$\vec{v} \underset{K}{\rightarrow} \begin{pmatrix} 0 \\ 0 \end{pmatrix},$$

und sei (x', y') ein beliebiges anderes Koordinatensystem K', dann gilt nach der Transformationsformel (8.33) für die Komponenten von $\vec{v}$ in K'

$$\begin{pmatrix} v^{x'} \\ v^{y'} \end{pmatrix} = \begin{pmatrix} \partial x'/\partial x & \partial x'/\partial y \\ \partial y'/\partial x & \partial y'/\partial y \end{pmatrix} \begin{pmatrix} 0 \\ 0 \end{pmatrix} = \begin{pmatrix} 0 \\ 0 \end{pmatrix}.$$

Daraus kann man ableiten, dass die Komponenten zweier Vektoren, die in einem (speziellen) Koordinatensystem gleich sind, auch in allen anderen Koordinatensystemen übereinstimmen. Denn seien $\begin{pmatrix} v^x \\ v^y \end{pmatrix}$ die Komponenten eines Vektors $\vec{v}$ und $\begin{pmatrix} w^x \\ w^y \end{pmatrix}$ die Komponenten eines Vektors $\vec{w}$ in einem beliebigen (x, y)-Koordinatensystem K und gelte

$$\begin{pmatrix} v^x \\ v^y \end{pmatrix} = \begin{pmatrix} w^x \\ w^y \end{pmatrix}.$$

Dann folgt

$$\begin{pmatrix} v^x \\ v^y \end{pmatrix} - \begin{pmatrix} w^x \\ w^y \end{pmatrix} = \begin{pmatrix} v^x - w^x \\ v^y - w^y \end{pmatrix} = \begin{pmatrix} 0 \\ 0 \end{pmatrix}$$

und damit in jedem anderen Koordinatensystem K' ebenso

$$\begin{pmatrix} v^{x'} - w^{x'} \\ v^{y'} - w^{y'} \end{pmatrix} = \begin{pmatrix} 0 \\ 0 \end{pmatrix},$$

also

$$\begin{pmatrix} v^{x'} \\ v^{y'} \end{pmatrix} = \begin{pmatrix} w^{x'} \\ w^{y'} \end{pmatrix}.$$

Da die physikalischen Gesetze oftmals in Form einer Vektorgleichung vorliegen, als Beispiel sei das zweite Newton'sche Gesetz angeführt

$$\vec{F} = m\vec{a},$$

so kann man diese Vektorgleichung auch als Gleichung zwischen den in einem beliebigen Koordinatensystem gültigen Komponenten der Vektoren schreiben, also als

$$\begin{pmatrix} F^x \\ F^y \\ F^z \end{pmatrix} = m \begin{pmatrix} a^x \\ a^y \\ a^z \end{pmatrix},$$

ohne dass sich die *Form der Gleichung* ändert, wenn man zu einem anderen Koordinatensystem übergeht.

8.3. Vektoranalysis in allgemeinen Koordinatensystemen

In diesem Abschnitt wollen wir uns mit den Ableitungen von Vektorfeldern beschäftigen und dabei für die Darstellung der Komponentenfunktionen der

Vektoren beliebige Koordinatensysteme zulassen. Wir haben gesehen, dass die Basisvektoren der Polarkoordinaten

$$\begin{aligned} \vec{e}_r &= \cos\varphi\,\vec{e}_x + \sin\varphi\,\vec{e}_y \\ \vec{e}_\varphi &= -r\sin\varphi\,\vec{e}_x + r\cos\varphi\,\vec{e}_y \end{aligned}$$

aus Sicht des kartesischen Koordinatensystems von r und φ abhängen, also nicht konstant sind. Der Einheitsvektor $\vec{e}_x$ ist ein konstantes Vektorfeld, er ist an jedem Punkt der euklidischen Ebene gleich groß und zeigt in dieselbe Richtung. In Polarkoordinaten P hat er nach (8.28) und (8.31) die Komponenten

$$\vec{e}_x = \cos\varphi\,\vec{e}_r - \frac{\sin\varphi}{r}\,\vec{e}_\varphi \underset{P}{\rightarrow} \begin{pmatrix} \cos\varphi \\ -\dfrac{\sin\varphi}{r} \end{pmatrix}.$$

Ebenso

$$\vec{e}_y = \sin\varphi\,\vec{e}_r + \frac{\cos\varphi}{r}\,\vec{e}_\varphi \underset{P}{\rightarrow} \begin{pmatrix} \sin\varphi \\ \dfrac{\cos\varphi}{r} \end{pmatrix}.$$

Diese sind also nicht konstant, obwohl die Vektoren selbst konstant sind. Der Grund dafür liegt in der Tatsache, dass die Basisvektoren in Polarkoordinaten selbst auch nicht konstant sind. Wenn wir z.B. den Vektor $\vec{e}_x$ als konstantes Vektorfeld betrachten und differenzieren, so erwarten wir, dass seine Jacobi-Matrix die Nullmatrix ist. In kartesischen Koordinaten K erhalten wir auch dieses Ergebnis

$$(\vec{e}_x)' \underset{K}{\rightarrow} \begin{pmatrix} \partial(1)/\partial x & \partial(1)/\partial y \\ \partial(0)/\partial x & \partial(0)/\partial y \end{pmatrix} = \begin{pmatrix} 0 & 0 \\ 0 & 0 \end{pmatrix}.$$

Betrachtet man die beiden Spaltenvektoren der Jacobi-Matrix, so kann man dieses Ergebnis auch in der Form von zwei Gleichungen schreiben

$$\frac{\partial}{\partial x}\vec{e}_x \underset{K}{\rightarrow} \begin{pmatrix} 0 \\ 0 \end{pmatrix}$$

$$\frac{\partial}{\partial y}\vec{e}_x \underset{K}{\rightarrow} \begin{pmatrix} 0 \\ 0 \end{pmatrix}.$$

Genauso erhält man

$$\frac{\partial}{\partial x}\vec{e}_y \underset{K}{\rightarrow} \begin{pmatrix} 0 \\ 0 \end{pmatrix}$$

$$\frac{\partial}{\partial y}\vec{e}_y \underset{K}{\rightarrow} \begin{pmatrix} 0 \\ 0 \end{pmatrix}. \tag{8.34}$$

In Polarkoordinaten P erhalten wir allerdings

$$(\vec{e}_x)' \underset{P}{\rightarrow} \begin{pmatrix} \partial(\cos\varphi)/\partial r & \partial(\cos\varphi)/\partial\varphi \\ \partial\left(-\dfrac{\sin\varphi}{r}\right)/\partial r & \partial\left(-\dfrac{\sin\varphi}{r}\right)/\partial\varphi \end{pmatrix} = \begin{pmatrix} 0 & -\sin\varphi \\ \sin\varphi/r^2 & -\cos\varphi/r \end{pmatrix},$$

also nicht die Nullmatrix. Bei krummlinigen Koordinaten reicht es also nicht aus, die Komponenten eines Vektors zu differenzieren, um die Ableitung des Vektors zu erhalten. Vielmehr müssen die (in der Regel) nichtkonstanten Basisvektoren selbst auch differenziert werden.

Ableitung der Basisvektoren

Da $\vec{e}_x$ und $\vec{e}_y$ im kartesischen Koordinatensystem konstante Komponenten haben, gilt ähnlich wie oben

$$\frac{\partial}{\partial r}\vec{e}_x \underset{K}{\rightarrow} \begin{pmatrix} 0 \\ 0 \end{pmatrix}, \frac{\partial}{\partial\varphi}\vec{e}_x \underset{K}{\rightarrow} \begin{pmatrix} 0 \\ 0 \end{pmatrix}, \frac{\partial}{\partial r}\vec{e}_y \underset{K}{\rightarrow} \begin{pmatrix} 0 \\ 0 \end{pmatrix}, \frac{\partial}{\partial\varphi}\vec{e}_y \underset{K}{\rightarrow} \begin{pmatrix} 0 \\ 0 \end{pmatrix}.$$

Damit folgt für die Ableitungen der Basisvektoren in Polarkoordinaten mit (8.22), (8.23) und der Produktregel

$$\begin{aligned}
\frac{\partial}{\partial r}\vec{e}_r &= \frac{\partial}{\partial r}\left(\cos\varphi\,\vec{e}_x + \sin\varphi\,\vec{e}_y\right) \\
&= \left(\frac{\partial}{\partial r}\cos\varphi\right)\vec{e}_x + \cos\varphi\left(\frac{\partial}{\partial r}\vec{e}_x\right) \\
&\quad + \left(\frac{\partial}{\partial r}\sin\varphi\right)\vec{e}_y + \sin\varphi\left(\frac{\partial}{\partial r}\vec{e}_y\right) \\
&= 0\cdot\vec{e}_x + \cos\varphi\cdot\vec{0} + 0\cdot\vec{e}_y + \sin\varphi\cdot\vec{0} = \vec{0},
\end{aligned}$$

wobei wir den Nullvektor wieder mit $\vec{0}$ bezeichnet haben. Ferner gilt

$$\begin{aligned}
\frac{\partial}{\partial\varphi}\vec{e}_r &= \frac{\partial}{\partial\varphi}\left(\cos\varphi\,\vec{e}_x + \sin\varphi\,\vec{e}_y\right) \\
&= \left(\frac{\partial}{\partial\varphi}\cos\varphi\right)\vec{e}_x + \cos\varphi\left(\frac{\partial}{\partial\varphi}\vec{e}_x\right) \\
&\quad + \left(\frac{\partial}{\partial\varphi}\sin\varphi\right)\vec{e}_y + \sin\varphi\left(\frac{\partial}{\partial\varphi}\vec{e}_y\right) \\
&= -\sin\varphi\cdot\vec{e}_x + \cos\varphi\cdot\vec{0} + \cos\varphi\cdot\vec{e}_y + \sin\varphi\cdot\vec{0} \\
&= -\sin\varphi\,\vec{e}_x + \cos\varphi\,\vec{e}_y \\
&= \frac{1}{r}\vec{e}_\varphi.
\end{aligned}$$

Ebenso erhält man mit (8.23)

$$\frac{\partial}{\partial r}\vec{e}_\varphi = \frac{\partial}{\partial r}\left(-r\sin\varphi\,\vec{e}_x + r\cos\varphi\,\vec{e}_y\right)$$

$$= \left(\frac{\partial}{\partial r}\left(-r\sin\varphi\right)\right)\vec{e}_x - r\sin\varphi\left(\frac{\partial}{\partial r}\vec{e}_x\right)$$

$$+ \left(\frac{\partial}{\partial r}\left(r\cos\varphi\right)\right)\vec{e}_y + r\cos\varphi\left(\frac{\partial}{\partial r}\vec{e}_y\right)$$

$$= -\sin\varphi\,\vec{e}_x - r\sin\varphi\cdot\vec{0} + \cos\varphi\,\vec{e}_y + r\cos\varphi\cdot\vec{0}$$

$$= -\sin\varphi\,\vec{e}_x + \cos\varphi\,\vec{e}_y$$

$$= \frac{1}{r}\vec{e}_\varphi$$

und

$$\frac{\partial}{\partial\varphi}\vec{e}_\varphi = \frac{\partial}{\partial\varphi}\left(-r\sin\varphi\,\vec{e}_x + r\cos\varphi\,\vec{e}_y\right)$$

$$= \left(\frac{\partial}{\partial\varphi}\left(-r\sin\varphi\right)\right)\vec{e}_x - r\sin\varphi\left(\frac{\partial}{\partial\varphi}\vec{e}_x\right)$$

$$+ \left(\frac{\partial}{\partial\varphi}\left(r\cos\varphi\right)\right)\vec{e}_y + r\cos\varphi\left(\frac{\partial}{\partial\varphi}\vec{e}_y\right)$$

$$= -r\cos\varphi\cdot\vec{e}_x - r\sin\varphi\cdot\vec{0} - r\sin\varphi\cdot\vec{e}_y + r\cos\varphi\cdot\vec{0}$$

$$= -r\cos\varphi\,\vec{e}_x - r\sin\varphi\,\vec{e}_y$$

$$= -r\,\vec{e}_r.$$

Obwohl wir bei der Herleitung die Konstanz der kartesischen Einheitsvektoren benutzt haben, erscheinen in den Ableitungen der Basisvektoren der Polarkoordinaten keine Terme, die aus den kartesischen Koordinaten herrühren. Alle Ableitungen lassen sich als Linearkombination der Basisvektoren $\vec{e}_r$ und $\vec{e}_\varphi$ darstellen, was auch natürlich ist, da die partiellen Ableitungen der Basisvektoren selbst wieder Vektoren sind. Schreiben wir die Linearkombinationen der partiellen Ableitungen der Basisvektoren nochmals auf eine etwas andere Weise hin, so erhalten wir

$$\frac{\partial}{\partial r}\vec{e}_r = 0\cdot\vec{e}_r + 0\cdot\vec{e}_\varphi = \Gamma^r_{rr}\vec{e}_r + \Gamma^\varphi_{rr}\vec{e}_\varphi$$

$$\frac{\partial}{\partial\varphi}\vec{e}_r = 0\cdot\vec{e}_r + \frac{1}{r}\cdot\vec{e}_\varphi = \Gamma^r_{r\varphi}\vec{e}_r + \Gamma^\varphi_{r\varphi}\vec{e}_\varphi$$

$$\frac{\partial}{\partial r}\vec{e}_\varphi = 0\cdot\vec{e}_r + \frac{1}{r}\cdot\vec{e}_\varphi = \Gamma^r_{\varphi r}\vec{e}_r + \Gamma^\varphi_{\varphi r}\vec{e}_\varphi$$

$$\frac{\partial}{\partial\varphi}\vec{e}_\varphi = -r\cdot\vec{e}_r + 0\cdot\vec{e}_\varphi = \Gamma^r_{\varphi\varphi}\vec{e}_r + \Gamma^\varphi_{\varphi\varphi}\vec{e}_\varphi. \tag{8.35}$$

Daraus lesen wir ab, dass für die $2^3 = 8$ Zahlen, die wir mit dem großen Gamma und drei Indizes geschrieben haben, Folgendes gilt:

$$
\begin{aligned}
\Gamma^r_{rr} &= 0 \\
\Gamma^\varphi_{rr} &= 0 \\
\Gamma^r_{r\varphi} &= 0 \\
\Gamma^\varphi_{r\varphi} &= \frac{1}{r} \\
\Gamma^r_{\varphi r} &= 0 \\
\Gamma^\varphi_{\varphi r} &= \frac{1}{r} \\
\Gamma^r_{\varphi\varphi} &= -r \\
\Gamma^\varphi_{\varphi\varphi} &= 0
\end{aligned}
\tag{8.36}
$$

Diese Zahlen heißen **Christoffel-Symbole** und sind die Komponenten der Ableitungen der Basisvektoren in Polarkoordinaten. Der erste untere Index bezeichnet den Basisvektor, der abgeleitet wird. Der zweite untere Index definiert die Variable, nach der (partiell) abgeleitet wird. Der obere Index ist wie der Index einer Vektorkomponente; er gibt an, zu welchem Basisvektor das Christoffel-Symbol gehört. Die Christoffel-Symbole hängen von dem gewählten Koordinatensystem ab. In kartesischen Koordinaten sind alle Christoffel-Symbole gleich null, da nach Gl. (8.34) alle Ableitungen der Basisvektoren null sind. Hat man ein *beliebiges* (krummliniges) $\left(x', y'\right)$-Koordinatensystem mit Basisvektoren $\vec{e}_{x'}$ und $\vec{e}_{y'}$ vorliegen, so folgt für die Ableitungsvektoren der Basisvektoren

$$
\begin{aligned}
\frac{\partial}{\partial x'} \vec{e}_{x'} &= \Gamma^{x'}_{x'x'}\, \vec{e}_{x'} + \Gamma^{y'}_{x'x'}\, \vec{e}_{y'} \\
\frac{\partial}{\partial y'} \vec{e}_{x'} &= \Gamma^{x'}_{x'y'}\, \vec{e}_{x'} + \Gamma^{y'}_{x'y'}\, \vec{e}_{y'} \\
\frac{\partial}{\partial x'} \vec{e}_{y'} &= \Gamma^{x'}_{y'x'}\, \vec{e}_{x'} + \Gamma^{y'}_{y'x'}\, \vec{e}_{y'} \\
\frac{\partial}{\partial y'} \vec{e}_{y'} &= \Gamma^{x'}_{y'y'}\, \vec{e}_{x'} + \Gamma^{y'}_{y'y'}\, \vec{e}_{y'}.
\end{aligned}
$$

Wir betrachten noch einmal die kartesischen Einheitsvektoren und ihre Darstellung in Polarkoordinaten:

$$
\begin{aligned}
\vec{e}_x &= \cos\varphi\, \vec{e}_r - \frac{\sin\varphi}{r}\, \vec{e}_\varphi \\
\vec{e}_y &= \sin\varphi\, \vec{e}_r + \frac{\cos\varphi}{r}\, \vec{e}_\varphi
\end{aligned}
$$

und wollen zeigen, dass die Ableitungen jeweils den Nullvektor ergeben. Wir wenden wieder die Produktregel und die obigen Ergebnisse für die Ableitungen von $\vec{e}_r$ und $\vec{e}_\varphi$ an. Dann folgt

$$
\begin{aligned}
\frac{\partial}{\partial r}\vec{e}_x &= \frac{\partial\,(\cos\varphi)}{\partial r}\vec{e}_r + \cos\varphi\left(\frac{\partial}{\partial r}\vec{e}_r\right) - \frac{\partial}{\partial r}\left(\frac{\sin\varphi}{r}\right)\vec{e}_\varphi - \frac{\sin\varphi}{r}\left(\frac{\partial}{\partial r}\vec{e}_\varphi\right) \\
&= 0\cdot\vec{e}_r + \cos\varphi\cdot\vec{0} + \left(\frac{\sin\varphi}{r^2}\right)\vec{e}_\varphi - \frac{\sin\varphi}{r}\left(\frac{1}{r}\vec{e}_\varphi\right) = \vec{0}
\end{aligned}
$$

und

$$
\begin{aligned}
\frac{\partial}{\partial\varphi}\vec{e}_x &= \frac{\partial\,(\cos\varphi)}{\partial\varphi}\vec{e}_r + \cos\varphi\left(\frac{\partial}{\partial\varphi}\vec{e}_r\right) - \frac{\partial}{\partial\varphi}\left(\frac{\sin\varphi}{r}\right)\vec{e}_\varphi - \frac{\sin\varphi}{r}\left(\frac{\partial}{\partial\varphi}\vec{e}_\varphi\right) \\
&= -\sin\varphi\cdot\vec{e}_r + \cos\varphi\cdot\frac{1}{r}\vec{e}_\varphi - \left(\frac{\cos\varphi}{r}\right)\vec{e}_\varphi - \frac{\sin\varphi}{r}\left(-r\,\vec{e}_r\right) = \vec{0}.
\end{aligned}
$$

Also erhalten wir das gewünschte Ergebnis. In den obigen Berechnungen wurden sowohl die Komponenten von $\vec{e}_x$ in Polarkoordinaten (1. und 3. Term) als auch die Basisvektoren selbst (2. und 4. Term) differenziert. Nur so heben sich alle Terme auf. Auf die gleiche Art und Weise erhält man

$$
\begin{aligned}
\frac{\partial}{\partial r}\vec{e}_y &= \vec{0} \\
\frac{\partial}{\partial\varphi}\vec{e}_y &= \vec{0}.
\end{aligned}
$$

Ableitung allgemeiner Vektoren

Wir betrachten nun ein allgemeines Vektorfeld $\vec{v}$ mit den Komponenten (v^r, v^φ) in Polarkoordinaten

$$\vec{v} = v^r\vec{e}_r + v^\varphi\vec{e}_\varphi.$$

Dann berechnen sich die Ableitungen analog zu

$$
\begin{aligned}
\frac{\partial\vec{v}}{\partial r} &= \frac{\partial}{\partial r}\left(v^r\vec{e}_r + v^\varphi\vec{e}_\varphi\right) \\
&= \frac{\partial v^r}{\partial r}\vec{e}_r + v^r\frac{\partial\vec{e}_r}{\partial r} + \frac{\partial v^\varphi}{\partial r}\vec{e}_\varphi + v^\varphi\frac{\partial\vec{e}_\varphi}{\partial r} \\
&= \frac{\partial v^r}{\partial r}\vec{e}_r + \left(\frac{\partial v^\varphi}{\partial r} + \frac{v^\varphi}{r}\right)\vec{e}_\varphi,
\end{aligned}
$$

da, wie oben gezeigt:

$$\frac{\partial\vec{e}_r}{\partial r} = \vec{0}, \qquad \frac{\partial\vec{e}_\varphi}{\partial r} = \frac{1}{r}\vec{e}_\varphi$$

Ebenso folgt

$$
\begin{aligned}
\frac{\partial \vec{v}}{\partial \varphi} &= \frac{\partial}{\partial \varphi} \left(v^r \vec{e}_r + v^\varphi \vec{e}_\varphi \right) \\
&= \frac{\partial v^r}{\partial \varphi} \vec{e}_r + \frac{\partial v^\varphi}{\partial \varphi} \vec{e}_\varphi + v^r \frac{\partial \vec{e}_r}{\partial \varphi} + v^\varphi \frac{\partial \vec{e}_\varphi}{\partial \varphi} . \\
&= \left(\frac{\partial v^r}{\partial \varphi} - r v^\varphi \right) \vec{e}_r + \left(\frac{\partial v^\varphi}{\partial \varphi} + \frac{v^r}{r} \right) \vec{e}_\varphi ,
\end{aligned}
$$

da, wie oben gezeigt:

$$
\frac{\partial \vec{e}_r}{\partial \varphi} = \frac{1}{r} \vec{e}_\varphi , \quad \frac{\partial \vec{e}_\varphi}{\partial \varphi} = -r \, \vec{e}_r
$$

Dies zeigt explizit, dass im Allgemeinen die Ableitung eines Vektors mehr ist als die partielle Ableitung seiner Komponenten

$$
\begin{pmatrix} \partial v^r / \partial r \\ \partial v^\varphi / \partial r \end{pmatrix} \quad \text{bzw.} \quad \begin{pmatrix} \partial v^r / \partial \varphi \\ \partial v^\varphi / \partial \varphi \end{pmatrix} ,
$$

die wir im Folgenden auch abkürzend als

$$
\begin{aligned}
v^r{}_{,r} &:= \frac{\partial v^r}{\partial r} \\
v^r{}_{,\varphi} &:= \frac{\partial v^r}{\partial \varphi} \\
v^\varphi{}_{,r} &:= \frac{\partial v^\varphi}{\partial r} \\
v^\varphi{}_{,\varphi} &:= \frac{\partial v^\varphi}{\partial \varphi}
\end{aligned}
$$

schreiben wollen. Ersetzt man in den obigen Gleichungen die Ableitungen der Basisvektoren durch die Darstellung mit den Christoffel-Symbolen (8.35), so ergibt sich

$$
\begin{aligned}
\frac{\partial \vec{v}}{\partial r} &= \frac{\partial v^r}{\partial r} \vec{e}_r + \frac{\partial v^\varphi}{\partial r} \vec{e}_\varphi + v^r \frac{\partial \vec{e}_r}{\partial r} + v^\varphi \frac{\partial \vec{e}_\varphi}{\partial r} \\
&= \frac{\partial v^r}{\partial r} \vec{e}_r + \frac{\partial v^\varphi}{\partial r} \vec{e}_\varphi + v^r \left(\Gamma^r_{rr} \vec{e}_r + \Gamma^\varphi_{rr} \vec{e}_\varphi \right) + v^\varphi \left(\Gamma^r_{\varphi r} \vec{e}_r + \Gamma^\varphi_{\varphi r} \vec{e}_\varphi \right) .
\end{aligned}
$$

Wir fassen alle Terme, die zu $\vec{e}_r$ bzw. $\vec{e}_\varphi$ gehören, zusammen und erhalten mit der neuen Schreibweise für die partiellen Ableitungen

$$
\frac{\partial \vec{v}}{\partial r} = \left(v^r{}_{,r} + v^r \Gamma^r_{rr} + v^\varphi \Gamma^r_{\varphi r} \right) \vec{e}_r + \left(v^\varphi{}_{,r} + v^r \Gamma^\varphi_{rr} + v^\varphi \Gamma^\varphi_{\varphi r} \right) \vec{e}_\varphi .
$$

Genauso ergibt sich

$$\frac{\partial \vec{v}}{\partial \varphi} = \left(v^r{}_{,\varphi} + v^r\,\Gamma^r_{r\varphi} + v^\varphi\,\Gamma^r_{\varphi\varphi}\right)\vec{e}_r + \left(v^\varphi{}_{,\varphi} + v^r\,\Gamma^\varphi_{r\varphi} + v^\varphi\,\Gamma^\varphi_{\varphi\varphi}\right)\vec{e}_\varphi.$$

Für die Ausdrücke in den Klammern schreibt man kompakt auch

$$
\begin{aligned}
v^r{}_{;r} &:= v^r{}_{,r} + v^r\,\Gamma^r_{rr} + v^\varphi\,\Gamma^r_{\varphi r}\\
v^\varphi{}_{;r} &:= v^\varphi{}_{,r} + v^r\,\Gamma^\varphi_{rr} + v^\varphi\,\Gamma^\varphi_{\varphi r}\\
v^r{}_{;\varphi} &:= v^r{}_{,\varphi} + v^r\,\Gamma^r_{r\varphi} + v^\varphi\,\Gamma^r_{\varphi\varphi}\\
v^\varphi{}_{;\varphi} &:= v^\varphi{}_{,\varphi} + v^r\,\Gamma^\varphi_{r\varphi} + v^\varphi\,\Gamma^\varphi_{\varphi\varphi}
\end{aligned}
\tag{8.37}
$$

und nennt diese Größen die **Komponenten der kovarianten Ableitung** des Vektors $\vec{v}$. Das Semikolon im unteren Index kennzeichnet also die Komponenten der kovarianten, das Komma im unteren Index die Komponenten der partiellen Ableitung. Zusammenfassend ergibt sich für die kovarianten Ableitungen von $\vec{v}$ in Polarkoordinaten folgende Darstellung

$$
\begin{aligned}
\frac{\partial \vec{v}}{\partial r} &= v^r{}_{;r}\,\vec{e}_r + v^\varphi{}_{;r}\,\vec{e}_\varphi\\
\frac{\partial \vec{v}}{\partial \varphi} &= v^r{}_{;\varphi}\,\vec{e}_r + v^\varphi{}_{;\varphi}\,\vec{e}_\varphi.
\end{aligned}
$$

Hat man allgemein ein *beliebiges* (krummliniges) (x', y')-Koordinatensystem mit Basisvektoren $\vec{e}_{x'}$ und $\vec{e}_{y'}$ vorliegen, so folgt für die Ableitungen entsprechend

$$
\begin{aligned}
\frac{\partial \vec{v}}{\partial x'} &= v^{x'}{}_{;x'}\,\vec{e}_{x'} + v^{y'}{}_{;x'}\,\vec{e}_{y'}\\
\frac{\partial \vec{v}}{\partial y'} &= v^{x'}{}_{;y'}\,\vec{e}_{x'} + v^{y'}{}_{;y'}\,\vec{e}_{y'},
\end{aligned}
$$

wobei die Komponenten $v^{i'}{}_{;j'}$ analog wie bei den Polarkoordinaten definiert werden. Da im kartesischen (x, y)-Koordinatensystem die Ableitungen der Basisvektoren nach Gl. (8.34) gleich null sind und somit alle Christoffel-Symbole verschwinden, gilt dort, dass die Komponenten der kovarianten Ableitung eines Vektors mit den partiellen übereinstimmen

$$
\begin{aligned}
v^x{}_{;x} &= v^x{}_{,x}\\
v^x{}_{;y} &= v^x{}_{,y}\\
v^y{}_{;x} &= v^y{}_{,x}\\
v^y{}_{;y} &= v^y{}_{,y}.
\end{aligned}
$$

Damit ist auch klar, dass die Komponenten der kovarianten Ableitung eines Skalarfeldes ϕ, dessen Wert an einem fest gewählten Punkt ja gar nicht von den Basisvektoren abhängt, sondern koordinatensystemunabhängig immer die gleiche reelle Zahl annimmt, gleich denen der partiellen Ableitung sind, also

$$\phi_{;x} = \frac{\partial \phi}{\partial x} = \phi_{,x}$$

$$\phi_{;y} = \frac{\partial \phi}{\partial y} = \phi_{,y}. \tag{8.38}$$

Beispiel 8.10.
Wir wollen die neuen Definitionen und Begriffe anhand eines konkreten Beispiels veranschaulichen und betrachten das Vektorfeld

$$\vec{v} = y\vec{e}_x + x\vec{e}_y,$$

das im kartesischen (x,y)-Koordinatensystem K die Komponentenfunktionen

$$\begin{pmatrix} v^x(x,y) \\ v^y(x,y) \end{pmatrix} = \begin{pmatrix} y \\ x \end{pmatrix}$$

hat. Für dieses Vektorfeld wollen wir die Komponenten der kovarianten Ableitung in kartesischen und in polaren Koordinaten berechnen. Da in kartesischen Koordinaten die Komponenten der kovarianten Ableitung gleich den partiellen Ableitungen sind, gilt

$$v^x_{;x} = v^x_{,x} = \frac{\partial v^x}{\partial x} = \frac{\partial y}{\partial x} = 0$$

$$v^x_{;y} = v^x_{,y} = \frac{\partial v^x}{\partial y} = \frac{\partial y}{\partial y} = 1$$

$$v^y_{;x} = v^y_{,x} = \frac{\partial v^y}{\partial x} = \frac{\partial x}{\partial x} = 1$$

$$v^y_{;y} = v^y_{,y} = \frac{\partial v^y}{\partial y} = \frac{\partial x}{\partial y} = 0.$$

Um die Ableitung von $\vec{v}$ in Polarkoordinaten zu berechnen, leiten wir zunächst die Komponenten v^r, v^φ von $\vec{v}$ in Polarkoordinaten her. Dazu benutzen wir die Transformationsgleichung (8.31)

$$\begin{pmatrix} v^r \\ v^\varphi \end{pmatrix} = \begin{pmatrix} \partial r/\partial x & \partial r/\partial y \\ \partial \varphi/\partial x & \partial \varphi/\partial y \end{pmatrix} \begin{pmatrix} v^x \\ v^y \end{pmatrix} = \begin{pmatrix} \cos\varphi & \sin\varphi \\ -\sin\varphi/r & \cos\varphi/r \end{pmatrix} \begin{pmatrix} y \\ x \end{pmatrix}.$$

Wegen $y = r\sin\varphi$ und $x = r\cos\varphi$ erhält man daraus

$$\begin{pmatrix} v^r \\ v^\varphi \end{pmatrix} = \begin{pmatrix} \cos\varphi & \sin\varphi \\ -\sin\varphi/r & \cos\varphi/r \end{pmatrix} \begin{pmatrix} r\sin\varphi \\ r\cos\varphi \end{pmatrix}$$

$$= \begin{pmatrix} r \sin \varphi \cos \varphi + r \sin \varphi \cos \varphi \\ (-\sin \varphi / r) \, (r \sin \varphi) + (\cos \varphi / r) \, (r \cos \varphi) \end{pmatrix},$$

also

$$\begin{pmatrix} v^r \\ v^\varphi \end{pmatrix} = \begin{pmatrix} 2r \sin \varphi \cos \varphi \\ \cos^2 \varphi - \sin^2 \varphi \end{pmatrix}.$$

Um die Komponenten der kovarianten Ableitungen von $\vec{v}$ in Polarkoordinaten zu berechnen, müssen zunächst die partiellen Ableitungen der Vektorkomponenten v^r, v^φ ermittelt werden. Es gilt

$$v^r_{,r} = \frac{\partial v^r}{\partial r} = \frac{\partial \, (2r \sin \varphi \cos \varphi)}{\partial r} = 2 \sin \varphi \cos \varphi$$

$$v^\varphi_{,r} = \frac{\partial v^\varphi}{\partial r} = \frac{\partial \, (\cos^2 \varphi - \sin^2 \varphi)}{\partial r} = 0$$

$$v^r_{,\varphi} = \frac{\partial v^r}{\partial \varphi} = \frac{\partial \, (2r \sin \varphi \cos \varphi)}{\partial \varphi} = 2r \, (\cos^2 \varphi - \sin^2 \varphi)$$

$$v^\varphi_{,\varphi} = \frac{\partial v^\varphi}{\partial \varphi} = \frac{\partial \, (\cos^2 \varphi - \sin^2 \varphi)}{\partial \varphi} = -2 \sin \varphi \cos \varphi - 2 \sin \varphi \cos \varphi$$

$$= -4 \sin \varphi \cos \varphi.$$

Nun benutzen wir die Formel (8.37) und die Christoffel-Symbole aus (8.36), um die Komponenten der kovarianten Ableitung von $\vec{v}$ zu berechnen

$$v^r_{;r} = v^r_{,r} + v^r \underbrace{\Gamma^r_{rr}}_{=0} + v^\varphi \underbrace{\Gamma^r_{\varphi r}}_{=0} = 2 \sin \varphi \cos \varphi$$

$$v^\varphi_{;r} = \underbrace{v^\varphi_{,r}}_{=0} + v^r \underbrace{\Gamma^\varphi_{rr}}_{=0} + v^\varphi \underbrace{\Gamma^\varphi_{\varphi r}}_{=\frac{1}{r}} = \frac{1}{r} \, (\cos^2 \varphi - \sin^2 \varphi)$$

$$v^r_{;\varphi} = v^r_{,\varphi} + v^r \underbrace{\Gamma^r_{r\varphi}}_{=0} + v^\varphi \underbrace{\Gamma^r_{\varphi\varphi}}_{=-r} = 2r \, (\cos^2 \varphi - \sin^2 \varphi) - r \, (\cos^2 \varphi - \sin^2 \varphi)$$

$$= r \, (\cos^2 \varphi - \sin^2 \varphi) \qquad (8.39)$$

$$v^\varphi_{;\varphi} = v^\varphi_{,\varphi} + v^r \underbrace{\Gamma^\varphi_{r\varphi}}_{=\frac{1}{r}} + v^\varphi \underbrace{\Gamma^\varphi_{\varphi\varphi}}_{=0} = -4 \sin \varphi \cos \varphi + \frac{1}{r} \, (2r \sin \varphi \cos \varphi)$$

$$= -2 \sin \varphi \cos \varphi. \; \square$$

Kovariante Divergenz

Für ein beliebiges (krummliniges) (x', y')-Koordinatensystem definieren wir die **kovariante Divergenz** eines Vektors $\vec{v}$ durch

$$v^{x'}_{;x'} + v^{y'}_{;y'}, \qquad (8.40)$$

siehe auch Bemerkung 6.6 zur Definition der normalen Divergenz. Wenn wir auf das Beispiel 8.10 schauen, so sehen wir, dass die kovariante Divergenz sowohl in kartesischen Koordinaten wie auch in Polarkoordinaten jeweils gleich null ist. Wir werden später sehen, dass die kovariante Divergenz koordinatensystemunabhängig immer den gleichen Wert annimmt.

Beispiel 8.11.

Als ein weiteres Beispiel berechnen wir die kovariante Divergenz eines beliebigen Vektorfeldes $\vec{v}$ in Polarkoordinaten, wozu wir die kovarianten Ableitungen aus Gl. (8.39) benutzen

$$
\begin{aligned}
v^r{}_{;r} + v^\varphi{}_{;\varphi} &= \left(v^r{}_{,r} + v^r \underbrace{\Gamma^r_{rr}}_{=0} + v^\varphi \underbrace{\Gamma^r_{\varphi r}}_{=0} \right) + \left(v^\varphi{}_{,\varphi} + v^r \underbrace{\Gamma^\varphi_{r\varphi}}_{=\frac{1}{r}} + v^\varphi \underbrace{\Gamma^\varphi_{\varphi\varphi}}_{=0} \right) \\
&= \frac{\partial v^r}{\partial r} + \frac{\partial v^\varphi}{\partial \varphi} + \frac{1}{r}\, v^r,
\end{aligned}
$$

d.h., neben der Summe der partiellen Ableitungen taucht noch der Term v^r/r auf. $\square$

Wir haben in diesem Kapitel bei der Herleitung der Transformationsformeln für die Vektorkomponenten die entsprechenden Transformationsregeln der Basisvektoren genutzt, d.h., wir mussten zunächst eine Basis auswählen, um dann die Komponenten von Vektoren und ihre Eigenschaften darzustellen. Man kann auch umgekehrt einen Vektor als ein Objekt *definieren*, dessen Komponenten sich bei einem Koordinatensystemwechsel $K \to K'$ gemäß der Formel (8.33) transformieren. Diese Definition hat den Vorteil, dass sie ohne explizite Wahl einer Basis auskommt, sondern nur die Existenz von Koordinatensystemen voraussetzt. Natürlich kann man - wie oben gezeigt - aus den Koordinatenkurven durch Ableitung die entstehenden Tangentenvektoren als Basisvektoren hernehmen. Wir wollen diese grundsätzliche, „basisfreie" Möglichkeit in den nächsten Kapiteln nutzen, um auch andere Objekte (nämlich beliebige **Tensoren**) durch die Transformationseigenschaften ihrer Komponenten zu definieren.

9. Tensorrechnung in der euklidischen Ebene

Wir haben im letzten Kapitel die vier Ausdrücke

$$v^r_{;r},\, v^\varphi_{;r},\, v^r_{;\varphi},\, v^\varphi_{;\varphi}$$

Komponenten der kovarianten Ableitung genannt, ohne dass klar ist, um welches Objekt es sich bei der kovarianten Ableitung handelt. Ein Vektor kann es ja nicht sein, der hat nur zwei Komponenten mit je einem oberen Index. Objekte, zu deren Beschreibung man beliebige Komponenten bzw. Indizes benötigt, heißen **Tensoren**.

Die **Tensorrechnung** ist ein unabdingbares Rüstzeug, um die Gleichungen der Allgemeinen Relativitätstheorie zu verstehen. Auch für die Spezielle Relativitätstheorie vereinfachen sich durch die Tensorrechnung viele ansonsten umständliche Formulierungen. Ganz allgemein kann man sagen, dass physikalische Größen als Tensoren beschrieben werden können, wobei sich die Skalare und die Vektoren als Spezialfälle von Tensoren herausstellen werden. Physikalische Gesetze sind demnach Gleichungen zwischen Tensoren, und zum Aufstellen und Umformen solcher Gleichungen benötigt man die Tensorrechnung. In Erweiterung dessen, was wir in Kap. 8 zu den Vektorgleichungen gesagt haben, wird sich zeigen, dass alle als Tensorgleichungen formulierten physikalischen Gesetze formgleich bleiben, wenn man von einem Koordinatensystem zu einem anderen wechselt und dabei die entsprechenden Koordinatentransformationen durchführt.

Wir behandeln hier die Tensorrechnung im einfachsten Fall, nämlich in der (zweidimensionalen) euklidischen Ebene. Wir haben es damit mit nur zwei Koordinaten und mit dem flachen Raum zu tun, den wir aufgrund unserer Sinneswahrnehmung intuitiv gut verstehen. Die Spezielle Relativitätstheorie bringt dann eine Erweiterung auf vier Dimensionen im immer noch flachen Raum (was das ist, wird später klar werden), die Allgemeine Relativitätstheorie benötigt die Tensorrechnung dann in vier Dimensionen und in gekrümmten Räumen. Trotz der später notwendig werdenden Erweiterungen kann man in der euklidischen Ebene schon einen Großteil der Phänomene der Tensorrechnung so herleiten, dass sich der Übergang auf die komplizierteren Strukturen der Relativitätstheorie als recht einfach erweisen wird. Wir haben schon im letzten Kapitel gesehen, dass man in der (flachen) euklidischen Ebene durchaus mit beliebigen krummlinigen Koordinatensystemen arbeiten kann. Dies werden wir in diesem Kapitel fortsetzen und dabei wieder die Polarkoordinaten als Standardbeispiel benutzen. Die zweidimensionale Tensorrechnung mit Polarkoordinaten erlaubt es, den Großteil der mathematischen Konzepte so zu entwickeln, dass der spätere Schritt zu den gekrümmten Räumen nicht mehr so groß ist.

Ähnlich wie bei der Vektorrechnung werden wir bei der Tensorrechnung auch einen zweifachen Weg beschreiten. Einerseits betrachten wir Tensoren als (abstrakte) Objekte, andererseits stellen wir Tensoren auch durch ihre Komponenten in beliebigen Koordinatensystemen dar und ermitteln ihre Eigenschaften durch die korrespondieren Eigenschaften der Komponenten. Der erste abstraktere Zugang zur Tensorrechnung hilft an der einen oder anderen Stelle, durch Einfachheit und Klarheit Strukturen und Ähnlichkeiten zu erkennen, der zweite ist notwendig, wenn man konkrete Fälle durchrechnen will. Denn dann muss man immer ein geeignetes Koordinatensystem wählen und die entsprechenden Größen in den ausgesuchten Koordinaten darstellen.

Wie bei den Vektoren wollen wir in der Tensorrechnung der Einfachheit halber sprachlich *nicht* unterscheiden zwischen Tensoren (Objekte, deren Komponenten konstant sind) und Tensorfeldern (die Komponenten sind Funktionen), sondern benutzen beide Bezeichnungen synonym.

9.1. Einsformen, Zeilenvektoren

Wir wollen mit den **Einsformen** bzw. **Zeilenvektoren** anfangen. Zeilenvektoren sind uns schon begegnet, als wir die Matrizenrechnung eingeführt haben. Die Zeilen einer Matrix haben wir dort Zeilenvektoren genannt. Ganz allgemein definieren wir einen Zeilenvektor $\tilde{p}$ als ein Objekt, das sich bei Wahl eines (x, y)-Koordinatensystems K durch zwei Zahlen, d.h. seine beiden Komponenten, darstellen lässt

$$\tilde{p} \underset{K}{\rightarrow} \left(\begin{array}{cc} p_x & p_y \end{array} \right),$$

wobei sich die Komponenten bei einem Koordinatensystemwechsel $K \to K'$ gemäß

$$p_{x'} = \frac{\partial x}{\partial x'} p_x + \frac{\partial y}{\partial x'} p_y$$

$$p_{y'} = \frac{\partial x}{\partial y'} p_x + \frac{\partial y}{\partial y'} p_y$$

transformieren sollen. Die Komponenten eines Zeilenvektor werden durch unten stehende Indizes gekennzeichnet und als Zeile geschrieben, den Zeilenvektor selbst wollen wir durch das Zeichen „Tilde" $\sim$ über dem p kennzeichnen und damit deutlich machen, dass ein Zeilenvektor etwas anderes ist als ein „normaler" Vektor mit einem Pfeil. Zeilenvektoren werden auch **Einsformen**, **Kovektoren** oder **kovariante Vektoren** (im Gegensatz zu normalen Vektoren, die dann **kontravariant** heißen) genannt. Wir benutzen die Bezeichnung „Einsform", wenn wir über die abstrakten Eigenschaften dieser Tensoren Aussagen machen. Das Wort „Zeilenvektor" kommt immer dann ins Spiel, wenn wir die Nähe zur Matrizenrechnung hervorheben wollen. Wenn man nämlich die Komponenten eines Vektors $\vec{v}$ als Spaltenvektor

$$\vec{v} \rightarrow \begin{pmatrix} v^x \\ v^y \end{pmatrix}$$

schreibt, so kann man den Spaltenvektor auch als eine (2×1)-Matrix auffassen (zwei Zeilen und eine Spalte), und viele Rechenregeln für Vektoren übertragen sich eins zu eins aus den Rechenregeln für Matrizen. Ganz analog kann man die Komponenten eines Zeilenvektors als eine (1×2)-Matrix auffassen und auch hier die Rechenregeln für Matrizen übertragen. Sind z.B. $\tilde{p}$ und $\tilde{q}$ zwei Zeilenvektoren, so ist die Summe dieser Zeilenvektoren definiert durch

$$\tilde{p} + \tilde{q} \underset{K}{\rightarrow} \begin{pmatrix} p_x & p_y \end{pmatrix} + \begin{pmatrix} q_x & q_y \end{pmatrix} = \begin{pmatrix} p_x + q_x & p_y + q_y \end{pmatrix}.$$

Ebenso die Multiplikation

$$a \cdot \tilde{p} \underset{K}{\rightarrow} \begin{pmatrix} ap_x & ap_y \end{pmatrix}$$

mit einer beliebigen reellen Zahl a. Wir überprüfen beispielhaft die Transformationseigenschaft des ersten Summanden:

$$\begin{aligned} p_{x'} + q_{x'} &= \left(\frac{\partial x}{\partial x'} p_x + \frac{\partial y}{\partial x'} p_y \right) + \left(\frac{\partial x}{\partial x'} q_x + \frac{\partial y}{\partial x'} q_y \right) \\ &= \frac{\partial x}{\partial x'} (p_x + q_x) + \frac{\partial y}{\partial x'} (p_y + q_y). \end{aligned}$$

Die Summe zweier Zeilenvektoren ist also wieder selbst ein Zeilenvektor, ebenso das Produkt eines Zeilenvektors mit einer reellen Zahl. Man sagt dazu auch, dass die Menge der Zeilenvektoren einen **Vektorraum** bildet, den man den **dualen Vektorraum** nennt, was wir aber nicht weiter vertiefen wollen.

Man kann einen Zeilenvektor mit einem Vektor multiplizieren, dazu müssen wir zunächst jedoch die Multiplikation von Matrizen verallgemeinern.

Bemerkung 9.1. **MW: Multiplikation zweier beliebiger Matrizen**
Ist $A = \left(a^i{}_j \right)$ eine $(m \times n)$-Matrix und $B = \left(b^j{}_k \right)$ eine $(n \times l)$-Matrix, also

$$i = 1, \cdots, m; j = 1, \cdots, n; k = 1, \cdots, l,$$

so ist das Produkt

$$C = \left(c^i{}_k \right) = A \cdot B$$

eine $(m \times l)$-Matrix mit

$$c^i{}_k = a^i{}_1 \, b^1{}_k + a^i{}_2 \, b^2{}_k + a^i{}_3 \, b^3{}_k + \cdots + a^i{}_n \, b^n{}_k.$$

Stellt man sich die Matrixzeile $\vec{a}^i$ als Spaltenvektor vor, so ist das Element $c^i{}_k$ das Skalarprodukt von $\vec{a}^i$ mit dem Spaltenvektor $\vec{b}_k$. Man beachte, dass die allgemeine Matrixmultiplikation nur definiert ist für Matrizen, bei denen die Spaltenanzahl von A gleich der Zeilenanzahl von B ist. Wir wollen diese abstrakte Definition an dem uns im Augenblick interessierenden Fall demonstrieren. Sei also A eine (1×2)-Matrix

$$A = \left(\begin{array}{cc} a_1 & a_2 \end{array} \right)$$

und B eine (2×1)-Matrix

$$B = \left(\begin{array}{c} b^1 \\ b^2 \end{array} \right),$$

so folgt

$$A \cdot B = \left(\begin{array}{cc} a_1 & a_2 \end{array} \right) \cdot \left(\begin{array}{c} b^1 \\ b^2 \end{array} \right) = a_1 \, b^1 + a_2 \, b^2.$$

Man erhält als Ergebnis eine (1×1)-Matrix, also eine Zahl, und es kommt das Gleiche heraus wie beim Skalarprodukt zweier (normaler) Vektoren, wenn man sich vorstellt, dass

$$\left(\begin{array}{cc} a_1 & a_2 \end{array} \right) = \left(\begin{array}{c} a_1 \\ a_2 \end{array} \right)$$

ist. $\square$

Die Multiplikation eines Zeilenvektors

$$\tilde{p} \xrightarrow[K]{} \left(\begin{array}{cc} p_x & p_y \end{array} \right)$$

mit einem Vektor

$$\vec{v} \xrightarrow[K]{} \left(\begin{array}{c} v^x \\ v^y \end{array} \right)$$

wird nun analog zur Matrixmultiplikation definiert als

$$\tilde{p}\,(\vec{v}) \underset{K}{=} p_x \, v^x + p_y \, v^y. \tag{9.1}$$

Da die Zahl auf der rechten Seite durch Komponenten, die von dem gewählten Koordinatensystem K abhängen, gebildet wird, ist unter dem Gleichheitszeichen ein K vermerkt. Wir werden aber später sehen, dass diese Zahl immer die gleiche ist, egal welches Koordinatensystem gewählt wird. Beachte, dass die Komponenten von Zeilenvektor und Vektor immer aus *demselben* Koordinatensystem stammen müssen!

In Bemerkung 8.2 haben wir gezeigt, dass man die Multiplikation einer Matrix mit einem Vektor als lineare Abbildung auffassen kann. Das wollen wir nun auf die Zeilenvektoren übertragen. Sind also $\tilde{p}$ ein Zeilenvektor, $\vec{v}$ und $\vec{w}$ zwei Vektoren und a eine reelle Zahl, so gilt

$$
\begin{aligned}
\tilde{p}\left(\vec{v}+\vec{w}\right) &= p_x\left(v^x+w^x\right)+p_y\left(v^y+w^y\right) \\
&= \left(p_x\,v^x+p_y\,v^y\right)+\left(p_x\,w^x+p_y\,w^y\right) \\
&= \tilde{p}\left(\vec{v}\right)+\tilde{p}\left(\vec{w}\right)
\end{aligned}
$$

sowie

$$
\tilde{p}\left(a\vec{v}\right)=p_x\,av^x+p_y\,av^y=a\left(p_x\,v^x+p_y\,v^y\right)=a\,\tilde{p}\left(\vec{v}\right).
$$

Nun sind wir auch in der Lage, das Objekt Zeilenvektor bzw. Einsform „abstrakt" zu definieren:

Eine **Einsform** ist eine lineare Abbildung, die angewendet auf einen Vektor eine reelle Zahl ergibt.

Welche Zahl? Nun die, die auf der rechten Seite von Gl. (9.1) steht und von der wir noch zeigen müssen, dass sie nicht vom gewählten Koordinatensystem abhängt, denn ansonsten wäre die Abbildung ja auch nicht eindeutig definiert.

Wir leiten nun einige Eigenschaften für Einsformen ab. Sind

$$
\vec{e}_x \underset{K}{\rightarrow} \begin{pmatrix} 1 \\ 0 \end{pmatrix}, \vec{e}_y \underset{K}{\rightarrow} \begin{pmatrix} 0 \\ 1 \end{pmatrix}
$$

die Basisvektoren in dem gewählten (x,y)-Koordinatensystem K, so folgt

$$
\begin{aligned}
\tilde{p}\left(\vec{e}_x\right) &= 1\,p_x+0\,p_y = p_x \\
\tilde{p}\left(\vec{e}_y\right) &= 0\,p_x+1\,p_y = p_y,
\end{aligned} \tag{9.2}
$$

d.h., wir können aus diesen Beziehungen die Formel (9.1) wegen der Linearität von $\tilde{p}$ auch in folgender Weise schreiben

$$
\tilde{p}\left(\vec{v}\right) = \tilde{p}\left(v^x\vec{e}_x+v^y\vec{e}_y\right) = \tilde{p}\left(v^x\vec{e}_x\right)+\tilde{p}\left(v^y\vec{e}_y\right) = v^x\tilde{p}\left(\vec{e}_x\right)+v^y\tilde{p}\left(\vec{e}_y\right) = v^xp_x+v^yp_y.
$$

Die Transformationseigenschaft von Einsformen lässt sich kompakt in Matrixform schreiben

$$
\begin{pmatrix} p_{x'} & p_{y'} \end{pmatrix} = \begin{pmatrix} p_x & p_y \end{pmatrix} \begin{pmatrix} \partial x/\partial x' & \partial x/\partial y' \\ \partial y/\partial x' & \partial y/\partial y' \end{pmatrix}, \tag{9.3}
$$

wobei nach den Regeln zur Multiplikation von Matrizen die Komponenten des Zeilenvektors *von rechts* mit der Transformationsmatrix multipliziert werden müssen; der Zeilenvektor (eine (1×2)-Matrix) wird mit einer (2×2)-Matrix multipliziert. Die Komponenten von Zeilenvektoren transformieren sich also umgekehrt wie die Vektorkomponenten. Nach Gl. (8.33) gilt nämlich für die Vektorkomponenten

$$
\begin{pmatrix} v^{x'} \\ v^{y'} \end{pmatrix} = \begin{pmatrix} \partial x'/\partial x & \partial x'/\partial y \\ \partial y'/\partial x & \partial y'/\partial y \end{pmatrix} \begin{pmatrix} v^{x} \\ v^{y} \end{pmatrix}.
$$

Dieses gegenläufige Transformationsverhalten sorgt nun dafür, dass die Zahl auf der rechten Seite in Formel (9.1) in jedem Koordinatensystem die gleiche ist, denn

$$
v^{x'} p_{x'} + v^{y'} p_{y'} = \begin{pmatrix} p_{x'} & p_{y'} \end{pmatrix} \begin{pmatrix} v^{x'} \\ v^{y'} \end{pmatrix} =
$$

$$
\begin{pmatrix} p_{x} & p_{y} \end{pmatrix} \underbrace{\begin{pmatrix} \partial x/\partial x' & \partial x/\partial y' \\ \partial y/\partial x' & \partial y/\partial y' \end{pmatrix} \begin{pmatrix} \partial x'/\partial x & \partial x'/\partial y \\ \partial y'/\partial x & \partial y'/\partial y \end{pmatrix}}_{=E} \begin{pmatrix} v^{x} \\ v^{y} \end{pmatrix}.
$$

Die beiden Transformationsmatrizen sind nach Gl. (8.29) invers zueinander, d.h., das Produkt ergibt die Einheitsmatrix E. Also folgt

$$
v^{x'} p_{x'} + v^{y'} p_{y'} = \begin{pmatrix} p_{x'} & p_{y'} \end{pmatrix} \begin{pmatrix} v^{x'} \\ v^{y'} \end{pmatrix} = \begin{pmatrix} p_{x} & p_{y} \end{pmatrix} \begin{pmatrix} v^{x} \\ v^{y} \end{pmatrix} = v^{x} p_{x} + v^{y} p_{y},
$$

und damit ist gezeigt, dass der Ausdruck $\tilde{p}(\vec{v})$ unabhängig vom gewählten Koordinatensystem immer die gleiche Zahl liefert und deshalb wohldefiniert ist.

Gradient eines Skalarfeldes

Wir wollen nun zeigen, dass der Gradient eines Skalarfeldes $\phi(\vec{r})$ eine Einsform und kein normaler Vektor ist. Das machen wir, indem wir das Transformationsverhalten seiner Komponenten untersuchen. In einem (x, y)-Koordinatensystem K wird der Gradient durch seine partiellen Ableitungen definiert und wir schreiben (schon suggestiv)

$$
\tilde{d}\phi \underset{K}{\rightarrow} \begin{pmatrix} \dfrac{\partial \phi}{\partial x} & \dfrac{\partial \phi}{\partial y} \end{pmatrix}.
$$

Ist dann ein zweites (x', y')-Koordinatensystem gegeben, so folgt mit der Kettenregel 4.24 auf Seite 76

$$
\frac{\partial \phi}{\partial x'} = \frac{\partial \phi}{\partial x} \frac{\partial x}{\partial x'} + \frac{\partial \phi}{\partial y} \frac{\partial y}{\partial x'}
$$

$$\frac{\partial \phi}{\partial y'} = \frac{\partial \phi}{\partial x}\frac{\partial x}{\partial y'} + \frac{\partial \phi}{\partial y}\frac{\partial y}{\partial y'}$$

bzw. wieder kompakt in der Matrixschreibweise

$$\begin{pmatrix} \dfrac{\partial \phi}{\partial x'} & \dfrac{\partial \phi}{\partial y'} \end{pmatrix} = \begin{pmatrix} \dfrac{\partial \phi}{\partial x} & \dfrac{\partial \phi}{\partial y} \end{pmatrix} \begin{pmatrix} \partial x/\partial x' & \partial x/\partial y' \\ \partial y/\partial x' & \partial y/\partial y' \end{pmatrix}.$$

Die Komponenten von $\tilde{d}\phi$ transformieren sich also wie eine Einsform und wir *definieren* damit den Gradienten eines Skalarfeldes ϕ als die Einsform $\tilde{d}\phi$. Damit erhält auch die im letzten Kapitel eingeführte abkürzende Schreibweise für die partiellen Ableitungen von Vektorkomponenten größere Klarheit. Dort haben wir z.B. definiert

$$\frac{\partial v^r}{\partial \varphi} = v^r{}_{,\varphi}.$$

Da die Komponenten von Zeilenvektoren einen unteren Index haben und partielle Ableitungen Komponenten eines Zeilenvektors sind, ist die Platzierung des Indexes φ nach unten jetzt klar. Für $\partial \phi/\partial x, \partial \phi/\partial y$ schreiben wir ebenfalls kurz

$$\frac{\partial \phi}{\partial x} = \phi_{,x} \quad \text{bzw.} \quad \frac{\partial \phi}{\partial y} = \phi_{,y}.$$

Kovariante Ableitung von Einsformen

Wir wollen nun die Ableitung von Einsformen herleiten. Dabei sind die Komponenten von Einsformen reellwertige Funktionen, die von den Koordinaten eines Punktes $P = (x, y)$ abhängen, also

$$\tilde{p}(P) \rightarrow \begin{pmatrix} p_x(x,y) & p_y(x,y) \end{pmatrix}.$$

Wir haben weiter oben schon in (8.38) gesehen, dass die Komponenten der kovarianten Ableitung einer skalaren Funktion ϕ den partiellen Ableitungen entsprechen

$$\phi_{;x} = \phi_{,x} = \frac{\partial \phi}{\partial x}$$

$$\phi_{;y} = \phi_{,y} = \frac{\partial \phi}{\partial y}.$$

Um die kovariante Ableitung einer Einsform $\tilde{p}$ zu berechnen, benutzen wir die Eigenschaft, dass eine Einsform angewendet auf einen Vektor eine skalare Funktion ϕ ist, d.h., koordinatensystemunabhängig eine reelle Zahl liefert, die wir ϕ nennen wollen

$$\phi := \tilde{p}(\vec{v}) = p_x v^x + p_y v^y.$$

Also ergibt sich mit der Produktregel

$$\phi_{;x} = \frac{\partial \phi}{\partial x} = \frac{\partial}{\partial x} \left(p_x v^x + p_y v^y \right) = \frac{\partial p_x}{\partial x} \, v^x + p_x \frac{\partial v^x}{\partial x} + \frac{\partial p_y}{\partial x} \, v^y + p_y \frac{\partial v^y}{\partial x}.$$

Wir ersetzen jetzt die partiellen Ableitungen von v^x und v^y durch die kovarianten, d.h., analog Gl. (8.37) folgt

$$
\begin{aligned}
\frac{\partial v^x}{\partial x} &= v^x_{\;;x} - v^x \, \Gamma^x_{xx} - v^y \, \Gamma^x_{yx} \\
\frac{\partial v^y}{\partial x} &= v^y_{\;;x} - v^x \, \Gamma^y_{xx} - v^y \, \Gamma^y_{yx} \\
\frac{\partial v^x}{\partial y} &= v^x_{\;;y} - v^x \, \Gamma^x_{xy} - v^y \, \Gamma^x_{yy} \\
\frac{\partial v^y}{\partial y} &= v^y_{\;;y} - v^x \, \Gamma^y_{xy} - v^y \, \Gamma^y_{yy}.
\end{aligned}
\tag{9.4}
$$

Dies eingesetzt in obige Gleichung ergibt den (länglichen) Ausdruck

$$\phi_{;x} = \frac{\partial p_x}{\partial x} \, v^x + p_x \left(v^x_{\;;x} - v^x \, \Gamma^x_{xx} - v^y \, \Gamma^x_{yx} \right) + \frac{\partial p_y}{\partial x} \, v^y + p_y \left(v^y_{\;;x} - v^x \, \Gamma^y_{xx} - v^y \, \Gamma^y_{yx} \right).$$

Wir sortieren diese Gleichung etwas um und erhalten

$$
\begin{aligned}
\phi_{;x} &= \left(\frac{\partial p_x}{\partial x} - p_x \, \Gamma^x_{xx} - p_y \, \Gamma^y_{xx} \right) v^x + \left(\frac{\partial p_y}{\partial x} - p_x \, \Gamma^x_{yx} - p_y \, \Gamma^y_{yx} \right) v^y \\
&\quad + \; p_x \, v^x_{\;;x} + p_y \, v^y_{\;;x}.
\end{aligned}
\tag{9.5}
$$

Analog erhält man für die Ableitung nach y

$$
\begin{aligned}
\phi_{;y} &= \left(\frac{\partial p_x}{\partial y} - p_x \, \Gamma^x_{xy} - p_y \, \Gamma^y_{xy} \right) v^x + \left(\frac{\partial p_y}{\partial y} - p_x \, \Gamma^x_{yy} - p_y \, \Gamma^y_{yy} \right) v^y \\
&\quad + \; p_x \, v^x_{\;;y} + p_y \, v^y_{\;;y}.
\end{aligned}
\tag{9.6}
$$

Wir *definieren* nun die kovariante Ableitung von $\tilde{p}$ dadurch, dass wir die Ausdrücke in den Klammern als ihre Komponenten auffassen, d.h., wir definieren

$$
\begin{aligned}
p_{x\,;x} &= \frac{\partial p_x}{\partial x} - p_x \, \Gamma^x_{xx} - p_y \, \Gamma^y_{xx} \tag{9.7} \\
p_{y\,;x} &= \frac{\partial p_y}{\partial x} - p_x \, \Gamma^x_{yx} - p_y \, \Gamma^y_{yx} \\
p_{x\,;y} &= \frac{\partial p_x}{\partial y} - p_x \, \Gamma^x_{xy} - p_y \, \Gamma^y_{xy} \\
p_{y\,;y} &= \frac{\partial p_y}{\partial y} - p_x \, \Gamma^x_{yy} - p_y \, \Gamma^y_{yy}.
\end{aligned}
$$

Die obige Gleichung für $\phi_{;x}$ können wir also schreiben als

$$\phi_{;x} = \left(p_x v^x + p_y v^y\right)_{;x} = \left(p_{x\,;x} v^x + p_{y\,;x} v^y\right) + \left(p_x v^x_{\;;x} + p_y v^y_{\;;x}\right)$$

und erhalten damit eine Art von Produktregel für die kovariante Ableitung. Bevor wir mit der Tensorrechnung fortfahren, führen wir eine sehr hilfreiche abkürzende Schreibweise ein, die sogenannte **Einstein'sche Summenkonvention**.

9.2. Einstein'sche Summenkonvention

Wir haben bislang die Indizes von Vektorkomponenten nach oben, die von Einsformen nach unten geschrieben. Diese unterschiedliche Stellung der Indizes erlaubt es, eine vereinfachende Schreibweise einzuführen:

Einstein'sche Summenkonvention: Immer wenn ein Ausdruck einen Index beinhaltet, der bei der einen Variablen hoch und bei einer anderen tief gestellt ist, dann wird eine Summation über die Werte, die der Index annehmen kann, ausgeführt. Zum Beispiel ist der Ausdruck $a_i\,b^i$ eine abkürzende Schreibweise für die Summe

$$a_i\,b^i = a_x\,b^x + a_y\,b^y,$$

wenn der Index i die Werte x und y annehmen kann.

Diese Schreibweise erlaubt es auch, eine unmittelbare Verallgemeinerung auf mehr als zwei Dimensionen vorzunehmen. Besteht die Menge der Werte, die der Index i annehmen kann, aus x, y, z, so bedeutet der Ausdruck $a_i\,b^i$ dann $a_x\,b^x + a_y\,b^y + a_z\,b^z$. Den Index i nennt man auch **Summationsindex**, er ist *beliebig wählbar*, d.h., die Ausdrücke $a_i\,b^i$ und $a_j\,b^j$ sind gleich:

$$a_i\,b^i = a_x\,b^x + a_y\,b^y = a_j\,b^j$$

In diesem Kapitel wollen wir kleine *lateinische* Buchstaben wie i, j, k usw. für die Summationsindizes verwenden, wobei i, j, k jeweils die Werte x, y annehmen können. In den nachfolgenden Kapiteln über die Relativitätstheorie verwenden wir kleine *griechische* Buchstaben für die Indizes, die dann z.B. jeweils die Werte t, x, y, z annehmen können. Wenn wir Komponenten im (x', y')-Koordinatensystem K' kennzeichnen wollen, so verwenden wir als Summationsindizes i', j', k' usw., d.h., wir summieren dann über x' und y'.

Beispiel 9.1.

- Um uns an die neue Schreibweise zu gewöhnen, betrachten wir als weiteres Beispiel den Ausdruck $\vec{v} = v^i \vec{e}_i$. Da der Index i sowohl hoch- als auch tiefgestellt vorkommt, lautet die ausführliche Schreibweise

$$\vec{v} = v^i \vec{e}_i = v^x \vec{e}_x + v^y \vec{e}_y.$$

- Ein weiteres Beispiel für die Anwendung der Summenkonvention ist die Multiplikation zweier Matrizen, siehe Bemerkung 9.1. Dort waren $A = \left(a^i{}_j \right)$ eine $(m \times n)$-Matrix und $B = \left(b^j{}_k \right)$ eine $(n \times l)$-Matrix, also $i = 1, \cdots, m; j = 1, \cdots, n; k = 1, \cdots, l$ und das Produkt

$$C = \left(c^i{}_k \right) = A \cdot B$$

als eine $(m \times l)$-Matrix definiert mit

$$c^i{}_k = a^i{}_1 b^1{}_k + a^i{}_2 b^2{}_k + a^i{}_3 b^3{}_k + \cdots + a^i{}_n b^n{}_k.$$

Wenn man auf diesen Ausdruck die Summenkonvention anwendet, so erhält man die kompakte Form

$$c^i{}_k = a^i{}_j b^j{}_k.$$

Die Anwendung der Kurzschreibweise ist nur möglich, weil wir die Matrixelemente mit einem Index oben und einem Index unten geschrieben haben.

- Ausdrücke wie $a_i b^j$, $c^k d_{ij}$ sowie $a_i a_i$ unterliegen hingegen *nicht* der Summenkonvention, da sie keine gleichen, hoch- wie tiefgestellten Indizes beinhalten. $\square$

Man kann in einer Gleichung auch mehrfach summieren, dabei ist allerdings darauf zu achten, dass die Summationsindizes unterschiedlich gewählt werden, damit keine Verwirrung eintritt, welche Terme aufsummiert werden sollen. Als Beispiel betrachten wir Gl. 9.5:

$$\phi_{;x} = \left(\frac{\partial p_x}{\partial x} - p_x \Gamma^x{}_{xx} - p_y \Gamma^y{}_{xx} \right) v^x + \left(\frac{\partial p_y}{\partial x} - p_x \Gamma^x{}_{yx} - p_y \Gamma^y{}_{yx} \right) v^y$$
$$+ \quad p_x v^x{}_{;x} + p_y v^y{}_{;x}$$

Auf der rechten Seite stehen mehrere Summen, die wir nacheinander mit der Einstein'schen Summenkonvention verkürzen. Zunächst schauen wir auf die beiden letzten Summanden und schreiben

$$p_x v^x{}_{;x} + p_y v^y{}_{;x} = p_i v^i{}_{;x}.$$

Die Terme in den beiden Klammern enthalten ebenfalls Summen, die wir wie folgt abkürzen

$$\frac{\partial p_x}{\partial x} - p_x \, \Gamma^x_{xx} - p_y \, \Gamma^y_{xx} \;=\; \frac{\partial p_x}{\partial x} - p_j \, \Gamma^j_{xx}$$

$$\frac{\partial p_y}{\partial x} - p_x \, \Gamma^x_{yx} - p_y \, \Gamma^y_{yx} \;=\; \frac{\partial p_y}{\partial x} - p_k \, \Gamma^k_{yx}.$$

Als Zwischenergebnis erhalten wir

$$\phi_{;x} = \left(\frac{\partial p_x}{\partial x} - p_j \, \Gamma^j_{xx} \right) v^x + \left(\frac{\partial p_y}{\partial x} - p_k \, \Gamma^k_{yx} \right) v^y + p_i \, v^i_{\;;x}.$$

Nun kürzen wir die beiden ersten Summanden ab, wobei wir gleichzeitig in der zweiten Klammer den Index k durch j austauschen, und erhalten

$$\phi_{;x} = \left(\frac{\partial p_l}{\partial x} - p_j \, \Gamma^j_{lx} \right) v^l + p_i \, v^i_{\;;x},$$

also einen sehr kompakten Ausdruck. Der Index x ist der einzige Index, über den nicht summiert wird. Er bezeichnet die Variable, nach der abgeleitet wird. Im Vergleich zur langen Schreibweise von $\phi_{;x}$ oben, ist in der Kurzschreibweise deutlicher und sofort abzulesen, an welchen drei Stellen x auf der rechten Seite auftaucht. Der Index x ist ein sogenannter **freier Index** und man benutzt freie Indizes im Wesentlichen dazu, um mehrere Gleichungen in einer zusammenzufassen. Schauen wir uns Gl. 9.6 für $\phi_{;y}$ an

$$\begin{aligned}
\phi_{;y} \;=\;& \left(\frac{\partial p_x}{\partial y} - p_x \, \Gamma^x_{xy} - p_y \, \Gamma^y_{xy} \right) v^x + \left(\frac{\partial p_y}{\partial y} - p_x \, \Gamma^x_{yy} - p_y \, \Gamma^y_{yy} \right) v^y \\
+\;& p_x \, v^x_{\;;y} + p_y \, v^y_{\;;y}.
\end{aligned}$$

Auch diese Gleichung lässt sich mit der Einstein'schen Summenkonvention auf

$$\phi_{;y} = \left(\frac{\partial p_l}{\partial y} - p_j \, \Gamma^j_{ly} \right) v^l + p_i \, v^i_{\;;y}$$

verkürzen, und wir können einen freien Index m, der die beiden Werte x und y annehmen kann, benutzen, um die beiden Gleichungen für $\phi_{;x}$ und $\phi_{;y}$ in einer darzustellen, nämlich

$$\phi_{;m} = \left(\frac{\partial p_l}{\partial m} - p_j \, \Gamma^j_{lm} \right) v^l + p_i \, v^i_{\;;m}.$$

Freie Indizes in einer Gleichung bedeuten immer, dass tatsächlich ein System von mehreren Gleichungen vorliegt. Kann der freie Index zwei Werte annehmen, sind es zwei Gleichungen; kann er drei Werte annehmen, liegen drei Gleichungen vor, usw. In einer Gleichung müssen die freien Indizes auf beiden

Seiten immer an der gleichen Stelle, also hochgestellt bzw. tiefgestellt erscheinen.

Natürlich ist die Schreibweise mit der Einstein'schen Summenkonvention und den freien Indizes zunächst gewöhnungsbedürftig und für den hier betrachteten zweidimensionalen Fall auch nicht unbedingt notwendig. Es ist allerdings eine gute Vorbereitung auf die komplizierteren Gleichungen der Relativitätstheorie, diese neuen Schreibweisen im einfachen zweidimensionalen Fall einzuüben. Und wir werden das in den nächsten Abschnitten auch immer wieder tun.

Auch der freie Index m kann durch einen beliebigen anderen ersetzt werden, es ist nur darauf zu achten, dass man die Änderung an *jeder* Stelle vornimmt, an der m vorkommt. Der Ausdruck

$$\phi_{;n} = \left(\frac{\partial p_l}{\partial n} - p_j \, \Gamma^j_{ln} \right) v^l + p_i v^i_{;n}$$

ist also identisch mit

$$\phi_{;m} = \left(\frac{\partial p_l}{\partial m} - p_j \, \Gamma^j_{lm} \right) v^l + p_i v^i_{;m}.$$

Beispiel 9.2.
Die Transformationsformeln für die Komponenten von Vektoren und Einsformen verkürzen sich durch die Einstein'sche Summenkonvention auf

$$v^{i'} = \frac{\partial i'}{\partial i} \, v^i \tag{9.8}$$

für Vektoren bzw.

$$p_{i'} = \frac{\partial i}{\partial i'} \, p_i \tag{9.9}$$

für Einsformen. Man kann sehen, dass die freien Indizes auf beiden Seiten der Gleichungen an der gleichen Stelle stehen. $\square$

9.3. $(0,2)$-Tensoren

Allgemeine Eigenschaften von $(0,2)$-Tensoren

Einsformen sind lineare Abbildungen, die angewendet auf einen Vektor eine reelle Zahl liefern; $\tilde{p}(\vec{v})$ ist ein Skalar, d.h. eine Zahl, die in jedem Koordinatensystem den gleichen Wert annimmt. Sie heißen auch $(0,1)$-Tensoren, weil sie *einen* Vektor als Argument haben. $(0,2)$-**Tensoren** sind **bilineare** Abbildungen, die *zwei* Vektoren als Argumente haben und eine reelle Zahl liefern.

Bemerkung 9.2. **MW: Multilineare Abbildungen**
Eine Abbildung f heißt **multilinear**, wenn sie mehr als ein Argument hat und in *jedem* ihrer Argumente linear ist. Als Beispiel betrachten wir eine Funktion $f(x, y, z)$, die drei Argumente hat. Linearität in jedem Argument bedeutet

$$f(x_1 + x_2, y, z) = f(x_1, y, z) + f(x_2, y, z)$$
$$f(x, y_1 + y_2, z) = f(x, y_1, z) + f(x, y_2, z)$$
$$f(x, y, z_1 + z_2) = f(x, y, z_1) + f(x, y, z_2)$$

sowie

$$f(ax, y, z) = af(x, y, z)$$
$$f(x, ay, z) = af(x, y, z)$$
$$f(x, y, az) = af(x, y, z)$$

für eine beliebige reelle Zahl a. Multilineare Abbildungen mit zwei Argumenten nennt man auch **bilinear.** $\square$

Ein $(0,2)$-Tensor $\mathbf{f}$ ist eine bilineare Abbildung, die sich bei Wahl eines (x, y)-Koordinatensystems K durch *vier* Zahlen f_{ij}, d.h. ihre Komponenten, darstellen lässt

$$\mathbf{f} \underset{K}{\to} f_{ij},$$

$(i = x, y; j = x, y)$, wobei sich die Komponenten bei einem Koordinatensystemwechsel $K \to K'$ gemäß

$$f_{x'x'} = \frac{\partial x}{\partial x'}\frac{\partial x}{\partial x'} f_{xx} + \frac{\partial x}{\partial x'}\frac{\partial y}{\partial x'} f_{xy} + \frac{\partial y}{\partial x'}\frac{\partial x}{\partial x'} f_{yx} + \frac{\partial y}{\partial x'}\frac{\partial y}{\partial x'} f_{yy} = \frac{\partial i}{\partial x'}\frac{\partial j}{\partial x'} f_{ij}$$

$$f_{x'y'} = \frac{\partial x}{\partial x'}\frac{\partial x}{\partial y'} f_{xx} + \frac{\partial x}{\partial x'}\frac{\partial y}{\partial y'} f_{xy} + \frac{\partial y}{\partial x'}\frac{\partial x}{\partial y'} f_{yx} + \frac{\partial y}{\partial x'}\frac{\partial y}{\partial y'} f_{yy} = \frac{\partial i}{\partial x'}\frac{\partial j}{\partial y'} f_{ij}$$

$$f_{y'x'} = \frac{\partial x}{\partial y'}\frac{\partial x}{\partial x'} f_{xx} + \frac{\partial x}{\partial y'}\frac{\partial y}{\partial x'} f_{xy} + \frac{\partial y}{\partial y'}\frac{\partial x}{\partial x'} f_{yx} + \frac{\partial y}{\partial y'}\frac{\partial y}{\partial x'} f_{yy} = \frac{\partial i}{\partial y'}\frac{\partial j}{\partial x'} f_{ij}$$

$$f_{y'y'} = \frac{\partial x}{\partial y'}\frac{\partial x}{\partial y'} f_{xx} + \frac{\partial x}{\partial y'}\frac{\partial y}{\partial y'} f_{xy} + \frac{\partial y}{\partial y'}\frac{\partial x}{\partial y'} f_{yx} + \frac{\partial y}{\partial y'}\frac{\partial y}{\partial y'} f_{yy} = \frac{\partial i}{\partial y'}\frac{\partial j}{\partial y'} f_{ij},$$

d.h. mit der freien Indexnotation, kurz gemäß

$$f_{i'j'} = \frac{\partial i}{\partial i'}\frac{\partial j}{\partial j'} f_{ij} \tag{9.10}$$

transformieren sollen. Auf der rechten Seite sind die Summationsindizes unterschiedlich gewählt, damit klar ist, was mit wem addiert wird. Schreibt man

9. Tensorrechnung in der euklidischen Ebene

die Komponenten von **f** als (2×2)-Matrix

$$(f_{ij}) = \begin{pmatrix} f_{xx} & f_{xy} \\ f_{yx} & f_{yy} \end{pmatrix},$$

so kann man die Transformationsformel auch als Matrixgleichung schreiben

$$(f_{i'j'}) = \begin{pmatrix} \dfrac{\partial x}{\partial x'} & \dfrac{\partial x}{\partial y'} \\[2ex] \dfrac{\partial y}{\partial x'} & \dfrac{\partial y}{\partial y'} \end{pmatrix}^T \begin{pmatrix} f_{xx} & f_{xy} \\ f_{yx} & f_{yy} \end{pmatrix} \begin{pmatrix} \dfrac{\partial x}{\partial x'} & \dfrac{\partial x}{\partial y'} \\[2ex] \dfrac{\partial y}{\partial x'} & \dfrac{\partial y}{\partial y'} \end{pmatrix}. \tag{9.11}$$

Man muss also die linke Jacobi-Matrix des Koordinatenwechsels transponieren (siehe Bemerkung 8.1), um die richtige Transformationsformel zu reproduzieren. Im Folgenden benutzen wir die handliche Indexschreibweise (9.10), wenn wir Transformationen von Tensorkomponenten berechnen wollen. Für zwei beliebige Vektoren

$$\vec{v} = v^x \vec{e}_x + v^y \vec{e}_y = v^i \vec{e}_i \ \text{ und } \ \vec{w} = w^j \vec{e}_j$$

wird **f** als Funktion durch

$$\mathbf{f}(\vec{v}, \vec{w}) = v^i w^j f_{ij} \tag{9.12}$$

definiert, wobei wieder die doppelte Summenkonvention beachtet werden muss. Wir zeigen, dass diese Definition unabhängig vom verwendeten Koordinatensystem immer dieselbe Zahl liefert. Sei dazu K' ein weiteres beliebiges Koordinatensystem, dann folgt mit (9.8) und (9.10)

$$\begin{aligned} v^{i'} w^{j'} f_{i'j'} &= \left(\frac{\partial i'}{\partial i} v^i \right) \left(\frac{\partial j'}{\partial j} w^j \right) \left(\frac{\partial k}{\partial i'} \frac{\partial l}{\partial j'} f_{kl} \right) \\ &= v^i w^j f_{kl} \left(\frac{\partial i'}{\partial i} \frac{\partial k}{\partial i'} \right) \left(\frac{\partial j'}{\partial j} \frac{\partial l}{\partial j'} \right). \end{aligned}$$

Nun gilt für die Matrizenprodukte in den beiden Klammern

$$\frac{\partial i'}{\partial i} \frac{\partial k}{\partial i'} = \delta_i^k; \ \ \frac{\partial j'}{\partial j} \frac{\partial l}{\partial j'} = \delta_j^l$$

mit dem *Kronecker-Delta* δ (siehe Bemerkung 8.1). Wir erhalten also mit

$$v^{i'} w^{j'} f_{i'j'} = v^i w^j f_{kl} \, \delta_i^k \, \delta_j^l = v^i w^j f_{ij}$$

die gewünschte Unabhängigkeit vom Koordinatensystem.

Für einen $(0, 2)$-Tensor ist die Reihenfolge seiner zwei Argumente wichtig. Durch Vertauschen der beiden Argumente erhält man im Allgemeinen unterschiedliche Ergebnisse:

$$\mathbf{f}\left(\vec{v}, \vec{w}\right) = v^i w^j f_{ij} \neq w^i v^j f_{ij} = \mathbf{f}\left(\vec{w}, \vec{v}\right)$$

Man nennt daher einen $(0, 2)$-Tensor **f symmetrisch**, wenn für beliebige Vektoren $\vec{v}$ und $\vec{w}$

$$\mathbf{f}\left(\vec{v}, \vec{w}\right) = \mathbf{f}\left(\vec{w}, \vec{v}\right)$$

gilt. Für die Komponenten bedeutet das, dass

$$f_{ij} = f_{ji}$$

gilt, d.h., sie sind *symmetrisch* in den beiden unteren Indizes. Ganz ähnlich nennt man einen Tensor **antisymmetrisch**, wenn für beliebige Vektoren $\vec{v}$ und $\vec{w}$

$$\mathbf{f}\left(\vec{v}, \vec{w}\right) = -\mathbf{f}\left(\vec{w}, \vec{v}\right)$$

gilt. Die Komponenten sind dann *antisymmetrisch* in den beiden unteren Indizes

$$f_{ij} = -f_{ji}.$$

Der metrische Tensor

Der für uns wichtigste $(0, 2)$-Tensor ist der **metrische Tensor g**, der auch kurz als **Metrik** bezeichnet wird und dessen Komponenten g_{ij} im kartesischen (x, y)-Koordinatensystem K durch

$$\mathbf{g} \underset{K}{\rightarrow} g_{ij} = \begin{cases} 1 & i = j \\ 0 & i \neq j \end{cases},$$

bzw. in Matrixform

$$(g_{ij}) = \begin{pmatrix} 1 & 0 \\ 0 & 1 \end{pmatrix} = (\delta_{ij}),$$

definiert werden, wobei wir das Kronecker-Delta auf der rechten Seite ebenfalls mit zwei unteren Indizes geschrieben haben. Die Komponenten des metrischen Tensors entsprechen also im kartesischen Koordinatensystem der Einheitsmatrix.

Sind zwei beliebige Vektoren

$$\vec{v} = v^x \vec{e}_x + v^y \vec{e}_y = v^i \vec{e}_i$$

und

$$\vec{w} = w^x\,\vec{e}_x + w^y\,\vec{e}_y = w^j\vec{e}_j$$

gegeben, so folgt

$$\mathbf{g}\,(\vec{v},\vec{w}) \;=\; v^i w^j\,g_{ij} = v^i w^j\,\delta_{ij} = v^x w^x + v^y w^y = \vec{v}\cdot\vec{w},$$

d.h., der metrische Tensor wird durch das Skalarprodukt von zwei Vektoren definiert. Wir haben in Kap. 8 schon gezeigt, dass das Skalarprodukt von zwei Vektoren invariant unter Koordinatentransformationen und außerdem bilinear ist, also ist der metrische Tensor wohldefiniert und bilinear. Da die Reihenfolge der Vektoren bei der Skalarmultiplikation keine Rolle spielt, ist der metrische Tensor symmetrisch, d.h.

$$\mathbf{g}\,(\vec{v},\vec{w}) = \vec{v}\cdot\vec{w} = \vec{w}\cdot\vec{v} = \mathbf{g}\,(\vec{w},\vec{v})\,.$$

Zu einem Vektor korrespondierende Einsform

Man kann den metrischen Tensor dazu benutzen, zu einem festen Vektor $\vec{v}$ eine korrespondierende Einsform $\tilde{v}$ zu definieren:

$$\tilde{v} \to v_i = g_{ij}v^j \tag{9.13}$$

Wir überprüfen, ob die Komponenten die Transformationsregeln für Einsformen erfüllen. Sei dazu ein weiteres Koordinatensystem K' gewählt, dann folgt mit (9.10) und (9.8)

$$v_{i'} \;=\; g_{i'j'}\,v^{j'} = \frac{\partial i}{\partial i'}\frac{\partial j}{\partial j'}\,g_{ij}\,\frac{\partial j'}{\partial k}\,v^k = \frac{\partial i}{\partial i'}\left(g_{ij}\,v^k\right)\underbrace{\left(\frac{\partial j}{\partial j'}\frac{\partial j'}{\partial k}\right)}_{=\delta_k^j}$$

$$=\; \frac{\partial i}{\partial i'}\left(g_{ij}\,v^k\delta_k^j\right) = \frac{\partial i}{\partial i'}\left(g_{ij}\,v^j\right) = \frac{\partial i}{\partial i'}\,v_i,$$

d.h., $\tilde{v}$ ist eine Einsform. Im kartesischen Koordinatensystem ist $g_{ij}=\delta_{ij}$, da (und nur da!) gilt die Beziehung

$$v_i = v^i, \tag{9.14}$$

d.h., die Komponenten von Einsform und normalem Vektor stimmen überein. Daher haben wir auch keinen Fehler gemacht, als wir in Teil I den Gradienten einer skalaren Funktion als Vektor und nicht als Einsform aufgefasst haben. Schaut man sich den Ausdruck (9.13) an, so bewirkt also die Multiplikation und Summation (was man kurz die **Kontraktion** des Vektors mit der Metrik nennt) der Komponenten eines Vektors v^j mit den Komponenten des metrischen Tensors g_{ij}, dass eine Komponente einer Einsform entsteht. Wenn man diesen Sachverhalt auf die Stellung der Indizes bezieht, so wird ein oberer Index (beim Vektor) durch Kontraktion mit der Metrik zu einem unteren Index (bei der Einsform). Diesen Wechsel der Stellung der Indizes von oben nach unten nennt man auch **Herunterziehen mit der Metrik**.

Zu einer Einsform korrespondierender Vektor

Wir stellen uns nun die umgekehrte Frage: Kann man zu einer beliebigen Einsform $\tilde{p}$ einen korrespondierenden Vektor $\vec{p}$ finden? Zur Beantwortung der Frage wollen wir voraussetzen, dass die Matrix g_{ij} invertierbar ist. Die inverse Matrix schreiben wir als g^{ij}, sie ist ebenfalls symmetrisch und muss die Gleichung

$$g_{ij}\, g^{jk} = g^{kj} g_{ji} = \delta_i^k = \begin{cases} 1 & i = k \\ 0 & i \neq k \end{cases}$$

erfüllen. Sind nun p_i die Komponenten der Einsform $\tilde{p}$, so ergibt sich analog für $\vec{p}$:

$$\vec{p} \rightarrow p^i = g^{ij} p_j \tag{9.15}$$

Beispiel 9.3.
Als ein Beispiel wollen wir den metrischen Tensor für Polarkoordinaten ausrechnen, d.h., wir setzen $(x', y') = (r, \varphi)$ und erhalten mit Gl. (8.31) sowie mit Formel (9.11):

$$
\begin{aligned}
\left(g_{i'j'}\right) &= \begin{pmatrix} \cos\varphi & -r\sin\varphi \\ \sin\varphi & r\cos\varphi \end{pmatrix}^T \begin{pmatrix} 1 & 0 \\ 0 & 1 \end{pmatrix} \begin{pmatrix} \cos\varphi & -r\sin\varphi \\ \sin\varphi & r\cos\varphi \end{pmatrix} \\
&= \begin{pmatrix} \cos\varphi & \sin\varphi \\ -r\sin\varphi & r\cos\varphi \end{pmatrix} \begin{pmatrix} \cos\varphi & -r\sin\varphi \\ \sin\varphi & r\cos\varphi \end{pmatrix} \\
&= \begin{pmatrix} 1 & 0 \\ 0 & r^2 \end{pmatrix}
\end{aligned}
$$

Also folgt für die Komponenten des metrischen Tensors in Polarkoordinaten P

$$\mathbf{g} \underset{P}{\rightarrow} \left(g_{i'j'}\right) = \begin{pmatrix} g_{rr} & g_{r\varphi} \\ g_{\varphi r} & g_{\varphi\varphi} \end{pmatrix} = \begin{pmatrix} 1 & 0 \\ 0 & r^2 \end{pmatrix}. \tag{9.16}$$

Die inverse Matrix $\left(g^{i'j'}\right)$ ergibt sich daraus mit der Formel (8.19):

$$A^{-1} = \frac{1}{\det A} \begin{pmatrix} d & -b \\ -c & a \end{pmatrix}$$

und mit

$$\det \left(g_{i'j'} \right) = r^2$$

zu

$$\left(g^{i'j'} \right) = \frac{1}{\det \left(g_{i'j'} \right)} \begin{pmatrix} r^2 & 0 \\ 0 & 1 \end{pmatrix} = \frac{1}{r^2} \begin{pmatrix} r^2 & 0 \\ 0 & 1 \end{pmatrix} = \begin{pmatrix} 1 & 0 \\ 0 & \frac{1}{r^2} \end{pmatrix} . \square \qquad (9.17)$$

Wir betrachten nun den Gradienten $\tilde{d}\phi$ einer skalaren Funktion ϕ und verwenden die Formel (9.15), um die Komponenten des zugehörigen Vektors $\vec{d}\phi$ in Polarkoordinaten auszurechnen. Es gilt

$$
\begin{aligned}
\left(\vec{d}\phi \right)^r &= g^{rj}\phi_{,j} = g^{rr}\phi_{,r} + g^{r\varphi}\phi_{,\varphi} = \phi_{,r} = \frac{\partial \phi}{\partial r} \\
\left(\vec{d}\phi \right)^\varphi &= g^{\varphi j}\phi_{,j} = g^{\varphi r}\phi_{,r} + g^{\varphi\varphi}\phi_{,\varphi} = \frac{1}{r^2}\phi_{,\varphi} = \frac{1}{r^2}\frac{\partial \phi}{\partial \varphi},
\end{aligned}
$$

d.h., dass die Komponenten des zum Gradienten zugehörigen Vektors *nicht* übereinstimmen mit den Komponenten des Gradienten

$$\tilde{d}\phi \underset{P}{\rightarrow} \left(\frac{\partial \phi}{\partial r} \quad \frac{\partial \phi}{\partial \varphi} \right) .$$

Obwohl wir uns in der euklidischen Ebene befinden, haben die Vektoren im Allgemeinen andere Komponenten als ihre zugehörigen Einsformen. Das kartesische Koordinatensystem ist das *einzige*, in dem die Komponenten übereinstimmen.

Länge eines Vektors

Man kann den metrischen Tensor dazu benutzen, die Länge von Vektoren zu bestimmen (daher auch der Name „Metrik"). In der euklidischen Ebene hat der (infinitesimale) Verschiebungsvektor $d\vec{s}$ die kartesischen Komponenten

$$d\vec{s} \underset{K}{\rightarrow} \begin{pmatrix} dx \\ dy \end{pmatrix} .$$

Das in allen Koordinatensystemen gleich große Quadrat der Länge von $d\vec{s}$ ergibt sich mit der Metrik zu

$$
\begin{aligned}
d\vec{s} \cdot d\vec{s} = ds^2 &= g_{xx}\,dx\,dx + g_{xy}\,dx\,dy + g_{yx}\,dy\,dx + g_{yy}\,dy\,dy \\
&= dx^2 + dy^2 .
\end{aligned}
$$

In Polarkoordinaten erhält man

$$d\vec{s} \underset{P}{\rightarrow} \begin{pmatrix} dr \\ d\varphi \end{pmatrix} \qquad (9.18)$$

und für die Länge

$$
\begin{aligned}
ds^2 &= g_{rr}\, dr\, dr + g_{r\varphi}\, dr\, d\varphi + g_{\varphi r}\, d\varphi\, dr + g_{\varphi\varphi}\, d\varphi\, d\varphi \\
&= dr^2 + r^2\, d\varphi^2.
\end{aligned}
$$

Die kovariante Ableitung eines $(0, 2)$-Tensors

Die folgende Herleitung der kovarianten Ableitung enthält eine Menge „Indexgymnastik" und ist daher nicht ganz einfach nachzuvollziehen. Sie bietet natürlich eine gute Möglichkeit, die Summationskonvention weiter einzuüben.

Um die kovariante Ableitung eines $(0, 2)$-Tensors herzuleiten, benutzen wir Gl. (9.12):

$$
\mathbf{f}(\vec{v}, \vec{w}) = v^i w^j f_{ij} = \phi
$$

Die rechte Seite betrachten wir ähnlich wie bei der Herleitung der kovarianten Ableitung von Einsformen als eine skalare Funktion ϕ, deren kovariante Ableitung ja mit der partiellen übereinstimmt. Also folgt

$$
\phi_{;k} = \phi_{,k} = \frac{\partial \phi}{\partial k} = \frac{\partial \left(v^i w^j f_{ij} \right)}{\partial k}.
$$

Auf die rechte Seite wenden wir zweimal die Produktregel an und erhalten

$$
\frac{\partial \left(v^i w^j f_{ij} \right)}{\partial k} = \frac{\partial v^i}{\partial k}\, w^j f_{ij} + \frac{\partial w^j}{\partial k}\, v^i f_{ij} + \frac{\partial f_{ij}}{\partial k}\, v^i w^j.
$$

Nun ersetzen wir wie in Gl. (9.4) die partiellen Ableitungen der Komponenten der beiden Vektoren durch deren kovariante, die wir mit der Summenkonvention kurz als

$$
\frac{\partial v^i}{\partial k} = v^i_{\;;k} - v^l\, \Gamma^i_{lk}
$$

bzw.

$$
\frac{\partial w^j}{\partial k} = w^j_{\;;k} - w^m\, \Gamma^j_{mk}
$$

schreiben können. Wir erhalten

$$
\frac{\partial \left(v^i w^j f_{ij} \right)}{\partial k} = \left(v^i_{\;;k} - v^l\, \Gamma^i_{lk} \right) w^j f_{ij} + \left(w^j_{\;;k} - w^m\, \Gamma^j_{mk} \right) v^i f_{ij} + \frac{\partial f_{ij}}{\partial k}\, v^i w^j.
$$

Die rechte Seite wird umsortiert, dann folgt

$$
\frac{\partial \left(v^i w^j f_{ij} \right)}{\partial k} = \frac{\partial f_{ij}}{\partial k}\, v^i w^j - f_{ij}\, \Gamma^i_{lk}\, w^j v^l - f_{ij}\, \Gamma^j_{mk}\, v^i w^m + v^i_{\;;k}\, w^j f_{ij} + w^j_{\;;k}\, v^i f_{ij}.
$$

Wir wollen bei den ersten drei Termen die Komponenten der beiden Vektoren ausklammern, dazu vertauschen wir im zweiten Term die Summationsindizes $i \leftrightarrow l$ und im dritten $j \to l, m \to j$ und erhalten als Zwischenresultat

$$\frac{\partial \left(v^i w^j f_{ij}\right)}{\partial k} = \frac{\partial f_{ij}}{\partial k} v^i w^j - f_{lj} \Gamma^l_{ik} w^j v^i - f_{il} \Gamma^l_{jk} v^i w^j + v^i_{;k} w^j f_{ij} + w^j_{;k} v^i f_{ij}$$

und daraus durch Ausklammern

$$\frac{\partial \left(v^i w^j f_{ij}\right)}{\partial k} = \left(\frac{\partial f_{ij}}{\partial k} - f_{lj} \Gamma^l_{ik} - f_{il} \Gamma^l_{jk}\right) v^i w^j + v^i_{;k} w^j f_{ij} + w^j_{;k} v^i f_{ij}.$$

Wir *definieren* nun die kovariante Ableitung von **f** dadurch, dass wir die Ausdrücke in den Klammern als ihre Komponenten auffassen, d.h., wir definieren

$$f_{ij;k} = \frac{\partial f_{ij}}{\partial k} - f_{lj} \Gamma^l_{ik} - f_{il} \Gamma^l_{jk} = f_{ij,k} - f_{lj} \Gamma^l_{ik} - f_{il} \Gamma^l_{jk}, \qquad (9.19)$$

in der letzten Gleichung haben wir wieder die Kurzform für die partielle Ableitung benutzt

$$f_{ij,k} = \frac{\partial f_{ij}}{\partial k}.$$

Kovariante Ableitung des metrischen Tensors

Wir wollen nun die kovariante Ableitung des metrischen Tensors konkret berechnen. Dazu stellen wir zunächst fest, dass, wenn die Komponenten einer Einsform oder eines $(0,2)$-Tensors in einem Koordinatensystem null sind, sie es dann in allen anderen auch sind. Denn z.B. mit der Transformationsformel (9.10) folgt, dass sich die Komponenten eines $(0,2)$-Tensors in einem $(x', y)'$-Koordinatensystem durch

$$f_{i'j'} = \frac{\partial j}{\partial i'} \frac{\partial k}{\partial j'} f_{jk}$$

berechnen lassen, d.h., sind alle $f_{jk} = 0$, so sind alle $f_{i'j'}$ ebenfalls gleich null. Diese Eigenschaft ist nun der Grund dafür, dass, wenn eine sogenannte **Tensorgleichung** in einem Koordinatensystem Gültigkeit hat, sie in gleicher Form in jedem anderen Koordinatensystem gilt. Eine Tensorgleichung ist eine Gleichung, die auf der rechten und auf der linken Seite Komponenten von gleichrangigen Tensoren beinhaltet. Bringen wir also in dem Koordinatensystem, in dem die Gleichung Gültigkeit hat, alle Tensorkomponenten auf die linke Seite der Gleichung, sodass rechts die Null steht, so haben wir auf der linken Seite einen Tensor stehen, dessen Komponenten alle null sind, und dann wissen wir, dass das in allen anderen Koordinatensystemen auch so ist. Wir schreiben dann die linke Seite als Tensor in einem anderen Koordinatensystem und transferieren dann wieder die Terme, die rechts stehen sollen, auf die rechte Seite.

Mit diesen Vorbemerkungen können wir nunmehr die kovariante Ableitung des metrischen Tensors herleiten. In kartesischen Koordinaten sind - wie oben in (9.14) gezeigt - die Komponenten eines Vektors $\vec{v}$ und der korrespondierenden Einsform $\tilde{v}$ gleich

$$v_i = v^i,$$

und damit sind auch die partiellen Ableitungen gleich

$$v^i{}_{,k} = v_{i,k}.$$

Da in kartesischen Koordinaten die Christoffel-Symbole gleich null sind, gilt

$$v^i{}_{;k} = v^i{}_{,k}$$

und

$$v_{i;k} = v_{i,k}.$$

Also folgt in kartesischen Koordinaten

$$v_{i;k} = v^i{}_{;k}.$$

Nun gilt

$$v^i{}_{;k} = \delta_{ij}\, v^j{}_{;k} = g_{ij}\, v^j{}_{;k}$$

in kartesischen Koordinaten, woraus mit der vorletzten Gleichung

$$v_{i;k} = g_{ij}\, v^j{}_{;k}$$

folgt. Auf der linken und rechten Seite stehen jeweils Tensorkomponenten, es liegt also eine Tensorgleichung vor, die in allen Koordinatensystemen Gültigkeit hat. Das heißt, es gilt auch in beliebigen (x', y')-Koordinatensystemen

$$v_{i';k'} = g_{i'j'}\, v^{j'}{}_{;k'}. \tag{9.20}$$

Wir wollen nun zeigen, dass die kovariante Ableitung des metrischen Tensors gleich null ist. Dazu wenden wir die Produktregel auf Gl. (9.13) an und erhalten

$$v_{i';k'} = \left(g_{i'j'}\, v^{j'}\right)_{;k'} = g_{i'j';k'}\, v^{j'} + g_{i'j'}\, v^{j'}{}_{;k'}.$$

Vergleichen wir diese Gleichung mit (9.20), so folgt für ein beliebiges Vektorfeld $\vec{v}$

$$g_{i'j';k'}\, v^{j'} = 0$$

und damit wiederum
$$g_{i'j';k'} = 0.$$

Im kartesischen Koordinatensystem kann man die kovariante Ableitung der Metrik auch direkt ausrechnen, indem man die Formel (9.19)

$$g_{ij;k} = g_{ij,k} - g_{lj}\,\Gamma^l_{ik} - g_{il}\,\Gamma^l_{jk}$$

benutzt. Die Christoffel-Symbole sind im kartesischen Koordinatensystem gleich null, auch die partiellen Ableitungen der Metrikkomponenten 0 und 1 sind gleich null, also ist die rechte Seite gleich null.

9.4. (M, N)-Tensoren

In diesem Abschnitt behandeln wir nun die allgemeinen Formen von Tensoren, allerdings nur so, wie wir sie in der Relativitätstheorie benötigen. Wir verzichten zum Großteil auf detaillierte Herleitungen. Zum einen deswegen, weil bei der Behandlung von Vektoren, Einsformen und $(0,2)$-Tensoren schon die gleichen Ansätze und Herleitungswege benutzt wurden, wie sie auch für allgemeinere Tensoren gelten. Zum anderen werden die Formeln und Rechenschritte (zumindest optisch) unübersichtlicher, da wir es mit mehreren unteren und/oder oberen Indizes zu tun bekommen.

$(0, N)$-Tensoren

Wir verallgemeinern zunächst die Definition von $(0,2)$-Tensoren auf $(0,N)$-Tensoren, wobei in der Relativitätstheorie N maximal die Zahl 4 ist. $(0,N)$-Tensoren sind *multilineare* Abbildungen, die N Vektoren als Argumente haben und eine reelle Zahl liefern. Als durchgängiges Beispiel in diesem Abschnitt wollen wir einen $(0,4)$-Tensor $\mathbf{T}$ betrachten. Dieser Tensor $\mathbf{T}$ bildet also vier Vektoren auf eine reelle Zahl ab, seine 16 Komponenten haben *vier untere* Indizes, d.h.

$$\mathbf{T} \to T_{ijkl},$$

wobei im (x, y)-Koordinatensystem jeder Index i, j, k, l die Werte x, y annehmen kann. Die Tensorkomponenten müssen folgende Transformationsformel erfüllen:

$$T_{i'j'k'l'} = \frac{\partial i}{\partial i'}\,\frac{\partial j}{\partial j'}\,\frac{\partial k}{\partial k'}\,\frac{\partial l}{\partial l'}\,T_{ijkl}$$

Es gibt also für *jeden* unteren Index einen Term der Form $\dfrac{\partial i}{\partial i'}$. Analog wie bei den $(0,2)$-Tensoren ergibt sich für vier beliebige Vektoren

$$\mathbf{T}(\vec{u}, \vec{v}, \vec{w}, \vec{z}) = u^i v^j w^k z^l\, T_{ijkl}.$$

Die Komponenten der kovarianten Ableitung von **T** ergeben sich zu

$$T_{ijkl;m} = T_{ijkl,m} - T_{njkl}\,\Gamma^n_{im} - T_{inkl}\,\Gamma^n_{jm} - T_{ijnl}\,\Gamma^n_{km} - T_{ijkn}\,\Gamma^n_{lm}.$$

Diese Formel wird vielleicht etwas erträglicher, wenn man sich klar macht, dass man für jeden unteren Index einen Term mit dem Christoffel-Symbol erhält, und die Summation (über den Summationsindex n) erfolgt der Reihe nach in den unteren Indizes.

$(M, 0)$-**Tensoren**

Mit einem kleinen „Trick" können wir einen Vektor $\vec{v}$ auch als lineare Abbildung auffassen, die als Argument eine beliebige Einsform $\tilde{p}$ hat und eine reelle Zahl liefert. Die Vorschrift dafür ist

$$\vec{v}(\tilde{p}) = \tilde{p}(\vec{v}) = p_i\,v^i. \tag{9.21}$$

Aus diesem Grund nennt man einen Vektor auch einen $(1, 0)$-Tensor. Die Komponenten eines solchen Tensors haben *einen oberen* Index. Allgemeiner ist ein $(M, 0)$-Tensor eine multilineare Abbildung, die M Einsformen ($M = 1, 2, 3, 4$) als Argumente hat und in die reellen Zahlen abbildet. Die Komponenten von $(M, 0)$-Tensoren haben M *obere* Indizes. Die Ausführungen der letzten Abschnitte über $(0, N)$-Tensoren übertragen sich sinngemäß auf die $(M, 0)$-Tensoren. Als durchgängiges Beispiel für diesen Abschnitt betrachten wir die Eigenschaften eines $(2, 0)$-Tensors

$$\mathbf{T} \to T^{ij},$$

dessen Komponenten sich bei einem Koordinatensystemwechsel gemäß

$$T^{i'j'} = \frac{\partial i'}{\partial i}\,\frac{\partial j'}{\partial j}\,T^{ij}$$

transformieren. Sind $\tilde{p} \to p_i$ und $\tilde{q} \to q_j$ zwei Einsformen, so gilt

$$\mathbf{T}\,(\tilde{p}, \tilde{q}) = p_i\,q_j\,T^{ij}.$$

Die Komponenten der kovarianten Ableitung von **T** ergeben sich zu

$$T^{ij}_{;k} = T^{ij}_{,k} + T^{lj}\,\Gamma^i_{lk} + T^{il}\,\Gamma^j_{lk}.$$

Für jeden unteren Index gibt es einen positiven Term mit dem Christoffel-Symbol, und die Summation (über den Summationsindex l) erfolgt der Reihe nach in den oberen Indizes.

9. Tensorrechnung in der euklidischen Ebene

Ein spezieller $(2,0)$-Tensor ist der **metrische Tensor** für Einsformen, den wir mit $\mathbf{G}$ bezeichnen wollen. Dieser wird definiert durch

$$\mathbf{G} \to g^{ij}, \tag{9.22}$$

wobei die Komponenten des metrischen Tensors für Einsformen den Elementen der inversen Matrix zu (g_{ij}) entsprechen.

(M, N)-Tensoren

Schließlich ist ein (M, N)-Tensor eine multilineare Abbildung, die M Einsformen und N Vektoren in die reellen Zahlen abbildet, wobei M, N wieder die Zahlen 1 bis 4 sein können. Die Komponenten eines (M, N)-Tensors haben also M *obere* und N *untere* Indizes. Als durchgängiges Beispiel soll uns in diesem Abschnitt ein $(1, 1)$-Tensor dienen. Ein $(1, 1)$-Tensor $\mathbf{T}$ benötigt eine Einsform $\tilde{p}$ und einen Vektor $\vec{v}$, um die Zahl $\mathbf{T}(\tilde{p}, \vec{v})$ zu produzieren. Die Komponenten von

$$\mathbf{T} \to T^i{}_j$$

haben einen hochgestellten (von der Einsform) und einen tiefgestellten (von dem Vektor) Index und transformieren sich bei einem Koordinatensystemwechsel gemäß

$$T^{i'}{}_{j'} = \frac{\partial i'}{\partial i} \frac{\partial j}{\partial j'} T^i{}_j.$$

Wenn man die Art und Weise der Summationen der hoch- und tiefgestellten Indizes nachvollzieht, so sieht man, dass es nur diese eine Möglichkeit zur Transformation geben kann. Sie ergibt sich aufgrund der Stellung der Indizes quasi „automatisch". Ist $\vec{v}$ ein Vektor und $\tilde{p}$ eine Einsform, so folgt

$$\mathbf{T}(\tilde{p}, \vec{v}) = p_i\, v^j\, T^i{}_j.$$

Die Komponenten der kovarianten Ableitung von $\mathbf{T}$ ergeben sich zu

$$T^i{}_{j;k} = T^i{}_{j,k} + T^l{}_j\, \Gamma^i{}_{lk} - T^i{}_l\, \Gamma^l{}_{jk}.$$

Für den oberen Index gibt es einen positiven Term mit dem Christoffel-Symbol, für den unteren einen negativen, und die Summation (über den Summationsindex l) erfolgt der Reihe nach in den Indizes.

Indizes hinauf und hinunter ziehen

In Verallgemeinerung der Korrespondenz zwischen Vektoren und Einsformen kann man den metrischen Tensor $\mathbf{g}$ dazu benutzen, um aus einem (M, N)-Tensor einen korrespondierenden $(M - 1, N + 1)$-Tensor zu erzeugen. Analog benutzt man den Tensor $\mathbf{G}$, um aus einem (M, N)-Tensor einen korrespondierenden $(M + 1, N - 1)$-Tensor zu erzeugen. Es ist üblich, diese neuen Tensoren mit dem gleichen Namen zu bezeichnen und sie nur über die Indexstellung ihrer Komponenten zu unterscheiden. Zum Beispiel ist der korrespondierende Tensor eines $(0, 2)$-Tensors $\mathbf{T}$ ein $(1, 1)$-Tensor, der ebenfalls mit $\mathbf{T}$ bezeichnet wird. Die Komponenten des korrespondierenden Tensors $\mathbf{T}$ ergeben sich aus den Komponenten T_{ij} des $(0, 2)$-Tensors sowie aus den Komponenten g^{ik} von $\mathbf{G}$ durch

$$\mathbf{T} \to T^i{}_j = g^{ik} T_{kj}.$$

Das heißt, man *„zieht den ersten Index i von T_{ij} mit der inversen Matrix g^{ik} nach oben"*. Mit genau den gleichen Schritten kann man auch den zweiten Index der Komponenten T_{ij} nach oben ziehen und erhält

$$T^j{}_i = g^{jk} T_{ik}.$$

Die Komponenten $T^j{}_i$ *unterscheiden* sich im Allgemeinen von $T^i{}_j$, siehe [31]. Schaut man sich als weiteres Beispiel den korrespondierenden Tensor zu einem $(2, 0)$-Tensor $\mathbf{T}$ an, so folgt genauso

$$T^i{}_j = T^{ik} g_{kj}.$$

In diesem Fall sagt man, *„man zieht den zweiten Index j von T^{ij} mit der Matrix g_{kj} nach unten"*. Mit genau den gleichen Schritten kann man auch den ersten Index der Komponenten T^{ij} nach unten ziehen und erhält

$$T_i{}^j = g_{ik} T^{kj}.$$

Wählen wir als $(0, 2)$-Tensor speziell die Metrik $\mathbf{g}$ mit ihren Komponenten g_{ij}, so erhalten wir

$$g^i{}_j = g^{ik} g_{kj} = \delta^i{}_j,$$

da die beiden Matrizen (g_{ij}) und (g^{ij}) invers zueinander sind. Wenn wir den anderen Index auch noch raufziehen, erhalten wir

$$g^{ij} = g^{jk} \delta^i{}_k = g^{ji} = g^{ij},$$

d.h., durch zweimaliges Raufziehen der Indizes der Komponenten von $\mathbf{g}$ erhalten wir die Komponenten von $\mathbf{G}$. Die Metrik ist der *einzige* Tensor mit dieser Eigenschaft.

Die kovariante Ableitung als Tensor

Wir haben bislang die Komponenten der kovarianten Ableitungen verschiedener Tensoren hergeleitet, ohne genau zu sagen, um welche Objekte es sich bei den kovarianten Ableitungen handelt. Das wollen wir hier nachholen und greifen die kovariante Ableitung eines Vektors als ein Musterbeispiel heraus. In dem Kapitel über Vektoren haben wir argumentiert, dass der Ausdruck $\partial \vec{v}/\partial j$ ein Vektorfeld ist. Dies unterstellt, dass der Index j eine *feste* Größe ist. j kann aber grundsätzlich zwei Werte, z.B. $j = x, y$, annehmen, daher können wir die Zahlen $v^i_{,j}$ auch als Komponenten eines $(1,1)$-Tensors auffassen. Dieses Tensorfeld heißt **kovariante Ableitung** von $\vec{v}$ und wird mit $\nabla \vec{v}$ bezeichnet. Die Gleichung

$$v^i_{;j} = v^i_{,j} + v^k \, \Gamma^i_{kj} \tag{9.23}$$

beinhaltet auch die Aussage, dass die gewöhnliche partielle Ableitung *kein* Tensor ist, d.h., die Ausdrücke $v^i_{,j}$ sind *keine* Komponenten eines $(1,1)$-Tensors, wohl aber die Summe der Terme auf der rechten Seite von (9.23). Das zeigen wir nochmals mit einem anderen Ansatz. Sind wieder zwei Koordinatensysteme (x,y) und (x',y') gegeben, so müssten sich, wenn die gewöhnliche Ableitung ein $(1,1)$-Tensor wäre, die Komponenten $v^i_{,j}$ folgendermaßen transformieren

$$v^i_{,j} = \frac{\partial i}{\partial i'} \frac{\partial j'}{\partial j} \, v^{i'}_{,j'}.$$

Es gilt aber mit der Transformationsformel für Vektoren und der Produktregel

$$v^i_{,j} = \frac{\partial v^i}{\partial j} = \frac{\partial}{\partial j}\left(\frac{\partial i}{\partial i'} v^{i'} \right) = \frac{\partial}{\partial j}\left(\frac{\partial i}{\partial i'} \right) v^{i'} + \left(\frac{\partial i}{\partial i'} \right) \frac{\partial v^{i'}}{\partial j}.$$

Wendet man auf beide Terme die Kettenregel an, so erhält man

$$
\begin{aligned}
v^i_{,j} &= \frac{\partial j'}{\partial j} \cdot \frac{\partial}{\partial j'}\left(\frac{\partial i}{\partial i'} \right) v^{i'} + \left(\frac{\partial i}{\partial i'} \right) \frac{\partial j'}{\partial j} \frac{\partial v^{i'}}{\partial j'} \\
&= \frac{\partial j'}{\partial j} \cdot \frac{\partial^2 i}{\partial j' \partial i'} \, v^{i'} + \frac{\partial i}{\partial i'} \frac{\partial j'}{\partial j} \, v^{i'}_{,j'}.
\end{aligned}
$$

Der rechte Term auf der rechten Seite in der letzten Gleichung ist genau der, den man erwartet, wenn eine Tensortransformation vorläge. Da der linke Term bei krummlinigen Koordinaten in der Regel von null verschieden ist, ist die gewöhnliche Ableitung also kein Tensor.

Wir können die letzte Gleichung und die Tatsache, dass die kovariante Ableitung im kartesischen Koordinatensystem K gleich der gewöhnlichen partiellen ist,

$$v^i_{;j} = v^i_{,j},$$

nutzen, um zu einer zweiten Darstellung der kovarianten Ableitung in einem beliebigen Koordinatensystem K' zu kommen. Da die kovariante Ableitung ein Tensor ist, lassen sich die Komponenten der kovarianten Ableitung eines Vektors in K' durch

$$v^{i'}_{;j'} = \frac{\partial i'}{\partial i} \frac{\partial j}{\partial j'} v^{i}_{;j} = \frac{\partial i'}{\partial i} \frac{\partial j}{\partial j'} v^{i}_{,j}$$

berechnen. Für $v^{i}_{,j}$ setzen wir die rechte Seite der vorletzten Gleichung mit $i' \to k', j' \to l'$ ein und erhalten mit mehrfacher Anwendung der Kettenregel und unter Beachtung, dass

$$\frac{\partial i'}{\partial j'} = \delta^{i'}_{j'} = \begin{cases} 1 & i' = j' \\ 0 & i' \neq j' \end{cases}$$

gilt, für die Komponenten der kovarianten Ableitung

$$
\begin{aligned}
v^{i'}_{;j'} &= \frac{\partial i'}{\partial i} \frac{\partial j}{\partial j'} v^{i}_{,j} = \frac{\partial i'}{\partial i} \frac{\partial j}{\partial j'} \left(\frac{\partial l'}{\partial j} \cdot \frac{\partial^2 i}{\partial l' \partial k'} v^{k'} + \frac{\partial i}{\partial k'} \frac{\partial l'}{\partial j} v^{k'}_{,l'} \right) \\
&= \frac{\partial i'}{\partial i} \underbrace{\left(\frac{\partial j}{\partial j'} \frac{\partial l'}{\partial j} \right)}_{=\delta^{l'}_{j'}} \cdot \frac{\partial^2 i}{\partial l' \partial k'} v^{k'} + \underbrace{\left(\frac{\partial i'}{\partial i} \frac{\partial i}{\partial k'} \right)}_{=\delta^{i'}_{k'}} \underbrace{\left(\frac{\partial j}{\partial j'} \frac{\partial l'}{\partial j} \right)}_{=\delta^{l'}_{j'}} v^{k'}_{,l'} \\
&= \frac{\partial i'}{\partial i} \cdot \frac{\partial^2 i}{\partial j' \partial k'} v^{k'} + v^{i'}_{,j'}.
\end{aligned}
$$

Durch diese Herleitung haben wir für die Christoffel-Symbole eine neue Berechnungsmethode gefunden, denn es gilt mit Gl. (9.23)

$$v^{i'}_{;j'} = v^{i'}_{,j'} + v^{k'} \Gamma^{i'}_{k'j'} = v^{i'}_{,j'} + \frac{\partial i'}{\partial i} \cdot \frac{\partial^2 i}{\partial j' \partial k'} v^{k'},$$

woraus

$$\Gamma^{i'}_{k'j'} = \frac{\partial i'}{\partial i} \cdot \frac{\partial^2 i}{\partial j' \partial k'} \tag{9.24}$$

folgt. Man kann also die Christoffel-Symbole in einem beliebigen Koordinatensystem K' berechnen, wenn man die Transformation vom kartesischen Koordinatensystem K nach K' kennt. Diese Form der Christoffel-Symbole werden wir in Teil IV über die Grundlagen der Allgemeinen Relativitätstheorie wieder aufgreifen, um damit die kovariante Ableitung von Tensoren in der vierdimensionalen Raumzeit zu definieren.

Beispiel 9.4.

Als ein Anwendungsbeispiel berechnen wir mit der neuen Methode ein ausgewähltes Christoffel-Symbol der Polarkoordinaten, (d.h. $i', j', k' = r, \varphi$), und zwar $\Gamma^r_{r\varphi}$, und beachten, dass für die Polarkoordinaten

$$r = \sqrt{x^2 + y^2}, x = r \cos \varphi, y = r \sin \varphi$$

gilt. Damit folgt

$$
\begin{aligned}
\Gamma^r_{r\varphi} &= \frac{\partial r}{\partial x} \cdot \frac{\partial^2 x}{\partial r \partial \varphi} + \frac{\partial r}{\partial y} \cdot \frac{\partial^2 y}{\partial r \partial \varphi} \\
&= \frac{\partial \left(\sqrt{x^2 + y^2} \right)}{\partial x} \cdot \frac{\partial^2 \left(r \cos \varphi \right)}{\partial r \partial \varphi} + \frac{\partial \left(\sqrt{x^2 + y^2} \right)}{\partial y} \cdot \frac{\partial^2 \left(r \sin \varphi \right)}{\partial r \partial \varphi} \\
&= \frac{x}{\sqrt{x^2 + y^2}} \left(- \sin \varphi \right) + \frac{y}{\sqrt{x^2 + y^2}} \cos \varphi \\
&= \frac{x}{r} \left(- \sin \varphi \right) + \frac{y}{r} \cos \varphi \\
&= - \cos \varphi \sin \varphi + \sin \varphi \cos \varphi \\
&= 0,
\end{aligned}
$$

also das gleiche Ergebnis wie in Gl. 8.36 auf Seite 177. $\square$

In Verallgemeinerung unseres Beispiel über die kovariante Ableitung von Vektoren kann man sagen, dass man durch die kovariante Ableitung eines (M, N)-Tensors $\mathbf{T}$ einen Tensor erhält, der einen unteren Index mehr hat. $\nabla \mathbf{T}$ ist also ein $(M, N + 1)$-Tensor. Damit diese Systematik auch für den Gradienten eines Skalarfeldes ϕ zur Anwendung kommen kann, definiert man Skalarfelder, die ja keine Indizes aufweisen, als $(0,0)$-Tensoren. Etwas ausführlicher gelten zusammengefasst folgende Regeln für die kovariante Ableitung:

- Die kovariante Abbildung eines Skalarfeldes, also eines $(0,0)$-Tensors ist ein $(0, 1)$-Tensor (d.h. eine Einsform)

- Die kovariante Abbildung eines Vektors, also eines $(1, 0)$-Tensors ist ein $(1, 1)$-Tensor

- Die kovariante Ableitung einer Einsform, also eines $(0, 1)$-Tensors ist ein $(0, 2)$-Tensor.

- Ganz allgemein ist die kovariante Ableitung eines (M, N)-Tensors ein $(M, N + 1)$-Tensor.

- Für *jeden* hochgestellten Index (Vektorindex) taucht in der kovarianten Ableitung ein Term $+\Gamma$ und für *jeden* tiefgestellten Index (Einsformindex) ein Term $-\Gamma$ auf. Als Beispiele betrachten wir

$$
\begin{aligned}
\nabla_k T_{ij} &= T_{ij,k} - T_{lj}\,\Gamma^l_{ik} - T_{il}\,\Gamma^l_{jk} \\
\nabla_k T^{ij} &= T^{ij}_{,k} + T^{lj}\,\Gamma^i_{lk} + T^{il}\,\Gamma^j_{lk} \\
\nabla_k T^i_{j} &= T^i_{j,k} + T^l_{j}\,\Gamma^i_{lk} - T^i_{l}\,\Gamma^l_{jk}.
\end{aligned}
\tag{9.25}
$$

Berechnung der Christoffel-Symbole durch die Metrik

Die Tatsache, dass die kovariante Ableitung der Metrik gleich null ist, eröffnet eine weitere Möglichkeit, die Christoffel-Symbole zu berechnen, und zwar mithilfe der Metrik und ihren gewöhnlichen Ableitungen. Zunächst sei bemerkt, dass die Gleichung

$$
g_{ij;k} = g_{ij,k} - \Gamma^l_{ik}\,g_{lj} - \Gamma^l_{jk}\,g_{il} = 0
\tag{9.26}
$$

es erlaubt, die gewöhnliche Ableitung der Metrikkomponenten $g_{ij,k}$ aus den Christoffel-Symbolen zu berechnen. Um auch die Umkehrung zu zeigen, beweisen wir zunächst, dass in einem beliebigen Koordinatensystem die Christoffel-Symbole in den beiden unteren Indizes symmetrisch sind, d.h.

$$
\Gamma^l_{ij} = \Gamma^l_{ji}.
$$

Betrachte ein beliebiges Skalarfeld ϕ, dann ist die kovariante Ableitung $\nabla\phi$ eine Einsform mit den Komponenten

$$
\nabla\phi \rightarrow \frac{\partial\phi}{\partial i} = \phi_{,i},
$$

da die kovariante Ableitung einer skalaren Funktion gleich der normalen partiellen ist. Die zweite kovariante Ableitung $\nabla(\nabla\phi)$ ist ein $(0,2)$-Tensor und hat die Komponenten

$$
\nabla\nabla\phi \rightarrow \phi_{,i;j}.
$$

In kartesischen Koordinaten ist aber

$$
\phi_{,i;j} = \phi_{,i,j} = \frac{\partial}{\partial j}\left(\frac{\partial\phi}{\partial i}\right),
$$

da die Christoffel-Symbole gleich null sind.

Für die weitere Berechnung benutzen wir den **Satz von Schwarz**, der besagt, dass bei der zweifachen partiellen Ableitung einer Funktion mehrerer Variablen die Reihenfolge der Ableitungen vertauscht werden darf.

Bemerkung 9.3. **MW: Satz von Schwarz**

Ist $\phi(x,y)$ eine reellwertige Funktion zweier Variablen, so gilt (in den allermeisten Fällen)

$$\frac{\partial}{\partial y}\left(\frac{\partial \phi}{\partial x}\right) = \frac{\partial}{\partial x}\left(\frac{\partial \phi}{\partial y}\right). \square \tag{9.27}$$

Mit dem Satz von Schwarz folgt

$$\phi_{,i;j} = \phi_{,i,j} = \frac{\partial}{\partial j}\frac{\partial \phi}{\partial i} = \frac{\partial}{\partial i}\frac{\partial \phi}{\partial j} = \phi_{,j,i} = \phi_{,j;i}$$

in kartesischen Koordinaten. Ist (x', y') ein anderes Koordinatensystem, so gilt mit der Transformationsformel für die Komponenten von $(0, 2)$-Tensoren

$$\phi_{,i';j'} = \frac{\partial i}{\partial i'}\frac{\partial j}{\partial j'}\phi_{,i;j} = \frac{\partial j}{\partial j'}\frac{\partial i}{\partial i'}\phi_{,j;i} = \phi_{,j';i'}.$$

Das heißt, ist ein Tensor symmetrisch in einem Koordinatensystem, so ist er auch in allen anderen Koordinatensystemen symmetrisch.

Nach Gl. (9.7) ist die kovariante Ableitung der Einsform $\nabla\phi$ gleich

$$\nabla\nabla\phi \rightarrow \phi_{,i;j} = \frac{\partial \phi_{,i}}{\partial j} - \phi_{,l}\Gamma^l_{ij} = \phi_{,i,j} - \phi_{,l}\Gamma^l_{ij}.$$

Da wegen der Symmetrie der kovarianten Ableitung

$$\phi_{,i;j} = \phi_{,j;i} = \phi_{,j,i} - \phi_{,l}\Gamma^l_{ji}$$

und nach dem Satz von Schwarz

$$\phi_{,i,j} = \phi_{,j,i}$$

gilt, folgt aus den drei letzten Gleichungen

$$\phi_{,l}\Gamma^l_{ij} = \phi_{,l}\Gamma^l_{ji}$$

für beliebige Skalarfelder ϕ. Wählt man speziell $\phi(x,y) = x$, so folgt

$$\phi_{,x} = \frac{\partial \phi}{\partial x} = 1, \phi_{,y} = \frac{\partial \phi}{\partial y} = 0,$$

und daraus

$$\Gamma^x_{ij} = \underbrace{\phi_{,x}}_{=1}\Gamma^x_{ij} + \underbrace{\phi_{,y}}_{=0}\Gamma^y_{ij} = \phi_{,l}\Gamma^l_{ij} = \phi_{,l}\Gamma^l_{ji} = \phi_{,x}\Gamma^x_{ji} + \phi_{,y}\Gamma^y_{ji} = \Gamma^x_{ji}.$$

Und wählt man $\phi(x, y) = y$, so folgt ebenso

$$\Gamma_{ij}^{y} = \Gamma_{ji}^{y},$$

also gilt insgesamt

$$\Gamma_{ij}^{l} = \Gamma_{ji}^{l}$$

in jedem Koordinatensystem.

Wir zeigen nun, wie die Christoffel-Symbole aus den (gewöhnlichen) Ableitungen der Metrik errechnet werden können. Dazu schreiben wir Gl. (9.26) dreimal mit unterschiedlichen Indizes auf

$$
\begin{aligned}
g_{ij,k} &= \Gamma_{ik}^{l}\, g_{lj} + \Gamma_{jk}^{l}\, g_{il} \\
g_{ik,j} &= \Gamma_{ij}^{l}\, g_{lk} + \Gamma_{kj}^{l}\, g_{il} \\
-g_{jk,i} &= -\Gamma_{ji}^{l}\, g_{lk} - \Gamma_{ki}^{l}\, g_{jl}.
\end{aligned}
$$

Nun addieren wir die drei Gleichungen und nutzen die Symmetrie des metrischen Tensors $(g_{ij} = g_{ji})$ aus

$$g_{ij,k} + g_{ik,j} - g_{jk,i} = \left(\Gamma_{ik}^{l} - \Gamma_{ki}^{l}\right) g_{lj} + \left(\Gamma_{ij}^{l} - \Gamma_{ji}^{l}\right) g_{lk} + \left(\Gamma_{jk}^{l} + \Gamma_{kj}^{l}\right) g_{il}.$$

Wegen der Symmetrie der Christoffel-Symbole verschwinden die beiden ersten Terme und wir erhalten wegen $\Gamma_{jk}^{l} = \Gamma_{kj}^{l}$

$$g_{ij,k} + g_{ik,j} - g_{jk,i} = 2 g_{il}\, \Gamma_{jk}^{l}.$$

Nun dividieren wir durch 2, multiplizieren die Gleichung mit der inversen Matrix $(g_{im})^{-1} = g^{im}$ und erhalten

$$\frac{1}{2}\, g^{im}\left(g_{ij,k} + g_{ik,j} - g_{jk,i}\right) = g^{im}\, g_{il}\, \Gamma_{jk}^{l}.$$

Da

$$g^{im} g_{il} = \delta_{l}^{m},$$

folgt

$$g^{im}\, g_{il}\, \Gamma_{jk}^{l} = \delta_{l}^{m}\Gamma_{jk}^{l} = \Gamma_{jk}^{m}$$

und wir erhalten schließlich

$$\Gamma_{jk}^{m} = \frac{1}{2}\, g^{im}\left(g_{ij,k} + g_{ik,j} - g_{jk,i}\right). \tag{9.28}$$

Beispiel 9.5.

Als Beispiel berechnen wir das Christoffel-Symbol $\Gamma^{\varphi}_{r\varphi}$ der Polarkoordinaten erneut mithilfe der letzten Formel. Nach Gl. (9.17) ist der inverse metrische Tensor für Polarkoordinaten

$$\mathbf{G} \underset{P}{\to} \left(\begin{array}{cc} g^{rr} & g^{r\varphi} \\ g^{\varphi r} & g^{\varphi\varphi} \end{array} \right) = \left(\begin{array}{cc} 1 & 0 \\ 0 & 1/r^2 \end{array} \right),$$

und die Ableitungen der Metrik ergaben sich weiter oben zu

$$g_{i'j',r} = \left(\begin{array}{cc} \dfrac{\partial g_{rr}}{\partial r} & \dfrac{\partial g_{r\varphi}}{\partial r} \\[2mm] \dfrac{\partial g_{\varphi r}}{\partial r} & \dfrac{\partial g_{\varphi\varphi}}{\partial r} \end{array} \right) = \left(\begin{array}{cc} 0 & 0 \\ 0 & 2r \end{array} \right)$$

sowie

$$g_{i'j',\varphi} = \left(\begin{array}{cc} \dfrac{\partial g_{rr}}{\partial \varphi} & \dfrac{\partial g_{r\varphi}}{\partial \varphi} \\[2mm] \dfrac{\partial g_{\varphi r}}{\partial \varphi} & \dfrac{\partial g_{\varphi\varphi}}{\partial \varphi} \end{array} \right) = \left(\begin{array}{cc} 0 & 0 \\ 0 & 0 \end{array} \right).$$

Damit folgt

$$\begin{aligned} \Gamma^{\varphi}_{r\varphi} &= \frac{1}{2} g^{r\varphi} \left(g_{rr,\varphi} + g_{r\varphi,r} - g_{r\varphi,r} \right) + \frac{1}{2} g^{\varphi\varphi} \left(g_{\varphi r,\varphi} + g_{\varphi\varphi,r} - g_{r\varphi,\varphi} \right) \\ &= \frac{1}{2} \cdot 0 \, (0 + 0 - 0) + \frac{1}{2} \cdot \frac{1}{r^2} \, (0 + 2r - 0) = \frac{1}{r} \end{aligned}$$

und wir erhalten natürlich das gleiche Ergebnis wie in Gl. 8.36 auf Seite 177.
□

Tensorgleichungen in der euklidischen Ebene

Zum Schluss des Kapitels wollen wir nochmals hervorheben, welche Bedeutung die Tensorrechnung für die Formulierung physikalischer Gesetze hat. Zunächst gilt, dass ein Tensor, dessen Komponenten in einem Koordinatensystem sämtlich null sind, auch in allen anderen Koordinatensystemen der Nulltensor ist. Sei z.B. $\mathbf{T}$ ein $(1,2)$-Tensor, dessen Komponenten in einem (x, y)-Koordinatensystem K null sind

$$\mathbf{T} \underset{K}{\to} T^{i}{}_{jk} = 0,$$

und sei (x', y') ein beliebiges anderes Koordinatensystem, dann gilt nach der Transformationsformel für die Komponenten von $\mathbf{T}$ in (x', y')

$$T^{i'}{}_{j'k'} = \frac{\partial i'}{\partial i} \frac{\partial j}{\partial j'} \frac{\partial k}{\partial k'} \, T^{i}{}_{jk} = 0,$$

da alle T^i_{jk} gleich null sind. Wir können nunmehr formulieren:

Gilt ein physikalisches Gesetz in der euklidischen Ebene in einem beliebigen Koordinatensystem und ist es als eine Tensorgleichung formuliert, so gilt dieses Gesetz in allen Koordinatensystemen.

Da Vektoren spezielle Tensoren sind, gilt die Aussage auch für physikalische Gesetze, die als Vektorgleichungen formuliert sind.

10. Der Trägheitstensor

In diesem Kapitel wollen wir nach den eher theoretischen und abstrakten Erörterungen der letzten Abschnitte ein konkretes Beispiel eines Tensors aus der Newton'schen Mechanik untersuchen. Allerdings bleiben wir in diesem Beispiel nicht in der euklidischen Ebene, sondern untersuchen physikalische Größen im dreidimensionalen Raum. Genauer erweitern wir unsere Aussagen über Drehbewegungen aus Kap. 5.

10.1. Erweiterung der Drehbewegungen bei Punktteilchen

Zur Wiederholung betrachten wir noch einmal Tab. 5.1 aus Teil I, in der die physikalischen Größen von Translationen und Rotationen gegenübergestellt sind.

Translationen	Rotationen
Länge s	Winkel θ
Masse m	Trägheitsmoment $I = mR^2$, $\vec{R}$ Radius.
Geschwindigkeit $\vec{v}$	Winkelgeschwindigkeit $\vec{\omega} = \dfrac{1}{R^2}\left(\vec{R} \times \vec{v}\right)$
Impuls $\vec{p} = m\vec{v}$	Drehimpuls $\vec{L} = \vec{r} \times m\vec{v}$, $\vec{r}$ Ortsvektor
Kraft $\vec{F}$	Drehmoment $\vec{M} = \vec{r} \times \vec{F}$
$\vec{F} = \dfrac{d\vec{p}}{dt}$	$\vec{M} = \dfrac{d\vec{L}}{dt}$
Kin. Energie $E_{kin} = \dfrac{1}{2}mv^2$	Kin. Energie $E_{kin} = \dfrac{1}{2}I\omega^2$

Tabelle 10.1.: Gegenüberstellung Translationen und Rotationen

© Der/die Autor(en), exklusiv lizenziert durch
Springer-Verlag GmbH, DE, ein Teil von Springer Nature 2021
M. Ruhrländer, *Aufstieg zu den Einsteingleichungen*,
https://doi.org/10.1007/978-3-662-62546-0_10

Aus der Formel für die Winkelgeschwindigkeit $\vec{\omega}$ kann man die Tangential-geschwindigkeit $\vec{v}$ ermitteln. Dazu benötigen wir die nächste Bemerkung.

Bemerkung 10.1. **MW: Die „bac-cab"-Regel**
Sind $\vec{a}, \vec{b}, \vec{c}$ drei Vektoren im $\mathbb{R}^3$, so gilt mit den kartesischen Komponenten der Vektoren

$$
\vec{a} \times \left(\vec{b} \times \vec{c} \right) \rightarrow \begin{pmatrix} a^x \\ a^y \\ a^z \end{pmatrix} \times \left(\begin{pmatrix} b^x \\ b^y \\ b^z \end{pmatrix} \times \begin{pmatrix} c^x \\ c^y \\ c^z \end{pmatrix} \right)
$$

$$
= \begin{pmatrix} a^x \\ a^y \\ a^z \end{pmatrix} \times \left(\begin{pmatrix} b^y c^z - b^z c^y \\ b^z c^x - b^x c^z \\ b^x c^y - b^y c^x \end{pmatrix} \right)
$$

$$
= \begin{pmatrix} a^y \left(b^x c^y - b^y c^x \right) - a^z \left(b^z c^x - b^x c^z \right) \\ a^z \left(b^y c^z - b^z c^y \right) - a^x \left(b^x c^y - b^y c^x \right) \\ a^x \left(b^z c^x - b^x c^z \right) - a^y \left(b^y c^z - b^z c^y \right) \end{pmatrix}
$$

$$
= \begin{pmatrix} \left(b^x a^y c^y + b^x a^z c^z \right) - \left(a^y b^y c^x + a^z b^z c^x \right) \\ \left(b^y a^z c^z + b^y a^x c^x \right) - \left(a^z b^z c^y + a^x b^x c^y \right) \\ \left(b^z a^x c^x + b^z a^y c^y \right) - \left(a^x b^x c^z + a^y b^y c^z \right) \end{pmatrix}.
$$

Nun machen wir einen kleinen „Trick" und addieren in jeder Zeile in der ersten Klammer einen Term $b^i a^i c^i$ und ziehen diesen dann in der zweiten Klammer wieder ab

$$
\vec{a} \times \left(\vec{b} \times \vec{c} \right) \rightarrow \begin{pmatrix} b^x a^y c^y + b^x a^z c^z + b^x a^x c^x - \left(a^x b^x c^x + a^y b^y c^x + a^z b^z c^x \right) \\ b^y a^z c^z + b^y a^x c^x + b^y a^y c^y - \left(a^x b^x c^y + a^y b^y c^y + a^z b^z c^y \right) \\ b^z a^x c^x + b^z a^y c^y + b^z a^z c^z - \left(a^x b^x c^z + a^y b^y c^z + a^z b^z c^z \right) \end{pmatrix}
$$

$$
= \begin{pmatrix} b^x \left(a^y c^y + a^z c^z + a^x c^x \right) - \left(a^x b^x + a^y b^y + a^z b^z \right) c^x \\ b^y \left(a^z c^z + a^x c^x + a^y c^y \right) - \left(a^x b^x + a^y b^y + a^z b^z \right) c^y \\ b^z \left(a^x c^x + a^y c^y + a^z c^z \right) - \left(a^x b^x + a^y b^y + a^z b^z \right) c^z \end{pmatrix}.
$$

In jeder Zeile stehen die Skalarprodukte von $\vec{a} \cdot \vec{c}$ und $\vec{a} \cdot \vec{b}$, womit folgt

$$
\vec{a} \times \left(\vec{b} \times \vec{c} \right) \rightarrow \begin{pmatrix} b^x \left(\vec{a} \cdot \vec{c} \right) - \left(\vec{a} \cdot \vec{b} \right) c^x \\ b^y \left(\vec{a} \cdot \vec{c} \right) - \left(\vec{a} \cdot \vec{b} \right) c^y \\ b^z \left(\vec{a} \cdot \vec{c} \right) - \left(\vec{a} \cdot \vec{b} \right) c^z \end{pmatrix} = \begin{pmatrix} b^x \\ b^y \\ b^z \end{pmatrix} \left(\vec{a} \cdot \vec{c} \right) - \begin{pmatrix} c^x \\ c^y \\ c^z \end{pmatrix} \left(\vec{a} \cdot \vec{b} \right).
$$

Also erhält man die „bac-cab"-Formel:

$$
\vec{a} \times \left(\vec{b} \times \vec{c} \right) = \vec{b} \left(\vec{a} \cdot \vec{c} \right) - \vec{c} \left(\vec{a} \cdot \vec{b} \right) \; \square
$$

Wir benutzen diese Formel, um die Tangentialgeschwindigkeit $\vec{v}$ zu ermitteln. Es gilt

$$\vec{\omega} = \frac{1}{R^2}\left(\vec{R} \times \vec{v}\right) \Rightarrow R^2\vec{\omega} = \vec{R} \times \vec{v}.$$

Wir multiplizieren die letzte Gleichung vektoriell mit $\vec{R}$ und erhalten

$$R^2\vec{\omega} \times \vec{R} = \left(\vec{R} \times \vec{v}\right) \times \vec{R} = -\vec{R} \times \left(\vec{R} \times \vec{v}\right) = \vec{R} \times \left(\vec{v} \times \vec{R}\right).$$

Auf die rechte Seite wenden wir die „bac-cab"-Formel an

$$R^2\vec{\omega} \times \vec{R} = \vec{v}\underbrace{\left(\vec{R} \cdot \vec{R}\right)}_{=R^2} - \vec{R}\underbrace{\left(\vec{R} \cdot \vec{v}\right)}_{=0} = \vec{v}R^2,$$

da die Tangentialgeschwindigkeit senkrecht auf dem Radiusvektor steht. Es ergibt sich also nach Division durch R^2

$$\vec{v} = \vec{\omega} \times \vec{R}.$$

Im Kap. 5 haben wir gezeigt, dass der Drehimpulsvektor $\vec{L}$ in die gleiche Richtung wie die Winkelgeschwindigkeit $\vec{\omega}$ zeigt, wenn der Koordinatenursprung in der Drehebene des Teilchens liegt. Es gilt dann

$$\vec{L} = mR^2\vec{\omega}.$$

Wir betrachten nun den Fall, dass der Koordinatenursprung sich außerhalb der Drehebene des Teilchens befindet, was Abb. 10.1 illustriert.

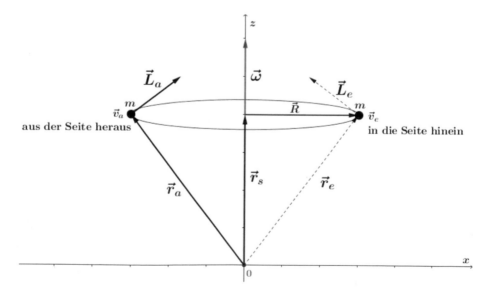

Abbildung 10.1.: Drehimpuls nichtparallel zur Winkelgeschwindigkeit

Auf der linken Seite von Abb. 10.1 sind der Startpunkt eines Teilchens mit Masse m, der anfängliche Ortsvektor $\vec{r}_a$ und die Anfangstangentialgeschwindigkeit $\vec{v}_a$ eingezeichnet, die aus der Seite/dem Blatt herausragen soll. Außerdem ist der Anfangsdrehimpuls $\vec{L}_a$ eingetragen, der senkrecht auf $\vec{r}_a$ und $\vec{v}_a$ steht und mit diesen beiden Vektoren ein Rechtssystem bildet. Das Teilchen bewegt sich auf einer Kreislinie mit Radiusvektor $\vec{R}$. Nach einer halben Drehung hat das Teilchen den Punkt mit Ortsvektor $\vec{r}_e$ und Tangentialgeschwindigkeit $\vec{v}_e$, die in die Seite hinein zeigt, sowie mit dem Drehimpulsvektor $\vec{L}_e$ erreicht. Der Vektor der Winkelgeschwindigkeit $\vec{\omega}$ steht senkrecht auf $\vec{R}$ und $\vec{v}$ und zeigt in die positive z-Richtung (Drehachse). Man sieht, dass der Drehimpulsvektor in diesem Fall nicht parallel zur Winkelgeschwindigkeit ist und die Richtung des Drehimpulsvektors sich bei der Bewegung des Teilchens zudem von Punkt zu Punkt verändert.

Wir wollen nun eine Beziehung zwischen dem Drehimpuls und der Winkelgeschwindigkeit herleiten, die im allgemeinen Fall nicht die einfache Form

$$\vec{L} = mR^2 \vec{\omega}$$

haben kann, wie wir gerade mit Abb. 10.1 gezeigt haben. Vielmehr benötigen wir ein Objekt, das uns den Drehimpulsvektor $\vec{L}$ liefern soll, wenn wir die Winkelgeschwindigkeit $\vec{\omega}$ darauf anwenden. Ein solches Objekt ist uns aus der Tensorrechnung bekannt, denn ein $(1,1)$-Tensor erfüllt diese Anforderung. Sei also

$$\mathbf{I} \to I_i^{\ j},$$

$i, j, = x, y, z$, ein solcher Tensor, dann ist der Ausdruck

$$\mathbf{I}(\vec{\omega}) \to I_i^{\ j}\, \omega^i$$

ein Vektor (Einstein'sche Summenkonvention beachten). Wir suchen also einen Tensor $\mathbf{I}$, der die Gleichung

$$\vec{L} = \mathbf{I}(\vec{\omega})$$

bzw. in Komponentenform

$$L^j = I_i^{\ j}\, \omega^i$$

erfüllt.

An Abb. 10.1 kann man auch ablesen, dass der Ortsvektor des Teilchens $\vec{r}_e$ sich aufteilen lässt in einen Vektor $\vec{r}_s$, der parallel zur Winkelgeschwindigkeit $\vec{\omega}$ (d.h. zur Drehachse) liegt, und in den Radiusvektor $\vec{R}$, der senkrecht auf der Winkelgeschwindigkeit steht:

$$\vec{r}_e = \vec{r}_s + \vec{R}$$

Wir multiplizieren diese Gleichung vektoriell mit der Winkelgeschwindigkeit

$$\vec{\omega} \times \vec{r}_e = \vec{\omega} \times \left(\vec{r}_s + \vec{R}\right) = \underbrace{\vec{\omega} \times \vec{r}_s}_{=0} + \vec{\omega} \times \vec{R} = \vec{\omega} \times \vec{R},$$

da $\vec{\omega}$ parallel zu $\vec{r}_s$ ist. Nun ist $\vec{\omega} \times \vec{R}$ die Tangentialgeschwindigkeit $\vec{v}$, d.h., es gilt für einen beliebigen Ortsvektor $\vec{r}$ des Teilchens

$$\vec{v} = \vec{\omega} \times \vec{R} = \vec{\omega} \times \vec{r}.$$

Um den gesuchten Tensor zu finden, betrachten wir den Drehimpuls und setzen für $\vec{v}$ den obigen Ausdruck ein

$$\vec{L} = \vec{r} \times m\vec{v} = m\left(\vec{r} \times \vec{v}\right) = m\left(\vec{r} \times \vec{\omega} \times \vec{r}\right).$$

Auf die rechte Seite wenden wir die „bac-cab"-Formel an und erhalten

$$\vec{L} = m\left(\vec{\omega}(\vec{r} \cdot \vec{r}) - \vec{r}(\vec{r} \cdot \vec{\omega})\right) = m\left(r^2\vec{\omega} - \vec{r}(\vec{r} \cdot \vec{\omega})\right). \tag{10.1}$$

Wir rechnen mit

$$\vec{L} \rightarrow \begin{pmatrix} L^x \\ L^y \\ L^z \end{pmatrix}, \quad \vec{r} \rightarrow \begin{pmatrix} x \\ y \\ z \end{pmatrix}, \quad \vec{\omega} \rightarrow \begin{pmatrix} \omega^x \\ \omega^y \\ \omega^z \end{pmatrix}$$

in Komponentenform weiter

$$\begin{aligned}
L^x &= m\left((x^2 + y^2 + z^2)\omega^x - x(x\omega^x + y\omega^y + z\omega^z)\right) \\
&= m\left((y^2 + z^2)\omega^x - xy\omega^y - xz\omega^z\right) \\
L^y &= m\left((x^2 + y^2 + z^2)\omega^y - y(x\omega^x + y\omega^y + z\omega^z)\right) \\
&= m\left((x^2 + z^2)\omega^y - yx\omega^x - yz\omega^z\right) \\
L^z &= m\left((x^2 + y^2 + z^2)\omega^z - z(x\omega^x + y\omega^y + z\omega^z)\right) \\
&= m\left((x^2 + y^2)\omega^z - zx\omega^x - zy\omega^y\right).
\end{aligned}$$

Diese drei Gleichungen lassen sich zu einer Matrixgleichung zusammenfassen

$$\begin{pmatrix} L^x \\ L^y \\ L^z \end{pmatrix} = m \begin{pmatrix} y^2 + z^2 & -xy & -xz \\ -yx & x^2 + z^2 & -yz \\ -zx & -zy & x^2 + y^2 \end{pmatrix} \begin{pmatrix} \omega^x \\ \omega^y \\ \omega^z \end{pmatrix}. \tag{10.2}$$

Damit haben wir die gesuchten Komponenten des (symmetrischen) Tensors **I**, den man **Trägheitstensor** nennt, gefunden. In Kurzform kann man diese auch durch das Kronecker-Delta δ_i^j ausdrücken

$$\mathbf{I} \rightarrow I_i^j = m\left(\delta_i^j\, r^2 - ij\right), \quad i, j = x, y, z.$$

Also z.B.

$$I_x^x = m \left(\delta_x^x r^2 - x \cdot x\right) = m \left(\left(x^2 + y^2 + z^2\right) - x \cdot x\right) = m \left(y^2 + z^2\right)$$

oder

$$I_z^y = m \left(\delta_z^y r^2 - z \cdot y\right) = m \left(-z \cdot y\right).$$

Um die physikalische Bedeutung der Komponenten des Trägheitstensors zu verstehen, erinnern wir uns daran, dass das Trägheitsmoment den Widerstand des Teilchens gegen Drehbeschleunigungen beschreibt. Dieser Widerstand hängt nicht nur von der Masse des Teilchens, sondern auch vom Abstand des Teilchens zur Drehachse ab. Die Größen I_i^j geben an, wie viel Drehimpuls in die i-Richtung bei der Rotation um die j-Achse entsteht. Zum Beispiel gibt I_x^x an, wie viel Drehimpuls in x-Richtung bei Drehungen um die x-Achse produziert wird. Die Masse m des Teilchens wird mit dem quadratischen Abstand des Teilchens von der x-Achse multipliziert:

$$I_x^x = m \left(y^2 + z^2\right)$$

Das ist also die dreidimensionale Version der Gleichung $I = mr^2$, die bei ebenen Drehungen Gültigkeit hat, wobei r den Abstand des Teilchens zur Rotationsachse bezeichnet. Die beiden anderen Terme auf der Diagonalen der Impulstensormatrix geben entsprechend die y- bzw. z-Anteile des Drehimpulses bei Rotation um die y- bzw. z-Achse wieder. Die Nichtdiagonalelemente sehen etwas anders aus, z.B. wird bei I_y^z die Masse m mit dem Produkt der y- und z-Koordinaten multipliziert

$$I_y^z = -m \left(y \cdot z\right).$$

Dieses Matrixelement beschreibt den Beitrag von unsymmetrischen Verteilungen der Masse in Bezug auf die z-Achse. Um das besser zu verstehen, erweitern wir unser Modell auf ein Mehrteilchensystem und demonstrieren die verschiedenen Beiträge des Trägheitstensors zum Drehimpulsvektor an einigen Beispielen.

10.2. Drehbewegungen bei Mehrteilchensystemen

Seien also jetzt N Teilchen mit Massen m_i gegeben, die einen starren Körper bilden sollen, d.h., wir stellen uns vor, dass die Teilchen mit (masselosen) Stangen verbunden sind, die verhindern, dass man den von diesen Teilchen gebildeten Körper deformieren kann. Er ist starr und seine einzigen Bewegungsmöglichkeiten bestehen darin, dass man ihn linear bewegen und um eine beliebige Achse drehen kann, die auch durch den Körper gehen kann. Wir wählen uns ein kartesisches Koordinatensystem, legen den Schwerpunkt des Körpers in den Ursprung des Koordinatensystems und bezeichnen die Orte der N Teilchen mit

$$\vec{r}_i \to \begin{pmatrix} x_i \\ y_i \\ z_i \end{pmatrix}.$$

Dann ist der Gesamtdrehimpuls $\vec{L}$ des Körpers die Summe der Drehimpulse der einzelnen Teilchen, also folgt mit Gl. (10.1)

$$\vec{L} = \sum_{i=1}^{N} \vec{L}_i = \sum_{i=1}^{N} m_i \left(r_i^2 \vec{\omega} - \vec{r}_i (\vec{r}_i \cdot \vec{\omega}) \right),$$

wobei zu beachten ist, dass sich bei einem starren Körper alle Teilchen mit der *gleichen* Winkelgeschwindigkeit $\vec{\omega}$ drehen. Führt man exakt die gleiche Berechnung wie im letzten Abschnitt bei dem Einteilchensystem durch, so erhält man die zu (10.2) analoge Gleichung

$$\begin{pmatrix} L^x \\ L^y \\ L^z \end{pmatrix} = \begin{pmatrix} \sum m_i (y_i^2 + z_i^2) & -\sum m_i x_i y_i & -\sum m_i x_i z_i \\ -\sum m_i y_i x_i & \sum m_i (x_i^2 + z_i^2) & -\sum m_i y_i z_i \\ -\sum m_i z_i x_i & -\sum m_i z_i y_i & \sum m_i (x_i^2 + y_i^2) \end{pmatrix} \begin{pmatrix} \omega^x \\ \omega^y \\ \omega^z \end{pmatrix},$$

wobei die Summationen jeweils von $i = 1$ bis $i = N$ gehen. Der Trägheitstensor sieht also ganz ähnlich aus wie im Einteilchensystem. Auch hier kann man die Kurzschreibweise benutzen

$$\mathbf{I} \to I_j^k = \sum_{i=1}^{N} m_i \left(\delta_j^k r_i^2 - j_i k_i \right), \quad j_i, k_i = x_i, y_i, z_i.$$

Man nennt die Diagonalelemente des Trägheitstensors **Trägheitsmomente** und die restlichen Elemente **Deviationsmomente**. Diese bewirken bei Rotation durch Fliehkräfte ein Drehmoment senkrecht zur Drehachse.

Zum weiteren Verständnis und zur weiteren Interpretation der Komponenten des Trägheitstensors schauen wir uns ein Beispiel an. Abb. 10.2 zeigt einen starren Körper in Oktaederform (zwei Pyramiden, die an der quadratischen Grundfläche zusammengeklebt sind). Die sechs Massen m_i des Körpers sind an Ecken des Oktaeders angebracht, und die Verbindungslinien seien masselos. Der Schwerpunkt des Körpers liege im Koordinatenursprung. Wir wollen den Trägheitstensor ausrechnen und nehmen an, dass alle Massen m_i gleich groß sind, d.h. $m_i = m$. Die Höhe der beiden Pyramiden ist jeweils gleich der Länge der Seiten des Quadrates ($2a$).

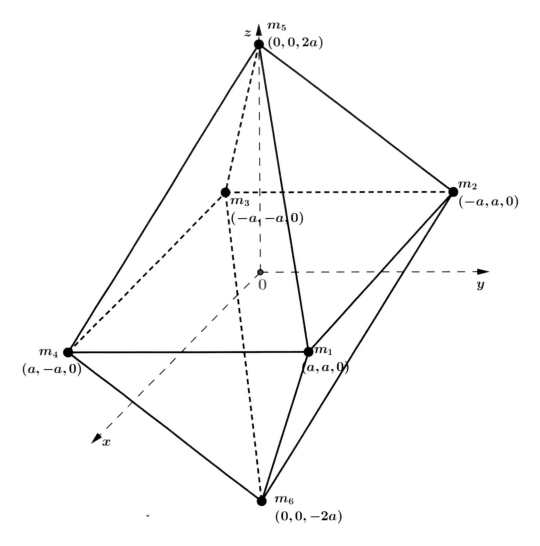

Abbildung 10.2.: Trägheitstensor am Beispiel eines Oktaeders

Dann ergibt sich

$$
\begin{aligned}
I_x^x &= m \sum_{i=1}^{6} \left(y_i^2 + z_i^2 \right) \\
&= m \left[\left(y_1^2 + z_1^2 \right) + \left(y_2^2 + z_2^2 \right) + \cdots + \left(y_6^2 + z_6^2 \right) \right] \\
&= m \left[\left(a^2 \right) + \left(a^2 \right) + \left(-a \right)^2 + \left(-a \right)^2 + \left(2a \right)^2 + \left(-2a \right)^2 \right] \\
&= 12ma^2 .
\end{aligned}
$$

Genauso erhält man

$$I_y^y = 12ma^2.$$

Für I_z^z ergibt sich hingegen

$$
\begin{aligned}
I_z^z &= m \sum_{i=1}^{6} \left(x_i^2 + y_i^2 \right) \\
&= m \left[\left(x_1^2 + y_1^2 \right) + \left(x_2^2 + y_2^2 \right) + \cdots + \left(x_6^2 + y_6^2 \right) \right] \\
&= m \left[a^2 + a^2 + (-a)^2 + a^2 + (-a)^2 + (-a)^2 + a^2 + (-a)^2 \right] \\
&= 8ma^2.
\end{aligned}
$$

Die Berechnung der Nichtdiagonalelemente ergibt

$$
\begin{aligned}
I_x^y &= -m \sum_{i=1}^{N} x_i\, y_i = -m \left[x_1\, y_1 + x_2\, y_2 + \cdots + x_6\, y_6 \right] \\
&= -m \left[aa + (-a)a + (-a)(-a) + a(-a) + 00 + 00 \right] \\
&= -m \left[2a^2 - 2a^2 \right] = 0
\end{aligned}
$$

$$
\begin{aligned}
I_x^z &= -m \sum_{i=1}^{N} x_i\, z_i = -m \left[x_1\, z_1 + x_2\, z_2 + \cdots + x_6\, z_6 \right] \\
&= -m \left[a0 + (-a)0 + (-a)0 + a0 + 02a + 0(-2a) \right] \\
&= 0
\end{aligned}
$$

$$
\begin{aligned}
I_y^z &= -m \sum_{i=1}^{N} y_i\, z_i = -m \left[y_1\, z_1 + y_2\, z_2 + \cdots + y_6\, z_6 \right] \\
&= -m \left[a0 + a0 + (-a)0 + (-a)0 + 02a + 0(-2a) \right] \\
&= 0.
\end{aligned}
$$

Insgesamt sieht der Trägheitstensor folgendermaßen aus

$$
\mathbf{I} \rightarrow \begin{pmatrix} 12ma^2 & 0 & 0 \\ 0 & 12ma^2 & 0 \\ 0 & 0 & 8ma^2 \end{pmatrix},
$$

d.h., er hat Diagonalgestalt, was gleichzeitig wegen

$$
\begin{pmatrix} L^x \\ L^y \\ L^z \end{pmatrix} = \begin{pmatrix} 12ma^2 & 0 & 0 \\ 0 & 12ma^2 & 0 \\ 0 & 0 & 8ma^2 \end{pmatrix} \begin{pmatrix} \omega^x \\ \omega^y \\ \omega^z \end{pmatrix} = \begin{pmatrix} 12ma^2\omega^x \\ 12ma^2\omega^y \\ 8ma^2\omega^z \end{pmatrix}
$$

bedeutet, dass der Drehimpulsvektor parallel zur Drehachse, sprich zur Winkelgeschwindigkeit $\vec{\omega}$ liegt. Hat der Trägheitstensor Diagonalform, so nennt man die Drehachsen auch **Hauptträgheitsachsen** und die Diagonalelemente **Hauptträgheitsmomente**. In unserem Beispiel sind z.B. die gewählten x-, y-, und z-Achsen Hauptträgheitsachsen. Die Hauptträgheitsachsen deuten auf die Symmetrie des Körpers hin. Der mit gleichen Masseneckpunkten ausgestattete Oktaeder ist bezogen auf alle drei Koordinatenachsen symmetrisch. Die Gleichheit der beiden ersten Diagonalelemente $\left(12ma^2\right)$ besagt, dass es sich bei unserem Beispiel um einen **symmetrischen Kreisel** handelt, wobei ein **Kreisel** einfach ein starrer Körper ist, der sich um eine Achse dreht. Andere Beispiele für symmetrische Kreisel sind die Kugel, der Würfel und die meisten Spielzeugkreisel, deren Trägheitstensoren wir aber hier nicht berechnen können, da dafür weitergehende mathematische Hilfsmittel gebraucht werden, die in diesem Buch nicht behandelt werden.

Wir wollen die Komponenten des Trägheitstensors in einem anderen Koordinatensystem K' berechnen. K' soll durch Drehung der x-Achse um $\varphi = 30°$ aus dem kartesischen Koordinatensystem K entstehen. Sind also x', y', z' die Koordinaten des um die x-Achse gedrehten Koordinatensystems, so werden die Koordinaten y und z um $30°$ gedreht, die Koordinate x bleibt unverändert. Also gilt mit der Drehmatrix 8.13 auf Seite 158

$$
\begin{aligned}
x' &= x \\
\begin{pmatrix} y' \\ z' \end{pmatrix} &= \begin{pmatrix} \cos\varphi & \sin\varphi \\ -\sin\varphi & \cos\varphi \end{pmatrix} \begin{pmatrix} y \\ z \end{pmatrix},
\end{aligned}
$$

was man auch als *eine* Matrixgleichung schreiben kann

$$
\begin{pmatrix} x' \\ y' \\ z' \end{pmatrix} = \begin{pmatrix} 1 & 0 & 0 \\ 0 & \cos\varphi & \sin\varphi \\ 0 & -\sin\varphi & \cos\varphi \end{pmatrix} \begin{pmatrix} x \\ y \\ z \end{pmatrix}.
$$

Die Drehmatrix

$$
R = \begin{pmatrix} 1 & 0 & 0 \\ 0 & \cos\varphi & \sin\varphi \\ 0 & -\sin\varphi & \cos\varphi \end{pmatrix}
$$

ist wie im Zweidimensionalen die Jacobi-Matrix des Koordinatenwechsels

$$
R = \left(\frac{\partial i'}{\partial i} \right)
$$

sowie **orthogonal**, d.h.

$$
R^{-1} = R^T = \begin{pmatrix} 1 & 0 & 0 \\ 0 & \cos\varphi & -\sin\varphi \\ 0 & \sin\varphi & \cos\varphi \end{pmatrix}.
$$

Mit den Transformationsregeln für $(1,1)$-Tensoren erhalten wir die Komponenten von $\mathbf{I}$ in K' durch

$$I_{i'}^{j'} = \frac{\partial j'}{\partial j}\frac{\partial i}{\partial i'}\, I_i^j,$$

was sich auch als Matrizenmultiplikation schreiben lässt, d.h. $\left(I_{i'}^{j'}\right) =$

$$\begin{pmatrix} 1 & 0 & 0 \\ 0 & \cos\varphi & \sin\varphi \\ 0 & -\sin\varphi & \cos\varphi \end{pmatrix} \begin{pmatrix} 12ma^2 & 0 & 0 \\ 0 & 12ma^2 & 0 \\ 0 & 0 & 8ma^2 \end{pmatrix} \begin{pmatrix} 1 & 0 & 0 \\ 0 & \cos\varphi & -\sin\varphi \\ 0 & \sin\varphi & \cos\varphi \end{pmatrix}$$

$$= \begin{pmatrix} 1 & 0 & 0 \\ 0 & \cos\varphi & \sin\varphi \\ 0 & -\sin\varphi & \cos\varphi \end{pmatrix} \begin{pmatrix} 12ma^2 & 0 & 0 \\ 0 & 12ma^2\cos\varphi & -12ma^2\sin\varphi \\ 0 & 8ma^2\sin\varphi & 8ma^2\cos\varphi \end{pmatrix}$$

$$= \begin{pmatrix} 12ma^2 & 0 & 0 \\ 0 & 12ma^2\cos^2\varphi + 8ma^2\sin^2\varphi & -4ma^2\cos\varphi\sin\varphi \\ 0 & -4ma^2\cos\varphi\sin\varphi & 12ma^2\sin^2\varphi + 8ma^2\cos^2\varphi \end{pmatrix}.$$

Durch den Koordinatenwechsel, d.h. durch die Drehung der Koordinatenachsen, ist aus dem vorher symmetrischen Kreisel ein unsymmetrischer geworden. Die neuen Koordinatenachsen sind also *keine* Hauptträgheitsachsen. Beachtet man noch, dass $\cos 30° = \sqrt{3}/2$ und $\sin 30° = 1/2$ gelten, so erhält man schließlich

$$\left(I_{i'}^{j'}\right) = \begin{pmatrix} 12ma^2 & 0 & 0 \\ 0 & 12ma^2\dfrac{3}{4} + 8ma^2\dfrac{1}{4} & -4ma^2\dfrac{\sqrt{3}}{4} \\ 0 & -4ma^2\dfrac{\sqrt{3}}{4} & 12ma^2\dfrac{1}{4} + 8ma^2\dfrac{3}{4} \end{pmatrix}$$

$$= \begin{pmatrix} 12ma^2 & 0 & 0 \\ 0 & 11ma^2 & -\sqrt{3}ma^2 \\ 0 & -\sqrt{3}ma^2 & 9ma^2 \end{pmatrix}.$$

11. Literaturhinweise und Weiterführendes zu Teil II

Der zweite Teil dieses Buches zeichnet sich dadurch aus, dass nur sehr wenig konkrete Physik betrieben wird, sondern vielmehr die Techniken und Fertigkeiten der Vektor- und Tensorrechnung vorgetragen und eingeübt werden. Dementsprechend besteht die (knappe) Liste der empfehlenswerten Bücher auch nicht aus Physiklehrbüchern, sondern aus Spezialabhandlungen für diese Themen. Die in diesem Teil hauptsächlich genutzte Literaturquelle ist das Buch von Bernard Schutz [35], in dem ähnlich wie hier die Vektor- und Tensorrechnung nicht nur über das Transformationsverhalten der Komponenten von Tensoren eingeführt wird, sondern die Tensoren selbst als Objekte (d.h. lineare Abbildungen) dargestellt und behandelt werden. Das ist - wenn man so will - ein etwas „modernerer" Ansatz als in vielen anderen Texten, die mit Koordinatentransformationen auskommen. Zu diesen gehört auch das Buch Vectors and Tensors von Daniel Fleisch [11], das einen leichten Einstieg in die Vektor- und Tensorrechnung bietet.

Zu den weiterführenden Büchern im Bereich der Tensorrechnung gehören die Werke von Schutz Geometrical methods of mathematical physics [36] sowie von Jänich Vektoranalysis [20], die allerdings weit über das hinausgehen, was in diesem Teil betrachtet wurde und zudem eine abstrakte Darstellungsweise haben.

© Der/die Autor(en), exklusiv lizenziert durch
Springer-Verlag GmbH, DE, ein Teil von Springer Nature 2021
M. Ruhrländer, *Aufstieg zu den Einsteingleichungen*,
https://doi.org/10.1007/978-3-662-62546-0_11

Teil III.

Spezielle Relativitätstheorie

Die Spezielle Relativitätstheorie wurde von Einstein 1905 formuliert, als er sich mit dem Problem beschäftigte, wie man das Verhalten von elektromagnetischen Wellen mit den aus der klassischen (Newton'schen) Mechanik bekannten Vorstellungen über Zeit und Raum verbinden kann. Wie wir sehen werden, gelang ihm dieses Vorhaben nicht. Vielmehr rüttelte er an der althergebrachten Vorstellung von Raum und Zeit und führte völlig neue Konzepte ein, die auch deshalb so schwer eingängig waren, da sie mit unseren Sinnen und unserer Alltagserfahrung nicht in Übereinstimmung gebracht werden können. Allerdings sind Einsteins revolutionäre neue Ideen nur spürbar (d.h. bei Messungen signifikant), wenn Objekte untersucht werden, die sich mit hohen Geschwindigkeiten bewegen, wie etwa atomare Teilchen, die in Teilchenbeschleunigern wie dem LHC in Genf auf Geschwindigkeiten gebracht werden, die der Lichtgeschwindigkeit (ca. 300.000 km/s) nahe kommen. Für Objekte, die - verglichen mit der Lichtgeschwindigkeit - eher mäßige Geschwindigkeiten aufweisen, wozu auch die nicht unbeträchtliche mittlere Umlaufgeschwindigkeit der Erde um die Sonne gehört, immerhin ≈ 30 km/s $= 108.000$ km/h groß, sind die Korrekturen an Raum, Zeit, Masse u.Ä., die die Spezielle Relativitätstheorie vorschreibt, so gering, dass sie bei den allermeisten Berechnungen nicht ins Gewicht fallen und deshalb ignoriert werden können.

In diesem Teil des Buches gehen wir wieder zweigeteilt vor. Zunächst werden die Phänomene und Konsequenzen der Speziellen Relativitätstheorie im historischen Ablauf vorgestellt. Wir benutzen dafür eine mathematische Beschreibungsweise, die man größtenteils mit einfachen Algebrakenntnissen nachvollziehen kann. In den späteren Kapiteln werden dann für die vierdimensionale Raumzeit Vektor- und Tensorrechnung eingeführt und mithilfe dieser Werkzeuge eine zweite Formulierung der Speziellen Relativitätstheorie vorgestellt. Diese zweite Beschreibungsweise ist für die Einführung und das Verständnis der Allgemeinen Relativitätstheorie im dritten Teil zwingend erforderlich. Sie wird hier in Verallgemeinerung der entsprechenden Methoden, die in Teil II für die euklidische Ebene vorgestellt wurden, an einem zweiten „einfachen" Gegenstand, nämlich der Speziellen Relativitätstheorie, erprobt.

12. Relativitätsprinzip

12.1. Das Galilei'sche- / Newton'sche Relativitätsprinzip

Wir beschreiben in diesem Kapitel, wie man sich zu Zeiten von Galilei und Newton Raum und Zeit vorstellte und welche Prinzipien der Physik sich aus diesen Vorstellungen ableiten lassen. Das erste Newton'sche Gesetz besagt, dass ein Massenpunkt seinen Bewegungszustand - sei er in Ruhe oder bewege er sich mit konstanter Geschwindigkeit - nicht ändert, wenn an ihn keine äußere Kraft angreift. Das erste Newton'sche Gesetz unterscheidet also nicht zwischen einem Massenpunkt in Ruhe und einem, der sich mit konstanter Geschwindigkeit bewegt. Schon Galilei hat darüber geschrieben, dass, wenn jemand sich in einem undurchsichtigen Kasten (z.B. unter Deck eines Schiffes) befindet, der sich gleichmäßig fortbewegt, d.h. ohne zu ruckeln oder seine Richtung zu ändern, eine konstante Geschwindigkeit beibehält, es für ihn unmöglich ist festzustellen, ob er sich fortbewegt oder nicht. Alles im Inneren des Kastens geschieht genauso, als ob er sich in Ruhe befände. Selbst wenn man in eine Seitenwand des Kastens ein Loch schneidet und durch diese Öffnung einen zweiten Kasten sieht, der sich dem eigenen nähert, kann man immer noch nichts darüber aussagen, ob sich der eigene, der fremde oder beide Kästen bewegen. Das einzige, was man zuverlässig feststellen kann, ist, dass sich die beiden Kästen *relativ* zueinander bewegen. Es macht deshalb eigentlich keinen Sinn z.B. zu sagen: „dieses Objekt bewegt sich mit einer Geschwindigkeit von 1 km/h", ohne anzugeben, relativ zu was (zum Boden, zum Rollband?) es sich bewegt. Natürlich benutzt man diese „verbotene" Ausdrucksweise im Alltag andauernd, da in den allermeisten Fällen der Boden als Bezugssystem gemeint ist.

Unter **Bezugssystem** wollen wir ein Koordinatensystem verstehen, in dem wir unter Nutzung von Maßstäben und Uhren die Lage (d.h. die räumlichen Koordinaten) von Objekten zu beliebigen Zeitpunkten angeben können. Wir denken uns in jedem Bezugssystem ein dichtes Netz von Beobachtern, die mit identischen Uhren und Maßstäben ausgestattet sind. Man benötigt dieses dichte Netz von Beobachtern, um bei der Messung von Orten und Zeitpunkten von Ereignissen möglichst genaue Ergebnisse zu erzielen. So wird z.B. eine Zeitmessung eines Ereignisses, das sich in einiger Entfernung von einem Beobachter

M. Ruhrländer, *Aufstieg zu den Einsteingleichungen*,
https://doi.org/10.1007/978-3-662-62546-0_12

befindet, schon durch die Laufzeit der Information (etwa eines Lichtsignals vom Ereignis zum Beobachter) verfälscht. Die Beobachter können solche Schwierigkeiten vermeiden, wenn sie nur lokale Ereignisse (Ereignisse in ihrer unmittelbaren Umgebung) erfassen und andere entferntere Ereignisse den Beobachtern überlassen, für die diese lokal sind.

Galilei und Newton gingen generell davon aus, dass der Raum, die Zeit und auch die Masse eines Körpers absolut sind, d.h., dass räumliche Abstände und zeitliche Differenzen sowie die Masse eines Körpers, die in einem Bezugssystem gemessen werden, auch in jedem anderen Bezugsystem dieselben Messwerte aufweisen.

In einem Bezugsystem des Beobachters B_1 bleibt ein ruhender Körper, auf den keine äußeren Kräfte wirken, nach dem ersten Newton'schen Gesetz in Ruhe (siehe Abb. 12.1). Bewegt sich das Bezugssystem eines zweiten Beobachters B_2 relativ zu dem von B_1 mit konstanter Geschwindigkeit, so hat der kräftefreie Körper in diesem Bezugssystem eine konstante Geschwindigkeit. Stellen Sie sich vor, Sie stehen auf einem Bahnsteig und neben Ihnen steht ein Koffer. Für einen Beobachter, der in einem Zug mit konstanter Geschwindigkeit an Ihnen vorbeifährt, bewegt sich Ihr Koffer mit (entgegengesetzter) Geschwindigkeit von ihm fort.

Beschleunigt der Zug allerdings, während der Beobachter Ihren Koffer betrachtet, und bemerkt der Beobachter diese Beschleunigung nicht, so kommt er zu dem Schluss, dass Ihr Koffer beschleunigt, obwohl keine äußeren Kräfte auf ihn wirken. Das erste Newton'sche Gesetz gilt in solchen (beschleunigten) Bezugssystemen offensichtlich nicht. Man nennt Bezugssysteme, in denen das erste Newton'sche Gesetz gilt, **Inertialsysteme**. Nach dem ersten Newton'schen Gesetz sind Bezugssysteme, die sich relativ zu einem Inertialsystem mit konstanter Geschwindigkeit bewegen, ebenfalls Inertialsysteme.

Wir wollen nun untersuchen, ob die beiden anderen Newton'schen Gesetze in allen Inertialsystemen in gleicher Weise gelten, was auch mit **invariant** bezeichnet wird. Dazu betrachten wir zwei Bezugssysteme S und S' mit kartesischen Koordinaten x, y, z und Ursprung 0 bzw. x', y', z' und $0'$. Das Bezugssystem S' möge sich mit einer konstanten Geschwindigkeit v entlang der positiven x-Achse des Bezugssystems S bewegen. Ferner wollen wir einfacherweise annehmen, dass die Ursprünge der beiden Bezugssysteme zum Zeitpunkt $t = 0$ übereingestimmt haben.

Abb. 12.1 zeigt den im Nullpunkt des Bezugssystems S ruhenden Beobachter B_1 und den in seinem Bezugssystem S' ebenfalls im Nullpunkt ruhenden Beobachter B_2. Das Bezugssystem S' bewegt sich mit konstanter Geschwindigkeit $\vec{v} = (v, 0, 0)$ parallel zur x-Achse und hat sich zum Zeitpunkt t um den Abstand vt von S entfernt.

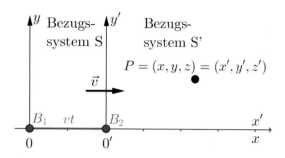

Abbildung 12.1.: Galilei-Transformation

Betrachtet man nun den Punkt P, so hat P im System S die Koordinaten $P = (x, y, z)$ und im System S' die Koordinaten $P = (x', y', z')$, wobei der Einfachheit halber die z- und z'-Achsen in der Abbildung weggelassen wurden. Diese kann man sich so vorstellen, als ob sie aus dem Nullpunkt in S bzw. in S' aus dem Papier herauszeigen. Bezeichnen wir die Zeit im System S mit t und in S' mit t', so besagt die Annahme einer absoluten Zeit, dass B_1 und B_2 jeweils dieselbe Zeit messen, dass also t und t' gleich sind. Da die beiden Bezugssysteme zum Zeitpunkt $t = t' = 0$ übereingestimmt haben und sich S' nur entlang der x-Achse bewegt, werden durch diese Bewegung die y'- und z'-Koordinaten im Bezugssystem S' zeitlich nicht verändert. Die Beziehungen zwischen den Koordinaten ergeben sich also durch:

$$
\begin{aligned}
x' &= x - vt \\
y' &= y \\
z' &= z \\
t' &= t
\end{aligned}
\qquad (12.1)
$$

Diese vier Gleichungen werden als **Galilei-Transformation** bezeichnet und stellen eine Vorschrift dar, wie man durch Messungen im System S die entsprechenden Werte im System S' berechnen kann. Natürlich gilt hierfür auch die Umkehrung, d.h., mit den Gleichungen

$$
\begin{aligned}
x &= x' + vt \\
y &= y' \\
z &= z' \\
t &= t'
\end{aligned}
$$

erhält man eine Vorschrift, wie aus Größen im System S' die entsprechenden im System S abgeleitet werden können. Besitzt ein Teilchen im System S die

Geschwindigkeit

$$\vec{u} \underset{S}{\rightarrow} \begin{pmatrix} u^x \\ u^y \\ u^z \end{pmatrix} = \begin{pmatrix} dx/dt \\ dy/dt \\ dz/dt \end{pmatrix},$$

dann errechnet sich seine Geschwindigkeit im Bezugssystem S' wegen $dt' = dt$ mit der Galilei-Transformation zu

$$\vec{u}\,' \underset{S'}{\rightarrow} \begin{pmatrix} dx'/dt' \\ dy'/dt' \\ dz'/dt' \end{pmatrix} = \begin{pmatrix} d\left(x-vt\right)/dt \\ dy/dt \\ dz/dt \end{pmatrix} = \begin{pmatrix} dx/dt - v \\ dy/dt \\ dz/dt \end{pmatrix} = \begin{pmatrix} u^x - v \\ u^y \\ u^z \end{pmatrix},$$

$$(12.2)$$

also

$$\vec{u}\,' = \vec{u} - \vec{v}.$$

Nochmalige Differenziation ergibt unter Beachtung, dass die Geschwindigkeit v der beiden Systeme zueinander konstant ist, eine Beziehung zwischen den Beschleunigungen in den beiden Systemen

$$\vec{a}\,' \rightarrow \begin{pmatrix} du^{x'}/dt \\ du^{y'}/dt \\ du^{z'}/dt \end{pmatrix} = \begin{pmatrix} d\left(u^x - v\right)/dt \\ du^y/dt \\ du^z/dt \end{pmatrix} = \begin{pmatrix} du^x/dt \\ du^y/dt \\ du^z/dt \end{pmatrix} = \begin{pmatrix} a^x \\ a^y \\ a^z \end{pmatrix},$$

also

$$\vec{a}\,' = \vec{a},$$

die Beschleunigungen sind also identisch. Da sich auch die Masse eines Teilchens in verschiedenen Inertialsystemen nicht ändert ($m' = m$), gilt das zweite Newton'sche Gesetz in beiden Systemen in gleicher Weise:

$$\vec{F} = m\vec{a} = m'\vec{a}\,' = \vec{F}\,'$$

Aus der Gleichheit des zweiten Gesetzes folgt unmittelbar, dass auch das dritte in gleicher Weise im System S' Gültigkeit hat. Wir können also zusammenfassend das sogenannte **Newton'sche Relativitätsprinzip** formulieren:

> Die Newton'schen Gesetze - und daraus abgeleitet die gesamte Newton'sche Mechanik - sind invariant in allen Bezugssystemen, die über eine Galilei-Transformation miteinander verknüpft sind.

12.2. Licht und Äther

Obwohl jedes Inertialsystem zum Aufbau der Mechanik geeignet ist, nahm Newton an, dass es einen „absoluten Raum" gibt, der vor allen anderen Inertialsystemen ausgezeichnet ist. In diesem absoluten Raum sollte der **Äther** ruhen, den Newton als dünnes und elastisches Medium ansah, das den gesamten Raum erfüllen sollte. Die naheliegende Frage: „Wieso bewegen sich dann die Planeten ungehindert durch den ruhenden Äther?" beantwortete Newton folgendermaßen:

> „Nimmt man an, der Äther sei 700.000-mal elastischer und dabei 700.000-mal dünner als unsere Luft, so würde sein Widerstand über 600 Millionen-mal geringer sein als der des Wassers. Ein so geringer Widerstand würde selbst in 10.000 Jahren an der Bewegung der Planeten keine merkliche Änderung hervorrufen."

Im 19. Jahrhundert häuften sich die Hinweise darauf, dass das Licht, das Newton als Teilchenstrahl angesehen hatte, Wellencharakter hat. So zeigte der englische Physiker Thomas Young, dass sich Lichtbündel genau wie Wasserwellen gegenseitig verstärken, aber auch auslöschen können. Diese sogenannten **Interferenzerscheinungen** beobachtete man auch beim Schall, der als Luftschwingung erkannt wurde. Und so wie die Wasserwelle das Wasser und die Schallwelle die Luft als Trägermedium brauchten, sollte Licht eine Schwingung des Äthers sein. Denn da das Licht von den entferntesten Sternen zu uns gelangt, musste das Trägermedium des Lichtes genau wie der Äther überall vorhanden sein.

Bei der späteren Entwicklung der Elektrizitätslehre sah der englische Physiker Michael Faraday einen Hinweis auf „Spannungen im Äther" in der Umgebung der Magnetpole. Er vermutete, dass die Magnetkraft durch Druck und Zug im Äther von einem Pol zum anderen übertragen wird. Schließlich gelangte James C. Maxwell zu der Erkenntnis, dass, wenn Elektrizität und Magnetismus tatsächlich Spannungserscheinungen im Äther waren, dann der gespannte Äther - ähnlich wie eine gespannte Feder - auch schwingen können musste. Er berechnete, dass sich diese Schwingungen mit Lichtgeschwindigkeit ausbreiten. Licht ist also eine elektromagnetische Welle. Mit diesen Erkenntnissen wurde der Äther zu einem zentralen Begriff der gesamten Physik, und die Physiker machen sich daran, den absoluten Raum, in dem der Äther ja ruhen sollte, zu suchen.

Wegen der Bahnbewegung der Erde um die Sonne konnte man nicht annehmen, dass die Erde im Äther ruht. Man versuchte daher, die Bewegung der Erde durch den absoluten Raum experimentell zu bestimmen, wobei man davon ausging, dass elektrische und magnetische Kräfte durch Spannungen im Äther übertragen werden. Eine Bewegung der Erde durch den Äther sollte also zu messbaren Veränderungen elektromagnetischer Effekte führen. Doch alle Experimente waren negativ, die gesuchten Veränderungen stellten sich nicht ein. Unter den Experimenten zur Aufspürung des absoluten Raumes waren auch einige, die zum Ziel hatten, die Geschwindigkeit des Lichtes relativ zur Erde zu bestimmen. Nach der Galilei'schen Geschwindigkeitstransformation (12.2) müsste sich das Licht eines Sternes, wenn die Erde sich auf den Stern mit ihrer Umlaufgeschwindigkeit von $v = 30\,\text{km/s}$ zubewegt, mit der Geschwindigkeit $c - v$ messen lassen. Bewegt sich die Erde auf ihrer Umlaufbahn später von diesem Stern wieder weg, so müsste die auf der Erde gemessene Geschwindigkeit des Sternenlichtes dann $c + v$ betragen. Man müsste also eine Geschwindigkeitsdifferenz in Höhe von $2v$ messen. Tatsächlich hat man aber gar keine Differenz messen können. Das Licht breitet sich offenbar unabhängig von der Geschwindigkeit der Erde immer mit derselben Geschwindigkeit aus. Mit anderen Worten, man hatte nicht nachweisen können, dass das Licht und damit auch die von Maxwell aufgestellten Gesetze der elektromagnetischen Erscheinungen dem Newton'schen Relativitätsprinzip genügen.

Darauf folgende Versuche, die Maxwell-Gleichungen zu modifizieren, damit sie Galiei-invariant werden, hatten auch keinen Erfolg, weil damit widersprüchliche elektromagnetische Phänomene vorhergesagt wurden. Schließlich löste Einstein das Problem, indem er schlussfolgerte, dass der Grund dafür, dass die Lichtgeschwindigkeit unabhängig von der Bewegung der Lichtquelle immer gleich groß ist, ein grundlegender Fehler in unserer allgemeinen Vorstellung von Geschwindigkeit ist, d.h., da Geschwindigkeit gleich Länge dividiert durch Zeit ist, sind unsere Vorstellungen von Länge/Raum und Zeit falsch.

12.3. Das Einstein'sche Relativitätsprinzip

Die Spezielle Relativitätstheorie geht von zwei Postulaten aus, die Einstein 1905 vorschlug:

> 1. Postulat (**Relativitätsprinzip**): Es gibt kein physikalisch bevorzugtes Inertialsystem. Alle Gesetze der Physik nehmen in allen Inertialsystemen dieselbe Form an.
>
> 2. Postulat (**Prinzip der Konstanz der Lichtgeschwindigkeit**): Die Lichtgeschwindigkeit im Vakuum hat in jedem Inertialsystem stets den Wert $c \approx 300.000\,\text{km/s}$.

Einstein vermutete hinter dem Scheitern der Versuche, die Bewegung der Erde im Äther zu messen, ein allgemeines Naturgesetz. Wenn es den Äther gar nicht gibt, ist die Vorstellung einer Absolutbewegung bzw. absoluten Ruhe sinnlos und nur die Relativbewegung eines Körpers in Bezug auf einen anderen kann in der Physik von Bedeutung sein. Das erste Postulat verwirft die Idee eines Äthers nicht direkt, sondern sagt aus, dass er bei der Formulierung der physikalischen Gesetze keine Rolle spielt. Also, wozu braucht man ihn dann überhaupt noch?

Der genau gemessene Wert für die Lichtgeschwindigkeit im Vakuum ist

$$c = 299.792, 458\,\text{km/s}.$$

Breitet sich das Licht in einem materiellen Medium wie z.B. Wasser oder Glas aus, so kann die *Relativgeschwindigkeit* des Lichtes in Bezug auf das Wasser oder Glas auch andere Werte annehmen. Das 2. Postulat gilt in solchen Fällen sinngemäß.

Weder das Prinzip der Konstanz der Lichtgeschwindigkeit noch das Relativitätsprinzip erscheinen auf den ersten Blick ungewöhnlich. Sie beinhalten aber grundlegende Veränderungen der Begriffe Raum und Zeit. Nehmen wir z.B. ein Lichtsignal, das sich im Raum ausbreitet. Wenn wir versuchen, diesem Lichtsignal nachzulaufen, so wird es sich - egal wie schnell wir laufen - immer mit der gleichen Geschwindigkeit c von uns entfernen. Wir werden jetzt drei grundlegende Folgerungen aus den Einstein'schen Postulaten ableiten, nämlich dass erstens die Gleichzeitigkeit zweier Ereignisse ihren absoluten Charakter verliert, dass zweitens verschiedene Beobachter für einen Vorgang nicht mehr dieselbe Dauer messen und dass drittens die Länge eines Objekts in unterschiedlichen Bezugssystemen unterschiedlich gemessen wird.

Die Relativität der Gleichzeitigkeit

Zwei Ereignisse sollen für einen Beobachter gleichzeitig sein, wenn Lichtsignale, die von den Orten der Ereignisse ausgesendet werden, bei dem Beobachter zum gleichen Zeitpunkt eintreffen. Bezeichnet man den Ort des ersten Ereignisses mit A und den des zweiten mit B, so folgt aus der Konstanz der Lichtgeschwindigkeit, dass die Strecke A - Beobachter gleich der Strecke B - Beobachter sein muss, der Beobachter wird sich also in der Mitte zwischen den beiden Punkten A und B aufhalten. Dabei ist es wieder wegen der Konstanz der Lichtgeschwindigkeit unerheblich, ob sich die Lichtquellen relativ zum Beobachter in Ruhe oder in gleichförmiger Bewegung befinden. Natürlich kann man diese Definition der Gleichzeitigkeit auch auf beliebig viele weitere Ereignisse ausdehnen und kommt so zu einer Definition der „Zeit" in der Physik. Stellt man sich vor, dass in verschiedenen Punkten eines Bezugsystems S Uhren gleicher Beschaffenheit aufgestellt sind, deren Zeigerstellung gleichzeitig dieselben sind, dann versteht man unter der Zeit eines Ereignisses die Zeitangabe/Zeigerstellung derjenigen Uhr, die dem Ereignis räumlich benachbart ist. Um die Relativität der Gleichzeitigkeit zu erläutern, benutzen wir ein Beispiel, das von Einstein selbst stammt (siehe [9]).

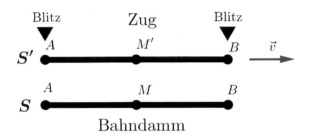

Abbildung 12.2.: Relativität der Gleichzeitigkeit

In Abb. 12.2 sieht man einen Zug, der an einem Bahndamm mit der konstanten Geschwindigkeit $\vec{v}$ vorbeifährt. Es mögen nun zwei Blitze in A und B einschlagen, die aus der Sicht eines in der Mitte zwischen A und B in M befindlichen Beobachters auf dem Bahndamm gleichzeitig passieren. Sei M' der Mittelpunkt der Strecke $\overline{AB}$ des fahrenden Zuges. Dieser Punkt M' befindet sich zum Zeitpunkt des Einschlagens der beiden Blitze auf der Höhe von M. Würde sich der Zug nicht bewegen, so würde ein Beobachter in M' die Blitze ebenfalls gleichzeitig wahrnehmen. Der Zug fährt allerdings vom Bahndamm gesehen mit der konstanten Geschwindigkeit $\vec{v}$ nach rechts, d.h. dem Lichtsignal von B entgegen und dem Lichtsignal von A voraus. Da die Geschwindigkeit des Lichtblitzes, der von A ausgesendet wird, gleich der Geschwindigkeit des Lichtblitzes ist, der von B ausgesendet wird, kommt der Beobachter in M' also zu dem Ergebnis, das Ereignis B habe früher stattgefunden als das Ereignis A. Allgemein können wir folgende Aussage über die Relativität der Gleichzeitigkeit treffen.

> Relativität der Gleichzeitigkeit: Ereignisse, die bezogen auf ein Inertialsystem S gleichzeitig sind, sind bezogen auf ein zweites Inertialsystem S' nicht gleichzeitig und umgekehrt. Jedes Bezugssystem hat seine eigene Zeit. Eine Zeitangabe macht nur dann Sinn, wenn das Bezugssystem, auf das sich die Zeitangabe bezieht, mit angegeben wird.

Mit diesem Relativitätsprinzip der Gleichzeitigkeit, das unmittelbar aus den Einstein'schen Postulaten folgt, ist die von Newton angenommene absolute Zeit hinfällig geworden.

Zeitdehnung

Wir wollen nun auch quantitativ feststellen, welche Beziehungen zwischen den unterschiedlichen Zeiten in unterschiedlichen Bezugsystemen konkret bestehen. Dafür konstruieren wir uns eine möglichst einfache Uhr. In dieser „Lichtuhr" ist die Unruh ein hin- und herlaufendes Lichtsignal. In einem Zylinder läuft ein Lichtblitz von unten nach oben zu einem Spiegel, wird dort reflektiert („tick") und läuft zurück zum Boden. Dort wird er registriert („tack"), löst unmittelbar einen neuen Blitz aus und der Zählerstand wird um eins erhöht. Wir stellen uns vor, dass wir mehrere solcher Uhren entlang der x-Achse des (ruhenden) Inertialsystems S in genügend kleinen Abständen aufgestellt und synchronisiert haben, sodass wir an allen interessierenden Orten die Zeit t im Bezugssystem S ablesen können. Eine weitere baugleiche Uhr bewege sich mit der konstanten Geschwindigkeit $\vec{v} = (v, 0, 0)$ relativ zum System S in positiver x-Achsenrichtung vorwärts. Wir wollen die Frage beantworten, wie viel Zeit t im ruhenden System S vergeht, wenn im System S' der bewegten Uhr die Zeit t' vergeht.

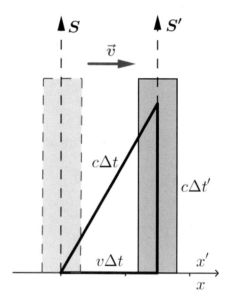

Abbildung 12.3.: Zeitdehnung, Zeitdilatation

In Abb. 12.3 befinde sich die Uhr zur Zeit t_1 im System S und t'_1 im System S' an der gestrichelten Position. Zu diesem Zeitpunkt werde ein Lichtblitz nach oben abgeschossen. Die Uhr bewegt sich innerhalb einer Zeitspanne $\Delta t = t_2 - t_1$ um die Strecke $v\Delta t$ im System S. Der vom Licht zurückgelegte Weg beträgt im ruhenden System S wegen der Konstanz der Lichtgeschwindigkeit $c\Delta t$. Im bewegten System S' legt der Lichtstrahl die Strecke $c\Delta t' = c(t'_2 - t'_1)$ zurück. Diese beiden Weglängen sind aber nicht gleich lang, also müssen sich die Zeitintervalle Δt und $\Delta t'$ unterscheiden! Mit dem **Satz des Pythagoras**

(29.1) folgt für den Zusammenhang zwischen den beiden Messwerten:

$$(v\Delta t)^2 + (c\Delta t')^2 = (c\Delta t)^2 \Rightarrow c^2(\Delta t')^2 = (\Delta t)^2(c^2 - v^2) \Rightarrow$$

$$(\Delta t')^2 = (\Delta t)^2 \left(1 - \frac{v^2}{c^2}\right)$$

und daraus schließlich

$$\Delta t' = \Delta t \sqrt{1 - \frac{v^2}{c^2}}.$$

Die Zeitspanne $\Delta t'$ ist also immer kleiner als Δt. Die Zeit zwischen zwei Ereignissen, die in einem Bezugssystem am gleichen Ort stattfinden, heißt **Eigenzeit** Δt_E. Das Zeitintervall $\Delta t_E = t'_2 - t'_1 = \Delta t'$, das im Bezugssystem S' gemessen wird, ist eine solche Eigenzeit. Das Zeitintervall Δt, gemessen in irgendeinem anderen Bezugssystem S, ist also immer um den Faktor

$$\gamma = \frac{1}{\sqrt{1 - v^2/c^2}} \tag{12.3}$$

(sogenannter **Gammafaktor**) größer als die Eigenzeit. Diese Dehnung des Zeitintervalls Δt im Vergleich zu Δt_E heißt **Zeitdilatation**:

$$\Delta t = \gamma \Delta t_E \tag{12.4}$$

Beispiel 12.1.
Um ein konkretes Zahlenbeispiel zu rechnen, stellen wir uns vor, dass ein Raumschiff mit konstanter Geschwindigkeit $v = 0,6\,c$ von der Erde fortfliegt. Die Astronauten teilen der Bodenstation mit, dass sie eine Stunde schlafen werden. Wie lange schlafen sie im Bezugssystem Erde? Da die Astronauten in ihrem Bezugssystem am gleichen Ort einschlafen und aufwachen, ist ihre Zeit die Eigenzeit und das Zeitintervall auf der Erde beträgt mit (12.4)

$$\Delta t = \gamma \Delta t_E = \frac{1}{\sqrt{1 - v^2/c^2}} = \frac{1}{\sqrt{1 - (0,6c)^2/c^2}} = \frac{1}{\sqrt{0,64}} = 1,25,$$

also schlafen sie im Zeitsystem auf der Erde eine Stunde und 15 Minuten! $\square$

Längenkontraktion

Aus der Zeitdehnung folgt unmittelbar, dass sich auch die Längenmessungen in zwei mit einer Geschwindigkeit v gegeneinander bewegten Inertialsystemen unterscheiden. Zunächst stellen wir fest, dass, wenn sich das Bezugssystem S'

aus Sicht eines (ruhenden) Bezugssystems S mit Geschwindigkeit v in positiver x-Richtung *nach rechts* bewegt (die Bezugssysteme seien wieder so konstruiert, dass die x- und die x'-Achsen übereinstimmen), dann gilt auch die Umkehrung. Das heißt, dass sich aus Sicht eines (ruhenden) Beobachters B_2 in S' das Bezugssystem S mit der gleichen Geschwindigkeit v *nach links* bewegt. Denn würde B_2 z.B. eine geringere Geschwindigkeit u relativ zu S messen, also $u < v$, so wäre das ein physikalisches Gesetz, das nach dem Relativitätsprinzip in jedem Inertialsystem gilt. Das bedeutet, dass ein Beobachter B_1 im System S auch eine kleinere Geschwindigkeit v relativ zu S' messen würde, also $v < u$, was offensichtlich ein Widerspruch ist.

Wir stellen uns nun vor, dass im System S an zwei verschiedenen Stellen auf der x-Achse im Abstand Δx zwei synchronisierte Uhren aufgestellt sind, an denen der Beobachter B_2 im System S' mit Relativgeschwindigkeit v vorbeifährt. Er misst die jeweiligen Zeitpunkte, in denen er an den beiden Uhren vorbeikommt, und erhält als Dauer von einer Uhr zur anderen ein Zeitintervall $\Delta t'$. Genau das Gleiche passiert im System S. Wenn der Beobachter B_2 an der ersten Uhr vorbeikommt, wird die Zeit genommen und ebenso beim Erreichen der zweiten Uhr, diese Zeitdifferenz sei mit Δt bezeichnet. Da in beiden Systemen *betragsmäßig* die gleiche Relativgeschwindigkeit v gemessen wird, gilt also

$$\frac{\Delta x}{\Delta t} = v = \frac{\Delta x'}{\Delta t'},$$

woraus mit (12.4) folgt, dass

$$\Delta x' = \Delta x \, \frac{\Delta t'}{\Delta t} = \Delta x \sqrt{1 - \frac{v^2}{c^2}},$$

d.h., die Länge $\Delta x'$, die in einem bewegten Bezugssystem gemessen wird, ist immer kürzer als die Länge Δx im ruhenden Bezugssystem; diese Länge nennt man **Eigenlänge** Δx_E und den Verkürzungseffekt **Längenkontraktion**

$$\Delta x' = \Delta x_E \sqrt{1 - \frac{v^2}{c^2}} = \frac{1}{\gamma} \Delta x_E. \tag{12.5}$$

Nun überlegen wir, ob es auch eine Längenverzerrung in Richtungen quer zur Relativgeschwindigkeit $\vec{v}$ geben kann. Wir machen wieder ein Gedankenexperiment und stellen uns vor, dass ein Zug im Ruhezustand gerade so eben in einen schmalen Tunnel passt. Würde sich bei einer hohen Relativgeschwindigkeit die Breite des Tunnels aus Sicht des Zuges verkleinern, so würde er nicht mehr in den Tunnel, der ja aus seiner Sicht auf ihn zukommt, passen. Der Eingang des Tunnels würde entweder auf den Zug aufprallen oder zumindest einige Kratzer am Zug hinterlassen. Schauen wir uns nun die Situation von der anderen Seite an. Aus Sicht des Tunnels kommt der Zug mit hoher Geschwindigkeit auf ihn zu. Die Querkontraktion des Tunnels, die der Zug wahrgenommen hat, würde jetzt eine Querkontraktion des Zuges aus Sicht des Tunnels bedeuten. Der Zug wäre schmaler und würde bequem durch den Tunnel durchfahren können. Diesen Widerspruch kann man nur auflösen, wenn man die obige Annahme verwirft. Wir können also zusammenfassend feststellen:

> Die Länge $\Delta x'$, die in einem bewegten Bezugssystem in Bewegungsrichtung gemessen wird, ist immer um den Faktor γ kürzer als die Länge Δx_E im ruhenden Bezugssystem: $\gamma \Delta x' = \Delta x_E$. Strecken quer zur Bewegungsrichtung verkürzen oder verlängern sich dagegen nicht.

Die Invarianz von Strecken quer zur Bewegungsrichtung haben wir übrigens schon bei der Ableitung der Formel zur Zeitdilatation implizit genutzt, als wir unterstellt haben, dass sich beide Beobachter einig darüber sind, dass der Lichtstrahl in der Lichtuhr tatsächlich die berechnete Strecke quer zur Bewegungsrichtung zurücklegt.

In beiden bislang besprochenen Phänomenen, nämlich Zeitdilatation und Längenkontraktion, taucht die Größe

$$\gamma = \frac{1}{\sqrt{1 - v^2/c^2}}$$

auf. Abb. 12.4 zeigt den Verlauf von γ als Funktion des Betrags der Geschwindigkeitsrelation v/c.

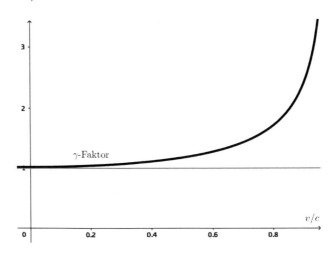

Abbildung 12.4.: Verlauf des Gammafaktors

Man sieht, dass der γ-Faktor (dicke Linie) erst ab einer Relativgeschwindigkeit von ca. $0,1\,c$ signifikant von der Linie $\gamma = 1$ abweicht, deswegen konnten Zeitdilatation und Längenkontraktion vor allem erst durch Experimente in Teilchenbeschleunigern praktisch nachgewiesen werden. Aber auch Beobachtungen an sehr schnellen Teilchen, die aus der kosmischen Strahlung durch Reaktionen mit Atomkernen und Molekülen der Atmosphäre entstehen, haben Zeitdilatation bzw. Längenkontraktion eindrucksvoll nachweisen können.

Beispiel 12.2.

Myonen sind solche Sekundärteilchen, sie besitzen eine Geschwindigkeit von

$$v = 0,998\,c$$

und zerfallen nach dem Gesetz

$$N\left(t\right) = N_0 e^{-t/\tau}, \tag{12.6}$$

wobei N_0 die Anzahl der Myonen zum Zeitpunkt $t = 0$ ist, $N\left(t\right)$ die Anzahl der Myonen zum Zeitpunkt t und τ die mittlere Lebensdauer, die für ein Myon im Ruhesystem ca. zwei Microsekunden ($= 2 \cdot 10^{-6}\,\mathrm{s} = 2\,\mu\mathrm{s}$) beträgt. Da Myonen in einer Höhe von mehreren tausend Metern entstehen, sollten nur wenige die Erdoberfläche erreichen. Ein typisches Myon würde in $2\,\mu\mathrm{s}$ nur etwa $600\,\mathrm{m}$ zurücklegen. Im Bezugsystem der Erde erhöht sich allerdings die Lebensdauer des Myons nach der Zeitdilatation um den Faktor

$$\gamma = \frac{1}{\sqrt{1 - v^2/c^2}} = \frac{1}{\sqrt{1 - \left(0,998^2\right) c^2/c^2}} \approx 15,8,$$

d.h., die Lebensdauer im Bezugssystem Erde ist ca. $31\,\mu\mathrm{s}$, das Myon legt in dieser Zeit ca. $9500\,\mathrm{m}$ zurück. Das gleiche Ergebnis erhält man, wenn man sich in das Bezugssystem des Myons begibt. Hier ist die Eigenlebenszeit weiterhin $2\,\mu\mathrm{s}$, aber eine Entfernung Myon - Erdoberfläche von $9500\,\mathrm{m}$ kontrahiert sich im Bezugssystem des Myons auf

$$\Delta x' = \Delta x \sqrt{1 - \frac{v^2}{c^2}} = 9500 \sqrt{1 - \frac{v^2}{c^2}} = 950 \sqrt{1 - \frac{\left(0,998^2\right) c^2}{c^2}} \approx 600\,\mathrm{m}.$$

Man kann leicht überprüfen, ob diese Vorhersagen der Speziellen Relativitätstheorie zutreffend sind. Angenommen, man beobachtet zum Zeitpunkt $t = 0$ in $9000\,\mathrm{m}$ Höhe 10^8 Myonen. Nach der nichtrelativistischen Vorhersage brauchen die Myonen für die $9000\,\mathrm{m}$ bis zur Erdoberfläche die Zeit

$$\frac{9000\,\mathrm{m}}{0,998\,c} = \frac{9000\,\mathrm{m}}{0,998 \cdot 300.000.000\,\mathrm{m/s}} \approx 30\,\mu\mathrm{s},$$

also das 15-Fache der mittleren Zerfallsdauer τ. Setzt man das in die obige Formel (12.6) ein, so erhält man

$$N = 10^8 e^{-15} \approx 30,6,$$

d.h., von den ursprünglichen 100 Millionen Myonen würden nur 31 die Erdoberfläche erreichen. Nach der Speziellen Relativitätstheorie muss die Erde nur 600 m im Bezugssystem des Myons zurücklegen, was etwa $2\,\mu\text{s} = 1\tau$ dauert. Damit berechnet sich die Anzahl der auf Meereshöhe erwarteten Myonen auf

$$N = 10^8 e^{-1} \approx 3,68 \cdot 10^7.$$

Experimente haben bestätigt, dass die Vorhersagen der Speziellen Relativitätstheorie zutreffend sind. Man beobachtet tatsächlich 36,8 Millionen Myonen auf der Erdoberfläche. $\square$

Doppler-Effekt

Als ein weiteres Beispiel wollen wir den sogenannten **Doppler-Effekt** untersuchen. Den Doppler-Effekt kann man bei jeder beliebigen Welle beobachten, er ist z.B. bei Schallwellen dafür verantwortlich, dass man den Pfeifton eines herannahenden Zuges höher wahrnimmt als bei einem Zug in Ruhe oder bei einem, der sich entfernt. Wir beschränken uns in diesem Beispiel aber auf Lichtwellen im Vakuum. Dazu machen wir uns zunächst mit einfachen Mitteln klar, was eine Welle ist.

Bemerkung 12.1. **MW: Schwingungen und Wellen**
Eine **Welle** ist, grob gesprochen, eine Schwingung, die sich im Raum ausbreitet. Was uns zu der Frage führt, was eine **Schwingung** ist.

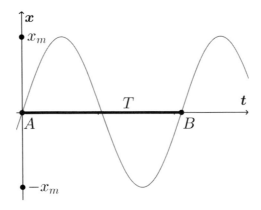

Abbildung 12.5.: Schwingung

Eine Schwingung ist eine periodische (d.h. sich wiederholende) Auslenkung eines Teilchens aus einer Ruhelage, z.B. das Auf und Ab eines Bootes auf dem Wasser oder das Schwingen eines Uhrenpendels. Schwingungen beziehen sich also auf ein Objekt, das angeregt wird, um seinen Ruhepunkt zu schwingen. Der Ruhepunkt selbst bewegt sich dabei nicht. Abb. 12.5 zeigt den *zeitlichen* Verlauf einer Schwingung mit Ruhelage null und maximaler Auslenkung x_m.

Zum Zeitpunkt $t = 0$ wird das Teilchen aus seiner Ruhelage A ausgelenkt, bewegt sich bis zum Punkt x_m und kehrt dann wieder zurück, durchquert seine Ruhelage und bewegt sich bis zum Punkt $-x_m$, kehrt dort um, durchquert erneut seine Ruhelage zur Zeit B usw. Die Zeit T, die vergeht, bis das Teilchen eine volle Schwingung vollzogen hat, wird **Periodendauer** genannt. Die Anzahl der vollen Schwingungen pro Sekunde nennt man die **Frequenz** f der Schwingung, diese errechnet sich zu

$$f = \frac{1}{T} \tag{12.7}$$

und wird in Hertz (Hz) gemessen. Ist die Periode der Schwingung $T = 0,01\,\text{s}$, so ist die Frequenz also $f = 100\,\text{Hz}$.

Voraussetzung für die Entstehung von Wellen ist, dass gekoppelte Schwingungselemente vorhanden sind, die sozusagen in einer Kettenreaktion Wellenbewegungen herbeiführen können. Schwingungen, die benachbarte Schwingungen auslösen, welche wiederum benachbarte Schwingungen auslösen usw., bilden eine Welle. Der Unterschied zwischen Schwingungen und Wellen besteht darin, dass Wellen sich ausbreiten, also Wege zurücklegen, während Schwingungen lokal stattfinden. Die berühmte Stadionwelle „La Ola" kreist beispielsweise deswegen um das Spielfeld, weil lauter einzelne Menschen sich auf und ab bewegen, also hinauf und hinunter schwingen. Sie verlassen dabei nicht ihren Sitzplatz, aber „La Ola" bewegt sich durch das ganze Stadion. Das gekoppelte Schwingungselement bei „La Ola" ist die „Bereitschaft zum Mitmachen". Denn bleiben einige benachbarte Zuschauer sitzen, so verebbt die Welle.

Die grafische Darstellung einer ebenen Welle in Abb. 12.6 unterscheidet sich von der einer Schwingung hauptsächlich darin, dass das Wellenbild eine *räumliche* Darstellung im (x, y)-Koordinatensystem zu einem festen Zeitpunkt ist. Man stelle sich vor, dass es an jeder Stelle auf der x-Achse ein Teilchen gibt, das eine Schwingung um die Ruhelage $y = 0$ mit der maximalen Ausrichtung (**Amplitude**) A_0 ausführt. In Abb. 12.6 ist ein Schnappschuss einer Welle $A(x, t)$, die in y-Richtung schwingt, zum Zeitpunkt $t = 0$ dargestellt. Die Welle hat eine Ausbreitungsrichtung (Pfeil), die in die positive x-Richtung zeigt.

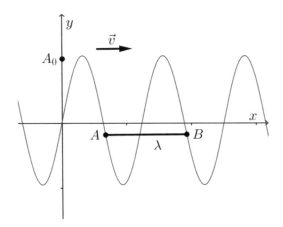

Abbildung 12.6.: Welle

Den Abstand zwischen zwei Wiederholungen der Wellenform (in der Abbildung zwischen A und B) nennt man **Wellenlänge** λ. Die Wellenlänge gibt die Periodizität von A auf der x-Achse an. Der Betrag der **Phasengeschwindigkeit** v, mit der sich die Welle in positive x-Richtung ausbreitet, ist gegeben durch die Wellenlänge λ dividiert durch die Zeit T, die für eine volle Schwingung gebraucht wird

$$v = \frac{\lambda}{T} = \lambda f.$$

Eine ebene Welle wird am einfachsten beschrieben, wenn das Koordinatensystem so gewählt wird, dass eine Achse ihrer Ausbreitungsrichtung entspricht. In den Richtungen senkrecht zur Ausbreitung findet keine Schwingung statt. Eine **(harmonische homogene) ebene Welle** wird durch

$$A\left(x, t\right) = A_0 \sin\left(2\pi f\left(x/v - t\right) + \varphi\right) \tag{12.8}$$

definiert, wobei φ die sogenannte **Phase** bezeichnet. Die Phase gibt die Wellenverschiebung vom Nullpunkt ($x = 0$) zum Zeitpunkt $t = 0$ an. In Abb. 12.6 ist die Phase der eingezeichneten Welle gleich null.

In Gl. 2.13 auf Seite 41 haben wir die *Kreisfrequenz* ω durch

$$\omega = \frac{2\pi}{T}$$

definiert. Mit (12.7) folgt daraus

$$\omega = \frac{2\pi}{T} = 2\pi f,$$

und wir können (12.8) als

$$A\left(x, t\right) = A_0 \sin\left(\omega\left(x/v - t\right) + \varphi\right) \tag{12.9}$$

schreiben. Wir definieren noch die sogenannte **Wellenzahl** k durch

$$k = \frac{\omega}{v} = \frac{2\pi}{\lambda}$$

und erhalten die in der Physik übliche Darstellung einer ebenen Welle (mit $\varphi = 0$):

$$A(x,t) = A_0 \sin(kx - \omega t) \quad \text{bzw.} \quad A(x,t) = A_0 \cos(kx - \omega t) \ \Box \qquad (12.10)$$

In Kap. 25 über Gravitationswellen werden wir uns noch intensiver mit dem Wellenphänomen beschäftigen.

Klassischer Doppler-Effekt

Nach diesen Vorbemerkungen wenden wir uns nun dem Doppler-Effekt zu, den wir zunächst klassisch, d.h. in der Newton'schen Welt ohne Relativitätstheorie, behandeln. Licht, wie auch andere elektromagnetische Strahlung, unterliegt dem sogenannten **Welle-Teilchen-Dualismus**, d.h., es zeigt sich in manchen Experimenten als Teilchenstrahl, in anderen als ein Wellenphänomen. Wir nehmen an, dass sich eine Lichtwelle mit konstanter Geschwindigkeit c und zeitlich unveränderlicher Frequenz (Farbe) f in positiver x-Richtung ausbreitet. Wenn zwei Beobachter, die sich relativ zueinander bewegen, auf diesen Lichtstrahl schauen, so sehen sie diesen in unterschiedlichen Farben, d.h., die wahrgenommenen Frequenzen unterscheiden sich. Dieses Phänomen heißt **Doppler-Effekt**, oft auch einfach **Rotverschiebung** genannt, obwohl das nur *eine* mögliche Ausprägung des Doppler-Effekts ist, wie wir gleich sehen werden.

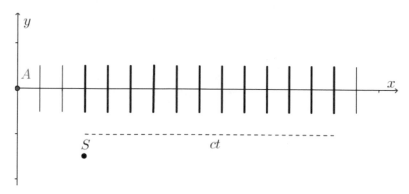

Abbildung 12.7.: Klassischer Doppler-Effekt I

In Abb. 12.7 ist eine Lichtwelle vom Punkt A in die positive x-Richtung emittiert worden. Zum Zeitpunkt null hat ein in S befindlicher Beobachter angefangen, die Wellenberge der Lichtwelle zu zählen. Bis zu Zeitpunkt t hat die Welle die Strecke ct zurückgelegt und der Beobachter hat die in der Abbildung fett markierten Wellenberge an ihm vorbeilaufen sehen. Der fette Wellenberg ganz rechts war der erste und der fette ganz links war der letzte Wellenberg, den er im Zeitraum t gezählt hat. Wenn die Anzahl der gezählten Wellenberge gleich N ist, so hat die Welle aus Sicht S die Frequenz

$$f = \frac{N}{t}.$$

Nun betrachten wir in Abb. 12.8 einen relativ zu S bewegten Beobachter S', der sich in positiver x-Richtung mit der Relativgeschwindigkeit v bewegen möge.

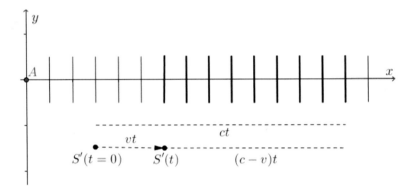

Abbildung 12.8.: Klassischer Doppler-Effekt II

Der Beobachter S' befindet sich zur Zeit $t = 0$ an der Stelle von S und bewegt sich in dem Zeitintervall t um die Strecke vt nach rechts. Dabei zählt er die Wellenberge, die an ihm vorbeilaufen und die in der Abbildung wieder fett markiert sind. Die Anzahl N', die er zählt, ist wegen seiner Bewegung in Ausbreitungsrichtung der Welle geringer als die von S. Das Verhältnis von N' zu N ist das gleiche wie das der Strecken $(c - v)\, t$ zu ct, also

$$\frac{N'}{N} = \frac{(c - v)\, t}{ct} = 1 - v/c.$$

Für die Frequenzen folgt daraus

$$f' = \frac{N'}{t} = \frac{N}{t}(1 - v/c) = (1 - v/c)\, f. \qquad (12.11)$$

f' ist also kleiner als f, der bewegte Beobachter nimmt das Licht mit geringerer Frequenz wahr, d.h., für ihn ist die Farbe des Lichtes zum roten Ende des

Lichtspektrums verschoben. Das ist der Grund, warum man von *Rotverschiebung* spricht. Bewegt sich der Beobachter S' allerdings auf die Lichtquelle zu, so muss man in obiger Formel v durch $-v$ ersetzen und man erhält $f' > f$. Diesen Effekt nennt man **Blauverschiebung**. Schon in dieser klassischen Betrachtung ist klar geworden, dass die Frequenz einer Welle keine intrinsische Eigenschaft ist, sondern von der Bewegung des Beobachters abhängt, der die Frequenz misst.

Doppler-Effekt in der Speziellen Relativitätstheorie

Die Formel (12.11) gilt für Geschwindigkeiten deutlich unterhalb der Lichtgeschwindigkeit. Für astronomische Anwendungen (Messungen von Abstandsveränderungen von Objekten, Bestimmung von Planeten in anderen Sonnensystemen) reicht sie meist aus. Aber auch auf der Erde, etwa bei der Geschwindigkeitsmessung über Radar, findet sie Anwendung. Bei größeren Geschwindigkeiten muss die Formel an die Erfordernisse der Speziellen Relativitätstheorie angepasst werden. Gemäß der Zeitdilatation wird im Inertialsystem S' die Zeit

$$t' = t \cdot \sqrt{1 - v^2/c^2}$$

gemessen, woraus für die Frequenzen

$$
\begin{aligned}
f' &= \frac{N'}{t'} = \frac{N}{t\sqrt{1 - v^2/c^2}}(1 - v/c) = \frac{1 - v/c}{\sqrt{(1 - v/c)(1 + v/c)}} f \\
&= \sqrt{\frac{1 - v/c}{1 + v/c}} f
\end{aligned}
\tag{12.12}
$$

folgt. Diese Beziehung nennt man den **relativistischen Doppler-Effekt**. Auch in diesem Fall gilt, dass sich die Formel „umdreht", wenn sich der Beobachter auf die Lichtquelle zubewegt bzw. die Lichtquelle auf einen Beobachter zukommt, da man die Geschwindigkeit v durch $-v$ ersetzen muss. Der Doppler-Effekt führt dazu, dass man bei der Registrierung einer Lichtwelle im Weltraum deren Ausgangsfrequenz grundsätzlich nicht feststellen kann, wenn die Geschwindigkeit der Lichtquelle nicht bekannt ist. Jeder Beobachter misst eine andere Frequenz der Lichtwelle, was wieder ein schönes Beispiel für die „Demokratie" der Inertialsysteme ist.

12.4. Uhrendesynchronisation

In diesem und den nächsten Abschnitten wollen wir weitere direkte Folgerungen aus der Zeitdilatation und der Längenkontraktion ableiten. Wir starten damit, jetzt auch quantitativ zu berechnen, wie sich Uhren in unterschiedlichen Bezugssystemen desynchronisieren. Wir gehen wieder von dem Zugbeispiel aus und stellen uns vor, dass sich in einem Zug an den Stellen A und B, die den Abstand L' voneinander haben, zwei Uhren befinden, Uhr 2 am Zuganfang und Uhr 1 am Zugende, siehe Abb. 12.9. Aus Sicht eines mitfahrenden Beobachters M', der sich genau in der Mitte von A und B befindet, sollen diese beiden Uhren synchronisiert sein. Der Zug fährt an einem Bahndamm, auf dem ein Beobachter M steht, mit der konstanten Geschwindigkeit v nacht rechts vorbei. M' zündet einen Lichtblitz, als er genau auf der Höhe von M ist. Im System des Zuges S' bereitet sich das Licht nach beiden Richtungen mit der Geschwindigkeit c aus und erreicht nach der Lichtlaufzeit $t' = L'/2c$ beide Uhren zur gleichen Zeit. Die Frage ist, ob M eine Zeitdifferenz an den Uhren feststellt und wie groß diese gegebenenfalls ist.

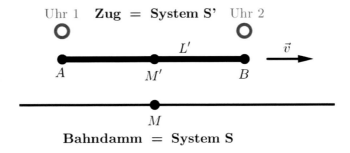

Abbildung 12.9.: Uhrendesynchronisation

Zunächst stellen wir fest, dass der Abstand der beiden Uhren zueinander für den Beobachter M nicht L', sondern wegen der Längenkontraktion (12.5)

$$L = L' \sqrt{1 - \frac{v^2}{c^2}} \tag{12.13}$$

ist. Das Licht breitet sich aus seiner Sicht ebenfalls nach beiden Seiten mit der Geschwindigkeit c aus. Allerdings kommt Uhr 1 dem Licht entgegen. In der Zeit t_1, die das Licht zu Uhr 1 braucht, muss es nicht die Strecke L/c, sondern einen um $v\,t_1$ verkürzten Weg zurücklegen, also

$$c\,t_1 = \frac{L}{2} - v \cdot t_1.$$

Umgekehrt fährt die Uhr 2 dem Licht davon. Das Licht muss in der Zeit t_2 nicht nur die Länge L/c, sondern einen um $v\,t_2$ längeren Weg zurücklegen, also

$$c\,t_2 = \frac{L}{2} + v \cdot t_2.$$

Beide Gleichungen werden nach t_1 bzw. t_2 aufgelöst

$$t_1 = \frac{L}{2\,(c+v)} \quad \text{und} \quad t_2 = \frac{L}{2\,(c-v)}$$

und voneinander subtrahiert:

$$t_2 - t_1 = \frac{L}{2\,(c-v)} - \frac{L}{2\,(c+v)} = \frac{L\,(c+v) - L\,(c-v)}{2\,(c-v)\,(c+v)} = \frac{L}{2}\,\frac{2v}{c^2 - v^2} = \frac{Lv}{c^2 - v^2}$$

Dies ist die Zeitdifferenz im System S. Für den Beobachter M erreicht das Licht zuerst die Uhr 1 und dann die Uhr 2, für ihn sind die beiden Ereignisse nicht gleichzeitig, in *seinem* System zeigen seine Uhren einen Gangunterschied von $\frac{Lv}{c^2 - v^2}$ an. Kann der Beobachter M auch einen Zeitunterschied im System S' feststellen? Zunächst weiß er, dass nach der Zeitdilatation (12.4) die bewegten Uhren langsamer laufen, d.h., die Zeitdifferenz $\Delta t' = t_2' - t_1'$ ergibt sich zu

$$\begin{aligned}
\Delta t' &= (t_2 - t_1) \cdot \sqrt{1 - \frac{v^2}{c^2}} = \frac{Lv}{c^2 - v^2} \cdot \sqrt{1 - \frac{v^2}{c^2}} \\
&= \frac{Lv}{c^2 \left(1 - \frac{v^2}{c^2}\right)} \cdot \sqrt{1 - \frac{v^2}{c^2}} = \frac{Lv}{c^2} \cdot \frac{1}{\sqrt{1 - \frac{v^2}{c^2}}}.
\end{aligned}$$

Setzt man noch die obige Beziehung (12.13)

$$L = L' \sqrt{1 - \frac{v^2}{c^2}}$$

zwischen L und L' ein, so ergibt sich

$$\Delta t' = \frac{Lv}{c^2} \cdot \frac{1}{\sqrt{1 - \frac{v^2}{c^2}}} = \frac{L'v}{c^2}.$$

Diese Zeitdifferenz zeigt den von Beobachter M wahrgenommenen Gangunterschied der beiden Uhren 1 und 2 im System S'. Für den Beobachter M gehen die beiden Uhren nicht gleich, vielmehr unterscheiden sie sich für ihn um die Größe $L'v/c^2$, sie sind desynchronisiert. Wenn zwei Ereignisse für einen ruhenden Beobachter zeitgleich und durch den Abstand L' voneinander getrennt sind, dann erscheint einem anderen Beobachter, der sich parallel zu L' mit der Geschwindigkeit v bewegt, das für ihn räumlich führende Ereignis um $L'v/c^2$ verspätet gegenüber dem für ihn räumlich nachfolgenden Ereignis. Wir machen diese Zusammenhänge nochmals an einem Beispiel deutlich.

Beispiel 12.3.

Ein Raumschiff fliege mit einer Geschwindigkeit von $v = 0,8\,c$ an der Erde vorbei zu einem acht Lichtjahre entfernten Planeten, dessen Uhren mit denen auf der Erde synchronisiert seien. Die Uhren zwischen der Erde und dem Raumschiff werden beim Vorbeiflug synchronisiert und auf null gesetzt.

1. Wie lange dauert der Flug des Raumschiffes aus Sicht der Erde?

   Aus Sicht der Erde beträgt die Entfernung Erde - Planet acht Lichtjahre
   ($1\,\text{Lichtjahr} = 1\,\text{Jahr} \cdot c$) , somit beträgt die Flugdauer

$$\Delta t = \frac{\Delta x}{v} = \frac{8 \cdot c}{0,8 \cdot c} = 10\,\text{Jahre}.$$

2. Wie viel Zeit verstreicht im bewegten System des Raumschiffes aus Sicht der Erde?

   Wegen der (auf der Erde bekannten) Zeitdilatation wird aus Sicht der Erde im Raumschiff eine kürzere Flugzeit $\Delta t'$ gemessen

$$\Delta t' = \Delta t \cdot \sqrt{1 - \frac{v^2}{c^2}} = 10 \cdot \sqrt{1 - \frac{(0,8\,c)^2}{c^2}} = 10 \cdot 0,6 = 6\,\text{Jahre}.$$

3. Wie groß ist die Entfernung $\Delta x'$ Erde - Planet aus Sicht des Raumschiffes?

   Aufgrund der Längenkontraktion ergibt sich

$$\Delta x' = \Delta x \cdot \sqrt{1 - \frac{v^2}{c^2}} = 8 \cdot \sqrt{1 - \frac{(0,8\,c)^2}{c^2}} = 8 \cdot 0,6 = 4,8\,\text{Lichtjahre}.$$

4. Wie lange dauert es für das Raumschiff, das sich ja in seinem System in Ruhe befindet, bis der Planet an ihm vorbeifliegt?

   Das errechnet sich wie in 1. zu

$$\Delta t' = \frac{\Delta x'}{v} = \frac{4,8 \cdot c}{0,8 \cdot c} = 6\,\text{Jahre}.$$

Wie nicht anders zu erwarten, gelangen die Beobachter auf der Erde und die Raumschiffbesatzung zum gleichen Ergebnis für $\Delta t'$.

5. Wie viel Zeit ist beim Vorbeiflug des Planeten aus Sicht des Raumschiffes auf den Uhren auf der Erde verstrichen?

Die Uhren auf der Erde laufen aus Sicht des Raumschiffes aufgrund der Zeitdilatation langsamer als seine eigenen. Es ergibt sich aus Sicht des Raumschiffes eine Zeitdauer Δt von

$$\Delta t = \Delta t' \cdot \sqrt{1 - \frac{v^2}{c^2}} = 6 \cdot \sqrt{1 - \frac{(0,8\,c)^2}{c^2}} = 6 \cdot 0,6 = 3,6\,\text{Jahren}.$$

6. Wie erklärt sich ein Besatzungsmitglied den Unterschied zwischen der Flugdauer Δt, die es misst, und der, die auf der Erde berechnet wurde?

Im Raumschiff hat man beim Vorbeiflug den Uhrenstand von zehn Jahren auf dem Planeten abgelesen. Den Unterschied zu den $3,6$ Jahren erklärt sich ein Besatzungsmitglied dadurch, dass die Uhren im System Erde - Planet desynchronisiert sind, und zwar geht die Uhr auf dem Planeten im Vergleich zu den Uhren auf der Erde (dem räumlich nachfolgenden System) um den Betrag

$$\frac{L \cdot v}{c^2} = \frac{8\,\text{Lichtjahre} \cdot 0,8 \cdot c}{c^2} = \frac{8 \cdot c \cdot 0,8 \cdot c}{c^2} = 8 \cdot 0,8 = 6,4\,\text{Jahre}$$

vor. Addiert man diese Zahl zu seiner errechneten Flugzeit von $3,6$ Jahren, so erhält man ebenfalls zehn Jahre. $\square$

Zwillingsparadoxon

Mit Beispiel 12.3 kann man auch das sogenannte **Zwillingsparadoxon** erläutern und zeigen, dass es in Wirklichkeit gar keines ist. Stellen wir uns vor, in dem Raumschiff R_1 sitzt der Beobachter M', der einen Zwilling M hat, der auf der Erde bleibt. Zum Zeitpunkt des Vorbeifluges von M' an der Erde sind die beiden Zwillinge gleich alt. Das Gedankenmodell ist so, dass M' zu dem acht Lichtjahre entfernten Planeten fliegt und dann in einem zweiten Raumschiff R_2 mit der gleichen Geschwindigkeit zurück zur Erde fliegt, d.h., wir vernachlässigen der Einfachheit halber die Prozedur und Zeit des Abbremsens der ersten Rakete und des Beschleunigens der zweiten Rakete auf die Geschwindigkeit $0,8\,c$. Trotzdem ist klar, dass M' sein Inertialsystem wechselt, denn das Raumschiff R_1 fliegt mit konstanter Geschwindigkeit immer in die gleiche Richtung weg von der Erde, während das Raumschiff R_2 in die umgekehrte Richtung fliegt. Betrachten wir nun die Zeiten, die während des Hin- und Rückfluges vergangen sind. Wie im Punkt (1.) in Beispiel 12.3 ausgeführt, dauert der Hinflug von M' für seinen Zwilling M auf der Erde zehn Jahre.

Genauso lange benötigt M' aus Sicht von M für den Rückflug, insgesamt also zwanzig Jahre. M' hingegen liest auf seiner Uhr für den Hinflug sechs Jahre ab (siehe Punkt (4.)), und genauso lange benötigt er für den Rückflug, insgesamt also zwölf Jahre. Bei seiner Rückkehr auf die Erde beträgt also der Altersunterschied zu seinem Zwilling acht Jahre. Zu dem gleichen Ergebnis kommt auch M, der weiß, dass die Alterung $\Delta t'$ seines Zwillings sich durch Zeitdilatation aus seiner Alterung Δt errechnen lässt:

$$\Delta t' = \Delta t \cdot \sqrt{1 - \frac{v^2}{c^2}} = 20 \cdot \sqrt{1 - \frac{(0,8\,c)^2}{c^2}} = 20 \cdot 0,6 = 12\,\text{Jahre}$$

In diesem Sinne besteht Übereinkunft der beiden Zwillinge und somit keine Paradoxie. Als eigentliches Zwillingsparadoxon sieht man die Frage an, warum nicht auch für M', für den sich ja Erde und Planet bewegen, eine stärkere Alterung gegenüber seinem Zwilling M stattfindet. Nun, das liegt daran, dass es sich *nicht* um eine symmetrische Situation handelt. Denn M' wechselt sein Bezugssystem bei Erreichen des Planeten, während M sich die ganze Zeit in seinem Bezugssystem Erde befindet. Doch schauen wir es uns genauer an. Wenn M' den Planeten erreicht, zeigen nach Punkt (6.) die dortigen Uhren zehn Jahre an, also vier Jahre mehr als die im Raumschiff R_1 gemessene Flugzeit $\Delta t' = 6\,\text{Jahre}$. Beim Wechsel von M' auf das Raumschiff R_2 werden die dortigen Uhren mit denen auf dem Planeten synchronisiert, für M' findet dadurch ein Zeitsprung von vier Jahren statt. Auf der Rückreise finden wir dann wieder exakt die gleichen Bedingungen wie auf dem Hinflug vor: Die Flugzeit im Raumschiff R_2 beträgt sechs Jahre, während die Uhren auf der Erde bei Ankunft des Raumschiffes vier Jahre mehr anzeigen. Insgesamt ist damit der Altersunterschied von acht Jahren zwischen den Zwillingen erklärt.

Experimentell hat man diese unterschiedlichen Alterungen vielfach überprüft. So wurden schon in den 1970er-Jahren zwei Atomuhren synchronisiert und eine davon in einem Verkehrsflugzeug um die Erde geflogen. Nach der Landung wurden die Uhrenstände beider Uhren verglichen, die bewegte Uhr zeigte entsprechend der Vorhersage der Speziellen Relativitätstheorie eine geringere Zeit an als die auf der Erde verbliebene.

12.5. Addition von Geschwindigkeiten

In der Speziellen Relativitätstheorie ist die Lichtgeschwindigkeit die höchste zu erreichende Geschwindigkeit. Diese obere Grenze hat zur Konsequenz, dass man Geschwindigkeiten nicht einfach addieren kann. Stellen wir uns vor, in einem Raumschiff, das mit $0,8\,c$ von der Erde wegfliegt, wird die zweite Stufe gezündet, die wiederum mit einer Geschwindigkeit von $0,8\,c$ relativ zur ersten

Stufe davonfliegt, siehe Abb. 12.10. Relativ zur Erde kann die Geschwindigkeit der zweiten Stufe aber maximal c und *nicht* $0,8\,c + 0,8\,c = 1,6\,c$ betragen!

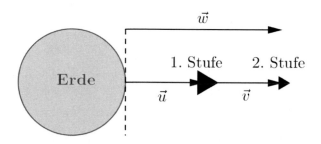

Abbildung 12.10.: Addition von Geschwindigkeiten

Wir wollen die Geschwindigkeit w zwischen der 2. Stufe und der Erde ermitteln. Dazu stellen wir uns vor, dass sich in der 2. Stufe eine Uhr befindet, die mit einer Periodendauer T_2 zwischen zwei Schlägen „tickt". Wie sieht ein Beobachter in der 1. Stufe diese Uhr ticken? Zunächst verlängert sich für diesen Beobachter durch die Zeitdilatation die Periode

$$T_2 \longrightarrow T_2 \cdot \gamma = \frac{T_2}{\sqrt{1 - v^2/c^2}}.$$

Da sich die 2. Stufe von der ersten mit der Geschwindigkeit v wegbewegt, und zwar aus Sicht der ersten Stufe in der Periode $T_2\,\gamma$ um den Weg $T_2\,\gamma \cdot v$, für den wiederum ein Lichtsignal von Stufe 1 zu Stufe 2 die Zeit $T_2\,\gamma \cdot v/c$ braucht, ergibt sich insgesamt für die in Stufe 1 wahrgenommene Periodendauer T_1 der Uhr in Stufe 2 die Größe

$$
\begin{aligned}
T_1 &= T_2 \cdot \gamma + \frac{T_2\,\gamma \cdot v}{c} = \frac{T_2}{\sqrt{1 - v^2/c^2}} + \frac{T_2\,v}{c\,\sqrt{1 - v^2/c^2}} \\
&= T_2\,\frac{1 + v/c}{\sqrt{1 - v^2/c^2}} = T_2\,\frac{\sqrt{1 + v/c}\,\sqrt{1 + v/c}}{\sqrt{(1 + v/c)\,(1 - v/c)}} \\
&= T_2\,\sqrt{\frac{1 + v/c}{1 - v/c}}.
\end{aligned}
$$

Der in der Stufe 1 beobachtete Periodenverlängerungsfaktor f_v für die Uhr in Stufe 2 beträgt also

$$f_v = \sqrt{\frac{1 + v/c}{1 - v/c}},$$

was nochmals die relativistische Doppler-Formel (12.12) bestätigt. Ein Beobachter auf der Erde misst analog für die Signale der Uhr in Stufe 2 eine Periode

$$T_3 = f_w T_2 = T_2 \sqrt{\frac{1 + w/c}{1 - w/c}}.$$

Betrachtet man die Stufe 1 als eine Relaisstation, die Signale, die von Stufe 2 kommen, ohne Zeitverzug weiterleitet, so kann ein Beobachter auf der Erde die gleiche Periode auch durch

$$T_3 = f_u T_1 = f_u \cdot (f_v \cdot T_2)$$

erhalten, d.h., es muss gelten

$$f_w = f_u \cdot f_v \Rightarrow \sqrt{\frac{1 + w/c}{1 - w/c}} = \sqrt{\frac{1 + u/c}{1 - u/c}} \cdot \sqrt{\frac{1 + v/c}{1 - v/c}}.$$

Die letzte Gleichung wird quadriert und nach w aufgelöst

$$\frac{1 + w/c}{1 - w/c} = \frac{1 + u/c}{1 - u/c} \cdot \frac{1 + v/c}{1 - v/c}$$

$$\Leftrightarrow \quad 1 + \frac{w}{c} = \frac{(1 + u/c)\,(1 + v/c)}{(1 - u/c)\,(1 - v/c)} - \frac{w}{c}\frac{(1 + u/c)\,(1 + v/c)}{(1 - u/c)\,(1 - v/c)}$$

$$\Leftrightarrow \quad \frac{w}{c} \cdot \left(1 + \frac{(1 + u/c)\,(1 + v/c)}{(1 - u/c)\,(1 - v/c)}\right) = \frac{(1 + u/c)\,(1 + v/c)}{(1 - u/c)\,(1 - v/c)} - 1$$

$$\Leftrightarrow \quad \frac{w}{c} \cdot \left(\frac{2\,(1 + uv/c^2)}{(1 - u/c)\,(1 - v/c)}\right) = \frac{2/c\,(u + v)}{(1 - u/c)\,(1 - v/c)}$$

$$\Leftrightarrow \quad w \cdot (1 + uv/c^2) = u + v,$$

woraus schließlich das sogenannte **Additionstheorem** der Speziellen Relativitätstheorie folgt:

$$w = \frac{u + v}{1 + u \cdot v/c^2}. \tag{12.14}$$

Sind u und v klein gegenüber der Lichtgeschwindigkeit, so ist der Faktor $u{\cdot}v/c^2$ nahe null und man erhält mit $w \approx u + v$ die Additionsformel für Geschwindigkeiten in der Newton'schen Welt. Betrachten wir noch ein paar Spezialfälle.

Beispiel 12.4.

- Sind $u = v = 0$, so ist auch $w = 0$.

- Gilt $u = v = c$, so folgt

$$w = \frac{u + v}{1 + u \cdot v / c^2} = \frac{c + c}{1 + c \cdot c / c^2} = c.$$

- In unserem letzten Beispiel war $u = v = 0,8\,c$, also folgt

$$w = \frac{u + v}{1 + u \cdot v / c^2} = \frac{0,8\,c + 0,8\,c}{1 + 0,8\,c \cdot 0,8\,c / c^2} = \frac{1,6\,c}{1 + 0,64} = 0,975\,c. \ \square$$

12.6. Impuls, Masse, Energie

Nachdem wir in den letzten Abschnitten schon einige Konsequenzen der Einstein'schen Postulate für die Größen Zeit, Raum und Geschwindigkeit abgeleitet haben, zeigen wir in diesem Abschnitt, welche Modifikationen an den klassischen Konzepten Impuls, Masse und Energie durch die Gesetze der Speziellen Relativitätstheorie vorgenommen werden müssen. In der Newton'schen Mechanik ist der Impuls eines Teilchens $\vec{p}$ definiert als das Produkt $\vec{p} = m \cdot \vec{u}$ der Masse m und der Geschwindigkeit $\vec{u}$. Wir werden zeigen, dass diese Gleichung nur eine Näherungslösung einer allgemeineren Definition darstellt. Dazu machen wir folgendes Gedankenexperiment. Wir stellen uns vor, ein Ball der Masse m_0 wird mit einer bestimmten Geschwindigkeit u_0 gegen eine Wand geworfen, wobei der Abstand zwischen Werfer und Wand l betragen möge, siehe Abb. 12.11. Werfer, Ball und Wand befinden sich auf einem Zug, der mit Geschwindigkeit v an einem Beobachter B am Bahndamm nach rechts vorbeifährt.

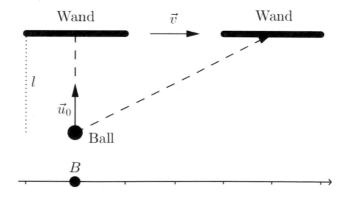

Abbildung 12.11.: Relativistischer Impuls

Wenn der Werfer im Zug und der Beobachter auf einer Höhe sind, wird der Ball gegen die Wand geworfen. Aus Sicht des Werfers fliegt der Ball mit der

Geschwindigkeit u_0 direkt auf die Wand zu. Für den Beobachter B auf dem Bahndamm entspricht der gestrichelte Pfeil der Flugbahn des Balles. Unabhängig von der Relativgeschwindigkeit zwischen dem Beobachter und dem Zug erhält die Wand immer den gleichen Impuls senkrecht zur Bewegungsrichtung des Zuges, was man beispielsweise mit einem an der Wand angebrachten Impulsmessgerät feststellen kann. Sei S das Inertialsystem des Zuges und S' das Inertialsystem des Beobachters B. Im Inertialsystem des Zuges gilt für den Betrag des Impulses p:

$$p = m_0 \cdot u_0 = m_0 \, \frac{l}{t},$$

da $u_0 = Weg/Zeit = l/t$, und analog für den Impuls p' im Inertialsystem der Beobachters:

$$p' = m' \cdot u' = m' \frac{l'}{t'}$$

Nun wissen wir nach Abschn. 12.3, dass sich Längen senkrecht zur Bewegungsrichtung nicht unterscheiden, d.h., es ist $l' = l$. Ferner ist t' größer als t, nach der Zeitdilatation gilt $t' = \gamma \cdot t$. Wir erhalten also

$$p' = m' \cdot u' = m' \, \frac{l}{\gamma \cdot t}. \tag{12.15}$$

Benutzen wir jetzt, dass die beiden Impulse gleich sind $p = p'$, so erhalten wir

$$m_0 \, \frac{l}{t} = m' \, \frac{l}{\gamma \cdot t}$$

$$\Rightarrow \quad m' = \gamma \cdot m_0 = \frac{m_0}{\sqrt{1 - v^2/c^2}}. \tag{12.16}$$

Massen erscheinen also in anderen Inertialsystemen um den γ-Faktor größer als im Ruhesystem des Teilchens. Ist die Relativgeschwindigkeit $v = 0$, so findet keine Massenzunahme statt: $m' = m_0$. Bei $v = c$ wäre die Masse m' unendlich. Man kann also keinen Körper mit Ruhemasse $m_0 > 0$ auf Lichtgeschwindigkeit bringen, die dafür aufzuwendende Kraft wäre unendlich groß. Anders ist das bei Teilchen ohne Ruhemasse wie beispielsweise den **Photonen** (Lichtteilchen). Diese können (und müssen) sich mit Lichtgeschwindigkeit c im Vakuum bewegen.

Betrachten wir die Situation nochmals aus einem anderen Blickwinkel und unterstellen, dass die Masse m_0 eines Teilchens (des Balles) invariant, also in allen Inertialsystemen die gleiche ist: $m' = m_0$. Dann gilt der klassische Impulserhaltungssatz nicht mehr. Denn aus Gl. (12.15) können wir ableiten, dass für die vom Beobachter am Bahndamm gemessene Geschwindigkeit u' in y-Richtung

$$u' = \frac{l}{\gamma \cdot t} = \frac{u_0}{\gamma} = u_0 \, \sqrt{1 - v^2/c^2}$$

gilt, d.h., der Beobachter sieht den Ball mit einer geringeren Geschwindigkeit gegen die Wand fliegen, woraus auch

$$p = m_0 \cdot u_0 \neq m_0 \cdot u' = p'$$

folgt. Wir *definieren* jetzt den **relativistischen Impuls** $\vec{P}$ eines Teilchens mit Masse m_0, das sich mit Geschwindigkeit $\vec{u}$ bewegt, durch

$$\vec{P} = \frac{m_0 \, \vec{u}}{\sqrt{1 - u^2/c^2}} \rightarrow \frac{m_0}{\sqrt{1 - u^2/c^2}} \begin{pmatrix} u_x \\ u_y \\ u_z \end{pmatrix} = \begin{pmatrix} P_x \\ P_y \\ P_z \end{pmatrix}, \qquad (12.17)$$

wobei wie üblich

$$u^2 = |\vec{u}|^2 = u_x^2 + u_y^2 + u_z^2$$

gilt. Der relativistische Impuls wächst also über alle Grenzen, wenn sich die Geschwindigkeit u der Lichtgeschwindigkeit nähert. Ist die Geschwindigkeit u klein gegenüber der Lichtgeschwindigkeit, so ist $u^2/c^2 \approx 0$ und der relativistische Impuls geht - wie erwünscht - in den klassischen über: $\vec{P} \approx \vec{p}$. Interpretiert man in der obigen Definition die Größe

$$\frac{m_0}{\sqrt{1 - u^2/c^2}}$$

als **relativistische Masse** m_r, so kann man den relativistischen Impuls auch schreiben als

$$\vec{P} = m_r \, \vec{u} = \frac{m_0 \, \vec{u}}{\sqrt{1 - u^2/c^2}}.$$

Wir wollen überprüfen, ob mit dieser Definition die Impulse unseres Beispiels invariant sind. Dazu überprüfen wir die y-Komponenten der relativistischen Impulse im System S des fahrenden Zuges und im System S' des Beobachters am Bahndamm. Für den Werfer im Zug ist die Geschwindigkeit des Balles, der sich in seinem System S nur in y-Richtung bewegt, gleich

$$\vec{u} \rightarrow \begin{pmatrix} 0 \\ u_0 \\ 0 \end{pmatrix}$$

und damit $|\vec{u}|^2 = u_0^2$, also folgt für die y-Komponente seines Impulses

$$P_y = \frac{m_0 \cdot u_0}{\sqrt{1 - u_0^2/c^2}}.$$

Für den Beobachter am Bahndamm bewegt sich der Ball sowohl in x-Richtung (mit Geschwindigkeit v) als auch in y-Richtung (mit Geschwindigkeit $u' = u_0/\gamma$). In seinem System S' hat der Ball eine Geschwindigkeit

$$\vec{w}' \rightarrow \begin{pmatrix} v \\ u_0/\gamma \\ 0 \end{pmatrix} = \begin{pmatrix} v \\ u_0\,\sqrt{1 - v^2/c^2} \\ 0 \end{pmatrix},$$

woraus

$$(w')^2 = v^2 + u_0^2\left(1 - v^2/c^2\right)$$

folgt, d.h., die y-Komponente seines Impulses ist

$$
\begin{aligned}
P_y' &= \frac{m_0 \cdot u_0/\gamma}{\sqrt{1 - (w')^2/c^2}} \\[2mm]
&= \frac{m_0 \cdot u_0/\gamma}{\sqrt{1 - \dfrac{v^2 + u_0^2\left(1 - v^2/c^2\right)}{c^2}}} \\[2mm]
&= \frac{m_0 \cdot u_0/\gamma}{\sqrt{1 - \dfrac{v^2}{c^2} - \dfrac{u_0^2}{c^2} + \dfrac{u_0^2 v^2}{c^4}}} \\[2mm]
&= \frac{m_0 \cdot u_0/\gamma}{\sqrt{\left(1 - \dfrac{v^2}{c^2}\right)\left(1 - \dfrac{u_0^2}{c^2}\right)}} \\[2mm]
&= \frac{m_0 \cdot u_0/\gamma}{\sqrt{1 - v^2/c^2}\,\sqrt{1 - u_0^2/c^2}} \\[2mm]
&= \frac{m_0 \cdot u_0/\gamma}{\dfrac{1}{\gamma}\sqrt{1 - u_0^2/c^2}} \\[2mm]
&= \frac{m_0 \cdot u_0}{\sqrt{1 - u_0^2/c^2}} \\[2mm]
&= P_y.
\end{aligned}
$$

Also ist der Impuls erhalten, d.h. in beiden Inertialsystemen gleich groß.

Die berühmteste Gleichung der Physik

Wir leiten nun die berühmteste Gleichung der Physik

$$E = mc^2$$

her. Dazu gibt es zwei Wege, die beide das gleiche Resultat liefern. Die erste, mathematisch einfachere Methode scheint zunächst nur eine Näherungslösung zu sein, ist aber trotzdem exakt, wie wir dann später sehen werden. Zunächst erinnern wir uns, dass man die Differenz zweier Werte einer Funktion f durch das Differenzial df abschätzen kann, d.h., es gilt für zwei Werte x und x_0, die nahe beieinander liegen,

$$\Delta f = f(x) - f(x_0) \approx f'(x_0)(x - x_0) = df(x_0),$$

und das „ungefähr gleich" Zeichen $\approx$ geht in ein echtes Gleichheitszeichen über, wenn wir den Grenzwert $\lim\limits_{x \to x_0}$ bilden (siehe Gl. 4.8 auf Seite 63). Wir betrachten jetzt konkret die Funktion

$$f(x) = \frac{1}{\sqrt{1 - x}}$$

und berechnen mit der Kettenregel 4.22 auf Seite 75 ihre Ableitung

$$
\begin{aligned}
f'(x) &= \left(\frac{1}{\sqrt{1 - x}} \right)' = \left((1 - x)^{-1/2} \right)' = -\frac{1}{2}(1 - x)^{-3/2}(-1) \\
&= \frac{1}{2(1 - x)^{3/2}} = \frac{1}{2\sqrt{(1 - x)^3}},
\end{aligned}
$$

d.h., wir erhalten $f'(0) = \dfrac{1}{2}$ und damit für kleine x-Werte

$$f(x) - f(0) = \frac{1}{\sqrt{1 - x}} - 1 \approx \frac{1}{2}x \implies \frac{1}{\sqrt{1 - x}} \approx 1 + \frac{1}{2}x.$$

Diese Näherungsformel wenden wir jetzt für $x = \dfrac{v^2}{c^2}$ an, d.h., wir unterstellen, dass die Geschwindigkeit v sehr klein gegenüber der Lichtgeschwindigkeit c ist ($v \ll c$). Wir erhalten damit als Näherungslösung

$$\frac{1}{\sqrt{1 - v^2/c^2}} \approx 1 + \frac{1}{2}\frac{v^2}{c^2}.$$

Dies eingesetzt in die Formel für die Massenzunahme (12.16) ergibt

$$m' = \frac{m_0}{\sqrt{1 - v^2/c^2}} \approx m_0 \left(1 + \frac{1}{2}\frac{v^2}{c^2} \right) = m_0 + \frac{1}{2}\frac{m_0\,v^2}{c^2}.$$

Multipliziert man diese Gleichung auf beiden Seiten mit c^2, so folgt

$$m'c^2 \approx m_0\,c^2 + \frac{1}{2}m_0\,v^2.$$

Der letzte Ausdruck ist die kinetische Energie eines Teilchens mit Masse m_0 und Geschwindigkeit v (siehe Gl. 4.2 auf Seite 54). Man nennt die Größe $m'c^2$ die **Gesamtenergie** und m_0c^2 die **Ruheenergie**. Bezeichnet man wie üblich die Gesamtenergie mit E, so folgt also für kleine Geschwindigkeiten v

$$E \approx m_0\, c^2 + \frac{1}{2} m_0\, v^2.$$

Für $v = 0$ ist die Gleichung exakt, und man erhält für ein ruhendes Teilchen mit Ruhemasse m_0 Einsteins berühmteste Gleichung:

$$E = m_0\, c^2$$

Die exakte Rechnung erfordert ein wenig mehr Mathematik. Der Einfachheit halber betrachten wir hier den eindimensionalen Fall, d.h., wir unterstellen, dass bei der Geschwindigkeit des Teilchens nur die x-Komponente von null verschieden ist, d.h.

$$\vec{v} \to \begin{pmatrix} v \\ 0 \\ 0 \end{pmatrix},$$

und dass die Kraft $\vec{F}$ nur in x-Richtung wirkt, d.h.

$$\vec{F} \to \begin{pmatrix} F \\ 0 \\ 0 \end{pmatrix},$$

woraus

$$\vec{F} \cdot d\vec{r} = \begin{pmatrix} F \\ 0 \\ 0 \end{pmatrix} \cdot \begin{pmatrix} dx \\ dy \\ dz \end{pmatrix} = F\, dx + 0 \cdot dy + 0 \cdot dz = F\, dx$$

folgt. In der Newton'schen Mechanik wird die Kraft, die auf ein Teilchen mit der Masse m_0 wirkt, als die zeitliche Veränderung des (klassischen) Impulses (siehe Gl. 3.1 auf Seite 47) definiert:

$$F = \frac{dp}{dt}$$

Weiterhin ist die Arbeit, die durch die Kraft an dem Teilchen verrichtet wird, gleich der Änderung der kinetischen Energie. Analog lassen sich in der relativistischen Mechanik die Kraft als zeitliche Änderung des relativistischen Impulses und die Arbeit als Änderung der relativistischen Energie (vgl. auch Gl. 4.11 auf Seite 67) definieren:

$$E_{kin} \quad = \quad \int_0^x \vec{F} \cdot d\vec{r} = \int_0^x F\,dx = \int_0^x \frac{dP}{dt}\,dx = \int_0^v \frac{dx}{dt}\,dP = \int_0^v u\,dP$$

$$\overset{(12.17)}{=} \quad \int_0^v u\,d\left(\frac{m_0\,u}{\sqrt{1-u^2/c^2}}\right),$$

wobei wir die Beziehung $u = dx/dt$ und die Substitutionsregel für Integrale (siehe Formel 6.21 auf Seite 116) benutzt haben. Die Ableitung des relativistischen Impulses P nach der Geschwindigkeit u erhält man mit der Ketten- und Quotientenregel analog zu oben

$$d\left(\frac{m_0\,u}{\sqrt{1-u^2/c^2}}\right)/du \quad = \quad \frac{m_0\sqrt{1-u^2/c^2} - m_0\,u\left(-2u/c^2\right)\frac{1}{2}\frac{1}{\sqrt{1-u^2/c^2}}}{\left(\sqrt{1-u^2/c^2}\right)^2}$$

$$= \quad \frac{m_0\left(1-u^2/c^2\right) + m_0\,u^2/c^2}{\left(\sqrt{1-u^2/c^2}\right)^3}$$

$$= \quad \frac{m_0}{\left(\sqrt{1-u^2/c^2}\right)^3}.$$

Dies eingesetzt in das letzte Integral ergibt

$$E_{kin} = \int_0^v u\,d\left(\frac{m_0\,u}{\sqrt{1-u^2/c^2}}\right) = \int_0^v \frac{m_0\,u}{\left(\sqrt{1-u^2/c^2}\right)^3}\,du.$$

Um dieses Integral zu berechnen, wenden wir die Substitutionsmethode für Integrale an und setzen $w = u^2/c^2$, dann folgt $dw/du = 2u/c^2$ und $du/dw = c^2/2u$. Beachtet man noch, dass sich mit dieser Substitution auch die Integralgrenzen ändern ($0 \to 0$, $v \to v^2/c^2$), so erhält man

$$E_{kin} \quad = \quad \int_0^v \frac{m_0\,u}{\left(\sqrt{1-u^2/c^2}\right)^3}\,du = \int_0^{v^2/c^2} \frac{m_0\,u}{\left(\sqrt{1-w}\right)^3}\frac{du}{dw}\,dw$$

$$= \quad \int_0^{v^2/c^2} \frac{m_0\,u}{\left(\sqrt{1-w}\right)^3}\frac{c^2}{2u}\,dw = \frac{m_0\,c^2}{2}\int_0^{v^2/c^2}\frac{1}{\left(\sqrt{1-w}\right)^3}\,dw.$$

Der Integrand

$$\frac{1}{\left(\sqrt{1-w}\right)^3} = \left(\sqrt{1-w}\right)^{-3/2}$$

hat die Stammfunktion

$$2\left(\sqrt{1-w}\right)^{-1/2}.$$

Damit folgt

$$
\begin{aligned}
E_{kin} &= \frac{m_0\, c^2}{2} \int_0^{v^2/c^2} \frac{1}{\left(\sqrt{1-w}\right)^3}\, dw \\
&= \frac{m_0\, c^2}{2} \left[\frac{2}{\sqrt{1-w}}\right]_0^{v^2/c^2} \\
&= m_0\, c^2 \left(\frac{1}{\sqrt{1-v^2/c^2}} - 1\right) \\
&= \frac{m_0\, c^2}{\sqrt{1-v^2/c^2}} - m_0\, c^2.
\end{aligned}
$$

Dieser Ausdruck für die kinetische Energie besteht aus zwei Termen. Der zweite ist unabhängig von der Geschwindigkeit v des Teilchens und ist die oben schon eingeführte Ruheenergie $E_0 = m_0\, c^2$. Als **relativistische Gesamtenergie** (siehe oben) bezeichnet man die Summe aus kinetischer Energie und Ruhe-energie

$$E = E_{kin} + m_0\, c^2 = \frac{m_0\, c^2}{\sqrt{1-v^2/c^2}} = m_r\, c^2. \tag{12.18}$$

Die relativistische Gesamtenergie eines Teilchens entspricht der Arbeit, die eine Kraft an dem Teilchen verrichtet. Durch diese Arbeit vergrößert sich die Energie des ruhenden Teilchens von $m_0\, c^2$ auf $m_r\, c^2$, wobei m_r die relativistische Masse ist. Der exakte Ausdruck für die relativistische kinetische Energie

$$E_{kin} = \frac{m_0\, c^2}{\sqrt{1-v^2/c^2}} - m_0\, c^2 \tag{12.19}$$

hat zunächst wenig Ähnlichkeit mit der klassischen Größe

$$E_{kin} = \frac{1}{2}\, mv^2.$$

Wendet man allerdings für $v \ll c$ die oben benutzte Näherung

$$\frac{1}{\sqrt{1-v^2/c^2}} \approx 1 + \frac{1}{2}\frac{v^2}{c^2}$$

an, so folgt

$$E_{kin} = \frac{m_0\, c^2}{\sqrt{1 - v^2/c^2}} - m_0\, c^2 \approx m_0\, c^2 \left(1 + \frac{1}{2}\frac{v^2}{c^2}\right) - m_0\, c^2 = \frac{1}{2}\, m_0\, v^2.$$

Eine wichtige Deutung von Gl. (12.18) besteht darin, dass die bei einer Beschleunigung investierte Arbeit/Energie nicht nur eine erhöhte Geschwindigkeit, sondern gleichzeitig auch eine Massenzunahme bewirkt. Und die relativistische Masse m_r wird um so größer, je mehr sich die Geschwindigkeit des Teilchens der Lichtgeschwindigkeit nähert. In diesem Sinne ist also in der relativistischen Mechanik Energieerhaltung gleichbedeutend mit Massenerhaltung, Masse und Energie sind zwei Aspekte der gleichen Sache. Diesen Zusammenhang nennt man auch **Masse-Energie-Äquivalenz**.

Beispiel 12.5.

- Selbst in winzigen Massen stecken wegen des Proportionalitätsfaktors c^2 zwischen Ruhemasse und Ruheenergie riesige Energiemengen. Würde es gelingen, ein Gramm Hausstaub vollständig in Energie umzuwandeln, dann ergäben sich

  $$E = m_0\, c^2 = 0,001\,\text{kg}\cdot 9\cdot 10^{16}\,\text{m}^2/\text{s}^2 = 9\cdot 10^{13}\,\text{Wattsek.} = 25.000.000\,\text{kWh},$$

  was ungefähr dem Jahresverbrauch von 5000 Haushalten entspricht.

- Ein weiteres wichtiges, für uns Menschen sogar lebenswichtiges Beispiel der Masse-Energie-Äquivalenz ist die Energieabstrahlung der Sonne. Im Inneren der Sonne werden bei hohem Druck und hohen Temperaturen aus Wasserstoffprotonen Heliumkerne durch Fusion hergestellt. Dabei wiegt jeder Heliumkern etwas weniger als die Bausteine, aus denen er gebildet wird. Diese minimale Massendifferenz wird gemäß der Formel $E = mc^2$ in Energie umgewandelt und abgestrahlt.

- Und schließlich noch ein Beispiel aus dem Alltag. Zieht man eine mechanische Uhr auf, so fügt man ihr Energie hinzu. Durch diese Energiezufuhr wird nur eine Feder gespannt und nicht etwa die Uhr in Bewegung gesetzt. Diese Federspannung erhöht die Masse der Uhr, d.h., *aufgezogene Uhren wiegen schwerer als nichtaufgezogene!* □

Relativistischer Energiesatz

Multipliziert man Gl. (12.16) mit c^2, so erhält man

$$mc^2 = \frac{m_0\, c^2}{\sqrt{1 - v^2/c^2}}$$

und daraus durch Quadrieren

$$m^2 c^4 = \frac{m_0^2 c^4}{1 - v^2/c^2}$$
$$\Rightarrow \quad m^2 c^4 \left(1 - v^2/c^2\right) = m_0^2 c^4$$
$$\Rightarrow \quad m^2 c^4 - m^2 v^2 c^2 = m_0^2 c^4.$$

Beachtet man weiter, dass

$$\begin{aligned}
m^2 c^4 &= E^2 \\
m^2 v^2 &= \gamma^2 m_0^2 v^2 = P^2 \\
m_0^2 c^4 &= E_0^2
\end{aligned}$$

gilt, so folgt die Gleichung

$$E^2 - P^2 c^2 = E_0^2, \tag{12.20}$$

die als **relativistischer Energiesatz** bekannt ist. Alle Beobachter, ungeachtet in welchem Inertialsystem sie sich befinden, messen für die gleiche Ruhemasse m_0 immer die gleiche Ruheenergie E_0. Damit ist aber auch die linke Seite der letzten Gleichung eine Größe, die in allen Inertialsystemen den gleichen Wert annehmen muss. Man sagt, die Differenz $E^2 - P^2 c^2$ ist invariant gegen eine Transformation von einem Inertialsystem in ein anderes. Mit solchen invarianten Größen werden wir uns in den nächsten Abschnitten noch stärker beschäftigen.

Ist bei einem Teilchen die Ruhemasse null, so folgt aus (12.20)

$$E^2 - P^2 c^2 = 0 \Longrightarrow P = E/c, \tag{12.21}$$

d.h., auch die masselosen Photonen haben einen Impuls P und können damit einen sogenannten **Strahlungsdruck** auf andere Teilchen ausüben. Der Impuls von Photonen ist direkt proportional zur Energie und damit zur Frequenz des Lichtes, wie Einstein in einer seiner berühmten Arbeiten gezeigt hat („Lichtquantenhypothese"). Der Strahlungsdruck der Photonen sorgt z.B. dafür, dass Asteroiden mit Eigenrotation auf ihrer Umlaufbahn um die Sonne einen „Schub" erhalten: Die von der Sonne beschienene und erhitzte Seite dreht sich abhängig von der Eigendrehungsrichtung nach „hinten" oder „vorne" und strahlt dort die empfangene Wärmeenergie wieder ab. Der Strahlungsdruck dieser Photonen übt nach dem dritten Newton'schen Gesetz („actio gleich reactio") einen Schub auf den Asteroiden aus, der die Umlaufbahn des Asteroiden verändert (sogenannter **Yarkovsky-Effekt**).

12.7. Raumzeitintervalle

In diesem Abschnitt wollen wir anfangen, uns mit der Frage zu beschäftigen, was Raumzeit bedeutet und wie man weitere (geometrische) Größen identifiziert, die beobachterunabhängig sind. Eine erste solche Größe, nämlich die Lichtgeschwindigkeit c im Vakuum, ist als Postulat der Speziellen Relativitätstheorie gesetzt. Eine weitere, nämlich $E^2 - P^2c^2$, haben wir in Abschn. 12.6 hergeleitet.

Wir haben in den letzten Abschnitten auch gezeigt, dass Beobachter, die sich in unterschiedlichen Inertialsystemen befinden, Zeitabschnitte und Strecken unterschiedlich wahrnehmen, d.h., in der Speziellen Relativitätstheorie gibt es anders als in der Newton'schen Physik keine unabhängigen Orts- oder Zeitangaben mehr. Die sogenannte **Raumzeit**, die Raum und Zeit verbindet, tritt an die Stelle der getrennten Konstrukte Raum und Zeit. Konkret definieren wir die Raumzeit als Menge aller möglichen Ereignisse. Da ein Ereignis immer durch Raum- *und* Zeitangaben beschrieben wird, benötigt man zur Festlegung eines Ereignisses A die vier Größen (t, x, y, z), wobei t die Zeitkoordinate und x, y, z die Raumkoordinaten in einem Inertialsystem S bezeichnen. In einem anderen Inertialsystem S' wird das gleiche Ereignis A mit (im Allgemeinen unterschiedlichen) Koordinaten (t', x', y', z') beschrieben. Wegen dieser vier benötigten Angaben bezeichnet man die Raumzeit auch als vierdimensional bzw. die Zeit als vierte Dimension. In einem späteren Kapitel werden wir uns tiefer mit den Strukturen der Raumzeit befassen und beispielsweise zeigen, dass sich die Raumzeit als Menge von vierdimensionalen Vektoren darstellen lässt.

Hier wollen wir eine weitere invariante (bezugssystemunabhängige) Größe der Raumzeit bestimmen und machen dazu folgendes Gedankenexperiment. Ein Zug fährt an einem Bahndamm mit der konstanten Geschwindigkeit v nach rechts vorbei, siehe Abb. 12.12.

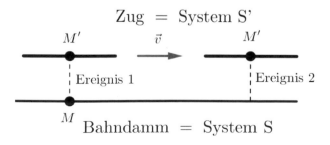

Abbildung 12.12.: Raumzeitintervall

Das Ereignis 1 wird dadurch definiert, dass der Beobachter M' in der Mitte des Zuges (Bezugssystem S') auf einen Beobachter M auf den Bahndamm (Bezugssystem S) trifft. Das Ereignis 2 passiert aus Sicht des Beobachters M' nach einem Zeitraum $\Delta t'$. Da sich aus Sicht von M der Beobachter M' mit der Geschwindigkeit v nach rechts bewegt und er weiß, dass $\Delta t'$ die Eigenzeit von M' ist, liest er auf seiner Uhr das größere Zeitintervall

$$\Delta t = \gamma \Delta t' = \frac{\Delta t'}{\sqrt{1 - v^2/c^2}} \Rightarrow \Delta t' = \Delta t \sqrt{1 - v^2/c^2}$$

ab. Die letzte Gleichung wird quadriert

$$\Delta t'^{\,2} = \Delta t^2 \left(1 - v^2/c^2\right) = \Delta t^2 - \Delta t^2 \cdot v^2/c^2.$$

Da die Geschwindigkeit $v = \Delta x/\Delta t$ ist, wobei Δx den räumlichen Abstand zwischen Ereignis 1 und Ereignis 2 aus Sicht von M bezeichnet, folgt $\Delta t = \Delta x/v$. Dies eingesetzt ergibt

$$\Delta t'^{\,2} = \Delta t^2 - \Delta t^2 v^2/c^2 = \Delta t^2 - \Delta x^2/c^2,$$

und daraus folgt nach Multiplikation mit $-c^2$

$$-c^2 \Delta t'^{\,2} = \Delta x^2 - c^2 \Delta t^2.$$

Beachtet man noch, dass für den Beobachter M' die beiden Ereignisse am selben Ort stattfinden, dass also der räumliche Abstand in S' gleich null ist, $\Delta x' = 0$, so kann man die letzte Gleichung auch als

$$\Delta x'^{\,2} - c^2 \Delta t'^{\,2} = \Delta x^2 - c^2 \Delta t^2$$

schreiben. Den Ausdruck auf beiden Seiten der Gleichung nennt man **Quadrat des Raumzeitintervalls**, also $\Delta x^2 - c^2 \Delta t^2$ aus Sicht M und $\Delta x'^{\,2} - c^2 \Delta t'^{\,2}$ aus Sicht M'. Beide Größen sind identisch, obwohl M und M' jeweils völlig unterschiedliche Raum- und Zeitabstände messen. Wir haben in unserem Gedankenexperiment unterstellt, dass sich S und S' auf derselben Linie bewegen. Verallgemeinert man das Ergebnis auf beliebige Raumrichtungen, so muss man den quadratischen räumlichen Abstand in drei Dimensionen zwischen zwei Ereignissen verwenden, der sich gemäß Gl. 2.14 auf Seite 42 zu $\Delta x^2 + \Delta y^2 + \Delta z^2$ ergibt. Das heißt, wir erhalten den allgemeinen Ausdruck für das in allen Inertialsystemen identische Quadrat des Raumzeitintervalls durch

$$\Delta x^2 + \Delta y^2 + \Delta z^2 - c^2 \Delta t^2.$$

Man beachte, dass der Ausdruck $c \cdot t$ die Dimension einer Länge hat und somit als gleichberechtigte, die Zeit repräsentierende vierte Dimension neben den drei Raumdimensionen x, y, z angesehen werden kann. Das Minuszeichen vor der Größe $c \cdot t$ zeigt uns aber schon, dass wir keine „normalen" Intervalle messen (normal, im Sinne einer (euklidischen) Erweiterung von drei auf vier Dimensionen, wäre als Abstandsquadrat die Größe: $x^2 + y^2 + z^2 + c^2 t^2$). In der Raumzeit werden (invariante) Abstände also anders gemessen als im Raum. Und da die Art und Weise, wie man Abstände misst, die Geometrie eines Raumes mitbestimmt, ist die Geometrie der Raumzeit nicht euklidisch. Dieses wollen wir ein wenig detaillierter beleuchten und schauen uns das Quadrat des Raumzeitintervalls Δs^2 etwas näher an

$$\Delta s^2 = \underbrace{\Delta x^2 + \Delta y^2 + \Delta z^2}_{\substack{\text{Quadrat des} \\ \text{räumlichen} \\ \text{Abstandes}}} - \underbrace{c^2 \Delta t^2}_{\substack{\text{Quadrat der Strecke,} \\ \text{die das Licht in der} \\ \text{Zeit } \Delta t \text{ zurücklegt}}} .$$

Das Symbol Δs^2 ist dabei nur eine *Bezeichnung*, man darf *nicht* davon ausgehen, dass damit immer auch eine (positive) Quadratzahl vorliegt. Im Gegenteil ist in den meisten interessierenden Fällen der Ausdruck $\Delta x^2 + \Delta y^2 + \Delta z^2 - c^2 \Delta t^2$ negativ! Sind die Zeit- und Raumintervalle infinitesimal klein, so schreibt man für das infinitesimale Raumzeitintervall

$$ds^2 = dx^2 + dy^2 + dz^2 - c^2 dt^2. \tag{12.22}$$

Wir können drei Fälle unterscheiden:

1. Ein Lichtstrahl wird am Ort 1 abgesendet (Ereignis 1) sowie am Ort 2 empfangen (Ereignis 2). Dann ist der räumliche Abstand $\sqrt{x^2 + y^2 + z^2}$ genauso groß wie der Lichtweg $c \cdot t$, also gilt

$$\Delta s^2 = 0. \tag{12.23}$$

Zwei Ereignisse, die durch Lichtstrahlen verbunden werden können, heißen **lichtartig** zueinander und haben das Raumzeitintervall null! Das ist ein erster wesentlicher Unterschied zur euklidischen Abstandsmessung. Dort haben Abstände nur dann den Wert null, wenn die Punkte zusammenfallen.

2. Ein Lichtstrahl wird am Ort 1 abgesendet (Ereignis 1). Das Ereignis 2 findet am Ort 2 statt, *nachdem* der Lichtstrahl Ort 2 passiert hat. Der Laufweg des Lichtes ist also größer als der räumliche Abstand der beiden Ereignisse

$$c \cdot t > \sqrt{x^2 + y^2 + z^2} \text{ d.h. } \Delta s^2 < 0. \tag{12.24}$$

Zwei Ereignisse, deren Raumzeitintervall kleiner als null ist, heißen **zeitartig** zueinander. Da der räumliche Abstand zwischen den beiden Ereignissen kleiner als der Lichtlaufweg ist, kann das Ereignis 2 durch das Ereignis 1 beeinflusst werden, z.B. indem der Lichtstrahl, der am Ort 2 empfangen wird, einen Mechanismus in Gang setzt, der das Ereignis 2 auslöst. Wenn sich materielle Teilchen von Ereignis 1 (Start am Ort 1) zu Ereignis 2 (Ankunft am Ort 2) bewegen sollen, so *muss* das Raumzeitintervall zwischen den beiden Ereignissen also *zeitartig* sein.

Im Ruhesystem der materiellen Teilchen passieren die beiden Ereignisse nacheinander am selben Ort, denn aus Sicht der Teilchen fliegt der Ort 1 am Teilchen vorbei (Ereignis 1) und nach einer Zeitspanne der Ort 2 (Ereignis 2). Im Inertialsystem der Teilchen ist der räumliche Abstand zwischen den beiden Ereignissen gleich null $\sqrt{x^2 + y^2 + z^2} = 0$, d.h., es ist

$$\Delta s^2 = -c^2 t^2.$$

Das Quadrat des Raumzeitintervalls wird im Ruhesystem maximal negativ, nämlich $-c^2 t^2$. Da eine Uhr, die im Ruhesystem mitgeführt wird, immer die Eigenzeit t_E misst, ist der maximale (negative) quadratische Raumzeitabstand

$$\Delta s^2 = -c^2 t_E^2. \tag{12.25}$$

Auch das hört sich gewöhnungsbedürftig an. Wenn man an einem Ort ruht, bewegt man sich doch (sogar maximal) durch die Raumzeit.

Der obige Ausdruck liefert eine weitere Möglichkeit, die Eigenzeit t_E zu definieren:

$$
\begin{aligned}
t_E^2 &= -\frac{\Delta s^2}{c^2} = -\frac{x^2 + y^2 + z^2 - c^2 t^2}{c^2} = t^2 - \frac{1}{c^2}\left(x^2 + y^2 + z^2\right) \\
&= t^2 \left(1 - \frac{1}{c^2}\frac{x^2 + y^2 + z^2}{t^2}\right),
\end{aligned}
$$

wobei (t, x, y, z) ein beliebiges Inertialsystem sein kann. Ist v die Relativgeschwindigkeit zwischen den beiden Bezugssystemen, so gilt

$$v = \frac{\sqrt{x^2 + y^2 + z^2}}{t},$$

dies eingesetzt in die letzte Gleichung ergibt

$$t_E^2 = t^2\left(1 - \frac{1}{c^2}\frac{x^2 + y^2 + z^2}{t^2}\right) = t^2\left(1 - \frac{v^2}{c^2}\right),$$

also

$$t_E = t \sqrt{1 - \frac{v^2}{c^2}},$$

was nichts anderes als die Zeitdilatation (12.4) ist.

3. Ein Lichtstrahl wird am Ort 1 abgesendet (Ereignis 1). Das Ereignis 2 findet am Ort 2 statt, **bevor** der Lichtstrahl Ort 2 passiert hat. Der Laufweg des Lichtes ist also kleiner als der räumliche Abstand der beiden Ereignisse

$$c \cdot t < \sqrt{x^2 + y^2 + z^2} \ d.h. \ \Delta s^2 > 0. \tag{12.26}$$

Zwei Ereignisse, deren Raumzeitintervall größer als null ist, heißen **raumartig** zueinander. Da der räumliche Abstand zwischen den beiden Ereignissen größer als der Lichtlaufweg ist, kann das Ereignis 2 nicht durch das Ereignis 1 beeinflusst werden, denn ein Signal von Ereignis 1 zu Ereignis 2 müsste sich mit Überlichtgeschwindigkeit bewegen.

Im Extremfall geschehen für einen Beobachter die beiden räumlich getrennten Ereignisse gleichzeitig, d.h. $c^2 t^2 = 0$, also wird das Raumzeitintervall

$$\Delta s^2 = x^2 + y^2 + z^2$$

maximal positiv und entspricht der Eigenlänge. Für andere Beobachter ist zwar die Gleichzeitigkeit zerstört, für einige liegt das Ereignis 1 zeitlich vor dem Ereignis 2, für wieder andere ist es genau umgekehrt, aber alle messen das gleiche Raumzeitintervall.

Da das Raumzeitintervall eine invariante Größe ist, sind sich alle Beobachter immer darüber einig, ob zwei Ereignisse licht-, zeit- oder raumartig zueinander sind. Die Raumzeit selbst lässt sich also überschneidungsfrei in drei Regionen aufteilen, was wir in Kap. 13 noch etwas genauer darstellen werden.

Zum Abschluss dieses Abschnittes rechnen wir ein Zahlenbeispiel zu den Raumzeitintervallen.

Beispiel 12.6.

Wir greifen auf die Ereignisse aus dem Beispiel Zwillingsparadoxon (siehe Abschn. 12.4) zurück. Ereignis 1 ist der Start des Zwillings M' von der Erde, Ereignis 2 ist die Ankunft auf dem Planeten. Die Entfernung zwischen Erde und Planeten beträgt aus Erdensicht acht Lichtjahre, die Geschwindigkeit der Rakete ist 0,8 c. Das räumliche Koordinatensystem sei so gelegt, dass die x-Achse die direkte Verbindung zwischen Erde und Planet darstellt, d.h., die y- und z-Abstände zwischen den beiden Ereignissen seien gleich null.

12. Relativitätsprinzip

1. Aus Sicht des Zwillings M auf der Erde ist der zeitliche Abstand zwischen den beiden Ereignissen

$$t = x/v = 8\,Lj/0,8\,c = 10\,\text{Jahre}.$$

Damit berechnet sich das Quadrat des Raumzeitintervalls zu

$$\Delta S^2 = x^2 - c^2 t^2 = 64\,(\text{Lj})^2 - c^2 \cdot 100\,\text{Jahre} = -36\,(\text{Lj})^2.$$

2. Aus Sicht des fliegenden Zwillings M' ist der räumliche Abstand der beiden Ereignisse gleich null, $x' = 0$, denn der Raumfahrer betrachtet sich als ruhend. Die Entfernung $\Delta x'$ Erde - Planet berechnet sich mit der Längenkontraktion aus Sicht des Raumschiffes zu

$$\Delta x' = x \cdot \sqrt{1 - \frac{v^2}{c^2}} = 8 \cdot \sqrt{1 - \frac{(0,8\,c)^2}{c^2}} = 8 \cdot 0,6 = 4,8\,\text{Lichtjahren}.$$

Daraus ergibt sich der zeitliche Abstand t' zwischen beiden Ereignissen

$$t' = \frac{\Delta x'}{v} = \frac{4,8 \cdot c}{0,8 \cdot c} = 6\,\text{Jahre}.$$

Insgesamt berechnet der Zwilling M' folgendes Raumzeitintervall

$$\Delta S'^2 = x'^2 - c^2 t'^2 = 0 - c^2 \cdot 36\,\text{Jahre} = -36\,(\text{Lj})^2.$$

Beide Zwillinge ermitteln zwar ganz unterschiedliche Raum- und Zeitabstände, über das Raumzeitintervall sind sie sich aber einig. $\square$

13. Die Geometrie der Raumzeit

In diesem Kapitel wollen wir insbesondere die geometrischen Eigenschaften der Raumzeit vertieft untersuchen. Dazu gehören Regeln, wie man physikalische Größen von einem Inertialsystem in ein anderes transformiert, in welchen Einheiten man relativistische Phänomene am einfachsten beschreiben kann, welche optischen Hilfsmittel es zur Darstellung der Zusammenhänge gibt usw.

13.1. Lorentz-Transformation

In der Physik ist man daran interessiert, die Gesetze so zu formulieren, dass diese unabhängig von Koordinatensystemen sind. Dies gilt insbesondere in der Speziellen (und später auch in der Allgemeinen) Relativitätstheorie, wo jeder Beobachter ein eigenes Bezugsystem, in dem er sich in Ruhe befindet, mit sich führt. Es wäre misslich, wenn auf der einen Seite nach den Einstein'schen Postulaten die physikalischen Gesetze in jedem Inertialsystem gleich sind, man aber auf der anderen Seite nicht in der Lage wäre, sie so zu formulieren, dass sie in jedem beliebig wählbaren Inertialsystem die gleiche Form annehmen. In Abschn. 12.1 haben wir gezeigt, dass sich die Gesetze der Newton'schen Mechanik unverändert formulieren lassen, wenn wir von einem Koordinatensystem (t, x, y, z) zu einem anderen (t', x', y', z') übergehen und der Übergang mit der Galilei'schen Transformation (siehe Formel 12.1 auf Seite 239) erfolgt. Diese Forminvarianz der physikalischen Gesetze wollen wir auf die Spezielle Relativitätstheorie verallgemeinern. Dazu benötigen wir andere Transformationsregeln als die Galilei'schen, von denen wir ja schon mittels Zeitdilatation, Längenkontraktion und Geschwindigkeitsaddition gezeigt haben, dass sie in der Speziellen Relativitätstheorie nicht gelten. Wir erwarten aber, dass die neu zu findenden Transformationsregeln für kleine Relativgeschwindigkeiten zwischen zwei Inertialsystemen ($v \ll c$) in die Galilei'schen übergehen.

Zur Herleitung betrachten wir zwei Inertialsysteme S und S', wobei S als ruhend angesehen wird und S' sich mit Geschwindigkeit v nach rechts auf der gleichen Linie (x'-Achse gleich x-Achse) bewegen soll. Die Uhren in beiden Systemen seien zu dem Zeitpunkt, als die beiden Nullpunkte zusammentrafen, auf null gesetzt worden. Der Übersichtlichkeit halber sind in Abb. 13.1 die Bezugsysteme separat gezeichnet sowie die z-Achse weggelassen.

© Der/die Autor(en), exklusiv lizenziert durch
Springer-Verlag GmbH, DE, ein Teil von Springer Nature 2021
M. Ruhrländer, *Aufstieg zu den Einsteingleichungen*,
https://doi.org/10.1007/978-3-662-62546-0_13

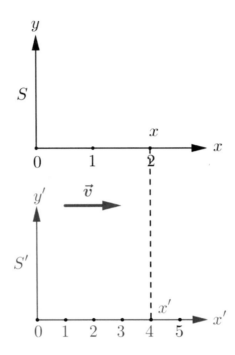

Abbildung 13.1.: Lorentz-Transformation I

Aus Sicht von S ist die bewegte x'-Achse wegen der Längenkontraktion verkürzt (in der Abbildung um 50%, z.B. ist das Intervall $[0,2]$ auf der x-Achse doppelt so groß wie auf der x'-Achse). Das bedeutet, dass man größere x'-Werte benötigt, um eine Korrespondenz zwischen x- und x'-Werten herzustellen (gestrichelte Linie). Aus der Längenkontraktion folgt, dass

$$x' = \frac{x}{\sqrt{1 - v^2/c^2}} \tag{13.1}$$

sein muss. Eine Uhr am Ort x' geht für einen Beobachter im ruhenden System S gegenüber der Uhr beim Nullpunkt wegen der Relativität der Gleichzeitigkeit (siehe Abschn. 12.4) um den Wert $x' \cdot v/c^2$ nach. Setzt man den obigen Ausdruck für x' ein, so erhält man für den Uhrenstand bei x' den Wert

$$-\frac{x \cdot v/c^2}{\sqrt{1 - v^2/c^2}}, \tag{13.2}$$

wobei das Minuszeichen anzeigt, dass aus Sicht von S die Uhr bei x' gegenüber der Uhr im Nullpunkt, die null anzeigt, nachgeht.

Wir betrachten jetzt in Abb. 13.2 aus Sicht von S einen beliebigen Zeitpunkt t, d.h., das Koordinatensystem S' hat sich um die Strecke $v \cdot t$ nach rechts bewegt.

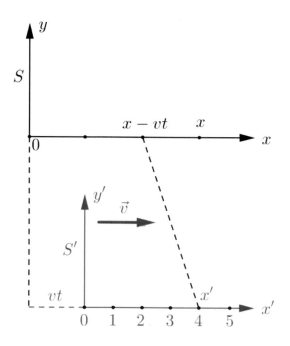

Abbildung 13.2.: Lorentz-Transformation II

Der Punkt x' des bewegten Systems S' befindet sich zur Zeit t auf Höhe des Punktes x im System S. Zum Zeitpunkt $t = 0$ war er damit auf Höhe des Punktes $x - vt$, diesen Wert setzen wir in (13.1) ein und erhalten

$$x' = \frac{x - vt}{\sqrt{1 - v^2/c^2}}.$$

Ebenso gilt für eine Uhr, die zum Zeitpunkt t auf Höhe des Punktes x ist, dass sie zur Zeit $t = 0$ auf Höhe des Punktes $x - vt$ war. Wir benutzen (13.2), um den Wert der Uhranzeige zur Zeit null zu bestimmen:

$$-\frac{(x - vt) \cdot v/c^2}{\sqrt{1 - v^2/c^2}}$$

Eine Uhr im System S', die sich mit Geschwindigkeit v bewegt, zeigt aus Sicht S wegen der Zeitdilatation im Zeitraum t einen um $t \cdot \sqrt{1 - v^2/c^2}$ größeren Wert an als zur Zeit null. Da sie zum Zeitpunkt null aus Sicht S um den obigen Betrag nachging, liest S zum Zeitpunkt t folgenden Uhrenstand t' im System S' ab

$$
\begin{aligned}
t' &= -\frac{(x - vt) \cdot v/c^2}{\sqrt{1 - v^2/c^2}} + t \cdot \sqrt{1 - v^2/c^2} \\[2ex]
&= \frac{-\dfrac{x \cdot v}{c^2} + \dfrac{t \cdot v^2}{c^2} + t\left(1 - \dfrac{v^2}{c^2}\right)}{\sqrt{1 - v^2/c^2}} \\[2ex]
&= \frac{t - \dfrac{x \cdot v}{c^2}}{\sqrt{1 - v^2/c^2}}.
\end{aligned}
$$

Wir haben damit zwei Transformationsformeln gefunden, die es ermöglichen, die Werte von x' und t' aus denen von x und t zu berechnen. Beachtet man noch, dass sich die Längen quer zur Bewegungsrichtung nicht ändern, also in beiden Intertialsystemen die gleichen sind, so ergeben sich insgesamt die vier sogenannten **speziellen Lorentz-Transformationen**:

$$
\begin{aligned}
x' &= \frac{x - vt}{\sqrt{1 - v^2/c^2}} \\[2ex]
y' &= y \\
z' &= z \\[2ex]
t' &= \frac{t - \dfrac{x \cdot v}{c^2}}{\sqrt{1 - v^2/c^2}}.
\end{aligned}
\tag{13.3}
$$

Diese vier Gleichungen wurde schon Ende des 19. Jahrhunderts (also vor Einstein) von dem niederländischen Physiker H. Lorentz im Rahmen seiner Untersuchungen zur Äthertheorie aufgestellt. Ist die Relativgeschwindigkeit v klein gegen die Lichtgeschwindigkeit, so ist $\dfrac{v^2}{c^2} \approx 0$ und $\dfrac{x \cdot v}{c^2} \approx 0$, d.h., für kleine Geschwindigkeiten geht die Lorentz-Transformation in die Galilei-Transformation (siehe Formel 12.1 auf Seite 239) über.

Sind die Ereigniskoordinaten (x', y', z', t') des bewegten Systems S' bekannt, so kann man diese in die Koordinaten des eigenen Systems umrechnen. Beachtet man, dass sich das Vorzeichen der Relativgeschwindigkeit v ändert, wenn man S' als ruhend und S als bewegt annimmt, so erhält man die **umgekehrten Lorentz-Transformationen**:

$$
\begin{aligned}
x &= \frac{x' + vt'}{\sqrt{1 - v^2/c^2}} \\[2ex]
y &= y'
\end{aligned}
\tag{13.4}
$$

$$z = z'$$

$$t = \frac{t' + \dfrac{x' \cdot v}{c^2}}{\sqrt{1 - v^2/c^2}}.$$

Die Lorentz-Transformationen können auch für Abstandsintervalle verwendet werden. Ist z.B.

$$\Delta x' = x_2' - x_1', \Delta x = x_2 - x_1, \Delta t = t_2 - t_1,$$

so folgt

$$\begin{aligned}
\Delta x' &= x_2' - x_1' \\
&= \frac{x_2 - vt_2}{\sqrt{1 - v^2/c^2}} - \frac{x_1 - vt_1}{\sqrt{1 - v^2/c^2}} \\
&= \frac{(x_2 - x_1) - v(t_2 - t_1)}{\sqrt{1 - v^2/c^2}} \\
&= \frac{\Delta x - v \cdot \Delta t}{\sqrt{1 - v^2/c^2}}.
\end{aligned}$$

Genauso berechnet man $\Delta t'$, sodass man die **Lorentz-Transformationen für Intervalle** erhält:

$$\begin{aligned}
\Delta x' &= \frac{\Delta x - v \cdot \Delta t}{\sqrt{1 - v^2/c^2}} \\
\Delta y' &= \Delta y \\
\Delta z' &= \Delta z \\
\Delta t' &= \frac{\Delta t - \dfrac{\Delta x \cdot v}{c^2}}{\sqrt{1 - v^2/c^2}}
\end{aligned} \tag{13.5}$$

Aus den Lorentz-Transformationen ergeben sich unmittelbar einige der in den letzten Abschnitten direkt aus den Einstein-Postulaten hergeleiteten Ergebnisse:

1. Passieren zwei Ereignisse am selben Ort ($\Delta x = 0$) mit Zeitunterschied Δt_E (= Eigenzeit), so folgt aus der letzten Gleichung

$$\Delta t' = \frac{\Delta t_E}{\sqrt{1 - v^2/c^2}},$$

also die Zeitdilatation (siehe Formel 12.4 auf Seite 246).

2. Passieren zwei Ereignisse gleichzeitig ($\Delta t = 0$), dann ergibt sich aus der vierten und ersten Gleichung von (13.5)

$$\Delta t' = \frac{-\dfrac{\Delta x \cdot v}{c^2}}{\sqrt{1 - v^2/c^2}} = -\frac{\Delta x' \cdot v}{c^2},$$

also die Formel für die Relativität der Gleichzeitigkeit (siehe Abschn. 12.4).

3. Ein Stab der Länge L'_E (= Eigenlänge) ruhe im System S', die Koordinaten der Stabenden seien x'_1 und x'_2, d.h.

$$L'_E = x'_2 - x'_1.$$

Will ein Beobachter im System S die Länge des Stabes messen, so muss er dafür (für ihn) *gleichzeitig* Stabanfang und Stabende messen, andernfalls wäre das Messergebnis durch die Relativgeschwindigkeit zwischen den beiden Systemen verfälscht. Daraus folgt mit (13.3)

$$
\begin{aligned}
L'_E \quad &= \quad x'_2 - x'_1 \\
&= \quad \frac{x_2 - v \cdot t_2}{\sqrt{1 - v^2/c^2}} - \frac{x_1 - v \cdot t_1}{\sqrt{1 - v^2/c^2}} \\
&\underset{t_2 = t_1}{=} \quad \frac{(x_2 - x_1)}{\sqrt{1 - v^2/c^2}} \\
&= \quad \frac{L}{\sqrt{1 - v^2/c^2}},
\end{aligned}
$$

also die Längenkontraktion (siehe Formel 12.5 auf Seite 247).

4. Wir berechnen die Quadrate der Raumzeitintervalle mithilfe der Lorentz-Transformationen. Es gilt

$$
\begin{aligned}
x' - c \cdot t' \quad &= \quad \frac{x - v \cdot t}{\sqrt{1 - v^2/c^2}} - \frac{c\left(t - \dfrac{x \cdot v}{c^2}\right)}{\sqrt{1 - v^2/c^2}} \\
&= \quad \frac{1}{\sqrt{1 - v^2/c^2}} \left(x - v \cdot t - c \cdot t + x \cdot v/c\right) \\
&= \quad \frac{1}{\sqrt{1 - v^2/c^2}} \left(x\left(1 + v/c\right) - c \cdot t\left(1 + v/c\right)\right) \\
&= \quad \frac{1 + v/c}{\sqrt{1 - v^2/c^2}} \left(x - c \cdot t\right).
\end{aligned}
$$

Genauso folgt

$$x' + c \cdot t' = \frac{1 - v/c}{\sqrt{1 - v^2/c^2}} \left(x + c \cdot t \right).$$

Multipliziert man beide Gleichungen, so folgt

$$
\begin{aligned}
x'^2 - \left(c \cdot t' \right)^2 &= \left(x' - c \cdot t' \right) \left(x' + c \cdot t' \right) \\
&= \left[\frac{1 + v/c}{\sqrt{1 - v^2/c^2}} \left(x - c \cdot t \right) \right] \left[\frac{1 - v/c}{\sqrt{1 - v^2/c^2}} \left(x + c \cdot t \right) \right] \\
&= \left[(x - c \cdot t)\,(x + c \cdot t) \right] \left[\frac{1 + v/c}{\sqrt{1 - v^2/c^2}} \frac{1 - v/c}{\sqrt{1 - v^2/c^2}} \right] \\
&= \left[x^2 - (c \cdot t)^2 \right] \left[\frac{(1 + v/c)\,(1 - v/c)}{1 - v^2/c^2} \right] \\
&= x^2 - (c \cdot t)^2,
\end{aligned}
$$

also die Invarianz des Raumzeitintervalls.

13.2. Natürliche Einheiten und allgemeine Lorentz-Transformationen

Wir haben in den Abschnitten zuvor mehrmals darauf hingewiesen, dass die Spezielle Relativitätstheorie sich nur dann deutlich von der Newton'schen Mechanik und anderen nichtrelativistischen physikalischen Theorien unterscheidet, wenn die Relativgeschwindigkeiten zwischen Bezugssystemen groß sind, z.B. unterscheidet sich der γ-Faktor nur dann signifikant von 1, wenn $v > 0,1\,c$ ist. Ferner gilt in der Speziellen Relativitätstheorie die Konstanz der Lichtgeschwindigkeit im Vakuum, d.h., alle Beobachter in allen Inertialsystemen messen denselben Wert für c, c ist also eine universelle Konstante. Diese beiden Eigenschaften der Speziellen Relativitätstheorie machen wir uns zu eigen und definieren ein neues Einheitensystem, was wir ab jetzt hauptsächlich benutzen wollen. Bislang haben wir physikalische Größen im sogenannten Internationalen Einheitensystem (SI) dargestellt. Im SI-System werden die Länge in Metern m, die Zeit in Sekunden s und die Masse in Kilogramm kg gemessen (siehe auch Tab. 30.1). Im SI-System ist die Dimension der Geschwindigkeit v gleich Weg L dividiert durch Zeit T (dim $v = \mathsf{L}/\mathsf{T}$).

Wir wollen nunmehr als Einheit für die Zeit ebenfalls Meter definieren, wozu wir die Konstanz der Lichtgeschwindigkeit benutzen: Ein Zeitmeter soll die Strecke sein, die das Licht braucht, um die Strecke von einem Meter zu durchqueren (für uns gewohnter ist das Lichtjahr, nämlich die Strecke, die das Licht in einem Jahr zurücklegt). Wählt man diese Längeneinheit für die Zeit, so arbeitet man anstelle der SI-Einheiten mit **natürlichen Einheiten**. Schauen wir uns an, welchen Wert die Lichtgeschwindigkeit in diesen Einheiten annimmt:

$$c = \frac{1\,\text{m}}{\text{Zeit, die das Licht braucht, um 1 Meter zu durchqueren}} = \frac{1\,\text{m}}{1\,\text{m}} = 1$$

Der Wert der Lichtgeschwindigkeit ist also gleich 1 und darüber hinaus ist c dimensionslos! Man kann natürlich auch wieder zurück, d.h., wenn Ergebnisse in natürlichen Einheiten vorliegen, so benutzt man die Beziehungen

$$3 \cdot 10^8\,\text{m/s} = 1 \Rightarrow 1\,\text{s} = 3 \cdot 10^8\,\text{m} \Rightarrow 1\,\text{m} = \frac{1}{3 \cdot 10^8}\,\text{s},$$

um SI-Einheiten zu erhalten. Das SI-System enthält eine Menge abgeleiteter Einheiten, wie z.B. Joule und Newton, siehe Tab. 30.2. Bei Benutzung von natürlichen Einheiten vereinfachen sich die Dimensionen von vielen SI-Einheiten beträchtlich, z.B. gilt für Joule in SI-Einheiten

$$\text{J} = \text{N} \cdot \text{m} = \text{kg} \cdot \text{m}^2/\text{s}^2$$

(N = Newton) und in natürlichen Einheiten

$$\text{J} = \text{kg} \cdot \text{m}^2/\text{m}^2 = \text{kg}.$$

Schauen wir uns an, wie sich die wesentlichen Größen der Speziellen Relativitätstheorie in natürlichen Einheiten darstellen lassen.

Beispiel 13.1.

- Fangen wir mit Einsteins berühmter Gleichung an: $E = mc^2$ verkümmert zu $E = m$. Der Wiedererkennungswert der letzten Gleichung ist nicht sehr groß, weshalb wir in der Folge an einigen Stellen in diesem Buch die Ergebnisse auch nochmals in SI-Einheiten darstellen werden. Andererseits drückt die Gleichung $E = m$ am klarsten die Äquivalenz zwischen Energie und Masse aus, in natürlichen Einheiten ist Energie gleich Masse!

- Als Nächstes wollen wir die Lorentz-Transformationen in SI-Einheiten denen in natürlichen Einheiten gegenüberstellen:

SI		Nat		
x'	$= \dfrac{x - v \cdot t}{\sqrt{1 - v^2/c^2}}$	x'	$= \dfrac{x - v \cdot t}{\sqrt{1 - v^2}}$	$= \gamma(x - vt)$
y'	$= y$	y'	$= y$	
z'	$= z$	z'	$= z$	
t'	$= \dfrac{t - \dfrac{v \cdot x}{c^2}}{\sqrt{1 - v^2/c^2}}$	t'	$= \dfrac{t - v \cdot x}{\sqrt{1 - v^2}}$	$= \gamma(t - vx)$

In natürlichen Einheiten besteht zwischen Zeit t und Raum x eine vollständige Symmetrie, die Lorentz-Transformationen haben sich nicht nur vereinfacht, sondern auch vereinheitlicht.

- Als letztes Beispiel stellen wir das Raumzeitintervall in natürlichen Koordinaten dar:

$$\Delta s^2 = x^2 - t^2 \; \square$$

Allgemeine Lorentz-Transformation

Bislang haben wir bei der Herleitung der Lorentz-Transformation der Einfachheit halber immer unterstellt, dass sich der Beobachter im System S' parallel zur x-Achse mit der Geschwindigkeit

$$\vec{v} \rightarrow \begin{pmatrix} v \\ 0 \\ 0 \end{pmatrix}$$

bewegt. Diese Voraussetzung lassen wir jetzt fallen und leiten die Lorentz-Transformationen für beliebige Relativgeschwindigkeiten in natürlichen Einheiten her. Wir unterstellen, dass sich die Beobachter A im System S und Beobachter B im System S' zur Zeit $t = t' = 0$ am gleichen Ort

$$x = y = z = x' = y' = z' = 0$$

befunden haben, dass die Koordinatenurspünge von S und S' also übereinstimmen. B bewegt sich relativ zu A mit der Geschwindigkeit

$$\vec{v} = \begin{pmatrix} v_x \\ v_y \\ v_z \end{pmatrix}.$$

Die räumlichen Komponenten des Ereignisses E im System S seien

$$\vec{r} \rightarrow \begin{pmatrix} x \\ y \\ z \end{pmatrix}.$$

Wir nutzen im Weiteren die Tatsache, dass sich ein dreidimensionaler Vektor $\vec{r}$ in einen Vektor $\vec{r}_\parallel$ parallel zu $\vec{v}$ und einen Vektor $\vec{r}_\perp$ senkrecht zu $\vec{v}$ aufteilen lässt.

Bemerkung 13.1. **MW: Aufteilung eines Vektors**
Sind $\vec{a}$ und $\vec{b}$ beliebige Vektoren, so kann man den Vektor $\vec{b}$ aufteilen in einen

Vektor $\vec{b}_{a\perp}$, der senkrecht auf dem Vektor $\vec{a}$ steht, und in einen Vektor $\vec{b}_{a\parallel}$, der parallel zu $\vec{a}$ ist. Aus Abb. 13.3 ist schon ersichtlich, dass

$$\vec{b} = \vec{b}_{a\perp} + \vec{b}_{a\parallel} \tag{13.6}$$

gilt.

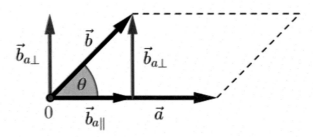

Abbildung 13.3.: Zerlegung eines Vektors

Wir wollen die Vektoren $\vec{b}_{a\parallel}$ und $\vec{b}_{a\perp}$ konkret ausrechnen. Für die Länge von $\vec{b}_{a\parallel}$ gilt

$$b_{a\parallel} = b \cdot \cos\theta.$$

Das Skalarprodukt der Vektoren $\vec{a}$ und $\vec{b}$ war definiert durch

$$\vec{a} \cdot \vec{b} = ab\cos\theta,$$

also folgt

$$b_{a\parallel} = b \cdot \cos\theta = \frac{ab \cdot \cos\theta}{a} = \frac{\vec{a} \cdot \vec{b}}{a}.$$

Da der Vektor $\vec{b}_{a\parallel}$ in Richtung des Vektors $\vec{a}$ zeigen soll, müssen wir $b_{a\parallel}$ noch mit dem Einheitsvektor in Richtung $\vec{a}$

$$\vec{e}_a = \frac{\vec{a}}{a}$$

multiplizieren und erhalten

$$\vec{b}_{a\parallel} = b_{a\parallel}\vec{e}_a = \frac{\vec{a} \cdot \vec{b}}{a}\frac{\vec{a}}{a} = \frac{\vec{a} \cdot \vec{b}}{a^2}\vec{a}. \tag{13.7}$$

Wir definieren

$$\vec{b}_{a\perp} = \vec{b} - \vec{b}_{a\parallel}, \tag{13.8}$$

dann folgt sofort

$$\vec{b}_{a\parallel} + \vec{b}_{a\perp} = \vec{b}.$$

Um zu zeigen, dass der Vektor $\vec{b}_{a\perp}$ senkrecht auf dem Vektor $\vec{a}$ steht, berechnen wir das Skalarprodukt der beiden Vektoren

$$\vec{b}_{a\perp} \cdot \vec{a} = \left(\vec{b} - \vec{b}_{a\parallel}\right) \cdot \vec{a} = \vec{b} \cdot \vec{a} - \vec{b}_{a\parallel} \cdot \vec{a} = \vec{a} \cdot \vec{b} - \frac{\vec{a} \cdot \vec{b}}{a^2}\vec{a} \cdot \vec{a} = \vec{a} \cdot \vec{b} - \frac{\vec{a} \cdot \vec{b}}{a^2}a^2 = 0.$$

Dabei haben wir benutzt, dass das Skalarprodukt kommutativ ist $(\vec{a} \cdot \vec{b} = \vec{b} \cdot \vec{a})$ und dass gilt: $\vec{a} \cdot \vec{a} = a^2$. Das Skalarprodukt ist null, also stehen die beiden Vektoren senkrecht aufeinander. $\square$

Mit (13.7) und (13.8) folgt

$$\vec{r}_\parallel = \frac{\vec{v} \cdot \vec{r}}{v^2}\vec{v}$$

$$\vec{r}_\perp = \vec{r} - \vec{r}_\parallel = \vec{r} - \frac{\vec{v} \cdot \vec{r}}{v^2}\vec{v}.$$

Nach Definition des Skalarproduktes (siehe Gl. 4.3 auf Seite 59) ist

$$\begin{aligned} \vec{v} \cdot \vec{r} &= \vec{v} \cdot \left(\vec{r}_\parallel + \vec{r}_\perp\right) \\ &= vr_\parallel \cos \angle \left(\vec{v}, \vec{r}_\parallel\right) + vr_\perp \cos \angle \left(\vec{v}, \vec{r}_\perp\right) \\ &= vr_\parallel \cos\left(0°\right) + vr_\perp \cos\left(90°\right) \\ &= vr_\parallel. \end{aligned}$$

Es gilt folgende Lorentz-Transformation für das System S'

$$\begin{aligned} t' &= \gamma\left(t - vr_\parallel\right) = \gamma\left(t - \vec{v} \cdot \vec{r}\right) \\ \vec{r}_\parallel' &= \gamma\left(\vec{r}_\parallel - \vec{v}t\right) \\ \vec{r}_\perp' &= \vec{r}_\perp. \end{aligned}$$

Die letzte Gleichung folgt aus der Tatsache, dass Längen senkrecht zur Relativgeschwindigkeit nicht verändert werden. Wir setzen nun die Ausdrücke für $\vec{r}_\parallel$ und $\vec{r}_\perp$ ein und erhalten

$$\begin{aligned} \vec{r}' &= \vec{r}_\parallel' + \vec{r}_\perp' \\ &= \gamma\left(\vec{r}_\parallel - \vec{v}t\right) + \vec{r}_\perp \\ &= \gamma\left(\frac{\vec{v} \cdot \vec{r}}{v^2}\vec{v} - \vec{v}t\right) + \vec{r} - \frac{\vec{v} \cdot \vec{r}}{v^2}\vec{v} \end{aligned}$$

$$= \vec{r} + (\gamma - 1)\,\frac{\vec{v} \cdot \vec{r}}{v^2}\,\vec{v} - \gamma \vec{v} t.$$

Insgesamt erhalten wir also die **allgemeine Lorentz-Transformation**

$$t' = \gamma\,(t - \vec{v} \cdot \vec{r}) \tag{13.9}$$

$$\vec{r}\,' = \vec{r} + (\gamma - 1)\,\frac{\vec{v} \cdot \vec{r}}{v^2}\,\vec{v} - \gamma \vec{v} t.$$

Im weiteren Verlauf unserer Überlegungen greifen wir allerdings meistens auf die einfache Form der Lorentz-Transformation (d.h. Relativbewegung parallel zur x-Achse) zurück, falls nicht explizit etwas anderes gesagt wird.

13.3. Raumzeitdiagramme (RZD)

In diesem Abschnitt führen wir die sogenannten **Minkowski-Diagramme** ein, die sich hervorragend dazu eignen, die Phänomene der Speziellen Relativitätstheorie grafisch darzustellen. Man kann sogar mithilfe dieser Diagramme fast alle der bisherigen Ergebnisse mit geometrischen Überlegungen auch quantitativ herleiten. Wir tun dies allerdings nicht durchgängig, sondern nur an ausgewählten Beispielen. Für uns steht im Vordergrund, ein vertieftes Verständnis über die Struktur der Raumzeit zu bekommen. Es sei an dieser Stelle darauf hingewiesen, dass es neben den Minkowski-Diagrammen auch weitere Darstellungsmöglichkeiten der relativistischen Phänomene gibt, insbesondere der (nicht so verbreitete) Ansatz von Epstein [10] ist sehr gut geeignet, um mit einfachen geometrischen Mitteln einen Überblick über die wesentlichen Sachverhalte zu erhalten. Aber zurück zu den Minkowski-Diagrammen. Herrmann Minkowski (1854 - 1908) war Einsteins Mathematik-Professor und hat, kurz nachdem Einstein seine Spezielle Relativitätstheorie veröffentlicht hatte, mit seinen Diagrammen und weiteren Strukturierungshilfen das Phänomen Raumzeit verständlicher gemacht. Ihm zu Ehren wird die Raumzeit der Speziellen Relativitätstheorie auch **Minkowski-Raum** genannt.

Wir können jeden Beobachter mit dem Inertialsystem, das sein Ruhesystem ist, identifizieren, d.h., Koordinatensystem und Beobachter sind austauschbar. Zur Darstellung der Raumzeit benutzen wir ein Raumzeitdiagramm (siehe Abschn. 2.1), das auf der vertikalen Achse die Zeit t (in natürlichen Koordinaten) abbildet. Der Einfachheit halber stellen wir den Raum nur eindimensional - in der Regel auf der x-Achse - dar, was für Illustrierung der meisten Phänomene der Speziellen Relativitätstheorie vollkommen ausreicht. Jeder Punkt in einem Raumzeitdiagramm ("RZD") stellt ein Ereignis dar. Der Winkel zwischen den beiden Koordinatenachsen ist grundsätzlich beliebig wählbar, wir wollen aus reinen Bequemlichkeitsgründen einem ruhenden Beobachter ein senkrechtes Achsenkreuz sowie die Koordinaten (t, x) zuordnen (y und z gehören natürlich auch dazu, werden aber - wie gesagt - in einem Raumzeitdiagramm nicht dargestellt). Inertialsysteme zeichnen sich dadurch aus, dass die Relativgeschwindigkeit zwischen ihnen zeitlich konstant bleibt. In gleichen Zeiten werden gleiche Strecken zurückgelegt. Deshalb werden Inertialbewegungen in Raumzeitdiagrammen durch gerade Linien dargestellt (siehe auch Abschn. 2.1).

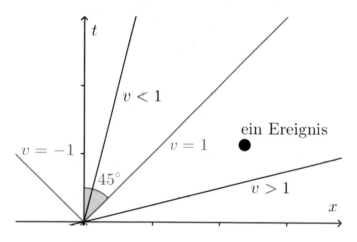

Abbildung 13.4.: Raumzeitdiagramm I

Abb. 13.4 zeigt neben einem Punkt, der ein Ereignis darstellen soll, drei Weltlinien von Teilchen (siehe Abschn. 2.1), die durch eine Beziehung $x = x(t)$ bzw. $t = t(x)$ festgelegt sind. Die Steigung einer Weltlinie hängt mit der Geschwindigkeit der Teilchen zusammen:

$$\text{Steigung} = \frac{dt}{dx} = \frac{1}{\dfrac{dx}{dt}} = \frac{1}{v}$$

Hier wurde benutzt, dass die Steigung einer Weltlinie gleich der ersten Ableitung der Funktion $t = t(x)$ nach x ist. Da Zeit und Weg in natürlichen Einheiten durch die gleichen Einheiten gemessen werden und die Lichtgeschwindigkeit den Wert 1 annimmt, werden Lichtstrahlen (Weltlinien von Photonen) durch Geraden repräsentiert, die eine Steigung von ± 1 haben, also aus Sicht des Ruhesystems einen Winkel von $45°$ mit der t-Achse einschließen. Die winkelhalbierende Linie nach rechts hat wegen $v = 1$ die Steigung 1, die winkelhalbierende Linie nach links hat wegen $v = -1$ die Steigung -1. Weltlinien von Teilchen, deren Geschwindigkeit kleiner als die Lichtgeschwindigkeit ist ($v < 1$), haben eine Steigung größer 1, und Ereignisse, die zwischen x-Achse und der

Winkelhalbierenden liegen, wären nur mit Überlichtgeschwindigkeit erreichbar ($v > 1$). Wir können daher das Raumzeitdiagramm in drei Regionen aufteilen.

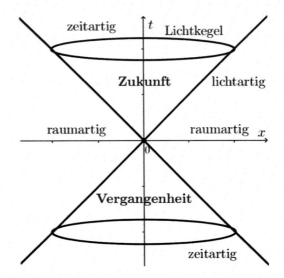

Abbildung 13.5.: Aufteilung der Raumzeit

1. Ereignisse, die durch Lichtstrahlen mit dem Ursprung verbunden sind, liegen auf den Winkelhalbierenden. Diese Ereignisse haben wir *lichtartig* genannt.

2. Ereignisse, deren Weltlinie innerhalb der durch die Winkelhalbierenden markierten Bereiche, die man auch **Lichtkegel** nennt (in Abb. 13.5 durch Hinzunahme einer weiteren Raumdimension mithilfe von Ellipsen angedeutet), liegt, lassen sich vom Ursprung aus mit einer Geschwindigkeit erreichen, die kleiner als die Lichtgeschwindigkeit ist, sie sind also *zeitartig*. Die obere Hälfte des Lichtkegels nennt man wegen $t > 0$ die **Zukunft**, die untere Hälfte die **Vergangenheit** des Ereignisses im Ursprung.

3. Ereignisse, die außerhalb der Lichtkegel liegen. Diese lassen sich nicht durch Signale vom Ursprung erreichen, sie sind *raumartig*.

Wir betrachten nun einen weiteren Beobachter mit Koordinaten (t', x'), der sich mit Geschwindigkeit $v < 1$ in positiver x-Richtung relativ zum ruhenden Beobachter bewegen möge, und fragen uns, wie und wo die Achsen für t' und x' in Abb. 13.4 einzuzeichnen sind. Dabei unterstellen wir wieder, dass sich die beiden Beobachter zum Zeitpunkt $t = t' = 0$ getroffen haben. Die t'-Achse ist der Ort aller Ereignisse, für die $x' = 0$ gilt.

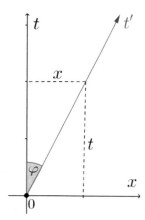

Abbildung 13.6.: Raumzeitdiagramm II

In Abb. 13.6 gilt für den Winkel φ zwischen der t- und der t'-Achse:

$$\tan \varphi = \frac{x}{t} = v$$

Da die Relativgeschwindigkeit v bekannt ist, lässt sich die t'-Achse also leicht konstruieren.

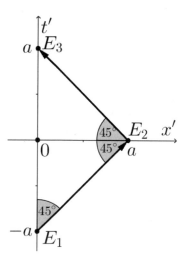

Abbildung 13.7.: Raumzeitdiagramm III

Um die x'-Achse zu konstruieren, benutzen wir die Tatsache, dass sich das Licht mit einem Winkel von 45° nach rechts oder links ausbreitet. Startet man in Abb. 13.7 einen Lichtstrahl am Raumzeitpunkt/Ereignis $E_1\,(t', x') = (-a, 0)$ nach rechts, so erreicht der Lichtstrahl die x'-Achse im Raumzeitpunkt

$E_2 = (0, a)$. Dort wird er durch einen Spiegel ohne Verzögerung reflektiert und erreicht die t'-Achse bei $t' = a$, also am Raumzeitpunkt $E_3 = (a, 0)$. Man beachte, dass der Winkel zwischen den beiden Lichtstrahlen $45° + 45° = 90°$ beträgt, die Lichtstrahlen stehen in Abb. 13.7 senkrecht aufeinander. Wir können daher die x'-Achse dadurch definieren, dass sie der Ort aller Ereignisse ist, die Licht auf die beschriebene Art und Weise reflektieren. Zur Interpretation von Abb. 13.7: Das Licht läuft *nicht* erst nach rechts und dann nach links „oben", sondern auf direktem Weg vom Ort $x' = 0$ zum Ort $x' = a$ und dann wieder zurück! Die scheinbare Bewegung nach oben wird durch die Zeit verursacht, die das Licht braucht, um die beiden Strecken zurückzulegen.

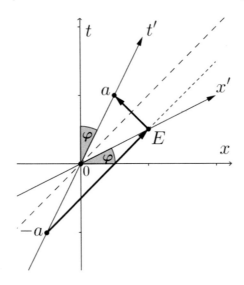

Abbildung 13.8.: Raumzeitdiagramm IV

Mit Abb. 13.8 konstruieren wir die x'-Achse, indem wir folgende Schritte durchführen:

1. Die Lage der t'-Achse wird nach dem oben beschriebenen Verfahren konstruiert. Anschließend wählen wir auf der t'-Achse zwei beliebige Punkte $-a$ und a.

2. Im Ereignispunkt $-a$ starten wir einen Lichtstrahl (fetter Pfeil und gepunktete Linie, Steigung $45°$) nach rechts.

3. Den Punkt E konstruieren wir, indem wir das Lot vom Punkt a auf den Lichtstrahl fällen, sodass die Strecken $\overline{-aE}$ und $\overline{Ea}$ einen rechten Winkel miteinander bilden. Wir interpretieren jetzt das Ereignis E in der Weise, dass wir uns vorstellen, dass dort ein Spiegel aufgestellt ist, der

einen Lichtstrahl von $-a$ kommend nach a reflektiert (fetter Pfeil nach links). Der Punkt E hat also, wie in Abb. 13.7 dargestellt, im (t', x')-Koordinatensystem die Koordinaten $E(t', x') = (0, a)$ und liegt folglich auf der x'-Achse.

4. Da der Ursprung des (t', x')-Koordinatensystems mit dem Ursprung des (t, x)-Koordinatensystems zusammenfällt, liegt der Punkt 0 ebenfalls auf der x'-Achse. Die x'-Achse ist damit die Gerade, die durch die Punkte 0 und E geht. Da die Strecken $\overline{0E}$ und $\overline{0a}$ die gleiche Länge haben, ist das Dreieck $0aE$ gleichschenklig und die Winkelhalbierende (gestrichelte schwarze Linie) teilt die Strecke $\overline{aE}$ hälftig. Daher ist der Winkel zwischen x- und x'-Achse gleich dem Winkel φ zwischen t- und t'-Achse.

Die x'-Achse fällt also nicht mit der x-Achse zusammen! Da auf der x-Achse gleichzeitige Ereignisse ($t = 0$) für den ersten Beobachter und auf der x'-Achse gleichzeitige Ereignisse für den zweiten Beobachter liegen und da beide Achsen nicht parallel zueinander sind, ist aus der Abbildung abzulesen, dass die beiden Beobachter keine Einigung über die Gleichzeitigkeit von Ereignissen erzielen können.

Wenn man die beiden letzten Diagramme vergleicht, so stellt man fest, dass Lichtstrahlen sich immer auf einer 45°-Linie bewegen, während die t- und t'-Achse unterschiedliche Steigungen haben. Das illustriert noch einmal, dass Lichtstrahlen für jeden Beobachter die Geschwindigkeit $c = 1$, d.h. die Steigung eins, haben.

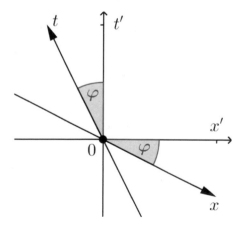

Abbildung 13.9.: Raumzeitdiagramm V

Abb. 13.9 stellt die gleiche Situation wie oben dar, nur dass der Beobachter (x', t') als ruhend angesehen wird, während sich der Beobachter (x, t) mit der

Geschwindigkeit $-v$ (d.h. nach links) bewegt. Auch hier errechnet sich der Winkel φ durch $\tan\varphi = |v|$, wobei $|v|$ der Betrag der Relativgeschwindigkeit zwischen den beiden Inertialsystemen ist.

Nachdem wir nun wissen, wo die Achsen des (x', t')-Koordinatensystems liegen, geht es jetzt darum, die Einheiten auf diesen Achsen festzulegen. Dazu benutzen wir die Invarianz des Raumzeitintervalls

$$\Delta S^2 = x^2 - t^2 = x'^2 - t'^2.$$

Die Kurve $x^2 - t^2 = 1$ stellt eine Hyperbel im Koordinatensystem (x, t) dar, siehe 6.23 auf Seite 121. Diese beschreibt alle raumartigen Ereignisse (da $\Delta S^2 > 0$, siehe (12.26)), deren Raumzeitintervall gleich 1 ist. Genauso beschreibt die Kurve $x^2 - t^2 = -1$ alle zeitartigen Ereignisse, deren Raumzeitintervall gleich -1 ist.

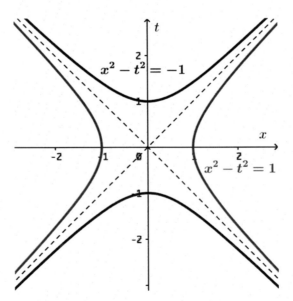

Abbildung 13.10.: Eichhyperbeln

Abb. 13.10 zeigt, dass sich die vier Hyperbeläste den Winkelhalbierenden (gestrichelt) asymptotisch annähern. Da diese Hyperbeln dazu benutzt werden, die Einheiten auf der x'- und t'-Achse festzulegen (zu eichen), werden sie auch **Eichhyperbeln** genannt. Um die Längeneinheit auf der t'-Achse zu bestimmen, beachten wir, dass für alle Ereignisse auf der t'-Achse $x' = 0$ gilt und dass jeder Punkt auf der t'-Achse einen zeitartigen Abstand zum Ursprung der Koordinatensystems (x, t) hat. Somit ergibt sich

$$-1 = x'^2 - t'^2 = -t'^2 = x^2 - t^2,$$

d.h., der Schnittpunkt der t'-Achse mit der Eichhyperbel $x^2 - t^2 = -1$ liefert den Raumzeitpunkt $(0,1)$ im Koordinatensystem (x',t'). Ebenso erhält man den Raumzeitpunkt $(1,0)$ im Koordinatensystem (x',t') als Schnittpunkt der Hyperbel $x^2 - t^2 = 1$ mit der x'-Achse.

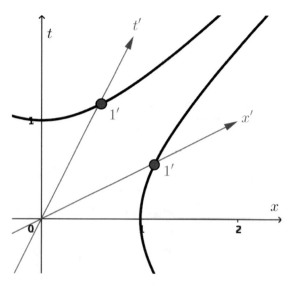

Abbildung 13.11.: Raumzeitdiagramm VI

Die Raumzeitpunkte $(x',t') = (0,1)$ bzw. $(x',t') = (1,0)$ sind in Abb. 13.11 jeweils mit $1'$ bezeichnet. Diese Punkte erscheinen „weiter entfernt" vom Ursprung als die Einheitspunkte auf der t- bzw. x-Achse. Hier zeigt sich wieder, dass wir uns nicht in der euklidischen Geometrie befinden, Abstände werden durch das Raumzeitintervall $(-t^2 + x^2)$ gemessen (und dann sind die Punkte gleich weit entfernt) und eben nicht durch den euklidischen Abstand $t^2 + x^2$!

Man kann die Geradengleichungen der Achsen des bewegten Beobachters auch direkt aus den Lorentz-Transformationen

$$x' = \frac{x - v \cdot t}{\sqrt{1 - v^2}}$$
$$t' = \frac{t - v \cdot x}{\sqrt{1 - v^2}}$$

bestimmen. Setzt man in der ersten Gleichung $x' = 0$ und in der zweiten $t' = 0$, so erhält man

$$0 = \frac{x - v \cdot t}{\sqrt{1 - v^2}} \Rightarrow t = \frac{1}{v} x \text{ Geradengleichung für die t'-Achse}$$

$$0 = \frac{t - v \cdot x}{\sqrt{1 - v^2}} \Rightarrow t = v \cdot x \text{ Geradengleichung für die x'-Achse.}$$

13. Die Geometrie der Raumzeit

Als Anwendungsbeispiel der Minkowski-Diagramme betrachten wir nun nochmals die Längenkontraktion. Dazu betrachten wir in Abb. 13.12 einen Stab der Länge 1 zwischen den Punkten $(0,0)$ und $(1,0)$ im Ruhesystem.

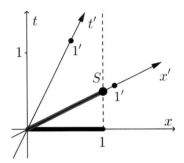

Abbildung 13.12.: Längenkontraktion I

Die Weltlinien des Stabes, die t-Achse für das vordere Stabende und die gestrichelte Linie für das hintere Stabende, verlaufen im Ruhesystem senkrecht. Der bewegte Beobachter muss, um die Länge des Stabes zu bestimmen, *gleichzeitig beide* Stabenden messen, d.h., Stabanfang und Stabende müssen für ihn auf der x'-Achse (allgemeiner: auf einer Parallelen zur x'-Achse) liegen. Der bewegte Beobachter schaut nach, wo die Weltlinien der Stabenden seine x'-Achse schneiden. Das ist in 0 und in S der Fall, aus seiner Sicht ist die Strecke $\overline{0S}$ kürzer als 1. Für einen relativ zum Ruhesystem bewegten Beobachter sind also Strecken im Ruhesystem (die in Bewegungsrichtung liegen) kontrahiert. Wegen des Relativitätsprinzips gilt auch, dass der Ruhebeobachter Strecken im System S' verkürzt sieht, was Abb. 13.13 illustriert.

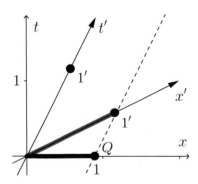

Abbildung 13.13.: Längenkontraktion II

Ein Stab der Länge 1 liegt auf der x'-Achse. Die Weltlinien der Stabenden sind die t'-Achse und die gestrichelte Linie. Misst der Ruhebeobachter gleichzeitig die Stabenden auf seiner x-Achse, so erhält er die Strecke $\overline{0Q}$, die aus seiner Sicht kürzer als 1 ist.

Auch die Zeitdilatation lässt sich grafisch erläutern, wie Abb. 13.14 zeigt.

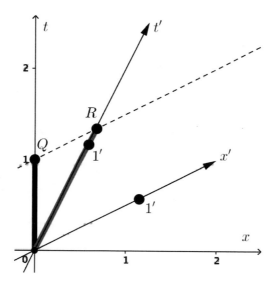

Abbildung 13.14.: Zeitdilatation

Für den ruhenden Beobachter stellt die Strecke $\overline{0Q}$ (dicker schwarzer Balken) eine Zeiteinheit dar. Der bewegte Beobachter legt eine Parallele (gestrichelt) durch Q zu seiner x'-Achse und stellt fest, dass diese seine Zeitachse t' im Punkt R schneidet. Für ihn sind die Ereignisse Q und R gleichzeitig, da sie auf einer Parallelen zur x'-Achse liegen. Auf seiner Zeitachse liest er für R einen größeren Zeitwert ab. Für den bewegten Beobachter sind also die Zeitintervalle im Ruhesystem verlängert („dilatiert").

14. Vektorrechnung in der Speziellen Relativitätstheorie

Die Raumzeit lässt sich als (vierdimensionaler) Vektorraum auffassen. In Erweiterung der Vektorrechnung für den euklidischen Raum werden dazu zunächst die notwendigen Grundlagen, die überwiegend mathematischer oder technischer Natur sind, eingeführt. Diese Abschnitte sind für das weitere Verständnis zwingend erforderlich, auch wenn die vorgestellten Definitionen und abkürzenden Schreibweisen, die auf den Ergebnissen der Vektorrechnung in der euklidischen Ebene aufbauen und diese weiter entwickeln, auf den ersten Blick schwierig erscheinen. Sie helfen aber enorm, wenn wir uns weiter in die Materie beliebiger Koordinatensysteme einarbeiten. In den ersten Abschnitten dieses Kapitels werden einige Resultate mit ganz ähnlichen Mitteln hergeleitet, wie wir sie auch für die euklidische Ebene benutzt haben. Damit bieten diese Abschnitte eine gute Möglichkeit zur Wiederholung und weiteren Einübung der manchmal recht abstrakten Vektorrechnung. Nach den anfänglich technisch orientierten Abschnitten werden wir anschließend einige der bislang erzielten Ergebnisse der Speziellen Relativitätstheorie aufgreifen und zeigen, dass sie sich gut in die neuen Vektorschreibweisen einpassen.

14.1. Definition von Raumzeitvektoren

In diesem Abschnitt erweitern wir die Vektorrechnung auf die vierdimensionale Raumzeit und definieren zunächst den Verschiebungsvektor $\Delta \vec{x}$, der von einem Raumzeitpunkt mit den Koordinaten (t_1, x_1, y_1, z_1) zu einem zweiten mit den Koordinaten (t_2, x_2, y_2, z_2) zeigt und dessen Komponenten die Koordinatendifferenzen sind

$$\Delta \vec{x} \underset{S}{\to} (t_2 - t_1, x_2 - x_1, y_2 - y_1, z_2 - z_1) = (\Delta t, \Delta x, \Delta y, \Delta z).$$

Genauso wie in der zweidimensionalen Ebene kennzeichnet der Pfeil über einem Symbol einen (vierdimensionalen) Vektor, der Pfeil nach dem Vektor $\Delta \vec{x}$ bedeutet soviel wie „hat die Komponenten", wobei wir das Inertialsystem S, aus dem die Koordinaten stammen, unterhalb des Pfeils anführen, falls es für ein besseres Verständnis erforderlich ist, andernfalls lassen wir diesen Hinweis

M. Ruhrländer, *Aufstieg zu den Einsteingleichungen*,
https://doi.org/10.1007/978-3-662-62546-0_14

weg. Das Symbol $\underset{S}{\rightarrow}$ betont also den Unterschied zwischen einem Vektor, der - wie im Zwei- und Dreidimensionalen - ein geometrisches Objekt, d.h. inertialsystemunabhängig, ist, und seinen Komponenten, die vom Inertialsystem abhängen. Ist S' ein weiteres Inertialsystem, so kann man *denselben* Vektor $\Delta \vec{x}$ auch durch seine Komponenten in S' ausdrücken

$$\Delta \vec{x} \underset{S'}{\rightarrow} \left(\Delta t', \Delta x', \Delta y', \Delta z' \right).$$

Wenn wir eine beliebige Koordinate darstellen wollen, so benutzen wir kleine griechische Buchstaben, z.B. α, β, μ, ν als Indizes. α, β, ν, μ können im kartesischen Koordinatensystem jeweils die Werte t, x, y, z annehmen. Wir wollen die im Kapitel über die Tensorrechnung in der euklidischen Ebene eingeführten abkürzenden Schreibweisen der *Einstein'schen Summenkonvention* und der *freien Indizes* auf die Raumzeit übertragen.

Einstein'sche Summenkonvention: Immer wenn ein Ausdruck einen Index beinhaltet, der bei der einen Variablen hoch und bei einer anderen tief gestellt ist, dann wird eine Summation über die Werte, die der Index annehmen kann, ausgeführt. Zum Beispiel ist der Ausdruck $A_\alpha B^\alpha$ eine abkürzende Schreibweise für die Summe

$$A_\alpha B^\alpha = A_t B^t + A_x B^x + A_y B^y + A_z B^z,$$

wenn der Index α die Werte t, x, y, z annehmen kann.

Ist α ein freier Index, so kann der Ausdruck $\Delta \alpha$ *einen beliebigen* Wert aus $\Delta t, \Delta x, \Delta y, \Delta z$ annehmen. Die Koordinaten in einem Inertialsystem S' kennzeichnen wir als $\alpha', \beta', \mu', \nu'$, die im kartesischen Koordinatensystem jeweils die Werte t', x', y', z' annehmen können. Eine weitere abkürzende Schreibweise besteht darin, dass wir den freien Index α dazu nutzen, *alle möglichen Werte gleichzeitig* darzustellen. Dazu schreiben wir die entsprechend mit α indizierte Größe in geschweiften Klammern, also z.B.

$$\{\Delta \alpha\} = (\Delta t, \Delta x, \Delta y, \Delta z)$$

oder

$$\{\alpha\} = (t, x, y, z)$$

oder

$$\{A^\alpha\} = \left(A^t, A^x, A^y, A^z \right).$$

Wenn wir wissen wollen, wie sich die Koordinaten in S' aus denen in S errechnen lassen, so benutzen wir die Lorentz-Transformationen, die sich in natürlichen Einheiten folgendermaßen darstellen lassen:

$$\Delta t' = \frac{\Delta t - v \cdot \Delta x}{\sqrt{1 - v^2}} = \frac{\Delta t}{\sqrt{1 - v^2}} - \frac{v \cdot \Delta x}{\sqrt{1 - v^2}}$$

$$\Delta x' = \frac{\Delta x - v \cdot \Delta t}{\sqrt{1 - v^2}} = \frac{\Delta x}{\sqrt{1 - v^2}} - \frac{v \cdot \Delta t}{\sqrt{1 - v^2}}$$

$$\Delta y' = \Delta y$$

$$\Delta z' = \Delta z$$

Da die Ausdrücke

$$\gamma = \frac{1}{\sqrt{1 - v^2}} \quad \text{und} \quad v\gamma = \frac{v}{\sqrt{1 - v^2}}$$

Zahlen sind, die nicht von dem Verschiebungsvektor $\Delta \vec{x}$, sondern nur von der Relativgeschwindigkeit v abhängen, stellen die Lorentz-Transformationen *lineare* Transformationen dar, d.h., es gibt 16 Zahlen, die wir mit

$$L^{\alpha'}_{\alpha} \quad \text{mit} \quad \alpha = t, x, y, z \quad \text{und} \quad \alpha' = t', x', y', z'$$

bezeichnen, sodass gilt:

$$\Delta t' = L^{t'}_{t} \Delta t + L^{t'}_{x} \Delta x + L^{t'}_{y} \Delta y + L^{t'}_{z} \Delta z$$

$$\Delta x' = L^{x'}_{t} \Delta t + L^{x'}_{x} \Delta x + L^{x'}_{y} \Delta y + L^{x'}_{z} \Delta z$$

$$\Delta y' = L^{y'}_{t} \Delta t + L^{y'}_{x} \Delta x + L^{y'}_{y} \Delta y + L^{y'}_{z} \Delta z$$

$$\Delta z' = L^{z'}_{t} \Delta t + L^{z'}_{x} \Delta x + L^{z'}_{y} \Delta y + L^{z'}_{z} \Delta z$$

Diese vier Gleichungen kann man mit der freien Indexschreibweise zu einer zusammenfassen

$$\Delta \alpha' = L^{\alpha'}_{\alpha} \Delta \alpha. \tag{14.1}$$

Durch Vergleich der vorigen vier Gleichungen mit den Lorentz-Transformationen erhält man die Werte der $L^{\alpha'}_{\alpha}$:

$$L^{t'}_{t} = \gamma \qquad L^{t'}_{x} = -v\gamma$$
$$L^{x'}_{t} = -v\gamma \qquad L^{x'}_{x} = \gamma$$
$$L^{y'}_{y} = 1 \qquad L^{z'}_{z} = 1$$

Alle anderen Werte von $L^{\alpha'}_{\alpha}$ sind gleich null.

Wir definieren nun einen **allgemeinen Vektor** $\vec{A}$ (der auch **Vierervektor** oder **Raumzeitvektor** genannt wird) durch eine Kollektion von vier Zahlen

$$A^t, A^x, A^y, A^z,$$

die als Koordinaten eines Raumzeitpunktes aufgefasst werden können. In der Relativitätstheorie schreiben wir die Vektoren und ihre Komponenten mit großen Buchstaben. Genauso wie im zwei- und dreidimensionalen euklidischen Raum, wo wir die Punkte im Raum mit den Ortsvektoren identifiziert haben, fassen wir die vier Koordinaten eines beliebigen Raumzeitpunktes im Inertialsystem S als Komponenten eines Vektors auf

$$\vec{A} \underset{S}{\rightarrow} \left(A^t, A^x, A^y, A^z \right).$$

Wir schreiben also die Komponenten eines Vektors platzsparend durch Kommata getrennt in Klammern und nicht in Spaltenform wie in früheren Kapiteln. Mit dem freien Index $\alpha = t, x, y, z$ und der oben eingeführten abkürzenden Schreibweise

$$\{A^\alpha\} = \left(A^t, A^x, A^y, A^z \right)$$

kann man auch kurz

$$\vec{A} \underset{S}{\rightarrow} \{A^\alpha\}$$

schreiben. Wir verlangen, dass sich die Komponenten des Vektors genauso wie die Koordinaten transformieren, wenn wir diese in einem anderen Bezugssystem S' berechnen wollen, d.h.

$$A^{\alpha'} = L^{\alpha'}_{\alpha} A^\alpha, \tag{14.2}$$

wobei die Einstein'sche Summenkonvention beachtet werden muss. Sind die Komponenten eines Vektors in einem Inertialsystem bekannt, so liegen sie durch die Transformationsregel für jedes andere Inertialsystem eindeutig fest.

Genau wie im Zwei- und Dreidimensionalen kann man zwei Vektoren $\vec{A}$ und $\vec{B}$ addieren

$$\vec{A} + \vec{B} \rightarrow \left(A^t + B^t, A^x + B^x, A^y + B^y, A^z + B^z \right)$$

und mit einer Zahl c multiplizieren

$$c\vec{A} \rightarrow \left(cA^t, cA^x, cA^y, cA^z \right).$$

Wir überprüfen explizit die Additionsregel, d.h., wir checken, ob die Summe zweier Vektoren die Transformationsregel einhält. Seien $A^{\alpha'}$ und $B^{\alpha'}$ die Komponenten von $\vec{A}$ und $\vec{B}$ im System S', dann folgt

$$\begin{aligned} A^{\alpha'} + B^{\alpha'} &= L^{\alpha'}_{\alpha} A^\alpha + L^{\alpha'}_{\alpha} B^\alpha \\ &= \left(L^{\alpha'}_{t} A^t + L^{\alpha'}_{x} A^x + L^{\alpha'}_{y} A^y + L^{\alpha'}_{z} A^z \right) \\ &+ \left(L^{\alpha'}_{t} B^t + L^{\alpha'}_{x} B^x + L^{\alpha'}_{y} B^y + L^{\alpha'}_{z} B^z \right) \end{aligned}$$

$$= L^{\alpha'}_t \left(A^t + B^t\right) + L^{\alpha'}_x \left(A^x + B^x\right)$$
$$+ L^{\alpha'}_y \left(A^y + B^y\right) + L^{\alpha'}_z \left(A^z + B^z\right)$$
$$= L^{\alpha'}_\alpha \left(A^\alpha + B^\alpha\right),$$

also transformieren sich die Komponenten von $\vec{A} + \vec{B}$, wie verlangt.

Beispiel 14.1.

Zur Einübung der neuen Begrifflichkeiten und Schreibweisen wollen wir ein konkretes Beispiel durchrechnen. Das Inertialsystem S' möge sich mit Geschwindigkeit $v = 0,8$ in die positive x-Richtung relativ zu S bewegen. Dann folgt

$$\gamma = \frac{1}{\sqrt{1-v^2}} = \frac{1}{\sqrt{1-0,64}} = \frac{1}{\sqrt{0,36}} = \frac{1}{0,6} = 1,\bar{6}$$

sowie

$$-\gamma v = -1,67 \cdot 0,8 = -1,\bar{3}$$

Der Vektor $\vec{A}$ habe im System S die Komponenten $\vec{A} \underset{S}{\to} (5,4,2,1)$. Seine Komponenten in S' errechnen sich mit (14.2) zu

$$
\begin{aligned}
A^{t'} &= L^{t'}_t A^t + L^{t'}_x A^x + L^{t'}_y A^y + L^{t'}_z A^z \\
&= 1,\bar{6} \cdot 5 + (-1,\bar{3}) \cdot 4 + 0 \cdot 2 + 0 \cdot 1 = 3 \\
A^{x'} &= L^{x'}_t A^t + L^{x'}_x A^x + L^{x'}_y A^y + L^{x'}_z A^z \\
&= -1,33 \cdot 5 + 1,67 \cdot 4 + 0 \cdot 2 + 0 \cdot 1 = 0 \\
A^{y'} &= L^{y'}_t A^t + L^{y'}_x A^x + L^{y'}_y A^y + L^{y'}_z A^z = 0 \cdot 5 + 0 \cdot 4 + 1 \cdot 2 + 0 \cdot 1 = 2 \\
A^{z'} &= L^{z'}_t A^t + L^{z'}_x A^x + L^{z'}_y A^y + L^{z'}_z A^z = 0 \cdot 5 + 0 \cdot 4 + 0 \cdot 2 + 1 \cdot 1 = 1,
\end{aligned}
$$

also

$$\vec{A} \underset{S'}{\to} (3,0,2,1),$$

und wir erkennen, dass sich die dritten und vierten Komponenten nicht unterscheiden, was natürlich daran liegt, dass die Relativbewegung in x-Richtung erfolgt und Längen senkrecht zur x-Achse ($y = 2$, $z = 1$) sich nicht verändern. $\square$

14.2. Vektoralgebra

Wie im Kapitel zur Tensorrechnung in der euklidischen Ebene kann die Kurzschreibweise dazu benutzt werden, die Matrizenrechnung für eine alternative Darstellung der Transformationsregeln zu benutzen. Da die Rechenregeln für die hier benötigten (4×4)-Matrizen überwiegend eins zu eins vom zweidimensionalen Fall übernommen werden können, beschränken wir uns auf einige wenige Ausführungen.

Bemerkung 14.1. **MW: Matrizenrechnung in vier Dimensionen**

Eine (4×4)-**Matrix** $M = (M^\mu_\nu)$ ist ein quadratisches Zahlenschema, bestehend aus 16 Zahlen, die in vier Zeilen und vier Spalten angeordnet sind. Der obere Index μ bezeichnet die Zeile und der untere ν die Spalte. Die Zeilen- bzw. Spaltenindizes laufen von t bis z:

$$M = (M^\mu_\nu) = \begin{pmatrix} M^t_t & M^t_x & M^t_y & M^t_z \\ M^x_t & M^x_x & M^x_y & M^x_z \\ M^y_t & M^y_x & M^y_y & M^y_z \\ M^z_t & M^z_x & M^z_y & M^z_z \end{pmatrix}$$

Wir definieren jetzt einige der möglichen Rechenoperationen, die man mit Matrizen ausführen kann.

1. Eine Matrix $M = (M^\mu_\nu)$ kann man mit einem Vektor

$$\vec{A} \to \left(A^t, A^x, A^y, A^z \right)$$

multiplizieren, das Ergebnis ist wieder ein Vektor

$$M \cdot \vec{A} = \vec{B} \to \left(B^t, B^x, B^y, B^z \right),$$

dessen Komponenten B^μ sich wie folgt errechnen:

$$B^\mu = M^\mu_\nu A^\nu$$

mit der Einstein'schen Summenkonvention.

2. Eine Matrix $M = (M^\mu_\nu)$ kann man mit einer anderen Matrix $N = (N^\mu_\nu)$ multiplizieren, das Ergebnis ist wieder eine Matrix

$$M \cdot N = O = (O^\mu_\nu),$$

deren Matrixelemente sich folgendermaßen errechnen

$$O^\mu_\nu = M^\mu_\alpha N^\alpha_\nu.$$

Diese Gleichung macht Sinn, da auf der linken wie auf der rechten Seite die gleichen freien Indizes μ, ν vorkommen und auch an der richtigen Stelle stehen, der Index α ist der Summationsindex.

3. Hat die Matrix M eine Inverse $M^{-1} = \left(M^{-1}\right)^{\alpha}{}_{\beta}$, so gilt in der Index-schreibweise

$$M^{\alpha}{}_{\gamma} \left(M^{-1}\right)^{\gamma}{}_{\beta} = \delta^{\alpha}{}_{\beta}. \,\square \qquad (14.3)$$

Einige Beispiele für Matrizen haben wir schon kennengelernt.

Beispiel 14.2.

- Man kann die 16 Zahlen in Gl. (14.1), die wir $L^{\alpha'}{}_{\alpha}$ genannt haben, als Matrix auffassen:

$$L = \left(L^{\alpha'}{}_{\alpha}\right) = \begin{pmatrix} \gamma & -\gamma v & 0 & 0 \\ -\gamma v & \gamma & 0 & 0 \\ 0 & 0 & 1 & 0 \\ 0 & 0 & 0 & 1 \end{pmatrix} \qquad (14.4)$$

Diese Matrix L heißt **Lorentz-Transformationsmatrix**. Mithilfe der Matrix lassen sich die Transformationen für die Komponenten eines Vektors jetzt auch kompakt durch eine Vektorgleichung ausdrücken:

$$\begin{pmatrix} A^{t'} \\ A^{x'} \\ A^{y'} \\ A^{z'} \end{pmatrix} = L \cdot \begin{pmatrix} A^{t} \\ A^{x} \\ A^{y} \\ A^{z} \end{pmatrix} \qquad (14.5)$$

- Die allgemeine Lorentz-Transformation $\Lambda^{\mu}{}_{\nu}$ (13.9) hat die Matrixdarstellung

$$\begin{pmatrix} \gamma & -\gamma v^{x} & -\gamma v^{y} & -\gamma v^{z} \\ -\gamma v^{x} & 1 + (\gamma - 1)\dfrac{(v^{x})^{2}}{v^{2}} & (\gamma - 1)\dfrac{v^{x}v^{y}}{v^{2}} & (\gamma - 1)\dfrac{v^{x}v^{z}}{v^{2}} \\ -\gamma v^{y} & (\gamma - 1)\dfrac{v^{x}v^{y}}{v^{2}} & 1 + (\gamma - 1)\dfrac{(v^{y})^{2}}{v^{2}} & (\gamma - 1)\dfrac{v^{y}v^{z}}{v^{2}} \\ -\gamma v^{z} & (\gamma - 1)\dfrac{v^{x}v^{z}}{v^{2}} & (\gamma - 1)\dfrac{v^{y}v^{z}}{v^{2}} & 1 + (\gamma - 1)\dfrac{(v^{z})^{2}}{v^{2}} \end{pmatrix}.$$

$$(14.6)$$

- Auch das oben eingeführte Kronecker-Delta kann als Matrix geschrieben werden:

$$E = \left(\delta^{\beta}{}_{\alpha}\right) = \begin{cases} 1 & falls\, \alpha = \beta \\ 0 & falls\, \alpha \neq \beta \end{cases} = \begin{pmatrix} 1 & 0 & 0 & 0 \\ 0 & 1 & 0 & 0 \\ 0 & 0 & 1 & 0 \\ 0 & 0 & 0 & 1 \end{pmatrix}$$

Die Matrix E heißt **Einheitsmatrix**. $\square$

Wir wollen nun zeigen, dass die Lorentz-Transformationsmatrix nichts anderes ist als die Jacobi-Matrix der Koordinatentransformation $(t, x, y, z) \rightarrow (t', x', y', z')$. Damit haben die Lorentz-Transformationen denselben Status wie die allgemeinen Koordinatentransformationen, die wir im Kapitel über die Vektorrechnung in der euklidischen Ebene ausführlich dargestellt haben. Wir gehen jetzt von der Lorentz-Transformation

$$t' = \frac{t - v \cdot x}{\sqrt{1 - v^2}}$$

$$x' = \frac{x - v \cdot t}{\sqrt{1 - v^2}}$$

$$y' = y$$

$$z' = z$$

aus und berechnen die Jacobi-Matrix der partiellen Ableitungen

$$\begin{pmatrix} \partial t'/\partial t & \partial t'/\partial x & \partial t'/\partial y & \partial t'/\partial z \\ \partial x'/\partial t & \partial x'/\partial x & \partial x'/\partial y & \partial x'/\partial z \\ \partial y'/\partial t & \partial y'/\partial x & \partial y'/\partial y & \partial y'/\partial z \\ \partial z'/\partial t & \partial z'/\partial x & \partial z'/\partial y & \partial z'/\partial z \end{pmatrix} = \begin{pmatrix} \gamma & -v\gamma & 0 & 0 \\ -v\gamma & \gamma & 0 & 0 \\ 0 & 0 & 1 & 0 \\ 0 & 0 & 0 & 1 \end{pmatrix} = \left(L^{\alpha'}_{\alpha} \right).$$

Die Jacobi-Matrix stimmt also mit der Lorentz-Matrix überein. Man beachte, dass in der Jacobi-Matrix die gestrichenen Koordinaten nach den ungestrichenen abgeleitet werden, deshalb gibt es auch in dem Ausdruck für die Lorentz-Transformation $L^{\alpha'}_{\alpha}$ den gestrichenen oberen Index α'.

In der Speziellen Relativitätstheorie haben die Lorentz-Matrizen genau dieselbe Rolle wie die Jacobi-Matrizen der allgemeinen Koordinatentransformationen im euklidischen Raum. Die Lorentz-Matrix hat zwar mehr Zeilen und Spalten, ist aber auf der anderen Seite nicht von den Punkten der Raumzeit abhängig, sondern nimmt immer den gleichen Wert an. Das vereinfacht - wie wir noch sehen werden - insbesondere die Berechnung der (kovarianten) Ableitungen der Vektoren bzw. Tensoren in der SRT ganz erheblich.

Wir haben in Gl. (13.4) die inversen Lorentz-Transformationen abgeleitet. Sie lauten

$$t = \frac{t' + vx'}{\sqrt{1 - v^2}}.$$

$$x = \frac{x' + vt'}{\sqrt{1 - v^2}}$$

$$y = y'$$

$$z = z.'$$

Diese unterscheiden sich von den Lorentz-Transformationen formal dadurch, dass die Geschwindigkeit v durch $-v$ ersetzt wird. Schreiben wir also der Deutlichkeit halber die Lorentz-Transformationsmatrix als $L^{\alpha'}_{\alpha}(v)$ und für die Matrix der inversen Lorentz-Transformation $L^{\alpha}_{\alpha'}(-v)$, so folgt unter Beachtung von

$$\gamma^2 = \frac{1}{1 - v^2}$$

für das Produkt der beiden Matrizen

$$L^{\alpha'}_{\alpha}(v)\, L^{\beta}_{\alpha'}(-v) \;=\; \begin{pmatrix} \gamma & -\gamma v & 0 & 0 \\ -\gamma v & \gamma & 0 & 0 \\ 0 & 0 & 1 & 0 \\ 0 & 0 & 0 & 1 \end{pmatrix} \begin{pmatrix} \gamma & \gamma v & 0 & 0 \\ \gamma v & \gamma & 0 & 0 \\ 0 & 0 & 1 & 0 \\ 0 & 0 & 0 & 1 \end{pmatrix}$$

$$= \begin{pmatrix} \gamma^2 - \gamma^2 v^2 & 0 & 0 & 0 \\ 0 & -\gamma^2 v^2 + \gamma^2 & 0 & 0 \\ 0 & 0 & 1 & 0 \\ 0 & 0 & 0 & 1 \end{pmatrix}$$

$$= \begin{pmatrix} \gamma^2\left(1 - v^2\right) & 0 & 0 & 0 \\ 0 & \gamma^2\left(1 - v^2\right) & 0 & 0 \\ 0 & 0 & 1 & 0 \\ 0 & 0 & 0 & 1 \end{pmatrix}$$

$$= \begin{pmatrix} 1 & 0 & 0 & 0 \\ 0 & 1 & 0 & 0 \\ 0 & 0 & 1 & 0 \\ 0 & 0 & 0 & 1 \end{pmatrix} = E = \left(\delta^{\beta}_{\alpha}\right).$$

Die Matrix $L^{\beta}_{\alpha'}(-v)$ ist also die inverse Matrix zu der Lorentz-Matrix $L^{\alpha'}_{\alpha}(v)$. Natürlich folgt diese Beziehung auch aus der Tatsache, dass $L^{\beta}_{\alpha'}(-v)$ die Jacobi-Matrix der Umkehrabbildung der Lorentz-Transformation ist. Es gilt

$$\begin{pmatrix} \partial t/\partial t' & \partial t/\partial x' & \partial t/\partial y' & \partial t/\partial z' \\ \partial x/\partial t' & \partial x/\partial x' & \partial x/\partial y' & \partial x/\partial z' \\ \partial y/\partial t' & \partial y/\partial x' & \partial y/\partial y' & \partial y/\partial z' \\ \partial z/\partial t' & \partial z/\partial x' & \partial z/\partial y' & \partial z/\partial z' \end{pmatrix} = \begin{pmatrix} \gamma & v\gamma & 0 & 0 \\ v\gamma & \gamma & 0 & 0 \\ 0 & 0 & 1 & 0 \\ 0 & 0 & 0 & 1 \end{pmatrix} = \left(L^{\beta}_{\alpha'}(-v)\right)$$

und der untere gestrichene Index bei der inversen Lorentz-Matrix lässt sich mit der Ableitung nach den gestrichenen Koordinaten erklären. In Gl. 8.29 auf Seite 170 wurde gezeigt, dass die beiden Jacobi-Matrizen invers zueinander sind.

Schauen wir nochmals auf die Transformationsregel der Komponenten eines Vektors, die in Gl. (14.5) mithilfe der Lorentz-Matrix formuliert wurden,

$$\vec{A}' = L(v) \cdot \vec{A},$$

und multiplizieren beide Seiten dieser Gleichung (von links) mit der inversen Matrix $L(-v)$, dann erhalten wir

$$L(-v) \cdot \vec{A}' = \underbrace{L(-v) \cdot L(v)}_{=E} \cdot \vec{A} = E \cdot \vec{A} = \vec{A},$$

also die inverse Transformationsformel für die Vektorkomponenten, die in der Indexschreibweise wie folgt aussieht:

$$A^\alpha = L^\alpha{}_{\alpha'}(-v) A^{\alpha'} \tag{14.7}$$

14.3. Die Vierergeschwindigkeit, der Viererimpuls

Im Dreidimensionalen haben wir die Momentangeschwindigkeit eines Teilchens als die Steigung der Tangente an die Weltlinie $\vec{x}(t)$ des Teilchens in einem Punkt definiert (siehe Abschn. 2.1 auf Seite 16). Diese Definition übertragen wir auf die Raumzeit.

Für ein Teilchen, das sich mit konstanter Geschwindigkeit v entlang der positiven x-Achse bewegt, sind die Raumkoordinaten in seinem Ruhesystem S' gleich null (das Teilchen ruht im Ursprung des Systems S') und seine Weltlinie ist die t'-Achse. Wir *definieren* die **Vierergeschwindigkeit** $\vec{U}$ eines solchen Teilchens durch

$$\vec{U} \underset{S'}{\rightarrow} \left(U^{t'}, U^{x'}, U^{y'}, U^{z'} \right) = (1, 0, 0, 0).$$

Unter der Vierergeschwindigkeit eines Teilchens mit konstanter Geschwindigkeit verstehen wir also einen Vektor, der tangential zu seiner Weltlinie verläuft und in dem Ruhesystem des Teilchens die Komponenten $(1, 0, 0, 0)$ hat. Um die Komponenten von $\vec{U}$ in einem relativ zu S' ruhenden System S zu berechnen, wenden wir die Formel (14.7) in Matrixform an

$$U^\alpha = L^\alpha{}_{\alpha'}(-v) U^{\alpha'} \Longleftrightarrow$$

$$\begin{pmatrix} U^t \\ U^x \\ U^y \\ U^z \end{pmatrix} = \begin{pmatrix} \gamma & \gamma v & 0 & 0 \\ \gamma v & \gamma & 0 & 0 \\ 0 & 0 & 1 & 0 \\ 0 & 0 & 0 & 1 \end{pmatrix} \begin{pmatrix} 1 \\ 0 \\ 0 \\ 0 \end{pmatrix} = \begin{pmatrix} \gamma \\ \gamma v \\ 0 \\ 0 \end{pmatrix} = \begin{pmatrix} \dfrac{1}{\sqrt{1-v^2}} \\ \dfrac{v}{\sqrt{1-v^2}} \\ 0 \\ 0 \end{pmatrix}.$$

Für kleine Geschwindigkeiten $v \ll 1$ ist der Ausdruck

$$\frac{v}{\sqrt{1-v^2}} \approx v,$$

d.h., die *Raumkomponenten* von $\vec{U}$ in S sind gleich $\vec{v} = (v, 0, 0)$, was der von S wahrgenommenen Geschwindigkeit des Teilchens entspricht. Deswegen nennt man den Vektor $\vec{U}$ **Vierergeschwindigkeit**. Bewegt sich das Teilchen nicht entlang der x-Achse, sondern mit beliebiger konstanter Geschwindigkeit $\vec{v} = (v^x, v^y, v^z)$, so ergibt sich für die Komponenten der Vierergeschwindigkeit im System S die allgemeine Form

$$\vec{U} \underset{S}{\rightarrow} \left(U^t, U^x, U^y, U^z\right) = \left(\gamma, \gamma v^x, \gamma v^y, \gamma v^z\right), \tag{14.8}$$

deren Herleitung in Abschn. 14.4 erfolgt.

Das Raumzeitintervall Δs^2 zwischen dem Ursprung und dem Raumzeitpunkt $(1, 0, 0, 0)$ im System S' berechnet sich zu

$$\Delta s^2 = -t'^2 + x'^2 + y'^2 + z'^2 = -1$$

und ist bezugssystemunabhängig. Das Quadrat der Eigenzeit in S' ist nach Gl. (12.25)

$$t_E^2 = -\Delta s^2 = 1,$$

entspricht also dem negativen Raumzeitintervall. Die Eigenzeit stellt damit eine Möglichkeit dar, in der Raumzeit die Längen von geraden Weltlinien beobachterunabhängig zu messen. Ist die Weltlinie eines Teilchens nicht gerade, sondern gekrümmt, was bedeutet, dass das Teilchen sich nicht mit konstanter Geschwindigkeit bewegt, sondern beschleunigt wird, so kann man durch die folgenden Überlegungen zu gleichen Ergebnissen kommen. Dazu erläutern wir zunächst den Begriff **Weltlinie in der Raumzeit**.

Weltlinien in der Raumzeit

Wir definieren in einem beliebigen Inertialsystem S die (in der Regel gekrümmte) Weltlinie eines Teilchens in der Raumzeit als einen *zeitartigen* Vierervektor

$$\vec{X}(t) \underset{S}{\rightarrow} (t, x(t), y(t), z(t)),$$

dessen Raumkomponenten in beliebiger Weise von der Koordinatenzeit t abhängen können. Es wird also nicht vorausgesetzt, dass das Teilchen sich auf einer geraden Linie bewegen muss. In Abb. 14.1 wird der Einfachheit und Transparenz halber wieder unterstellt, dass sich das Teilchen nur in x-Richtung bewegt, d.h., die y- und z-Komponenten werden als konstant angenommen $(y(t) = z(t) = const)$ und in Abb. 14.1 nicht angezeigt.

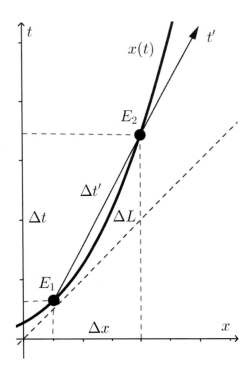

Abbildung 14.1.: Gekrümmte Weltlinie

Wir unterteilen die gekrümmte Weltlinie in viele Teilstücke ΔL, die von jeweils zwei Raumzeitpunkten (in der Grafik E_1 und E_2) eingegrenzt werden, und führen bewegte Bezugssysteme $S' = (t', x')$ in der Weise ein (in der Grafik ist nur die t'-Achse eingezeichnet), dass die Teilstücke ΔL (annähernd) parallel zur Zeitachse t' liegen, d.h. $\Delta L \approx \Delta t'$. Das betrachtete Teilchen ruht dann momentan in dem jeweiligen System S', das deswegen auch **momentanes Ruhesystem** genannt wird. Für das bewegte Teilchen entspricht dann die gemessene Zeit zwischen den Raumzeitpunkten E_1 und E_2 der Eigenzeit $\Delta t'$ im System S'. Diese Aussagen gelten natürlich nur annähernd und werden richtig, wenn die Größen Δx, Δt und ΔL infinitesimal klein werden. Bewegt sich die Uhr entlang der gesamten Weltlinie, so kommt sie von einem momentanen Ruhesystem zum nächsten, es gibt also unendlich viele Ruhesysteme. Die bewegte Uhr summiert alle Zeiten, die sie in dem jeweiligen Ruhesystem verbringt. Die Zeitangabe auf der Uhr kann man also als Maß für die Länge der Weltlinie betrachten. Die Zeitdifferenz einer beliebig bewegten Uhr gibt die Länge ihrer Weltlinie zwischen zwei Ereignissen an. Da sich die Zeit, die auf der bewegten Uhr angezeigt wird, aus einer Summe von Eigenzeiten zusammensetzt und die Eigenzeiten eines Systems invariant sind, ist damit auch die Länge einer gekrümmten Weltlinie beobachterunabhängig. Diese eher qualitativen Aussagen wollen wir in der Folge noch etwas präziser fassen.

Dazu betrachten wir zunächst einmal die Kurve einer Weltlinie

$$\vec{r}(t) = \begin{pmatrix} x(t) \\ y(t) \\ z(t) \end{pmatrix}$$

im *dreidimensionalen euklidischen* Raum. In Abb. 14.2 ist der Einfachheit halber unterstellt, dass $z(t) = 0$ ist, und die z-Achse ist nicht abgebildet.

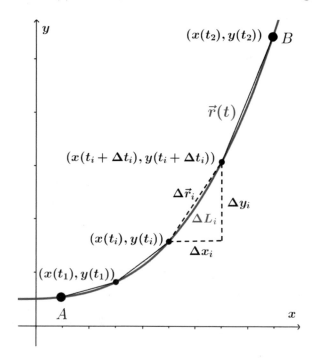

Abbildung 14.2.: Bogenlänge einer Kurve

Will man die Länge dieser Kurve zwischen zwei Punkten $A \rightarrow (x(t_1), y(t_1))$ und $B \rightarrow (x(t_2), y(t_2))$ berechnen, so unterteilt man das Kurvenstück in kleine Teilstücke ΔL_i. Jedes Teilstück wird durch die Länge der gestrichelten Sehne $\Delta \vec{r}_i$ angenähert. Diese Länge ergibt sich mit dem Satz des Pythagoras und mit

$$\Delta x_i = x(t_i + \Delta t_i) - x(t_i) \text{ und } \Delta y_i = y(t_i + \Delta t_i) - y(t_i)$$

zu

$$|\Delta \vec{r}_i| = \sqrt{(\Delta x_i)^2 + (\Delta y_i)^2} = \sqrt{[x(t_i + \Delta t_i) - x(t_i)]^2 + [y(t_i + \Delta t_i) - y(t_i)]^2}.$$

14. Vektorrechnung in der Speziellen Relativitätstheorie

Wir benutzen jetzt wieder das Differenzial (siehe Gl. 4.8 auf Seite 63), um die Differenzen unter dem Wurzelzeichen abzuschätzen, d.h., wir unterstellen, dass Δt_i klein ist. Dann gilt

$$x\left(t_i + \Delta t_i\right) - x\left(t_i\right) \approx \dot{x}\left(t_i\right)\Delta t_i$$
$$y\left(t_i + \Delta t_i\right) - y\left(t_i\right) \approx \dot{y}\left(t_i\right)\Delta t_i$$

und damit

$$\left|\Delta\vec{r}_i\right| \approx \sqrt{\left[\dot{x}\left(t_i\right)\Delta t_i\right]^2 + \left[\dot{y}\left(t_i\right)\Delta t_i\right]^2} = \sqrt{\dot{x}\left(t_i\right)^2 + \dot{y}\left(t_i\right)^2}\cdot\Delta t_i = \left|\dot{\vec{r}}\left(t_i\right)\right|\Delta t_i,$$

wobei $\dot{x}\left(t\right)$ wieder die Ableitung von $x\left(t\right)$ nach der Zeit bezeichnet. Summiert man alle Sehnenstücke auf, so erhält man

$$L_n = \sum_{i=1}^{n}\left|\Delta\vec{r}_i\right| \approx \sum_{i=1}^{n}\left|\dot{\vec{r}}\left(t_i\right)\right|\Delta t_i.$$

Durch eine Verfeinerung der Zerlegung mit $n \to \infty$ wird der Graph von $\vec{r}\left(t\right)$ beliebig genau durch den Streckenzug L_n angenähert. Durch diese Grenzwertbildung wird aus der Summe ein Integral und wir erhalten für die Länge L der Kurve zwischen A und B

$$L = \lim_{n\to\infty} L_n = \int_{t_1}^{t_2}\left|\dot{\vec{r}}\left(t\right)\right|dt.$$

Die Größe L nennt man die **Bogenlänge der Kurve zwischen A und B.** Eine ganz analoge Herleitung führt uns zur Definition der Länge einer Kurve in der Raumzeit.

In der Raumzeit müssen wir uns wie oben mit zwei Dimensionen in Abb. 14.3 „begnügen". Wir unterteilen die Weltlinie $\vec{X}\left(t\right)$ des Teilchens (fette Linie) zwischen zwei Ereignissen $A \to \left(x\left(t_1\right), t_1\right)$ und $B \to \left(x\left(t_2\right), t_2\right)$ in (infinitesimale) kleine Kurvenstücke ΔL_i. Jedes Teilstück wird durch die Eigenzeit $\Delta t_{i'}$ des momentanen Ruhesystems zwischen t_i und $t_i + \Delta t_i$ angenähert. Diese Eigenzeit errechnet sich wegen

$$\left(\Delta t_{i'}\right)^2 = -\Delta\vec{X}_i^{\,2} = -\left(-\Delta t_i^2 + \Delta x_i^2\right),$$

siehe Gleichung (12.25), zu

$$\Delta t_{i'} = \sqrt{-\Delta\vec{X}_i^{\,2}} = \sqrt{-\left(-\Delta t_i^2 + \Delta x_i^2\right)}.$$

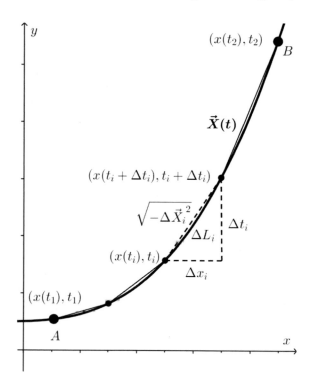

Abbildung 14.3.: Weltlinie einer Kurve in der Raumzeit

Die Länge aller Sehnenstücke ist damit

$$L_n = \sum_{i=1}^{n} \Delta t_{i'} = \sum_{i=1}^{n} \sqrt{\Delta t_i^2 - \Delta x_i^2} = \sum_{i=1}^{n} \sqrt{1 - \frac{\Delta x_i^2}{\Delta t_i^2}} \cdot \Delta t_i.$$

Durch eine Verfeinerung der Unterteilung der Kurve mit $n \to \infty$ wird der Graph von $\vec{X}(t)$ beliebig genau durch den Streckenzug L_n angenähert. Durch diese Grenzwertbildung wird aus der Summe ein Integral und der Ausdruck $\Delta x_i / \Delta t_i$ konvergiert gegen die Ableitung $\dot{x}(t) = v(t)$. Wir erhalten dann für die Länge L der Kurve zwischen A und B

$$L = \int_{t_1}^{t_2} \sqrt{1 - v^2(t)}\, dt.$$

Ist S'' ein weiteres Bezugsystem und $v''(t)$ die jeweilige Relativgeschwindigkeit zwischen S'' und den momentanen Ruhesystemen S', so folgt analog

$$L = \int_{t_1''}^{t_2''} \sqrt{1 - v''^2(t'')}\, dt'',$$

d.h., der Wert von L hängt nicht vom Bezugssystem ab, wohl aber von der Geschwindigkeit des Teilchens in dem jeweiligen Bezugssystem. Wenn die Weltlinie eines Teilchens gekrümmt ist, so wirken auf dieses Teilchen Kräfte. Oder anders ausgedrückt: Nach den Postulaten der SRT bewegt sich ein kräftefreies Teilchen auf einer geraden Linie. Nehmen wir an, das Teilchen bewege sich kräftefrei von Punkt A nach Punkt B. Dann ist die Weltlinie des Teilchens eine gerade Linie. Die Länge dieser geraden Linie entspricht in allen anderen Inertialsystemen S nach dem gerade Gesagten

$$L_{kräftefrei} = \int_{t_1}^{t_2} \sqrt{1 - v^2} \, dt,$$

wobei jetzt v die *konstante* Relativgeschwindigkeit zwischen S und dem Ruhesystem des Teilchens ist. Da die Länge unabhängig vom Bezugssystem ist, können wir sie auch im Ruhesystem des Teilchens ausrechnen. Dort ist $v = 0$ und es ergibt sich

$$L_{kräftefrei} = \int_{t_E(A)}^{t_E(B)} \sqrt{1 - 0^2} \, dt_E = \int_{t_E(A)}^{t_E(B)} dt_E = t_E(B) - t_E(A) = \Delta_{AB} \, t_E.$$

Wenn wir nun die Länge irgendeiner anderen (krummlinigen) Weltlinie des Teilchens zwischen A und B in einem beliebigen Inertialsystem S betrachten, so stellen wir fest, dass sich für uns das Teilchen nicht mit konstanter Geschwindigkeit bewegt, sondern dass zumindest in einem Teilintervall die Geschwindigkeit $v(t)$ von null verschieden ist, d.h., dass in diesem Teilintervall

$$\sqrt{1 - v^2(t)} < 1$$

gilt. Damit folgt

$$L_{nicht\,kräftefrei} = \int_{t_1}^{t_2} \sqrt{1 - v^2(t)} \, dt < L_{kräftefrei}.$$

Mit anderen Worten gilt folgender Merksatz.

> Die Weltlinie eines kräftefreien Teilchens zwischen zwei Ereignissen A und B ist die Weltlinie mit der *größten* Eigenzeit unter allen Weltlinien zwischen diesen beiden Ereignissen.

Dieses Ergebnis werden wir im Rahmen der Allgemeinen Relativitätstheorie wieder aufgreifen und verallgemeinern.

Viererimpuls

Der **Viererimpuls** eines Teilchens $\vec{P}$ der Ruhemasse m wird in Analogie zur Newton'schen Mechanik in einem beliebigen Bezugssystem S durch

$$\vec{P} = m\vec{U} \underset{S}{\rightarrow} \left(mU^t, mU^x, mU^y, mU^z\right) \underset{(14.8)}{=} \left(m\gamma, m\gamma v^x, m\gamma v^y, m\gamma v^z\right) \quad (14.9)$$

definiert. Man beachte, dass die zeitliche Komponente des Viererimpulses $m\gamma$ der relativistischen Energie, siehe Gl.(12.18), und die drei räumlichen Komponenten denen des relativistischen Impulses

$$\left(m\gamma v^x, m\gamma v^y, m\gamma v^z\right) = \left(P^x, P^y, P^z\right),$$

siehe Gl.(12.17), entsprechen. Das ist der Grund dafür, dass man für die Komponenten des Viererimpulses häufig die Schreibweise

$$\vec{P} \underset{S}{\rightarrow} \left(E, P^x, P^y, P^y\right)$$

wählt. Im Ruhesystem S' des Teilchens ist

$$\vec{P} = m\vec{U} \underset{S'}{\rightarrow} m\left(1, 0, 0, 0\right) = \left(m, 0, 0, 0\right).$$

Ein Teilchen hat in seinem Ruhesystem keinen räumlichen Impuls, und seine Energie ist $E = m$, was in SI-Einheiten wieder die Einsteingleichung $E = mc^2$ ist.

In Analogie zum Raumzeitintervall definieren wir das **Quadrat eines Vektors**

$$\vec{A} \underset{S}{\rightarrow} \left(A^t, A^x, A^y, A^z\right)$$

durch

$$\vec{A}^2 = -\left(A^t\right)^2 + (A^x)^2 + (A^y)^2 + (A^z)^2. \quad (14.10)$$

Wie das Raumzeitintervall ist das Quadrat eines Vektors eine bezugssystemunabhängige Zahl, ein sogenannter **Lorentz-Skalar**. Genauso wie das Quadrat des Raumzeitintervalls kann das Quadrat eines Vektors positiv sein, dann heißt $\vec{A}$ **raumartig**. Ist das Quadrat gleich null, so heißt $\vec{A}$ **lichtartig**. Und ist das Quadrat negativ, so heißt $\vec{A}$ **zeitartig**. Auch ist es wieder so, dass aus $\vec{A}^2 = 0$ *nicht* generell geschlossen werden darf, dass alle Komponenten von $\vec{A}$ null sind. Da der Vierergeschwindigkeitsvektor eines Teilchens gleich dem Vektor $\vec{U} \rightarrow (1, 0, 0, 0)$ in seinem Ruhesystem ist, gilt also in allen Bezugssystemen

$$\vec{U}^2 = -1.$$

14.4. Relativistische Dynamik

Wir wollen uns der Vierergeschwindigkeit nochmals von einer anderen Seite nähern und sie wie im Dreidimensionalen als „Ableitung des Weges nach der Zeit" definieren. Dazu nehmen wir an, dass ein massebehaftetes Teilchen eine kleine Verschiebung

$$d\vec{x} \underset{S}{\rightarrow} (dt, dx, dy, dz)$$

entlang seiner Weltlinie erfährt. Die Größe der Verschiebung ist mit Gl.(14.10) gleich

$$ds^2 = -dt^2 + dx^2 + dy^2 + dz^2,$$

was aber nach Formel (12.22) dem infinitesimalen Raumzeitintervall entspricht:

$$ds^2 = d\vec{x}^2 = -dt_E^2$$

Da die Weltlinie des Teilchen zeitartig ist, ist ds^2 negativ und somit $dt_E^2 = -ds^2$ eine positive Zahl. Wir können also die Quadratwurzel ziehen und erhalten

$$dt_E = \sqrt{-ds^2} = \sqrt{-d\vec{x}^2}.$$

Wir betrachten nun den Vektor $d\vec{x}/dt_E$, der, da dt_E eine Zahl ist, ein Vielfaches des Vektors $d\vec{x}$ ist, also parallel zu $d\vec{x}$ und damit ebenfalls tangential zur Weltlinie des Teilchens liegt. Es gilt

$$\frac{d\vec{x}}{dt_E} \cdot \frac{d\vec{x}}{dt_E} = \frac{d\vec{x}^2}{dt_E^2} = \frac{-dt_E^2}{dt_E^2} = -1,$$

daher ist $d\vec{x}/dt_E$ ein zeitartiger Einheitsvektor, der tangential zur Weltlinie liegt. In einem momentanen Ruhesystem S' gilt $dt = dt_E$, also

$$d\vec{x} \underset{S'}{\rightarrow} (dt, 0, 0, 0) = (dt_E, 0, 0, 0),$$

woraus

$$d\vec{x}/dt_E \underset{S'}{\rightarrow} (1, 0, 0, 0)$$

folgt, was genau der Definition des Vierervektors $\vec{U}$ im Ruhesystem entspricht. Es gilt also dort

$$\vec{U} = d\vec{x}/dt_E. \tag{14.11}$$

Die „natürliche" Definition der Geschwindigkeit durch $d\vec{x}/dt$ hätte zu einer Größe geführt, die *kein* Vierervektor ist, da bei Lorentz-Transformationen nicht nur der Zähler $d\vec{x}$, sondern auch der Nenner dt transformiert werden müsste, wobei hingegen die Eigenzeit dt_E eine invariante Größe ist!

Die Komponenten von $d\vec{x}/dt_E$ in einem beliebigen Inertialsystem S errechnen sich wegen

$$dt_E = dt\,\sqrt{1-v^2} = \frac{dt}{\gamma}$$

mit der Kettenregel zu

$$\frac{d\vec{x}}{dt_E} = \frac{d\vec{x}}{dt}\frac{dt}{dt_E} = \frac{1}{\sqrt{1-v^2}}\frac{d\vec{x}}{dt} \underset{S}{\rightarrow} \gamma\left(\frac{dt}{dt}, \frac{dx}{dt}, \frac{dy}{dt}, \frac{dz}{dt}\right) = (\gamma, \gamma v^x, \gamma v^y, \gamma v^z),$$

was nach (14.8) wiederum genau der Definition von $\vec{U}$ in S entspricht.

Wir betrachten nun die Größe

$$\vec{A} = \frac{d\vec{U}}{dt_E} = \frac{d^2\vec{x}}{dt_E^2},$$

die mit den gleichen Argumenten wie oben ein Vierervektor ist. Den Vektor $\vec{A}$ nennt man **Viererbeschleunigung**. Wir wählen ein momentanes Ruhesystem S', in dem das Teilchen aus der Ruhe beschleunigt wird. In S' stimmt die Eigenzeit mit der Koordinatenzeit überein: $dt_E = dt$, daher folgt

$$\vec{A} = \frac{d^2\vec{x}}{dt_E^2} \underset{S'}{\rightarrow} \left(\frac{d^2t}{dt^2}, \frac{d^2x}{dt^2}, \frac{d^2y}{dt^2}, \frac{d^2z}{dt^2}\right) = (0, a^x, a^y, a^z),$$

da wegen $dt/dt = 1$ folgt, dass $d^2t/dt^2 = 0$ ist. Im momentanen Ruhesystem hat die Viererbeschleunigung also nur einen räumlichen Anteil, der gleich der Beschleunigung $\vec{a}$ des Teilchens ist. Das Quadrat von $\vec{A}$ ist in allen Inertialsystemen gleich

$$\vec{A}^2 = (a^x)^2 + (a^y)^2 + (a^z)^2 = |\vec{a}|^2$$

und positiv.

Mit der Viererbeschleunigung können wir die **relativistische Verallgemeinerung der Newton'schen Bewegungsgleichung** hinschreiben

$$m\,\vec{A} = m\,\frac{d^2\vec{x}}{dt_E^2} = \vec{F}, \tag{14.12}$$

wobei der Vierervektor $\vec{F}$ auf der rechten Seite **Minkowski-Kraft** genannt wird. Da $\vec{A}$ ein Vierervektor und m die Ruhemasse, also ein Lorentz-Skalar ist, ist die Gleichung Lorentz-invariant. Wir verlangen, dass sich die Gleichung für kleine Geschwindigkeiten $v \ll 1$ auf den Newton'schen Grenzfall reduziert. Im momentanen Ruhesystem S' ($v = 0$) ergibt sich die linke Seite zu

$$m\,\vec{A} \underset{S'}{\rightarrow} (0, ma^x, ma^y, ma^y),$$

319

d.h., für die Minkowski-Kraft in S' folgt daraus

$$\vec{F} \underset{S'}{\to} (0, F^x, F^y, F^z) = (0, \vec{F}_N),$$

wobei $\vec{F}_N \to (F^x, F^y, F^z)$ den *dreidimensionalen* Kraftvektor der Newton'schen Mechanik bezeichnet. Für die Komponenten der Minkowski-Kraft im Inertialsystem S folgt dann

$$F^\alpha = L^\alpha{}_{\alpha'}\,(-v)\,F^{\alpha'} = \begin{pmatrix} \gamma & \gamma v & 0 & 0 \\ \gamma v & \gamma & 0 & 0 \\ 0 & 0 & 1 & 0 \\ 0 & 0 & 0 & 1 \end{pmatrix} \begin{pmatrix} 0 \\ F^x \\ F^y \\ F^z \end{pmatrix} = \begin{pmatrix} \gamma v F^x \\ \gamma F^x \\ F^y \\ F^z \end{pmatrix}.$$

Wir wollen mit den neuen Werkzeugen der Vektorrechnung noch einige der in früheren Kapiteln erzielten Ergebnisse ableiten. Für den Viererimpuls

$$\vec{P} \to (E, P^x, P^y, P^z)$$

gilt einerseits

$$\vec{P}^2 = m^2 \vec{U}^2 = -m^2$$

und andererseits

$$\vec{P}^2 = -E^2 + (P^x)^2 + (P^y)^2 + (P^z)^2,$$

woraus

$$E^2 = m^2 + (P^x)^2 + (P^y)^2 + (P^z)^2$$

folgt, was genau dem *relativistischen Energiesatz* (siehe Formel 12.20 auf Seite 272) entspricht, wenn man beachtet, dass die Ruheenergie $E_0 = m$ ist.

Lichtteilchen (Photonen) haben keine Masse und bewegen sich mit Lichtgeschwindigkeit, sind also lichtartig, d.h., für ein Lichtteilchen gilt

$$d\vec{x}^2 = 0$$

und damit auch $dt_E = 0$, was mit Gl.(14.11) bedeutet, dass für Photonen keine Vierergeschwindigkeit definiert werden kann. Es gibt also kein Inertialsystem, in dem Photonen ruhen. Natürlich kann man Vektoren definieren, die tangential zu einem Lichtstrahl sind, der ja eine gerade Linie ist, man findet nur keinen, dessen Quadrat ungleich null ist. Der Viererimpuls eines Photons ist wegen

$$\vec{P}^2_{Photon} = -m^2 = 0$$

lichtartig, aber in der Regel kein Einheitsvektor. Seine Komponenten bestehen aus der Energie und dem (räumlichen) Impuls des Teilchens. Ein Photon mit der Energie E, das sich im System S in x-Richtung bewegt, hat die Viererimpulskomponenten

$$\vec{P}_{Photon} \underset{S}{\to} (E, P^x, 0, 0),$$

woraus

$$\vec{P}^2_{Photon} = -E^2 + (P^x)^2 = 0$$

folgt und damit erhalten wir wieder (siehe auch Gl. 12.21 auf Seite 272) das Ergebnis, dass der räumliche Impuls eines Photons seiner Energie entspricht.

Nach Einstein (siehe Abschn. 29.3) hat ein Photon die Energie

$$E = h \cdot f,$$

wobei f die Frequenz des Photons bezeichnet, und h ist die sogenannte **Planck-Konstante**

$$h = 6,626 \cdot 10^{-34} \, \mathsf{Js}^{-1} \text{ in SI-Einheiten,}$$

siehe Tab. 30.3. Angenommen, in einem Bezugssystem S hat ein Photon die Frequenz f und bewegt sich in x-Richtung. Dann hat das Teilchen in einem Bezugssystem S', das sich mit Geschwindigkeit v relativ zu S ebenfalls in x-Richtung bewegt, mit der Lorentz-Transformation und wegen $E = hf = P^x$ die Energie

$$\begin{aligned} E' &= P^{t'} = \gamma P^t - v\gamma P^x = E/\sqrt{1 - v^2} - P^x v/\sqrt{1 - v^2} \\ &= hf/\sqrt{1 - v^2} - hfv/\sqrt{1 - v^2} = E\, \frac{1 - v}{\sqrt{1 - v^2}}. \end{aligned}$$

Also folgt wegen $E' = hf'$ für die Frequenz f' in S'

$$\frac{f'}{f} = \frac{E'}{E} = \frac{1 - v}{\sqrt{1 - v^2}} = \frac{\sqrt{(1 - v)^2}}{\sqrt{(1 - v)(1 + v)}} = \sqrt{\frac{(1 - v)}{(1 + v)}}.$$

Das ist wieder (vgl. Gl. 12.12 auf Seite 255) die Doppler-Effekt-Formel für Photonen.

15. Tensorrechnung in der Speziellen Relativitätstheorie

Wir haben im letzten Kapitel festgestellt, dass physikalische Gesetze in der Speziellen Relativitätstheorie in jedem Bezugssystem die gleiche Form aufweisen, wenn sie sich als Vierervektorgleichungen schreiben lassen. Die physikalischen Gesetze der Raumzeit verhalten sich also so wie die klassischen Gesetze der Newton'schen Physik: Diese sind invariant unter Galileo-Transformationen, wenn sie in (dreidimensionaler) Vektorform formuliert sind, vgl. Abschn. 12.1. Die Vierervektoren, die wir ab jetzt auch oftmals einfach „Vektoren" nennen wollen, sind geometrische Objekte, die zwar in verschiedenen Koordinatensystemen unterschiedliche Komponenten haben, aber in der Raumzeit unverändert bleiben. Wir haben auch an einigen Beispielen gesehen, dass einige spezielle Rechnungen mit Vektoren in jedem Bezugssystem stets das gleiche Ergebnis haben, z.B. ist das Quadrat eines Vektors eine invariante Größe. In diesem Kapitel wollen wir das Konzept der Vektorrechnung in der Raumzeit auf die **Tensorrechnung** erweitern. Der Grund für diese Abstraktion liegt darin, dass sich manche physikalischen Zusammenhänge in der Speziellen Relativitätstheorie (z.B. die Vereinigung von elektrischem und magnetischem zum elektromagnetischen Feld) nicht mehr als Vektorgrößen darstellen lassen, sondern komplizierte Ausdrücke (d.h. Tensoren) verlangen. Natürlich verlangen wir von Tensorgleichungen, die physikalische Gesetze darstellen, dass sie die gleiche Form in jedem Bezugssystem annehmen, was wir für den zweidimensionalen euklidischen Raum ja schon ausführlich gezeigt haben.

15.1. $(0, N)$-Tensoren

In diesem Abschnitt wiederholen und verallgemeinern wir einige Aussagen über Tensoren, die wir für die euklidische Ebene hergeleitet haben. Die Begriffe und Rechnungen haben oftmals eine große Ähnlichkeit mit denen für die euklidische Ebene, daher beschränken wir uns auf eine knappe Darstellung des bereits Bekannten und behandeln nur die neuen Konstrukte ausführlicher.

Ein $(0, N)$-Tensor ist eine Abbildung, die als Argumente N Vierervektoren hat und Werte in den reellen Zahlen annimmt sowie in *jedem* ihrer Argumente linear, also *multilinear* ist. In der Relativitätstheorie kann die Zahl N die Werte

$0, 1, 2, 3, 4$ annehmen. Als durchgängiges Beispiel in diesem Abschnitt wollen wir einen $(0, 3)$-Tensor $\mathbf{T}$ betrachten. Dieser Tensor $\mathbf{T}$ bildet also drei Vektoren auf eine reelle Zahl ab, seine $4 \cdot 4 \cdot 4 = 64$ Komponenten haben im Inertialsystem S *drei untere* Indizes, d.h.

$$\mathbf{T} \underset{S}{\rightarrow} T_{\alpha\beta\gamma},$$

wobei jeder Index α, β, γ im kartesischen Koordinatensystem die Werte t, x, y, z annehmen kann. Wie im Zweidimensionalen müssen die Tensorkomponenten bei Wechsel auf das Inertialsystem S' folgende Transformationsformel erfüllen:

$$T_{\alpha'\beta'\gamma'} = \frac{\partial \alpha}{\partial \alpha'} \frac{\partial \beta}{\partial \beta'} \frac{\partial \gamma}{\partial \gamma'} T_{\alpha\beta\gamma}$$

mit einer *dreifachen* Summe auf der rechten Seite! Da im letzten Kapitel gezeigt wurde, dass in der SRT die Jacobi-Matrizen $(\partial \alpha / \partial \alpha')$ gleich den Lorentz-Matrizen $L^{\alpha}_{\ \alpha'}(-v)$ sind, kann man die Transformationsregel auch als

$$T_{\alpha'\beta'\gamma'} = L^{\alpha}_{\ \alpha'}(-v)\, L^{\beta}_{\ \beta'}(-v)\, L^{\gamma}_{\ \gamma'}(-v)\, T_{\alpha\beta\gamma} \tag{15.1}$$

schreiben. Für drei beliebige Vektoren $\vec{A}, \vec{B}, \vec{C}$ wird der Funktionswert von $\mathbf{T}$ durch

$$\mathbf{T}\left(\vec{A}, \vec{B}, \vec{C}\right) = A^{\alpha} B^{\beta} C^{\gamma}\, T_{\alpha\beta\gamma}$$

definiert, und wir müssen zeigen, dass dieser Ausdruck ein Lorentz-Skalar ist, also unabhängig vom gewählten Inertialsystem immer die gleiche Zahl liefert. Es gilt mit (14.2) und (15.1)

$$
\begin{aligned}
& A^{\alpha'} B^{\beta'} C^{\gamma'}\, T_{\alpha'\beta'\gamma'} \\
=\ & L^{\alpha'}_{\ \alpha}(v)\, A^{\alpha} L^{\beta'}_{\ \beta}(v)\, B^{\beta} L^{\gamma'}_{\ \gamma}(v)\, C^{\gamma} L^{\mu}_{\ \alpha'}(-v)\, L^{\nu}_{\ \beta'}(-v)\, L^{\rho}_{\ \gamma'}(-v)\, T_{\mu\nu\rho} \\
=\ & \underbrace{L^{\alpha'}_{\ \alpha}(v)\, L^{\mu}_{\ \alpha'}(-v)}_{=\delta^{\mu}_{\alpha}}\, \underbrace{L^{\beta'}_{\ \beta}(v)\, L^{\nu}_{\ \beta'}(-v)}_{=\delta^{\nu}_{\beta}}\, \underbrace{L^{\gamma'}_{\ \gamma}(v)\, L^{\rho}_{\ \gamma'}(-v)}_{=\delta^{\rho}_{\gamma}}\, A^{\alpha} B^{\beta} C^{\gamma}\, T_{\mu\nu\rho} \\
=\ & \delta^{\mu}_{\alpha} \cdot \delta^{\nu}_{\beta} \cdot \delta^{\rho}_{\gamma}\, A^{\alpha} B^{\beta} C^{\gamma}\, T_{\mu\nu\rho} \\
=\ & A^{\alpha} B^{\beta} C^{\gamma}\, T_{\alpha\beta\gamma},
\end{aligned}
$$

da die Lorentz-Matrizen invers zueinander sind. Damit haben wir die Inertialsystemunabhängigkeit von $\mathbf{T}(\vec{A}, \vec{B}, \vec{C})$ gezeigt.

Da eine von Raumzeitpunkten abhängige reellwertige Funktion $\phi(t, z, y, x)$, die man auch **Skalarfeld** nennt, überhaupt keinen Vektor als Argument hat, *definiert* man solche Funktionen als $(0, 0)$-Tensoren.

In den nächsten Abschnitten untersuchen wir die in der Speziellen Relativitätstheorie hauptsächlich vorkommenden $(0, 1)$- bzw. $(0, 2)$-Tensoren etwas detaillierter.

15.2. Einsformen

Einen $(0,1)$-Tensor nennt man **Einsform**, auch **Kovektor** oder **kovarianter Vektor**. Wir definieren eine Einsform $\tilde{p}$ als eine lineare Abbildung, die einen Vektor auf eine reelle Zahl abbildet, und die sich bei Wahl eines Inertialsystems S durch vier Zahlen, d.h. ihre Komponenten, darstellen lässt

$$\tilde{p} \underset{S}{\to} (p_t, p_x, p_y, p_z) = \{p_\alpha\},$$

wobei sich die Komponenten bei einem Inertialsystemwechsel $S \to S'$ gemäß

$$p_{\alpha'} = \frac{\partial \alpha}{\partial \alpha'} p_\alpha = L^{\alpha}_{\alpha'}(-v) p_\alpha \qquad (15.2)$$

transformieren sollen. Ist $\vec{A}$ ein beliebiger Vektor, so wird $\tilde{p}\left(\vec{A}\right)$ durch

$$\tilde{p}\left(\vec{A}\right) = A^t p_t + A^x p_x + A^y p_y + A^z p_z = A^\alpha p_\alpha \qquad (15.3)$$

definiert, und man zeigt wie oben, dass der Ausdruck auf der rechten Seite ein Lorentz-Skalar ist.

In Bemerkung 4.8 auf Seite 71 haben wir für eine Funktion $\phi(x, y, z)$, die von den drei Raumkoordinaten x, y, z abhängt und Werte in den reellen Zahlen annimmt, die Konstrukte partielle Ableitung und Gradient definiert. Diese Definitionen wollen wir auf die Raumzeit übertragen, und wir werden sehen, dass der Gradient einer skalaren Funktion in natürlicher Weise eine Einsform ist. Sei also ϕ eine Funktion, die in einem Bezugssystem S von den vier Raumzeitkoordinaten abhängt $\phi = \phi(t, x, y, z)$ und Werte in den reellen Zahlen annimmt. Wir definieren die partielle Ableitung $\partial \phi/\partial t$ von ϕ nach der Variable t im Punkt (t_0, x_0, y_0, z_0) als Ableitung, die entsteht, wenn wir die drei Raumvariablen als Konstanten ansehen, also wie in Gl. 4.14 auf Seite 71 durch

$$\frac{\partial \phi(t_0, x_0, y_0, z_0)}{\partial t} = \lim_{\Delta t \to 0} \frac{\phi(t_0 + \Delta t, x_0, y_0, z_0) - \phi(t_0, x_0, y_0, z_0)}{\Delta t}.$$

Analog werden die partiellen Ableitungen von ϕ nach x, y und z, nämlich $\partial \phi/\partial x, \partial \phi/\partial y$ sowie $\partial \phi/\partial z$ definiert. Wir wollen die vier Zahlen

$$\frac{\partial \phi(t_0, x_0, y_0, z_0)}{\partial t}, \frac{\partial \phi(t_0, x_0, y_0, z_0)}{\partial x}, \frac{\partial \phi(t_0, x_0, y_0, z_0)}{\partial y}, \frac{\partial \phi(t_0, x_0, y_0, z_0)}{\partial z}$$

als Komponenten einer Einsform $\tilde{d}\phi$ ansehen, also

$$\tilde{d}\phi \underset{S}{\to} (d_t \phi, d_x \phi, d_y \phi, d_z \phi) = \left(\frac{\partial \phi}{\partial t}, \frac{\partial \phi}{\partial x}, \frac{\partial \phi}{\partial y}, \frac{\partial \phi}{\partial z}\right), \qquad (15.4)$$

wobei der Einfachheit halber das Argument (t_0, x_0, y_0, z_0) bei der Funktion ϕ weggelassen wurde. Man darf aber in der Folge nicht vergessen, dass man die Einsform $\tilde{d}\phi$ immer an einem **festen** Raumpunkt (t_0, x_0, y_0, z_0) betrachtet. Die Einsform $\tilde{d}\phi$ nennt man wie im Zwei- und Dreidimensionalen den **Gradienten** von ϕ. Wendet man den Gradienten $\tilde{d}\phi$ auf einen Vektor $\vec{A} \underset{S}{\to} \left(A^t, A^x, A^y, A^z\right)$ an, so erhält man

$$\tilde{d}\phi(\vec{A}) = d_\alpha\phi\, A^\alpha = \frac{\partial\phi}{\partial t}\, A^t + \frac{\partial\phi}{\partial x}\, A^x + \frac{\partial\phi}{\partial y}\, A^y + \frac{\partial\phi}{\partial z}\, A^z,$$

woraus sofort die Linearität von $\tilde{d}\phi$ folgt. Denn sind

$$\vec{A} \to \left(A^t, A^x, A^y, A^z\right),\, \vec{B} \to \left(B^t, B^x, B^y, B^z\right)$$

zwei Vektoren und c_1 und c_2 zwei Zahlen, so folgt

$$
\begin{aligned}
\tilde{d}\phi\left(c_1\vec{A} + c_2\vec{B}\right) &= \frac{\partial\phi}{\partial t}\left(c_1 A^t + c_2 B^t\right) + \frac{\partial\phi}{\partial x}\left(c_1 A^x + c_2 B^x\right) \\
&+ \frac{\partial\phi}{\partial y}\left(c_1 A^y + c_2 B^y\right) + \frac{\partial\phi}{\partial z}\left(c_1 A^z + c_2 B^z\right) \\
&= c_1\left(\frac{\partial\phi}{\partial t}\, A^t + \frac{\partial\phi}{\partial x}\, A^x + \frac{\partial\phi}{\partial y}\, A^y + \frac{\partial\phi}{\partial z}\, A^z\right) \\
&+ c_2\left(\frac{\partial\phi}{\partial t}\, B^t + \frac{\partial\phi}{\partial x}\, B^x + \frac{\partial\phi}{\partial y}\, B^y + \frac{\partial\phi}{\partial z}\, B^z\right) \\
&= c_1\tilde{d}\phi\left(\vec{A}\right) + c_2\tilde{d}\phi\left(\vec{B}\right).
\end{aligned}
$$

Wir überprüfen noch, ob $\tilde{d}\phi$ auch das gewünschte Transformationsverhalten hat, d.h., ob in einem System S' mit den Raumzeitkoordinaten (t', x', y', z') ebenso

$$\tilde{d}\phi \underset{S'}{\to} \left(d_{t'}\,\phi, d_{x'}\,\phi, d_{y'}\,\phi, d_{z'}\,\phi\right) = \left(\frac{\partial\phi}{\partial t'}, \frac{\partial\phi}{\partial x'}, \frac{\partial\phi}{\partial y'}, \frac{\partial\phi}{\partial z'}\right)$$

gilt. Schreibt man die komprimierte Transformationsformel

$$d_{\alpha'}\,\phi = L^\alpha_{\alpha'}\,(-v)\,d_\alpha\,\phi$$

aus, so erhält man die vier Komponenten

$$
\begin{aligned}
d_{t'}\,\phi &= \gamma\frac{\partial\phi}{\partial t} + \gamma v\frac{\partial\phi}{\partial x} \\
d_{x'}\,\phi &= \gamma v\frac{\partial\phi}{\partial t} + \gamma\frac{\partial\phi}{\partial x} \\
d_{y'}\,\phi &= \frac{\partial\phi}{\partial y}
\end{aligned}
\qquad (15.5)
$$

$$d_{z'}\phi = \frac{\partial\phi}{\partial z}.$$

Die Raumzeitkoordinaten (t, x, y, z) ergeben sich aus (t', x', y', z') mit der inversen Lorentz-Transformation, d.h., es gilt

$$t = \gamma t' + \gamma v x' \Rightarrow \frac{\partial t}{\partial t'} = \gamma, \frac{\partial t}{\partial x'} = \gamma v$$

$$x = \gamma v t' + \gamma x' \Rightarrow \frac{\partial x}{\partial t'} = \gamma v, \frac{\partial x}{\partial x'} = \gamma$$

$$y = y' \Rightarrow \frac{\partial y}{\partial y'} = 1$$

$$z = z' \Rightarrow \frac{\partial z}{\partial z'} = 1.$$

Wir ersetzen nun in Gl.(15.5) die Größen γ und γv durch die partiellen Ableitungen der inversen Transformation und erhalten

$$d_{t'}\phi = \gamma\frac{\partial\phi}{\partial t} + \gamma v\frac{\partial\phi}{\partial x} = \frac{\partial\phi}{\partial t}\frac{\partial t}{\partial t'} + \frac{\partial\phi}{\partial x}\frac{\partial x}{\partial t'}$$

$$d_{x'}\phi = \gamma v\frac{\partial\phi}{\partial t} + \gamma\frac{\partial\phi}{\partial x} = \frac{\partial\phi}{\partial t}\frac{\partial t}{\partial x'} + \frac{\partial\phi}{\partial x}\frac{\partial x}{\partial x'}$$

$$d_{y'}\phi = \frac{\partial\phi}{\partial y} = \frac{\partial\phi}{\partial y}\frac{\partial y}{\partial y'}$$

$$d_{z'}\phi = \frac{\partial\phi}{\partial z} = \frac{\partial\phi}{\partial z}\frac{\partial z}{\partial z'}.$$

Da die anderen Elemente der Jacobi-Matrix $\left(\partial x^{\beta}/\partial x^{\alpha'}\right)$ gleich null sind, gilt auch

$$d_{t'}\phi = \frac{\partial\phi}{\partial t}\frac{\partial t}{\partial t'} + \frac{\partial\phi}{\partial x}\frac{\partial x}{\partial t'} + \frac{\partial\phi}{\partial y}\frac{\partial y}{\partial t'} + \frac{\partial\phi}{\partial z}\frac{\partial z}{\partial t'}$$

$$d_{x'}\phi = \frac{\partial\phi}{\partial t}\frac{\partial t}{\partial x'} + \frac{\partial\phi}{\partial x}\frac{\partial x}{\partial x'} + \frac{\partial\phi}{\partial y}\frac{\partial y}{\partial x'} + \frac{\partial\phi}{\partial z}\frac{\partial z}{\partial x'}$$

$$d_{y'}\phi = \frac{\partial\phi}{\partial t}\frac{\partial t}{\partial y'} + \frac{\partial\phi}{\partial x}\frac{\partial x}{\partial y'} + \frac{\partial\phi}{\partial y}\frac{\partial y}{\partial y'} + \frac{\partial\phi}{\partial z}\frac{\partial z}{\partial y'} \quad (15.6)$$

$$d_{z'}\phi = \frac{\partial\phi}{\partial t}\frac{\partial t}{\partial z'} + \frac{\partial\phi}{\partial x}\frac{\partial x}{\partial z'} + \frac{\partial\phi}{\partial y}\frac{\partial y}{\partial z'} + \frac{\partial\phi}{\partial z}\frac{\partial z}{\partial z'}.$$

Wenn wir wieder die Indexschreibweise benutzen und die Einstein'sche Summenkonvention beachten, so lassen sich die letzten vier Gleichungen komprimiert als

$$d_{\alpha'}\phi = \frac{\partial\phi}{\partial\alpha}\frac{\partial\alpha}{\partial\alpha'}$$

schreiben, was noch einmal die Vorteilhaftigkeit dieser Schreibweise demonstriert. Um die letzte Gleichung weiter behandeln zu können, benötigen wir noch eine verallgemeinerte *Kettenregel*.

Bemerkung 15.1. **MW: Verallgemeinerte Kettenregel**
Sei ϕ eine reellwertige Funktion, die von einem Raumzeitpunkt (t, x, y, z) abhängt, $\phi = \phi(t, x, y, z)$. Die Koordinaten des Raumzeitpunktes mögen selbst wieder von anderen Variablen abhängen

$$
\begin{aligned}
t &= t(t', x', y', z') \\
x &= x(t', x', y', z') \\
y &= y(t', x', y', z') \\
z &= z(t', x', y', z')
\end{aligned}
\;\cdot
$$

Dann hängt ϕ also indirekt ebenfalls von den Variablen t', x', y', z' ab. Ganz analog zu Gl. 4.24 auf Seite 76 ergibt sich dann für die partiellen Ableitungen von ϕ nach den Variablen t', x', y', z' folgende Kettenregel

$$
\begin{aligned}
\frac{\partial \phi}{\partial t'} &= \frac{\partial \phi}{\partial t}\frac{\partial t}{\partial t'} + \frac{\partial \phi}{\partial x}\frac{\partial x}{\partial t'} + \frac{\partial \phi}{\partial y}\frac{\partial y}{\partial t'} + \frac{\partial \phi}{\partial z}\frac{\partial z}{\partial t'} \\
\frac{\partial \phi}{\partial x'} &= \frac{\partial \phi}{\partial t}\frac{\partial t}{\partial x'} + \frac{\partial \phi}{\partial x}\frac{\partial x}{\partial x'} + \frac{\partial \phi}{\partial y}\frac{\partial y}{\partial x'} + \frac{\partial \phi}{\partial z}\frac{\partial z}{\partial x'} \\
\frac{\partial \phi}{\partial y'} &= \frac{\partial \phi}{\partial t}\frac{\partial t}{\partial y'} + \frac{\partial \phi}{\partial x}\frac{\partial x}{\partial y'} + \frac{\partial \phi}{\partial y}\frac{\partial y}{\partial y'} + \frac{\partial \phi}{\partial z}\frac{\partial z}{\partial y'} \\
\frac{\partial \phi}{\partial z'} &= \frac{\partial \phi}{\partial t}\frac{\partial t}{\partial z'} + \frac{\partial \phi}{\partial x}\frac{\partial x}{\partial z'} + \frac{\partial \phi}{\partial y}\frac{\partial y}{\partial z'} + \frac{\partial \phi}{\partial z}\frac{\partial z}{\partial z'},
\end{aligned}
\tag{15.7}
$$

die man in der Indexschreibweise komprimiert als

$$
\frac{\partial \phi}{\partial \alpha'} = \frac{\partial \phi}{\partial \alpha}\frac{\partial \alpha}{\partial \alpha'}
\tag{15.8}
$$

darstellen kann. $\square$

Wir können mit (15.7) die rechte Seite von (15.6) umschreiben und erhalten

$$
\begin{aligned}
d_{t'}\,\phi &= \frac{\partial \phi}{\partial t'} \\
d_{x'}\,\phi &= \frac{\partial \phi}{\partial x'} \\
d_{y'}\,\phi &= \frac{\partial \phi}{\partial y'} \\
d_{z'}\,\phi &= \frac{\partial \phi}{\partial z'}
\end{aligned}
\tag{15.9}
$$

bzw. in Indexschreibweise

$$d_{\alpha'} \phi = \frac{\partial \phi}{\partial \alpha'}$$

und damit das gewünschte Resultat

$$\tilde{d}\phi \underset{S'}{\to} \left(d_{t'} \phi, d_{x'} \phi, d_{y'} \phi, d_{z'} \phi\right) = \left(\frac{\partial \phi}{\partial t'}, \frac{\partial \phi}{\partial x'}, \frac{\partial \phi}{\partial y'}, \frac{\partial \phi}{\partial z'}\right).$$

Wenn wir das Ereignis (t, x, y, z) als Raumzeitpunkt auf der Weltlinie eines Teilchens zur Eigenzeit t_E ansehen, erhalten wir

$$t = t\left(t_E\right), x = x\left(t_E\right), y = y\left(t_E\right), z = z\left(t_E\right).$$

Dann ist die Funktion ϕ implizit auch eine Funktion der Eigenzeit t_E

$$\phi\left(t_E\right) = \phi\left(t\left(t_E\right), x\left(t_E\right), y\left(t_E\right), z\left(t_E\right)\right).$$

Nun wissen wir nach Gl.(14.11), dass die Vierergeschwindigkeit in einem momentanen Inertialsystem S die Komponenten

$$\vec{U} \underset{S}{\to} \left(U^t, U^x, U^y, U^z\right) = \left(\frac{dt}{dt_E}, \frac{dx}{dt_E}, \frac{dy}{dt_E}, \frac{dz}{dt_E}\right)$$

hat. Mit der Kettenregel 4.23 auf Seite 76 folgt dann für die Ableitung von ϕ nach t_E

$$
\begin{aligned}
\frac{d\phi}{dt_E} &= \frac{\partial \phi}{\partial t}\frac{dt}{dt_E} + \frac{\partial \phi}{\partial x}\frac{dx}{dt_E} + \frac{\partial \phi}{\partial y}\frac{dy}{dt_E} + \frac{\partial \phi}{\partial z}\frac{dz}{dt_E} \qquad (15.10)\\
&= \frac{\partial \phi}{\partial t} U^t + \frac{\partial \phi}{\partial x} U^x + \frac{\partial \phi}{\partial y} U^y + \frac{\partial \phi}{\partial z} U^z.
\end{aligned}
$$

Wenn wir diese Gleichungen von hinten nach vorne lesen, so erhalten wir eine Vorschrift, wie man aus den Komponenten der Vierergeschwindigkeit die Änderungsrate von ϕ entlang einer Kurve, bezüglich derer $\vec{U}$ tangential ist, ausrechnen kann. Für die Komponenten des Gradienten einer skalaren Funktion ϕ schreibt man auch kurz

$$\tilde{d}\phi \to \frac{\partial \phi}{\partial \alpha} = \partial_\alpha \phi = \phi_{,\alpha}. \qquad (15.11)$$

15.3. $(0,2)$-Tensoren

Ein $(0,2)$-Tensor $\mathbf{T}$ ist eine lineare Abbildung, die zwei Vektoren auf eine reelle Zahl abbildet und die sich bei Wahl eines Inertialsystems S durch 16 Zahlen, d.h. ihre Komponenten, darstellen lässt

$$\mathbf{T} \underset{S}{\to} T_{\alpha\beta},$$

wobei sich die Komponenten bei einem Inertialsystemwechsel $S \to S'$ gemäß

$$T_{\alpha'\beta'} \;=\; \frac{\partial\alpha}{\partial\alpha'}\frac{\partial\beta}{\partial\beta'}\,T_{\alpha\beta} = L^{\alpha}{}_{\alpha'}\left(-v\right)L^{\beta}{}_{\beta'}\left(-v\right)T_{\alpha\beta} \tag{15.12}$$

transformieren sollen. Sind $\vec{A}, \vec{B}$ beliebige Vektoren, so wird $\mathbf{T}\left(\vec{A}, \vec{B}\right)$ durch

$$\mathbf{T}\left(\vec{A}, \vec{B}\right) = A^{\alpha}B^{\beta}T_{\alpha\beta} \tag{15.13}$$

definiert, und man zeigt wie oben, dass der Ausdruck auf der rechten Seite ein Lorentz-Skalar ist.

Ein wichtiger $(0,2)$-Tensor ist der **metrische Tensor g**, der für zwei beliebige Vektoren $\vec{A}, \vec{B}$ durch

$$\mathbf{g}\left(\vec{A}, \vec{B}\right) = -A^{t}B^{t} + A^{x}B^{x} + A^{y}B^{y} + A^{z}B^{z}$$

definiert wird. Der metrische Tensor hat im Inertialsystem S die Komponenten

$$\mathbf{g} \underset{S}{\to} g_{\alpha\beta} = \begin{cases} -1 & \alpha = \beta = t \\ 1 & \alpha = \beta \neq t \\ 0 & \alpha \neq \beta \end{cases}.$$

Die Komponenten von $\mathbf{g}$ nennt man üblicherweise $g_{\alpha\beta} = \eta_{\alpha\beta}$, und sie lauten in der Matrixschreibweise

$$(g_{\alpha\beta}) = (\eta_{\alpha\beta}) = \begin{pmatrix} -1 & 0 & 0 & 0 \\ 0 & 1 & 0 & 0 \\ 0 & 0 & 1 & 0 \\ 0 & 0 & 0 & 1 \end{pmatrix}.$$

Wir zeigen zunächst, dass $\mathbf{g}$ die Tensoreigenschaften hat. $\mathbf{g}$ ist eine bilineare Abbildung, denn es gilt z.B. für die erste Variable

$$\begin{aligned}
\mathbf{g}\left(c_1\vec{A}_1 + c_2\vec{A}_2, \vec{B}\right) &= -\left(c_1A_1^t + c_2A_2^t\right)B^t + \left(c_1A_1^x + c_2A_2^x\right)B^x \\
&+ \left(c_1A_1^y + c_2A_2^y\right)B^y + \left(c_1A_1^z + c_2A_2^z\right)B^z \\
&= -c_1A_1^tB^t - c_2A_2^tB^t + c_1A_1^xB^x + c_2A_2^xB^x \\
&+ c_1A_1^yB^y + c_2A_2^yB^y + c_1A_1^zB^z + c_2A_2^zB^z \\
&= c_1\mathbf{g}\left(\vec{A}_1, \vec{B}\right) + c_2\mathbf{g}\left(\vec{A}_2, \vec{B}\right).
\end{aligned}$$

Genauso folgt die Linearität in der zweiten Variable von $\mathbf{g}$. Wir berechnen die Komponenten von $\mathbf{g}$ in einem Inertialsystem S' mit der Transformationsformel (9.11) für Matrizen

$$(\eta_{\alpha'\beta'}) \;=\; L^{\alpha}{}_{\alpha'}\left(-v\right)\eta_{\alpha\beta}L^{\beta}{}_{\beta'}\left(-v\right)$$

$$
= \begin{pmatrix} \gamma & \gamma v & 0 & 0 \\ \gamma v & \gamma & 0 & 0 \\ 0 & 0 & 1 & 0 \\ 0 & 0 & 0 & 1 \end{pmatrix}^{T} \begin{pmatrix} -1 & 0 & 0 & 0 \\ 0 & 1 & 0 & 0 \\ 0 & 0 & 1 & 0 \\ 0 & 0 & 0 & 1 \end{pmatrix} \begin{pmatrix} \gamma & \gamma v & 0 & 0 \\ \gamma v & \gamma & 0 & 0 \\ 0 & 0 & 1 & 0 \\ 0 & 0 & 0 & 1 \end{pmatrix}
$$

$$
= \begin{pmatrix} \gamma & \gamma v & 0 & 0 \\ \gamma v & \gamma & 0 & 0 \\ 0 & 0 & 1 & 0 \\ 0 & 0 & 0 & 1 \end{pmatrix} \begin{pmatrix} -\gamma & -\gamma v & 0 & 0 \\ \gamma v & \gamma & 0 & 0 \\ 0 & 0 & 1 & 0 \\ 0 & 0 & 0 & 1 \end{pmatrix}
$$

$$
= \begin{pmatrix} -\gamma^2 + \gamma^2 v^2 & -\gamma^2 v + \gamma^2 v & 0 & 0 \\ -\gamma^2 v + \gamma^2 v & -\gamma^2 v^2 + \gamma^2 & 0 & 0 \\ 0 & 0 & 1 & 0 \\ 0 & 0 & 0 & 1 \end{pmatrix}
$$

$$
= \begin{pmatrix} -\gamma^2(1 - v^2) & 0 & 0 & 0 \\ 0 & \gamma^2(1 - v^2) & 0 & 0 \\ 0 & 0 & 1 & 0 \\ 0 & 0 & 0 & 1 \end{pmatrix}
$$

$$
= \begin{pmatrix} -1 & 0 & 0 & 0 \\ 0 & 1 & 0 & 0 \\ 0 & 0 & 1 & 0 \\ 0 & 0 & 0 & 1 \end{pmatrix} = (\eta_{\alpha\beta}), \tag{15.14}
$$

da $\gamma^2 \left(1 - v^2\right) = 1$ ist. Die Komponenten des metrischen Tensors sind also in allen Inertialsystemen gleich und konstant. Daraus folgt auch die Koordinatensystemunabhängigkeit von $\mathbf{g}(\vec{A}, \vec{B})$. Ferner liest man an der Definitionsgleichung von $\mathbf{g}$ ab, dass

$$
\mathbf{g}\left(\vec{A}, \vec{B}\right) = \mathbf{g}\left(\vec{B}, \vec{A}\right)
$$

gilt, d.h., der metrische Tensor ist symmetrisch. Setzt man $\vec{B} = \vec{A}$, so erhält man mit dem metrischen Tensor das (invariante) Quadrat von $\vec{A}$,

$$
\vec{A}^2 = -A^t A^t + A^x A^x + A^y A^y + A^z A^z = \eta_{\alpha\beta} A^\alpha A^\beta = \mathbf{g}\left(\vec{A}, \vec{A}\right),
$$

d.h., der metrische Tensor misst die (quadratische) Länge von Vektoren.

15.4. Korrespondenz von Vektoren und Einsformen

Wie im Zweidimensionalen kann man den metrischen Tensor dazu benutzen, zu einem festen Vektor $\vec{V}$ eine korrespondierende Einsform $\tilde{v}$ zu definieren:

$$
\tilde{v} \underset{S}{\rightarrow} v_\alpha = \eta_{\alpha\beta} V^\beta \tag{15.15}
$$

Wir überprüfen, ob die Komponenten die Transformationsregeln für Einsformen erfüllen. Sei dazu ein weiteres Inertialsystem S' gewählt, dann folgt mit (15.12)

$$
\begin{aligned}
v_{\alpha'} &= \eta_{\alpha'\beta'}\, V^{\beta'} = \left(L^{\alpha}{}_{\alpha'}\,(-v)\, L^{\beta}{}_{\beta'}\,(-v)\, \eta_{\alpha\beta} \right) \left(L^{\beta'}{}_{\gamma}\,(v)\, V^{\gamma} \right) \\
&= \left(L^{\alpha}{}_{\alpha'}\,(-v)\, \eta_{\alpha\beta}\, V^{\gamma} \right) \underbrace{\left(L^{\beta'}{}_{\gamma}\,(v)\, L^{\beta}{}_{\beta'}\,(-v) \right)}_{=\delta^{\beta}_{\gamma}} \\
&= L^{\alpha}{}_{\alpha'}\,(-v)\, \eta_{\alpha\beta}\, V^{\gamma}\, \delta^{\beta}_{\gamma} \\
&= L^{\alpha}{}_{\alpha'}\,(-v) \left(\eta_{\alpha\beta}\, V^{\beta} \right),
\end{aligned}
$$

d.h., $\tilde{v}$ ist eine Einsform. Zwischen den Komponenten von $\vec{V}$ und denen von $\tilde{v}$ gilt folgende Beziehung

$$
\begin{pmatrix} v_t \\ v_x \\ v_y \\ v_z \end{pmatrix} = \begin{pmatrix} -1 & 0 & 0 & 0 \\ 0 & 1 & 0 & 0 \\ 0 & 0 & 1 & 0 \\ 0 & 0 & 0 & 1 \end{pmatrix} \begin{pmatrix} V^t \\ V^x \\ V^y \\ V^z \end{pmatrix} = \begin{pmatrix} -V^t \\ V^x \\ V^y \\ V^z \end{pmatrix}, \tag{15.16}
$$

d.h., die Komponenten von Einsform und normalem Vektor stimmen in den Raumkomponenten überein, die Zeitkomponente unterscheidet sich durch ein Minuszeichen.

Wir stellen uns nun die umgekehrte Frage: Kann man zu einer beliebigen Einsform $\tilde{p}$ einen korrespondierenden Vektor $\vec{P}$ finden? Zur Beantwortung der Frage müssen wir zunächst die inverse Matrix $\left(\eta^{\alpha\beta}\right)$ zu $\left(\eta_{\alpha\beta}\right)$ ermitteln. Es gilt

$$
(\eta_{\alpha\beta})(\eta_{\alpha\beta}) = \begin{pmatrix} -1 & 0 & 0 & 0 \\ 0 & 1 & 0 & 0 \\ 0 & 0 & 1 & 0 \\ 0 & 0 & 0 & 1 \end{pmatrix} \begin{pmatrix} -1 & 0 & 0 & 0 \\ 0 & 1 & 0 & 0 \\ 0 & 0 & 1 & 0 \\ 0 & 0 & 0 & 1 \end{pmatrix} = \begin{pmatrix} 1 & 0 & 0 & 0 \\ 0 & 1 & 0 & 0 \\ 0 & 0 & 1 & 0 \\ 0 & 0 & 0 & 1 \end{pmatrix},
$$

d.h., der metrische Tensor ist zu sich selbst invers:

$$
\left(\eta^{\alpha\beta} \right) = (\eta_{\alpha\beta})
$$

Sind nun p_{α} die Komponenten der Einsform $\tilde{p}$, so ergibt sich analog für $\vec{P}$:

$$
\vec{P} \to P^{\alpha} = \eta^{\alpha\beta} p_{\beta} \tag{15.17}
$$

15.5. (N, M)-Tensoren

Aufgrund der gefundenen Eins-zu-eins-Korrespondenz zwischen Einsformen und Vektoren können wir nunmehr einen Vektor $\vec{V}$ auch auffassen als einen Tensor, der angewendet auf eine beliebige Einsform $\tilde{p}$ eine reelle Zahl liefert. Die Vorschrift dafür ist

$$\vec{V}(\tilde{p}) = \tilde{p}(V) = p_\alpha V^\alpha. \tag{15.18}$$

Aus diesem Grund nennt man einen Vektor auch einen $(1, 0)$-Tensor. Allgemeiner ist ein $(M, 0)$-Tensor eine multilineare Abbildung, die M Einsformen $(M = 1, 2, 3, 4)$ in die reellen Zahlen abbildet. Die Komponenten von $(M, 0)$-Tensoren haben M *obere* Indizes. Die Ausführungen der letzten Abschnitte über $(0, N)$-Tensoren übertragen sich sinngemäß auf die $(M, 0)$-Tensoren. Als durchgängiges Beispiel für diesen Abschnitt betrachten wir die Eigenschaften eines $(2, 0)$-Tensors

$$\mathbf{T} \to T^{ij},$$

dessen Komponenten sich bei einem Koordinatensystemwechsel gemäß

$$T^{\alpha'\beta'} = \frac{\partial \alpha'}{\partial \alpha} \frac{\partial \beta'}{\partial \beta} T^{\alpha\beta} = L^{\alpha'}_{\ \alpha}(v) L^{\beta'}_{\ \beta}(v) T^{\alpha\beta}$$

transformieren. Sind $\tilde{p} \to p_\alpha$ und $\tilde{q} \to q_\beta$ zwei Einsformen, so gilt

$$\mathbf{T}(\tilde{p}, \tilde{q}) = p_\alpha q_\beta T^{\alpha\beta}.$$

Ein spezieller $(2, 0)$-Tensor ist der **metrische Tensor für Einsformen**, den wir mit

$$\mathbf{G} \to \eta^{\alpha\beta}$$

bezeichnen wollen, d.h.

$$\mathbf{G}(\tilde{p}, \tilde{q}) = \eta^{\alpha\beta} p_\alpha q_\beta.$$

Schließlich ist ein (M, N)-Tensor eine multilineare Abbildung, die M Einsformen und N Vektoren in die reellen Zahlen abbildet, wobei M, N wieder die Zahlen Eins bis Vier sein können. Die Komponenten eines (M, N)-Tensors haben also M *obere* und N *untere* Indizes. Als durchgängiges Beispiel soll uns in diesem Abschnitt ein $(1, 1)$-Tensor dienen. Ein $(1, 1)$-Tensor $\mathbf{T}$ benötigt eine Einsform $\tilde{p}$ und einen Vektor $\vec{V}$, um die Zahl $\mathbf{T}(\tilde{p}, \vec{V})$ zu produzieren. Die Komponenten von

$$\mathbf{T} \to T^\alpha_{\ \beta}$$

haben einen hochgestellten (von der Einsform) und einen tiefgestellten (von dem Vektor) Index und transformieren sich bei einem Koordinatensystemwechsel gemäß

$$T^{\alpha'}_{\ \beta'} = \frac{\partial \alpha'}{\partial \alpha} \frac{\partial \beta}{\partial \beta'} T^\alpha_{\ \beta} = L^{\alpha'}_{\ \alpha}(v) L^{\beta}_{\ \beta'}(-v) T^\alpha_{\ \beta}.$$

Sind $\vec{V}$ und $\tilde{p}$ ein Vektor und eine Einsform, so folgt

$$\mathbf{T}(\tilde{p}, \vec{V}) = p_\alpha \, V^\beta \, T^\alpha_{\ \beta}.$$

In Verallgemeinerung der Korrespondenz zwischen Vektoren und Einsformen kann man den metrischen Tensor $\mathbf{g}$ dazu benutzen, um aus einem (M, N)-Tensor einen korrespondierenden $(M - 1, N + 1)$-Tensor zu erzeugen. Analog benutzt man den Tensor $\mathbf{G}$, um aus einem (M, N)-Tensor einen korrespondierenden $(M + 1, N - 1)$-Tensor zu erzeugen. Es ist üblich, diese neuen Tensoren mit dem gleichen Namen zu bezeichnen und sie nur über die Indexstellung ihrer Komponenten zu unterscheiden. Zum Beispiel ist der korrespondierende Tensor eines $(0, 2)$-Tensors $\mathbf{T}$ ein $(1, 1)$-Tensor, der ebenfalls mit $\mathbf{T}$ bezeichnet wird. Die Komponenten des korrespondierenden Tensors $\mathbf{T}$ ergeben sich aus den Komponenten $T_{\alpha\beta}$ des $(0, 2)$-Tensors sowie aus den Komponenten $\eta^{\alpha\beta}$ von $\mathbf{G}$ durch

$$\mathbf{T} \to T^\alpha_{\ \beta} = \eta^{\alpha\gamma} \, T_{\gamma\beta}.$$

Das heißt, man „*zieht den ersten Index α von $T_{\alpha\beta}$ mit der inversen Matrix $\eta^{\alpha\gamma}$ nach oben*". Mit genau den gleichen Schritten kann man auch den zweiten Index der Komponenten $T_{\alpha\beta}$ nach oben ziehen und erhält

$$T^{\ \beta}_\alpha = g^{\beta\gamma} \, T_{\alpha\gamma}.$$

Schaut man sich als weiteres Beispiel den korrespondierenden Tensor zu einem $(2, 0)$-Tensor $\mathbf{T}$ an, so folgt genauso

$$T^\alpha_{\ \beta} = T^{\alpha\gamma} \, \eta_{\gamma\beta}.$$

In diesem Fall sagt man, „*man zieht den zweiten Index β von $T^{\alpha\beta}$ mit der Matrix $\eta_{\gamma\beta}$ nach unten*".

Wählen wir als $(0, 2)$-Tensor speziell die Metrik $\mathbf{g}$ mit ihren Komponenten $\eta_{\alpha\beta}$, so erhalten wir

$$\eta^\alpha_{\ \beta} = \eta^{\alpha\gamma} \, \eta_{\gamma\beta} = \delta^\alpha_{\ \beta},$$

da die beiden Matrizen $(\eta_{\alpha\beta})$ und $(\eta^{\alpha\beta})$ invers zueinander sind. Wenn wir den anderen Index auch noch raufziehen, erhalten wir

$$\eta^{\alpha\beta} = \eta^{\beta\gamma} \, \delta^\alpha_{\ \gamma} = \eta^{\beta\alpha} = \eta^{\alpha\beta},$$

d.h., wie im Zweidimensionalen erhalten wir durch zweimaliges Raufziehen der Indizes der Komponenten von $\mathbf{g}$ die Komponenten von $\mathbf{G}$. Die Metrik ist der einzige Tensor mit dieser Eigenschaft.

15.6. (Kovariante) Ableitungen von Tensoren

In Gl.(15.4) haben wir gezeigt, dass in einem Inertialsystem S der Gradient, d.h., die Ableitung einer reellwertigen Funktion (Skalarfeld) $\phi(t, x, y, z)$, in einem Raumzeitpunkt (t_0, x_0, y_0, z_0) eine Einsform ist:

$$\tilde{d}\phi \to \left(\frac{\partial \phi}{\partial t}, \frac{\partial \phi}{\partial x}, \frac{\partial \phi}{\partial y}, \frac{\partial \phi}{\partial z} \right)$$

Da eine reellwertige Funktion als $(0,0)$-Tensor angesehen werden kann, erhalten wir also durch das Ableiten einer Funktion eine Einsform, d.h. einen $(0,1)$-Tensor. Wie im Zweidimensionalen ist der (normale) Gradient eines Skalarfeldes ein Tensor, d.h., die kovariante Ableitung eines Skalarfeldes stimmt mit der partiellen überein. Wir wollen zeigen, dass in der Speziellen Relativitätstheorie die Komponenten der kovarianten Ableitung eines *beliebigen* Tensors mit den partiellen Ableitungen seiner Komponenten übereinstimmen. Dazu betrachten wir als Erstes ein Vektorfeld

$$\vec{V} \to V^\alpha = V^\alpha(t, x, y, z)$$

und zeigen, dass die partiellen Ableitungen von V^α die Komponenten eines $(1,1)$-Tensors sind. Dazu bemerken wir zunächst, dass die Lorentz-Matrizen konstant sind, also deren Ableitungen nach den Koordinaten t, x, y, z verschwinden, d.h., es gilt

$$\frac{\partial}{\partial \beta'} \left(\frac{\partial \alpha}{\partial \alpha'} \right) = \frac{\partial}{\partial \beta'} \left(L^\alpha_{\alpha'}(-v) \right) = \frac{\partial}{\partial \beta'} \begin{pmatrix} \gamma & \gamma v & 0 & 0 \\ \gamma v & \gamma & 0 & 0 \\ 0 & 0 & 1 & 0 \\ 0 & 0 & 0 & 1 \end{pmatrix} = \begin{pmatrix} 0 & 0 & 0 & 0 \\ 0 & 0 & 0 & 0 \\ 0 & 0 & 0 & 0 \\ 0 & 0 & 0 & 0 \end{pmatrix}.$$

$$(15.19)$$

Wir zeigen, dass die partiellen Ableitungen von V^α sich wie die Komponenten eines $(1,1)$-Tensors transformieren, wobei wir analog zu Abschn. 9.4 vorgehen. Es gilt mit (15.19) und der Produkt- und Kettenregel

$$
\begin{aligned}
\frac{\partial V^\alpha}{\partial \beta} \quad &= \quad \frac{\partial}{\partial \beta} \left(\frac{\partial \alpha}{\partial \alpha'} V^{\alpha'} \right) = \frac{\partial}{\partial \beta} \left(\frac{\partial \alpha}{\partial \alpha'} \right) V^{\alpha'} + \left(\frac{\partial \alpha}{\partial \alpha'} \right) \frac{\partial V^{\alpha'}}{\partial \beta} \\
&\underset{Kettenregel}{=} \quad \frac{\partial \beta'}{\partial \beta} \underbrace{\frac{\partial}{\partial \beta'} \left(\frac{\partial \alpha}{\partial \alpha'} \right)}_{=0} V^{\alpha'} + \frac{\partial \alpha}{\partial \alpha'} \frac{\partial \beta'}{\partial \beta} \frac{\partial V^{\alpha'}}{\partial \beta'} \\
&= \quad \left(\frac{\partial \alpha}{\partial \alpha'} \frac{\partial \beta'}{\partial \beta} \right) \frac{\partial V^{\alpha'}}{\partial \beta'} = \left(L^\alpha_{\alpha'}(-v) L^{\beta'}_\beta(v) \right) \frac{\partial V^{\alpha'}}{\partial \beta'}.
\end{aligned}
$$

Also ist auch die gewöhnliche Ableitung eines Vektors ein Tensor. In Gl. 9.24 auf Seite 211 haben wir die Christoffel-Symbole mittels Koordinatentransformationen definiert. Diese Definition lässt sich eins zu eins auf die Raumzeit übertragen, und wir erhalten wieder mit (15.19)

$$\Gamma^\alpha_{\alpha'\beta} = \frac{\partial\beta'}{\partial\beta}\underbrace{\frac{\partial}{\partial\beta'}\left(\frac{\partial\alpha}{\partial\alpha'}\right)}_{=0} = 0,$$

d.h., in der SRT sind alle Christoffel-Symbole gleich null und damit gilt folgender Merksatz:

> Die Komponenten der kovarianten Ableitung eines Tensors in der SRT stimmen mit den partiellen Ableitungen seiner Komponenten überein.

Zum Beispiel berechnet man für einen $(1,1)$-Tensor **T** für *jede* Komponente

$$T^\alpha_\beta = T^\alpha_\beta\,(t, x, y, z)$$

den Gradienten und erhält die 16 Einsformen

$$\tilde{d}T^\alpha_\beta \underset{S}{\rightarrow} \left(\frac{\partial T^\alpha_\beta}{\partial t}, \frac{\partial T^\alpha_\beta}{\partial x}, \frac{\partial T^\alpha_\beta}{\partial y}, \frac{\partial T^\alpha_\beta}{\partial z}\right).$$

Mit der kompakten Schreibweise wie in (15.11) können wir die Komponenten von $\tilde{d}T^\alpha{}_\beta$ auch als

$$\left(\frac{\partial T^\alpha_\beta}{\partial t}, \frac{\partial T^\alpha_\beta}{\partial x}, \frac{\partial T^\alpha_\beta}{\partial y}, \frac{\partial T^\alpha_\beta}{\partial z}\right) = T^\alpha{}_{\beta,\gamma}$$

schreiben. Wir *definieren* nunmehr die **(kovariante) Ableitung des** $(1,1)$-**Tensors T** als den $(1,2)$-Tensor $\nabla\mathbf{T}$, dessen Komponenten die Gradienten der Tensorkomponenten von **T** sind:

$$\nabla\mathbf{T} \underset{S}{\rightarrow} T^\alpha{}_{\beta,\gamma} \tag{15.20}$$

16. Energie-Impuls-Tensoren in der Speziellen Relativitätstheorie

In diesem Kapitel untersuchen wir zwei wichtige Energie-Impuls-Tensoren, den Energie-Impuls-Tensor der **inkohärenten Materie** (des **Staubs**) und den eines **idealen Fluids**. Unter Fluid wollen wir eine kontinuierliche Ansammlung von Teilchen verstehen, die ein bestimmtes Volumen, aber keine bestimmte Form einnehmen. Fluide umfassen also Flüssigkeiten und Gase. Das Kontinuum soll so groß sein, dass die Dynamik einzelner Teilchen keine Rolle spielt, sondern nur „Durchschnittswerte", wie Anzahl der Teilchen in einem Einheitsvolumen, Energie- und Impulsdichte, Druck, Temperatur usw., zur Beschreibung herangezogen werden. Diese Eigenschaften einer bestimmten Ansammlung von Teilchen, die wir **Element** nennen wollen, sollen in einem beliebig kleinen Volumen beobachtbar sein, sodass wir vereinfacht annehmen, dass sie von Raumzeitpunkt zu Raumzeitpunkt variieren können.

Den Energie-Impuls-Tensor des elektromagnetischen Feldes, der in vielen Publikationen (siehe z.B. [31]) als „Paradebeispiel" der Tensorsystematik in der Speziellen Relativitätstheorie angeführt wird, betrachten wir hier nicht, da wir bei der Beschreibung der Allgemeinen Relativitätstheorie nicht auf elektromagnetische Phänomene eingehen werden.

16.1. Inkohärente Materie, Staub

Wir beginnen mit der einfachsten Form eines Fluides/Materiefeldes, nämlich mit dem Staub, den wir als eine Ansammlung von nichtwechselwirkenden Teilchen definieren, die sich alle in einem bestimmten Inertialsystem S momentan in Ruhe befinden, d.h., die Teilchen bewegen sich relativ zueinander nicht. Wenn wir die Frage beantworten wollen, wie viele Teilchen sich in einem Volumen der Größe 1 (Einheitsvolumen) befinden, so zählen wir einfach die Teilchen und dividieren durch das Teilvolumen, in dem sie sich befinden. Befinden sich in einem rechteckigen Volumen V mit den Seitenlängen $\Delta x, \Delta y, \Delta z$, also $V = \Delta x \Delta y \Delta z$, N Teilchen, so definieren wir die **Teilchendichte** n in dem Volumen durch

$$n = \frac{N}{V} = \frac{N}{\Delta x \Delta y \Delta z}.$$

© Der/die Autor(en), exklusiv lizenziert durch
Springer-Verlag GmbH, DE, ein Teil von Springer Nature 2021
M. Ruhrländer, *Aufstieg zu den Einsteingleichungen*,
https://doi.org/10.1007/978-3-662-62546-0_16

16. Energie-Impuls-Tensoren in der Speziellen Relativitätstheorie

Die Teilchendichte kann von Raumzeitpunkt zu Raumzeitpunkt variieren, wenn wir das Volumen entsprechend klein wählen. Im momentanen Ruhesystem S der Teilchen hängt die Teilchendichte aber nicht von der Zeit t ab, in einem anderen Bezugssystem S' durch die Lorentz-Transformation für t' allerdings schon. Wie sieht die Teilchendichte in einem Inertialsystem S' aus? Aus Sicht des Systems S' bewegen sich alle Teilchen mit der gleichen Geschwindigkeit v. Wenn man von S' aus die Teilchen zählt, so erhält man die gleiche Anzahl wie im System S, allerdings verändert sich aus Sicht von S' durch die Lorentz-Kontraktion das Volumen, in dem sich die Teilchen befinden.

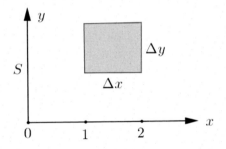

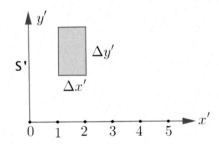

Abbildung 16.1.: Teilchendichte

In Abb. 16.1 ist der Einfachheit halber die z-Koordinate weggelassen und es wird wieder unterstellt, dass sich die Teilchen in x-Richtung bewegen. Damit wird die Seitenlänge $\Delta x'$ in S' durch die Lorentz-Kontraktion zu

$$\Delta x' = \Delta x \sqrt{1 - v^2},$$

während die senkrecht zur Geschwindigkeit v stehenden Seiten in beiden Systemen die gleichen sind, d.h.

$$\Delta y' \;=\; \Delta y$$

$$\Delta z' = \Delta z.$$

Damit folgt, dass die Teilchendichte n' in dem System S', in dem die Teilchen die Geschwindigkeit v haben, größer als im Ruhesystem S ist:

$$n' = \frac{N}{V'} = \frac{N}{\Delta x' \Delta y' \Delta z'} = \frac{N}{\Delta x \sqrt{1-v^2}\, \Delta y \Delta z} = \frac{1}{\sqrt{1-v^2}}\, n = \gamma n$$

Als Nächstes wollen wir den **Fluss der Teilchen** durch eine Oberfläche betrachten. Dieser wird definiert durch die Anzahl der Teilchen, die eine Einheitsfläche auf dieser Oberfläche in einer Zeiteinheit durchqueren. Der Fluss ist vom Inertialsystem abhängig, da Fläche und Zeit bezugssystemabhängige Größen sind. Eine weitere Abhängigkeit besteht in der Orientierung der Fläche. Ist die Fläche parallel zur Bewegungsrichtung der Teilchen, so durchquert kein einziges Teilchen die Fläche, steht die Fläche senkrecht zur Bewegungsrichtung der Teilchen, ist der Fluss der Teilchen durch die Fläche maximal. Im Ruhesystem der Teilchen ist der Fluss gleich null, die Teilchen bewegen sich dort nicht. Wir betrachten wieder ein Inertialsystem S', in dem sich alle Teilchen mit Geschwindigkeit v in x'-Richtung bewegen mögen. Die Oberfläche A' sei zunächst so ausgerichtet, dass sie senkrecht zur x'-Achse steht.

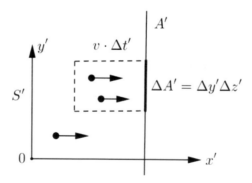

Abbildung 16.2.: Teilchenfluss senkrecht zur Oberfläche

In Abb. 16.2 sind drei Teilchen (dicke Punkte) eingezeichnet, die sich in x'-Richtung bewegen. Das rechteckige Volumen V', das durch die gestrichelte Linie begrenzt ist, enthält genau die Teilchen, die in der Zeit $\Delta t'$ die Teilfläche $\Delta A' = \Delta y' \Delta z'$ durchqueren. Dieses Volumen berechnet sich also zu

$$V' = v \Delta t' \Delta A' = v \Delta t' \Delta y' \Delta z'$$

und enthält

$$N = n' \cdot V' = \frac{1}{\sqrt{1-v^2}}\, n \cdot v \Delta t' \Delta A'$$

Teilchen. Den Teilchenfluss $F^{x'}$ in x'-Richtung erhält man daraus mit Division durch $\Delta t'$ und $\Delta A'$:

$$F^{x'} = \frac{n \cdot v}{\sqrt{1 - v^2}} = \gamma n \cdot v$$

Wir verallgemeinern jetzt die Situation und nehmen an, dass sich die Teilchen mit einer Geschwindigkeit $\vec{v}$ bewegen, die auch eine Komponente in y'-Richtung hat

$$\vec{v} \underset{S'}{\to} (v^{x'}, v^{y'}, 0).$$

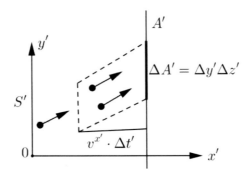

Abbildung 16.3.: Teilchenfluss schräg zur Oberfläche

In Abb. 16.3 befinden sich im gestrichelt umrandeten Volumen („**Parallelotop**") wieder alle Teilchen, die in der Zeit $\Delta t'$ die Fläche $\Delta A'$ durchqueren. Das Volumen des Parallelotops errechnet sich aus Grundfläche mal Höhe H, also $\Delta A' \cdot H$. Die Höhe ist aber gleich $H = v^{x'} \Delta t'$, also

$$V' = v^{x'} \Delta t' \Delta A' = v^{x'} \Delta t' \Delta y' \Delta z',$$

und für den Fluss durch A' in x'-Richtung gilt

$$F^{x'} = \frac{n \cdot v^{x'}}{\sqrt{1 - v^2}} = \gamma n \cdot v^{x'}.$$

Allgemein *definieren* wir den **Teilchenflussvierervektor** $\vec{N}$ durch

$$\vec{N} = n\vec{U},$$

wobei $\vec{U}$ die Vierergeschwindigkeit der Teilchen ist. Haben die Teilchen in einem Inertialsystem S' die Geschwindigkeit $\vec{v} \to (v^{x'}, v^{y'}, v^{z'})$, so gilt mit Gl.(14.8)

$$\vec{U} \underset{S'}{\to} (\gamma, \gamma v^{x'}, \gamma v^{y'}, \gamma v^{z'})$$

und somit

$$\vec{N} \underset{S'}{\to} (\gamma n, \gamma v^{x'} n, \gamma v^{y'} n, \gamma v^{z'} n).$$

In jedem Inertialsystem ist die Zeitkomponente von $\vec{N}$ die Teilchendichte, und die Raumkomponenten sind die Teilchenflüsse durch die Flächenanteile senkrecht zu den räumlichen Koordinatenachsen. In der klassischen Physik, in der es keine Lorentz-Kontraktion gibt, ist die Teilchendichte eine bezugssystemunabhängige Größe, wohingegen der Teilchenfluss wegen der darin vorkommenden Geschwindigkeitskomponenten bezugssystemabhängig ist. Die Vereinigung dieser beiden physikalischen Größen zu einem bezugssysteminvarianten Teilchenflussvierervektor ist also ganz ähnlich wie die Vereinigung von Energie und Impuls zum Viererimpulsvektor. Aus der letzten Gleichung folgt ähnlich wie bei der Ruhemasse

$$
\begin{aligned}
\vec{N}^2 &= -\gamma^2 n^2 + \gamma^2 \left(v^{x'}\right)^2 n^2 + \gamma^2 \left(v^{y'}\right)^2 n^2 + \gamma^2 \left(v^{z'}\right)^2 n^2 \\
&= n^2 \gamma^2 (-1 + \left(v^{x'}\right)^2 + \left(v^{y'}\right)^2 + \left(v^{z'}\right)^2) \\
&= n^2 \gamma^2 (-1 + v^2) \\
&= -n^2 \gamma^2 (1 - v^2) \\
&= -n^2
\end{aligned}
$$

und daraus

$$n = \sqrt{-\vec{N}^2},$$

d.h., die **Ruheteilchendichte** n ist ein Lorentz-Skalar, genauso wie auch die Ruhemasse m eines Teilchens ein Lorentz-Skalar ist, vgl. den relativistischen Energiesatz 12.20 auf Seite 272.

Im momentanen Ruhesystem ist die Energie eines Teilchens gleich der Ruhemasse m, und die Anzahl der Teilchen pro Einheitsvolumen ist gleich n, d.h., die Energie pro Einheitsvolumen, die sogenannte **Energiedichte** ρ, ist für Staub im Ruhesystem gleich

$$\rho = nm.$$

ρ ist wie n und m ein Skalar. In einem Inertialsystem S', in dem sich die Teilchen mit Geschwindigkeit v bewegen, ist die Teilchendichte gleich γn und die Energie eines Teilchens nach Gl. 12.18 auf Seite 270 gleich γm, woraus sich für die Energiedichte in S'

$$\rho' = \gamma n \cdot \gamma m = \frac{\rho}{1 - v^2} = \rho \gamma^2$$

ergibt. Man beachte, dass zur Transformation von ρ auf ρ' zweimal der Faktor γ erforderlich ist, von daher können ρ bzw. ρ' nicht die Komponenten eines Vektors sein. Um herauszufinden, welches Objekt die Energiedichte ρ' als Komponente haben könnte, schauen wir uns zunächst zwei beliebige Vektoren $\vec{A}$ und $\vec{B}$ an und definieren eine Abbildung $\mathbf{T}$, deren Komponenten aus den Produkten der Komponenten der beiden Vektoren besteht

$$\mathbf{T} \to T^{\alpha\beta} = A^\alpha B^\beta,$$

und die angewendet auf zwei Einsformen $\tilde{p}$ und $\tilde{q}$ die Zahl

$$\mathbf{T}(\tilde{p}, \tilde{q}) = A^\alpha B^\beta p_\alpha \, q_\beta$$

liefert. Die Abbildung $\mathbf{T}$ ist nach Konstruktion bilinear, und die Komponenten transformieren sich mit (14.2) gemäß

$$T^{\alpha'\beta'} = A^{\alpha'} B^{\beta'} = \left(L^{\alpha'}_{\alpha}(v) A^\alpha \right) \left(L^{\beta'}_{\beta}(v) B^\beta \right) = L^{\alpha'}_{\alpha}(v) \, L^{\beta'}_{\beta}(v) \, T^{\alpha\beta}.$$

Also ist $\mathbf{T}$ ein $(2,0)$-Tensor, den man auch das **Tensorprodukt** der Vektoren $\vec{A}$ und $\vec{B}$ nennt und durch

$$\mathbf{T} = \vec{A} \otimes \vec{B}$$

kennzeichnet, wobei das Multiplikationssymbol $\otimes$ den Unterschied zur Multiplikation von Zahlen hervorheben soll.

Schaut man sich die beiden Vektoren $\vec{N}$ und mit Gl.(14.9) den Viererimpuls

$$\vec{P} \underset{S'}{\to} (P^{t'}, P^{x'}, P^{y'}, P^{z'}) = (m\gamma, m\gamma v^x, m\gamma v^y, m\gamma v^z)$$

an, so sieht man, dass die Energiedichte im System S' das Produkt der t'-Komponenten der beiden Vektoren ist

$$\rho' = \gamma n \cdot \gamma m.$$

Wir *definieren* damit den **Energie-Impuls-Tensor $\mathbf{T}$** für Staub durch das Tensorprodukt

$$\mathbf{T} = \vec{P} \otimes \vec{N}.$$

Da $\vec{N} = n\vec{U}$ und $\vec{P} = m\vec{U}$, folgt

$$\mathbf{T} = \vec{P} \otimes \vec{N} = nm\vec{U} \otimes \vec{U} = \rho\,\vec{U} \otimes \vec{U}.$$

In einem beliebigen Inertialsystem S', in dem sich die Teilchen mit Geschwindigkeit v bewegen, gilt

$$\vec{U} \underset{S'}{\to} (\gamma, \gamma v^{x'}, \gamma v^{y'}, \gamma v^{z'}),$$

und damit folgt für die Komponenten von $\mathbf{T}$

$$\mathbf{T} \to \rho U^{\alpha'} U^{\beta'}$$

und in Matrixschreibweise

$$
T^{\alpha'\beta'} =
\begin{pmatrix}
\rho\gamma^2 & \rho\gamma^2 v^{x'} & \rho\gamma^2 v^{y'} & \rho\gamma^2 v^{z'} \\
\rho\gamma^2 v^{x'} & \rho\gamma^2 \left(v^{x'}\right)^2 & \rho\gamma^2 v^{x'} v^{y'} & \rho\gamma^2 v^{x'} v^{z'} \\
\rho\gamma^2 v^{y'} & \rho\gamma^2 v^{y'} v^{x'} & \rho\gamma^2 \left(v^{y'}\right)^2 & \rho\gamma^2 v^{y'} v^{z'} \\
\rho\gamma^2 v^{z'} & \rho\gamma^2 v^{z'} v^{x'} & \rho\gamma^2 v^{z'} v^{y'} & \rho\gamma^2 \left(v^{z'}\right)^2
\end{pmatrix}
$$

$$
= \rho'
\begin{pmatrix}
1 & v^{x'} & v^{y'} & v^{z'} \\
v^{x'} & \left(v^{x'}\right)^2 & v^{x'} v^{y'} & v^{x'} v^{z'} \\
v^{y'} & v^{y'} v^{x'} & \left(v^{y'}\right)^2 & v^{y'} v^{z'} \\
v^{z'} & v^{z'} v^{x'} & v^{z'} v^{y'} & \left(v^{z'}\right)^2
\end{pmatrix}.
$$

Man beachte, dass

$$T^{\alpha'\beta'} = T^{\beta'\alpha'}$$

gilt, d.h., $\mathbf{T}$ ist ein symmetrischer Tensor. Man kann die Komponenten $T^{\alpha'\beta'}$ als Flüsse verschiedener Dichten interpretieren:

- $T^{t't'} = \rho'$ ist die Energiedichte, die man als Energiefluss durch eine Fläche mit $t' = const.$ ansehen kann.

- $T^{t'i'} = \rho' v^{i'}$ ist der Energiefluss durch eine Fläche mit $i' = const.$

- $T^{i't'} = \rho' v^{i'}$ ist die i'-te Impulsdichte, d.h. der i'-te Impulsfluss durch eine Fläche mit $t' = const.$

- $T^{i'j'} = \rho' v^{i'} v^{j'}$ ist der i'-te Impulsfluss durch eine Fläche mit $j' = const.$

Im momentanen Ruhesystem S der Teilchen gilt

$$\vec{U} \underset{S}{\to} (1,0,0,0), \quad \vec{v} = \vec{0}, \quad \gamma = 1$$

und damit in S

$$
T^{\alpha\beta} =
\begin{pmatrix}
\rho & 0 & 0 & 0 \\
0 & 0 & 0 & 0 \\
0 & 0 & 0 & 0 \\
0 & 0 & 0 & 0
\end{pmatrix}.
$$

16. Energie-Impuls-Tensoren in der Speziellen Relativitätstheorie

Im momentanen Ruhesystem sind die Teilchendichte n und die Energie m, also die Energiedichte ρ, zeitlich konstant, also

$$\frac{\partial \rho}{\partial t} = \frac{\partial T^{tt}}{\partial t} = 0.$$

Da im Ruhesystem alle anderen Komponenten von $\mathbf{T}$ gleich null sind, folgt für alle α

$$
\begin{aligned}
T^{\alpha\beta}_{,\beta} &= \frac{\partial T^{\alpha\beta}}{\partial \beta} \\
&= \frac{\partial T^{\alpha t}}{\partial t} + \frac{\partial T^{\alpha x}}{\partial x} + \frac{\partial T^{\alpha y}}{\partial y} + \frac{\partial T^{\alpha z}}{\partial z} \\
&= 0 + 0 + 0 + 0 = 0.
\end{aligned}
$$

Die Komponenten $T^{\alpha\beta}_{,\beta}$ sind durch Kontraktion (Summation über β) aus den Komponenten der Ableitung von $\mathbf{T}$ (15.20) entstanden und sind damit die Komponenten eines Vektors, den man auch **Viererdivergenz** nennt. Die Komponenten $T^{\alpha\beta}_{,\beta}$ der Viererdivergenz transformieren sich vom Ruhesystem S in ein beliebiges Inertialsystem S' durch

$$T^{\alpha'\beta'}_{,\beta'} = L^{\alpha'}_{\alpha}(v) \underbrace{L^{\beta'}_{\beta}(v) L^{\gamma}_{\beta'}(-v)}_{=\delta^{\gamma}_{\beta}} T^{\alpha\beta}_{,\gamma} = L^{\alpha'}_{\alpha}(v) \delta^{\gamma}_{\beta} T^{\alpha\beta}_{,\gamma} = L^{\alpha'}_{\alpha}(v) T^{\alpha\beta}_{,\beta} \quad (16.1)$$

d.h., es gilt auch in jedem beliebigen Inertialsystem S'

$$T^{\alpha'\beta'}_{,\beta'} = 0,$$

d.h., die Divergenz des Energie-Impuls-Tensors für Staub ist gleich null. Man sagt auch:

> Der Energie-Impuls-Tensor ist divergenzfrei.

Wir wollen dieses Ergebnis ausführlicher physikalisch interpretieren. Schreibt man die Gleichung für $\alpha' = t'$ aus, so erhält man mit $\rho' = \rho\gamma^2$

$$T^{t'\beta'}_{,\beta'} = \frac{\partial \rho'}{\partial t'} + \frac{\partial (\rho' v^{x'})}{\partial x'} + \frac{\partial (\rho' v^{y'})}{\partial y'} + \frac{\partial (\rho' v^{z'})}{\partial z'} = 0. \quad (16.2)$$

Diese Gleichung besagt, dass die Zuwachsrate der Energie im Volumen ($\partial \rho'/\partial t'$) gleich dem Nettozufluss der Energie in das Volumen ist. Machen wir uns das noch einmal an einer grafischen Darstellung klar.

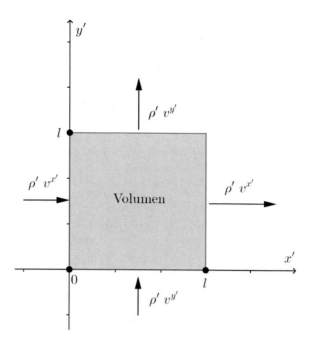

Abbildung 16.4.: Energiefluss

In Abb. 16.4 ist ein Würfel mit der Seitenlänge l dargestellt, wobei wieder die z'-Achse unterdrückt ist. Durch jede Seite des Würfels kann Energie hinein- bzw. herausfließen. Die durch die Fläche der Größe l^2 bei $x' = 0$ hineinfließende Energierate in x'-Richtung ist gleich

$$l^2 T^{t'x'} \left(x' = 0\right) = l^2 \rho' \left(x' = 0\right) v^{x'} \left(x' = 0\right),$$

und die bei $x' = l$ herausfließende ergibt sich zu

$$l^2 T^{t'x'} \left(x' = l\right).$$

Der Nettozufluss zum Würfel in x'-Richtung ist also

$$l^2 \left(T^{t'x'} \left(x' = 0\right) - T^{t'x'} \left(x' = l\right)\right).$$

Entsprechend für die beiden anderen Richtungen

$$l^2 \left(T^{t'y'} \left(y' = 0\right) - T^{t'y'} \left(y' = l\right)\right)$$

sowie

$$l^2 \left(T^{t'z'} \left(z' = 0\right) - T^{t'z'} \left(z' = l\right)\right).$$

Insgesamt ergibt sich als Nettozufluss die Summe der drei letzten Ausdrücke. Dieser Nettozufluss ist nun gleich der Zunahme der Energie in dem Würfel (Erhaltung der Energie!), d.h. gleich der zeitlichen Veränderung von Energiedichte mal Volumen, also gleich

$$\frac{\partial \left(T^{t't'} \cdot l^3 \right)}{dt'} = l^3 \frac{\partial T^{t't'}}{dt'} = l^3 \frac{\partial \rho'}{dt'}.$$

Wir erhalten somit

$$
\begin{aligned}
l^3 \frac{\partial \rho'}{dt'} &= l^2 \left(T^{t'x'} \left(x' = 0 \right) - T^{t'x'} \left(x' = l \right) \right) \\
&+ l^2 \left(T^{t'y'} \left(y' = 0 \right) - T^{t'y'} \left(y' = l \right) \right) \\
&+ l^2 \left(T^{t'z'} \left(z' = 0 \right) - T^{t'z'} \left(z' = l \right) \right).
\end{aligned}
$$

Division durch l^3 und Umstellen ergibt

$$
\begin{aligned}
\frac{\partial \rho'}{dt'} &= -\frac{T^{t'x'} \left(x' = l \right) - T^{t'x'} \left(x' = 0 \right)}{l} \\
&- \frac{T^{t'y'} \left(y' = l \right) - T^{t'y'} \left(y' = 0 \right)}{l} \\
&- \frac{T^{t'z'} \left(z' = l \right) - T^{t'z'} \left(z' = 0 \right)}{l}.
\end{aligned}
$$

Führt man jetzt noch den Grenzübergang $l \to 0$ durch, so werden aus den Differenzenquotienten auf der rechten Seite partielle Ableitungen und es folgt

$$
\begin{aligned}
\frac{\partial \rho'}{dt'} &= -\left(\frac{\partial T^{t'x'}}{\partial x'} + \frac{\partial T^{t'y'}}{\partial y'} + \frac{\partial T^{t'z'}}{\partial z'} \right) \\
&= -\left(\frac{\partial \left(\rho' v^{x'} \right)}{\partial x'} + \frac{\partial \left(\rho' v^{y'} \right)}{\partial y'} + \frac{\partial \left(\rho' v^{z'} \right)}{\partial z'} \right).
\end{aligned}
$$

Der Klammerausdruck auf der rechten Seite ist eine (dreidimensionale) *Divergenz* (siehe Bemerkung 6.6 auf Seite 129) und man schreibt

$$\frac{\partial \left(\rho' v^{x'} \right)}{\partial x'} + \frac{\partial \left(\rho' v^{y'} \right)}{\partial y'} + \frac{\partial \left(\rho' v^{z'} \right)}{\partial z'} = div \left(\rho' \vec{v} \right),$$

d.h., man kann Gl.(16.2) auch als

$$\frac{\partial \rho'}{\partial t'} + div \left(\rho' \vec{v} \right) = 0 \tag{16.3}$$

schreiben. Sie wird in der klassischen Hydrodynamik auch **Kontinuitätsglei-chung** (siehe z.B. [7]) genannt. Aus der Kontinuitätsgleichung folgt also die *Energieerhaltung* für Staub bzw. auch umgekehrt, wie es in den meisten Lehr-büchern steht: Die Energieerhaltung bei Staub führt zwangsläufig zur Konti-nuitätsgleichung.

Wir wollen noch die anderen Komponenten der Viererdivergenz von **T** unter-suchen. Für $\alpha' = x'$ erhält man aus der Divergenzfreiheit von **T**

$$T^{x'\beta'}{}_{,\beta'} = \frac{\partial\left(\rho'v^{x'}\right)}{\partial t'} + \frac{\partial\left(\rho'\left(v^{x'}\right)^2\right)}{\partial x'} + \frac{\partial\left(\rho'v^{x'}v^{y'}\right)}{\partial y'} + \frac{\partial\left(\rho'v^{x'}v^{z'}\right)}{\partial z'} = 0.$$

Die partiellen Ableitungen errechnen sich mit der Produktregel zu

$$\frac{\partial\left(\rho'v^{x'}\right)}{\partial t'} = \frac{v^{x'}\partial\left(\rho'\right)}{\partial t'} + \frac{\rho'\partial\left(v^{x'}\right)}{\partial t'}$$

$$\frac{\partial\left(\rho'\left(v^{x'}\right)^2\right)}{\partial x'} = \frac{v^{x'}\partial\left(\rho'v^{x'}\right)}{\partial x'} + \frac{\rho'v^{x'}\partial\left(v^{x'}\right)}{\partial x'}$$

$$\frac{\partial\left(\rho'v^{x'}v^{y'}\right)}{\partial y'} = \frac{v^{x'}\partial\left(\rho'v^{y'}\right)}{\partial y'} + \frac{\rho'v^{y'}\partial\left(v^{x'}\right)}{\partial y'}$$

$$\frac{\partial\left(\rho'v^{x'}v^{z'}\right)}{\partial z'} = \frac{v^{x'}\partial\left(\rho'v^{z'}\right)}{\partial z'} + \frac{\rho'v^{z'}\partial\left(v^{x'}\right)}{\partial z'}.$$

Man erhält also

$$\begin{aligned}
T^{x'\beta'}{}_{,\beta'} &= \frac{v^{x'}\partial\left(\rho'\right)}{\partial t'} + \frac{\rho'\partial\left(v^{x'}\right)}{\partial t'} + \frac{v^{x'}\partial\left(\rho'v^{x'}\right)}{\partial x'} + \frac{\rho'v^{x'}\partial\left(v^{x'}\right)}{\partial x'} \\
&\quad + \frac{v^{x'}\partial\left(\rho'v^{y'}\right)}{\partial y'} + \frac{\rho'v^{y'}\partial\left(v^{x'}\right)}{\partial y'} + \frac{v^{x'}\partial\left(\rho'v^{z'}\right)}{\partial z'} + \frac{\rho'v^{z'}\partial\left(v^{x'}\right)}{\partial z'} \\
&= v^{x'}\left(\frac{\partial\left(\rho'\right)}{\partial t'} + \frac{\partial\left(\rho'v^{x'}\right)}{\partial x'} + \frac{\partial\left(\rho'v^{y'}\right)}{\partial y'} + \frac{\partial\left(\rho'v^{z'}\right)}{\partial z'}\right) \\
&\quad + \rho'\left(\frac{\partial\left(v^{x'}\right)}{\partial t'} + \frac{v^{x'}\partial\left(v^{x'}\right)}{\partial x'} + \frac{v^{y'}\partial\left(v^{x'}\right)}{\partial y'} + \frac{v^{z'}\partial\left(v^{x'}\right)}{\partial z'}\right).
\end{aligned}$$

Die erste Klammer in der letzten Gleichung ist aber wegen der Kontinuitätsgleichung (16.2) gleich null, und wir erhalten

$$
\begin{aligned}
T^{x'\beta'}_{,\beta'} &= \rho'\left(\frac{\partial\left(v^{x'}\right)}{\partial t'} + \frac{v^{x'}\partial\left(v^{x'}\right)}{\partial x'} + \frac{v^{y'}\partial\left(v^{x'}\right)}{\partial y'} + \frac{v^{z'}\partial\left(v^{x'}\right)}{\partial z'}\right) \\
&= \rho'\left(\frac{\partial\left(v^{x'}\right)}{\partial t'} + \left(\frac{\partial\left(v^{x'}\right)}{\partial x'}, \frac{\partial\left(v^{x'}\right)}{\partial y'}, \frac{\partial\left(v^{x'}\right)}{\partial z'}\right)\cdot\vec{v}\right) \\
&= \rho'\left(\frac{\partial\left(v^{x'}\right)}{\partial t'} + grad\left(v^{x'}\right)\cdot\vec{v}\right) = 0.
\end{aligned}
$$

Genauso folgt für $\alpha = y', z'$

$$
T^{y'\beta'}_{,\beta'} = \rho'\left(\frac{\partial\left(v^{y'}\right)}{\partial t'} + grad\left(v^{y'}\right)\cdot\vec{v}\right) = 0
$$

$$
T^{z'\beta'}_{,\beta'} = \rho'\left(\frac{\partial\left(v^{z'}\right)}{\partial t'} + grad\left(v^{z'}\right)\cdot\vec{v}\right) = 0.
$$

Diese drei Gleichungen werden zu einer dreidimensionalen Vektorgleichung zusammengefasst

$$
\rho'\left(\frac{\partial\vec{v}}{\partial t'} + (grad\,\vec{v})\cdot\vec{v}\right) = \vec{0}, \tag{16.4}
$$

wobei der Ausdruck $(grad\,\vec{v})$ den Tensor

$$
(grad\,\vec{v}) = \begin{pmatrix}
\dfrac{\partial\left(v^{x'}\right)}{\partial x'} & \dfrac{\partial\left(v^{x'}\right)}{\partial y'} & \dfrac{\partial\left(v^{x'}\right)}{\partial z'} \\[2ex]
\dfrac{\partial\left(v^{y'}\right)}{\partial x'} & \dfrac{\partial\left(v^{y'}\right)}{\partial y'} & \dfrac{\partial\left(v^{y'}\right)}{\partial z'} \\[2ex]
\dfrac{\partial\left(v^{z'}\right)}{\partial x'} & \dfrac{\partial\left(v^{z'}\right)}{\partial y'} & \dfrac{\partial\left(v^{z'}\right)}{\partial z'}
\end{pmatrix}
$$

bezeichne. Man erhält die **Euler-Gleichung** der Hydrodynamik (siehe [7]) für den Fall, dass keine äußeren Kräfte und kein Druck vorhanden sind. Die Euler-Gleichung liefert analog zur Energieerhaltung die Impulserhaltung bei der Durchquerung des Einheitsvolumens.

Die Divergenzfreiheit des Energie-Impuls-Tensors für Staub ist gleichbedeutend mit der Erhaltung von Energie und Impuls.

Wir unterstellen in unserem Modell der inkohärenten Materie auch, dass keine Teilchen vernichtet oder erzeugt werden, dass also die Anzahl der Teilchen konstant bleibt. Dieses Erhaltungsgesetz kann man genauso ableiten wie die obigen, indem man die Änderungsrate der Anzahl der Teilchen in einem Fluidelement dem Zu- und Abfluss der Teilchen durch die Begrenzungsflächen gegenüberstellt, woraus wir für den Teilchenfluss Vektor $\vec{N}$ das Erhaltungsgesetz für die Anzahl der Teilchen

$$\frac{\partial N^t}{\partial t} = -\frac{\partial N^x}{\partial x} - \frac{\partial N^y}{\partial y} - \frac{\partial N^z}{\partial z}$$

bzw.

$$N^{\alpha}_{,\alpha} = (nU^{\alpha})_{,\alpha} = 0, \tag{16.5}$$

d.h. die Divergenzfreiheit des Teilchenflussvektors, erhalten.

16.2. Ideale Fluide

Wir wollen nun das Staubmodell um zwei Aspekte erweitern und kommen damit zu den **allgemeinen Fluiden**. Zum einen können sich die Teilchen relativ zueinander zufällig bewegen und zum anderen kann es verschiedene Kräfte zwischen den Teilchen geben, die zur Gesamtenergie der Teilchenmenge beitragen. Für jedes einzelne Element (das ist eine kleine Ansammlung von Teilchen) gibt es weiterhin ein momentanes Inertialsystem (Inertialsystem, das von Raum und Zeit abhängt), in dem die Relativgeschwindigkeit v momentan gleich null ist, allerdings haben im Gegensatz zum Staub jeweils zwei Elemente in der Regel kein gemeinsames momentanes Inertialsystem mehr, da sie sich ja relativ zueinander bewegen können. Alle den Fluidelementen zugeordneten physikalischen Größen, wie Vierergeschwindigkeit, Teilchen- und Energiedichte, Flussvektor, Temperatur sowie Druck, Spannung und Dehnung, werden als *Werte in den momentanen Inertialsystemen definiert*. Bei allgemeinen Fluiden können zwischen den Elementen Oberflächenspannungen, Reibungen, Wärmeaustausch usw. auftreten. Die **idealen Fluide** hingegen sind dadurch definiert, dass kein Wärmeaustausch stattfindet und keine Kräfte parallel zur Oberfläche der Elemente auftauchen. Mit anderen Worten, sie haben konstante Temperatur, die Teilchen sind kräftefrei verschiebbar und die Gesamtkraft wirkt senkrecht auf die Oberfläche. Der **Druck** p in einem Fluidelement ist definiert als Quotient aus Kraft F durch Fläche A des Elements

$$p = \frac{F}{A}.$$

Wir betrachten im momentanen Inertialsystem S ein beliebiges quaderförmiges Volumenelement $\Delta V = \Delta x \Delta y \Delta z$.

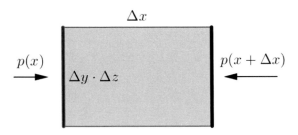

Abbildung 16.5.: Druckdifferenz

In Abb. 16.5 ist wieder die z-Achse unterdrückt. Auf das linke Flächenelement $\Delta y \Delta z$ möge der Druck $p(x)$ wirken. Ändert sich der Druck in x-Richtung, so wirkt auf die Gegenseite der Druck $p(x + \Delta x)$. Die Druckdifferenz in x-Richtung beträgt also

$$p(x) - p(x + \Delta x).$$

Für kleine Δx können wir die Differenz durch das Differenzial (siehe Formel 4.16 auf Seite 72) abschätzen und erhalten

$$p(x) - p(x + \Delta x) \approx -\frac{\partial p}{\partial x} \Delta x.$$

Die resultierende Kraft in x-Richtung ist dann

$$F^x = (p(x) - p(x + \Delta x)) \Delta A \approx -\frac{\partial p}{\partial x} \Delta x \Delta y \Delta z = -\frac{\partial p}{\partial x} \Delta V.$$

Analog erhält man für die anderen Kraftkomponenten

$$F^y \approx -\frac{\partial p}{\partial y} \Delta V$$

$$F^z \approx -\frac{\partial p}{\partial z} \Delta V.$$

Mit dem Grenzübergang $\Delta V \to dV$ ergibt sich daraus die Vektorgleichung

$$\vec{F} = -grad\,(p) \cdot dV = -(F^x, F^y, F^z) \cdot dV.$$

Wegen der freien Beweglichkeit der Fluidteilchen muss die Gesamtkraft im Ruhesystem null sein (das Eigengewicht des Fluidelements wird vernachlässigt), d.h., es gilt

$$grad\,(p) = \vec{0},$$

was wiederum bedeutet, dass der Druck im Fluidelement konstant ist. Auf jedes Flächenelement dA der umgebenden Wände wirkt daher im Ruhesystem des Elements der gleiche Druck.

Damit sind wir in der Lage, den Energie-Impuls-Tensor für ideale Fluide im momentanen Ruhesystem aufzustellen. Zunächst gilt wie bei Staub, dass $T^{tt} = \rho$ die Energiedichte ist. Da im momentanen Ruhesystem die Geschwindigkeit v gleich null ist und auch sonst keine (Wärme-)Energie fließen kann, gilt

$$T^{ti} = T^{it} = 0, \quad i = x, y, z.$$

Da keine Kräfte parallel zu den Elementflächen wirken und der Impulsfluss wegen $v = 0$ ebenfalls null ist, gilt $T^{ij} = 0$ für $i \neq j$. Die einzigen Kräfte pro Einheitsfläche, die auf das Fluidelement wirken, stehen senkrecht auf den Oberflächen und sind nach obiger Überlegung in jeder Richtung gleich dem Druck p. Das heißt:

$$T^{xx} = T^{yy} = T^{zz} = p$$

Zusammengefasst gilt also für die Komponenten des Energie-Impuls-Tensors $\mathbf{T}$ eines idealen Fluids im Ruhesystem S

$$\mathbf{T} \underset{S}{\to} T^{\alpha\beta} = \begin{pmatrix} \rho & 0 & 0 & 0 \\ 0 & p & 0 & 0 \\ 0 & 0 & p & 0 \\ 0 & 0 & 0 & p \end{pmatrix},$$

was bedeutet, dass der Energie-Impuls-Tensor für ein ideales Fluid ohne Druck ($p = 0$) gleich dem der inkohärenten Materie ist. Für ein beliebiges Inertialsystem S', das sich gegenüber S mit der Geschwindigkeit $\vec{v} \to (v^x, v^y, v^z)$ bewegt, ergeben sich daraus mit

$$\vec{U} \underset{S'}{\to} (U^{t'}, U^{x'}, U^{y'}, U^{z'}) = (\gamma, \gamma v^x, \gamma v^y, \gamma v^z)$$

und

$$\eta^{\alpha'\beta'} = \begin{pmatrix} -1 & 0 & 0 & 0 \\ 0 & 1 & 0 & 0 \\ 0 & 0 & 1 & 0 \\ 0 & 0 & 0 & 1 \end{pmatrix}$$

für die Komponenten von **T**

$$\mathbf{T} \underset{S'}{\rightarrow} T^{\alpha'\beta'} = (\rho + p)U^{\alpha'}U^{\beta'} + p\eta^{\alpha'\beta'}, \tag{16.6}$$

was in der Matrixschreibweise zu

$$
\begin{aligned}
T^{\alpha'\beta'} &= (\rho + p)U^{\alpha'}U^{\beta'} + p\eta^{\alpha'\beta'} \\[2mm]
&= (\rho + p)\gamma^2
\begin{pmatrix}
1 & v^x & v^y & v^z \\
v^x & (v^x)^2 & v^x v^y & v^x v^z \\
v^y & v^y v^x & (v^y)^2 & v^y v^z \\
v^z & v^z v^x & v^z v^y & (v^z)^2
\end{pmatrix}
+
\begin{pmatrix}
-p & 0 & 0 & 0 \\
0 & p & 0 & 0 \\
0 & 0 & p & 0 \\
0 & 0 & 0 & p
\end{pmatrix}
\end{aligned}
\tag{16.7}
$$

wird. Zunächst überprüfen wir, ob diese Formel für den Fall des Ruhesystems, d.h. $v^x = v^y = v^z = 0$ und $\gamma = 1$, wieder das Ergebnis von oben liefert:

$$
(\rho + p)
\begin{pmatrix}
1 & 0 & 0 & 0 \\
0 & 0 & 0 & 0 \\
0 & 0 & 0 & 0 \\
0 & 0 & 0 & 0
\end{pmatrix}
+
\begin{pmatrix}
-p & 0 & 0 & 0 \\
0 & p & 0 & 0 \\
0 & 0 & p & 0 \\
0 & 0 & 0 & p
\end{pmatrix}
=
\begin{pmatrix}
\rho & 0 & 0 & 0 \\
0 & p & 0 & 0 \\
0 & 0 & p & 0 \\
0 & 0 & 0 & p
\end{pmatrix},
$$

also erhalten wir die Tensorkomponenten des Ruhesystems. Damit ist aber noch nicht bewiesen, dass die Komponenten von **T** in S' sich wie in (16.7) errechnen lassen. Dies zeigt man durch Anwendung der Transformationsvorschrift für $(0,2)$-Tensoren, wobei darauf zu achten ist, dass sich das System S' aus Sicht des Ruhesystems mit der Geschwindigkeit $-v$ bewegt und deswegen die inverse Lorentz-Transformation angewendet werden muss. Wir nehmen der Einfachheit halber an, dass sich die Teilchen nur in positive x-Richtung bewegen, also $\vec{v} = (v^x, 0, 0)$, d.h. $v = v^x, v^y = 0, v^z = 0$. Die resultierende Lorentz-Transformation hat dann die Matrixdarstellung

$$
L^{\alpha'}_{\ \alpha}(-v) =
\begin{pmatrix}
\gamma & \gamma v^x & 0 & 0 \\
\gamma v^x & \gamma & 0 & 0 \\
0 & 0 & 1 & 0 \\
0 & 0 & 0 & 1
\end{pmatrix},
$$

und die Komponenten $T^{\alpha'\beta'}$ ergeben sich aus (16.7) zu

$$
\left(T^{\alpha'\beta'}\right) = (\rho + p)\gamma^2
\begin{pmatrix}
1 & v^x & 0 & 0 \\
v^x & (v^x)^2 & 0 & 0 \\
0 & 0 & 0 & 0 \\
0 & 0 & 0 & 0
\end{pmatrix}
+
\begin{pmatrix}
-p & 0 & 0 & 0 \\
0 & p & 0 & 0 \\
0 & 0 & p & 0 \\
0 & 0 & 0 & p
\end{pmatrix}
$$

$$
= \begin{pmatrix} (\rho + p)\,\gamma^2 - p & v^x\,(\rho + p)\,\gamma^2 & 0 & 0 \\ v^x\,(\rho + p)\,\gamma^2 & (v^x)^2\,(\rho + p)\,\gamma^2 + p & 0 & 0 \\ 0 & 0 & p & 0 \\ 0 & 0 & 0 & p \end{pmatrix}. \quad (16.8)
$$

Die Transformationsformel lässt sich in der Matrixschreibweise folgendermaßen darstellen:

$$
\left(T^{\alpha'\beta'}\right) = \left(L^{\alpha'}_{\alpha}(-v)\,L^{\beta'}_{\beta}(-v)\,T^{\alpha\beta}\right)
$$

$$
= \begin{pmatrix} \gamma & \gamma v^x & 0 & 0 \\ \gamma v^x & \gamma & 0 & 0 \\ 0 & 0 & 1 & 0 \\ 0 & 0 & 0 & 1 \end{pmatrix} \begin{pmatrix} \rho & 0 & 0 & 0 \\ 0 & p & 0 & 0 \\ 0 & 0 & p & 0 \\ 0 & 0 & 0 & p \end{pmatrix} \begin{pmatrix} \gamma & \gamma v^x & 0 & 0 \\ \gamma v^x & \gamma & 0 & 0 \\ 0 & 0 & 1 & 0 \\ 0 & 0 & 0 & 1 \end{pmatrix},
$$

d.h., es sind zwei Matrixmultiplikationen durchzuführen. Multiplikation der beiden linken Matrizen ergibt

$$
\begin{pmatrix} \gamma & \gamma v^x & 0 & 0 \\ \gamma v^x & \gamma & 0 & 0 \\ 0 & 0 & 1 & 0 \\ 0 & 0 & 0 & 1 \end{pmatrix} \begin{pmatrix} \rho & 0 & 0 & 0 \\ 0 & p & 0 & 0 \\ 0 & 0 & p & 0 \\ 0 & 0 & 0 & p \end{pmatrix} = \begin{pmatrix} \gamma\rho & \gamma v^x p & 0 & 0 \\ \gamma v^x \rho & \gamma p & 0 & 0 \\ 0 & 0 & p & 0 \\ 0 & 0 & 0 & p \end{pmatrix}
$$

und

$$
\begin{pmatrix} \gamma\rho & \gamma v^x p & 0 & 0 \\ \gamma v^x \rho & \gamma p & 0 & 0 \\ 0 & 0 & p & 0 \\ 0 & 0 & 0 & p \end{pmatrix} \begin{pmatrix} \gamma & \gamma v^x & 0 & 0 \\ \gamma v^x & \gamma & 0 & 0 \\ 0 & 0 & 1 & 0 \\ 0 & 0 & 0 & 1 \end{pmatrix} =
$$

$$
\begin{pmatrix} \gamma^2\rho + \gamma^2 (v^x)^2 p & \gamma^2 v^x \rho + \gamma^2 v^x p & 0 & 0 \\ \gamma^2 v^x \rho + \gamma^2 v^x p & \gamma^2 (v^x)^2 \rho + \gamma^2 p & 0 & 0 \\ 0 & 0 & p & 0 \\ 0 & 0 & 0 & p \end{pmatrix}.
$$

Die Matrixelemente $T^{t't'}, T^{t'x'}, T^{x'x'}$, lassen sich mit $\gamma^2 = 1/\left(1 - (v^x)^2\right)$ umformen zu

$$
\begin{aligned}
T^{t't'} &= \gamma^2\rho + \gamma^2 (v^x)^2 p \\
&= \gamma^2\rho + \gamma^2 (v^x)^2 p - \gamma^2 p + \gamma^2 p \\
&= \gamma^2\rho + \gamma^2 p\left((v^x)^2 - 1\right) + \gamma^2 p \\
&= \gamma^2\rho + \gamma^2 p - \gamma^2 p\left(1 - (v^x)^2\right)
\end{aligned}
$$

$$= \gamma^2 (\rho + p) - p,$$

$$
\begin{aligned}
T^{t'x'} &= \gamma^2 v^x \rho + \gamma^2 v^x p \\
&= \gamma^2 v^x (\rho + p),
\end{aligned}
$$

$$
\begin{aligned}
T^{x'x'} &= \gamma^2 (v^x)^2 \rho + \gamma^2 p \\
&= \gamma^2 (v^x)^2 \rho + \gamma^2 p - \gamma^2 (v^x)^2 p + \gamma^2 (v^x)^2 p \\
&= \gamma^2 (v^x)^2 \rho + \gamma^2 p \left(1 - (v^x)^2\right) + \gamma^2 (v^x)^2 p \\
&= \gamma^2 (v^x)^2 (\rho + p) + p.
\end{aligned}
$$

Das heißt, wir erhalten insgesamt dieselbe Matrix wie in (16.8). Für die vollständige Herleitung der Formel (16.7) benutzt man anstelle von $\left(L^{\alpha'}_{\alpha}(-v)\right)$ die (inverse) allgemeine Lorentz-Transformationsmatrix (siehe 14.6 auf Seite 307)

$$
\Lambda^{\mu}_{\nu} =
\begin{pmatrix}
\gamma & -\gamma v^x & -\gamma v^y & -\gamma v^z \\
-\gamma v^x & 1 + (\gamma - 1)\dfrac{(v^x)^2}{v^2} & (\gamma - 1)\dfrac{v^x v^y}{v^2} & (\gamma - 1)\dfrac{v^x v^z}{v^2} \\
-\gamma v^y & (\gamma - 1)\dfrac{v^x v^y}{v^2} & 1 + (\gamma - 1)\dfrac{(v^y)^2}{v^2} & (\gamma - 1)\dfrac{v^y v^z}{v^2} \\
-\gamma v^z & (\gamma - 1)\dfrac{v^x v^z}{v^2} & (\gamma - 1)\dfrac{v^y v^z}{v^2} & 1 + (\gamma - 1)\dfrac{(v^z)^2}{v^2}
\end{pmatrix}.
$$

Das erfordert allerdings erheblich mehr Rechenaufwand, den wir uns an dieser Stelle ersparen wollen. Wir können zusammenfassend den **Energie-Impuls-Tensor für ideale Fluide** als

$$\mathbf{T} = (\rho + p)\vec{U} \otimes \vec{U} + p\mathbf{G} \tag{16.9}$$

schreiben, wobei $\mathbf{G}$ wieder den metrischen Tensor für Einsformen bezeichnet

$$\mathbf{G} \to \eta^{\alpha\beta}.$$

Den Energie-Impuls-Tensor für Staub erhält man im Fall $p = 0$. Das heißt, ein ideales Fluid kann nur dann ohne Druck sein, wenn seine Teilchen überhaupt keine zufälligen Bewegungen machen. Oder anders ausgedrückt: Druck entsteht durch die zufälligen Geschwindigkeiten der Teilchen. Sogar ein sehr dünnes Gas übt einen gewissen Druck z.B. auf die Oberflächen des Behälters aus, in dem es sich bewegt.

Genauso wie im Fall der inkohärenten Materie ist der Energie-Impuls-Tensor für ein ideales Fluid symmetrisch und divergenzfrei, wie man mit identischer

Herleitung wie oben nachrechnet. Es gilt also

$$T^{\alpha\beta}_{,\beta} = \left[(\rho + p)U^\alpha U^\beta + p\eta^{\alpha\beta}\right]_{,\beta} = 0. \tag{16.10}$$

Symmetrie und Divergenzfreiheit sind herausragende Merkmale von Energie-Impuls-Tensoren. Sie gelten auch für allgemeine Fluide bzw. für das (hier nicht betrachtete) elektromagnetische Feld.

Nichtrelativistischer Grenzfall

Wenn die Geschwindigkeiten nichtrelativistisch sind, übersteigt die Ruheenergie der Materie die kinetischen Energiebeiträge um viele Größenordnungen. Insbesondere sind die Geschwindigkeiten der Fluidteilchen gering, sodass der Druck gegenüber der Teilchendichte vernachlässigt werden kann. Wir nehmen also an, dass

$$
\begin{aligned}
\gamma &\approx 1, \\
\rho + p &\approx \rho, \\
p &\approx 0, \\
v^x &\ll 1
\end{aligned}
$$

gilt. Dann folgt für den nichtrelativistischen Grenzfall

$$\left(T^{\alpha\beta}\right) \approx \begin{pmatrix} \rho & 0 & 0 & 0 \\ 0 & 0 & 0 & 0 \\ 0 & 0 & 0 & 0 \\ 0 & 0 & 0 & 0 \end{pmatrix}. \tag{16.11}$$

17. Literaturhinweise und Weiterführendes zu Teil III

Bei der Speziellen Relativitätstheorie ist es ähnlich wie bei der Mechanik: Es gibt eine Vielzahl von Büchern darüber, insbesondere populärwissenschaftliche Darstellungen. In dieser Kategorie werden hier zwei Bücher empfohlen. Das eine stammt von Einstein selbst Über die spezielle und die allgemeine Relativitätstheorie [9], das erstmals 1916 erschienen ist und über die Jahre zum Standardwerk der allgemeinverständlichen Einführungen geworden ist. Das Buch kommt mit ganz wenigen Formeln aus (z.B. werden die Lorentz-Transformationen mit einfachen Mitteln hergeleitet) und beschreibt in Alltagssprache die physikalischen Grundlagen beider Relativitätstheorien.

Das zweite populärwissenschaftliche Buch ist von Lewis C. Epstein Relativitätstheorie anschaulich dargestellt [10], in dem die Grundideen der Speziellen Relativitätstheorie mit vielen Gedankenexperimenten, instruktiven Zeichnungen und anschaulichen Bildern vermittelt werden. Wer eine bildhafte Darstellung der physikalischen Prinzipien der Relativitätstheorie neben der formelmäßigen zur Hand haben möchte, ist mit diesem Buch bestens bedient.

Der dritte Teil dieses Buches ist zweigeteilt. Zunächst wird die Spezielle Relativitätstheorie mit den einfachsten Mittel direkt aus den Einstein'schen Postulaten entwickelt. Diese Idee verfolgen auch die beiden Bücher Kleines 1x1 der Relativitätstheorie von Gottfried Beyvers und Elvira Krusch [2] und Spezielle Relativitätstheorie für Studienanfänger von Jürgen Freund [12], die beide bei der Formulierung der ersten Kapitel in diesem Teil Pate gestanden haben. Das Buch von Beyvers, Krusch ist mathematisch einfach (der Untertitel lautet: Einsteins Physik mit Mathematik der Mittelstufe), die Herleitungen sind anschaulich und mit vielen Grafiken versehen. Es enthält auch einige Abschnitte zur Allgemeinen Relativitätstheorie, die gut als Einführung dazu dienen können. Die Abhandlung von Freund ist etwas anspruchsvoller und etwa auf dem Niveau dieses Buches. Dort werden auch schon Vierervektoren eingeführt und die Transformationen des elektromagnetischen Feldes bis hin zur Lorentz-Invarianz der Maxwell-Gleichungen in sehr ausführlicher Form dargestellt. Damit geht Freund über das hinaus, was in diesem Buch behandelt wird. In eine ähnliche Richtung geht auch das Buch von Max Born Die Relativitätstheorie Einsteins [3], das schon 1920 zum ersten Mal erschienen ist. Born benutzt bei seiner

M. Ruhrländer, *Aufstieg zu den Einsteingleichungen*,
https://doi.org/10.1007/978-3-662-62546-0_17

Beschreibung der Speziellen Relativitätstheorie nur einfache Mathematik (z.B. ohne Differenzialrechnung) und konzentriert sich vor allem auf die Phänomene im elektromagnetischen Feld. Am Ende seines Buches gibt er ebenfalls einen einfach zu verstehenden Ausblick auf die Allgemeine Relativitätstheorie.

Die Darstellung der Vektor- und Tensorrechnung im Bereich der Speziellen Relativitätstheorie in diesem dritten Teil folgt der Beschreibung im Buch von Schutz [35]. Dort wird auch der Energie-Impuls-Tensor anschaulich hergeleitet. Die sonstigen Literaturempfehlungen zur Vertiefung der Vektor- und Tensorrechnung sind schon am Ende von Teil II aufgelistet worden.

Teil IV.

Grundlagen der Allgemeinen Relativitätstheorie

Einsteins Allgemeine Relativitätstheorie (ART), die er Ende 1915 vorstellte, ist eine Theorie der Schwerkraft. Der Name deutet schon an, dass die ART eine Verallgemeinerung der Speziellen Relativitätstheorie ist, die Einstein im Jahre 1905 veröffentlichte. Eine erste Frage stellt sich unmittelbar. Warum ist eine neue Theorie der Schwerkraft überhaupt erforderlich, wo doch die Newton'sche Gravitation über Jahrhunderte bewiesen hat, dass sie in der Lage ist, die allermeisten der beobachteten Phänomene, die mit der Schwerkraft zusammenhängen, zu erklären. Was hält die Planeten/Monde auf ihren Bahnen? Warum sind diese Bahnen elliptisch, und wie kann ich sie berechnen? Warum gibt es auf der Erde die Gezeiten der Meere, und wie kann man sie erklären? Warum und wann gibt eine Sonnenfinsternis? Warum fällt ein Apfel vom Baum? Für alle diese Fragen und noch viele mehr gibt die Newton'sche Gravitation befriedigende Antworten.

Eine zweite auf der Hand liegende Frage ist: Warum ist eine Verallgemeinerung der Speziellen Relativitätstheorie eine Theorie der Schwerkraft? Warum keine Theorie des Elektromagnetismus oder der Elementarteilchen oder eine ganz neue Theorie? Was ist das Besondere an der Schwerkraft, dass eine Verallgemeinerung der SRT, die ja eine Theorie von Raum und Zeit ist, zwangsläufig zu ihr führt?

Wir wollen hier, in diesem einführenden Abschnitt, vor allem die erste Frage versuchen zu beantworten. Der einfache Grund für die Notwendigkeit einer neuen Gravitationstheorie liegt darin, dass die Newton'sche Theorie nicht mit der Speziellen Relativitätstheorie vereinbar ist. Wenn man also davon ausgeht, dass die SRT richtig ist (und das unterstellen wir), so muss das Newton'sche Modell der Schwerkraft verworfen werden. Um das besser zu verstehen, schauen wir uns noch einmal das Newton'sche Gravitationsgesetz (siehe Formel 6.4 auf Seite 94) an, das besagt, dass die Kraft, die eine Masse M auf eine zweite Masse m ausübt, durch

$$\vec{F} = -\frac{GMm}{r^2} \cdot \vec{e}_r$$

gegeben ist, wobei der Vektor $\vec{e}_r$ der Einheitsvektor in Richtung $M \to m$ ist und r den Abstand der Massenzentren voneinander bezeichnet. Wenn wir annehmen, dass sich die Masse M zeitlich verändert, also eine Funktion der Zeitvariable t ist, so schreibt sich die Gleichung als

$$\vec{F}(t) = -\frac{GM(t)\,m}{r^2} \cdot \vec{e}_r.$$

Das bedeutet, dass die Kraft, die die Masse m zur Zeit t erfährt, von der Masse $M(t)$ zur gleichen Zeit t abhängt. Änderungen an der Masse M zum Zeitpunkt t am Ort der Masse M würden also *zeitgleich* am Ort der Masse m

spürbar sein. Das aber würde eine *unmittelbare* („**instantane**") Übertragung der Kraft erfordern im Widerspruch zur Speziellen Relativitätstheorie, die besagt, dass sich nichts schneller als mit Lichtgeschwindigkeit bewegen kann. Das Newton'sche Gravitationsgesetz ist somit *nicht* mit der Speziellen Relativitätstheorie *vereinbar*.

Wir können die Unverträglichkeit der beiden Theorien auch mit folgenden, eher formalen Überlegungen nachweisen. Wir definieren das Vektorfeld $\vec{g}$ durch

$$\vec{g} = \frac{\vec{F}}{m} = -\frac{GM}{r^2} \cdot \vec{e}_r,$$

d.h., $\vec{g}$ ist eine Art gravitative Feldstärke, ein Schwerkraftfeld pro Masseneinheit. Das Vektorfeld $\vec{g}$ hängt von r, aber nicht von t ab. Ein solches (dreidimensionales) Vektorfeld ist aber mit der Speziellen Relativitätstheorie nicht vereinbar, da es nicht Lorentz-invariant sein kann. Dazu müsste - wie wir in Teil III gesehen haben - $\vec{g}$ ein Vierervektor sein.

Es sollte aber klar sein, dass ungeachtet der Tatsache, dass die Newton'sche Theorie „falsch" ist, jede neue Theorie der Schwerkraft die Newton'sche „im Bauch haben muss", d.h., die neue Theorie muss das Newton'sche Schwerkraftgesetz als Spezialfall beinhalten.

Dieser Teil IV des Buches ist ähnlich aufgebaut wie Teil I und III. Zunächst wollen wir einfache physikalische Überlegungen anstellen, die in die Problematik der Allgemeinen Relativitätstheorie einführen und deutlich machen, dass wir physikalisch und mathematisch neue Wege beschreiten müssen, um zu einer quantitativen Beschreibung der Phänomene rund um die Schwerkraft zu gelangen. Danach beschäftigen wir uns mit den mathematischen Grundlagen, die erforderlich sind, um die physikalischen Gesetze der ART aufstellen zu können. Dabei werden wir die in den ersten Teilen schon eingeübte Vektor- und Tensorrechnung nochmals verallgemeinern und erweitern, um schließlich zu den Einsteingleichungen zu gelangen. Basierend auf diesen grundlegenden, sehr allgemeinen und abstrakt formulierten Gesetzen wollen wir anschließend Phänomene im erdnahen Umfeld (sprich in unserem Sonnensystem) untersuchen und jeweils Vergleiche mit den entsprechenden Ergebnissen aus der Newton'schen Gravitationstheorie vornehmen. Wir werden feststellen, dass die Einstein'sche Theorie einige der Schwachpunkte der Vorgängertheorie ausmerzt und somit eine befriedigende Erklärung von tatsächlich gemessenen physikalischen Phänomen bietet.

Weil wir für die notwendigen Erweiterungen der Tensorrechnung schon in den früheren Kapiteln eine gute Grundlage gelegt haben, sind diese aus meiner Sicht leichter zu bewältigen als die konkreten Schlussfolgerungen aus den abstrakten Einsteingleichungen, die wir in den letzten Kapiteln ableiten werden. Jede (noch so einfache) Lösung dieser Gleichungen erfordert enorm viel

Rechenaufwand, wenn man konkrete Phänomene, wie z.B. die Bewegung eines Teilchens in einem Gravitationsfeld detailliert ausrechnen will. Aber auch hier gilt der Grundsatz, dass wir Schritt für Schritt vorgehen und die Ableitungen und Umformungen ausführlich dokumentieren.

18. Gravitation und Raumzeitmodell

Wir beginnen mit einigen Überlegungen, die zeigen, dass das Raumzeitmodell der Speziellen Relativitätstheorie erweitert werden muss, damit die physikalischen Phänomene, die mit der Gravitation zusammenhängen, erklärt werden können. Wir greifen zunächst noch einmal die Äquivalenz zwischen träger und schwerer Masse auf und zeigen, dass sich Uhren im Newton'schen Gravitationsfeld verlangsamen.

18.1. Äquivalenzprinzip

Die im Abschn. 6.5 als Äquivalenzprinzip beschriebene Gleichheit von schwerer und träger Masse führt dazu, dass Körper - ungeachtet welche Masse sie haben - im erdnahen Gravitationsfeld eine exakt gleich große Fallbeschleunigung erfahren. Bezeichnet m_s die schwere Masse und m_t die träge Masse eines Körpers, so gilt nach dem zweiten Newton'schen Gesetz und dem Fallgesetz von Galilei

$$F = m_t a = -m_s g,$$

wobei a die Beschleunigung und g die zum Erdmittelpunkt gerichtete Erdbeschleunigung sind. Sind also m_t und m_s gleich, so erhält man die für jeden Körper gültige Beziehung

$$a = -g,$$

d.h., die Fallbeschleunigung a ist für alle Körper gleich, wobei der Luftwiderstand und andere mögliche Kräfte vernachlässigt sind. Stellen wir uns nun vor, wir würden mit einem schweren Ball gemeinsam von einem hohen Turm fallen. Der Ball würde an unserer Seite verbleiben und wir hätten den Eindruck, dass keinerlei Kräfte auf ihn wirken. Wenn wir dem Ball einen Schubs geben, so würde er sich mit gleichmäßiger Geschwindigkeit in einer geraden Linie von uns entfernen (auch nach unten!). Natürlich würden der Ball und wir durch die gemeinsame Fallbeschleunigung nach unten auf die Erde zu fallen, die relativen Bewegungen zwischen uns wären aber gleichmäßig. Die auf uns und den Ball wirkenden Fallbeschleunigungen heben sich gegenseitig auf. Wir können damit das Äquivalenzprinzip umformulieren:

M. Ruhrländer, *Aufstieg zu den Einsteingleichungen*,
https://doi.org/10.1007/978-3-662-62546-0_18

> *Äquivalenzprinzip*: Im erdnahen Gravitationsfeld erscheinen einem frei fal-
> lenden Beobachter alle Objekte so, als ob kein Gravitationsfeld vorhanden
> wäre. Das heißt, für einen frei fallenden Beobachter sind die physikalischen
> Gesetzmäßigkeiten so, wie sie „weit draußen" im Universum ohne gravitative
> Beeinflussung durch irgendwelche Massen wären.

Natürlich würden wir auch ohne Luftreibung spüren, dass wir uns im freien
Fall befinden. Das liegt aber nur daran, dass unser Körper an das Schwerefeld
der Erde gewöhnt ist. Rein physikalisch betrachtet, ist der freie Fall gleichbedeutend mit einem Zustand ohne Gravitation, wenn wir ein homogenes Gravitationsfeld unterstellen. Dabei heißt **homogen**, dass das Feld zeitlich und
räumlich konstant ist und immer in die gleiche Richtung zeigt.

Man kann die Argumentation, dass frei fallende Beobachter gravitations-
frei sind, auch umdrehen. Wir benutzen dazu ein Gedankenexperiment, das in
ähnlicher Form von Einstein erfunden wurde. Wir unterstellen, dass sich eine
Rakete in einem leeren Raum ohne Gravitation mit gleichmäßiger Beschleunigung g bewegt. Einem Beobachter im Inneren der Rakete erscheint es so,
als ob in der Rakete ein Gravitationsfeld vorhanden ist. Lässt er Gegenstände
fallen, so fallen sie aus seiner Sicht alle unabhängig von ihrer internen Zusammensetzung mit der gleichen Beschleunigung auf den Boden der Rakete. Von
außen gesehen, fallen die Gegenstände nicht auf den Boden, sondern bleiben
da, wo sie losgelassen werden. Der Boden bewegt sich wegen der gleichmäßigen
Beschleunigung allerdings so auf die Gegenstände zu, dass der Raketeninsasse
den Eindruck hat, dass die Gegenstände auf den Boden fallen. Hält er einen
Gegenstand in seiner Hand, so spürt er ein Gewicht, das exakt mit dem übereinstimmt, das der Gegenstand auch auf der Erde hätte. Setzen wir voraus,
dass er nur wahrnehmen kann, was innerhalb der Rakete passiert, so kann er
seinen Zustand nicht von dem unterscheiden, bei dem die Rakete auf dem Erdboden steht. In diesem Sinne sind homogene Gravitationsfelder äquivalent zu
Bezugssystemen, die gegenüber einem Inertialsystem gleichmäßig beschleunigt
sind.

18.2. Gravitative Rotverschiebung

Wir wollen das neu formulierte Äquivalenzprinzip benutzen, um zu zeigen, dass
die Schwerkraft eine Rotverschiebung des Lichtes verursacht. Dazu nehmen wir
an, dass sich ein Beobachter am Erdboden befindet und einen Lichtstrahl mit
der Frequenz f_u zu einem zweiten Beobachter auf einem Turm der Höhe h
hinaufschickt. Der Beobachter auf dem Turm misst die Frequenz f_o des ihn
erreichenden Lichtes. Wir nehmen weiterhin an, dass es einen dritten Beob-

achter gibt, der beim Auslösen des Lichtblitzes vom Turm fällt, also zu einem frei fallenden Beobachter wird. Dieser nimmt den Lichtstrahl so wahr, als ob keine Gravitation vorhanden wäre und er selbst sich in Ruhe befinden würde. Für ihn ändert sich die Frequenz des ausgesandten Lichtes nicht, er misst die gleiche Frequenz f_u wie der am Boden befindliche Beobachter. Das gilt auch für den Zeitpunkt, in dem das Licht die Turmspitze erreicht hat. In dieser kurzen Zeitspanne ist der dritte Beobachter gefallen, d.h., relativ zu ihm hat sich der zweite Beobachter auf dem Turm von der Lichtquelle entfernt. Nach dem Doppler-Effekt misst der Beobachter auf dem Turm eine kleinere Frequenz des Lichtes, für ihn findet eine Rotverschiebung statt. Um zu ermitteln, wie groß diese ist, berechnen wir die Geschwindigkeit des frei fallenden Beobachters, wenn das Licht die Turmspitze erreicht. Da die Fallgeschwindigkeit des dritten Beobachters verglichen mit der der Lichtgeschwindigkeit klein ist, verwenden wir zur Berechnung der Einfachheit halber die klassische Doppler-Effekt-Formel 12.11 auf Seite 254. Um die Turmspitze zu erreichen, braucht das Licht die Zeit h (beachte, dass wir weiterhin mit natürlichen Einheiten arbeiten, d.h., die Lichtgeschwindigkeit ist $c = 1$). In dieser Zeit ist der fallende Beobachter mit der Erdbeschleunigung g gefallen, d.h., seine Endgeschwindigkeit ist $v = gh$. Damit folgt mit der klassischen Doppler-Formel (12.11)

$$f_o = (1 - v)\, f_u = (1 - gh)\, f_u. \tag{18.1}$$

Der Unterschied zwischen den beiden Frequenzen ist sehr gering, ist z.B. der Turm 100 m hoch, dann ist die Geschwindigkeit $v = gh$ nur $1,1 \times 10^{-14}$ groß. Trotzdem konnte der Effekt schon in den 1960er-Jahren in vielen Versuchen mit hoher Genauigkeit nachgewiesen werden, siehe [42]. Heutzutage wird er z.B. routinemäßig bei der Korrektur von Zeitunterschieden bei der Übermittlung von GPS-Signalen berücksichtigt.

Wie schon im Abschn. 12.3 dargestellt, ist die Rotverschiebung sowohl eine Eigenschaft des Beobachters wie auch des Lichtes selbst. Licht hat je nach Höhe im Gravitationsfeld der Erde unterschiedliche Frequenzen. Messen wir die Frequenz in einer bestimmten Höhe über dem Erdboden und vergleichen sie mit der auf dem Erdboden, so sehen wir eine Rotverschiebung, messen wir die Frequenz des Lichtes im freien Fall, so sehen wir keine Rotverschiebung.

Die gravitative Rotverschiebung hat auch Auswirkungen auf die Zeit selbst: Schwerkraft verlangsamt die Zeit. Stellen wir uns vor, es gäbe zwei identische Uhren, die mit der gleichen Frequenz f_u „ticken" wie das vom Boden ausgesandte Licht im obigen Gedankenexperiment. Eine Uhr bringen wir auf die Turmspitze, die andere bleibt am Boden. Wir senden Licht mit der Frequenz f_u vom Boden zur Turmspitze und zwar ca. 10^{20} Ticks lang. Da sichtbares Licht mit etwa 10^{15} pro Sekunde oszilliert, würde das ungefähr einen Tag bedeuten.

Nun empfängt die Uhr auf der Turmspitze das Licht vom Boden rotverschoben, die Frequenz ist um etwa einen Tick in 10^{14} geringer als seine eigene. Das heißt, die Uhr unten geht vom Beobachter oben gesehen langsamer! Innerhalb eines Tages hat also die Uhr oben ca. 10^6-mal häufiger getickt als die Uhr unten. Bringt man anschließend beide Uhren wieder zusammen, so stellt man diesen Zeitunterschied fest. Er beträgt zwar nur eine Nanosekunde ($1\,\mathrm{ns} = 10^{-9}\,\mathrm{s}$), ist aber messbar und in vielen Experimenten nachgewiesen. Die Bauart der Uhren spielt keine Rolle bei der gravitativen Verlangsamung der Zeit: *Alle* Uhren laufen schneller, wenn sie sich „höher" im Gravitationsfeld befinden. Und physikalisch ist Zeit ohnehin nur das, was man mit Uhren messen kann.

18.3. Lichtablenkung an der Sonne im Newton'schen Gravitationsfeld

Wir wollen mit dem Äquivalenzprinzip zeigen, dass Licht seine Richtung ändert, wenn es die Sonne passiert. Die Fallbeschleunigung im Newton'schen Gravitationsfeld der Sonne beträgt nach Gl. 6.30 auf Seite 132

$$a = \frac{GM_S}{d^2}$$

für ein Teilchen, das sich im Abstand d von der Sonne befindet, wobei M_S die Masse der Sonne bezeichne, siehe Tab. 30.3.

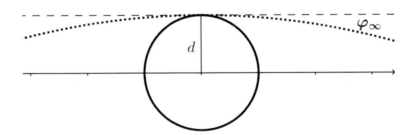

Abbildung 18.1.: Lichtablenkung an der Sonne nach Newton

In Abb. 18.1 ist ein Lichtstrahl (gepunktete Linie) eingezeichnet, der genau an der Sonnenoberfläche vorbeistreift, d.h., der Abstand d ist der Radius der Sonne. Die gestrichelte Linie zeigt, wie der Lichtstrahl laufen würde, wenn er nicht von dem Gravitationsfeld der Sonne abgelenkt würde. Der Winkel φ_∞

gibt die Größe der Ablenkung an. Wir wollen diesen Beugungswinkel näherungsweise bestimmen. Dazu machen wir ein ähnliches Gedankenexperiment wie im letzten Abschnitt. Wir betrachten einen Lichtstrahl, der die Sonne passiert. Für einen im Gravitationsfeld der Sonne frei fallenden Beobachter bewegt sich der Lichtstrahl auf einer geraden Linie. Da aber der frei fallende Beobachter sich auf das Gravitationszentrum zubewegt, muss das Licht kontinuierlich seine Richtung ändern, damit der Beobachter es als gerade Linie wahrnehmen kann. Um die Größe dieses Effekts abzuschätzen, stellen uns vor, dass sich der Beobachter im Abstand d, also dort, wo der Lichtstrahl der Sonne am nächsten kommt, relativ zur Sonne in Ruhe befindet. In dem Augenblick, wo ihn der Lichtstrahl passiert, fällt er mit der obigen Beschleunigung auf das Innere der Sonne zu. Das Licht bewegt sich mit der Lichtgeschwindigkeit c und erfährt die größte Ablenkung in einer Zeit der Größenordnung $t \approx d/c$, also der Zeit, die das Licht braucht, um wieder deutlich von der Sonne entfernt zu sein. Während dieser Zeit hat der Beobachter eine zum Lichtstrahl senkrecht stehende Geschwindigkeit von

$$v = a \cdot t \approx \frac{GM_S d}{d^2}\frac{}{c} = \frac{GM_S}{cd}$$

erreicht. Nach dem Äquivalenzprinzip muss das Licht die gleiche Geschwindigkeit senkrecht zu seiner ursprünglichen Richtung erhalten haben. Da sich die Geschwindigkeit des Lichtes in der ursprünglichen Richtung nur wenig geändert hat, berechnen wir den Beugungswinkel durch einfache Geometrie. Das Verhältnis v/c gibt ungefähr die Steigung der gepunkteten Linie an, d.h.

$$\tan \varphi_\infty \approx \frac{v}{c}.$$

Da der Beugungswinkel φ_∞ klein ist, können wir den Tangens mit dem Differenzial abschätzen

$$\tan \varphi_\infty \approx \underbrace{\tan 0}_{=0} + \varphi_\infty \tan'(0) = \varphi_\infty(1 + \tan^2(0)) = \varphi_\infty.$$

Dabei haben wir benutzt, dass die Ableitung von $\tan x$ gleich $1 + \tan^2 x$ ist. Wir erhalten

$$\varphi_\infty \approx \frac{v}{c} \approx \frac{GM_S}{c^2 d}.$$

Die Gesamtabweichung ist doppelt so groß, da sowohl das einfallende als auch das ausfallende Licht gleichsam abgelenkt werden, d.h., die Vorhersage aus der Newton'schen Gravitationstheorie für die Gesamtablenkung von Licht an der Sonne beträgt

$$\frac{2GM_S}{c^2 d}.$$

Wir werden im Abschn. 23.7 sehen, dass die Allgemeine Relativitätstheorie eine Vorhersage über die Ablenkung des Lichtes durch die Sonne macht, die doppelt so groß wie die Newton'sche ist. Diese Vorhersage von Einstein wurde erstmals 1919 bei einer Sonnenfinsternis experimentell überprüft und seitdem ebenso in zahlreichen weiteren Experimenten bestätigt. Die Newton'sche Vorhersage für die Lichtablenkung an der Sonne stimmt also nicht mit den Experimenten überein. Sie ist neben weiteren Phänomenen (wie z.B. der Periheldrehung des Merkurs) ein Indiz dafür, dass man insbesondere für Objekte mit hohen Geschwindigkeiten oder großen Massen eine Erweiterung der bisherigen Gravitationstheorie braucht.

18.4. Gravitation und Krümmung

In der Speziellen Relativitätstheorie wird unterstellt, dass es Inertialsysteme gibt, die die gesamte Raumzeit ausfüllen. Jedes Ereignis kann durch ein einziges Inertialsystem beschrieben werden, dessen Koordinatenpunkte sich relativ zum Ursprung in Ruhe befinden und dessen Uhren an jedem Raumpunkt mit der Uhr im Ursprung synchronisiert sind. Wir werden in diesem Abschnitt zeigen, dass es in einem nichthomogenen Gravitationsfeld nicht möglich ist, ein **globales Inertialsystem** zu konstruieren, in dem alle Uhren gleich gehen. So gesehen sind Gravitationsfelder nicht kompatibel mit der Speziellen Relativitätstheorie. Es gibt allerdings die Möglichkeit, in „kleinen" Raumzeitgebieten (klein genug, sodass die Inhomogenitäten der gravitativen Kräfte nicht messbar sind) sogenannte **lokale Inertialsysteme** zu definieren.

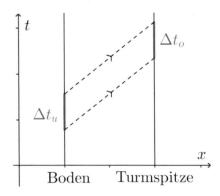

Abbildung 18.2.: Die Erde ist kein Inertialsystem

Zunächst zeigen wir, dass es nicht möglich ist, z.B. ein Labor auf der Erde als ein Ruhesystem im Sinne der Speziellen Relativitätstheorie zu betrachten. Wir verwenden wieder das Gedankenexperiment von oben und stellen uns vor,

dass kurz nacheinander zwei Lichtsignale vom Boden zur Turmspitze hinauf-
geschickt werden. In Abb. 18.2 ist ein Minkowski-Diagramm gezeichnet, das
den Boden und die Spitze des Turmes als ruhend darstellt, deren Weltlinien
verlaufen also senkrecht. In dem Zeitintervall Δt_u werden die zwei Lichtsignale vom Boden ausgesendet. Die gestrichelten Linien sollen andeuten, dass
es grundsätzlich möglich ist, dass sich Lichtstrahlen in dem Gravitationsfeld
der Erde *nicht* auf einer geraden Linie bewegen, wie wir es in der Grafik der
Einfachheit halber unterstellt haben. Aber wie auch immer die Weltlinien des
Lichtes in einem Gravitationsfeld verlaufen, der Effekt muss für beide Lichtstrahlen derselbe sein, da wir annehmen, dass das Gravitationsfeld zeitlich
und räumlich homogen, also konstant ist. Das heißt, die Weltlinien der beiden
Lichtstrahlen verlaufen kongruent und wir schließen aus der angenommenen
Minkowski-Geometrie, dass $\Delta t_u = \Delta t_o$ ist. Nun wissen wir aber aufgrund der
Rotverschiebung durch das Gravitationsfeld, dass $\Delta t_o > \Delta t_u$ ist. Also ist die
angenommene Minkowski-Geometrie falsch und das Laborsystem auf der Erde
ist kein Inertialsystem.

Das heißt allerdings noch nicht, dass es überhaupt keine Inertialsysteme in
Gravitationsfeldern gibt. Eine wichtige Eigenschaft von Inertialsystemen besteht darin, dass sich ein Teilchen mit konstanter Geschwindigkeit bewegt,
solange keine Kraft ausgeübt wird. Die Gravitationskraft unterscheidet sich
von allen anderen Kräften dadurch, dass alle Körper mit derselben Anfangsgeschwindigkeit derselben Weltlinie folgen. Von daher ist ein Bezugssystem,
das frei in einem Gravitationsfeld fällt, ein Kandidat für ein Inertialsystem,
da - wie im letzten Abschnitt ausgeführt - in einem solchen Bezugssystem un-
beschleunigte Teilchen eine uniforme Geschwindigkeit beibehalten. Wir haben
in Abschn. 18.2 gezeigt, dass in einem frei fallenden Bezugssystem keine gravitative Rotverschiebung auftritt. Man könnte also annehmen, dass ein frei
fallendes Bezugssystem im Gravitationsfeld der Erde ein (globales) Inertialsystem darstellt. Doch auch das ist nicht der Fall, da frei fallende Bezugssysteme
auf unterschiedlichen Seiten der Erde in unterschiedliche Richtungen fallen. Es
ist also weiter nicht möglich, ein globales Inertialsystem zu konstruieren.

Das Höchste, was wir anstreben können, sind sogenannte *lokale* Inertialsysteme, mit denen wir uns jetzt beschäftigen wollen. Wir betrachten dazu ein frei
fallendes Bezugssystem im Gravitationsfeld der Erde. Auf der linken Seite von
Abb. 18.3 sind vier Teilchen T_1, T_2, T_3, T_4 eingezeichnet, die sich zum Zeitpunkt
$t = 0$ in einem frei fallenden Bezugssystem (gestrichelter Kasten) auf die Erde
zu bewegen. Die vier Teilchen sind aus rein optischen Gründen miteinander
verbunden gezeichnet, bewegen sich aber unabhängig voneinander.

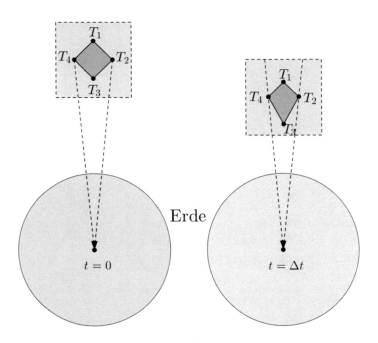

Abbildung 18.3.: Das Gravitationsfeld der Erde ist nichthomogen

Zum Zeitpunkt $t = 0$ bilden die vier Teilchen die Eckpunkte eines (gedachten) Quadrats. Nach dem Newton'schen Gravitationsgesetz

$$\vec{F} = -\frac{Gm_1 m_2}{r^2}\,\vec{e}_r$$

ist die Gravitationskraft auf den Erdmittelpunkt gerichtet, d.h., die Teilchen T_1 und T_3 fallen senkrecht nach unten, die Teilchen T_2 und T_4 entlang der gestrichelten Pfeile. Nach einer Zeitspanne Δt hat das Bezugssystem die Position auf der rechten Seite der Abbildung erreicht. Wir beobachten, dass sich die Positionen der Teilchen relativ zueinander zu einem *Drachenviereck* verändert haben. Zum einen sind die Teilchen T_2 und T_4 durch die Bewegung entlang der gestrichelten Pfeile aufeinander zugefallen, sie haben sich durch die waagerechte Komponente der Gravitationskraft einander angenähert. Zum anderen hat sich der Abstand zwischen T_1 und T_3 vergrößert. Dies ist darauf zurückzuführen, dass im Newton'schen Gravitationsfeld die Kraft zwar zeitlich, aber nicht räumlich konstant ist. Teilchen, die sich näher am Gravitationszentrum befinden (T_3), erfahren eine stärkere gravitative Beschleunigung als Teilchen, die weiter entfernt sind (T_1). Teilchen, die im Gravitationsfeld der Erde frei fallen, erfahren also Kräfte, die sie horizontal zusammendrücken und vertikal auseinanderziehen. Diese Kräfte werden **Gezeitenkräfte** genannt und sind diejenigen, die letztlich für Ebbe und Flut auf der Erde verantwortlich sind. Die Inhomogenitäten (unterschiedliche Richtungen, räumlich unterschiedliche Beschleunigungen) im Gravitationsfeld sorgen also dafür, dass sich Teilchen, die mit der gleichen Anfangsgeschwindigkeit frei fallen, *nicht* entlang paralleler Trajektorien bewegen, d.h., sie sorgen dafür, dass es kein globales Inertialsystem geben kann. Kann man die Inhomogenitäten vernachlässigen, so ist ein frei fallendes Bezugssystem ein Inertialsystem. Jedes Gravitationsfeld kann in einer „kleinen" Raumzeitregion als homogen angenommen werden, sodass lokale Inertialsysteme konstruiert werden können. Lokale Inertialsysteme sind den momentanen Bezugssystemen von Fluiden ähnlich, hier ist das Bezugssystem nur in einer kleinen Region und für kurze Zeit inertial. Wie klein das Raumzeitgebiet bei physikalischen Untersuchungen gewählt werden muss, hängt einerseits von der Stärke der Inhomogenitäten und andererseits von der Experimentsituation ab. Da jede Inhomogenität grundsätzlich aufspürbar ist, kann ein Bezugssystem mathematisch nur in einer verschwindend kleinen Region inertial sein und eine Theorie der Gravitation muss lokale Inertialsysteme mit beinhalten.

In der Speziellen Relativitätstheorie bleiben die Weltlinien zweier Teilchen immer parallel zueinander, wenn sie parallel gestartet sind. Das ist auch eine wichtige Eigenschaft der euklidischen Geometrie („Parallelenaxiom"). Die Raumzeitgeometrie der Speziellen Relativitätstheorie ist zwar nicht euklidisch, denn die Metrik $\mathbf{g} \to \eta_{\alpha\beta}$ der SRT ist von der euklidischen Metrik $\delta_{\alpha\beta}$ verschieden, wie wir in Teil III gezeigt haben. Trotzdem gilt auch in der Raumzeitgeometrie der SRT das Parallelenaxiom. Wir haben gesehen, dass in einem inhomogenen Gravitationsfeld die Weltlinien zweier Teilchen nicht parallel bleiben, auch wenn sie parallel gestartet sind. Wir wollen Räume, die das Parallelenaxiom nicht erfüllen, kurz **gekrümmte Räume** (andernfalls **flache Räume**) nennen, auch wenn diese Sprachregelung nicht genau der exakten mathematischen Definition entspricht.

Zum Beispiel ist die Erdoberfläche gekrümmt. Wenn zwei Menschen am Äquator parallel zueinander Richtung Norden starten und immer geradeaus weiterlaufen, so treffen sie sich am Nordpol. Oder allgemeiner: Lokal gerade Linien auf einer Kugeloberfläche bilden aneinander geheftet sogenannte Großkreise, und Großkreise haben gemeinsame Schnittpunkte. Nichtsdestoweniger kann man behaupten, dass die Erdoberfläche lokal flach ist. Es führt zu keinen großen Verwerfungen (d.h. Verzerrungen der Entfernungen), wenn man einen Stadtplan auf ein flaches Stück Papier druckt, während der Versuch, die gesamte Erde „flach zu machen", schiefgeht. Die Kugeloberfläche ist also lokal flach, aber die lokal geraden Linien, die man **Geodäten** (Großkreise auf einer Kugeloberfläche sind also Geodäten) nennt, bleiben im Allgemeinen nicht parallel.

Einsteins großer Fortschritt bei der Entwicklung der Allgemeinen Relativitätstheorie war die Erkenntnis, dass die gravitative Theorie, die er aufstellen wollte, auf einer Geometrie basieren müsste, mit der man eine gekrümmte Raumzeit beschreiben kann. Er identifizierte die Weltlinien frei fallender Teilchen mit den Geodäten dieser gekrümmten Raumzeit. Die Weltlinien sind in den lokalen Inertialsystemen gerade Linien, aber global bleiben sie nicht parallel.

Wir werden in den nächsten Kapiteln diesem Gedanken folgen und nach einer Theorie der Gravitation Ausschau halten, die eine gekrümmte Raumzeit unterstellt, um die Effekte der Gravitation auf die Weltlinien von Teilchen zu erläutern. Dazu müssen wir mehr über (die Mathematik von) Raumzeit und Krümmungen wissen. Der einfachste Weg, dieses zu erlernen, besteht darin, einige der in Kap. 8 eingeführten Begriffe und Konzepte über krummlinige Koordinatensysteme von der euklidischen Ebene zu übernehmen und anschließend auf die vierdimensionale Raumzeit zu übertragen, was wir zunächst an einigen Beispielen demonstrieren wollen.

18.5. Allgemeine Koordinatensysteme

Wir beschäftigen uns in diesem Abschnitt mit beliebigen Nichtinertialsystemen in der Raumzeit der SRT. Die als Tensorgleichungen formulierten Gesetze der Speziellen Relativitätstheorie gelten zwar nur in Inertialsystemen, das heißt aber nicht, dass andere Bezugssysteme unzulässig sind.

Beschleunigte Bezugssysteme in der SRT

In der klassischen Mechanik verwendet man z.B. rotierende Bezugssysteme zur Beschreibung der Kreiselbewegungen, obwohl die Newton'schen Gesetze zunächst nur in Inertialsystemen gelten. Als Beispiel für ein beschleunigtes Bezugssystem betrachten wir ein Bezugssystem K' („gestrichene" Koordinaten z.B. $\alpha', \beta', \mu', \nu'$, die jeweils die Werte t', x', y', z' annehmen können), das gegenüber einem Inertialsystem S (Koordinaten $\alpha, \beta, \mu, \nu = t, x, y, z$) gleichförmig um die z-Achse rotiert. Eine einfache Form der Transformation zwischen den beiden Koordinatensystemen ist gegeben durch

$$
\begin{aligned}
t &= t' \\
x &= x' \cos(\omega t') - y' \sin(\omega t') \\
y &= x' \sin(\omega t') + y' \cos(\omega t')
\end{aligned}
$$

$$z = z',$$

wobei ω die (konstante) Winkelgeschwindigkeit bezeichnet (vgl. die Herleitung der Formel 8.14 auf Seite 158). Wie berechnen das infinitesimale Raumzeitintervall (12.22) im Inertialsystem S

$$ds^2 = \eta_{\alpha\beta}\, d\alpha d\beta = -dt^2 + dx^2 + dy^2 + dz^2. \tag{18.2}$$

Um die rechte Seite in α' Koordinaten auszudrücken, beachten wir, dass die Koordinaten t, x, y, z Funktionen der Koordinaten t', x', y', z' sind, also

$$
\begin{aligned}
t &= t(t', x', y', z') \\
x &= x(t', x', y', z') \\
y &= y(t', x', y', z') \\
z &= z(t', x', y', z')
\end{aligned}
$$

und berechnen mit Gl. 4.8 auf Seite 63 die Differenziale

$$
\begin{aligned}
dt &= dt' \\
dx &= \frac{\partial x}{\partial t'}\, dt' + \frac{\partial x}{\partial x'}\, dx' + \frac{\partial x}{\partial y'}\, dy' + \frac{\partial x}{\partial z'}\, dz' \\
&= \omega\left(-x'\sin(\omega t') - y'\cos(\omega t')\right) dt' + \cos(\omega t)\, dx' - \sin(\omega t)\, dy' \\
dy &= \frac{\partial y}{\partial t'}\, dt' + \frac{\partial y}{\partial x'}\, dx' + \frac{\partial y}{\partial y'}\, dy' + \frac{\partial y}{\partial z'}\, dz' \\
&= \omega\left(x'\cos(\omega t') - y'\sin(\omega t')\right) dt' + \sin(\omega t)\, dx' + \cos(\omega t)\, dy' \\
dz &= dz'.
\end{aligned}
$$

Quadrieren und Addieren ergibt nach einigen einfachen Rechnungen

$$
\begin{aligned}
ds^2 &= \left(\omega^2(x'^2 + y'^2) - 1\right) dt'^2 + dx'^2 + dy'^2 + dz'^2 \\
&\quad - 2\omega y'\, dt' dx' + 2\omega x'\, dt' dy' \\
&= g_{\mu'\nu'}\, d\mu' d\nu'.
\end{aligned}
$$

Wir haben also durch die Differenziale

$$d\alpha = \frac{\partial \alpha}{\partial \mu'}\, d\mu'$$

und durch das Raumzeitintervall

$$ds^2 = \eta_{\alpha\beta}\, d\alpha d\beta = \eta_{\alpha\beta}\, \frac{\partial \alpha}{\partial \mu'} \frac{\partial \beta}{\partial \nu'}\, d\mu' d\nu'$$

die Komponenten einer Größe $g_{\mu'\nu'}$ („Metrik") durch

$$g_{\mu'\nu'} = \eta_{\alpha\beta} \frac{\partial\alpha}{\partial\mu'} \frac{\partial\beta}{\partial\nu'} \tag{18.3}$$

definiert (dass dies die Komponenten eines Tensors sind, zeigen wir später, allerdings weist die Art und Weise der Transformation deutlich darauf hin). Im beschleunigten Bezugssystem hat das Raumzeitintervall also eine kompliziertere Gestalt, die Größen $g_{\mu'\nu'}$ sind zwar symmetrisch ($g_{\mu'\nu'} = g_{\nu'\mu'}$), aber zeit- und ortsabhängig, und im Gegensatz zu

$$(\eta_{\mu\nu}) = \begin{pmatrix} -1 & 0 & 0 & 0 \\ 0 & 1 & 0 & 0 \\ 0 & 0 & 1 & 0 \\ 0 & 0 & 0 & 1 \end{pmatrix}$$

ist

$$(g_{\mu'\nu'}) = \begin{pmatrix} \omega^2\left(x'^2 + y'^2\right) - 1 & -\omega y' & \omega x' & 0 \\ -\omega y' & 1 & 0 & 0 \\ \omega x' & 0 & 1 & 0 \\ 0 & 0 & 0 & 1 \end{pmatrix}$$

keine Diagonalmatrix. Wir berechnen mit (18.3) nochmals explizit die Komponente $g_{t't'}$ der Metrik

$$g_{t't'} = \eta_{\alpha\beta} \frac{\partial\alpha}{\partial t'} \frac{\partial\beta}{\partial t'} = -\frac{\partial t}{\partial t'} \frac{\partial t}{\partial t'} + \frac{\partial x}{\partial t'} \frac{\partial x}{\partial t'} + \frac{\partial y}{\partial t'} \frac{\partial y}{\partial t'} + \frac{\partial z}{\partial t'} \frac{\partial z}{\partial t'},$$

da nur die Diagonalelemente von $\eta_{\alpha\beta}$ von null verschieden sind. Setzen wir die Transformationen ein, so erhalten wir

$$
\begin{aligned}
g_{t't'} &= -1 + \left(\frac{\partial\left(x'\cos\left(\omega t'\right) - y'\sin\left(\omega t'\right)\right)}{\partial t'}\right)^2 \\
&\quad + \left(\frac{\partial\left(x'\sin\left(\omega t'\right) + y'\cos\left(\omega t'\right)\right)}{\partial t'}\right)^2 \\
&= -1 + \left(-x'\omega\sin\left(\omega t'\right) - y'\omega\cos\left(\omega t'\right)\right)^2 \\
&\quad + \left(x'\omega\cos\left(\omega t'\right) - y'\omega\sin\left(\omega t'\right)\right)^2 \\
&= -1 + \omega^2\left(x'^2\sin^2\left(\omega t'\right) + 2x'y'\sin\left(\omega t'\right)\cos\left(\omega t'\right) + y'^2\cos^2\left(\omega t'\right)\right) \\
&\quad + \omega^2\left(x'^2\cos^2\left(\omega t'\right) - 2x'y'\sin\left(\omega t'\right)\cos\left(\omega t'\right) + y'^2\sin^2\left(\omega t'\right)\right) \\
&= -1 + \omega^2\left(x'^2 + y'^2\right),
\end{aligned}
$$

also wieder das obige Ergebnis.

In Gl. 2.11 auf Seite 40 haben wir die Zentripetalbeschleunigung von rotierenden Teilchen in der Ebene berechnet. Mit Formel (2.13) und

$$r' = \sqrt{x'^2 + y'^2}$$

ergibt sich als Betrag der Zentripetalbeschleunigung

$$a = \frac{v^2}{r'} = \frac{(\omega r')^2}{r'} = \omega^2 r' = \omega^2 \sqrt{x'^2 + y'^2}.$$

Die **Zentrifugalbeschleunigung** ist vom Betrag her gleich der Zentripetalbeschleunigung, sie wirkt allerdings nach außen, d.h.

$$\vec{a}_{zentrifugal} = \omega^2 \begin{pmatrix} x' \\ y' \end{pmatrix}.$$

Setzt man

$$\phi = -\frac{\omega^2}{2} \left(x'^2 + y'^2 \right),$$

so folgt für die **Zentrifugalkraft**

$$\vec{Z} = -m\nabla\phi = -m \begin{pmatrix} \partial\phi/\partial x' \\ \partial\phi/\partial y' \end{pmatrix} = -m \begin{pmatrix} -\omega^2 x' \\ -\omega^2 y' \end{pmatrix} = m\vec{a}_{zentrifugal}.$$

Man kann ϕ also als *Zentrifugalpotenzial* (siehe Definition 4.18 auf Seite 73) betrachten und feststellen, dass $g_{t't'}$ mit ϕ zusammenhängt:

$$g_{t't'} = -(1 + 2\phi) \tag{18.4}$$

Das Zentrifugalpotenzial taucht also in der Metrik auf. Wir werden später sehen, dass die ersten Ableitungen der Metrik die Kräfte in den relativistischen Bewegungsgleichungen bestimmen. Von daher kann man schon jetzt vermuten, dass die Gravitationsfelder durch die $g_{\mu'\nu'}$ beschrieben werden. Und da die Metrik auch die Raumzeitgeometrie bestimmt, hängen Gravitation und Raumzeitgeometrie zusammen.

Die Darstellung des Raumzeitintervalls

$$ds^2 = g_{\mu'\nu'} \, d\mu' d\nu'$$

durch die Metrik ändert nicht dessen Bedeutung, sondern nur die Berechnungsweise. Insbesondere gilt für die Anzeige einer Uhr im mitbewegten System K (Eigenzeit) wegen

$$dt = dt_E, dx' = dy' = dz' = 0$$

und wegen $dt_E^2 = -ds^2$ nach Gl.(12.25)

$$dt_E = \sqrt{-ds^2} = \sqrt{-g_{t't'}}\, dt' = \sqrt{1 + 2\phi}\, dt'.$$

Umgekehrt gilt wegen der Zeitdilatation (siehe Gl.(12.4))

$$dt_E = \sqrt{1 - v^2}\, dt',$$

was aber wegen

$$2\phi = -\omega^2(x'^2 + y'^2) = -\omega^2 r'^2 = -v^2$$

übereinstimmt.

Im Kap. 8 haben wir gezeigt, dass die Komponenten des metrischen Tensors in Polarkoordinaten in der euklidischen Ebene von den Koordinaten abhängen. Dieses gilt auch für die (natürliche) Erweiterung der Polarkoordinaten auf vierdimensionale euklidische **Zylinderkoordinaten**, die durch

$$
\begin{aligned}
t &= t' \\
x &= r\cos\varphi \\
y &= r\sin\varphi \\
z &= z'
\end{aligned}
$$

definiert werden. Für die Differenziale folgt

$$
\begin{aligned}
dt &= dt' \\
dx &= \frac{\partial x}{\partial t'}\, dt' + \frac{\partial x}{\partial r}\, dr + \frac{\partial x}{\partial \varphi}\, d\varphi + \frac{\partial x}{\partial z'}\, dz' = \cos\varphi\, dr - r\sin\varphi\, d\varphi \\
dy &= \frac{\partial y}{\partial t'}\, dt' + \frac{\partial y}{\partial r}\, dr + \frac{\partial y}{\partial \varphi}\, d\varphi + \frac{\partial y}{\partial z'}\, dz' = \sin\varphi\, dr + r\cos\varphi\, d\varphi \\
dz &= dz'.
\end{aligned}
$$

Und damit

$$
\begin{aligned}
ds^2 &= -dt^2 + dx^2 + dy^2 + dz^2 \\
&= -dt'^2 + \cos^2\varphi\, dr^2 - 2r\cos\varphi\sin\varphi\, dr\, d\varphi + r^2\sin^2\varphi\, d\varphi^2 \\
&+ \sin^2\varphi\, dr^2 + 2r\cos\varphi\sin\varphi\, dr\, d\varphi + r^2\cos^2\varphi\, d\varphi^2 + dz'^2 \\
&= -dt'^2 + \left(\sin^2\varphi + \cos^2\varphi\right) dr^2 + r^2\left(\sin^2\varphi + \cos^2\varphi\right) d\varphi^2 + dz'^2 \\
&= -dt'^2 + dr^2 + r^2 d\varphi^2 + dz'^2 \\
&= g_{\mu'\nu'}\, d\mu'\, d\nu'
\end{aligned}
$$

mit $\mu', \nu' = t', r, \varphi, z'$, d.h., die Komponenten der Metrik für Zylinderkoordinaten sind ebenfalls koordinatenabhängig. Die Koordinatenabhängigkeit des

metrischen Tensors kann also auf der Beschleunigung des betrachteten Bezugssystems *oder* auf der Benutzung eines nichtkartesischen Koordinatensystems
beruhen.

Wir können zusammenfassend feststellen, dass beschleunigte Bezugssysteme
in der SRT zulässig sind, allerdings hat das Raumzeitintervall nicht die einfache
Form wie in (18.2), es gilt vielmehr

$$ds^2 = g_{\mu'\nu'}(\{\alpha'\})\,d\mu'd\nu', \tag{18.5}$$

wobei die $g_{\mu'\nu'}$ Funktionen der Raumzeitpunkte und damit der Koordinaten

$$\{\alpha'\} = (t', x', y', z')$$

sind. Die $g_{\mu'\nu'}$ sind so bestimmt, dass das Raumzeitintervall ds^2 bei der Transformation $\alpha \to \alpha'$ unverändert bleibt.

Erweitertes Äquivalenzprinzip

Wir wollen noch einmal auf das Äquivalenzprinzip, also auf die Gleichheit von
schwerer und träger Masse (siehe die Abschn. 6.5 und 18.1) zurückkommen.
Wenn schwere und träge Masse gleich sind, sind Gravitationskräfte gleichzeitig Trägheitskräfte. Das heißt, man kann homogene Gravitationsfelder durch
einen Übergang in ein beschleunigtes Koordinatensystem eliminieren. Als einfaches Beispiel betrachten wir das als homogen angenommene Schwerefeld an
der Erdoberfläche, in dem die Newton'sche Bewegungsgleichung für einen Massenpunkt

$$m_t \ddot{\vec{r}} = m_s \vec{g} \tag{18.6}$$

gilt, wobei m_t die träge Masse und m_s die schwere Masse des Teilchens sowie

$$\vec{g} \to (0, 0 - g)$$

die konstante Erdbeschleunigung bezeichnen. Wir betrachten näherungsweise
ein auf der Erdoberfläche ruhendes System als Inertialsystem und folgende
Transformation zu einem beschleunigten Bezugssystem K'

$$
\begin{aligned}
t &= t' \\
x &= x' \\
y &= y' \\
z &= z' - \frac{1}{2}gt'^2.
\end{aligned}
$$

Der Ursprung von K' ($\vec{r}' = 0$) bewegt sich aus Sicht des ruhenden Systems so, dass $\vec{r} = \vec{g}\,t^2/2$ gilt. Setzen wir die Transformation in die Bewegungsgleichung (18.6) ein, so erhalten wir

$$m_t \ddot{\vec{r}}' = m_t \begin{pmatrix} \ddot{x}' \\ \ddot{y}' \\ \ddot{z}' \end{pmatrix} = m_t \begin{pmatrix} \ddot{x} \\ \ddot{y} \\ \ddot{z}+g \end{pmatrix} = m_t \begin{pmatrix} \ddot{x} \\ \ddot{y} \\ \ddot{z} \end{pmatrix} - m_t \begin{pmatrix} 0 \\ 0 \\ -g \end{pmatrix}.$$

Für den ersten Term auf der rechten Seite gilt nach der Newton'schen Bewegungsgleichung (18.6)

$$m_t \begin{pmatrix} \ddot{x} \\ \ddot{y} \\ \ddot{z} \end{pmatrix} = m_s \begin{pmatrix} 0 \\ 0 \\ -g \end{pmatrix},$$

sodass folgt

$$m_t \ddot{\vec{r}}' = m_s \begin{pmatrix} 0 \\ 0 \\ -g \end{pmatrix} - m_t \begin{pmatrix} 0 \\ 0 \\ -g \end{pmatrix} = (m_s - m_t) \begin{pmatrix} 0 \\ 0 \\ -g \end{pmatrix} = \begin{pmatrix} 0 \\ 0 \\ 0 \end{pmatrix},$$

da $m_t = m_s$. Die Gleichheit von träger und schwerer Masse ermöglicht also, ein Bezugssystem („frei fallend") zu wählen, in dem die Gravitationskräfte wegfallen. Im Abschn. 18.4 hatten wir schon dargestellt, dass in inhomogenen Gravitationsfeldern nur lokale Inertialsysteme existieren. Mit diesen Überlegungen können wir zusammenfassend das Äquivalenzprinzip präziser formulieren:

Äquivalenzprinzip: In lokalen Inertialsystemen laufen *alle* Vorgänge so ab, als ob kein Gravitationsfeld vorhanden wäre. In lokalen Inertialsystemen gelten die Gesetze der Speziellen Relativitätstheorie.

Abbildung 18.4.: Von der SRT durch Koordinatentransformation zur ART

Das Äquivalenzprinzip erlaubt die Aufstellung von relativistischen Gesetzen mit Gravitation. Dazu geht man von bekannten Gesetzen in der Speziellen Relativitätstheorie aus und transformiert diese durch eine allgemeine Koordinatentransformation in ein anderes Bezugssystem, siehe Abb. 18.4. In der Koordinatentransformation ist die relative Beschleunigung der beiden Bezugssysteme enthalten. Das auf der rechten Seite stehende Gesetz enthält das den Beschleunigungen entsprechende Gravitationsfeld.

Lesen wir das obige Beispiel einmal rückwärts, so ist

$$m\ddot{\vec{r}}' = 0$$

das Gesetz im (frei fallenden) Inertialsystem, und wendet man die Koordinatentransformationen an, so erhält man

$$m\ddot{\vec{r}} = m\vec{g},$$

also die Bewegungsgleichung im Gravitationsfeld. Im allgemeinen Fall eines inhomogenen Gravitationsfeldes ist eine solche Koordinatentransformation allerdings nicht global wie in diesem einfachen Beispiel, sondern nur lokal möglich.

19. Die mathematischen Grundlagen der gekrümmten Raumzeit

In diesem Kapitel wollen wir einen Blick auf die mathematischen Konzepte werfen, die man braucht, um die vierdimensionale gekrümmte Raumzeit zu beschreiben. Die dazu benötigten mathematischen Hilfsmittel wurden Mitte des 19. Jahrhunderts im Wesentlichen von Bernhard Riemann (1826 − 1866) erstmals erforscht und standen damit Einstein Anfang des 20. Jahrhunderts zur Verfügung. Die von Riemann entwickelte Theorie (die sogenannte **Differenzialgeometrie**) ist teilweise sehr abstrakt und „unhandlich", sodass wir hier wiederum eine stark vereinfachte Darstellung wählen, die viele (mathematische) Details ausspart und nur die wesentlichen Konstrukte kurz beschreibt. Die ersten Abschnitte dieses Kapitels folgen den anfänglichen Ausführungen im Buch von Jänich [20], sind aber auf unsere Belange heruntergestrippt.

19.1. Mannigfaltigkeiten

Im letzten Kapitel haben wir herausgearbeitet, dass es bei Anwesenheit von Gravitationsfeldern keine globalen, sondern nur lokale Inertialsysteme in der Raumzeit geben kann. Die Raumzeit sieht also lokal wie ein Minkowski-Raum aus, wie sie global aussieht, hängt von der physikalischen Situation, d.h. von den vorhandenen Gravitationsfeldern an den verschiedenen Raumzeitpunkten, ab. Das bedeutet, dass die Messungen von Zeiten und Abständen von Raumzeitpunkt zu Raumzeitpunkt unterschiedlich sein können, was in der Regel dazu führt, dass man an unterschiedlichen Raumzeitpunkten mit unterschiedlichen Koordinatensystemen rechnen muss. Und das Erfordernis, unterschiedliche Koordinatensysteme benutzen zu müssen, führt dazu, dass die Raumzeit selbst ein gekrümmter Raum ist. Das geeignete mathematische Objekt zur Beschreibung der Raumzeit ist eine sogenannte **differenzierbare Mannigfaltigkeit**. Eine (vierdimensionale) Mannigfaltigkeit ist im Wesentlichen eine kontinuierliche Ansammlung von Punkten (ein „Raum"), die lokal wie der (vierdimensionale) euklidische Raum aussieht.

Bemerkung 19.1. **MW: Der vierdimensionale euklidische Raum**
Wir verallgemeinern das Konzept eines euklidischen Raumes auf vier Dimensionen. Das bedeutet, wir betrachten die Menge aller Punkte P, die sich im kartesischen Koordinatensystem K (das durch vier senkrecht aufeinander stehende Achsen repräsentiert wird) durch vier reelle Zahlen t, x, y, z eindeutig beschreiben lassen, wobei wir gelegentlich auch wieder die abkürzende Indexnotation $\{\alpha\} = (t, x, y, z)$ benutzen werden. Die vier Zahlen nennen wir wieder die Koordinaten des Punktes und schreiben wie in den früheren Kapiteln

$$P \xrightarrow[K]{} \{\alpha\} = (t, x, y, z).$$

Später werden wir über die vierdimensionale (gekrümmte) Raumzeit sprechen, dann kennzeichnet wie in der Speziellen Relativitätstheorie die Koordinate t die Zeit und x, y, z sollen den dreidimensionalen euklidischen Raum repräsentieren. Im Augenblick betrachten wir die vier Koordinaten aber als beliebig wählbare reelle Zahlen. Natürlich können wir uns nicht vier senkrecht aufeinander stehende Koordinatenachsen bildhaft vorstellen, dazu besitzen wir keine adäquaten Sinneswahrnehmungsmöglichkeiten. Wir müssen also, wenn wir über etwas Vierdimensionales sprechen, rein formal und abstrakt denken. Wenn wir z.B. zwei verschiedene Punkte $P_1 \to (t_1, x_1, y_1, z_1)$ und $P_2 \to (t_2, x_2, y_2, z_2)$ vorliegen haben, dann wird der **euklidische Abstand** d der beiden Punkte durch

$$d(P_1, P_2) = \sqrt{(t_2 - t_1)^2 + (x_2 - x_1)^2 + (y_2 - y_1)^2 + (z_2 - z_1)^2}$$

definiert, und wie in der euklidischen Ebene oder im dreidimensionalen Raum kann man zeigen, dass sich dieser Abstand nicht ändert, wenn man zu einem anderen Koordinatensystem wechselt. Mit dem euklidischen Abstand wird die euklidische Geometrie definiert, und wir bezeichnen den vierdimensionalen euklidischen Raum mit $\mathbb{R}^4$. Auf diesem Raum kann man auch eine Vektorrechnung einführen, und zwar der Gestalt, dass sich jeder Vektor $\vec{A}$ als Linearkombination der vier kartesischen Basisvektoren e_t, e_x, e_y, e_z mit

$$e_t \to \begin{pmatrix} 1 \\ 0 \\ 0 \\ 0 \end{pmatrix}, e_x \to \begin{pmatrix} 0 \\ 1 \\ 0 \\ 0 \end{pmatrix}, e_y \to \begin{pmatrix} 0 \\ 0 \\ 1 \\ 0 \end{pmatrix}, e_z \to \begin{pmatrix} 0 \\ 0 \\ 0 \\ 1 \end{pmatrix}$$

schreiben lässt

$$\vec{A} = A^t e_t + A^x e_x + A^y e_y + A^z e_z = A^\alpha e_\alpha,$$

wobei die vier reellen Zahlen A^t, A^x, A^y, A^z wieder die **Komponenten** von $\vec{A}$ genannt werden. Es übertragen sich die allermeisten Vektorrechenregeln eins zu eins vom zwei- und dreidimensionalen Fall auf den vierdimensionalen, sodass wir hier nicht weiter darauf eingehen wollen. $\square$

Was heißt nun, dass eine Mannigfaltigkeit lokal wie der vierdimensionale euklidische Raum aussieht? Nun, das bedeutet Folgendes. Man kann eine Mannigfaltigkeit in Teilbereiche aufteilen und für jeden Teilbereich U gibt es eine eindeutige Zuordnung, die jedem Punkt P aus dem Teilbereich U vier reelle Zahlen, also einen Punkt (t, x, y, z) aus dem $\mathbb{R}^4$ eindeutig zuordnet. Mit anderen Worten und etwas genauer: Es gibt für jeden Teilbereich U der Mannigfaltigkeit eine Abbildung

$$h : U \to \mathbb{R}^4,$$

die jedem Punkt P eindeutig vier reelle Zahlen, die wir die **Koordinaten** von P nennen wollen, zuordnet:

$$h\left(P\right) = \left(h^1\left(P\right), h^2\left(P\right), h^3\left(P\right), h^4\left(P\right)\right) = \left(t\left(P\right), x\left(P\right), y\left(P\right), z\left(P\right)\right)$$

Hierbei haben wir die Komponentenfunktionen von $h = \left(h^1, h^2, h^3, h^4\right)$ durch die Koordinaten(funktionen) t, x, y, z von P dargestellt, die von dem Punkt P abhängen. Aus Vereinfachungsgründen lassen wir das P in der Folge meistens weg und schreiben

$$h\left(P\right) = \left(t, x, y, z\right) = \{\alpha\} = \alpha,$$

sind uns aber bewusst, dass das nur eine Kurzschreibweise für den vorletzten Ausdruck ist, und hoffen, dass die Benutzung von (t, x, y, z) mal als Koordinaten eines festen Punktes und mal als Koordinatenfunktionen von h zu keinerlei Verwirrungen führt. Die Anforderung an die Funktion h, eindeutig zu sein, bedeutet, dass die Umkehrabbildung h^{-1} existiert, d.h., dass gilt

$$h^{-1}\left(t, x, y, z\right) = P.$$

Wir wollen den Teilbereich U zusammen mit der Abbildung h ein **lokales Koordinatensystem** nennen. Die eindeutige Identifikation von Punkten durch Koordinaten hört sich zunächst nicht anders an, als es für jeden Punkt eines flachen Raumes auch gilt. Das Entscheidende ist hier aber der Umstand, dass das gewählte Koordinatensystem nur in einem *Teilbereich U*, der den Punkt P beinhaltet, Gültigkeit haben muss. Für jeden weiteren Punkt der Mannigfaltigkeit soll es ebenfalls jeweils solche lokalen Koordinatensysteme geben, sodass jeder Punkt durch vier Koordinaten, die im Allgemeinen aus unterschiedlichen Koordinatensystemen stammen, eindeutig beschrieben werden kann. Ein lokales Koordinatensystem nennt man auch anschaulich eine **Karte** und die Menge aller Karten einen **Atlas**. Diese Begrifflichkeiten rühren daher, dass - wie wir weiter unten sehen werden - die Kugeloberfläche (Erdoberfläche) ein Beispiel für eine (gekrümmte) Mannigfaltigkeit ist. Man verlangt weiterhin, dass auf

Bereichen, wo sich die verschiedenen lokalen Koordinatensysteme überlappen, der sogenannte **Kartenwechsel** umkehrbar eindeutig und differenzierbar ist. Abb. 19.1 erläutert diese Eigenschaft.

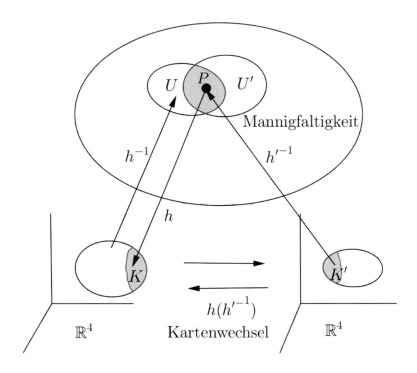

Abbildung 19.1.: Kartenwechsel bei Mannigfaltigkeiten

Für den Punkt P gibt es zwei lokale Koordinatensysteme (U, h) und (U', h'), deren Überlappungsbereich der grau ausgefüllte Teilbereich der Mannigfaltigkeit ist. Die Abbildung h bildet den Teilbereich U auf den linken Teilbereich des $\mathbb{R}^4$ ab, die Abbildung h' (in der Grafik nicht eingezeichnet) den Teilbereich U' auf den rechten Teilbereich des $\mathbb{R}^4$. Diese beiden Teilbereiche des $\mathbb{R}^4$ werden auch **Parameterbereiche** von (U, h) bzw. (U', h') genannt. Die grau markierten Flächen im linken (K) und rechten (K') unteren Bereich sind jeweils die Bilder des Überlappungsbereichs auf der Mannigfaltigkeit unter den Abbildungen h bzw. h'. In Abb. 19.1 ist der Kartenwechsel von K' nach K explizit angegeben: Zunächst wendet man die Umkehrabbildung h'^{-1} auf einen Punkt $h'(P) = (t', x', y', z')$ aus dem grauen Bereich K' an und landet damit im Punkt P im grauen Bereich der Mannigfaltigkeit. Auf diesen Punkt der Mannigfaltigkeit wird dann die Abbildung h angewendet und man landet im grauen Bereich K. Das heißt, durch den „Umweg" über die Mannigfaltigkeit hat man durch die zusammengesetzte Funktion $h\left(h'^{-1}\right)$ (immer zu lesen als: zuerst h'^{-1} und dann h) eine Abbildung von K' nach K, also einen Kartenwechsel im $\mathbb{R}^4$ definiert. Diesen Kartenwechsel schreiben wir wie in der Formel 8.15 auf Seite 161 als Koordinatentransformation, d.h. kurz als

$$\left[h\left(h'^{-1}\right)\right](t',x',y',z') = \begin{pmatrix} t \\ x \\ y \\ z \end{pmatrix} = \begin{pmatrix} t\,(t',x',y',z') \\ x\,(t',x',y',z') \\ y\,(t',x',y',z') \\ z\,(t',x',y',z') \end{pmatrix}.$$

Diese Transformation soll eine umkehrbar eindeutige, differenzierbare Abbildung sein, d.h., für jeden Punkt P des Überlappungsbereichs soll die Jacobi-Matrix

$$\left(\frac{\partial\alpha}{\partial\alpha'}\right)_{h(P)} = \begin{pmatrix} \dfrac{\partial t}{\partial t'} & \dfrac{\partial t}{\partial x'} & \dfrac{\partial t}{\partial y'} & \dfrac{\partial t}{\partial z'} \\[2mm] \dfrac{\partial x}{\partial t'} & \dfrac{\partial x}{\partial x'} & \dfrac{\partial x}{\partial y'} & \dfrac{\partial x}{\partial z'} \\[2mm] \dfrac{\partial y}{\partial t'} & \dfrac{\partial y}{\partial x'} & \dfrac{\partial y}{\partial y'} & \dfrac{\partial y}{\partial z'} \\[2mm] \dfrac{\partial z}{\partial t'} & \dfrac{\partial z}{\partial x'} & \dfrac{\partial z}{\partial y'} & \dfrac{\partial z}{\partial z'} \end{pmatrix}_{h(P)}$$

existieren sowie invertierbar sein. Das Gleiche soll auch für die Umkehrabbildung gelten. Das tief gestellte $h\,(P)$ soll kennzeichnen, dass wir die Jacobi-Matrix an der Stelle $h\,(P)$ im $\mathbb{R}^4$ berechnen müssen. Auf diesen Hinweis werden wir aber der einfacheren Schreibweise zuliebe zukünftig meistens verzichten.

Wir wollen einige Beispiele für Mannigfaltigkeiten betrachten.

Beispiel 19.1.
Die einfachsten sind die euklidische Ebene und auch der Minkowski-Raum. Für beide Räume existiert zur Identifikation der Punkte jeweils ein einziges (globales) Koordinatensystem, nämlich für die euklidische Ebene

$$(U,h) = \left(\mathbb{R}^2, id\right)$$

und für den Minkowski-Raum analog

$$(U,h) = \left(\text{Minkowski-Raum}, id\right),$$

wobei die Funktion id die **Identität** sein soll, d.h.

$$id\,(x,y) = (x,y)$$

in der euklidischen Ebene und

$$id\,(t,x,y,z) = (t,x,y,z)$$

im Minkowski-Raum. Eine Mannigfaltigkeit, die durch ein einziges Koordinatensystem beschrieben werden kann, nennen wir **flach**. Die flachen Mannigfaltigkeiten interessieren uns in der Allgemeinen Relativitätstheorie aber nicht, da wir ja schon aus den physikalisch basierten Überlegungen der letzten Abschnitte wissen, dass wir eine gekrümmte Raumzeit zur Beschreibung der gravitativen Phänomene benötigen. □

Das „Paradebeispiel" einer allerdings nur zweidimensionalen gekrümmten Mannigfaltigkeit ist die Kugeloberfläche, die wir im Folgenden ausführlich darstellen wollen. Eine Möglichkeit, die Punkte auf einer Kugeloberfläche mit Koordinaten zu beschreiben, besteht darin, Längen- und Breitengrade zu benutzen. Dazu führen wir zunächst ein neues Koordinatensystem für den dreidimensionalen euklidischen Raum ein.

Bemerkung 19.2. **MW: Kugelkoordinaten**
Kugelkoordinaten bieten die Möglichkeit, jeden Punkt $P = (x,y,z)$ im dreidimensionalen Raum (außer den Nullpunkt) durch zwei Winkel und den Abstand des Punktes zum Nullpunkt eindeutig zu bestimmen.

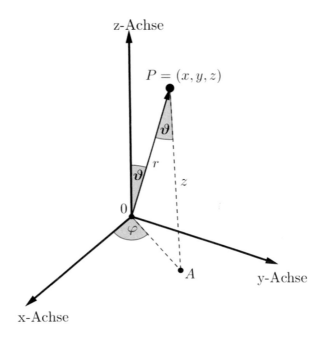

Abbildung 19.2.: Kugelkoordinaten

In Abb. 19.2 sind der Punkt $P = (x, y, z)$, der Abstand r von P zum Null-punkt sowie die Winkel ϑ und φ zu erkennen. Der Winkel ϑ ist der Winkel zwischen der z-Achse und dem Radiusvektor r und läuft von 0 (Nordpol) bis π (Südpol). Auf einer Kugeloberfläche mit Radius r wäre die (x, y)-Ebene die Äquatorebene und der Winkel ϑ die geografische Breite. Der Winkel φ (geografische Länge) liegt zwischen x-Achse und dem Lotpunkt A von P in der (x, y)-Ebene (Fußpunkt der senkrechten gestrichelten Linie) und läuft von 0 bis 2π. Wir wollen nun die Koordinaten x, y, z durch r, ϑ, φ ausdrücken. Man liest an der Grafik sofort ab, dass

$$z = r \cos \vartheta$$

ist. Ebenfalls aus der Grafik ist ersichtlich, dass die Strecke in der (x, y)-Ebene vom Nullpunkt bis zum Lotpunkt A von P (untere gestrichelte Linie) gleich $r \sin \vartheta$ ist. Diese Strecke dient dazu, die Koordinaten x und y des Lotpunktes A mithilfe von Polarkoordinaten in der (x, y)-Ebene zu bestimmen, wobei der Abstand $r \sin \vartheta$ (statt sonst nur r) genommen werden muss, also folgt

$$
\begin{aligned}
x &= (r \sin \vartheta) \cos \varphi \\
y &= (r \sin \vartheta) \sin \varphi. \;\Box
\end{aligned}
$$

Beispiel 19.2.
Die Oberfläche einer Kugel mit Mittelpunkt im Nullpunkt und Radius r wird definiert als die Menge aller Punkte (x, y, z), die die Gleichung

$$x^2 + y^2 + z^2 = r^2$$

erfüllen. Wir betrachten in der Folge der Einfachheit halber die Oberfläche der **Einheitskugel**, also alle Punkte im $\mathbb{R}^3$, die

$$x^2 + y^2 + z^2 = 1$$

mit

$$
\begin{aligned}
x &= \sin \vartheta \cos \varphi \\
y &= \sin \vartheta \sin \varphi \\
z &= \cos \vartheta
\end{aligned}
\tag{19.1}
$$

erfüllen, und wollen diese als Mannigfaltigkeit mit zwei lokalen Koordinatensystemen darstellen. Die drei Gleichungen (19.1) liefern uns schon eine Abbildung, die die Winkel ϑ, φ auf die Punkte x, y, z der Kugeloberfläche abbildet. Diese Abbildung nennen wir h^{-1}:

$$h^{-1}(\vartheta, \varphi) = (x(\vartheta, \varphi), y(\vartheta, \varphi), z(\vartheta, \varphi)) = (\sin \vartheta \cos \varphi, \sin \vartheta \sin \varphi, \cos \vartheta)$$

Sie muss eindeutig sein, das bedeutet, dass es für jeden Punkt (x, y, z) auf der Kugeloberfläche genau ein Paar (ϑ, φ) geben muss mit

$$h^{-1}(\vartheta, \varphi) = (x, y, z).$$

Diese Anforderung ist für $\vartheta = 0$ nicht erfüllt, denn egal wie ich den Winkel φ dann wähle, ich erhalte immer

$$h^{-1}(0, \varphi) = (0, 0, 1),$$

also den „Nordpol". Das Gleiche gilt für $\vartheta = \pi$:

$$h^{-1}(\pi, \varphi) = (0, 0, -1),$$

also für den Südpol. Die Funktion h^{-1} ist also nur eindeutig, wenn die Winkel ϑ, φ so gewählt werden, dass

$$0 < \vartheta < \pi, 0 \leq \varphi < 2\pi$$

gilt. Durch die Abbildung h^{-1} werden wirklich nur Punkte auf der Kugeloberfläche erreicht, denn es gilt:

$$
\begin{aligned}
x^2 + y^2 + z^2 &= \sin^2 \vartheta \cos^2 \varphi + \sin^2 \vartheta \sin^2 \varphi + \cos^2 \vartheta \\
&= \sin^2 \vartheta \underbrace{\left(\cos^2 \varphi + \sin^2 \varphi \right)}_{=1} + \cos^2 \vartheta \\
&= \underbrace{\left(\sin^2 \vartheta + \cos^2 \vartheta \right)}_{=1} = 1
\end{aligned}
$$

Um zu einer Karte (U, h) für die Kugeloberfläche zu kommen, benötigen wir die Umkehrabbildung der Funktion h^{-1}, denn $h = \left(h^{-1} \right)^{-1}$. Um diese konkret auszurechnen, betrachten wir nochmals

$$h^{-1}(\vartheta, \varphi) = \begin{pmatrix} \sin \vartheta \cos \varphi \\ \sin \vartheta \sin \varphi \\ \cos \vartheta \end{pmatrix} = \begin{pmatrix} x \\ y \\ z \end{pmatrix}$$

und müssen die beiden Winkel ϑ, φ durch x, y, z ausdrücken. Da $z = \cos \vartheta$ ist und ϑ aus dem offenen Intervall $(0, \pi)$ stammt, wo der Kosinus streng monoton fällt, also umkehrbar ist, gilt

$$\vartheta = \arccos z.$$

Den Winkel φ erhalten wir wie bei den Polarkoordinaten durch die Arcusfunktion (siehe Bemerkung 8.6 auf Seite 166), also

$$\varphi = arc\,(x,y) = \begin{cases} \arccos\left(\dfrac{x}{\sin\vartheta}\right) & y \geq 0 \\[4mm] -\arccos\left(\dfrac{x}{\sin\vartheta}\right) & y < 0 \end{cases}.$$

Nun gilt mit der vorletzten Gleichung und wegen $\sin x = \sqrt{1-\cos^2 x}$

$$\sin\vartheta = \sin\left(\arccos z\right) = \sqrt{1-\cos^2\left(\arccos z\right)} = \sqrt{1-z^2} = \sqrt{x^2+y^2},$$

da $x^2+y^2+z^2 = 1$. Damit kann man den Winkel φ folgendermaßen ausdrücken:

$$\varphi = arc(x,y) = \begin{cases} \arccos\left(\dfrac{x}{\sqrt{x^2+y^2}}\right) & y \geq 0 \\[6mm] -\arccos\left(\dfrac{x}{\sqrt{x^2+y^2}}\right) & y < 0 \end{cases},$$

und die gesuchte Karte (U,h) ist

$$U = \text{Alle Punkte der Kugeloberfläche ohne Nord- und Südpol}$$

$$h = (\vartheta,\varphi) = \left(\arccos(z), \begin{cases} \arccos\left(\dfrac{x}{\sqrt{x^2+y^2}}\right) & y \geq 0 \\[6mm] -\arccos\left(\dfrac{x}{\sqrt{x^2+y^2}}\right) & y < 0 \end{cases} \right).$$

Wir haben den Definitionsbereich von h so eingeschränkt, dass Nord- und Südpol nicht abgebildet werden. Man braucht also mindestens ein weiteres Koordinatensystem, das die fehlenden Punkte eindeutig abdeckt. Dieses zweite Koordinatensystem (U',h') kann man nun z.B. dadurch definieren, dass man den Punkt $(1,0,0)$ als neuen „Nordpol" und dessen **antipodischen** Punkt $(-1,0,0)$ als neuen „Südpol" betrachtet sowie wiederum die Kugelkoordinaten benutzt. Wir drehen unsere Ursprungskugel um $\alpha = 90°$ um die y-Achse und erhalten mit der Drehmatrix um die y-Achse (für den zweidimensionalen Fall siehe Formel 8.13 auf Seite 158)

$$\begin{pmatrix} \cos\alpha & 0 & \sin\alpha \\ 0 & 1 & 0 \\ -\sin\alpha & 0 & \cos\alpha \end{pmatrix} = \begin{pmatrix} \cos 90° & 0 & \sin 90° \\ 0 & 1 & 0 \\ -\sin 90° & 0 & \cos 90° \end{pmatrix} = \begin{pmatrix} 0 & 0 & 1 \\ 0 & 1 & 0 \\ -1 & 0 & 0 \end{pmatrix}$$

19. Die mathematischen Grundlagen der gekrümmten Raumzeit

für $0 < \vartheta' < \pi, 0 \leq \varphi' < 2\pi$ die Abbildung

$$h'^{-1}(\vartheta', \varphi') = \begin{pmatrix} 0 & 0 & 1 \\ 0 & 1 & 0 \\ -1 & 0 & 0 \end{pmatrix} \begin{pmatrix} \sin \vartheta' \cos \varphi' \\ \sin \vartheta' \sin \varphi' \\ \cos \vartheta' \end{pmatrix} = \begin{pmatrix} \cos \vartheta' \\ \sin \vartheta' \sin \varphi' \\ -\sin \vartheta' \cos \varphi' \end{pmatrix}.$$

Den „alten" Nordpol erreichen wir jetzt eindeutig durch die Wahl von $\vartheta' = 90°, \varphi' = 180°$, denn

$$h'^{-1}(90°, 180°) = \begin{pmatrix} \cos 90° \\ \sin 90° \sin 180° \\ -\sin 90° \cos 180° \end{pmatrix} = \begin{pmatrix} 0 \\ 0 \\ 1 \end{pmatrix}.$$

Für den Südpol folgt analog

$$h'^{-1}(90°, 0°) = \begin{pmatrix} \cos 90° \\ \sin 90° \sin 0° \\ -\sin 90° \cos 0° \end{pmatrix} = \begin{pmatrix} 0 \\ 0 \\ -1 \end{pmatrix}.$$

Die zweite Karte (U', h') ist also analog zu oben definiert durch

$U' = $ Alle Punkte der Kugeloberfläche ohne die Punkte $(1, 0, 0)$ und $(-1, 0, 0)$

$$h' = (\vartheta', \varphi') = \left(\arccos(x), \begin{cases} \arccos\left(\dfrac{y}{\sqrt{y^2 + z^2}}\right) & z \geq 0 \\[3mm] -\arccos\left(\dfrac{y}{\sqrt{y^2 + z^2}}\right) & z < 0 \end{cases} \right).$$

Wir haben also erreicht, dass die beiden Teilbereiche U und U' zusammen die gesamte Kugeloberfläche abdecken. Die beiden Teilbereiche überlappen sich in allen Punkten ausgenommen die vier Punkte

$$(0, 0, 1), (0, 0, -1), (1, 0, 0), (-1, 0, 0).$$

Die von uns gewählten Koordinaten sind nicht die einzigen, die es für die Kugeloberfläche gibt, da gibt es sogar unendlich viele. Festzuhalten ist allerdings, dass man immer *mindestens zwei lokale Koordinatensysteme* braucht, um alle Punkte der Kugeloberfläche zu überdecken. Und das ist eine erste Bestätigung, dass die Kugeloberfläche nicht flach, sondern gekrümmt ist. □

19.2. Tangentialraum, Tangentialvektoren, Tensoren

Wir wollen auf einer Mannigfaltigkeit physikalische Gesetze formulieren, die auch bei Wechsel des lokalen Koordinatensystems ihre Form nicht ändern. Dazu benötigen wir Objekte wie Vektoren bzw. allgemeiner Tensoren mit dem entsprechenden Transformationsverhalten, wie wir es auch im zweidimensionalen euklidischen Raum für krummlinige Koordinatensysteme bzw. in der Speziellen Relativitätstheorie hergeleitet haben.

Zunächst wollen wir die Schreibweisen des letzten Abschnittes an die in den früheren Kapiteln angleichen und dabei etwas Ballast über Bord werfen. Ist P ein Punkt in der Mannigfaltigkeit und sind (U, h) und (U', h') zwei lokale Koordinatensysteme um P, so schreiben wir statt

$$h(P) = \{\alpha\} = (t, x, y, z) \text{ und } h'(P) = \{\alpha\}' = \left(t', x', y', z'\right)$$

künftig

$$P \underset{h}{\rightarrow} (t, x, y, z) \text{ und } P \underset{h'}{\rightarrow} \left(t', x', y', z'\right),$$

d.h., wir unterstellen, dass es immer geeignete Teilbereiche U und U' gibt, auf denen die Abbildungen h und h' definiert sind, ohne sie explizit aufzuführen. Ist es unerheblich, in welchem lokalen Koordinatensystem wir uns befinden, so schreiben wir wieder kurz

$$P \rightarrow (t, x, y, z).$$

Wir definieren einen **Tangentialvektor** $\vec{A}$ an P als ein Objekt, das sich in jedem lokalen Koordinatensystem um P durch vier reelle Zahlen

$$\vec{A}(P) \underset{h}{\rightarrow} \{A^\alpha(P)\} = \left(A^t(P), A^x(P), A^y(P), A^z(P)\right)$$

bzw.

$$\vec{A}(P) \underset{h'}{\rightarrow} \left\{A^{\alpha'}(P)\right\} = \left(A^{t'}(P), A^{x'}(P), A^{y'}(P), A^{z'}(P)\right)$$

darstellen lässt. Wie im Zweidimensionalen bzw. in der Speziellen Relativitätstheorie nennt man die Zahlen $A^t(P), A^x(P), A^y(P), A^z(P)$ auch die *Komponenten* von $\vec{A}$ in h. Auch bei den Tangentialvektoren und später bei den allgemeineren Tensoren wollen wir zukünftig der Einfachheit halber das Argument (P) weglassen, es muss also immer aus dem Zusammenhang geschlossen werden, ob wir einen festen Vektor $\vec{A}$ oder ein Vektorfeld $\vec{A}(P)$ meinen, wenn wir von $\vec{A}$ sprechen. Von den Komponenten verlangen wir, dass sie sich durch folgende Transformation

$$A^\alpha = \left(\frac{\partial \alpha}{\partial \alpha'}\right) A^{\alpha'} \tag{19.2}$$

bzw.

$$A^{\alpha'} = \left(\frac{\partial \alpha'}{\partial \beta}\right) A^{\beta}, \qquad (19.3)$$

wobei wieder die Einstein'sche Summenkonvention beachtet werden muss, ineinander umrechnen lassen. Die Menge aller Tangentialvektoren an P nennt man den **Tangentialraum** *an* P und schreibt dafür auch $T_P M$. Der Tangentialraum an P bildet einen sogenannten (**abstrakten**) **Vektorraum** und ist der Ort, auf dem die vektoriellen physikalischen Gesetze der Allgemeinen Relativitätstheorie definiert werden. Besonders hervorzuheben ist, dass der Tangentialraum *immer nur für einen bestimmten Punkt* P der Mannigfaltigkeit definiert ist, ein anderer Punkt Q der Mannigfaltigkeit hat einen anderen Tangentialraum, da die Transformationseigenschaften der (unterschiedlichen) Tangentialvektoren von den Jacobi-Matrizen der Koordinatentransformationen an der Stelle P bzw. Q abhängen, und die sind im Allgemeinen unterschiedlich. Insbesondere kann man keine Tangentialvektoren aus verschiedenen Tangentialräumen addieren oder skalar multiplizieren oder sonstige Operationen vornehmen, die mit Vektoren, die aus einem einzigen Vektorraum stammen, erlaubt sind. Man kann sich die verschiedenen Tangentialräume als an jeden Punkt der Mannigfaltigkeit „angeheftete" unterschiedliche Vektorräume vorstellen.

Der flache Tangentialraum wird in einer kleinen Umgebung eines Punktes P als Annäherung für die Mannigfaltigkeit benutzt. Deshalb nennt man eine Mannigfaltigkeit auch **lokal flach**. Wenn wir also einen kleinen Teil der Erdoberfläche um einen bestimmten Punkt P herum als flach ansehen, so bewegen wir uns (zumindest rein mathematisch betrachtet) in der Tangentialebene $T_P M$ und nicht mehr auf der Erdoberfläche! Und natürlich ist die lokale Flachheit einer Mannigfaltigkeit, d.h. die Existenz des Tangentialraumes, ein mathematisches Mittel, um das lokale Inertialsystem in der Raumzeit darzustellen.

Tangentialvektoren nennen wir ab sofort kurz Vektoren bzw. Raumzeitvektoren. Wenn wir im Folgenden über Vektoren sprechen, so ist damit immer gemeint, dass wir uns in einem (festen) Tangentialraum $T_P M$ eines Punktes einer Mannigfaltigkeit bewegen. Sind dort die Komponenten eines Vektors in einem lokalen Koordinatensystem bekannt, so liegen sie durch die Transformationsregel für jedes andere lokale Koordinatensystem eindeutig fest.

Wir wollen **Einsformen** in analoger Weise definieren. Eine Einsform $\tilde{p}$ ist (wie in Abschn. 9.1) als ein Objekt definiert, das in einem beliebigen lokalen Koordinatensystem h durch vier Zahlen p_t, p_x, p_y, p_z, die als Komponenten der Einsform bezeichnet werden, identifiziert werden kann

$$\tilde{p} \underset{h}{\rightarrow} \{p_\alpha\} = (p_t, p_x, p_y, p_z).$$

Die Komponenten der Einsform sollen sich dabei umgekehrt wie die Komponenten eines Vektors transformieren, d.h., wenn h und h' zwei lokale Koordinatensysteme um P sind, dann soll gelten

$$p_{\alpha'} = \left(\frac{\partial \beta}{\partial \alpha'} \right)_{h(P)} p_\beta. \tag{19.4}$$

Man beachte, dass auch Einsformen an einem festen Punkt P der Mannigfaltigkeit definiert sind, da die Jacobi-Matrix an dem Punkt $h(P)$ als Transformationsmatrix dient. Die Menge der Einsformen bildet ebenfalls einen (abstrakten) Vektorraum, da Einsformen wie Vektoren addiert und mit einer Zahl multipliziert werden können und das Ergebnis sich jeweils wie eine Einsform transformiert. Wie im Abschn. 9.1 über die Einsformen in der euklidischen Ebene kann man eine Einsform auch als eine lineare Abbildung auffassen, die einen Vektor auf eine reelle Zahl abbildet, und zwar soll im lokalen Koordinatensystem h

$$\tilde{p}(\vec{A}) = p_\alpha A^\alpha = p_t A^t + p_x A^x + p_y A^y + p_z A^z$$

gelten. Die Menge aller dieser Abbildungen nennt man den **dualen Vektorraum** zu $T_P M$. Das ist der Ort, auf dem die Einsformen „leben". Wir wollen aber im Weiteren bei der Einführung von Tensoren höherer Ordnung deren Lebensbereiche nicht mehr so genau aufführen, sondern werden diese kurz als „Tangentialräume" bezeichnen und uns auf die Transformationseigenschaften ihrer Komponenten konzentrieren. Wir müssen noch zeigen, dass die Definition einer Einsform als lineare Abbildung eindeutig ist, d.h., dass der Ausdruck $\tilde{p}\left(\vec{A} \right)$ immer die gleiche reelle Zahl liefert, egal in welchem lokalen Koordinatensystem wir uns aufhalten. Seien also h und h' zwei lokale Koordinatensysteme um den Punkt P, dann gilt mit den Transformationsformeln (19.3) und (19.4)

$$\tilde{p}(\vec{A}) = p_{\alpha'} A^{\alpha'} = \left[\left(\frac{\partial \alpha}{\partial \alpha'} \right) p_\alpha \right] \left[\left(\frac{\partial \alpha'}{\partial \beta} \right) A^\beta \right] = \underbrace{\left(\frac{\partial \alpha}{\partial \alpha'} \right) \left(\frac{\partial \alpha'}{\partial \beta} \right)}_{=(\delta^\alpha_\beta)} p_\alpha A^\beta = p_\alpha A^\alpha,$$

da die beiden Jacobi-Matrizen invers zueinander sind, d.h.

$$\left(\frac{\partial \alpha}{\partial \alpha'} \right) \left(\frac{\partial \alpha'}{\partial \beta} \right) = \begin{pmatrix} 1 & 0 & 0 & 0 \\ 0 & 1 & 0 & 0 \\ 0 & 0 & 1 & 0 \\ 0 & 0 & 0 & 1 \end{pmatrix} = (\delta^\alpha_\beta).$$

In der euklidischen Ebene und im Minkowski-Raum war der Gradient eines Skalarfeldes ein wichtiges Beispiel für eine Einsform. Wir wollen zeigen, dass das für Mannigfaltigkeiten ebenso gilt. Ist $f : M \to \mathbb{R}$ eine Funktion, die jedem Punkt P aus der Mannigfaltigkeit M eine reelle Zahl zuordnet, so wählen wir ein lokales Koordinatensystem h und betrachten die Funktion $f\left(h^{-1}(t,x,y,z)\right)$.

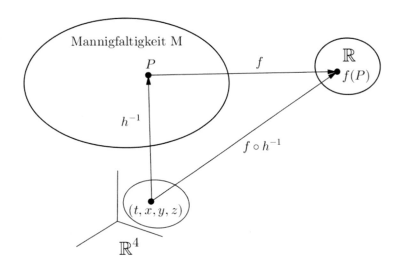

Abbildung 19.3.: Reellwertige Funktion auf einer Mannigfaltigkeit

Abb. 19.3 zeigt einen Punkt P in der Mannigfaltigkeit M und die Abbildung f, die den Punkt P auf die reelle Zahl $f(P)$ abbildet. Ferner sind die Koordinaten von

$$P \underset{h}{\to} (t,x,y,z)$$

sowie die Koordinatenumkehrabbildung

$$h^{-1}(t,x,y,z) = P$$

dargestellt. Bildet man die zusammengesetzte Funktion

$$f\left(h^{-1}(t,x,y,z)\right),$$

so geht man von (t,x,y,z) aus und landet zunächst bei P und dann geht's von P nach $f(P)$, d.h., man erhält eine Abbildung von (t,x,y,z) auf $f(P)$, die wir ebenfalls wieder f nennen wollen und mit der wir wie üblich rechnen können, da deren Definitionsbereich eine Teilmenge des $\mathbb{R}^4$ und deren Wertebereich die reellen Zahlen sind.

Wir betrachten nun ein Skalarfeld $f(t, x, y, z)$ auf einer Mannigfaltigkeit und definieren den Gradienten von f durch

$$\tilde{d}f(t,x,y,z) \underset{h}{\to} \left(\frac{\partial f(t,x,y,z)}{\partial t}, \frac{\partial f(t,x,y,z)}{\partial x}, \frac{\partial f(t,x,y,z)}{\partial y}, \frac{\partial f(t,x,y,z)}{\partial z} \right).$$

Ist h' ein weiteres Koordinatensystem, so folgt mit der Kettenregel 15.7 auf Seite 328

$$\frac{\partial f}{\partial \alpha'} = \frac{\partial \alpha}{\partial \alpha'} \frac{\partial f}{\partial \alpha}, \tag{19.5}$$

wobei die Argumente (t, x, y, z) bei den Ableitungen weggelassen wurden, d.h., auch bei Skalarfeldern auf einer Mannigfaltigkeit ist der Gradient eine Einsform. Für $\partial f / \partial \alpha$ schreiben wir wieder kurz

$$\frac{\partial f}{\partial \alpha} = f_{,\alpha}.$$

Tensoren höherer Ordnung werden genauso wie in der euklidischen Ebene bzw. in der Speziellen Relativitätstheorie durch ihre Transformationseigenschaften definiert. Zum Beispiel ist $\mathbf{T}$ ein $(1, 2)$-Tensor, wenn sich seine Komponenten $T^{\alpha'}{}_{\beta'\gamma'}$ bei der Transformation auf ein h'-Koordinatensystem aus

$$T^{\alpha'}{}_{\beta'\gamma'} = \frac{\partial \alpha'}{\partial \mu} \frac{\partial \nu}{\partial \beta'} \frac{\partial \rho}{\partial \gamma'} T^{\mu}{}_{\nu\rho}$$

errechnen lassen. Wir kommen später wieder auf die Behandlung von Tensoren zurück. Vorher erweitern wir aber die vorliegende Mannigfaltigkeit um eine zusätzliche Eigenschaft.

19.3. Riemann'sche Räume

Bislang haben wir noch keine Metrik auf der Mannigfaltigkeit M, d.h. auf jedem Tangentialraum $T_P M$, eingeführt. Im zweidimensionalen euklidischen Raum war das einfach, dort haben wir die Komponenten der Metrik durch das Skalarprodukt der (koordinatensystemabhängigen) Basisvektoren definiert, siehe Abschn. 9.3. In unserem Fall ist es aber nicht klar, ob die Tangentialräume überhaupt so etwas wie ein Skalarprodukt besitzen. Wir verlangen daher, dass es in jedem Tangentialraum einen *symmetrischen, nichtgenerierten* $(0, 2)$-Tensor

$$\mathbf{g} \underset{h}{\to} g_{\mu\nu}$$

gibt, der lokal wie die Minkowski-Metrik aussieht. Einen solchen Tensor **g** nennen wir **metrischen Tensor (Metrik)**. Was heißt das? Nun, ganz analog zur Tensorrechnung in der euklidischen Ebene bzw. in der SRT nennen wir einen $(0,2)$-Tensor **g symmetrisch**, wenn für zwei beliebige Vektoren $\vec{A}$ und $\vec{B}$ gilt

$$\mathbf{g}(\vec{A}, \vec{B}) = \mathbf{g}(\vec{B}, \vec{A}).$$

Nichtdegeneriert heißt ein $(0,2)$-Tensor **g** dann, wenn seine Komponenten $(g_{\mu\nu})$ eine invertierbare Matrix bilden. Die inverse Matrix, die wir wieder $(g^{\mu\nu})$ nennen wollen, ist dann ebenfalls symmetrisch. Da die Metrik **g** symmetrisch ist, sind von den 16 Matrixelementen von $g_{\mu\nu}$ nur 10 (die auf der Hauptdiagonalen und rechts davon) unabhängig, die anderen erhält man durch Spiegelung an der Hauptdiagonalen, z.B. $g_{xt} = g_{tx}$. Besitzt ein $(0,2)$-Tensor **g** in einem bestimmten lokalen Koordinatensystem eine invertierbare Komponentenmatrix, so auch in allen anderen Koordinatensystemen. Denn ist h' ein weiteres lokales Koordinatensystem um P, so folgt

$$(g_{\mu'\nu'}) = \left(\frac{\partial\mu}{\partial\mu'}\right)\left(\frac{\partial\nu}{\partial\nu'}\right)(g_{\mu\nu}),$$

und wegen der Invertierbarkeit der beiden Jacobi-Matrizen ist dann auch $g_{\mu'\nu'}$ als Produkt dreier invertierbarer Matrizen ebenfalls invertierbar.

Nun zu der Forderung „sieht lokal wie die Minkowski-Metrik aus". Damit ist gemeint, dass es für jeden Punkt P der Mannigfaltigkeit ein spezielles lokales Koordinatensystem gibt, das wir durch die *Schreibweise $\hat{h}$ hervorheben* wollen. Wir schreiben die Koordinaten eines Punktes in diesem Koordinatensystem als

$$P \underset{\hat{h}}{\to} \{\hat{\alpha}\} = \left(\hat{t}, \hat{x}, \hat{y}, \hat{z}\right).$$

Die mit dem lokalen Koordinatensystem $\hat{h}$ gebildeten Komponenten von **g** sollen die Komponenten der Minkowski-Metrik sein, d.h.

$$g_{\hat{\mu}\hat{\nu}} = \begin{pmatrix} -1 & 0 & 0 & 0 \\ 0 & 1 & 0 & 0 \\ 0 & 0 & 1 & 0 \\ 0 & 0 & 0 & 1 \end{pmatrix} = (\eta_{\hat{\mu}\hat{\nu}}),$$

wobei wir für die Komponenten der Minkowski-Metrik wieder das Symbol $\eta_{\hat{\mu}\hat{\nu}}$ benutzen wollen. Mit dieser Forderung an den Tensor **g** ist das mathematische Mittel gefunden, mit dem man das in den letzten Abschnitten mit physikalischen Argumenten begründete **lokale Inertialsystem** darstellen kann. Die letzte Forderung impliziert auch, dass *in der Nähe des Punktes* P die letzte Gleichung „beinahe" wahr ist, was bedeutet, dass für alle $\hat{\mu}, \hat{\nu}, \hat{\rho}$ die ersten Ableitungen

$$\frac{\partial g_{\hat{\mu}\hat{\nu}}\left(P\right)}{\partial \hat{\rho}} = 0$$

sind, die zweiten aber im Allgemeinen für einige $\hat{\mu}, \hat{\nu}, \hat{\rho}, \hat{\sigma}$ nicht

$$\frac{\partial^2 g_{\hat{\mu}\hat{\nu}}\left(P\right)}{\partial \hat{\sigma} \partial \hat{\rho}} \neq 0.$$

Das Letztere gilt für alle Mannigfaltigkeiten, die nicht überall flach sind. Der Beweis dieser Schlussfolgerung ist lang und kompliziert (siehe z.B. [35]), deshalb lassen wir ihn hier weg. Die Metrik ist also in der Nähe von P annähernd die Minkowski-Metrik und wir wollen das lokale Koordinatensystem $\hat{h}$ zukünftig auch wieder *lokales Inertialsystem* nennen. Eine differenzierbare Mannigfaltigkeit, die eine Metrik besitzt, nennen wir **Riemann'schen Raum** und stören uns nicht daran, dass eigentlich „semiriemannsch" oder „pseudoriemannsch" die exakte Bezeichnung wäre. Das mathematische Modell der Raumzeit in der Allgemeinen Relativitätstheorie ist also ein Riemann'scher Raum, mit dem wir uns in den nächsten Abschnitten eingehender beschäftigen wollen.

Tensoranalysis im Riemann'schen Raum

Im lokalen Inertialsystem gelten die Gesetze der Speziellen Relativitätstheorie, insbesondere gilt für das Raumzeitintervall

$$ds^2 = \eta_{\hat{\alpha}\hat{\beta}}\, d\hat{\alpha}\, d\hat{\beta}.$$

In einem benachbarten Punkt wird das lokale Inertialsystem im Allgemeinen beschleunigt sein. Dort wird das Raumzeitintervall von der Form

$$ds^2 = g_{\mu\nu}\, d\mu\, d\nu$$

sein (siehe Formel (18.5)). Der Übergang vom lokalen Inertialsystem zu einem beliebigen Bezugssystem K erfolge durch eine (umkehrbar-eindeutige) Koordinatentransformation

$$\hat{\alpha} = \hat{\alpha}\left(t, x, y, z\right).$$

Dabei heißt umkehrbar-eindeutig, dass auch die inverse Transformation

$$\alpha = \alpha\left(\hat{t}, \hat{x}, \hat{y}, \hat{z}\right)$$

existiert und die beiden Jacobi-Matrizen $\dfrac{\partial\hat{\alpha}}{\partial\alpha}$ sowie $\dfrac{\partial\alpha}{\partial\hat{\alpha}}$ invertierbar sind. Betrachtet man die Differenziale

$$d\hat{\alpha} = \frac{\partial\hat{\alpha}}{\partial\mu}\,d\mu, \tag{19.6}$$

so folgt

$$ds^2 = \eta_{\hat{\alpha}\hat{\beta}}\,d\hat{\alpha}d\hat{\beta} = \eta_{\hat{\alpha}\hat{\beta}}\frac{\partial\hat{\alpha}}{\partial\mu}\frac{\partial\hat{\beta}}{\partial\nu}\,d\mu\,d\nu$$

und daraus, dass die Komponenten des metrischen Tensors $g_{\mu\nu}$ durch

$$g_{\mu\nu} = \eta_{\hat{\alpha}\hat{\beta}}\frac{\partial\hat{\alpha}}{\partial\mu}\frac{\partial\hat{\beta}}{\partial\nu} \tag{19.7}$$

gegeben sind. Damit kann man die Transformationseigenschaft des metrischen Tensors konkret nachweisen:

$$
\begin{aligned}
g_{\mu'\nu'} &= \eta_{\hat{\alpha}\hat{\beta}}\frac{\partial\hat{\alpha}}{\partial\mu'}\frac{\partial\hat{\beta}}{\partial\nu'} \\[2mm]
&= \eta_{\hat{\alpha}\hat{\beta}}\left(\frac{\partial\hat{\alpha}}{\partial\sigma}\frac{\partial\sigma}{\partial\mu'}\right)\left(\frac{\partial\hat{\beta}}{\partial\tau}\frac{\partial\tau}{\partial\nu'}\right) \\[2mm]
&= \frac{\partial\sigma}{\partial\mu'}\frac{\partial\tau}{\partial\nu'}\left(\eta_{\hat{\alpha}\hat{\beta}}\frac{\partial\hat{\alpha}}{\partial\sigma}\frac{\partial\hat{\beta}}{\partial\tau}\right) \\[2mm]
&= \frac{\partial\sigma}{\partial\mu'}\frac{\partial\tau}{\partial\nu'}\,g_{\sigma\tau}
\end{aligned}
$$

Für das Raumzeitintervall im Riemann'schen Raum können wir also schreiben

$$ds^2 = g_{\mu\nu}\,(t,x,y,z)\,d\mu\,d\nu. \tag{19.8}$$

Das Raumzeitintervall bestimmt den Abstand ds^2 zwischen den benachbarten Punkten

$$\{\mu\} = (t,x,y,z)$$

und

$$\{\mu + d\mu\} = (t+dt, x+dx, y+dy, z+dz)$$

des Koordinatensystems. Ganz analog wie in Abschn. 12.7 definieren wir den Abstand zwischen zwei Punkten als *zeitartig*, wenn $ds^2 < 0$, als *lichtartig*, wenn $ds^2 = 0$, und als *raumartig*, wenn $ds^2 > 0$ gilt.

Die Komponenten $g_{\mu\nu}$ sind durch die Koordinatentransformation bestimmt, die wiederum von den Beschleunigungen zwischen K und dem lokalen Inertialsystem abhängt. Für zwei verschiedene Raumzeitpunkte sind die Beschleunigungen im Allgemeinen unterschiedlich. Es gilt:

- Für „scheinbare" Gravitationsfelder (z.B. rotierende Bezugsysteme wie in Abschn. 18.5) gibt es eine (einzige) Koordinatentransformation, die überall zur Minkowski-Metrik $\eta_{\hat{\mu}\hat{\nu}}$ führt.

- Für „wahre" Gravitationsfelder gibt es keine globale Koordinatentransformation, die $g_{\mu\nu}\left(\{\alpha\}\right)$ überall in $\eta_{\hat{\mu}\hat{\nu}}$ überführt.

Wir werden später sehen, dass die zweite Aussage gleichbedeutend mit einer Krümmung des Riemann'schen Raumes ist. Nach dem Äquivalenzprinzip können die Gravitationsfelder lokal eliminiert werden, d.h., alle physikalischen Effekte erscheinen lokal so, als ob ein Minkowski-Raum vorläge. Das wiederum bedeutet, dass alle Informationen über die Gravitationsfelder in den Koordinatentransformationen, die am jeweiligen Punkt der Raumzeit zum lokalen Inertialsystem führen, und damit in der Metrik stecken. Die Metrik enthält also die relativistische Beschreibung des Gravitationsfeldes.

Aus dem Äquivalenzprinzip folgen zwar die relativistischen Gesetze im Gravitationsfeld, das Gravitationsfeld selbst wird durch das Äquivalenzprinzip allerdings nicht festgelegt. Die Transformationsgleichungen und damit die Festlegung der $g_{\mu\nu}$ haben keine Entsprechung in der Speziellen Relativitätstheorie. Der Zusammenhang zwischen den Gravitationsfeldern $g_{\mu\nu}$ und ihren Quellen wird durch die Einstein'schen Feldgleichungen hergestellt.

Indizes herunter- bzw. hinaufziehen

Man kann genauso wie in der Speziellen Relativitätstheorie bzw. wie in der euklidischen Ebene den metrischen Tensor dazu benutzen, um aus einem Vektor $\vec{V}$ eine korrespondierende Einsform $\tilde{V}$ (bzw. umgekehrt) zu machen. Die Komponenten von $\tilde{V}$ errechnen sich aus denen von $\vec{V}$ durch

$$V_\alpha = g_{\alpha\beta}\, V^\beta$$

bzw. umgekehrt

$$V^\alpha = g^{\alpha\beta} V_\beta,$$

wobei $g^{\mu\nu}$ die zu $g_{\mu\nu}$ inverse Matrix ist, d.h., es gilt

$$g^{\tau\nu}\, g_{\nu\sigma} = \delta^\tau_\sigma.$$

Auch die Kontraktion von Indizes ist bei allgemeineren Tensoren eine erlaubte Operation, sie generiert aus bestehenden Tensoren neue. Sei z.B. **T** ein $(1,2)$-Tensor, dann sind die Größen

$$T^\mu_{\nu\mu} = \delta^\rho_\mu\, T^\mu_{\nu\rho} = g_{\mu\sigma}\, g^{\sigma\rho}\, T^\mu_{\nu\rho}$$

nach Konstruktion die Komponenten einer Einsform.

Kovariante Ableitung von Tensoren im Riemann'schen Raum

In diesem Abschnitt gehen wir ganz ähnlich vor, wie wir das für die euklidische Ebene auch getan haben. Von daher wiederholen sich einige Herleitungen, was noch einmal eine gute Gelegenheit darstellt, die bisher erworbenen Kenntnisse über die Tensorrechnung zu festigen.

Anders als bei einem Skalarfeld ϕ ist die gewöhnliche Ableitung eines Raumzeitvektors im Allgemeinen kein Tensor. Um das zu zeigen, folgen wir der Argumentation in Abschn. 8.3 und nehmen an, dass zwei lokale Koordinatensysteme h und h' gegeben sind. Dann müssten sich, wenn die gewöhnliche Ableitung eines Raumzeitvektors $\vec{V}$ ein $(1,1)$-Tensor wäre, die Komponenten $V^{\alpha'}_{,\beta'}$ folgendermaßen transformieren

$$V^{\alpha'}_{,\beta'} = \frac{\partial \alpha'}{\partial \mu} \frac{\partial \nu}{\partial \beta'} V^{\mu}_{,\nu}.$$

Es gilt aber mit der Transformationsformel (19.3) und der Produktregel

$$V^{\alpha'}_{,\beta'} = \frac{\partial V^{\alpha'}}{\partial \beta'} = \frac{\partial}{\partial \beta'} \left(\frac{\partial \alpha'}{\partial \mu} V^{\mu} \right) = \frac{\partial}{\partial \beta'} \left(\frac{\partial \alpha'}{\partial \mu} \right) V^{\mu} + \left(\frac{\partial \alpha'}{\partial \mu} \right) \frac{\partial V^{\mu}}{\partial \beta'}. \qquad (19.9)$$

Wendet man auf beide Terme die Kettenregel an, so erhält man

$$\begin{aligned} V^{\alpha'}_{,\beta'} &= \frac{\partial \nu}{\partial \beta'} \left(\frac{\partial^2 \alpha'}{\partial \nu \partial \mu} \right) V^{\mu} + \left(\frac{\partial \alpha'}{\partial \mu} \right) \frac{\partial \nu}{\partial \beta'} \frac{\partial V^{\mu}}{\partial \nu} \\ &= \frac{\partial \nu}{\partial \beta'} \left(\frac{\partial^2 \alpha'}{\partial \nu \partial \mu} \right) V^{\mu} + \frac{\partial \alpha'}{\partial \mu} \frac{\partial \nu}{\partial \beta'} V^{\mu}_{,\nu}. \end{aligned} \qquad (19.10)$$

Der zweite Term auf der rechten Seite in der letzten Gleichung ist genau der, den man erwartet, wenn eine Tensortransformation vorläge. Der erste Term, der im Allgemeinen nicht null ist, ist also die Ursache dafür, dass die gewöhnliche Ableitung eines Raumzeitvektors kein Tensor ist. Wie wir schon in der euklidischen Ebene gesehen haben, ist für dieses nichttensorielle Verhalten nicht etwa eine Raumkrümmung verantwortlich, vielmehr sorgen krummlinige Koordinaten dafür, dass die Transformationsmatrizen $\partial \alpha'/\partial \mu$ nicht konstant sind.

Um eine tensorielle Ableitung eines Vektors $\vec{V}$ in einem Punkt der Raumzeit zu definieren, nutzen wir die Tatsache, dass sich an jedem Punkt der Raumzeit ein lokales Inertialsystem befindet. Aus der Speziellen Relativitätstheorie wissen wir, dass in Inertialsystemen die gewöhnlichen Ableitungen von Vierervektoren Tensoren sind, d.h., sind S und S' zwei verschiedene *Inertialsysteme*, so gilt für die Komponenten der Ableitungen von $\vec{V}$ mit den entsprechenden Lorentz-Transformationen

$$V^{\alpha'}_{,\beta'} = L^{\alpha'}{}_{\mu}(v) \, L^{\nu}{}_{\beta'}(-v) \, V^{\mu}{}_{,\nu} = \frac{\partial \alpha'}{\partial \mu} \frac{\partial \nu}{\partial \beta'} V^{\mu}{}_{,\nu}.$$

Der Grund dafür liegt darin, dass die Lorentz-Transformationen linear sind, d.h., dass der erste Term in der obigen Gl.(19.9) null wird, vgl. auch (15.19):

$$\frac{\partial}{\partial \beta'}\left(\frac{\partial \alpha'}{\partial \mu}\right) = 0$$

Sind $\hat{\alpha}$ die Minkowski-Koordinaten im lokalen Inertialsystem und gilt für die Komponenten des Raumzeitvektors $\vec{V}$

$$\vec{V} \underset{\hat{\alpha}}{\rightarrow} \left\{V^{\hat{\alpha}}\right\} = \left(V^{\hat{t}}, V^{\hat{x}}, V^{\hat{y}}, V^{\hat{z}}\right)$$

und für ein beliebiges Koordinatensystem $h \rightarrow \{\alpha\}$

$$\vec{V} \underset{\alpha}{\rightarrow} \{V^{\alpha}\} = \left(V^{t}, V^{x}, V^{y}, V^{z}\right),$$

so *definieren* wir die **kovariante Ableitung** ∇ eines Vektors $\vec{V}$ durch

$$\nabla \vec{V} \underset{\alpha}{\rightarrow} \left\{V^{\alpha}_{;\beta}\right\}$$

mit

$$V^{\alpha}_{;\beta} = \frac{\partial \alpha}{\partial \hat{\mu}}\frac{\partial \hat{\nu}}{\partial \beta} V^{\hat{\mu}}_{,\hat{\nu}}. \tag{19.11}$$

Wir zeigen zunächst, dass die kovariante Ableitung tatsächlich ein $(1,1)$-Tensor ist. Dazu beachtet man, dass bei einem Wechsel des Koordinatensystems $\alpha \rightarrow \alpha'$ an einem festen Punkt P das lokale Inertialsystem das gleiche bleibt, d.h., die Komponenten $V^{\hat{\mu}}_{,\hat{\nu}}$ der Ableitung des Vektors $\vec{V}$ im Inertialsystem ändern sich durch den Koordinatenwechsel nicht. Die Komponenten der kovarianten Ableitung im Koordinatensystem α' lauten

$$V^{\alpha'}_{;\beta'} = \frac{\partial \alpha'}{\partial \hat{\mu}}\frac{\partial \hat{\nu}}{\partial \beta'} V^{\hat{\mu}}_{,\hat{\nu}}$$

und lassen sich mit der Kettenregel umschreiben zu

$$\begin{aligned}
V^{\alpha'}_{;\beta'} &= \frac{\partial \alpha'}{\partial \hat{\mu}}\frac{\partial \hat{\nu}}{\partial \beta'} V^{\hat{\mu}}_{,\hat{\nu}} \\
&= \left(\frac{\partial \alpha'}{\partial \alpha}\frac{\partial \alpha}{\partial \hat{\mu}}\right)\left(\frac{\partial \hat{\nu}}{\partial \beta}\frac{\partial \beta}{\partial \beta'}\right) V^{\hat{\mu}}_{,\hat{\nu}} \\
&= \frac{\partial \alpha'}{\partial \alpha}\frac{\partial \beta}{\partial \beta'}\left(\frac{\partial \alpha}{\partial \hat{\mu}}\frac{\partial \hat{\nu}}{\partial \beta} V^{\hat{\mu}}_{,\hat{\nu}}\right) \\
&= \frac{\partial \alpha'}{\partial \alpha}\frac{\partial \beta}{\partial \beta'} V^{\alpha}_{,\beta}.
\end{aligned}$$

Die Komponenten der kovarianten Ableitung zeigen also das gewünschte Transformationsverhalten, die kovariante Ableitung ist damit ein $(1,1)$-Tensor. Wir wollen nun einen expliziten Ausdruck für die $V^\alpha_{;\beta}$ finden, der ohne die Komponenten von $\vec{V}$ im lokalen Inertialsystem auskommt. Dazu setzen wir den Ausdruck (19.10), der für die Komponenten von $\vec{V}$ im Inertialsystem wie folgt aussieht:

$$V^{\hat\mu}_{,\hat\nu} = \frac{\partial\hat\mu}{\partial\sigma}\frac{\partial\tau}{\partial\hat\nu}V^\sigma_{,\tau} + \frac{\partial\tau}{\partial\hat\nu}\cdot\frac{\partial^2\hat\mu}{\partial\tau\partial\sigma}\,V^\sigma,$$

in die Formel (19.11) ein und erhalten wieder mit der Kettenregel und unter Beachtung von

$$\frac{\partial\alpha}{\partial\sigma} = \delta^\alpha_\sigma = \begin{cases} 1 & \alpha = \sigma \\ 0 & \alpha \neq \sigma \end{cases}$$

die Beziehung

$$\begin{aligned}
V^\alpha_{;\beta} &= \frac{\partial\alpha}{\partial\hat\mu}\frac{\partial\hat\nu}{\partial\beta}V^{\hat\mu}_{,\hat\nu} \\[2mm]
&= \frac{\partial\alpha}{\partial\hat\mu}\frac{\partial\hat\nu}{\partial\beta}\left(\frac{\partial\hat\mu}{\partial\sigma}\frac{\partial\tau}{\partial\hat\nu}V^\sigma_{,\tau} + \frac{\partial\tau}{\partial\hat\nu}\cdot\frac{\partial^2\hat\mu}{\partial\tau\partial\sigma}\,V^\sigma\right) \\[2mm]
&= \underbrace{\frac{\partial\alpha}{\partial\hat\mu}\frac{\partial\hat\mu}{\partial\sigma}}_{=\frac{\partial\alpha}{\partial\sigma}}\underbrace{\frac{\partial\hat\nu}{\partial\beta}\frac{\partial\tau}{\partial\hat\nu}}_{=\frac{\partial\tau}{\partial\beta}}V^\sigma_{,\tau} + \frac{\partial\alpha}{\partial\hat\mu}\underbrace{\frac{\partial\hat\nu}{\partial\beta}\frac{\partial\tau}{\partial\hat\nu}}_{=\frac{\partial\tau}{\partial\beta}}\cdot\frac{\partial^2\hat\mu}{\partial\tau\partial\sigma}\,V^\sigma \\[2mm]
&= \frac{\partial\alpha}{\partial\sigma}\frac{\partial\tau}{\partial\beta}V^\sigma_{,\tau} + \frac{\partial\alpha}{\partial\hat\mu}\frac{\partial\tau}{\partial\beta}\cdot\frac{\partial^2\hat\mu}{\partial\tau\partial\sigma}\,V^\sigma \\[2mm]
&= \delta^\alpha_\sigma\,\delta^\tau_\beta\,V^\sigma_{,\tau} + \frac{\partial\alpha}{\partial\hat\mu}\,\delta^\tau_\beta\,\frac{\partial^2\hat\mu}{\partial\tau\partial\sigma}\,V^\sigma \\[2mm]
&= V^\alpha_{,\beta} + \frac{\partial\alpha}{\partial\hat\mu}\frac{\partial^2\hat\mu}{\partial\beta\partial\sigma}\,V^\sigma.
\end{aligned}$$

Wie in der euklidischen Ebene (siehe Formel 9.24 auf Seite 211) *definieren* wir die **Christoffel-Symbole** durch

$$\Gamma^\alpha_{\sigma\beta} = \frac{\partial\alpha}{\partial\hat\mu}\frac{\partial^2\hat\mu}{\partial\beta\partial\sigma} \tag{19.12}$$

und erhalten schließlich

$$V^\alpha_{;\beta} = V^\alpha_{,\beta} + \Gamma^\alpha_{\sigma\beta}\,V^\sigma. \tag{19.13}$$

Da sich der Gradient einer Skalarfunktion gemäß Gl.(19.5) wie eine Einsform transformiert, also bereits ein Tensor ist, definieren wir als kovariante Ableitung einer Skalarfunktion ϕ die gewöhnliche partielle Ableitung

$$\nabla\phi \to \phi_{;\beta} = \phi_{,\beta}.$$

Um die kovariante Ableitung einer Einsform $\tilde{p}$ zu berechnen, benutzen wir die Eigenschaft, dass eine Einsform angewendet auf einen Vektor eine skalare Funktion ist, d.h., koordinatensystemunabhängig eine reelle Zahl liefert

$$\tilde{p}(\vec{V}) = p_\alpha V^\alpha.$$

Also ergibt sich mit der Produktregel

$$(p_\alpha V^\alpha)_{;\beta} = (p_\alpha V^\alpha)_{,\beta} = \frac{\partial}{\partial \beta}(p_\alpha V^\alpha) = \frac{\partial p_\alpha}{\partial \beta} V^\alpha + p_\alpha \frac{\partial V^\alpha}{\partial \beta}.$$

Wir ersetzen jetzt die partielle Ableitung von V^α durch die kovariante, d.h., mit (19.13) folgt

$$\frac{\partial V^\alpha}{\partial \beta} = V^\alpha_{;\beta} - V^\gamma \Gamma^\alpha_{\gamma\beta}.$$

Dies eingesetzt in obige Gleichung ergibt mit Umbenennung der Indizes $\alpha \leftrightarrow \gamma$

$$\begin{aligned}
(p_\alpha V^\alpha)_{;\beta} &= \frac{\partial p_\alpha}{\partial \beta} V^\alpha + p_\alpha V^\alpha_{;\beta} - p_\alpha V^\gamma \Gamma^\alpha_{\gamma\beta}. \\
&= \left(\frac{\partial p_\alpha}{\partial \beta} - p_\gamma \Gamma^\gamma_{\alpha\beta}\right) V^\alpha + p_\alpha V^\alpha_{;\beta}.
\end{aligned}$$

Alle Terme in der letzten Gleichung bis auf den in der Klammer sind Komponenten von Einsformen. Damit die Klammer multipliziert mit V^α wieder die Komponenten einer Einsform ergibt, müssen die Ausdrücke in der Klammer die Komponenten eines $(0,2)$-Tensors sein. Diesen Tensor definieren wir als die kovariante Ableitung von $\tilde{p}$ und schreiben dafür

$$\nabla \tilde{p} \to p_{\alpha;\beta} = \frac{\partial p_\alpha}{\partial x^\beta} - p_\gamma \Gamma^\gamma_{\alpha\beta}. \tag{19.14}$$

Wir können die zweitletzte Gleichung also schreiben als

$$(p_\alpha V^\alpha)_{;\beta} = p_{\alpha;\beta} V^\alpha + p_\alpha V^\alpha_{;\beta} \tag{19.15}$$

und erhalten damit eine Produktregel für die kovariante Ableitung.

Um die kovariante Ableitung eines $(0,2)$-Tensors $\mathbf{T}$ zu bestimmen, gehen wir von der Form

$$T^{\alpha\beta} = A^\alpha B^\beta$$

aus, was keine Einschränkung bedeutet, da sich ein $(0,2)$-Tensor komponentenweise wie ein Vektor transformiert. Mit der Produktregel für die kovariante Ableitung folgt

$$T^{\alpha\beta}_{;\gamma} = \left(A^\alpha B^\beta\right)_{;\gamma} = A^\alpha_{;\gamma} B^\beta + A^\alpha B^\beta_{;\gamma}.$$

Da auf der rechten Seite ein Tensor steht, ist die hierdurch definierte Größe ebenfalls ein Tensor und wir können mit (19.13) weiter rechnen

$$
\begin{aligned}
T^{\alpha\beta}_{;\gamma} &= A^{\alpha}_{;\gamma} B^{\beta} + A^{\alpha} B^{\beta}_{;\gamma} \\
&= A^{\alpha}_{,\gamma} B^{\beta} + \Gamma^{\alpha}_{\sigma\gamma} A^{\sigma} B^{\beta} + A^{\alpha} B^{\beta}_{,\gamma} + \Gamma^{\beta}_{\sigma\gamma} A^{\alpha} B^{\sigma} \\
&= A^{\alpha}_{,\gamma} B^{\beta} + A^{\alpha} B^{\beta}_{,\gamma} + \Gamma^{\alpha}_{\sigma\gamma} A^{\sigma} B^{\beta} + \Gamma^{\beta}_{\sigma\gamma} A^{\alpha} B^{\sigma} \\
&= T^{\alpha\beta}_{,\gamma} + \Gamma^{\alpha}_{\sigma\gamma} T^{\sigma\beta} + \Gamma^{\beta}_{\sigma\gamma} T^{\alpha\sigma}.
\end{aligned}
$$

Genauso erhält man

$$
T_{\alpha\beta;\gamma} = T_{\alpha\beta,\gamma} - \Gamma^{\sigma}_{\alpha\gamma} T_{\sigma\beta} - \Gamma^{\sigma}_{\beta\gamma} T_{\alpha\sigma}
$$

sowie

$$
T^{\alpha}_{\beta;\gamma} = T^{\alpha}_{\beta,\gamma} + \Gamma^{\alpha}_{\sigma\gamma} T^{\sigma}_{\beta} - \Gamma^{\sigma}_{\beta\gamma} T^{\alpha}_{\sigma}
$$

und analog die kovarianten Ableitungen der höheren Tensoren. Es gelten folgende Regeln für die kovariante Ableitung:

- Die kovariante Abbildung eines Skalarfeldes, also eines $(0,0)$-Tensors, ist ein $(0,1)$-Tensor (d.h. eine Einsform), die kovariante Abbildung eines Vektors, also eines $(1,0)$-Tensors, ist ein $(1,1)$-Tensor, und die kovariante Ableitung einer Einsform, also eines $(0,1)$-Tensors, ist ein $(0,2)$-Tensor. Ganz allgemein ist die kovariante Ableitung eines (M,N)-Tensors ein $(M,N+1)$-Tensor.

- Im lokalen Inertialsystem reduziert sich die kovariante Ableitung wegen

$$
g_{\mu\nu} = \eta_{\mu\nu}
$$

auf die partielle Ableitung.

- Es gelten die üblichen Rechenregeln für die Ableitung, insbesondere die Produktregel.

Christoffel-Symbole durch Metrik

Wir nutzen im Folgenden die Beziehungen (19.7)

$$
g_{\mu\nu} = \eta_{\hat{\alpha}\hat{\beta}} \frac{\partial\hat{\alpha}}{\partial\mu} \frac{\partial\hat{\beta}}{\partial\nu}
$$

sowie (19.12)

$$
\Gamma^{\alpha}_{\sigma\beta} = \frac{\partial\alpha}{\partial\hat{\mu}} \frac{\partial^2\hat{\mu}}{\partial\beta\partial\sigma},
$$

um die Christoffel-Symbole durch die gewöhnlichen ersten Ableitungen des metrischen Tensors auszudrücken. Dazu betrachten wir folgende Kombination von ersten Ableitungen der Metrik und beachten, dass die Ableitung von $\eta_{\hat{\alpha}\hat{\beta}}$ null ist. Wir erhalten dann durch mehrmaliges Anwenden der Produktregel

$$
\begin{aligned}
g_{\mu\nu,\lambda} + g_{\lambda\nu,\mu} - g_{\mu\lambda,\nu} \;=\;& \frac{\partial}{\partial\lambda}\left(\eta_{\hat{\alpha}\hat{\beta}}\frac{\partial\hat{\alpha}}{\partial\mu}\frac{\partial\hat{\beta}}{\partial\nu}\right) + \frac{\partial}{\partial\mu}\left(\eta_{\hat{\alpha}\hat{\beta}}\frac{\partial\hat{\alpha}}{\partial\lambda}\frac{\partial\hat{\beta}}{\partial\nu}\right) \\
& - \frac{\partial}{\partial\nu}\left(\eta_{\hat{\alpha}\hat{\beta}}\frac{\partial\hat{\alpha}}{\partial\mu}\frac{\partial\hat{\beta}}{\partial\lambda}\right) \\[2mm]
=\;& \eta_{\hat{\alpha}\hat{\beta}}\frac{\partial^2\hat{\alpha}}{\partial\lambda\partial\mu}\frac{\partial\hat{\beta}}{\partial\nu} + \eta_{\hat{\alpha}\hat{\beta}}\frac{\partial\hat{\alpha}}{\partial\mu}\frac{\partial^2\hat{\beta}}{\partial\lambda\partial\nu} \\
& + \eta_{\hat{\alpha}\hat{\beta}}\frac{\partial^2\hat{\alpha}}{\partial\mu\partial\lambda}\frac{\partial\hat{\beta}}{\partial\nu} + \eta_{\hat{\alpha}\hat{\beta}}\frac{\partial\hat{\alpha}}{\partial\lambda}\frac{\partial^2\hat{\beta}}{\partial\mu\partial\nu} \\
& - \eta_{\hat{\alpha}\hat{\beta}}\frac{\partial^2\hat{\alpha}}{\partial\nu\partial\mu}\frac{\partial\hat{\beta}}{\partial\lambda} - \eta_{\hat{\alpha}\hat{\beta}}\frac{\partial\hat{\alpha}}{\partial\mu}\frac{\partial^2\hat{\beta}}{\partial\nu\partial\lambda}.
\end{aligned}
$$

Da die Terme symmetrisch in $\hat{\alpha}$ und $\hat{\beta}$ sind und die Reihenfolge der zweiten Ableitungen nach dem Satz von Schwarz (9.27) vertauscht werden darf, heben sich der zweite und sechste sowie der vierte und fünfte Term auf. Da der erste und dritte Term gleich sind, ergibt sich insgesamt

$$
g_{\mu\nu,\lambda} + g_{\lambda\nu,\mu} - g_{\mu\lambda,\nu} = 2\eta_{\hat{\alpha}\hat{\beta}}\frac{\partial^2\hat{\alpha}}{\partial\lambda\partial\mu}\frac{\partial\hat{\beta}}{\partial\nu}.
$$

Andererseits folgt aus (19.12)

$$
\begin{aligned}
g_{\nu\sigma}\,\Gamma^{\sigma}_{\mu\lambda} \;=\;& \left(\eta_{\hat{\alpha}\hat{\beta}}\frac{\partial\hat{\alpha}}{\partial\nu}\frac{\partial\hat{\beta}}{\partial\sigma}\right)\left(\frac{\partial\sigma}{\partial\hat{\mu}}\frac{\partial^2\hat{\mu}}{\partial\lambda\partial\mu}\right) \\[2mm]
=\;& \eta_{\hat{\alpha}\hat{\beta}}\frac{\partial\hat{\alpha}}{\partial\nu}\underbrace{\left(\frac{\partial\hat{\beta}}{\partial\sigma}\frac{\partial\sigma}{\partial\hat{\mu}}\right)}_{=\delta^{\hat{\beta}}_{\hat{\mu}}}\frac{\partial^2\hat{\mu}}{\partial\lambda\partial\mu} \\[2mm]
=\;& \eta_{\hat{\alpha}\hat{\beta}}\frac{\partial\hat{\alpha}}{\partial\nu}\frac{\partial^2\hat{\beta}}{\partial\mu\partial\lambda}.
\end{aligned}
$$

Also folgt durch Vergleich der beiden letzten Ergebnisse

$$
g_{\nu\sigma}\,\Gamma^{\sigma}_{\mu\lambda} = \frac{1}{2}\left(g_{\mu\nu,\lambda} + g_{\lambda\nu,\mu} - g_{\mu\lambda,\nu}\right).
$$

19. Die mathematischen Grundlagen der gekrümmten Raumzeit

Sei $g^{\mu\nu}$ die zu $g_{\mu\nu}$ inverse Matrix, d.h.

$$g^{\tau\nu} g_{\nu\sigma} = \delta^\tau_\sigma.$$

Multipliziert man die vorletzte Gleichung mit $g^{\tau\nu}$, so erhält man

$$\Gamma^\tau_{\mu\lambda} = \frac{g^{\tau\nu}}{2} \left(g_{\mu\nu,\lambda} + g_{\lambda\nu,\mu} - g_{\mu\lambda,\nu} \right), \tag{19.16}$$

woraus wegen der Symmetrie von $g_{\mu\nu}$ auch die Symmetrie in den unteren beiden Indizes der Christoffel-Symbole folgt

$$\Gamma^\tau_{\mu\lambda} = \Gamma^\tau_{\lambda\mu}. \tag{19.17}$$

Wir berechnen noch die kovariante Ableitung des metrischen Tensors

$$
\begin{aligned}
g_{\alpha\beta;\gamma} &= g_{\alpha\beta,\gamma} - \Gamma^\sigma_{\alpha\gamma} g_{\sigma\beta} - \Gamma^\sigma_{\beta\gamma} g_{\alpha\sigma} \\
&= g_{\alpha\beta,\gamma} - \frac{g^{\sigma\nu}}{2} \left(g_{\alpha\nu,\gamma} + g_{\gamma\nu,\alpha} - g_{\alpha\gamma,\nu} \right) g_{\sigma\beta} \\
&\quad - \frac{g^{\sigma\nu}}{2} \left(g_{\beta\nu,\gamma} + g_{\gamma\nu,\beta} - g_{\beta\gamma,\nu} \right) g_{\alpha\sigma} \\
&= g_{\alpha\beta,\gamma} - \frac{1}{2} \left(g_{\alpha\beta,\gamma} + g_{\gamma\beta,\alpha} - g_{\alpha\gamma,\beta} \right) - \frac{1}{2} \left(g_{\beta\alpha,\gamma} + g_{\gamma\alpha,\beta} - g_{\beta\gamma,\alpha} \right) \\
&= 0,
\end{aligned}
$$

da sich alle Terme aufheben. Da im lokalen Inertialsystem die kovariante Ableitung gleich der partiellen Ableitung ist, gilt dort

$$g_{\hat{\mu}\hat{\nu};\hat{\gamma}} = g_{\hat{\mu}\hat{\nu},\hat{\gamma}} = 0, \tag{19.18}$$

woraus mit (19.16) folgt, dass die Christoffel-Symbole im lokalen Inertialsystem (allgemeiner: im Minkowski-Raum) gleich null sind, was wir ja schon in Teil III mit anderen Mitteln gezeigt haben.

20. Bewegung im Gravitationsfeld, Geodätengleichung

20.1. Allgemeine Geodätengleichung

Als erstes physikalisches Beispiel der Anwendung des Äquivalenzprinzips und der Tensorrechnung wollen wir die Bewegungsgleichung für ein Teilchen im Gravitationsfeld herleiten. Im lokalen Inertialsystem gelten die Gesetze der Speziellen Relativitätstheorie, d.h., für ein kräftefreies zeitartiges Teilchen mit Masse $m > 0$ und Weltlinie $\vec{x}(t_E)$ folgt aus der relativistischen Newton'schen Bewegungsgleichung 14.12 auf Seite 319:

$$m\,\vec{A} = m\,\frac{d^2\vec{x}}{dt_E^2} = \vec{F}$$

mit $\vec{F} = 0$ und den Minkowski-Koordinaten

$$\vec{x}(t_E) \rightarrow \{\hat{\alpha}\,(t_E)\} = \left(\hat{t}\,(t_E)\,, \hat{x}\,(t_E)\,, \hat{y}\,(t_E)\,, \hat{z}\,(t_E)\right)$$

des lokalen Inertialsystems die Bewegungsgleichung

$$\frac{d^2\hat{\alpha}}{dt_E^2} = 0, \tag{20.1}$$

wobei $dt_E^2 = -ds^2$ wieder die Eigenzeit bezeichnet und $dt_E \neq 0$ gelten soll. Wenn wir die letzte Gleichung zweimal integrieren, so erhalten wir

$$\hat{\alpha}(t_E) = a^{\hat{\alpha}} t_E + b^{\hat{\alpha}}$$

mit geeigneten Integrationskonstanten $a^{\hat{\alpha}}$ und $b^{\hat{\alpha}}$. Diese Gleichung beschreibt für jede Koordinate eine Gerade, d.h., ein kräftefreies Teilchen in einem Inertialsystem bewegt sich gradlinig. Gleiches kann man auch für das Licht zeigen, (lichtartige) Photonen bewegen sich in Inertialsystemen ebenfalls auf geraden Linien, d.h., auch für Photonen gilt

$$\frac{d^2\hat{\alpha}(\lambda)}{d\lambda^2} = 0$$

© Der/die Autor(en), exklusiv lizenziert durch
Springer-Verlag GmbH, DE, ein Teil von Springer Nature 2021
M. Ruhrländer, *Aufstieg zu den Einsteingleichungen*,
https://doi.org/10.1007/978-3-662-62546-0_20

für einen Parameter λ, der aber wegen $dt_E = 0$ nicht die Eigenzeit sein darf. Wir setzen nun für ein beliebiges lokales Koordinatensystem h die Transformation (19.6)

$$d\hat{\alpha} = \frac{\partial \hat{\alpha}}{\partial \mu}\, d\mu$$

in die obige Gleichung ein und erhalten mit der Ketten- und Produktregel

$$\begin{aligned}
0 &= \frac{d^2\hat{\alpha}}{dt_E^2} = \frac{d}{dt_E}\left(\frac{d\hat{\alpha}}{dt_E}\right) = \frac{d}{dt_E}\left(\frac{\partial \hat{\alpha}}{\partial \mu}\frac{d\mu}{dt_E}\right) \\
&= \frac{\partial \hat{\alpha}}{\partial \mu}\frac{d^2\mu}{dt_E^2} + \frac{d}{dt_E}\left(\frac{\partial \hat{\alpha}}{\partial \mu}\right)\frac{d\mu}{dt_E} \\
&= \frac{\partial \hat{\alpha}}{\partial \mu}\frac{d^2\mu}{dt_E^2} + \frac{\partial^2\hat{\alpha}}{\partial \mu \partial \nu}\frac{d\mu}{dt_E}\frac{d\nu}{dt_E}.
\end{aligned}$$

Wir multiplizieren die Gleichung mit der zu $(\partial\hat{\alpha}/\partial\mu)$ inversen Jacobi-Matrix, nämlich mit $(\partial\gamma/\partial\hat{\alpha})$, beachten, dass

$$\left(\frac{\partial \gamma}{\partial \hat{\alpha}}\right)\left(\frac{\partial \hat{\alpha}}{\partial \mu}\right) = \delta^\gamma_\mu$$

gilt, und erhalten

$$\begin{aligned}
0 &= \frac{\partial \gamma}{\partial \hat{\alpha}}\frac{\partial \hat{\alpha}}{\partial \mu}\frac{d^2\mu}{dt_E^2} + \frac{\partial \gamma}{\partial \hat{\alpha}}\frac{\partial^2\hat{\alpha}}{\partial \mu \partial \nu}\frac{d\mu}{dt_E}\frac{d\nu}{dt_E} \\
&= \delta^\gamma_\mu \frac{d^2\mu}{dt_E^2} + \frac{\partial \gamma}{\partial \hat{\alpha}}\frac{\partial^2\hat{\alpha}}{\partial \mu \partial \nu}\frac{d\mu}{dt_E}\frac{d\nu}{dt_E} \\
&= \frac{d^2\gamma}{dt_E^2} + \frac{\partial \gamma}{\partial \hat{\alpha}}\frac{\partial^2\hat{\alpha}}{\partial \mu \partial \nu}\frac{d\mu}{dt_E}\frac{d\nu}{dt_E}.
\end{aligned}$$

Nach (19.12) gilt

$$\frac{\partial \gamma}{\partial \hat{\alpha}}\frac{\partial^2\hat{\alpha}}{\partial \mu \partial \nu} = \Gamma^\gamma_{\mu\nu},$$

und wir erhalten damit die Bewegungsgleichung (**Geodätengleichung**) im Gravitationsfeld

$$\frac{d^2\gamma}{dt_E^2} = -\Gamma^\gamma_{\mu\nu}\frac{d\mu}{dt_E}\frac{d\nu}{dt_E}. \tag{20.2}$$

Die

$$\{\mu\,(t_E)\} = (t\,(t_E)\,, x\,(t_E)\,, y\,(t_E)\,, z\,(t_E))$$

beschreiben die Bahnen von Teilchen im Koordinatensystem K mit der Metrik $g_{\mu\nu}\{\alpha\}$, also in einem Bezugssystem mit Gravitationsfeld. Multipliziert man die rechte Seite von (20.2) mit der Masse m, so stehen dort die Gravitationskräfte. Es gibt also eine große Ähnlichkeit mit der relativistischen Newton'schen Bewegungsgleichung. Man muss allerdings beachten, dass die μ in der Regel krummlinige Koordinaten sind. Aus (19.8)

$$ds^2 = g_{\mu\nu}\, d\mu\, d\nu$$

und

$$dt_E^2 = -ds^2$$

folgt

$$g_{\mu\nu}\frac{d\mu}{dt_E}\frac{d\nu}{dt_E} = \frac{ds^2}{dt_E^2} = -\frac{dt_E^2}{dt_E^2} = -1,$$

sodass bei der Geschwindigkeit $d\mu/dt_E$ nur drei der vier Komponenten voneinander unabhängig sind. Diese Einschränkung erinnert an die Vierergeschwindigkeit

$$\vec{U} \to (\gamma, \gamma v_x, \gamma v_y, \gamma v_z)$$

(siehe Gl. (14.8)) in der Speziellen Relativitätstheorie, die sich ebenfalls durch die drei Komponenten der Relativgeschwindigkeit $\vec{v}$ ausdrücken lässt.

Ähnlich wie oben lässt sich die Bewegungsgleichung für ein Lichtteilchen ableiten:

$$\frac{d^2\gamma}{d\lambda^2} = -\Gamma^{\gamma}{}_{\mu\nu}\frac{d\mu}{d\lambda}\frac{d\nu}{d\lambda},$$

wobei hier wegen $dt_E = 0$ die Nebenbedingung

$$g_{\mu\nu}\frac{d\mu}{d\lambda}\frac{d\nu}{d\lambda} = ds^2 = -dt_E^2 = 0$$

zu beachten ist.

Erfüllt die Weltlinie eines Teilchens Gl. (20.2), so sagt man, die Bewegung des Teilchens erfolgt entlang einer **Geodäten**. Geodäten kann man auf zweierlei Arten charakterisieren:

1. Eine Geodäte ist die Weltlinie eines Teilchens mit „extremaler" Länge (siehe auch Abschn. 14.3) zwischen zwei Punkten A und B.

2. Eine Geodäte ist die geradest mögliche (d.h. die am wenigsten gekrümmte) Verbindung zwischen zwei Punkten.

Wir wollen in diesem Abschnitt die Eigenschaft (1.) nachweisen, der Nachweis von (2.) erfolgt in einem späteren Kapitel, wenn wir das Konzept der Krümmung eingeführt haben. Wir haben in Abschn. 14.3 schon abgeleitet, dass sich kräftefreie Teilchen im Minkowski-Raum auf einer geraden Linie bewegen, die die Verbindung mit der größten Eigenzeit zwischen zwei Punkten darstellt. Im Minkowski-Raum (und im euklidischen) Raum sind die geraden Linien also die Geodäten. Um die Geodäten im Riemann'schen Raum zu ermitteln, nutzen wir aus, dass der Abstand zweier Punkte mithilfe von

$$ds^2 = g_{\mu\nu}\,d\mu\,d\nu$$

gemessen wird, und betrachten in der Folge der Einfachheit halber nur *zeitartige Weltlinien* von Teilchen zwischen zwei Punkten, wobei zeitartige Kurven dadurch definiert sind, dass alle benachbarten Punkte auf der Kurve einen zeitartigen Abstand haben. Sind also zwei Punkte A und B im Riemann'schen Raum gegeben und ist $\{\mu(\lambda)\}$ eine zeitartige Kurve mit

$$A \to \{\mu(\lambda_A)\}$$

und

$$B \to \{\mu(\lambda_B)\},$$

dann gilt wie in Abschn. 14.3 mit

$$dt_E^2 = -ds^2$$

für die Eigenzeit zwischen A und B

$$
\begin{aligned}
t_E(B) - t_E(A) &= \int \sqrt{-ds^2} = \int_{\lambda_A}^{\lambda_B} \sqrt{-g_{\mu\nu}\{\alpha(\lambda)\}\,d\mu\,d\nu} \\
&= \int_{\lambda_A}^{\lambda_B} \sqrt{-g_{\mu\nu}\{\alpha(\lambda)\}\frac{d\mu}{d\lambda}\frac{d\nu}{d\lambda}}\,d\lambda = \\
&= \int_{\lambda_A}^{\lambda_B} \sqrt{-g_{\mu\nu}\{\alpha(\lambda)\}\,\dot\mu\dot\nu}\,d\lambda,
\end{aligned}
\tag{20.3}
$$

wobei wir $\dot\mu = d\mu/d\lambda$ gesetzt und nochmals hervorgehoben haben, dass die Metrik von den Koordinaten entlang der Weltlinie abhängt. Wir wollen zeigen, dass diese Eigenzeit extremal wird, wenn die $\mu(\lambda)$ die Bewegungsgleichungen (20.2) erfüllen. Dazu wenden wir ein **Variationsprinzip** an, das wir hier allerdings nicht streng mathematisch begründen wollen. Variationsprinzipien finden fast überall in der Physik Anwendung. Sie sind Ausdruck eines statischen oder dynamischen Gleichgewichtes: „Rüttelt" man an dem betrachteten System, so ist die geleistete (virtuelle) Arbeit gleich null. Das System befindet sich in diesem Sinne in einem Extremalzustand. Der physikalisch wirklich angenommene Zustand zeichnet sich vor allen anderen, denkbaren Zuständen dadurch aus, dass er gegen kleine Verrückungen der Bahnen stabil ist. Ist also unsere gesuchte Kurve diejenige, die die Eigenzeit extremal macht, so sollte eine kleine Variation der Kurve keine Variation der Länge hervorrufen.

Bemerkung 20.1. **MW: Variationsprinzip**

Wir diskutieren zur Vorbereitung auf das Folgende einen speziellen eindimensionalen Fall. Eine typische Aufgabe der Variationsrechnung in der Physik besteht darin, unter allen möglichen Kurven $y(t)$ diejenige herauszufinden, die den Ausdruck

$$S = \int_{t_A}^{t_B} L\left(y(t), \dot{y}(t)\right) dt$$

extremal, d.h. minimal oder maximal, macht. Dabei ist L (L nennt man **Lagrange-Funktion** nach dem italienischen Mathematiker Joseph-Louis Lagrange (1736 - 1813)) eine vorgegebene reellwertige Funktion, die von y und deren Ableitung $\dot{y}$ abhängt. A und B sind zwei beliebige, aber feste Randpunkte. Gesucht werden diejenigen Funktionen $y(t)$, die an den Randpunkten die vorgegebenen Werte $A = y(t_A)$ sowie $B = y(t_B)$ annehmen und S extremal machen. Man wählt dazu folgenden Variationsansatz für ein $y(t)$ und betrachtet

$$S(\varepsilon) = \int_{t_A}^{t_B} L\left(y(t,\varepsilon), \dot{y}(t,\varepsilon)\right) dt,$$

wobei $y(t,\varepsilon)$ durch

$$y(t,\varepsilon) = y(t) + \varepsilon \eta(t)$$

definiert wird. Dabei kann man sich ε als eine „kleine" Zahl vorstellen und $\eta(t)$ ist eine Funktion, die an den Randpunkten verschwindet

$$\eta(t_A) = \eta(t_B) = 0.$$

Dadurch wird $y(t,\varepsilon)$ zu einer sogenannten **zulässigen** Funktion. Man bildet dann die **Variation** δS von S durch

$$
\begin{aligned}
\delta S &= \frac{dS}{d\varepsilon} d\varepsilon = \frac{d}{d\varepsilon}\left(\int_{t_A}^{t_B} dt\, \{L\left(y(t,\varepsilon), \dot{y}(t,\varepsilon)\right)\}\right) d\varepsilon \\
&= \left(\int_{t_A}^{t_B} dt\, \frac{d}{d\varepsilon}\{L\left(y(t,\varepsilon), \dot{y}(t,\varepsilon)\right)\}\right) d\varepsilon \\
&= \left(\int_{t_A}^{t_B} dt\, \left\{\frac{\partial L}{\partial y}\frac{dy}{d\varepsilon} + \frac{\partial L}{\partial \dot{y}}\frac{d\dot{y}}{d\varepsilon}\right\}\right) d\varepsilon, \quad (20.4)
\end{aligned}
$$

wobei wieder das Differenzial und die Kettenregel zum Einsatz kamen. Den zweiten Term in der letzten Gleichung kann man mit dem Satz von Schwartz umschreiben in

$$\frac{\partial L}{\partial \dot{y}}\frac{d\dot{y}}{d\varepsilon} = \frac{\partial L}{\partial \dot{y}}\frac{d}{d\varepsilon}\left(\frac{dy}{dt}\right) = \frac{\partial L}{\partial \dot{y}}\frac{d}{dt}\left(\frac{dy}{d\varepsilon}\right)$$

413

und mit partieller Integration (siehe Gl. 6.22 auf Seite 118) umformen

$$\int_{t_A}^{t_B} dt \, \frac{\partial L}{\partial \dot{y}} \frac{d}{dt}\left(\frac{dy}{d\varepsilon}\right) = \left[\frac{\partial L}{\partial \dot{y}} \frac{dy}{d\varepsilon}\right]_{t_A}^{t_B} - \int_{t_A}^{t_B} dt \, \frac{dy}{d\varepsilon} \frac{d}{dt}\left(\frac{\partial L}{\partial \dot{y}}\right).$$

Wegen

$$\frac{dy}{d\varepsilon} = \eta\,(t) \ \text{ und } \ \eta\,(t_A) = \eta\,(t_B) = 0$$

entfällt der Term in der eckigen Klammer und wir erhalten insgesamt

$$\delta S = \left(\int_{t_A}^{t_B} dt \left\{\frac{\partial L}{\partial y} - \frac{d}{dt}\left(\frac{\partial L}{\partial \dot{y}}\right)\right\} \frac{dy}{d\varepsilon}\right) d\varepsilon.$$

Da $S(\varepsilon)$ extremal werden soll, muss $\delta S = 0$ gelten und das für beliebige Variationen $y\,(t, \varepsilon)$, d.h., der Ausdruck in den geschweiften Klammern im Integrand in der letzten Gleichung muss verschwinden:

$$\frac{d}{dt}\left(\frac{\partial L}{\partial \dot{y}}\right) - \frac{\partial L}{\partial y} = 0 \tag{20.5}$$

Diese Gleichung nennt man **Euler'sche Differenzialgleichung** der Variationsrechnung. $\square$

Wir wollen nunmehr diese Differenzialgleichung benutzen, um die Geodätenkurve zu finden. Wir setzen

$$L\,(\alpha, \dot{\alpha}) = \sqrt{-g_{\mu\nu}\,\{\alpha\,(\lambda)\}\,\dot{\mu}\dot{\nu}},$$

und die vier (wegen $\alpha = t, x, y, z$) Euler'schen Differenzialgleichungen ergeben sich zu

$$\frac{d}{d\lambda}\left(\frac{\partial L}{\partial \dot{\alpha}}\right) - \frac{\partial L}{\partial \alpha} = 0.$$

Wir berechnen die einzelnen Terme. Es gilt mit der Ketten- und Produktregel

$$\frac{\partial L}{\partial \dot{\alpha}} = \frac{\partial}{\partial \dot{\alpha}}\left(\sqrt{-g_{\mu\nu}\,\dot{\mu}\dot{\nu}}\right) = \frac{1}{2\sqrt{-g_{\mu\nu}\,\dot{\mu}\dot{\nu}}}\left(-g_{\mu\nu}\,\delta_\alpha^\mu\,\dot{\nu} - g_{\mu\nu}\,\dot{\mu}\delta_\alpha^\nu\right),$$

da

$$\frac{\partial \dot{\mu}}{\partial \dot{\alpha}} = \begin{cases} 1 & \mu = \alpha \\ 0 & \mu \neq \alpha \end{cases} = \delta_\alpha^\mu,$$

und da die Metrik nicht von $\dot{\alpha}$, sondern nur von α abhängt. Wenn man noch beachtet, dass die Wurzel im Nenner gleich L ist, so ergibt sich

$$\frac{\partial L}{\partial \dot{\alpha}} = \frac{1}{2L}\left(-g_{\alpha\nu}\,\dot{\nu} - g_{\mu\alpha}\,\dot{\mu}\right) = -\frac{1}{2L}\left(g_{\alpha\nu}\,\frac{d\nu}{d\lambda} + g_{\mu\alpha}\,\frac{d\mu}{d\lambda}\right). \tag{20.6}$$

Andererseits folgt aus Gl. (20.3):

$$t_E(B) - t_E(A) = \int_{\lambda_A}^{\lambda_B} \sqrt{-g_{\mu\nu}\left(\alpha\left(\lambda\right)\right)\dot{\mu}\dot{\nu}}\, d\lambda$$

mit dem Hauptsatz der Differenzial- und Integralrechnung

$$\frac{dt_E}{d\lambda} = \sqrt{-g_{\mu\nu}\left(\alpha\left(\lambda\right)\right)\dot{\mu}\dot{\nu}} = L \Rightarrow \frac{d\lambda}{dt_E} = \frac{1}{L},$$

was wir in Gl. (20.6) für L einsetzen:

$$
\begin{aligned}
\frac{\partial L}{\partial\dot{\alpha}} &= -\frac{1}{2L}\left(g_{\alpha\nu}\frac{d\nu}{d\lambda} + g_{\mu\alpha}\frac{d\mu}{d\lambda}\right) = -\frac{1}{2}\left(g_{\alpha\nu}\frac{d\nu}{d\lambda}\frac{d\lambda}{dt_E} + g_{\mu\alpha}\frac{d\mu}{d\lambda}\frac{d\lambda}{dt_E}\right).\\
&= -\frac{1}{2}\left(g_{\alpha\nu}\frac{d\nu}{dt_E} + g_{\mu\alpha}\frac{d\mu}{dt_E}\right)
\end{aligned}
$$

Beachtet man noch, dass die $g_{\alpha\mu}$ implizit von λ abhängen, so erhält man mit der Ketten- und Produktregel aus der letzten Gleichung

$$
\begin{aligned}
\frac{d}{d\lambda}\frac{\partial L}{\partial\dot{\alpha}} &= \frac{d}{d\lambda}\left(-\frac{1}{2}\left(g_{\alpha\nu}\frac{d\nu}{dt_E} + g_{\mu\alpha}\frac{d\mu}{dt_E}\right)\right)\\
&= -\frac{1}{2}\left(\frac{dg_{\alpha\nu}}{d\lambda}\frac{d\nu}{dt_E} + g_{\alpha\nu}\frac{d}{d\lambda}\frac{d\nu}{dt_E} + \frac{dg_{\mu\alpha}}{d\lambda}\frac{d\mu}{dt_E} + g_{\mu\alpha}\frac{d}{d\lambda}\frac{d\mu}{dt_E}\right)\\
&= -\frac{1}{2}\left(\frac{dg_{\alpha\nu}}{d\mu}\frac{d\mu}{d\lambda}\frac{d\nu}{dt_E} + g_{\alpha\nu}\frac{d}{d\lambda}\frac{d\nu}{dt_E} + \frac{dg_{\mu\alpha}}{d\nu}\frac{d\nu}{d\lambda}\frac{d\mu}{dt_E} + g_{\mu\alpha}\frac{d}{d\lambda}\frac{d\mu}{dt_E}\right),
\end{aligned}
$$

und damit haben wir den ersten Term der Euler-Differenzialgleichung ausgerechnet. Für den zweiten folgt unter Beachtung, dass die Ableitungen $\dot{\mu}$ nicht von α abhängen, analog

$$
\begin{aligned}
\frac{\partial L}{\partial\alpha} &= -\frac{1}{2L}\frac{\partial}{\partial\alpha}\left(g_{\mu\nu}\dot{\mu}\dot{\nu}\right) = -\frac{1}{2L}\frac{\partial g_{\mu\nu}}{\partial\alpha}\frac{d\mu}{d\lambda}\frac{d\nu}{d\lambda}\\
&= -\frac{1}{2L}g_{\mu\nu,\alpha}\frac{d\mu}{d\lambda}\frac{d\nu}{d\lambda} = -\frac{1}{2}g_{\mu\nu,\alpha}\frac{d\mu}{d\lambda}\frac{d\lambda}{dt_E}\frac{d\nu}{d\lambda}\\
&= -\frac{1}{2}g_{\mu\nu,\alpha}\frac{d\mu}{dt_E}\frac{d\nu}{d\lambda},
\end{aligned}
$$

wobei wir in der vorletzten Gleichung wieder $L = dt_E/d\lambda$ genutzt haben. Die Euler'sche Differenzialgleichung sieht also insgesamt so aus

$$0 = -\frac{1}{2}\left(g_{\alpha\nu,\mu}\frac{d\mu}{d\lambda}\frac{d\nu}{dt_E} + g_{\alpha\nu}\frac{d}{d\lambda}\frac{d\nu}{dt_E} + g_{\mu\alpha,\nu}\frac{d\nu}{d\lambda}\frac{d\mu}{dt_E} + g_{\mu\alpha}\frac{d}{d\lambda}\frac{d\mu}{dt_E}\right)$$

$$- \left(-\frac{1}{2} g_{\mu\nu,\alpha} \frac{d\mu}{dt_E} \frac{d\nu}{d\lambda} \right).$$

Diese Gleichung multiplizieren wir mit $\dfrac{d\lambda}{dt_E}$ und erhalten wieder mit der Kettenregel

$$
\begin{aligned}
0 &= -\frac{1}{2} \left(g_{\alpha\nu,\mu} \frac{d\mu}{d\lambda} \frac{d\nu}{dt_E} + g_{\alpha\nu} \frac{d}{d\lambda} \frac{d\nu}{dt_E} + g_{\mu\alpha,\nu} \frac{d\nu}{d\lambda} \frac{d\mu}{dt_E} + g_{\mu\alpha} \frac{d}{d\lambda} \frac{d\mu}{dt_E} \right) \\
&\quad - \left(-\frac{1}{2} g_{\mu\nu,\alpha} \frac{d\mu}{dt_E} \frac{d\nu}{d\lambda} \right) \\
&= -\frac{1}{2} \left(g_{\alpha\nu,\mu} \frac{d\mu}{d\lambda} \frac{d\lambda}{dt_E} \frac{d\nu}{dt_E} + g_{\alpha\nu} \frac{d\lambda}{dt_E} \frac{d}{d\lambda} \frac{d\nu}{dt_E} + g_{\mu\alpha,\nu} \frac{d\nu}{d\lambda} \frac{d\lambda}{dt_E} \frac{d\mu}{dt_E} \right) \\
&\quad - \frac{1}{2} \left(g_{\mu\alpha} \frac{d\lambda}{dt_E} \frac{d}{d\lambda} \frac{d\mu}{dt_E} - g_{\mu\nu,\alpha} \frac{d\mu}{dt_E} \frac{d\nu}{d\lambda} \frac{d\lambda}{dt_E} \right) \\
&= -\frac{1}{2} \left(g_{\alpha\nu,\mu} \frac{d\mu}{dt_E} \frac{d\nu}{dt_E} + g_{\alpha\nu} \frac{d}{dt_E} \frac{d\nu}{dt_E} + g_{\mu\alpha,\nu} \frac{d\nu}{dt_E} \frac{d\mu}{dt_E} \right) \\
&\quad - \frac{1}{2} \left(g_{\mu\alpha} \frac{d}{dt_E} \frac{d\mu}{dt_E} - g_{\mu\nu,\alpha} \frac{d\mu}{dt_E} \frac{d\nu}{dt_E} \right) \\
&= -\frac{1}{2} \left(g_{\alpha\nu,\mu} \frac{d\mu}{dt_E} \frac{d\nu}{dt_E} + g_{\mu\alpha,\nu} \frac{d\nu}{dt_E} \frac{d\mu}{dt_E} + 2 g_{\mu\alpha} \frac{d^2\mu}{dt_E^2} \right) \\
&\quad + \frac{1}{2} g_{\mu\nu,\alpha} \frac{d\mu}{dt_E} \frac{d\nu}{dt_E},
\end{aligned}
$$

wobei die letzte Gleichung aus der Symmetrie von $g_{\mu\nu}$ und der Tatsache, dass man den Summationsindex frei wählen darf, d.h.

$$g_{\alpha\nu} \frac{d}{dt_E} \frac{d\nu}{dt_E} = g_{\mu\alpha} \frac{d}{dt_E} \frac{d\mu}{dt_E},$$

resultiert. Wir erhalten also insgesamt aus der Euler-Gleichung

$$0 = -g_{\mu\alpha} \frac{d^2\mu}{dt_E^2} - \frac{1}{2} \left(g_{\alpha\nu,\mu} + g_{\mu\alpha,\nu} - g_{\mu\nu,\alpha} \right) \frac{d\mu}{dt_E} \frac{d\nu}{dt_E}$$

Multipliziert man die Gleichung mit $g^{\alpha\tau}$, so erhält man mit Gl. (19.16)

$$
\begin{aligned}
\frac{d^2\tau}{dt_E^2} &= g^{\alpha\tau} g_{\mu\alpha} \frac{d^2\mu}{dt_E^2} \\
&= -\frac{1}{2} g^{\alpha\tau} \left(g_{\alpha\nu,\mu} + g_{\mu\alpha,\nu} - g_{\mu\nu,\alpha} \right) \frac{d\mu}{dt_E} \frac{d\nu}{dt_E} \\
&= -\Gamma^{\tau}{}_{\mu\nu} \frac{d\mu}{dt_E} \frac{d\nu}{dt_E},
\end{aligned}
$$

also wieder die Geodätengleichung (20.2). Damit ist gezeigt, dass eine Geodäte eine Kurve mit extremaler Eigenzeit ist.

20.2. Geodäten in der euklidischen Ebene

Wir betrachten einige Beispiele von Geodäten, zunächst die euklidische Ebene mit kartesischen Koordinaten.

Beispiel 20.1.

Das Linienelement dort ist

$$ds^2 = dx^2 + dy^2$$

und die Metrik

$$g_{\mu\nu} = \begin{pmatrix} 1 & 0 \\ 0 & 1 \end{pmatrix}.$$

Alle Christoffel-Symbole sind null, und die Geodätengleichung lautet mit dem Parameter s entlang der Kurve

$$\frac{d^2x}{ds^2} = \frac{d^2y}{ds^2} = 0,$$

wodurch durch zweimalige Integration folgt

$$\begin{aligned} x &= a \cdot s + b \\ y &= c \cdot s + d \end{aligned}$$

mit den Konstanten a, b, c, d. Löst man die erste Gleichung nach s auf und setzt dieses in die zweite ein, so erhält man

$$y = \frac{c}{a} x + d - \frac{b}{a} = mx + n,$$

also eine gerade Linie. $\square$

Beispiel 20.2.

Das zweite Beispiel betrachtet Polarkoordinaten in der Ebene. Mit den Gl. (9.18), (9.16) und (8.36) gilt

$$ds^2 = dr^2 + r^2 d\varphi^2$$

sowie

$$(g_{\mu\nu}) = \begin{pmatrix} 1 & 0 \\ 0 & r^2 \end{pmatrix}$$

und

$$\Gamma^{\varphi}_{r\varphi} = \Gamma^{\varphi}_{\varphi r} = \frac{1}{r}$$

$$\Gamma^r_{\varphi\varphi} = -r,$$

alle anderen Christoffel-Symbole verschwinden. Da die Polarkoordinaten auch in der euklidischen Ebene „leben", sollten die Geodäten in Polarkoordinaten ebenfalls gerade Linien sein. Die allgemeinste Form einer Geraden in der Ebene lautet

$$ax + by = c$$

mit Konstanten a, b, c. Setzen wir Polarkoordinaten für $x = r\cos\varphi$ und $y = r\sin\varphi$ ein, so erhalten wir

$$a\,r\cos\varphi + b\,r\sin\varphi = c. \tag{20.7}$$

Ein Ergebnis dieser Form erwarten wir also für die Geodätengleichung in Polarkoordinaten. Wir setzen $\mu = r, \varphi$ und $\nu = r, \varphi$ und erhalten aus der allgemeinen Geodätengleichung die beiden folgenden Gleichungen

$$\frac{d^2r}{ds^2} + \Gamma^r_{\mu\nu}\frac{d\mu}{ds}\frac{d\nu}{ds} = 0$$

$$\frac{d^2\varphi}{ds^2} + \Gamma^\varphi_{\mu\nu}\frac{d\mu}{ds}\frac{d\nu}{ds} = 0. \tag{20.8}$$

Die erste Gleichung ergibt wegen

$$\Gamma^r_{\mu\nu} = \begin{cases} -r & \mu = \varphi, \nu = \varphi \\ 0 & sonst \end{cases}$$

die Beziehung

$$\frac{d^2r}{ds^2} + \Gamma^r_{\varphi\varphi}\frac{d\varphi}{ds}\frac{d\varphi}{ds} = \frac{d^2r}{ds^2} - r\left(\frac{d\varphi}{ds}\right)^2 = 0.$$

Analog ergibt sich wegen

$$\Gamma^\varphi_{\mu\nu} = \begin{cases} 1/r & \mu = r, \nu = \varphi \\ 1/r & \mu = \varphi, \nu = r \\ 0 & sonst \end{cases}$$

für die zweite Gleichung von (20.8)

$$\begin{aligned}
0 &= \frac{d^2\varphi}{ds^2} + \Gamma^\varphi_{\mu\nu}\frac{d\mu}{ds}\frac{d\nu}{ds} = \frac{d^2\varphi}{ds^2} + \Gamma^\varphi_{r\varphi}\frac{dr}{ds}\frac{d\varphi}{ds} + \Gamma^\varphi_{\varphi r}\frac{dr}{ds}\frac{d\varphi}{ds} \\
&= \frac{d^2\varphi}{ds^2} + \frac{2}{r}\frac{dr}{ds}\frac{d\varphi}{ds}.
\end{aligned}$$

Zusammengefasst erhält man also die beiden Gleichungen

$$\frac{d^2r}{ds^2} - r\left(\frac{d\varphi}{ds}\right)^2 = 0$$

$$\frac{d^2\varphi}{ds^2} + \frac{2}{r}\frac{dr}{ds}\frac{d\varphi}{ds} = 0.$$

Ist

$$\varphi' = \frac{d\varphi}{ds} = 0,$$

so ist φ konstant und es folgt auch $d^2\varphi/ds^2 = 0$, d.h., die zweite Gleichung ist erfüllt. Setzt man $d\varphi/ds = 0$ in die erste Gleichung ein, so folgt

$$\frac{d^2r}{ds^2} = 0 \Rightarrow r = a \cdot s + b.$$

Dies ist eine gerade Linie durch den Ursprung. Ist $\varphi' \neq 0$, so dividieren wir die zweite Gleichung durch $\varphi' = d\varphi/ds$ und erhalten

$$0 = \frac{ds}{d\varphi}\left\{\frac{d^2\varphi}{ds^2} + \frac{2}{r}\frac{dr}{ds}\frac{d\varphi}{ds}\right\} = \frac{1}{\varphi'}\frac{d\varphi'}{ds} + \frac{2}{r}\frac{dr}{ds}.$$

Wir integrieren diese Gleichung, dann folgt

$$0 = \int\left\{\frac{1}{\varphi'}\frac{d\varphi'}{ds} + \frac{2}{r}\frac{dr}{ds}\right\}ds = \int\frac{1}{\varphi'}d\varphi' + \int\frac{2}{r}dr$$

$$= \ln\left|\varphi'\right| + 2\ln r = \ln\left|\varphi'\right| + \ln r^2 = \ln\left(r^2\left|\varphi'\right|\right).$$

Exponieren ergibt

$$r^2\left|\varphi'\right| = e^{\ln\left(r^2|\varphi'|\right)} = e^0 = 1,$$

also

$$r^2\varphi' = \pm 1 = h = const. \Rightarrow \varphi' = \frac{d\varphi}{ds} = \frac{h}{r^2}.$$

Wir dividieren das Linienelement

$$ds^2 = dr^2 + r^2d\varphi^2$$

durch ds^2 und erhalten

$$1 = \left(\frac{dr}{ds}\right)^2 + r^2\left(\frac{d\varphi}{ds}\right)^2 = \left(\frac{dr}{ds}\right)^2 + r^2\left(\frac{h}{r^2}\right)^2 = \left(\frac{dr}{ds}\right)^2 + \frac{h^2}{r^2},$$

woraus

$$\frac{dr}{ds} = \pm\sqrt{1 - \frac{h^2}{r^2}}$$

folgt. Wir bilden nun

$$\frac{d\varphi}{dr} = \frac{\frac{d\varphi}{ds}}{\frac{dr}{ds}} = \pm\frac{\frac{h}{r^2}}{\sqrt{1 - \frac{h^2}{r^2}}} = \pm\frac{h}{r\sqrt{r^2 - h^2}}$$

und suchen eine Funktion φ, deren Ableitung nach r der rechten Seite der Gleichung entspricht. Leitet man die Funktion

$$\varphi(r) = \pm\arccos\left(\frac{h}{r}\right),$$

wobei der Arcuscosinus die Umkehrfunktion des Kosinus ist, mit der Formel für die Ableitung der Umkehrfunktion (4.21) und der Kettenregel ab, so erhält man

$$\frac{d}{dr}\varphi(r) = \pm\frac{d}{dr}\arccos\left(\frac{h}{r}\right) = \pm\frac{1}{\cos'\left(\arccos\left(\frac{h}{r}\right)\right)} \cdot \frac{-h}{r^2}$$

$$= \pm\frac{1}{-\sin\left(\arccos\left(\frac{h}{r}\right)\right)} \cdot \frac{-h}{r^2}.$$

Für den Sinusterm benutzen wir die Formel

$$\sin x = \sqrt{1 - \cos^2 x}$$

und erhalten

$$\frac{d}{dr}\varphi(r) = \pm\frac{1}{\sqrt{1 - \cos^2\left(\arccos\left(\frac{h}{r}\right)\right)}} \cdot \frac{h}{r^2}$$

$$= \pm\frac{1}{\sqrt{1 - \left(\frac{h}{r}\right)^2}} \cdot \frac{h}{r^2} = \pm\frac{h}{r\sqrt{r^2 - h^2}},$$

d.h., bis auf eine Konstante, die wir φ_0 nennen, ist φ die gesuchte Funktion. Es gilt

$$\varphi - \varphi_0 = \pm\arccos\left(\frac{h}{r}\right) \Rightarrow \frac{h}{r} = \cos(\varphi - \varphi_0).$$

Beachtet man noch, dass mit einem Additionstheorem der Winkelfunktionen

$$\cos(\varphi - \varphi_0) = \cos\varphi\cos\varphi_0 + \sin\varphi\sin\varphi_0$$

gilt (siehe Abschn. 29.1), so erhalten wir schließlich die erwartete Geradenglei-chung (20.7)

$$h = \cos \varphi_0 \, r \cos \varphi + \sin \varphi_0 \, r \sin \varphi. \; \square$$

20.3. Geodäten auf der Kugeloberfläche

Das dritte Beispiel behandelt die Oberfläche einer Kugel, d.h., wir wollen die geodätischen Linien auf einer Kugeloberfläche bestimmen. Wir betrachten eine Kugel mit festem Radius a und wollen die Punkte auf dieser Kugel durch Längen- und Breitengrad messen, wozu wir wieder das Linienelement

$$ds^2 = dx^2 + dy^2 + dz^2$$

benutzen wollen. Dazu rechnen wir zunächst die Differenziale dx, dy und dz in Kugelkoordinaten (siehe Bemerkung 19.2) aus:

$$dx = \frac{\partial x}{\partial \vartheta} \, d\vartheta + \frac{\partial x}{\partial \varphi} \, d\varphi = a \cos \vartheta \cos \varphi \, d\vartheta - a \sin \vartheta \sin \varphi \, d\varphi$$

$$dy = \frac{\partial y}{\partial \vartheta} \, d\vartheta + \frac{\partial y}{\partial \varphi} \, d\varphi = a \cos \vartheta \sin \varphi \, d\vartheta + a \sin \vartheta \cos \varphi \, d\varphi$$

$$dz = \frac{\partial z}{\partial \vartheta} \, d\vartheta + \frac{\partial z}{\partial \varphi} \, d\varphi = -a \sin \vartheta \, d\vartheta$$

Daraus ergibt sich durch Quadrieren und Zusammenfassen

$$ds^2 = dx^2 + dy^2 + dz^2 = a^2 \, d\vartheta^2 + a^2 \sin^2 \vartheta \, d\varphi^2. \tag{20.9}$$

Für die Metrik folgt

$$(g_{\mu\nu}) = \begin{pmatrix} a^2 & 0 \\ 0 & a^2 \sin^2 \vartheta \end{pmatrix}.$$

Um die Christoffel-Symbole zu ermitteln, benötigen wir die inverse Metrik. Um diese zu berechnen, benutzen wir die für (2×2)-Maritzen

$$A = \begin{pmatrix} a & b \\ c & d \end{pmatrix}.$$

gültige Formel (8.19) für die Inverse:

$$A^{-1} = \frac{1}{\det A} \begin{pmatrix} d & -b \\ -c & a \end{pmatrix}.$$

Da

$$\det A = a^2 a^2 \sin^2 \vartheta - 0 = a^4 \sin^2 \vartheta,$$

folgt

$$(g_{\mu\nu})^{-1} = g^{\mu\nu} = \frac{1}{a^4 \sin^2\vartheta} \begin{pmatrix} a^2 \sin^2\vartheta & 0 \\ 0 & a^2 \end{pmatrix} = \begin{pmatrix} \dfrac{1}{a^2} & 0 \\ 0 & \dfrac{1}{a^2 \sin^2\vartheta} \end{pmatrix}.$$

Die Christoffel-Symbole berechnen wir mit der Formel (19.16)

$$\Gamma^\tau_{\mu\lambda} = \frac{g^{\nu\tau}}{2} \left(g_{\mu\nu,\lambda} + g_{\lambda\nu,\mu} - g_{\mu\lambda,\nu} \right)$$

und beachten, dass, da a eine feste Zahl ist, die einzige nichtverschwindende Ableitung der Metrik

$$g_{\varphi\varphi,\vartheta} = \frac{\partial}{\partial\vartheta} \left(a^2 \sin^2\vartheta \right) = 2a^2 \sin\vartheta \cos\vartheta$$

ist. Damit folgt ganz ähnlich wie bei den Polarkoordinaten für die Christoffel-Symbole

$$\Gamma^\vartheta_{\vartheta\vartheta} = \frac{1}{2} g^{\vartheta\vartheta} \left(g_{\vartheta\vartheta,\vartheta} + g_{\vartheta\vartheta,\vartheta} - g_{\vartheta\vartheta,\vartheta} \right) + \frac{1}{2} g^{\varphi\vartheta} \left(g_{\varphi\vartheta,\vartheta} + g_{\varphi\vartheta,\vartheta} - g_{\theta\theta,\varphi} \right) = 0$$

$$\Gamma^\varphi_{\vartheta\vartheta} = \frac{1}{2} g^{\vartheta\varphi} \left(g_{\vartheta\vartheta,\vartheta} + g_{\vartheta\vartheta,\vartheta} - g_{\vartheta\vartheta,\vartheta} \right) + \frac{1}{2} g^{\varphi\varphi} \left(g_{\varphi\vartheta,\vartheta} + g_{\varphi\vartheta,\vartheta} - g_{\vartheta\vartheta,\varphi} \right) = 0$$

$$\Gamma^\vartheta_{\vartheta\varphi} = \frac{1}{2} g^{\vartheta\vartheta} \left(g_{\vartheta\vartheta,\varphi} + g_{\vartheta\varphi,\vartheta} - g_{\vartheta\varphi,\vartheta} \right) + \frac{1}{2} g^{\varphi\vartheta} \left(g_{\varphi\vartheta,\varphi} + g_{\varphi\varphi,\vartheta} - g_{\vartheta\varphi,\varphi} \right) = 0$$

$$\Gamma^\varphi_{\vartheta\varphi} = \frac{1}{2} g^{\vartheta\varphi} \left(g_{\vartheta\vartheta,\varphi} + g_{\vartheta\varphi,\vartheta} - g_{\vartheta\varphi,\vartheta} \right) + \frac{1}{2} g^{\varphi\varphi} \left(g_{\varphi\vartheta,\varphi} + g_{\varphi\varphi,\vartheta} - g_{\vartheta\varphi,\varphi} \right)$$

$$= \frac{1}{2} \cdot \frac{1}{a^2 \sin^2\vartheta} 2a^2 \sin\vartheta \cos\vartheta = \frac{\cos\vartheta}{\sin\vartheta} = \cot\vartheta = \Gamma^\varphi_{\varphi\vartheta}$$

$$\Gamma^\vartheta_{\varphi\vartheta} = \frac{1}{2} g^{\vartheta\vartheta} \left(g_{\vartheta\varphi,\vartheta} + g_{\vartheta\vartheta,\varphi} - g_{\varphi\vartheta,\vartheta} \right) + \frac{1}{2} g^{\varphi\vartheta} \left(g_{\varphi\varphi,\vartheta} + g_{\varphi\vartheta,\varphi} - g_{\varphi\vartheta,\varphi} \right) = 0$$

$$\Gamma^\vartheta_{\varphi\varphi} = \frac{1}{2} g^{\vartheta\vartheta} \left(g_{\vartheta\varphi,\varphi} + g_{\vartheta\varphi,\varphi} - g_{\varphi\varphi,\vartheta} \right) + \frac{1}{2} g^{\varphi\vartheta} \left(g_{\varphi\varphi,\varphi} + g_{\varphi\varphi,\varphi} - g_{\varphi\varphi,\varphi} \right)$$

$$= \frac{1}{2} \cdot \frac{1}{a^2} \left(-2a^2 \sin\vartheta \cos\vartheta \right) = -\sin\vartheta \cos\vartheta$$

$$\Gamma^\varphi_{\varphi\varphi} = \frac{1}{2} g^{\vartheta\varphi} \left(g_{\vartheta\varphi,\varphi} + g_{\vartheta\varphi,\varphi} - g_{\varphi\varphi,\vartheta} \right) + \frac{1}{2} g^{\varphi\varphi} \left(g_{\varphi\varphi,\varphi} + g_{\varphi\varphi,\varphi} - g_{\varphi\varphi,\varphi} \right) = 0.$$

Also sind alle Christoffel-Symbole gleich null, bis auf

$$\begin{aligned} \Gamma^\varphi_{\vartheta\varphi} &= \Gamma^\varphi_{\varphi\vartheta} = \cot\vartheta \\ \Gamma^\vartheta_{\varphi\varphi} &= -\sin\vartheta \cos\vartheta. \end{aligned} \tag{20.10}$$

Wir setzen $\mu, \nu = \vartheta, \varphi$ und erhalten aus der Geodätengleichung die beiden Gleichungen

$$\frac{d^2\vartheta}{ds^2} + \Gamma^\vartheta_{\mu\nu} \frac{d\mu}{ds} \frac{d\nu}{ds} = \frac{d^2\vartheta}{ds^2} + \Gamma^\vartheta_{\varphi\varphi} \frac{d\varphi}{ds} \frac{d\varphi}{ds} = \frac{d^2\vartheta}{ds^2} - \sin\vartheta\cos\vartheta \left(\frac{d\varphi}{ds}\right)^2 = 0$$

$$\frac{d^2\varphi}{ds^2} + \Gamma^\varphi_{\mu\nu} \frac{d\mu}{ds} \frac{d\nu}{ds} = \frac{d^2\varphi}{ds^2} + 2\Gamma^\varphi_{\vartheta\varphi} \frac{d\vartheta}{ds} \frac{d\varphi}{ds} = \frac{d^2\varphi}{ds^2} + 2\cot\vartheta \frac{d\vartheta}{ds} \frac{d\varphi}{ds} = 0.$$

Ähnlich wie im vorherigen Beispiel unterscheiden wir wieder zwei Fälle. Ist

$$\varphi' = \frac{d\varphi}{ds} = 0,$$

so ist φ konstant und die zweite Gleichung ist erfüllt. Es folgt aus der ersten Gleichung

$$\frac{d^2\vartheta}{ds^2} = 0 \Rightarrow \vartheta = a \cdot s + b.$$

Diese Gleichung beschreibt alle Kurven auf der Kugel, die einen festen Längengrad haben, d.h. alle (halben) Längenkreise auf der Kugeloberfläche, die durch den Nord- und Südpol gehen. Auf der Erde nennt man diese Kurven auch **Meridiane**.

Ist im zweiten Fall $\varphi' \neq 0$, so dividieren wir die zweite Gleichung durch φ' und erhalten

$$0 = \frac{1}{\varphi'} \left\{ \frac{d^2\varphi}{ds^2} + 2\cot\vartheta \frac{d\vartheta}{ds} \frac{d\varphi}{ds} \right\} = \frac{1}{\varphi'} \frac{d\varphi'}{ds} + 2\cot\vartheta \frac{d\vartheta}{ds}.$$

Wir wollen diese Gleichung integrieren, dazu brauchen wir eine Stammfunktion von

$$\cot\vartheta = \frac{\cos\vartheta}{\sin\vartheta}.$$

Zum Beispiel ist

$$\ln(\sin\vartheta)$$

eine, was man sieht, wenn man mit der Kettenregel ableitet

$$(\ln(\sin\vartheta))' = \ln'(\sin\vartheta) \cdot (\sin\vartheta)' = \frac{1}{\sin\vartheta} \cdot \cos\vartheta = \cot\vartheta.$$

Also folgt

$$0 = \int \left\{ \frac{1}{\varphi'} \frac{d\varphi'}{ds} + 2\cot\vartheta \frac{d\vartheta}{ds} \right\} ds = \int \frac{1}{\varphi'} d\varphi' + \int 2\cot\vartheta \, d\vartheta$$

$$= \ln|\varphi'| + 2\ln(|\sin\vartheta|) = \ln|\varphi'| + \ln(\sin^2\vartheta) = \ln(\sin^2\vartheta\,|\varphi'|).$$

Exponieren ergibt

$$e^{\ln(\sin^2\vartheta\,|\varphi'|)} = \sin^2\vartheta\,|\varphi'| = e^0 = 1,$$

also

$$\sin^2\vartheta\,\varphi' = \pm 1 = h = const. \Rightarrow \varphi' = \frac{d\varphi}{ds} = \frac{h}{\sin^2\vartheta}.$$

Wir dividieren das Linienelement

$$ds^2 = a^2 d\vartheta^2 + a^2 \sin^2\vartheta\, d\varphi^2$$

durch ds^2 und erhalten

$$1 = a^2\left(\frac{d\vartheta}{ds}\right)^2 + a^2\sin^2\vartheta\left(\frac{d\varphi}{ds}\right)^2$$

$$= a^2\left(\frac{d\vartheta}{ds}\right)^2 + a^2\sin^2\vartheta\left(\frac{h}{\sin^2\vartheta}\right)^2 = a^2\left(\frac{d\vartheta}{ds}\right)^2 + \frac{a^2 h^2}{\sin^2\vartheta},$$

woraus

$$\frac{d\vartheta}{ds} = \pm\sqrt{\frac{1}{a^2}\left(1 - \frac{a^2 h^2}{\sin^2\vartheta}\right)} = \pm\sqrt{\frac{1}{a^2} - \frac{h^2}{\sin^2\vartheta}}$$

folgt. Wir bilden nun

$$\frac{d\varphi}{d\vartheta} = \frac{\dfrac{d\varphi}{ds}}{\dfrac{d\vartheta}{ds}} = \pm\frac{\dfrac{h}{\sin^2\vartheta}}{\sqrt{\dfrac{1}{a^2} - \dfrac{h^2}{\sin^2\vartheta}}}.$$

Auch hier geben wir gleich eine Stammfunktion an und ersparen uns die (etwas komplizierte) direkte Integration. Die Funktion

$$\varphi(\vartheta) = \pm\arccos\left(\frac{h\cot\vartheta}{\sqrt{\dfrac{1}{a^2} - h^2}}\right)$$

ist eine Stammfunktion. Wir weisen das nach, indem wir die Ableitung bilden. Dabei benutzen wir wie oben, dass die Ableitung der Arcuskosinus

$$(\arccos x)' = \frac{-1}{\sqrt{1 - x^2}}$$

ist und dass

$$\frac{1}{\sin^2 \vartheta} = \frac{\sin^2 \vartheta + \cos^2 \vartheta}{\sin^2 \vartheta} = 1 + \frac{\cos^2 \vartheta}{\sin^2 \vartheta} = 1 + \cot^2 \vartheta$$

sowie

$$(\cot \vartheta)' = \left(\frac{\cos \vartheta}{\sin \vartheta}\right)' = \frac{-\sin^2 \vartheta - \cos^2 \vartheta}{\sin^2 \vartheta} = \frac{-1}{\sin^2 \vartheta}$$

gilt . Es folgt dann wieder mit der Kettenregel

$$\begin{aligned}
\varphi'(\vartheta) &= \pm \arccos'\left(\frac{h \cot \vartheta}{\sqrt{\frac{1}{a^2} - h^2}}\right)\left(\frac{h}{\sqrt{\frac{1}{a^2} - h^2}}\right)(\cot \vartheta)' \\[2em]
&= \pm \frac{-1}{\sqrt{1 - \left(\frac{h \cot \vartheta}{\sqrt{\frac{1}{a^2} - h^2}}\right)^2}}\left(\frac{h}{\sqrt{\frac{1}{a^2} - h^2}}\right)\frac{-1}{\sin^2 \vartheta} \\[2em]
&= \pm \frac{\frac{h}{\sin^2 \vartheta}}{\sqrt{1 - \frac{h^2 \cot^2 \vartheta}{\frac{1}{a^2} - h^2}}\sqrt{\frac{1}{a^2} - h^2}} \\[2em]
&= \pm \frac{\frac{h}{\sin^2 \vartheta}}{\sqrt{\frac{1}{a^2} - h^2 - h^2 \cot^2 \vartheta}} \\[2em]
&= \pm \frac{\frac{h}{\sin^2 \vartheta}}{\sqrt{\frac{1}{a^2} - h^2(1 + \cot^2 \vartheta)}} \\[2em]
&= \pm \frac{\frac{h}{\sin^2 \vartheta}}{\sqrt{\frac{1}{a^2} - \frac{h^2}{\sin^2 \vartheta}}},
\end{aligned}$$

d.h., bis auf eine Konstante, die wir φ_0 nennen, ist φ die gesuchte Funktion.

20. Bewegung im Gravitationsfeld, Geodätengleichung

Es gilt mit

$$-b = \frac{h}{\sqrt{\dfrac{1}{a^2} - h^2}}$$

$$\varphi - \varphi_0 = \arccos\left(-b\cot\vartheta\right) \Rightarrow \cos(\varphi - \varphi_0) + b\cot\vartheta = 0.$$

Beachtet man wieder, dass mit dem Additionstheorem der Winkelfunktionen

$$\cos(\varphi - \varphi_0) = \cos\varphi\cos\varphi_0 + \sin\varphi\sin\varphi_0$$

gilt, so erhalten wir

$$\cos\varphi_0 \cos\varphi + \sin\varphi_0 \sin\varphi + b\cot\vartheta = 0.$$

Multiplikation mit $\sin\vartheta$ ergibt schließlich

$$\cos\varphi_0 \sin\vartheta \cos\varphi + \sin\varphi_0 \sin\vartheta \sin\varphi + b\cos\vartheta = 0.$$

Setzt man für die Kugelkoordinaten x, y, z ein, so ergibt sich

$$\frac{\cos\varphi_0}{a}\, x + \frac{\sin\varphi_0}{a}\, y + \frac{b}{a}\, z = 0.$$

Diese Gleichung beschreibt eine Ebene durch den Nullpunkt, wenn x, y, z beliebig gewählt werden. Da wir den Mittelpunkt der Kugel in den Nullpunkt gelegt haben und x, y, z Punkte auf der Kugeloberfläche darstellen, erhalten wir alle Punkte, die auf Kurven liegen, die aus den Schnitten zwischen den Ebenen durch den Mittelpunkt und der Kugeloberfläche entstehen. Diese Kurven heißen **Großkreise**. Und da die Meridiane ebenfalls auf Großkreisen liegen, sind alle Geodäten auf einer Kugeloberfläche Großkreise.

21. Krümmung im Riemann'schen Raum

Bislang haben wir bei den Definitionen und Herleitungen von Tensoren und Ableitungen intensiv von der Existenz von lokalen Inertialsystemen Gebrauch gemacht, ohne explizit auf den Aspekt der Krümmung, den wir auch noch präzise einführen müssen, einzugehen. Da wir aufgrund unserer eingeschränkten Sinnesorgane Krümmung nur wahrnehmen können, wenn sie sich in eindimensionalen (z.B. Kurven) oder zweidimensionalen (z.B. Flächen) Objekten zeigt (wir können uns einen dreidimensionalen Raum nicht gekrümmt vorstellen, geschweige denn die vierdimensionale Raumzeit), wollen wir an einfachen Beispielen einige der Begrifflichkeiten und Konzepte erläutern, ehe wir sie dann in der vierdimensionalen Raumzeit exakt definieren.

Bei der Krümmung müssen zwei verschiedene Arten, die man **extrinsisch** und **intrinsisch** nennt, unterschieden werden. Wir betrachten einen Zylinder. Da der Zylinder in einer Richtung rund ist, nehmen wir seine Oberfläche aus unserer dreidimensionalen Sicht als gekrümmt wahr. Diese Sicht bezeichnet man als *extrinsische* Krümmung, als Krümmung von außen, vom Höherdimensionalen aus betrachtet. Andererseits kann man einen Zylinder aus einem flachen rechteckigen Stück Papier herstellen, das man zusammenrollt und an den Kanten verklebt. Zeichnet man auf dem flachen Stück Papier parallele Linien oder berechnet den Abstand zwischen zwei Punkten, so bleiben die Parallelen nach dem Zusammenrollen auf dem Zylinder parallel und auch die Abstände bleiben gleich. Alle euklidischen Gesetze (z.B. dass die Winkelsumme im Dreieck 180° beträgt) gelten auf der Zylinderoberfläche genauso wie in der euklidischen Ebene. In dieser Hinsicht ist der Zylinder flach und man sagt, er ist *intrinsisch* flach. Die intrinsische Geometrie betrachtet nur die Beziehungen zwischen Punkten auf Kurven, die komplett in der betrachteten Oberfläche verlaufen. Wenn wir die Oberfläche des Zylinders als gekrümmt bezeichnen, so vergleichen wir diese mit geraden Linien bzw. Ebenen im dreidimensionalen Raum. Wir wollen uns in der Folge ausschließlich mit den intrinsischen Eigenschaften der Raumzeit beschäftigen und unterstellen, dass alle Weltlinien von Teilchen in der Raumzeit liegen. Ob es einen höherdimensionalen Raum gibt, in den die vierdimensionale Raumzeit eingebettet ist, interessiert uns hier nicht, abgesehen davon, dass wir auch keinen physikalisch motivierten Grund haben, uns Zugang zu diesem, der in der mathematischen Theorie tatsächlich existiert, zu verschaffen.

Der Zylinder ist intrinsisch flach, die Oberfläche einer Kugel ist es nicht. Wenn wir zwei Linien zeichnen, die senkrecht auf dem Äquator stehen und deshalb dort parallel sind, und wir verlängern die Linien lokal so gerade wie möglich, so folgen diese Linien Großkreisen, die sich am Pol treffen. Parallele Linien bleiben nicht parallel, wenn man sie verlängert, d.h., die Kugeloberfläche ist nicht flach. Das kann man auch sehen, wenn wir wiederum am Äquator zwei Punkte markieren, die ein Viertel der Äquatorlänge, also 90°, auseinander liegen und dann jeweils senkrecht zum Nordpol „gerade" Linien zeichnen, sodass sich ein Dreieck ergibt. Dieses Dreieck hat die Winkelsumme von $90° + 90° + 90° = 270°$, was ebenfalls zeigt, dass die Kugeloberfläche nicht flach sein kann. Eine andere Möglichkeit, die intrinsische Krümmung der Kugeloberfläche sichtbar zu machen, besteht in der sogenannten **Parallelverschiebung**. Diese Methode hat den Vorteil, dass sie sich gut auf höherdimensionale Räume übertragen lässt.

21.1. Parallelverschiebung

Bei der Parallelverschiebung nehmen wir einen Vektor und verschieben ihn parallel um eine geschlossene Kurve herum. Ist der Raum flach, so zeigt der Vektor nach Umrundung der Kurve in genau die gleiche Richtung wie beim Start.

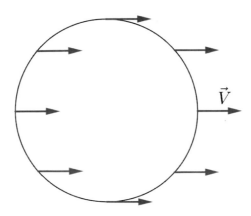

Abbildung 21.1.: Parallelverschiebung in euklidischer Ebene

Abb. 21.1 demonstriert das an einem Kreis, um den herum der Vektor $\vec{V}$

parallel transportiert wird. Dabei heißt parallel transportiert, dass an jedem Punkt entlang einer Umrundung des Kreises der Vektor parallel zu dem am vorherigen Punkt ist. Anders sieht die Situation auf intrinsisch gekrümmten Flächen aus. Als Beispiel betrachten wir wieder die Kugeloberfläche.

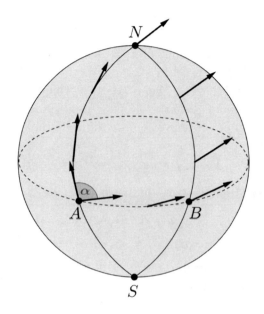

Abbildung 21.2.: Parallelverschiebung auf einer Kugeloberfläche

Ein Vektor wird von einem Punkt A über den Nordpol N und den Punkt B parallel zurück nach A transportiert. Auf dem ersten Wegstück von A zum Nordpol wird der Vektor so auf dem Großkreis verschoben, dass er stets tangential zum Großkreis ist. Am Nordpol angekommen, bildet der Vektor mit dem Großkreis, der von B und dem Nordpol gebildet wird, einen bestimmten Winkel. Er wird vom Nordpol nach B in der Weise verschoben, dass dieser Winkel stets gleich bleibt. In B angekommen, bildet der Vektor mit dem Großkreis, der von A und B gebildet wird (in Abb. 21.2 der Äquator), einen Winkel und er wird unter Beibehaltung dieses Winkels zurück nach A geschoben. Wie man der Grafik entnehmen kann, stimmt der Anfangsvektor nicht mit dem Endvektor im Punkt A überein. Beide Vektoren an der Stelle A bilden einen Winkel, der von null verschieden ist, $\alpha \neq 0$. Es gibt also einen wesentlichen Unterschied zwischen dem flachen Raum, wo Vektoren bei einer Parallelverschiebung um eine geschlossene Kurve herum parallel bleiben, und einem gekrümmten Raum, wo das nicht der Fall ist. Mithilfe der Parallelverschiebung kann man entscheiden, ob ein Raumabschnitt gekrümmt ist, und man kann auch ein Maß für die Krümmung definieren, was wir im Folgenden näher untersuchen wollen.

Wir zeigen zunächst, dass es einen Zusammenhang zwischen kovarianter Ableitung und Parallelverschiebung eines Vektors gibt. Wir haben die kovariante Ableitung durch eine Transformation der gewöhnlichen Ableitung im lokalen Inertialsystem auf den Riemann'schen Raum definiert, also eine ziemlich abstrakte Definition gewählt. Es gibt aber auch einen eher geometrischen Zugang zur kovarianten Ableitung, ähnlich wie der, den wir benutzt haben, um die gewöhnliche Ableitung durch Grenzwerte von Differenzenquotienten darzustellen (siehe Abschn. 2.1). Wenn wir die Ableitung eines Vektorfeldes $\vec{V} \to V^\mu(t, x, y, z)$ in einem Punkt $P \to (t, x, y, z)$ „klassisch" definieren wollten, so würden wir komponentenweise z.B. die Differenz zweier benachbarter Vektoren

$$dV^\mu = V^\mu(t, x + dx, y, z) - V^\mu(t, x, y, z)$$

bilden und dann den Grenzwert des Differenzenquotienten als Ableitung definieren

$$\frac{\partial V^\mu}{\partial x} = \lim_{dx \to 0} \frac{dV^\mu}{dx}.$$

Das Problem besteht nun darin, dass die Differenz zweier Vektoren an unterschiedlichen Orten *kein* Vektor ist. Die Komponenten $V^\mu(t, x, y, z)$ transformieren sich mit

$$V^{\mu'} = \left[\frac{\partial \mu'}{\partial \mu}\right]_{(t,x,y,z)} V^\mu$$

und die $V^\mu(t, x + dx, y, z)$ mit

$$V^{\mu'} = \left[\frac{\partial \mu'}{\partial \mu}\right]_{(t,x+dx,y,z)} V^\mu,$$

und im Allgemeinen sind die Transformationsmatrizen von Punkt (t, x, y, z) zu Punkt $(t, x + dx, y, z)$ unterschiedlich, d.h., die Differenz der beiden Vektoren hat kein wohldefiniertes Transformationsverhalten, ist somit kein Vektor, und damit ist auch die gewöhnliche Ableitung kein Vektor, was wir schon mit anderen Mitteln in Gl. (19.10) gezeigt haben. Diese Tatsache hat übrigens nichts mit der Krümmung eines Raumes zu tun, wie wir bei Benutzung von Polarkoordinaten in der euklidischen Ebene gesehen haben. Um eine Ableitung zu konstruieren, die ein echter Vektor ist, müssen wir die Differenz von zwei Vektoren *am selben* Punkt nehmen. Das heißt, wir betrachten am Punkt

$$\{\alpha + d\alpha\} = (t + dt, x + dx, y + dy, z + dz)$$

zwei Vektoren, der eine ist

$$\vec{V}\{\alpha + d\alpha\} = \vec{V}\{\alpha\} + d\vec{V}$$

und der andere ist ein Vektor an der Stelle $\{\alpha + d\alpha\}$, der parallel zu $\vec{V}$ an der Stelle $\{\alpha\}$ ist und den wir mit $\vec{V} + \delta\vec{V}$ bezeichnen. Man sagt, dass der Vektor $\vec{V} + \delta\vec{V}$ durch **Parallelverschiebung** oder **Paralleltransport** von $\{\alpha\}$ nach $\{\alpha + d\alpha\}$ entstanden ist.

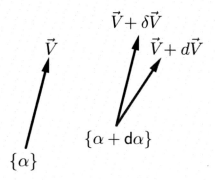

Abbildung 21.3.: Parallelverschiebung eines Vektors

Wir erhalten also für die Komponenten der beiden Vektoren

$$
\begin{aligned}
V^\mu\{\alpha\} + dV^\mu &= V^\mu\{\alpha + d\alpha\} \\
V^\mu\{\alpha\} + \delta V^\mu &= \text{Vektor parallel verschoben von } \{\alpha\} \text{ nach } \{\alpha + d\alpha\},
\end{aligned}
$$

siehe Abb. 21.3. Der Ausdruck $\vec{V} + \delta\vec{V}$ ist nach Definition ein Vektor an der Stelle $\{\alpha + d\alpha\}$, der in lokalen Minkowski-Koordinaten dieselben Komponenten hat wie der Vektor $\vec{V}$ an der Stelle $\{\alpha\}$, d.h., in diesen Koordinaten ist $\delta V^\mu = 0$, was aber nicht generell gilt. Damit ist $\delta\vec{V}$ kein Vektor, wohl aber die Summe $\vec{V} + \delta\vec{V}$ an der Stelle $\{\alpha + d\alpha\}$. Wir erhalten also ein ganz ähnliches Zwischenergebnis wie bei der kovarianten Ableitung. Dort waren die gewöhnliche Ableitung und auch die Christoffel-Symbole allein betrachtet keine Tensoren, wohl aber deren Summe.

Wir bilden jetzt die Differenz der beiden Vektoren, die wir mit $D\vec{V}$ bezeichnen

$$
\begin{aligned}
D\vec{V} \to DV^\mu &= V^\mu\{\alpha + d\alpha\} - (V^\mu\{\alpha\} + \delta V^\mu) \\
&= V^\mu\{\alpha\} + dV^\mu - (V^\mu\{\alpha\} + \delta V^\mu) = dV^\mu - \delta V^\mu.
\end{aligned}
$$

Die Frage bleibt, wie man die Größen δV^μ ermittelt. Es ist vernünftig anzunehmen, dass die δV^μ sowohl proportional zu den Vektorkomponenten V^σ als auch zu den Verschiebungen $d\alpha$ sind, d.h., es gibt Zahlen $\Gamma^\mu_{\sigma\tau}$, sodass

$$\delta V^\mu = -\Gamma^\mu_{\sigma\tau} V^\sigma d\tau \qquad (21.1)$$

gilt, und natürlich müssen diese Koeffizienten so gewählt werden, dass $D\vec{V}$ ein Vektor wird. Diese Eigenschaft erfüllen die Christoffel-Symbole und wir erhalten

$$DV^\mu = dV^\mu - \delta V^\mu = dV^\mu + \Gamma^\mu_{\sigma\tau} V^\sigma d\tau$$

und daraus mit Division durch $d\tau$

$$\frac{DV^\mu}{d\tau} = \frac{dV^\mu}{d\tau} + \Gamma^\mu_{\sigma\tau} V^\sigma = V^\mu_{,\tau} + \Gamma^\mu_{\sigma\tau} V^\sigma = V^\mu_{;\tau},$$

d.h., wir landen wieder bei der kovarianten Ableitung. Man kann DV^μ also schreiben als

$$DV^\mu = \frac{dV^\mu}{d\tau} d\tau + \Gamma^\mu_{\sigma\tau} V^\sigma d\tau = V^\mu_{;\tau} d\tau, \qquad (21.2)$$

weshalb DV^μ auch als **kovariantes Differenzial** bezeichnet wird.

Wir wollen das Konzept der kovarianten Ableitung auf Ableitungen in Richtung eines Vektors $\vec{U}$ erweitern und *definieren* die **kovariante Ableitung eines Vektorfeldes $\vec{V}$ in Richtung $\vec{U}$** durch

$$\nabla_{\vec{U}} \vec{V} \rightarrow V^\mu_{;\nu} U^\nu = \left(V^\mu_{,\nu} + \Gamma^\mu_{\sigma\nu} V^\sigma\right) U^\nu.$$

Da der Ausdruck $\nabla_{\vec{U}} \vec{V}$ durch Kontraktion zweier Tensoren entstanden ist, ist er selbst wieder ein Tensor, und zwar ein Vektor. Wir benutzen diese Ableitung, um die **Parallelverschiebung entlang einer Kurve** zu definieren. Sei also $\{\mu(\lambda)\}$ eine Kurve mit Parameter λ und sei

$$\vec{U} \rightarrow U^\mu = \frac{d\mu}{d\lambda}$$

der nicht notwendig normierte Tangentenvektor an die Kurve. Ist dann $\vec{V}$ ein Vektorfeld entlang der Kurve, d.h. $\vec{V}\{\mu(\lambda)\}$ ist für jedes λ definiert, so heißt $\vec{V}$ **parallel verschoben entlang $\{\mu(\lambda)\}$**, wenn

$$\nabla_{\vec{U}} \vec{V} \rightarrow V^\mu_{;\nu} U^\nu = \left(V^\mu_{,\nu} + \Gamma^\mu_{\sigma\nu} V^\sigma\right) U^\nu = 0 \qquad (21.3)$$

gilt. Oder etwas anschaulicher: Wenn die Vektoren $\vec{V}\{\alpha\}$ und $\vec{V}\{\alpha + d\alpha\}$ an infinitesimal nahen Punkten auf der Kurve parallel und von gleicher Länge sind, dann nennt man das Parallelverschiebung von $\vec{V}$ entlang der Kurve. Denn, wenn wir uns an einem Punkt P in das lokale Inertialsystem begeben, so wissen wir, dass dort parallele Vektoren die gleichen Komponenten haben. Das heißt, die Komponenten von $\vec{V}$ sind konstant entlang der Kurve in P, was nichts anderes bedeutet als

$$\frac{\partial V^\mu}{d\lambda} = 0 \text{ an der Stelle } P.$$

Nun gilt mit der Kettenregel

$$\frac{\partial V^\mu}{d\lambda} = \frac{\partial V^\mu}{d\nu}\frac{\partial \nu}{d\lambda} = \frac{\partial V^\mu}{d\nu} U^\nu = V^\mu_{,\nu} U^\nu.$$

Da nach Abschn. 19.3 die Christoffel-Symbole in lokalen Intertialsystemen gleich null sind, stimmen die gewöhnlichen und die kovarianten Ableitungen dort überein,

$$V^\mu_{,\nu} = V^\mu_{;\nu} \text{ an der Stelle } P,$$

und wir erhalten

$$\frac{\partial V^\mu}{d\lambda} = V^\mu_{,\nu} U^\nu = V^\mu_{;\nu} U^\nu = 0 \text{ an der Stelle } P.$$

Nun ist die letzte Gleichung eine Tensorgleichung und gilt somit nicht nur im lokalen Inertialsystem, sondern in beliebigen Koordinatensystemen.

Ableitung der Geodätengleichung mithilfe der Parallelverschiebung

Wir wollen mithilfe der Parallelverschiebung einen zweiten Weg zur Ableitung der Geodätengleichung (20.2) aufzeigen. Die wichtigsten Kurven im flachen Raum sind die Geraden. Eines von den euklidischen Axiomen lautet, dass zwei gerade Linien, die anfangs parallel laufen, parallel bleiben, wenn man sie fortsetzt. Was heißt Fortsetzung in diesem Zusammenhang? Damit ist *nicht* gemeint, dass (nur) der Abstand zwischen den beiden Linien unverändert bleibt, denn die Linien könnten sich ja bei Fortsetzung gleichermaßen krümmen. Vielmehr ist gemeint, dass die Linien in die Richtung verlängert werden, in der sie bislang verliefen. Oder etwas präziser ausgedrückt, dass die Tangente an die Kurven an einem Punkt parallel zu der Tangente an einem vorherigen Punkt ist. Tatsächlich ist eine Gerade im euklidischen Raum die einzige Kurve, die ihren Tangentenvektor parallel verschiebt. In gekrümmten Räumen können wir aber auch Kurven definieren, die „so gerade wie möglich" sind, nämlich indem wir verlangen, dass die Tangentenvektoren dieser Kurven parallel transportiert werden. In Formeln ausgedrückt heißt das

$$\nabla_{\vec{U}} \vec{U} = 0,$$

bzw. in der Komponentenschreibweise

$$U^\nu U^\mu_{;\nu} = U^\nu U^\mu_{,\nu} + \Gamma^\mu_{\sigma\nu} U^\sigma U^\nu = 0.$$

Beachtet man

$$U^\nu = \frac{d\nu}{d\lambda}$$

und mit der Kettenregel

$$U^\nu U^\mu_{,\nu} = \frac{d\nu}{d\lambda} \frac{d}{d\nu} \left(\frac{d\mu}{d\lambda} \right) = \frac{d}{d\lambda} \left(\frac{d\mu}{d\lambda} \right) = \frac{d^2\mu}{d\lambda^2},$$

so erhält man

$$\frac{d^2\mu}{d\lambda^2} + \Gamma^\mu_{\sigma\nu} \frac{d\sigma}{d\lambda} \frac{d\nu}{d\lambda} = 0,$$

also wieder die Geodätengleichung (20.2). Die Geodäten sind also nicht nur die Kurven extremaler Eigenzeit, sondern auch diejenigen Kurven, die so gerade wie möglich verlaufen.

21.2. Riemann'scher Krümmungstensor

In den vorherigen Abschnitten haben wir schon plausibel gemacht, dass die Komponenten der Metrik $g_{\mu\nu}(x)$ die Krümmung eines Riemann'schen Raumes ausdrücken. Jetzt wollen wir einen Tensor einführen, der die Krümmung quantitativ beschreibt. Da die Krümmung des Raumes auf die Anwesenheit eines Gravitationsfeldes hinweist, spielt dieser Krümmungstensor eine große Rolle bei den Einstein'schen Feldgleichungen. An den Komponenten einer Metrik kann man im Allgemeinen nicht unmittelbar ablesen, ob diese nur krummlinige Koordinaten in einem flachen Raum sind (wie z.B. die Polarkoordinaten in der euklidischen Ebene) oder ob sie auf einem gekrümmten Raum „leben" (wie z.B. die Winkelkoordinaten auf einer Kugeloberfläche). Wir werden aber sehen, dass man aus den $g_{\mu\nu}(x)$ bzw. den Christoffel-Symbolen den Krümmungstensor berechnen kann. Und wenn dieser Tensor überall gleich null ist, so ist der Raum flach. Ist er überall von null verschieden, so ist der Raum gekrümmt.

Die gewöhnlichen und die kovarianten Ableitungen haben viele vergleichbare Eigenschaften. Es gibt aber einen wesentlichen Unterschied, denn die Differenziationsreihenfolge bei zweiten Ableitungen ist bei kovarianten Ableitungen nicht vertauschbar, bei partiellen Ableitungen schon. Ist ϕ ein Skalarfeld, so gilt nach dem Satz von Schwarz (siehe Gl. 9.27 auf Seite 214)

$$\frac{\partial}{\partial\mu} \left(\frac{\partial\phi}{\partial\nu} \right) = \frac{\partial}{\partial\nu} \left(\frac{\partial\phi}{\partial\mu} \right) \iff \phi_{,\nu,\mu} = \phi_{,\mu,\nu}.$$

Wir schauen uns zunächst die kovariante zweite Ableitung des Skalarfeldes ϕ an und beachten, dass bei Skalarfeldern $\phi_{;\mu} = \phi_{,\mu}$ gilt, woraus

$$\phi_{;\nu;\mu} = \phi_{,\nu;\mu} = \phi_{,\nu,\mu} - \Gamma^{\sigma}{}_{\nu\mu}\phi_{,\sigma}$$

und

$$\phi_{;\mu;\nu} = \phi_{,\mu;\nu} = \phi_{,\mu,\nu} - \Gamma^{\sigma}{}_{\mu\nu}\phi_{,\sigma}$$

folgt. Da die Christoffel-Symbole in den unteren beiden Indizes symmetrisch sind, ergibt sich also auch

$$\phi_{;\nu;\mu} = \phi_{;\mu;\nu}.$$

Für einen Vektor $\vec{V} \to V^{\mu}$ gilt das aber im Allgemeinen nicht. Wir berechnen zunächst $V^{\mu}{}_{;\lambda;\nu}$ (siehe Abschn. 19.3) und beachten, dass $\nabla \vec{V} \to V^{\mu}{}_{;\lambda}$ ein Tensor der Stufe $(1,1)$ ist. Es gilt

$$
\begin{aligned}
V^{\mu}{}_{;\lambda;\nu} &= \left(V^{\mu}{}_{;\lambda}\right)_{,\nu} + \Gamma^{\mu}{}_{\rho\nu} V^{\rho}{}_{;\lambda} - \Gamma^{\tau}{}_{\lambda\nu} V^{\mu}{}_{;\tau} \\
&= \left(V^{\mu}{}_{,\lambda} + \Gamma^{\mu}{}_{\rho\lambda} V^{\rho}\right)_{,\nu} + \Gamma^{\mu}{}_{\rho\nu} V^{\rho}{}_{;\lambda} - \Gamma^{\tau}{}_{\lambda\nu} V^{\mu}{}_{;\tau}.
\end{aligned}
$$

Wir berechnen die Ableitung des Klammerausdrucks und beachten dabei die Produktregel

$$\left(V^{\mu}{}_{,\lambda} + \Gamma^{\mu}{}_{\rho\lambda} V^{\rho}\right)_{,\nu} = V^{\mu}{}_{,\lambda,\nu} + \Gamma^{\mu}{}_{\rho\lambda} V^{\rho}{}_{,\nu} + \Gamma^{\mu}{}_{\rho\lambda,\nu} V^{\rho}.$$

Damit ergibt sich

$$V^{\mu}{}_{;\lambda;\nu} = V^{\mu}{}_{,\lambda,\nu} + \Gamma^{\mu}{}_{\rho\lambda} V^{\rho}{}_{,\nu} + \Gamma^{\mu}{}_{\rho\lambda,\nu} V^{\rho} + \Gamma^{\mu}{}_{\rho\nu} V^{\rho}{}_{;\lambda} - \Gamma^{\tau}{}_{\lambda\nu} V^{\mu}{}_{;\tau}.$$

Nun ersetzen wir noch $V^{\rho}{}_{;\lambda}$ durch $V^{\rho}{}_{,\lambda} + \Gamma^{\rho}{}_{\sigma\lambda} V^{\sigma}$ und erhalten

$$
\begin{aligned}
V^{\mu}{}_{;\lambda;\nu} &= V^{\mu}{}_{,\lambda,\nu} + \Gamma^{\mu}{}_{\rho\lambda} V^{\rho}{}_{,\nu} + \Gamma^{\mu}{}_{\rho\lambda,\nu} V^{\rho} \\
&+ \Gamma^{\mu}{}_{\rho\nu} \left(V^{\rho}{}_{,\lambda} + \Gamma^{\rho}{}_{\sigma\lambda} V^{\sigma}\right) - \Gamma^{\tau}{}_{\lambda\nu} \left(V^{\mu}{}_{,\tau} + \Gamma^{\mu}{}_{\rho\tau} V^{\rho}\right) \\
&= V^{\mu}{}_{,\lambda,\nu} + \Gamma^{\mu}{}_{\rho\lambda} V^{\rho}{}_{,\nu} + \Gamma^{\mu}{}_{\rho\nu} V^{\rho}{}_{,\lambda} - \Gamma^{\tau}{}_{\lambda\nu} V^{\mu}{}_{,\tau} - \Gamma^{\tau}{}_{\lambda\nu} \Gamma^{\mu}{}_{\rho\tau} V^{\rho} \\
&+ \Gamma^{\mu}{}_{\rho\lambda,\nu} V^{\rho} + \Gamma^{\mu}{}_{\rho\nu} \Gamma^{\rho}{}_{\sigma\lambda} V^{\sigma}.
\end{aligned}
$$

Nun vertauschen wir die Ableitungsreihenfolge und erhalten mit $\lambda \leftrightarrow \nu$

$$
\begin{aligned}
V^{\mu}{}_{;\nu;\lambda} &= V^{\mu}{}_{,\nu,\lambda} + \Gamma^{\mu}{}_{\rho\nu} V^{\rho}{}_{,\lambda} + \Gamma^{\mu}{}_{\rho\lambda} V^{\rho}{}_{,\nu} - \Gamma^{\tau}{}_{\nu\lambda} V^{\mu}{}_{,\tau} - \Gamma^{\tau}{}_{\nu\lambda} \Gamma^{\mu}{}_{\rho\tau} V^{\rho} \\
&+ \Gamma^{\mu}{}_{\rho\nu,\lambda} V^{\rho} + \Gamma^{\mu}{}_{\rho\lambda} \Gamma^{\rho}{}_{\sigma\nu} V^{\sigma}.
\end{aligned}
$$

Wir bilden die Differenz dieser beiden Ableitungen und erhalten unter Beachtung der Symmetrien bei partiellen Ableitungen bzw. Christoffel-Symbolen, dass die 1., (2. + 3.), 4. und 5. Terme bei der Differenzenbildung wegfallen. Vertauschen wir noch $\sigma \leftrightarrow \rho$ bei den Termen mit den Produkten von zwei Christoffel-Symbolen, so ergibt sich

$$
\begin{aligned}
V^{\mu}_{\;;\lambda;\nu} - V^{\mu}_{\;;\nu;\lambda} &= \Gamma^{\mu}_{\rho\lambda,\nu} V^{\rho} + \Gamma^{\mu}_{\rho\nu} \Gamma^{\rho}_{\sigma\lambda} V^{\sigma} - \left(\Gamma^{\mu}_{\rho\nu,\lambda} V^{\rho} + \Gamma^{\mu}_{\rho\lambda} \Gamma^{\rho}_{\sigma\nu} V^{\sigma} \right) \\
&= V^{\rho} \left(\Gamma^{\mu}_{\rho\lambda,\nu} - \Gamma^{\mu}_{\rho\nu,\lambda} + \Gamma^{\mu}_{\sigma\nu} \Gamma^{\sigma}_{\rho\lambda} - \Gamma^{\mu}_{\sigma\lambda} \Gamma^{\sigma}_{\rho\nu} \right) \\
&= V^{\rho} R^{\mu}_{\rho\nu\lambda}
\end{aligned}
\tag{21.4}
$$

mit

$$
R^{\mu}_{\rho\nu\lambda} = \Gamma^{\mu}_{\rho\lambda,\nu} - \Gamma^{\mu}_{\rho\nu,\lambda} + \Gamma^{\mu}_{\sigma\nu} \Gamma^{\sigma}_{\rho\lambda} - \Gamma^{\mu}_{\sigma\lambda} \Gamma^{\sigma}_{\rho\nu}.
\tag{21.5}
$$

Da auf der linken Seite von Gl. (21.4) die Komponenten eines Tensors stehen, muss das für die rechte Seite ebenfalls gelten. Da $\vec{V}$ ein Vektor ist, definiert somit der Ausdruck $R^{\mu}_{\rho\nu\lambda}$ ebenfalls einen Tensor mit dem Rang $(1,3)$. Dieser heißt **Riemann'scher Krümmungstensor**. Wir können gleich eine erste Bemerkung zum Riemann'schen Tensor machen.

Ist der Raum flach, so kann man für jedes beliebige Koordinatensystem eine *globale* Transformation auf die kartesischen bzw. Minkowski-Koordinaten finden. Damit sind aber dort die Christoffel-Symbole *überall* gleich null und damit auch deren Ableitung, d.h., in flachen Räumen in kartesischen bzw. Minkowski-Koordinaten ist

$$
R^{\mu}_{\rho\nu\lambda} = 0
$$

und damit in allen Koordinatensystemen im flachen Raum, da die $R^{\mu}_{\rho\nu\lambda}$ die Komponenten eines Tensors sind.

Wir wollen den Riemann-Tensor noch einmal etwas anschaulicher mithilfe der Parallelverschiebung herleiten. Bei der Parallelverschiebung in gekrümmten Räumen erhält man unterschiedliche Ergebnisse, wenn man Vektoren von einem Punkt zu einem anderen Punkt auf verschiedenen Wegen parallel transportiert. Der Riemann'sche Krümmungstensor entsteht aus der Differenz von kovarianten zweiten Ableitungen, und wir werden sehen, dass diese zweiten Ableitungen die jeweiligen Parallelverschiebungen entlang der unterschiedlichen Wege darstellen. Wir betrachten der Einfachheit halber ein kleines Flächenelement in einem zweidimensionalen gekrümmten Raum mit den Koordinaten x, y. In Abb. 21.4 auf der nächsten Seite ist das infinitesimale Flächenelement durch die vier Koordinatenlinien

$$
x = a, y = b, x = a + \delta a, y = b + \delta b
$$

begrenzt. Wir wollen den Vektor V^{μ} im Punkt (a, b) einmal auf dem Weg $1 \to 2 \to 3$ von (a, b) über $(a + \delta a, b)$ nach $(a + \delta a, b + \delta b)$ parallel transportieren und zum zweiten über den Weg $1 \to 2' \to 3'$ und die Differenz

$$V^\mu (3) - V^\mu (3')$$

konkret ausrechnen, wobei wir für die Positionen der Einfachheit halber z.B.

$$V^\mu (3) = V^\mu (a + \delta a, b + \delta b)$$

schreiben wollen.

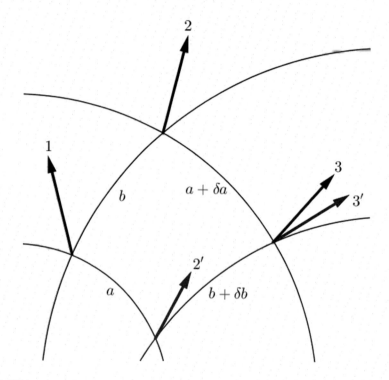

Abbildung 21.4.: Parallelverschiebung eines Vektors auf zwei Wegen

Die Kurven, entlang derer die Verschiebungen stattfinden, sind die Koordinatenlinien, und wir bezeichnen die einzelnen Wegstücke mit $\vec{x}^{\,i \to j} (\lambda)$ d.h., es gilt mit geeigneten Parametrisierungen

$$
\begin{aligned}
\vec{x}^{\,1 \to 2} (\lambda) &\to (x (\lambda), b) \\
\vec{x}^{\,2 \to 3} (\lambda) &\to (a + \delta a, y (\lambda)) \\
\vec{x}^{\,1 \to 2'} (\lambda) &\to (a, y (\lambda)) \\
\vec{x}^{\,2' \to 3'} (\lambda) &\to (x (\lambda), b + \delta b),
\end{aligned}
$$

wobei die Anfangs- und Endwerte der Parametrisierung λ_a und λ_e so gewählt werden, dass gilt

$$\begin{aligned} x\left(\lambda_a\right) &= a, x\left(\lambda_e\right) = a + \delta a \\ y\left(\lambda_a\right) &= b, y\left(\lambda_e\right) = b + \delta b. \end{aligned}$$

Für die Tangentialvektoren

$$\vec{U}^{\,i \to j} = \frac{d\vec{x}^{\,i \to j}\left(\lambda\right)}{d\lambda}$$

folgt dann

$$\vec{U}^{\,1 \to 2} \quad \to \quad \left(\frac{dx\left(\lambda\right)}{d\lambda}, \frac{db}{d\lambda}\right) = \left(\frac{dx}{d\lambda}, 0\right)$$

$$\vec{U}^{\,2 \to 3} \quad \to \quad \left(\frac{d\left(a + \delta a\right)}{d\lambda}, \frac{dy\left(\lambda\right)}{d\lambda}\right) = \left(0, \frac{dy}{d\lambda}\right)$$

$$\vec{U}^{\,1 \to 2'} \quad \to \quad \left(\frac{da}{d\lambda}, \frac{dy\left(\lambda\right)}{d\lambda}\right) = \left(0, \frac{dy}{d\lambda}\right)$$

$$\vec{U}^{\,2' \to 3'} \quad \to \quad \left(\frac{dx\left(\lambda\right)}{d\lambda}, \frac{d\left(b + \delta b\right)}{d\lambda}\right) = \left(\frac{dx}{d\lambda}, 0\right).$$

Wir verwenden für die Parallelverschiebung die Formel (21.3)

$$\left(V^{\mu}_{,\nu} + \Gamma^{\mu}_{\sigma\nu} V^{\sigma}\right) U^{\nu} = 0$$

mit $\mu, \nu, \sigma = x, y$, die sich mit den Ergebnissen für die Komponenten der Tangentialvektoren auf die vier Gleichungen

$$\left(V^{\mu}_{,x} + \Gamma^{\mu}_{\sigma x} V^{\sigma}\right) \frac{dx}{d\lambda} = 0$$

$$\left(V^{\mu}_{,y} + \Gamma^{\mu}_{\sigma y} V^{\sigma}\right) \frac{dy}{d\lambda} = 0$$

$$\left(V^{\mu}_{,y} + \Gamma^{\mu}_{\sigma y} V^{\sigma}\right) \frac{dy}{d\lambda} = 0$$

$$\left(V^{\mu}_{,x} + \Gamma^{\mu}_{\sigma x} V^{\sigma}\right) \frac{dx}{d\lambda} = 0$$

konkretisiert, woraus sich die beiden Gleichungen

$$\begin{aligned} V^{\mu}_{,x} &= -\Gamma^{\mu}_{\sigma x} V^{\sigma} \\ V^{\mu}_{,y} &= -\Gamma^{\mu}_{\sigma y} V^{\sigma} \end{aligned}$$

ableiten lassen. Daraus ergibt sich für die Differenzen der Vektoren mit dem Differenzial

$$
\begin{aligned}
V^\mu(2) - V^\mu(1) &= V^\mu_{,x}(1)\,\delta a = -\Gamma^\mu_{\sigma x}(1)\,V^\sigma(1)\,\delta a \\
V^\mu(3) - V^\mu(2) &= V^\mu_{,y}(2)\,\delta b = -\Gamma^\mu_{\sigma y}(2)\,V^\sigma(2)\,\delta b \\
V^\mu(2') - V^\mu(1) &= V^\mu_{,y}(1)\,\delta b = -\Gamma^\mu_{\sigma y}(1)\,V^\sigma(1)\,\delta b \\
V^\mu(3') - V^\mu(2') &= V^\mu_{,x}(2')\,\delta a = -\Gamma^\mu_{\sigma x}(2')\,V^\sigma(2')\,\delta a.
\end{aligned}
$$

Wir benutzen wieder das Differenzial, um die Christoffel-Symbole an den verschiedenen Orten zu berechnen. Es gilt

$$
\begin{aligned}
\Gamma^\mu_{\sigma y}(2) &= \Gamma^\mu_{\sigma y}(1) + \Gamma^\mu_{\sigma y,x}(1)\,\delta a \\
\Gamma^\mu_{\sigma x}(2') &= \Gamma^\mu_{\sigma x}(1) + \Gamma^\mu_{\sigma x,y}(1)\,\delta b.
\end{aligned}
$$

Wenn man dies in die obigen Gleichungen einsetzt, erhält man

$$
\begin{aligned}
V^\mu(2) - V^\mu(1) &= -\Gamma^\mu_{\sigma x}(1)\,V^\sigma(1)\,\delta a \\
V^\mu(3) - V^\mu(2) &= -\left[\Gamma^\mu_{\sigma y}(1) + \Gamma^\mu_{\sigma y,x}(1)\,\delta a\right] V^\sigma(2)\,\delta b \\
V^\mu(2') - V^\mu(1) &= -\Gamma^\mu_{\sigma y}(1)\,V^\sigma(1)\,\delta b \\
V^\mu(3') - V^\mu(2') &= -\left[\Gamma^\mu_{\sigma x}(1) + \Gamma^\mu_{\sigma x,y}(1)\,\delta b\right] V^\sigma(2')\,\delta a.
\end{aligned}
$$

Wir setzen noch

$$
\begin{aligned}
V^\sigma(2) &= V^\sigma(1) - \Gamma^\sigma_{\tau x}(1)\,V^\tau(1)\,\delta a \\
V^\sigma(2') &= V^\sigma(1) - \Gamma^\sigma_{\tau y}(1)\,V^\tau(1)\,\delta b
\end{aligned}
$$

und erhalten insgesamt durch Einsetzen und Vereinfachen und Austausch von $\sigma \leftrightarrow \tau$ in den Termen mit den Ableitungen der Christoffel-Symbole

$$
\begin{aligned}
&V^\mu(3) - V^\mu(3') \\
=\ & \left[V^\mu(3) - V^\mu(2)\right] + \left[V^\mu(2) - V^\mu(1)\right] \\
- &\left[V^\mu(2') - V^\mu(1)\right] - \left[V^\mu(3') - V^\mu(2')\right] \\
=\ & \delta a\,\delta b\,V^\tau\left[\Gamma^\mu_{\tau x,y}(1) - \Gamma^\mu_{\tau y,x}(1) + \Gamma^\mu_{\sigma y}(1)\,\Gamma^\sigma_{\tau x}(1) - \Gamma^\mu_{\sigma x}(1)\,\Gamma^\sigma_{\tau y}(1)\right] \\
- & \delta a^2\,\delta b\,V^\tau\left[\Gamma^\mu_{\sigma y,x}(1)\,\Gamma^\sigma_{\tau x}(1)\right] - \delta a\,\delta b^2\,V^\tau\left[\Gamma^\mu_{\sigma x,y}(1)\,\Gamma^\sigma_{\tau y}(1)\right] \\
\approx\ & \delta a\,\delta b\,V^\tau\left[\Gamma^\mu_{\tau x,y}(1) - \Gamma^\mu_{\tau y,x}(1) + \Gamma^\mu_{\sigma y}(1)\,\Gamma^\sigma_{\tau x}(1) - \Gamma^\mu_{\sigma x}(1)\,\Gamma^\sigma_{\tau y}(1)\right],
\end{aligned}
$$

wobei wir im letzten Schritt die (sehr kleinen) Terme dritter Ordnung $\delta a^2\,\delta b$ bzw. $\delta a\,\delta b^2$ vernachlässigt haben. Insgesamt ist gezeigt, dass mit der obigen Definition des Riemann'schen Tensors (21.5)

$$
dV^\mu(3) = V^\mu(3) - V^\mu(3') = \delta a\,\delta b\,V^\tau R^\mu{}_{\tau y x}(1)
$$

gilt, d.h., man kann mit dem Riemann-Tensor die Parallelverschiebung auf unterschiedlichen Wegen bzw. auf geschlossenen Kurven messen, wobei die Parallelverschiebung ebenfalls proportional zur Fläche $\delta A = \delta a\, \delta b$ ist, die die Kurve umrundet.

Der Riemann-Tensor setzt sich aus Christoffel-Symbolen und deren Ableitung zusammen und ist somit eine intrinsische Größe. Da die Christoffel-Symbole selbst aus der Metrik und deren Ableitung bestehen, hängt der Riemann'sche Tensor nur von der Metrik und deren ersten und zweiten Ableitungen ab. Damit wird die Krümmung eines Raumes durch die Metrik festgelegt. Wir wissen schon, dass aus Einsteins Sicht die Gravitation als eine Krümmung der Raumzeit beschreibbar sein sollte. Nun haben wir hergeleitet, wie man die Krümmung eines Raumes berechnen kann, und haben damit einen großen Schritt geschafft. Es bleibt allerdings noch Einiges zu tun, um herauszufinden, wie genau die Krümmung in Einsteins Theorie Eingang findet.

21.3. Symmetrien des Riemann-Tensors

Wir wollen einige Symmetrien des Riemann-Tensors ableiten, die uns in Summe dahin führen werden, dass aus den rechnerischen $4 \cdot 4 \cdot 4 \cdot 4 = 256$ Komponenten des Tensors nur 20 unterschiedlich sind. Zunächst kann man direkt aus (21.5)

$$R^{\mu}{}_{\rho\nu\lambda} = \Gamma^{\mu}{}_{\rho\lambda,\nu} - \Gamma^{\mu}{}_{\rho\nu,\lambda} + \Gamma^{\mu}{}_{\sigma\nu}\,\Gamma^{\sigma}{}_{\rho\lambda} - \Gamma^{\mu}{}_{\sigma\lambda}\,\Gamma^{\sigma}{}_{\rho\nu}$$

ablesen, dass

$$R^{\mu}{}_{\rho\nu\lambda} = -R^{\mu}{}_{\rho\lambda\nu}$$

gilt, der Riemann-Tensor ist *antisymmetrisch* in den letzten beiden Indizes. Das bedeutet, dass vier von den 16 möglichen Kombinationen der letzten beiden Indizes null ergeben:

$$R^{\mu}{}_{\rho 00} = -R^{\mu}{}_{\rho 00} \Rightarrow R^{\mu}{}_{\rho 00} = 0$$

und genauso

$$R^{\mu}{}_{\rho 11} = R^{\mu}{}_{\rho 22} = R^{\mu}{}_{\rho 33} = 0$$

Von den restlichen zwölf Zahlen sind nur sechs unabhängig, die anderen ergeben sich aus diesen sechs durch Multiplikation mit -1.

An dieser Stelle sei eine *Anmerkung* erlaubt: Die von uns gewählte Definition des Riemann-Tensors ist in der Fachliteratur nicht eindeutig. Einige Bücher (z.B. Fließbach [14]) definieren den Riemann-Tensor mit einem Minuszeichen verglichen mit unserer Definition. Nach der oben gezeigten Symmetrie in den letzten beiden Indizes heißt das, dass der Riemann-Tensor in diesen Büchern durch $R^{\mu}{}_{\rho\lambda\nu}$ anstelle von $R^{\mu}{}_{\rho\nu\lambda}$ definiert wird. Diese abweichende Definition führt dazu, dass in manchen Tensorgleichungen wie z.B. den Einsteingleichungen auf der rechten Seite ein Minuszeichen auftaucht. Wir folgen in unserer Definition dem Ansatz, der in den meisten angelsächsischen Büchern (z.B. Schutz [35], Ryder [32]) gewählt wird. Die noch herzuleitenden Einsteingleichungen kommen daher ohne das Minuszeichen auf der rechten Seite aus. Für eine ausführlichere Darstellung der unterschiedlichen Konventionen siehe [31].

Um weitere Symmetrien des Riemann-Tensors aufzuspüren, wählen wir ein lokales Inertialsystem. Wir wissen nach (19.18), dass dort die ersten Ableitungen der Metrik und damit die Christoffel-Symbole gleich null sind, d.h., im lokalen Inertialsystem gilt

$$R^\mu{}_{\rho\nu\lambda} = \Gamma^\mu{}_{\rho\lambda,\nu} - \Gamma^\mu{}_{\rho\nu,\lambda}. \tag{21.6}$$

Wir benutzen (19.16), um die Christoffel-Symbole durch die Metrik auszudrücken:

$$\Gamma^\mu{}_{\rho\lambda} = \frac{g^{\mu\sigma}}{2} \left(g_{\rho\sigma,\lambda} + g_{\lambda\sigma,\rho} - g_{\rho\lambda,\sigma} \right),$$

und leiten mit der Produktregel ab

$$\begin{aligned}
\Gamma^\mu{}_{\rho\lambda,\nu} &= \frac{g^{\mu\sigma}{}_{,\nu}}{2} \left(g_{\rho\sigma,\lambda} + g_{\lambda\sigma,\rho} - g_{\rho\lambda,\sigma} \right) + \frac{g^{\mu\sigma}}{2} \left(g_{\rho\sigma,\lambda\nu} + g_{\lambda\sigma,\rho\nu} - g_{\rho\lambda,\sigma\nu} \right) \\
&= \frac{g^{\mu\sigma}}{2} \left(g_{\rho\sigma,\lambda\nu} + g_{\lambda\sigma,\rho\nu} - g_{\rho\lambda,\sigma\nu} \right),
\end{aligned}$$

da im lokalen Inertialsystem $g^{\mu\sigma}{}_{,\nu} = 0$ ist. Genauso folgt

$$\Gamma^\mu{}_{\rho\nu,\lambda} = \frac{g^{\mu\sigma}}{2} \left(g_{\rho\sigma,\nu\lambda} + g_{\nu\sigma,\rho\lambda} - g_{\rho\nu,\sigma\lambda} \right)$$

und damit für den Riemann-Tensor im lokalen Inertialsystem

$$\begin{aligned}
R^\mu{}_{\rho\nu\lambda} &= \frac{g^{\mu\sigma}}{2} \left(g_{\rho\sigma,\lambda\nu} + g_{\lambda\sigma,\rho\nu} - g_{\rho\lambda,\sigma\nu} - \left(g_{\rho\sigma,\nu\lambda} + g_{\nu\sigma,\rho\lambda} - g_{\rho\nu,\sigma\lambda} \right) \right) \\
&= \frac{g^{\mu\sigma}}{2} \left(g_{\lambda\sigma,\rho\nu} - g_{\rho\lambda,\sigma\nu} - g_{\nu\sigma,\rho\lambda} + g_{\rho\nu,\sigma\lambda} \right), \tag{21.7}
\end{aligned}$$

da nach dem Satz von Schwarz für die zweiten Ableitungen

$$g_{\rho\sigma,\lambda\nu} = g_{\rho\sigma,\nu\lambda}$$

gilt. Wir bilden (immer noch im lokalen Inertialsystem) aus dem Riemann-Tensor und der Metrik den sogenannten **vollständig kovarianten Riemann-Tensor**:

$$R_{\mu\rho\nu\lambda} = g_{\mu\tau} R^\tau{}_{\rho\nu\lambda}$$

und erhalten

$$
\begin{aligned}
R_{\mu\rho\nu\lambda} &= g_{\mu\tau} R^{\tau}{}_{\rho\nu\lambda} = g_{\mu\tau} \frac{g^{\tau\sigma}}{2} \left(g_{\lambda\sigma,\rho\nu} - g_{\rho\lambda,\sigma\nu} - g_{\nu\sigma,\rho\lambda} + g_{\rho\nu,\sigma\lambda} \right) \\
&= \frac{1}{2} \left(g_{\lambda\mu,\rho\nu} - g_{\rho\lambda,\mu\nu} - g_{\nu\mu,\rho\lambda} + g_{\rho\nu,\mu\lambda} \right).
\end{aligned}
\tag{21.8}
$$

Aus dieser Darstellung lesen wir die obige und weitere Symmetrien ab:

1.

$$
R_{\mu\rho\nu\lambda} = -R_{\mu\rho\lambda\nu}
$$

2.

$$
R_{\mu\rho\nu\lambda} = -R_{\rho\mu\nu\lambda}
$$

3.

$$
R_{\mu\rho\nu\lambda} = R_{\nu\lambda\mu\rho}
$$

4.

$$
R_{\mu\rho\nu\lambda} + R_{\mu\lambda\rho\nu} + R_{\mu\nu\lambda\rho} = 0
\tag{21.9}
$$

Die vierte Gleichung erhält man durch Einsetzen von (21.8) und Vereinfachen. Da die vier Gleichungen im lokalen Inertialsystem gelten und Tensorgleichungen sind, gelten sie in allen Koordinatensystemen. $R_{\mu\rho\nu\lambda}$ ist also antisymmetrisch im ersten und im zweiten Paar der Indizes und symmetrisch im Vertauschen der beiden Paare. Die Gleichungen (1.) und (2.) besagen also, dass es jeweils sechs unabhängige Komponenten, sprich Zahlen, in den beiden Indexpaaren gibt. Wir können also schreiben

$$
R_{\mu\rho\nu\lambda} = R_{AB},
$$

wobei A das erste Indexpaar und B das zweite Indexpaar bezeichnet. R_{AB} ist also eine (6×6)-Matrix, die nach der dritten Gleichung symmetrisch ist, also

$$
R_{AB} = R_{BA}.
$$

Eine symmetrische (6×6)-Matrix hat 21 unabhängige Komponenten, da die Elemente unterhalb der Hauptdiagonalen durch Spiegelung an der Hauptdiagonalen entstehen. Kennt man also die Elemente oberhalb und auf der Hauptdiagonalen, so kennt man alle $6 \times 6 = 36$ Elemente der symmetrischen Matrix. Wir rechnen nochmals nach: Sechs (auf der Hauptdiagonalen) plus fünf (auf der Diagonalen oberhalb der Hauptdiagonalen) plus vier (auf der darüber liegenden) plus drei dito plus zwei plus eins, ergibt zusammen 21. Die Gleichung (4.) reduziert diese Anzahl noch durch eine Bedingung, sodass es letztlich statt rechnerisch 256 nur 20 unabhängige Komponenten des Riemann-Tensors in vier Dimensionen gibt.

Wir benutzen Gl. (21.8), um eine weitere Eigenschaft des Riemann-Tensors zu zeigen. Wir berechnen - immer noch im lokalen Inertialsystem - den Ausdruck

$$
\begin{aligned}
R_{\mu\rho\nu\lambda,\sigma} + R_{\mu\rho\sigma\nu,\lambda} + R_{\mu\rho\lambda\sigma,\nu} \ =\ & \frac{1}{2}\left(g_{\lambda\mu,\rho\nu\sigma} - g_{\rho\lambda,\mu\nu\sigma} - g_{\nu\mu,\rho\lambda\sigma} + g_{\rho\nu,\mu\lambda\sigma}\right) \\
+\ & \frac{1}{2}\left(g_{\nu\mu,\rho\sigma\lambda} - g_{\rho\nu,\mu\sigma\lambda} - g_{\sigma\mu,\rho\nu\lambda} + g_{\rho\sigma,\mu\nu\lambda}\right) \\
+\ & \frac{1}{2}\left(g_{\sigma\mu,\rho\lambda\nu} - g_{\rho\sigma,\mu\lambda\nu} - g_{\lambda\mu,\rho\sigma\nu} + g_{\rho\lambda,\mu\sigma\nu}\right).
\end{aligned}
$$

Beachtet man die Symmetrie des metrischen Tensors und die der zweiten partiellen Ableitungen, so fallen alle Terme auf der rechten Seite weg. Da wir uns im lokalen Inertialsystem befinden und dort die partielle Ableitung mit der kovarianten übereinstimmt, ergibt sich

$$
R_{\mu\rho\nu\lambda;\sigma} + R_{\mu\rho\sigma\nu;\lambda} + R_{\mu\rho\lambda\sigma;\nu} = 0, \tag{21.10}
$$

und da dieses eine Tensorgleichung ist, gilt sie in allen Koordinatensystemen. Die Gleichung wird die (*zweite*) **Bianchi-Identität** genannt. Die sogenannte **erste Bianchi-Identität** ist die Gleichung (4.) von oben, also

$$
R_{\mu\rho\nu\lambda} + R_{\mu\lambda\rho\nu} + R_{\mu\nu\lambda\rho} = 0. \tag{21.11}
$$

21.4. Ricci-Tensor und Krümmungsskalar

Man kann aus dem Riemann-Tensor durch spezielle Kontraktionen zwei weitere Tensoren gewinnen, die in der Allgemeinen Relativitätstheorie eine bedeutende Rolle spielen. Zunächst entsteht der sogenannte **Ricci-Tensor** $R_{\mu\nu}$ durch

$$
R_{\mu\nu} = R^{\rho}{}_{\mu\rho\nu} = g^{\rho\sigma} R_{\sigma\mu\rho\nu}. \tag{21.12}
$$

Der Ricci-Tensor ist vom Rang $(0, 2)$ und symmetrisch, da

$$
R_{\nu\mu} = g^{\rho\sigma} R_{\sigma\nu\rho\mu} \underset{(3.)}{=} g^{\sigma\rho} R_{\rho\mu\sigma\nu} = R^{\sigma}{}_{\mu\sigma\nu} = R_{\mu\nu},
$$

dabei haben wir Gleichung (3.) von (21.9) und die Symmetrie des metrischen Tensors genutzt. Die Komponenten des Ricci-Tensors bilden also eine symmetrische (4×4)-Matrix, damit hat er $4 + 3 + 2 + 1 = 10$ unabhängige Komponenten. Andere Kontraktionen des Riemann-Tensors machen übrigens keinen Sinn, da sich bei

$$
R^{\rho}{}_{\rho\mu\nu} = g^{\rho\sigma} R_{\sigma\rho\mu\nu}
$$

alle Summanden in der Doppelsumme wegen

$$R_{\sigma\rho\mu\nu} = -R_{\rho\sigma\mu\nu}$$

gegenseitig aufheben. Denn für alle Werte, die σ und ρ annehmen können, ist die Summe der beiden Terme

$$g^{\rho\sigma} R_{\sigma\rho\mu\nu} + g^{\sigma\rho} R_{\rho\sigma\mu\nu} = g^{\rho\sigma} \left(R_{\sigma\rho\mu\nu} + R_{\rho\sigma\mu\nu} \right) = g^{\rho\sigma} \left(R_{\sigma\rho\mu\nu} - R_{\sigma\rho\mu\nu} \right) = 0.$$

Das ist ein allgemeines Tensorgesetz: Kontrahiert man einen symmetrischen (hier $g^{\rho\sigma}$) mit einem antisymmetrischen (hier $R_{\sigma\rho\mu\nu}$ in den ersten beiden Indizes) Tensor, so ist das Ergebnis stets gleich null. Das heißt, wir erhalten auch für die dritte Möglichkeit der Kontraktion des Riemann-Tensors

$$R^{\rho}_{\ \mu\nu\rho} = g^{\rho\sigma} R_{\mu\nu\sigma\rho} = 0.$$

Den Ricci-Tensor kann man auch durch die Christoffel-Symbole ausdrücken, dazu benutzen wir die Formel (21.5)

$$R_{\mu\nu} = R^{\rho}_{\ \mu\rho\nu} = \Gamma^{\rho}_{\mu\nu,\rho} - \Gamma^{\rho}_{\mu\rho,\nu} + \Gamma^{\rho}_{\sigma\rho}\,\Gamma^{\sigma}_{\mu\nu} - \Gamma^{\rho}_{\sigma\nu}\,\Gamma^{\sigma}_{\mu\rho}. \tag{21.13}$$

Der **Krümmungsskalar** R ist die Kontraktion des Ricci-Tensors mit der Metrik

$$R = g^{\mu\nu} R_{\mu\nu}. \tag{21.14}$$

Durch die Konstruktion ist der Krümmungsskalar wirklich ein Skalar und nimmt deshalb in jedem Koordinatensystem den gleichen Wert an, was die Riemann- und Ricci-Tensoren ja nicht tun.

Als Beispiele berechnen wir die Krümmungen der zweidimensionalen Ebene mit Polarkoordinaten sowie der Kugeloberfläche.

Beispiel 21.1.
Zunächst bemerken wir, dass die Indizes in der zweidimensionalen Ebene nur die Werte x und y annehmen können. Wegen der Antisymmetrie des Riemann-Tensors in den ersten beiden und letzten beiden Indizes sind die einzigen von null verschiedenen Komponenten des Riemann-Tensors in zwei Dimensionen diejenigen, deren Indizes in den beiden Indexpaaren unterschiedlich sind, d.h., es bleiben nur vier übrig, nämlich R_{xyxy}, R_{yxxy}, R_{xyyx} und R_{yxyx}. Es gilt aber mit den Symmetrieeigenschaften des Riemann'schen Tensors:

$$\begin{aligned}
R_{xyxy} &= -R_{yxxy} \\
R_{xyxy} &= -R_{xyyx} \\
R_{xyxy} &= R_{yxyx},
\end{aligned}$$

sodass der Riemann-Tensor durch eine einzige Größe, z.B. R_{xyxy}, bestimmt ist. Wir betrachten zunächst Polarkoordinaten und setzen wieder $\mu = r, \varphi$. Das Wegelement in Polarkoordinaten war

$$ds^2 = dr^2 + r^2 d\varphi^2.$$

Die Christoffel-Symbole sind mit Gl. (8.36):

$$\Gamma^{\varphi}_{r\varphi} = \Gamma^{\varphi}_{\varphi r} = \frac{1}{r}$$
$$\Gamma^{r}_{\varphi\varphi} = -r,$$

alle anderen Christoffel-Symbole sind gleich null. Nun berechnen wir den Riemann-Tensor mit Gl. (21.5)

$$
\begin{aligned}
R^{r}_{\varphi r\varphi} &= \Gamma^{r}_{\varphi\varphi,r} - \Gamma^{r}_{\varphi r,\varphi} + \Gamma^{r}_{\sigma r}\Gamma^{\sigma}_{\varphi\varphi} - \Gamma^{r}_{\sigma\varphi}\Gamma^{\sigma}_{\varphi r} \\
&= \Gamma^{r}_{\varphi\varphi,r} - \Gamma^{r}_{\varphi r,\varphi} + \Gamma^{r}_{rr}\Gamma^{r}_{\varphi\varphi} + \Gamma^{r}_{\varphi r}\Gamma^{\varphi}_{\varphi\varphi} - \Gamma^{r}_{r\varphi}\Gamma^{r}_{\varphi r} - \Gamma^{r}_{\varphi\varphi}\Gamma^{\varphi}_{\varphi r} \\
&= \frac{\partial(-r)}{\partial r} - 0 + 0 + 0 - 0 - (-r)\cdot\frac{1}{r} = -1 + 1 = 0.
\end{aligned}
$$

Der Riemann-Tensor ist gleich null und damit ist der betrachtete Raum flach, was wir ja schon wissen. Der Ricci-Tensor und der Krümmungsskalar sind damit ebenfalls gleich null. $\square$

Beispiel 21.2.
Die Oberfläche einer Kugel mit Radius a hat nach Gl. (20.9) mit $\mu = \vartheta, \varphi$ das Linienelement

$$ds^2 = a^2\, d\vartheta^2 + a^2 \sin^2\vartheta\, d\varphi^2,$$

die Metrik

$$(g_{\mu\nu}) = \begin{pmatrix} a^2 & 0 \\ 0 & a^2\sin^2\vartheta \end{pmatrix},$$

und die inverse Metrik

$$(g^{\mu\nu}) = \begin{pmatrix} \dfrac{1}{a^2} & 0 \\ 0 & \dfrac{1}{a^2\sin^2\vartheta} \end{pmatrix}$$

sowie nach Gl. (20.10) die Christoffel-Symbole

$$\Gamma^{\varphi}_{\vartheta\varphi} = \Gamma^{\varphi}_{\varphi\vartheta} = \cot\vartheta$$

$$\Gamma^{\vartheta}_{\varphi\varphi} \;=\; -\sin\vartheta\cos\vartheta,$$

alle anderen Christoffel-Symbole verschwinden. Damit erhalten wir für den Riemann-Tensor

$$
\begin{aligned}
R^{\vartheta}{}_{\varphi\vartheta\varphi} \;=\;& \Gamma^{\vartheta}_{\varphi\varphi,\vartheta} - \Gamma^{\vartheta}_{\varphi\vartheta,\varphi} + \Gamma^{\vartheta}_{\sigma\vartheta}\,\Gamma^{\sigma}_{\varphi\varphi} - \Gamma^{\vartheta}_{\sigma\varphi}\,\Gamma^{\sigma}_{\varphi\vartheta} \\
\;=\;& \Gamma^{\vartheta}_{\varphi\varphi,\vartheta} - \Gamma^{\vartheta}_{\varphi\vartheta,\varphi} + \Gamma^{\vartheta}_{\vartheta\vartheta}\,\Gamma^{\vartheta}_{\varphi\varphi} + \Gamma^{\vartheta}_{\varphi\vartheta}\,\Gamma^{\varphi}_{\varphi\varphi} \\
& - \Gamma^{\vartheta}_{\vartheta\varphi}\,\Gamma^{\vartheta}_{\varphi\vartheta} - \Gamma^{\vartheta}_{\varphi\varphi}\,\Gamma^{\varphi}_{\varphi\vartheta} \\
\;=\;& \frac{\partial\,(-\sin\vartheta\cos\vartheta)}{\partial\vartheta} - 0 + 0 + 0 - 0 - (-\sin\vartheta\cos\vartheta)\cdot\cot\vartheta \\
\;=\;& -\cos^2\vartheta + \sin^2\vartheta + \cos^2\vartheta = \sin^2\vartheta.
\end{aligned}
$$

Der Riemann-Tensor ist also ungleich null, der Raum ist damit gekrümmt. Am Nord- und Südpol ist $\sin^2\vartheta = 0$, aber das ist keine intrinsische Eigenschaft, sondern hängt davon ab, wie wir das Koordinatensystem gewählt haben. Die Kugeloberfläche ist homogen, und man kann den Nord- und Südpol überall hinlegen. Der Ricci-Tensor ist definiert durch

$$R_{\mu\nu} = g^{\rho\sigma} R_{\sigma\mu\rho\nu},$$

d.h., wir müssen zunächst den vollständig kovarianten Riemann-Tensor ausrechnen

$$R_{\vartheta\varphi\vartheta\varphi} = g_{\vartheta\tau}\,R^{\tau}{}_{\varphi\vartheta\varphi} = g_{\vartheta\vartheta}\,R^{\vartheta}{}_{\varphi\vartheta\varphi} + g_{\vartheta\varphi}\,R^{\varphi}{}_{\varphi\vartheta\varphi} = g_{\vartheta\vartheta}\,R^{\vartheta}{}_{\varphi\vartheta\varphi} = a^2\sin^2\vartheta.$$

Damit folgt

$$
\begin{aligned}
R_{\vartheta\vartheta} \;=\;& g^{\rho\sigma} R_{\sigma\vartheta\rho\vartheta} = g^{\rho\vartheta} R_{\vartheta\vartheta\rho\vartheta} + g^{\rho\varphi} R_{\varphi\vartheta\rho\vartheta} \\
\;=\;& g^{\vartheta\vartheta} R_{\vartheta\vartheta\vartheta\vartheta} + g^{\varphi\vartheta} R_{\vartheta\vartheta\varphi\vartheta} + g^{\vartheta\varphi} R_{\varphi\vartheta\vartheta\vartheta} + g^{\varphi\varphi} R_{\varphi\vartheta\varphi\vartheta} \\
\;=\;& g^{\varphi\varphi} R_{\varphi\vartheta\varphi\vartheta} = \frac{1}{a^2\sin^2\vartheta}\left(a^2\sin^2\vartheta\right) = 1
\end{aligned}
$$

und genauso

$$
\begin{aligned}
R_{\vartheta\varphi} \;=\;& g^{\rho\sigma} R_{\sigma\vartheta\rho\varphi} = g^{\vartheta\vartheta} R_{\vartheta\vartheta\vartheta\varphi} + g^{\varphi\vartheta} R_{\vartheta\vartheta\varphi\varphi} + g^{\vartheta\varphi} R_{\varphi\vartheta\vartheta\varphi} + g^{\varphi\varphi} R_{\varphi\vartheta\varphi\varphi} = 0 \\
\;=\;& R_{\varphi\vartheta} \\
R_{\varphi\varphi} \;=\;& g^{\rho\sigma} R_{\sigma\varphi\rho\varphi} = g^{\vartheta\vartheta} R_{\vartheta\varphi\vartheta\varphi} + g^{\varphi\vartheta} R_{\vartheta\varphi\varphi\varphi} + g^{\vartheta\varphi} R_{\varphi\varphi\vartheta\varphi} + g^{\varphi\varphi} R_{\varphi\varphi\varphi\varphi} \\
\;=\;& g^{\vartheta\vartheta} R_{\vartheta\varphi\vartheta\varphi} = \frac{1}{a^2}\left(a^2\sin^2\vartheta\right) = \sin^2\vartheta.
\end{aligned}
$$

Der Krümmungsskalar ergibt sich mit

$$R = g^{\vartheta\vartheta} R_{\vartheta\vartheta} + g^{\varphi\varphi} R_{\varphi\varphi} = \frac{1}{a^2} + \frac{\sin^2\vartheta}{a^2\sin^2\vartheta} = \frac{2}{a^2}.$$

Er ist vom Koordinatensystem unabhängig und auch unabhängig von der Position auf der Kugeloberfläche. Die Kugeloberfläche ist überall gleich gekrümmt, also *homogen* gekrümmt. Der Krümmungsskalar ist umgekehrt proportional zum Radiusquadrat a^2 der Kugel, und das entspricht ganz unserer Anschauung. Eine Kugeloberfläche ist um so stärker gekrümmt, je kleiner der Radius der Kugel ist. $\square$

22. Riemann'scher Raum und Einsteingleichungen

In den letzten Kapiteln haben wir herausgearbeitet, dass es kein globales Inertialsystem bei Anwesenheit eines nichthomogenen Gravitationsfeldes gibt und dass die Raumzeit gekrümmt ist, wenn Gravitation wirksam ist. Wir haben mit mathematischen Argumenten die Größen hergeleitet, die man zur Beschreibung der Krümmung der Raumzeit braucht, und wollen in diesem Kapitel unser Augenmerk wieder stärker auf die physikalischen Gesetze der Raumzeit legen. Wir müssen untersuchen, wie sich physikalische Objekte (wie z.B. Teilchen oder Fluide) in der gekrümmten Raumzeit verhalten, und herausfinden, wie umgekehrt die Krümmung der Raumzeit durch diese Objekte generiert und festgelegt wird.

22.1. Kovarianzprinzip

Das Kovarianzprinzip ist ein Verfahren, physikalische Gesetze mit Gravitation aus bekannten Gesetzen der Speziellen Relativitätstheorie abzuleiten. Die in diesem Verfahren vorgeschriebene Vorgehensweise haben wir in den letzten Kapiteln schon einige Male angewendet: Zunächst werden die physikalischen Phänomene im lokalen Inertialsystem beschrieben und dann durch Koordinatentransformation in das tatsächlich benutzte Koordinatensystem gebracht. Wir wissen auch schon, wie wir Gleichungen formulieren müssen, damit sie in allen Koordinatensystemen formgleich ("*kovariant*") sind, nämlich indem wir ausschließlich Tensoren und kovariante Ableitungen dieser Tensoren in den Gleichungen benutzen. Wir können also das Kovarianzprinzip für die im Gravitationsfeld gültigen Gleichungen durch folgende beiden Aussagen definieren:

- Das physikalische Gesetz muss in Form einer Tensorgleichung vorliegen, damit ist es forminvariant / kovariant in allen Koordinatensystemen.

- Das Gesetz muss im lokalen Inertialsystem gültig sein. Das heißt, ersetzt man die allgemeine Metrik $g_{\mu\nu}$ durch die Minkowski-Metrik $\eta_{\mu\nu}$, so muss sich das entsprechende Gesetz der Speziellen Relativitätstheorie ergeben.

Gegenüber der Vorgehensweise in Abschn. 18.5, die durch Abb. 22.1 auf der nächsten Seite illustriert wurde,

© Der/die Autor(en), exklusiv lizenziert durch
Springer-Verlag GmbH, DE, ein Teil von Springer Nature 2021
M. Ruhrländer, *Aufstieg zu den Einsteingleichungen*,
https://doi.org/10.1007/978-3-662-62546-0_22

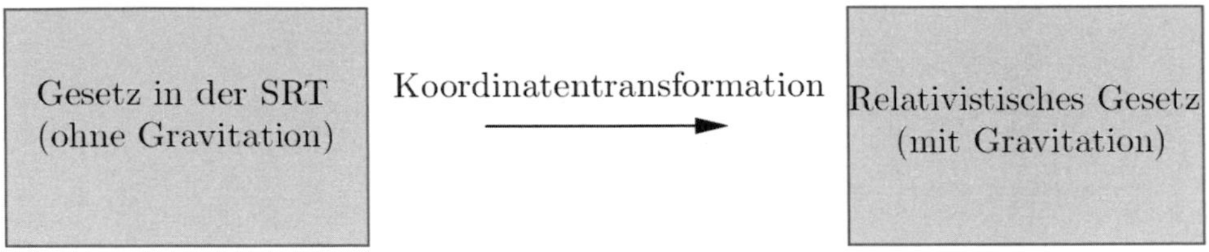

Gesetz in der SRT (ohne Gravitation)	Koordinatentransformation $\longrightarrow$	Relativistisches Gesetz (mit Gravitation)

Abbildung 22.1.: Kovarianzprinzip

kann man sich also das (oftmals mühsame) Umformen einer SRT-Gleichung durch eine allgemeine Koordinatentransformation ersparen, indem man das SRT-Gesetz gleich in kovarianter Form schreibt. Danach ändert es seine Form durch Koordinatentransformationen nicht mehr, es ist bereits das gesuchte relativistische Gesetz mit Gravitation.

Wir betrachten als erste beispielhafte physikalische Anwendung des Kovarianzprinzips die Bewegung eines Teilchens im Gravitationsfeld, die wir schon in Kap. 20 untersucht haben. Dort haben wir in Gl. (20.1) hergeleitet, dass im lokalen Inertialsystem mit den Minkowski-Koordinaten $\hat{\alpha}$ und der Vierergeschwindigkeit $u^{\hat{\alpha}}$ sowie der Eigenzeit t_E

$$\frac{du^{\hat{\alpha}}}{dt_E} = \frac{d^2\hat{\alpha}}{dt_E^2} = 0$$

gilt. Nach dem Kovarianzprinzip suchen wir eine kovariante Gleichung, die sich für $g_{\mu\nu} = \eta_{\mu\nu}$ auf die obige Gleichung reduziert. Wenn wir den zur Vierergeschwindigkeit $u^{\hat{\alpha}}$ gehörigen allgemeinen Vektor $\vec{U} \to U^\mu$ durch

$$U^\mu = \frac{\partial \mu}{\partial \hat{\alpha}}\, u^{\hat{\alpha}} = \frac{\partial \mu}{\partial \hat{\alpha}}\frac{\partial \hat{\alpha}}{\partial t_E} = \frac{\partial \mu}{\partial t_E} = \frac{d\mu}{dt_E} \tag{22.1}$$

definieren, wobei μ ein beliebiges zeitabhängiges Koordinatensystem bezeichne, so müssen wir zur Aufstellung der Bewegungsgleichung $\vec{U}$ kovariant ableiten. Die Komponenten der kovarianten Ableitung sind definiert durch

$$U^\mu_{;\nu} = \frac{\partial U^\mu}{\partial \nu} + \Gamma^\mu_{\sigma\nu}\, U^\sigma.$$

Kontrahiert man diese mit U^ν, so erhält man die Komponenten eines (allgemeinen) Vektors

$$U^\mu_{;\nu}\, U^\nu = U^\mu_{;\nu}\frac{d\nu}{dt_E} = \frac{\partial U^\mu}{\partial \nu}\frac{d\nu}{dt_E} + \Gamma^\mu_{\sigma\nu}\, U^\sigma\frac{d\nu}{dt_E} = \frac{\partial U^\mu}{dt_E} + \Gamma^\mu_{\sigma\nu}\frac{d\sigma}{dt_E}\frac{d\nu}{dt_E}.$$

Diesen Vektor bezeichnen wir mit $D\vec{U}/dt_E$ und erhalten für seine Komponenten

$$\frac{DU^\mu}{dt_E} = \frac{\partial U^\mu}{dt_E} + \Gamma^\mu_{\sigma\nu} \frac{d\sigma}{dt_E} \frac{d\nu}{dt_E} = \frac{\partial^2 \mu}{dt_E^2} + \Gamma^\mu_{\sigma\nu} \frac{d\sigma}{dt_E} \frac{d\nu}{dt_E},$$

sodass sich also als kovariante Verallgemeinerung von Gl. (20.1)

$$\frac{DU^\mu}{dt_E} = 0 \qquad (22.2)$$

anbietet. Natürlich erhalten wir aus dieser Gleichung wiederum die Geodätengleichung im Gravitationsfeld

$$\frac{d^2 \mu}{dt_E^2} = -\Gamma^\mu_{\sigma\nu} \frac{d\sigma}{dt_E} \frac{d\nu}{dt_E},$$

die wir in Kap. 20 durch explizites Einsetzen einer Koordinatentransformation erhalten haben. Wir können also feststellen, dass das Kovarianzprinzip das Aufstellen der Gesetze mit Gravitation oftmals wesentlich vereinfacht. Und weil das Kovarianzprinzip so wichtig ist, formulieren wir es nochmals auf eine leicht andere Art und Weise:

Gesetze im Gravitationsfeld $g_{\mu\nu}$ sind kovariante Gleichungen, die sich ohne Gravitationsfeld, d.h., wenn $g_{\mu\nu} = \eta_{\mu\nu}$ gilt, auf die Gesetze der Speziellen Relativitätstheorie reduzieren.

Man darf allerdings nicht vergessen, dass das Kovarianzprinzip nicht aus einer streng mathematischen Ableitung herrührt, vielmehr basiert es auf physikalischen Erfahrungen in Experimenten oder astronomischen Beobachtungen. Nehmen wir nochmals einen Vektor $\vec{V}$, dessen Divergenz im mitbewegten Inertialsystem gleich null ist

$$V^\alpha_{,\alpha} = 0.$$

Eine *mögliche* Verallgemeinerung dieser Gleichung in der gekrümmten Raumzeit könnte die Gleichung

$$V^\alpha_{;\alpha} = R$$

sein, wobei R den Krümmungsskalar bezeichnet. Denn im lokalen Inertialsystem verschwindet der Krümmungsskalar und die kovariante Ableitung ist gleich der partiellen. Das Kovarianzprinzip verlangt hingegen als „*richtige*" Verallgemeinerung den einfachsten Fall, und das ist

$$V^\alpha_{;\alpha} = 0,$$

was durch physikalische Experimente nachgewiesen wurde. Wir unterstellen in der Folge stets die Gültigkeit des Kovarianzprinzips, zumal es keinerlei Hinweise, geschweige denn physikalische Experimente gibt, die das Kovarianzprinzip infrage stellen.

Energie-Impuls-Tensoren im Riemann'schen Raum

In Kap. 16 haben wir Energie-Impuls-Tensoren in der Speziellen Relativitäts-theorie untersucht und insbesondere die Energie-, Impuls- und Teilchenzahl-Erhaltungssätze durch die Divergenzfreiheit der entsprechenden Tensoren für ideale Flüssigkeiten und Staub nachgewiesen. Wir wollen nun mithilfe des Kovarianzprinzips die entsprechenden Verallgemeinerungen ableiten. Dazu betrachten wir nochmals Gl. (16.5) sowie (16.10), wobei wir für die Komponenten der Vierergeschwindigkeit im mitbewegten Inertialsystem wieder kleine Buchstaben u^α verwenden:

$$N^\alpha{}_{,\beta} = (nu^\alpha)_{,\alpha} = 0$$

sowie

$$T^{\alpha\beta}{}_{,\beta} = \left[(\rho + p)u^\alpha u^\beta + p\eta^{\alpha\beta}\right]_{,\beta} = 0$$

Die $T^{\alpha\beta}$ sind die Komponenten des Energie-Impuls-Tensors für Fluide (und mit $p = 0$ auch für Staub) und die N^α die Komponenten des Teilchenflussvektors. Wie in Gl. (22.1) definieren wir den allgemeinen Vektor der Vierergeschwindigkeit $\vec{U}$ im Riemann'schen Raum durch

$$U^\mu = \frac{\partial \mu}{\partial \hat\alpha}\, u^{\hat\alpha} = \frac{\partial \mu}{\partial \hat\alpha}\frac{d\hat\alpha}{dt_E} = \frac{d\mu}{dt_E}$$

und erhalten unter Anwendung des Kovarianzprinzips als kovariante Gleichungen

$$T^{\alpha\beta}{}_{;\beta} = \left[(\rho + p)U^\alpha U^\beta + pg^{\alpha\beta}\right]_{;\beta} = 0$$

sowie

$$N^\alpha{}_{;\beta} = (nU^\alpha)_{;\alpha} = 0.$$

Man beachte, dass wir die Minkowski-Metrik $\eta^{\alpha\beta}$ durch die allgemeine Metrik $g^{\alpha\beta}$ ersetzt haben. Wir erhalten damit auch den kovarianten Energie-Impuls-Tensor, dessen Komponenten sich zu

$$T^{\alpha\beta} = (\rho + p)U^\alpha U^\beta + pg^{\alpha\beta} \tag{22.3}$$

ergeben.

22.2. Newton'scher Grenzfall

Wir wollen zeigen, dass sich die Bewegungsgleichung (20.2) im Grenzfall kleiner Geschwindigkeiten und eines schwachen, statischen Gravitationsfeldes auf die Newton'sche Bewegungsgleichung reduziert. Diese lautet nach Formel (6.6):

$$m\ddot{\vec{r}} = -m\nabla\phi(\vec{r})$$

bzw. in Koordinatenform nach Division durch die Masse m

$$\frac{d^2 i\,(t)}{dt^2} = -\frac{\partial \phi}{\partial i}, \tag{22.4}$$

wobei ϕ das Newton'sche Gravitationspotenzial bezeichne und der Index i die Werte x, y, z annehmen kann. Dabei bedeutet kleine Geschwindigkeit, dass in natürlichen Einheiten

$$|\vec{v}| \ll 1$$

ist und deshalb die Komponenten der Vierergeschwindigkeit (siehe Gl. 14.8 auf Seite 311):

$$U^\mu = \frac{\partial \mu}{\partial t_E} = \left(\frac{1}{\sqrt{1-v^2}}, \frac{v_x}{\sqrt{1-v^2}}, \frac{v_y}{\sqrt{1-v^2}}, \frac{v_z}{\sqrt{1-v^2}} \right)$$

die Bedingungen

$$\left| \frac{di}{dt_E} \right| \ll \frac{dt}{dt_E}, \quad i = x, y, z$$

sowie

$$\frac{dt}{dt_E} = \frac{1}{\sqrt{1-v^2}} \approx 1$$

erfüllen. Aus der letzten Gleichung folgt auch, dass

$$\frac{d\mu}{dt_E} = \frac{d\mu}{dt} \frac{dt}{dt_E} \approx \frac{d\mu}{dt} \tag{22.5}$$

ist. Die Annahme schwacher Felder bedeutet, dass die Metrik $g_{\mu\nu}$ nicht sehr von der Minkowski-Metrik $\eta_{\mu\nu}$ abweicht. Wir machen den Ansatz

$$g_{\mu\nu} = \eta_{\mu\nu} + h_{\mu\nu}$$

mit sehr kleinen statischen $h_{\mu\nu}$, d.h.

$$|h_{\mu\nu}| \ll 1,$$

deren Ableitungen und damit auch die Christoffel-Symbole ebenfalls klein sein mögen. Die Koordinaten α, γ, μ, ν sind daher bis auf kleine Abweichungen die Minkowski-Koordinaten und die Geodätengleichung reduziert sich mit (22.5) auf

$$\frac{d^2\gamma}{dt_E^2} = -\Gamma^\gamma_{\mu\nu} \frac{d\mu}{dt_E} \frac{d\nu}{dt_E} \approx -\Gamma^\gamma_{tt} \frac{dt}{dt_E} \frac{dt}{dt_E} \approx -\Gamma^\gamma_{tt} \frac{dt}{dt} \frac{dt}{dt} = -\Gamma^\gamma_{tt}.$$

Nun sind die Komponenten von $g_{\mu\nu}$ wegen der angenommenen Statik zeitlich konstant, also die zeitlichen Ableitungen gleich null, sodass mit Gl. (19.16)

$$\Gamma^\gamma_{tt} = \frac{g^{\gamma\nu}}{2} \left(g_{t\nu,t} + g_{t\nu,t} - g_{tt,\nu} \right) \approx -\frac{\eta^{\gamma\nu}}{2} g_{tt,\nu} = -\frac{\eta^{\gamma\nu}}{2} h_{tt,\nu}$$

folgt. Dabei haben wir in der letzten Gleichung

$$g_{tt,\nu} = (\eta_{tt} + h_{tt})_{,\nu} = h_{tt,\nu}$$

genutzt. Die zeitliche Ableitung von h_{tt} ist ebenfalls null und wir erhalten

$$
\begin{aligned}
\Gamma^x_{tt} &\approx -\frac{1}{2}\frac{\partial h_{tt}}{\partial x} \\
\Gamma^y_{tt} &\approx -\frac{1}{2}\frac{\partial h_{tt}}{\partial y} \\
\Gamma^z_{tt} &\approx -\frac{1}{2}\frac{\partial h_{tt}}{\partial z} \\
\Gamma^t_{tt} &= 0.
\end{aligned}
$$

Zusammengefasst ergibt sich für die räumlichen Komponenten der Teilchenbahn

$$\frac{d^2\gamma}{dt^2} \approx \frac{d^2\gamma}{dt^2_E} \approx \frac{1}{2}\,h_{tt,\gamma},$$

was man in der Näherung auch als dreidimensionale Vektorgleichung schreiben kann

$$\frac{d^2\vec{r}}{dt^2} \rightarrow \frac{1}{2}\,\nabla h_{tt} = \frac{1}{2}\left(\frac{\partial h_{tt}}{\partial x}, \frac{\partial h_{tt}}{\partial y}, \frac{\partial h_{tt}}{\partial z}\right).$$

Diese Gleichung stimmt für

$$h_{tt} = -2\phi \tag{22.6}$$

mit der Newton'schen Bewegungsgleichung (22.4) überein. Beachtet man noch, dass

$$g_{tt} = \eta_{tt} + h_{tt} = -(1 + 2\phi) \tag{22.7}$$

gilt, so erhält man zwischen der „Zeit-Zeit"-Komponente der Metrik und dem Gravitationspotenzial ϕ den gleichen Zusammenhangwie in Gl. (18.4) beim Zentrifugalpotenzial. In einer Entfernung r eines Körpers mit Masse M ist

$$\phi = -\frac{GM}{r},$$

siehe Formel 6.7 auf Seite 96, d.h.

$$g_{tt} = -\left(1 - \frac{2GM}{r}\right) \tag{22.8}$$

und

$$ds^2 = -\left(1 - \frac{2GM}{r}\right)dt^2 + \cdots.$$

Wir haben also *eine* Komponente der Metrik gefunden und das ist auch alles, was wir finden können, wenn wir die Newton'sche Theorie mit der Einstein'schen vergleichen, da die Newton'sche Gravitation durch nur *eine* Funktion, nämlich durch das Gravitationspotenzial ϕ beschrieben wird.

22.3. Einstein'sche Feldgleichungen

In diesem Abschnitt stellen wir die Gesetze für die Beschreibung des Gravitationsfeldes auf, d.h., wir zeigen, wie die Quellen des Gravitationsfeldes die Metrik festlegen. Diese Feldgleichungen lassen sich *nicht* aus der Newton'schen Physik und auch *nicht* aus der Speziellen Relativitätstheorie bspw. durch das Kovarianzprinzip ableiten. Vielmehr sind sie von Einstein nach immerhin zehnjährigem Nachdenken gefunden und postuliert worden. Die Gültigkeit der Allgemeinen Relativitätstheorie, d.h. die Richtigkeit der Feldgleichungen, muss sich durch Experimente und Beobachtungen bestätigen, wie jede andere physikalische Theorie auch.

Auch wenn die Feldgleichungen durch Einsteins kreative Eingebung zustande gekommen sind, lassen sie sich im Nachhinein ganz gut nachvollziehen und plausibilisieren. Stellen wir uns also vor, wir hätten die Aufgabe, die allgemeinen Gleichungen für die Beschreibung eines Gravitationsfeldes zu finden. Dann wäre es nicht unvernünftig, wenn wir drei Forderungen an diese Gleichungen richteten:

1. Die Gleichungen sollten kovariant, also als allgemeine Tensorgleichungen aufstellbar sein. Damit hätten sie in jedem beliebigen Koordinatensystem die gleiche Form.

2. Die Gleichungen sollten sich im Newton'schen Grenzfall (schwaches, statisches Gravitationsfeld, kleine Geschwindigkeiten) auf das Newton'sche Gravitationsgesetz, speziell auf die Poisson-Gleichung (6.29)

$$\Delta\phi = 4\pi G\rho$$

reduzieren und somit die bewährte Newton'sche Gravitationstheorie als Spezialfall enthalten.

3. Die Gleichungen sollten zudem so einfach wie möglich sein. Diese Forderung entspricht einem allgemeinen Wissenschaftsprinzip („Ockhams Gesetz"), das besagt, dass von mehreren möglichen Erklärungen ein und desselben Sachverhalts die einfachste Theorie allen anderen vorzuziehen ist.

Schauen wir uns zunächst die rechte Seite der Poisson-Gleichung an. Die Quelle des Gravitationsfeldes in Newtons Theorie ist die Massendichte ρ. In der gesuchten relativistischen Theorie müssen die Quellen einem relativistischen Ansatz entsprechen, was durch die Masse allein nicht gegeben ist. Eine offensichtliche relativistische Verallgemeinerung ist die Gesamtenergie (siehe Gl. 12.18 auf Seite 270), die die Ruhemasse mit beinhaltet. Im Abschn. 16.2 haben wir die Energiedichte einer idealen Flüssigkeit im momentanen Inertialsystem (ebenfalls) mit ρ bezeichnet, und es liegt nahe, diese als Quelle des Gravitationsfeldes zu benutzen. Doch auch dieser Ansatz schlägt fehl, da ρ nur für den mitbewegten Beobachter die Energiedichte darstellt, andere Beobachter messen die Energiedichte als die Komponente T^{tt} des Energie-Impuls-Tensors in ihrem eigenen Bezugssystem (siehe Gl. 16.7 auf Seite 352). Also verwerfen wir den Ansatz mit der Energiedichte ρ und betrachten T^{tt} als Verallgemeinerung der Newton'schen Massendichte. Nun ist T^{tt} nur *eine* Komponente des Energie-Impuls-Tensors, nach Forderung (1.) sollten die Gleichungen aber aus (kompletten) Tensoren bestehen. Deswegen wählen wir für die rechte Seite der gesuchten Gleichungen den Ansatz

$$k\,T^{\mu\nu},$$

mit einer noch zu bestimmenden Konstanten k, wobei die $T^{\mu\nu}$ die Komponenten des Energie-Impuls-Tensors $\mathbf{T}$ sind.

Wenn wir nun die linke Seite der Poisson-Gleichung betrachten, so stellen wir fest, dass dort wegen

$$\Delta\phi = \frac{\partial^2\phi}{\partial x^2} + \frac{\partial^2\phi}{\partial y^2} + \frac{\partial^2\phi}{\partial z^2}$$

zweite Ableitungen des Gravitationspotenzials ϕ vorkommen. Da im Newton'schen Grenzfall nach Gl. (22.8)

$$g_{tt} = -(1 + 2\phi) \Rightarrow \phi = \frac{1}{2}(-1 - g_{tt})$$

ist und damit

$$
\begin{aligned}
\Delta\phi &= -\frac{1}{2}\left(\frac{\partial^2(1 + g_{tt})}{\partial x^2} + \frac{\partial^2(1 + g_{tt})}{\partial y^2} + \frac{\partial^2(1 + g_{tt})}{\partial z^2}\right) \\
&= -\frac{1}{2}\left(\frac{\partial^2 g_{tt}}{\partial x^2} + \frac{\partial^2 g_{tt}}{\partial y^2} + \frac{\partial^2 g_{tt}}{\partial z^2}\right) = -\frac{1}{2}\Delta g_{tt}
\end{aligned}
$$

gilt, ergibt sich aus der Poisson-Gleichung

$$-\Delta g_{tt} = 8\pi G\rho.$$

Daraus können wir zweierlei ableiten. Zum einen ergibt sich für die Konstante k auf der rechten Seite unseres Ansatzes

$$k = 8\pi G,$$

und zum anderen müssen auf der linken Seite der Gleichung im Newton'schen Grenzfall zweite Ableitungen der Metrik vorkommen, speziell muss die tt-Komponente des gesuchten $(2,0)$-Tensors der linken Seite $-\Delta g_{tt}$ sein. Nun wissen wir, dass der Ricci-Tensor (21.12) aus zweiten Ableitungen der Metrik besteht, sodass wir nach Forderung (3.) als einfachsten Ansatz nunmehr

$$R^{\mu\nu} = 8\pi G\, T^{\mu\nu}$$

wählen. Um diesen Ansatz zu überprüfen, erinnern wir uns daran, dass die (kovariante) Divergenz des Energie-Impuls-Tensors verschwindet

$$T^{\mu\nu}_{\;;\nu} = 0,$$

d.h., wenn unser Ansatz richtig ist, so muss auch die Divergenz des Ricci-Tensors verschwinden. Um diese auszurechnen, gehen wir von der zweiten Bianchi-Identität (21.10)

$$R_{\mu\rho\nu\lambda;\sigma} + R_{\mu\rho\sigma\nu;\lambda} + R_{\mu\rho\lambda\sigma;\nu} = 0$$

aus und multiplizieren diese Gleichung mit $g^{\mu\nu}$

$$g^{\mu\nu}R_{\mu\rho\nu\lambda;\sigma} + g^{\mu\nu}R_{\mu\rho\sigma\nu;\lambda} + g^{\mu\nu}R_{\mu\rho\lambda\sigma;\nu} = 0.$$

Nach der Definition des Ricci-Tensors (21.12) ergibt sich für den ersten Term

$$g^{\mu\nu}R_{\mu\rho\nu\lambda;\sigma} = R_{\rho\lambda;\sigma},$$

da wegen $g^{\mu\nu}_{\;;\sigma} = 0$ mit der Produktregel

$$R_{\rho\lambda;\sigma} = (g^{\mu\nu}R_{\mu\rho\nu\lambda})_{;\sigma} = g^{\mu\nu}_{\;;\sigma}R_{\mu\rho\nu\lambda} + g^{\mu\nu}R_{\mu\rho\nu\lambda;\sigma} = g^{\mu\nu}R_{\mu\rho\nu\lambda;\sigma}$$

folgt. Wegen der Antisymmetrie des Riemann'schen Tensors in den letzten beiden Indizes ergibt sich für den zweiten Term ebenso

$$g^{\mu\nu}R_{\mu\rho\sigma\nu;\lambda} = -g^{\mu\nu}R_{\mu\rho\nu\sigma;\lambda} = -R_{\rho\sigma;\lambda}.$$

Der dritte Term lässt sich als

$$g^{\mu\nu}R_{\mu\rho\lambda\sigma;\nu} = R^{\nu}_{\;\rho\lambda\sigma;\nu}$$

schreiben, sodass insgesamt

$$R_{\rho\lambda;\sigma} - R_{\rho\sigma;\lambda} + R^{\nu}{}_{\rho\lambda\sigma;\nu} = 0$$

folgt. Diese Gleichung multiplizieren wir mit $g^{\rho\lambda}$ und erhalten mit der Definition des Krümmungsskalars (21.14):

$$R = g^{\rho\lambda} R_{\rho\lambda}$$

für den ersten Term

$$g^{\rho\lambda} R_{\rho\lambda;\sigma} = R_{;\sigma},$$

für den zweiten

$$-g^{\rho\lambda} R_{\rho\sigma;\lambda} = -R^{\lambda}{}_{\sigma;\lambda}$$

und wieder wegen der Antisymmetrie des Riemann'schen Tensors in den beiden letzten Indizes für den dritten Term

$$g^{\rho\lambda} R^{\nu}{}_{\rho\lambda\sigma;\nu} = -g^{\rho\lambda} R^{\nu}{}_{\rho\lambda\sigma;\nu} = -g^{\rho\lambda} g^{\nu\tau} R_{\tau\rho\sigma\lambda;\nu}.$$

Wir vertauschen nun sowohl die ersten als auch die zweiten Indexpaare des Riemann-Tensors und erhalten

$$-g^{\rho\lambda} g^{\nu\tau} R_{\tau\rho\sigma\lambda;\nu} = -g^{\nu\tau} g^{\rho\lambda} R_{\rho\tau\lambda\sigma;\nu} = -g^{\nu\tau} R^{\lambda}{}_{\tau\lambda\sigma;\nu}$$
$$= -g^{\nu\tau} R_{\tau\sigma;\nu} = -R^{\nu}{}_{\sigma;\nu} = -R^{\lambda}{}_{\sigma;\lambda},$$

wobei in der letzten Gleichung der Summationsindex vertauscht wurde $\lambda \leftrightarrow \nu$. Wir erhalten also insgesamt

$$R_{;\sigma} - R^{\lambda}{}_{\sigma;\lambda} - R^{\lambda}{}_{\sigma;\lambda} = R_{;\sigma} - 2R^{\lambda}{}_{\sigma;\lambda} = 0$$

und wegen

$$R_{;\sigma} = \delta^{\lambda}_{\sigma} R_{;\lambda}$$

daraus nach Multiplikation mit $g^{\tau\sigma}$

$$R^{\tau\lambda}{}_{;\lambda} = g^{\tau\sigma} R^{\lambda}{}_{\sigma;\lambda} = \frac{1}{2} g^{\tau\sigma} \delta^{\lambda}_{\sigma} R_{;\lambda} = \frac{1}{2} g^{\tau\lambda} R_{;\lambda}.$$

Die kovariante Divergenz des Ricci-Tensors ist also

$$R^{\tau\lambda}{}_{;\lambda} = \frac{1}{2} g^{\tau\lambda} R_{;\lambda}$$

und die rechte Seite ist im Allgemeinen nicht null. Wir müssen also unseren Ansatz erweitern. Beachtet man, dass die kovariante Ableitung der Metrik gleich null ist, so folgt für die Ableitung des Tensors $g^{\tau\lambda} R / 2$

$$\left(\frac{1}{2} g^{\tau\lambda} R\right)_{;\lambda} = \frac{1}{2} \underbrace{g^{\tau\lambda}{}_{;\lambda}}_{=0} R + \frac{1}{2} g^{\tau\lambda} R_{;\lambda} = \frac{1}{2} g^{\tau\lambda} R_{;\lambda}$$

und damit mit Indexwechsel $\tau \to \mu, \lambda \to \nu$

$$\left(R^{\mu\nu} - \frac{1}{2}\, g^{\mu\nu}\, R \right)_{;\nu} = 0. \tag{22.9}$$

Den (divergenzfreien) Tensor

$$G^{\mu\nu} = R^{\mu\nu} - \frac{1}{2}\, g^{\mu\nu}\, R$$

nennt man **Einstein-Tensor**, dieser bildet die linke Seite der **Einstein'schen Feldgleichungen**:

$$G^{\mu\nu} = R^{\mu\nu} - \frac{1}{2}\, g^{\mu\nu}\, R = 8\pi G\, T^{\mu\nu} \tag{22.10}$$

Diese Gleichungen wurden 1915 von Einstein aufgestellt. Sie sind zusammen mit den Bewegungsgleichungen im Gravitationsfeld (20.2)

$$\frac{d^2\gamma}{dt_E^2} = -\Gamma^\gamma_{\ \mu\nu}\, \frac{d\mu}{dt_E}\, \frac{d\nu}{dt_E}$$

die gesuchten *Grundgleichungen der Allgemeinen Relativitätstheorie*. Wegen

$$G_{\mu\nu} = g_{\mu\sigma}\, g_{\nu\tau}\, G^{\sigma\tau} = g_{\mu\sigma}\, g_{\nu\tau}\, 8\pi G\, T^{\sigma\tau} = 8\pi G\, T_{\mu\nu}$$

kann man die Einstein'schen Feldgleichungen auch in der Form

$$G_{\mu\nu} = R_{\mu\nu} - \frac{1}{2}\, g_{\mu\nu}\, R = 8\pi G\, T_{\mu\nu}, \tag{22.11}$$

die man **kovariante Form** nennt, schreiben. Aufgrund der Symmetrie des Einstein- und Energie-Impuls-Tensors sowie der Metrik gibt es zunächst zehn statt 16 unabhängige Einstein'sche Feldgleichungen. Wir müssen allerdings beachten, dass die Komponenten der Metrik vom gewählten Koordinatensystem abhängen. Da es vier Koordinaten gibt, gibt es also auch vier Freiheitsgrade für die zehn $g_{\mu\nu}$, d.h., es ist nicht möglich, alle zehn Komponenten der Metrik aus zehn vorgegebenen Komponenten des Energie-Impuls-Tensors zu bestimmen, da ja das Koordinatensystem frei wählbar sein soll. Das Problem löst sich aber dadurch, dass es wegen der Divergenzfreiheit des Einstein-Tensors

$$G^{\mu\nu}_{\ ;\nu} = 0$$

vier (für jeden Wert von μ) Bedingungen für die zehn Einsteingleichungen gibt, sodass letztlich sechs unabhängige Gleichungen für die sechs Komponenten des metrischen Tensors, die koordinatenunabhängig die Geometrie beschreiben, übrig bleiben.

22.4. Interpretation der Einsteingleichungen

Wir wollen uns nochmals explizit klarmachen, ob und wie die Einstein'schen Feldgleichungen die drei am Anfang des Abschnittes aufgestellten Anforderungen erfüllen. Zunächst stellen wir fest, dass die Einsteingleichungen kovariant sind, sowohl die rechte wie auch die linke Seite der Feldgleichungen bestehen aus Tensoren gleichen Ranges.

Aus Einstein folgt Newton

Die zweite Forderung bestand darin, dass sich für den Newton'schen Grenzfall aus den Einsteingleichungen die Poisson-Gleichung ergeben muss. Dazu multiplizieren wir zunächst Gl. (22.11) mit $g^{\mu\nu}$ und erhalten für die linke Seite

$$g^{\mu\nu} R_{\mu\nu} - \frac{1}{2} g^{\mu\nu} g_{\mu\nu} R = R - \frac{1}{2} \delta^{\mu}_{\mu} R = R - \frac{1}{2} 4 R = -R.$$

Für die rechte Seite definieren wir T durch

$$g^{\mu\nu} 8\pi G T_{\mu\nu} = 8\pi G T$$

und erhalten

$$R = -8\pi G T.$$

Damit können wir die Feldgleichungen (22.11) umschreiben zu

$$R_{\mu\nu} = 8\pi G \left(T_{\mu\nu} - \frac{1}{2} g_{\mu\nu} T \right). \tag{22.12}$$

Wir unterstellen wie in Abschn. 22.2 jetzt wieder, dass

$$g_{\mu\nu} = \eta_{\mu\nu} + h_{\mu\nu}$$

mit sehr kleinen statischen $h_{\mu\nu}$, d.h.

$$|h_{\mu\nu}| \ll 1$$

gilt. Dann folgt

$$(\eta^{\mu\rho} - h^{\mu\rho}) (\eta_{\rho\nu} + h_{\rho\nu}) = \delta^{\mu}_{\nu} - h^{\mu}{}_{\nu} + h^{\mu}{}_{\nu} - h^{\mu\rho} h_{\rho\nu} \approx \delta^{\mu}_{\nu},$$

in linearer Näherung, d.h., wenn man den quadratischen Term $h^{\mu\rho} h_{\rho\nu}$ vernachlässigt. Wegen

$$\delta^{\mu}_{\nu} = g^{\mu\rho} g_{\rho\nu} = g^{\mu\rho} (\eta_{\rho\nu} + h_{\rho\nu})$$

folgt aus den letzten beiden Gleichungen also in linearer Näherung

$$g^{\mu\nu} = \eta^{\mu\nu} - h^{\mu\nu}. \tag{22.13}$$

Wir berechnen jetzt die rechte Seite von (22.12) und erinnern uns daran, dass nach Gl. (16.11) für den Energie-Impuls-Tensor im Newton'schen Grenzfall

$$(T^{\mu\nu}) = \begin{pmatrix} \rho & 0 & 0 & 0 \\ 0 & 0 & 0 & 0 \\ 0 & 0 & 0 & 0 \\ 0 & 0 & 0 & 0 \end{pmatrix} = (T_{\mu\nu})$$

gilt. Damit folgt

$$T = g^{\mu\nu} T_{\mu\nu} = (\eta^{\mu\nu} - h^{\mu\nu}) T_{\mu\nu} \approx \eta^{\mu\nu} T_{\mu\nu} = \eta^{tt} T_{tt} = -\rho$$

und daraus

$$\begin{aligned} T_{\mu\nu} - \frac{1}{2} g_{\mu\nu} T &= T_{\mu\nu} - \frac{1}{2} (\eta_{\mu\nu} + h_{\mu\nu}) T \approx T_{\mu\nu} - \frac{1}{2} \eta_{\mu\nu} T \\ &= \begin{pmatrix} \rho & 0 & 0 & 0 \\ 0 & 0 & 0 & 0 \\ 0 & 0 & 0 & 0 \\ 0 & 0 & 0 & 0 \end{pmatrix} - \frac{-\rho}{2} \begin{pmatrix} -1 & 0 & 0 & 0 \\ 0 & 1 & 0 & 0 \\ 0 & 0 & 1 & 0 \\ 0 & 0 & 0 & 1 \end{pmatrix} = \frac{\rho}{2} \delta_{\mu\nu}. \end{aligned}$$

Nun berechnen wir R_{tt} und benutzen dazu die Beziehung (21.13):

$$R_{\mu\nu} = R^{\rho}{}_{\mu\rho\nu} = \Gamma^{\rho}_{\mu\nu,\rho} - \Gamma^{\rho}_{\mu\rho,\nu} + \Gamma^{\rho}_{\sigma\rho} \Gamma^{\sigma}_{\mu\nu} - \Gamma^{\rho}_{\sigma\nu} \Gamma^{\sigma}_{\mu\rho}$$

Die Christoffel-Symbole lassen sich nach (19.16) durch die Metrik darstellen:

$$\Gamma^{\tau}_{\mu\lambda} = \frac{g^{\tau\nu}}{2} (g_{\mu\nu,\lambda} + g_{\lambda\nu,\mu} - g_{\mu\lambda,\nu})$$

Multipliziert man zwei Christoffel-Symbole miteinander, so ergeben sich ausschließlich Terme in h^2 und höher. In linearer Näherung fallen diese weg, und es ergibt sich daraus für den Ricci-Tensor

$$R_{\mu\nu} = \Gamma^{\rho}_{\mu\nu,\rho} - \Gamma^{\rho}_{\mu\rho,\nu},$$

woraus genauso wie bei der Herleitung der Formel (21.8) und unter Berücksichtigung, dass die partiellen Ableitungen von $\eta_{\mu\nu}$ verschwinden,

$$R_{\mu\nu} = \frac{\eta^{\lambda\sigma}}{2} (h_{\nu\sigma,\mu\lambda} - h_{\mu\nu,\sigma\lambda} - h_{\lambda\sigma,\mu\nu} + h_{\mu\lambda,\sigma\nu}) \tag{22.14}$$

in linearer Näherung und somit

$$R_{tt} = \frac{\eta^{\lambda\sigma}}{2} \left(h_{t\sigma,t\lambda} - h_{tt,\sigma\lambda} - h_{\lambda\sigma,tt} + h_{t\lambda,\sigma t} \right)$$

folgt. Da die $h_{\mu\nu}$ als statisch vorausgesetzt sind, sind alle Ableitungen nach der Zeit gleich null, d.h., alle Terme, die mindestens einmal nach t abgeleitet werden, verschwinden. Es bleibt also

$$
\begin{aligned}
R_{tt} &= -\frac{\eta^{\lambda\sigma}}{2} h_{tt,\sigma\lambda} = -\frac{1}{2} \left(-\underbrace{h_{tt,tt}}_{=0} + h_{tt,xx} + h_{tt,yy} + h_{tt,zz} \right) \\
&= -\frac{1}{2} \left(\frac{\partial^2 h_{tt}}{\partial x^2} + \frac{\partial^2 h_{tt}}{\partial y^2} + \frac{\partial^2 h_{tt}}{\partial z^2} \right) = -\frac{1}{2} \Delta h_{tt}
\end{aligned}
$$

übrig. In Gl. (22.6) haben wir hergeleitet, dass im Newton'schen Grenzfall

$$h_{tt} = -2\phi$$

ist. Wir erhalten also

$$R_{tt} = -\frac{1}{2} \Delta h_{tt} = \Delta\phi$$

und damit insgesamt für $\mu = \nu = t$

$$\Delta\phi = R_{tt} = 8\pi G \left(T_{tt} - \frac{1}{2} g_{tt} T \right) = 8\pi G \frac{\rho}{2} \delta_{tt} = 4\pi G\rho.$$

In der Newton'schen Näherung folgt also aus den Einsteingleichungen die Poisson-Gleichung und damit die Newton'sche Gravitationstheorie.

Kosmologische Konstante

Wir betrachten die dritte Forderung, die wir an die Feldgleichungen der Allgemeinen Relativitätstheorie gestellt haben: Sie sollten so einfach wie möglich sein. Die obige Herleitung hat gezeigt, dass die Einsteingleichungen

$$R^{\mu\nu} - \frac{1}{2} g^{\mu\nu} R = 8\pi G\, T^{\mu\nu}$$

quasi das Minimum darstellen, was man aufgrund der anderen Forderungen, insbesondere der Divergenzfreiheit, erreichen kann. Die Struktur der Gleichungen lässt allerdings zu, dass ein weiterer Term hinzugefügt werden kann, der linear von der Metrik abhängt. Die Gleichungen nehmen dann die Form

$$G^{\mu\nu} + \Lambda g^{\mu\nu} = R^{\mu\nu} - \frac{1}{2} g^{\mu\nu} R + \Lambda g^{\mu\nu} = 8\pi G\, T^{\mu\nu} \qquad (22.15)$$

an, wobei Λ ein Riemann-Skalar ist. Die Divergenzfreiheit der linken Seite ist gewährleistet, da die kovariante Ableitung der Metrik gleich null ist.

Man kann zeigen, dass $G^{\mu\nu} + \Lambda\, g^{\mu\nu}$ der einzige $(2,0)$-Tensor ist, der aus den ersten und zweiten Ableitungen der Metrik besteht und zugleich divergenzfrei ist. Das heißt, die Erweiterung der Einsteingleichungen um den Term $\Lambda\, g^{\mu\nu}$ ist auch die einzige physikalisch sinnvolle.

Einstein selbst hat diesen Term 1917 zu seinen Gleichungen hinzugefügt, damit seine Gleichungen gewährleisten, dass das Universum in einem statischen Zustand verbleibt. Aus diesem Grund nennt man die Konstante Λ auch **kosmologische Konstante**. Als Ende der Zwanzigerjahre des vorherigen Jahrhunderts insbesondere durch Beobachtungen des Astronomen *Hubble* klar wurde, dass sich das Universum ausdehnt, widerrief Einstein die Erweiterung seiner Feldgleichungen und sprach von der „größten Eselei", die er jemals fabriziert habe. Heutzutage glaubt man allerdings, dass die kosmologische Konstante eine Möglichkeit sein könnte, in der ART die sogenannte **Vakuumenergie** zu berücksichtigen. Mit anderen Worten: Auch wenn die kosmologische Konstante aus Sicht Einsteins eine falsche Erweiterung seiner Gleichungen darstellt, scheint ihr aus heutiger Sicht eine wesentliche Bedeutung zuzukommen.

Die Einsteingleichungen inklusive der kosmologischen Konstanten erfüllen nicht mehr die Anforderung, dass sie im Newton'schen Grenzfall auf die Poisson-Gleichung reduziert werden können. Da der Ricci-Tensor $R^{\mu\nu}$ zweite Ableitungen nach den Koordinaten enthält, ist die Dimension der kosmologischen Konstanten (genau wie die des Krümmungsskalars) $1/\text{Länge}^2$. Die Newton'sche Gravitationstheorie ist zur Beschreibung fast aller Phänomene in unserem Sonnensystem bestens geeignet, d.h., der Zusatzterm mit der kosmologischen Konstanten muss also sehr klein sein. Konkret muss die Länge $\Lambda^{-1/2}$ sehr viel größer als der Durchmesser unseres Sonnensystems sein

$$\Lambda^{-1/2} \gg 10^5 \text{ Lichtjahre.}$$

Wegen dieser Einschränkung spielt die kosmologische Konstante erst bei der großräumigen Betrachtung des Universums eine Rolle, die aktuellen Modelle favorisieren eine kosmologische Konstante in der Größenordnung $\Lambda^{-1/2} \sim 10^{10}\,\text{Lj}$. Da wir uns in diesem Buch nicht mit kosmologischen Weltmodellen beschäftigen, sondern Phänomene unseres Sonnensystems bzw. einzelner Objekte im Universum untersuchen wollen, arbeiten wir in der Folge mit den Einsteingleichungen ohne den Zusatzterm, also mit (22.10):

$$R^{\mu\nu} - \frac{1}{2}\, g^{\mu\nu}\, R = 8\pi G\, T^{\mu\nu}$$

Energieerhaltung als Konsequenz der Raumzeitgeometrie

Wir haben die spezielle Form des Einstein-Tensors $G^{\mu\nu}$ aus der Forderung abgeleitet, dass das Gesetz der Energieerhaltung, d.h. die Divergenzfreiheit des Energie-Impuls-Tensors

$$T^{\mu\nu}_{;\nu} = 0,$$

gelten soll. Wenn wir die Einsteingleichungen

$$G^{\mu\nu} = 8\pi G\, T^{\mu\nu}$$

betrachten und nur annehmen, dass der Einstein-Tensor (wie der Energie-Impuls-Tensor) symmetrisch ist, ohne dass die Energieerhaltung vorausgesetzt wird, so bestehen die Einsteingleichungen aus zehn Gleichungen, aus denen die zehn unabhängigen Komponenten des metrischen Tensors bestimmt werden könnten. Wie wir weiter oben schon ausgeführt haben, dürfen die Komponenten der Metrik nur aus sechs der zehn Gleichungen bestimmt werden, da wir vier Gleichungen für die beliebige Wahl eines Koordinatensystems brauchen. Wir benötigen also vier weitere (interne) Gleichungen, die nach der getroffenen Annahme nicht aus der Divergenzfreiheit des Energie-Impuls-Tensors abgeleitet werden dürfen, um die zehn Komponenten der Metrik bestimmen zu können. Bei der Herleitung der Einsteingleichungen haben wir die Divergenzfreiheit des Einstein-Tensors

$$G^{\mu\nu}_{;\nu} = 0$$

einzig aus der zweiten Bianchi-Identität (21.10), also aus rein geometrischen Sachverhalten hergeleitet. Das heißt, wenn wir die Einsteingleichungen als gültig voraussetzen, dann folgt umgekehrt, dass wegen der Divergenzfreiheit des Einstein-Tensors auch der Energie-Impuls-Tensor divergenzfrei sein muss.

Geodäten als Folge der Einsteingleichungen

Wie wir gesehen haben, folgt aus der Divergenzfreiheit des Einstein-Tensors die Energieerhaltung

$$T^{\mu\nu}_{;\nu} = 0.$$

Wir wollen nun zeigen, dass daraus auch die Geodätengleichung folgt, wobei wir hier der Einfachheit halber unterstellen, dass das zu untersuchende Objekt ein Staubteilchen ist. Der Energie-Impuls-Tensor ist dann wegen $p = 0$ laut Gl. (22.3):

$$T^{\mu\nu} = (\rho + p)\, U^\mu U^\nu + p g^{\mu\nu} = \rho U^\mu U^\nu$$

Mit der Produktregel folgt daraus

$$0 = T^{\mu\nu}_{;\nu} = (\rho U^\mu U^\nu)_{;\nu} = U^\mu (\rho U^\nu)_{;\nu} + \rho U^\nu (U^\mu_{;\nu}) \quad (*).$$

Nun gilt für die Vierergeschwindigkeit $\mathbf{U} \to U^\mu$ die Beziehung

$$-1 = g_{\mu\alpha}\, U^\mu U^\alpha,$$

woraus mit der Produktregel wegen $g_{\mu\alpha;\nu} = 0$

$$0 = (g_{\mu\alpha}\, U^\mu U^\alpha)_{;\nu} = g_{\mu\alpha}\, U^\mu U^\alpha_{\;;\nu} + g_{\mu\alpha}\, U^\alpha U^\mu_{\;;\nu}$$

folgt. Wegen der Symmetrie des metrischen Tensors und nach Indexvertauschung $\mu \leftrightarrow \alpha$ ergibt sich daraus

$$0 = (g_{\mu\alpha} U^\mu U^\alpha)_{;\nu} = 2g_{\mu\alpha}\, U^\alpha U^\mu_{\;;\nu}$$

und damit

$$0 = g_{\mu\alpha} U^\alpha U^\mu_{\;;\nu}.$$

Nun multiplizieren wir die Gleichung $(*)$ mit $g_{\mu\alpha}\, U^\alpha$ und erhalten

$$0 = g_{\mu\alpha}\, U^\alpha\, (\rho U^\mu U^\nu)_{;\nu} = \underbrace{g_{\mu\alpha}\, U^\alpha U^\mu}_{=-1}\, (\rho U^\nu)_{;\nu} + \rho U^\nu \underbrace{g_{\mu\alpha}\, U^\alpha U^\mu_{\;;\nu}}_{=0},$$

also

$$0 = (\rho U^\nu)_{;\nu}\,.$$

Das setzen wir in Gleichung $(*)$ ein, und mit der Definition der kovarianten Ableitung folgt

$$0 = U^\nu\, (U^\mu_{\;;\nu}) = U^\nu \left(\frac{\partial U^\mu}{\partial \nu} + \Gamma^\mu_{\beta\nu}\, U^\beta \right).$$

Nun gilt

$$U^\nu = \frac{d\nu}{dt_E}$$

und damit und nach der Kettenregel folgt

$$0 = \frac{\partial U^\mu}{\partial \nu}\frac{d\nu}{dt_E} + \Gamma^\mu_{\beta\nu}\frac{d\beta}{dt_E}\frac{d\nu}{dt_E} = \frac{dU^\mu}{dt_E} + \Gamma^\mu_{\beta\nu}\frac{d\beta}{dt_E}\frac{d\nu}{dt_E} = \frac{d^2\mu}{dt_E^2} + \Gamma^\mu_{\beta\nu}\frac{d\beta}{dt_E}\frac{d\nu}{dt_E},$$

also die Geodätengleichung, siehe Formel (20.2).

Die nächstfolgende Aufgabe wird darin bestehen, zu gegebenem Energie-Impuls-Tensor, also zu vorgegebenen Quellen, die zehn Funktionen $g_{\mu\nu}$ zu finden. Nun bestehen der Ricci-Tensor und auch der Krümmungsskalar R aus einer *nichtlinearen* Kombination der $g_{\mu\nu}$ und deren Ableitungen. Dabei meint nichtlinear, dass in der Definition der Tensoren auf der linken Seite der Einsteingleichungen z.B. auch Produkte der $g_{\mu\nu}$ und deren Ableitungen vorkommen können. Zum Beispiel enthält der Ricci-Tensor

$$R_{\mu\nu} = \frac{g^{\lambda\sigma}}{2} \left(g_{\nu\sigma,\mu\lambda} - g_{\mu\nu,\sigma\lambda} - g_{\lambda\sigma,\mu\nu} + g_{\mu\lambda,\sigma\nu} \right)$$

Produkte von $g^{\mu\nu}$ und zweiten Ableitungen der Metrik. Für solche nichtlinearen (Differenzial-)Gleichungen gibt es keine geschlossene Lösungstheorie und auch kein Standardverfahren, mit dem man (spezielle) Lösungen der Einsteingleichungen ableiten könnte. Um trotzdem zu Lösungen zu kommen, geht man in einer solchen Situation oftmals so vor, dass man versucht, für bestimmte Spezialfälle Lösungen zu finden (wie wir es oben für den Newton'schen Grenzfall schon getan haben) und aus diesen speziellen Lösungen Kenntnisse für allgemeinere zu gewinnen.

23. Statische, sphärische Gravitationsfelder

Wir wollen in diesem Kapitel unterstellen, dass die von uns zu untersuchenden Gravitationsfelder zeitunabhängig (statisch) und kugelsymmetrisch (sphärisch) sind, was z.B. für die Gravitationsfelder von Sonne und Erde annähernd gilt.

Viele Anwendungen der Allgemeinen Relativitätstheorie beziehen sich auf physikalische Phänomene in unserem Sonnensystem. Für die Untersuchung dieser Effekte wollen wir von der langsamen ($v \ll c$) Eigendrehung und der Abplattung an den Nord- und Südpolen der Sonne und der Planeten absehen, gehen also davon aus, dass eine sphärische (d.h. kugelförmige) und statische, räumlich begrenzte Massenverteilung M vorliegt. Wir wollen in diesem Kapitel physikalische Phänomene außerhalb dieser Massenverteilung untersuchen, die gravitativen Effekte im Innern des Sterns bleiben hier außen vor. Aufgrund der räumlich begrenzten Massenverteilung erwarten wir, dass wir mit wachsender Entfernung r von diesem Zentralkörper ein immer schwächer werdendes Gravitationsfeld antreffen, sodass asymptotisch, d.h. für $r \to \infty$, die Minkowski-Raumzeit unterstellt werden kann.

23.1. Koordinatensysteme für statische sphärische Raumzeiten

Wir beginnen mit der Auswahl eines geeigneten Koordinatensystems, das die unterstellten zeitlichen und räumlichen Symmetrien widerspiegelt. Dazu verallgemeinern wir zunächst die in Bemerkung 19.2 eingeführten Kugelkoordinaten im dreidimensionalen euklidischen Raum auf die Minkowski-Raumzeit. Konkret definieren wir die Koordinatentransformation auf die *räumlichen* Kugelkoordinaten wieder durch

$$\begin{aligned}
x &= r \sin \vartheta \cos \varphi \\
y &= r \sin \vartheta \sin \varphi \\
z &= r \cos \vartheta,
\end{aligned}$$

die zeitliche Koordinate in Kugelkoordinaten soll dabei unverändert bleiben

$$t = t.$$

© Der/die Autor(en), exklusiv lizenziert durch
Springer-Verlag GmbH, DE, ein Teil von Springer Nature 2021
M. Ruhrländer, *Aufstieg zu den Einsteingleichungen*,
https://doi.org/10.1007/978-3-662-62546-0_23

23. Statische, sphärische Gravitationsfelder

Wir erhalten für die Differenziale

$$dt = \frac{\partial t}{\partial t} dt + \frac{\partial t}{\partial r} dr + \frac{\partial t}{\partial \vartheta} d\vartheta + \frac{\partial t}{\partial \varphi} d\varphi = dt$$

$$dx = \frac{\partial x}{\partial t} dt + \frac{\partial x}{\partial r} dr + \frac{\partial x}{\partial \vartheta} d\vartheta + \frac{\partial x}{\partial \varphi} d\varphi$$

$$= \sin\vartheta \cos\varphi \, dr + r\cos\vartheta \cos\varphi \, d\vartheta - r\sin\vartheta \sin\varphi \, d\varphi$$

$$dy = \frac{\partial y}{\partial t} dt + \frac{\partial y}{\partial r} dr + \frac{\partial y}{\partial \vartheta} d\vartheta + \frac{\partial y}{\partial \varphi} d\varphi$$

$$= \sin\vartheta \sin\varphi \, dr + r\cos\vartheta \sin\varphi \, d\vartheta + r\sin\vartheta \cos\varphi \, d\varphi$$

$$dz = \frac{\partial z}{\partial t} dt + \frac{\partial z}{\partial r} dr + \frac{\partial z}{\partial \vartheta} d\vartheta + \frac{\partial z}{\partial \varphi} d\varphi = \cos\vartheta \, dr - r\sin\vartheta \, d\vartheta.$$

Und damit für das Linienelement im flachen Raum

$$
\begin{aligned}
ds^2 &= -dt^2 + dx^2 + dy^2 + dz^2 \\
&= -dt^2 + \sin^2\vartheta \cos^2\varphi \, dr^2 + r^2\cos^2\vartheta \cos^2\varphi \, d\vartheta^2 + r^2\sin^2\vartheta \sin^2\varphi \, d\varphi^2 \\
&+ \sin^2\vartheta \sin^2\varphi \, dr^2 + r^2\cos^2\vartheta \sin^2\varphi \, d\vartheta^2 + r^2\sin^2\vartheta \cos^2\varphi \, d\varphi^2 \\
&+ \cos^2\vartheta \, dr^2 + r^2\sin^2\vartheta \, d\vartheta^2 + \textit{gemischte Terme} \\
&= -dt^2 + dr^2 + r^2 d\vartheta^2 + r^2\sin^2\vartheta \, d\varphi^2,
\end{aligned}
$$

wobei wir der Übersichtlichkeit halber die *gemischten Terme*, die sich allesamt gegeneinander aufheben, nicht einzelnen aufgeschrieben haben. Das Linienelement im Minkowski-Raum kann also geschrieben werden als

$$ds^2 = -dt^2 + dr^2 + r^2 d\vartheta^2 + r^2\sin^2\vartheta \, d\varphi^2. \tag{23.1}$$

Man sieht, dass die Fläche mit konstanten r und t (d.h. $dt = dr = 0$) wie erwartet der Oberfläche einer dreidimensionalen Kugel mit Radius r entspricht. Hält man nur die Zeitkoordinate t konstant und lässt den Abstand r variieren, so ergibt sich das euklidische Linienelement im dreidimensionalen Raum:

$$dl^2 = dr^2 + r^2\left(d\vartheta^2 + \sin^2\vartheta \, d\varphi^2\right) = dr^2 + r^2 d\Omega^2,$$

wodurch das **Flächenelement** $d\Omega$ definiert wird. Wir wollen nun herausarbeiten, wie sich die angenommenen Zeit- und Raumsymmetrien auf das allgemeine Linienelement

$$ds^2 = g_{\mu\nu} \, d\mu \, d\nu \tag{23.2}$$

auswirken, wobei die Komponenten der Metrik (zunächst) beliebige, von den Koordinaten abhängige Funktionen sein können:

$$g_{\mu\nu} = g_{\mu\nu}(t, r, \vartheta, \varphi)$$

Die angenommene Zeitunabhängigkeit bedeutet einerseits, dass die $g_{\mu\nu}$ nicht von der Zeitkoordinate t abhängen, und anderseits, dass ds^2 invariant unter der Zeitumkehr $(t \to -t)$ sein muss. Schreibt man Gl. (23.2) um, so folgt mit der Symmetrie des metrischen Tensors $(g_{\mu\nu} = g_{\nu\mu})$ und $i, j = r, \vartheta, \varphi$

$$ds^2 = g_{tt}\,dt^2 + 2g_{ti}\,dt\,di + g_{ij}\,di\,dj, \tag{23.3}$$

was wegen der Invarianz der Zeitumkehr gleich sein muss mit

$$ds^2 = g_{tt}\,dt^2 - 2g_{ti}\,dt\,di + g_{ij}\,di\,dj. \tag{23.4}$$

Subtraktion der beiden Gleichungen führt zu

$$4g_{ti}\,dt\,di = 0,$$

d.h.

$$g_{ti}\,di = 0,$$

woraus

$$g_{ti} = g_{it} = 0$$

folgt, da die di beliebig gewählt werden können.

Die angenommene Kugelsymmetrie besagt einerseits, dass die Komponenten der Metrik nur von der Radialkomponente r und nicht von einer speziellen Richtung abhängen, d.h. $g_{tt} = g_{tt}(r)$ und $g_{ij} = g_{ij}(r)$. Andererseits soll keine Raumrichtung ausgezeichnet sein, d.h., wir verlangen, dass das Linienelement sich nicht ändert, wenn wir $d\vartheta$ durch $-d\vartheta$ bzw. $d\varphi$ durch $-d\varphi$ ersetzen. Genauso wie oben in (23.3) und (23.4) für die invariante Zeitumkehr folgt daraus, dass in dem Linienelement alle gemischten Terme, die $d\vartheta$ oder $d\varphi$ beinhalten (d.h. $dr\,d\vartheta, dr\,d\varphi, d\vartheta\,d\varphi$), wegfallen, also

$$g_{r\vartheta} = g_{r\varphi} = g_{\vartheta\varphi} = 0.$$

Das Linienelement reduziert sich durch die angenommenen Symmetrien somit auf

$$ds^2 = g_{tt}(r)\,dt^2 + g_{rr}(r)\,dr^2 + g_{\vartheta\vartheta}(r)\,r^2 d\vartheta^2 + g_{\varphi\varphi}(r)\,r^2 \sin^2\vartheta\,d\varphi^2.$$

Wir wollen weiter annehmen, dass die „Verformung" des zweidimensionalen Flächenelements $d\Omega$ durch die Funktionen $g_{\vartheta\vartheta}$ bzw. $g_{\varphi\varphi}$ sowohl in ϑ-Richtung wie auch in φ-Richtung gleichermaßen geschieht, d.h., wir nehmen an, dass $g_{\vartheta\vartheta} = g_{\varphi\varphi}$ ist, und erhalten

$$ds^2 = g_{tt}(r)\,dt^2 + g_{rr}(r)\,dr^2 + g_{\vartheta\vartheta}(r)\,r^2 d\Omega^2.$$

Wir sind also durch die angenommenen Symmetrien dazu gelangt, dass wir nur noch drei der zehn Metrikkomponenten bestimmen müssen. Tatsächlich kann man durch eine Redefinition des radialen Parameters r die Anzahl auf zwei reduzieren. Dazu setzen wir

$$\bar{r}^2 = g_{\vartheta\vartheta}(r)\, r^2 \Rightarrow \bar{r} = \sqrt{g_{\vartheta\vartheta}}\, r \tag{23.5}$$

und erhalten mit der Produktregel

$$\frac{d\bar{r}}{dr} = \sqrt{g_{\vartheta\vartheta}} + r\,\frac{1}{2\sqrt{g_{\vartheta\vartheta}}}\frac{dg_{\vartheta\vartheta}}{dr} = \sqrt{g_{\vartheta\vartheta}}\left(1 + \frac{r}{2\,g_{\vartheta\vartheta}}\frac{dg_{\vartheta\vartheta}}{dr}\right),$$

woraus

$$dr^2 = \frac{1}{g_{\vartheta\vartheta}}\left(1 + r\,\frac{1}{2\,g_{\vartheta\vartheta}}\frac{dg_{\vartheta\vartheta}}{dr}\right)^{-2} d\bar{r}^2$$

folgt. Damit definieren wir die Größen $g_{\bar{r}\bar{r}}$ und $g_{\bar{t}\bar{t}}$ durch

$$g_{rr}\,dr^2 = \frac{g_{rr}}{g_{\vartheta\vartheta}}\left(1 + r\,\frac{1}{2\,g_{\vartheta\vartheta}}\frac{dg_{\vartheta\vartheta}}{dr}\right)^{-2} d\bar{r}^2 = g_{\bar{r}\bar{r}}\,d\bar{r}^2$$

und

$$g_{tt}(r) = g_{\bar{t}\bar{t}}(\bar{r}).$$

Der Effekt dieser Redefinition besteht darin, dass die Funktion $g_{\bar{\vartheta}\bar{\vartheta}}$ durch 1 ersetzt werden kann, denn es gilt dann mit (23.5)

$$g_{\bar{\vartheta}\bar{\vartheta}}\,\bar{r}^2 = \bar{r}^2 = g_{\vartheta\vartheta}\, r^2$$

und damit

$$\begin{aligned} ds^2 &= g_{tt}\,dt^2 + g_{rr}\,dr^2 + g_{\vartheta\vartheta}\, r^2 d\Omega^2 \\ &= g_{\bar{t}\bar{t}}\,d\bar{t}^2 + g_{\bar{r}\bar{r}}\,d\bar{r}^2 + \bar{r}^2 d\Omega^2. \end{aligned}$$

Wir schreiben (der Einfachheit halber) wieder r statt $\bar{r}$ sowie t statt $\bar{t}$ und erhalten schließlich für das Linienelement

$$ds^2 = g_{tt}(r)\,dt^2 + g_{rr}(r)\,dr^2 + r^2 d\Omega^2. \tag{23.6}$$

Dies ist ein allgemeiner Ansatz für eine sphärische und statische Metrik, der **Standardform** genannt wird. Wenn wir die Standardform mit der Minkowski-Metrik in Kugelkoordinaten (23.1) vergleichen und unterstellen, dass in großer Entfernung vom Zentralkörper der Raum flach wird, so muss für die beiden Komponenten der Metrik gelten:

$$g_{tt}(r) \to -1 \ (r \to \infty)$$

sowie

$$g_{rr}(r) \to 1 \ (r \to \infty)$$

Damit dies gewährleistet wird und die folgenden Rechnungen einfacher werden, setzen wir

$$g_{tt}(r) = -e^{2\nu(r)}, g_{rr}(r) = e^{2\lambda(r)} \tag{23.7}$$

mit zwei unbekannten Funktionen $\nu(r)$ und $\lambda(r)$, die

$$\nu(r), \lambda(r) \to 0 \ (r \to \infty)$$

erfüllen. Der metrische Tensor ergibt sich nun zu

$$g_{\mu\nu} = \begin{pmatrix} -e^{2\nu} & 0 & 0 & 0 \\ 0 & e^{2\lambda} & 0 & 0 \\ 0 & 0 & r^2 & 0 \\ 0 & 0 & 0 & r^2 \sin^2 \vartheta \end{pmatrix} \tag{23.8}$$

und die inverse Metrik zu

$$g^{\mu\nu} = \begin{pmatrix} -e^{-2\nu} & 0 & 0 & 0 \\ 0 & e^{-2\lambda} & 0 & 0 \\ 0 & 0 & r^{-2} & 0 \\ 0 & 0 & 0 & r^{-2} \sin^{-2} \vartheta \end{pmatrix}, \tag{23.9}$$

was man leicht durch Matrixmultiplikation $g_{\mu\rho}\, g^{\rho\nu} = \delta^\nu_\mu$ nachprüfen kann.

23.2. Schwarzschild-Metrik

Wir wollen die im letzten Abschnitt eingeführten Funktionen $\nu(r)$ und $\lambda(r)$ konkret berechnen und benutzen dazu die Einstein'schen Feldgleichungen. Da wir uns darauf beschränken, Lösungen zu finden, die außerhalb des begrenzten Gebietes der Massenverteilung Gültigkeit haben, setzen wir den Energie-Impuls-Tensor $T_{\mu\nu} = 0$. Die Einsteingleichungen reduzieren sich damit auf

$$R_{\mu\nu} - \frac{1}{2} g_{\mu\nu} R = 0. \tag{23.10}$$

Multipliziert man diese Gleichung mit $g^{\mu\nu}$, so ergibt sich

$$\begin{aligned} 0 = g^{\mu\nu} \cdot 0 &= g^{\mu\nu} \left(R_{\mu\nu} - \frac{1}{2} g_{\mu\nu} R \right), \\ &= \underbrace{g^{\mu\nu} R_{\mu\nu}}_{=R} - \frac{1}{2} \underbrace{g^{\mu\nu} g_{\mu\nu}}_{=\delta^\mu_\mu} R \end{aligned}$$

$$= R - \frac{1}{2} \underbrace{\delta_\mu^\mu}_{=4} R$$

$$= R - 2R = -R$$

d.h., der Krümmungsskalar R ist gleich null und Gl. (23.10) reduziert sich auf

$$R_{\mu\nu} = 0. \tag{23.11}$$

Diese Gleichungen werden **Vakuumfeldgleichungen** genannt. Wenn wir uns in einem flachen Minkowski-Raum, d.h. $g_{\mu\nu} = \eta_{\mu\nu}$, befinden, dann wird die linke Seite der Einsteingleichungen gleich null ($R_{\mu\nu} = 0$, da der Riemann-Tensor überall gleich null ist), d.h., die Minkowski-Metrik ist eine Lösung der Vakuumfeldgleichungen. Wir werden anschließend sehen, dass es weitere Metriken gibt, die ebenfalls die Vakuumgleichungen erfüllen.

Zur Bestimmung der Funktionen $\nu(r)$ und $\lambda(r)$ berechnen wir (in einer sehr langen Rechnung) zunächst den Ricci-Tensor mithilfe der Christoffel-Symbole, für die wir die Formel (19.16)

$$\Gamma_{\mu\lambda}^\tau = \frac{g^{\tau\nu}}{2} \left(g_{\mu\nu,\lambda} + g_{\lambda\nu,\mu} - g_{\mu\lambda,\nu} \right)$$

benutzen. Auf der rechten Seite steht eine Summe (über ν), die aber wegen der Diagonalgestalt von $g^{\tau\nu}$ nur für $\nu = \tau$ einen von null verschiedenen Summanden hat. Also folgt

$$\Gamma_{\mu\lambda}^\tau = \frac{g^{\tau\tau}}{2} \left(g_{\mu\tau,\lambda} + g_{\lambda\tau,\mu} - g_{\mu\lambda,\tau} \right).$$

Es folgt für $\tau = t$ mit $i, j = r, \vartheta, \varphi$

$$\Gamma_{tt}^t = \frac{g^{tt}}{2} \left(g_{tt,t} + g_{tt,t} - g_{tt,t} \right) = \frac{-e^{-2\nu}}{2} \frac{d}{dt} \left(-e^{2\nu} \right) = 0$$

$$\Gamma_{rt}^t = \Gamma_{tr}^t = \frac{g^{tt}}{2} \left(g_{rt,t} + g_{tt,r} - g_{rt,t} \right) = \frac{-e^{-2\nu}}{2} \frac{d}{dr} \left(-e^{2\nu} \right)$$

$$= \frac{-e^{-2\nu}}{2} \left(-2e^{2\nu} \right) \frac{d\nu}{dr} = \nu'$$

$$\Gamma_{\vartheta t}^t = \Gamma_{t\vartheta}^t = \frac{g^{tt}}{2} \left(g_{\vartheta t,t} + g_{tt,\vartheta} - g_{\vartheta t,t} \right) = \frac{-e^{-2\nu}}{2} \frac{d}{d\vartheta} \left(-e^{2\nu} \right) = 0$$

$$\Gamma_{\varphi t}^t = \Gamma_{t\varphi}^t = \frac{g^{tt}}{2} \left(g_{\varphi t,t} + g_{tt,\varphi} - g_{\varphi t,t} \right) = \frac{-e^{-2\nu}}{2} \frac{d}{d\varphi} \left(-e^{2\nu} \right) = 0$$

$$\Gamma_{ij}^t = \Gamma_{ji}^t = \frac{g^{tt}}{2} \left(g_{it,j} + g_{jt,i} - g_{ij,t} \right) = 0,$$

wobei der Strich $'$ die Ableitung nach der Variable r darstellen soll:

$$\nu' = \frac{d\nu}{dr}$$

Ferner gilt für $\tau = r$

$$\Gamma^r_{tt} = \frac{g^{rr}}{2}\left(g_{tr,t} + g_{tr,t} - g_{tt,r}\right) = \frac{e^{-2\lambda}}{2}\frac{d}{dr}\left(e^{2\nu}\right) = \frac{e^{-2\lambda}}{2}\left(2e^{2\nu}\right)\frac{d\nu}{dr}$$

$$= \nu' e^{2\nu - 2\lambda}$$

$$\Gamma^r_{rr} = \frac{g^{rr}}{2}\left(g_{rr,r} + g_{rr,r} - g_{rr,r}\right) = \frac{e^{-2\lambda}}{2}\frac{d}{dr}\left(e^{2\lambda}\right) = \frac{e^{-2\lambda}}{2}\left(2e^{2\lambda}\right)\frac{d\lambda}{dr} = \lambda'$$

$$\Gamma^r_{\vartheta\vartheta} = \frac{g^{rr}}{2}\left(g_{\vartheta r,\vartheta} + g_{\vartheta r,\vartheta} - g_{\vartheta\vartheta,r}\right) = \frac{e^{-2\lambda}}{2}\frac{d}{dr}\left(-r^2\right) = -re^{-2\lambda}$$

$$\Gamma^r_{\varphi\varphi} = \frac{g^{rr}}{2}\left(g_{\varphi r,\varphi} + g_{\varphi r,\varphi} - g_{\varphi\varphi,r}\right) = \frac{e^{-2\lambda}}{2}\frac{d}{dr}\left(-r^2\sin^2\vartheta\right) = -r\sin^2\vartheta\, e^{-2\lambda}$$

$$\Gamma^r_{\mu\lambda} = \frac{g^{rr}}{2}\left(g_{\mu r,\lambda} + g_{\lambda r,\mu} - g_{\mu\lambda,r}\right) = 0 \text{ für } \mu \neq \lambda.$$

Für $\tau = \vartheta$ erhalten wir

$$\Gamma^\vartheta_{t\mu} = \Gamma^\vartheta_{\mu t} = \frac{g^{\vartheta\vartheta}}{2}\left(g_{t\vartheta,\mu} + g_{\mu\vartheta,t} - g_{t\mu,\vartheta}\right) = 0$$

$$\Gamma^\vartheta_{rr} = \frac{g^{\vartheta\vartheta}}{2}\left(g_{r\vartheta,r} + g_{r\vartheta,r} - g_{rr,\vartheta}\right) = 0$$

$$\Gamma^\vartheta_{\vartheta r} = \Gamma^\vartheta_{r\vartheta} = \frac{g^{\vartheta\vartheta}}{2}\left(g_{\vartheta\vartheta,r} + g_{r\vartheta,\vartheta} - g_{\vartheta r,\vartheta}\right) = \frac{1}{2r^2}\frac{d}{dr}\left(r^2\right) = \frac{1}{r}$$

$$\Gamma^\vartheta_{\varphi r} = \Gamma^\vartheta_{r\varphi} = \frac{g^{\vartheta\vartheta}}{2}\left(g_{\varphi\vartheta,r} + g_{r\vartheta,\varphi} - g_{\varphi r,\vartheta}\right) = 0$$

$$\Gamma^\vartheta_{\vartheta\vartheta} = \frac{g^{\vartheta\vartheta}}{2}\left(g_{\vartheta\vartheta,\vartheta} + g_{\vartheta\vartheta,\vartheta} - g_{\vartheta\vartheta,\vartheta}\right) = 0$$

$$\Gamma^\vartheta_{\varphi\vartheta} = \Gamma^\vartheta_{\vartheta\varphi} = \frac{g^{\vartheta\vartheta}}{2}\left(g_{\varphi\vartheta,\vartheta} + g_{\vartheta\vartheta,\varphi} - g_{\varphi\vartheta,\vartheta}\right) = 0$$

$$\Gamma^\vartheta_{\varphi\varphi} = \frac{g^{\vartheta\vartheta}}{2}\left(g_{\varphi\vartheta,\varphi} + g_{\varphi\vartheta,\varphi} - g_{\varphi\varphi,\vartheta}\right) = -\frac{1}{2r^2}\frac{d}{d\vartheta}\left(r^2\sin^2\vartheta\right) = -\sin\vartheta\cos\vartheta.$$

Und schließlich für $\tau = \varphi$

$$\Gamma^\varphi_{t\mu} = \Gamma^\varphi_{\mu t} = \frac{g^{\varphi\varphi}}{2}\left(g_{t\varphi,\mu} + g_{\mu\varphi,t} - g_{t\mu,\varphi}\right) = 0$$

$$\Gamma^\varphi_{rr} = \frac{g^{\varphi\varphi}}{2}\left(g_{r\varphi,r} + g_{r\varphi,r} - g_{rr,\varphi}\right) = 0$$

$$\Gamma^\varphi_{\vartheta r} = \Gamma^\varphi_{r\vartheta} = \frac{g^{\varphi\varphi}}{2}\left(g_{\vartheta\varphi,r} + g_{r\varphi,\vartheta} - g_{\vartheta r,\varphi}\right) = 0$$

$$\Gamma^{\varphi}_{\varphi r} = \Gamma^{\varphi}_{r\varphi} = \frac{g^{\varphi\varphi}}{2}\left(g_{\varphi\varphi,r} + g_{r\varphi,\varphi} - g_{\varphi r,\varphi}\right) = \frac{1}{2r^2\sin^2\vartheta}\frac{d}{dr}\left(r^2\sin^2\vartheta\right) = \frac{1}{r}$$

$$\Gamma^{\varphi}_{\vartheta\vartheta} = \frac{g^{\varphi\varphi}}{2}\left(g_{\vartheta\varphi,\vartheta} + g_{\vartheta\varphi,\vartheta} - g_{\vartheta\vartheta,\varphi}\right) = 0$$

$$\Gamma^{\varphi}_{\varphi\vartheta} = \Gamma^{\varphi}_{\vartheta\varphi} = \frac{g^{\varphi\varphi}}{2}\left(g_{\varphi\varphi,\vartheta} + g_{\vartheta\varphi,\varphi} - g_{\varphi\vartheta,\varphi}\right) = \frac{1}{2r^2\sin^2\vartheta}\frac{d}{d\vartheta}\left(r^2\sin^2\vartheta\right)$$

$$= \frac{\sin\vartheta\cos\vartheta}{\sin^2\vartheta} = \cot\vartheta$$

$$\Gamma^{\varphi}_{\varphi\varphi} = \frac{g^{\varphi\varphi}}{2}\left(g_{\varphi\varphi,\varphi} + g_{\varphi\varphi,\varphi} - g_{\varphi\varphi,\varphi}\right) = 0.$$

Wir fassen nochmals zusammen, welche Christoffel-Symbole von null verschieden sind:

$$\begin{aligned}
\Gamma^{t}_{rt} &= \Gamma^{t}_{tr} = \nu' \\
\Gamma^{r}_{tt} &= \nu'\,e^{2\nu-2\lambda} \\
\Gamma^{r}_{rr} &= \lambda' \\
\Gamma^{r}_{\vartheta\vartheta} &= -r e^{-2\lambda} \\
\Gamma^{r}_{\varphi\varphi} &= -r\sin^2\vartheta\,e^{-2\lambda} \\
\Gamma^{\vartheta}_{\vartheta r} &= \Gamma^{\vartheta}_{r\vartheta} = \frac{1}{r} \\
\Gamma^{\vartheta}_{\varphi\varphi} &= -\sin\vartheta\cos\vartheta \\
\Gamma^{\varphi}_{\varphi r} &= \Gamma^{\varphi}_{r\varphi} = \frac{1}{r} \\
\Gamma^{\varphi}_{\varphi\vartheta} &= \Gamma^{\varphi}_{\vartheta\varphi} = \cot\vartheta
\end{aligned} \tag{23.12}$$

Zur Berechnung der Komponenten des Ricci-Tensors benutzen wir die Formel (21.13):

$$R_{\mu\nu} = \Gamma^{\rho}_{\mu\nu,\rho} - \Gamma^{\rho}_{\mu\rho,\nu} + \Gamma^{\rho}_{\sigma\rho}\,\Gamma^{\sigma}_{\mu\nu} - \Gamma^{\rho}_{\sigma\nu}\,\Gamma^{\sigma}_{\mu\rho}$$

Wir behandeln die vier Terme auf der rechten Seite separat und definieren

$$R^{(1)}_{\mu\nu} = \Gamma^{\rho}_{\mu\nu,\rho} = \Gamma^{t}_{\mu\nu,t} + \Gamma^{r}_{\mu\nu,r} + \Gamma^{\vartheta}_{\mu\nu,\vartheta} + \Gamma^{\varphi}_{\mu\nu,\varphi}$$

und

$$R^{(2)}_{\mu\nu} = \Gamma^{\rho}_{\mu\rho,\nu} = \Gamma^{t}_{\mu t,\nu} + \Gamma^{r}_{\mu r,\nu} + \Gamma^{\vartheta}_{\mu\vartheta,\nu} + \Gamma^{\varphi}_{\mu\varphi,\nu}$$

und

$$\begin{aligned}
R^{(3)}_{\mu\nu} &= \Gamma^{\rho}_{\sigma\rho}\,\Gamma^{\sigma}_{\mu\nu} = \Gamma^{t}_{tt}\,\Gamma^{t}_{\mu\nu} + \Gamma^{t}_{rt}\,\Gamma^{r}_{\mu\nu} + \Gamma^{t}_{\vartheta t}\,\Gamma^{\vartheta}_{\mu\nu} + \Gamma^{t}_{\varphi t}\,\Gamma^{\varphi}_{\mu\nu} \\
&+ \Gamma^{r}_{tr}\,\Gamma^{t}_{\mu\nu} + \Gamma^{r}_{rr}\,\Gamma^{r}_{\mu\nu} + \Gamma^{r}_{\vartheta r}\,\Gamma^{\vartheta}_{\mu\nu} + \Gamma^{r}_{\varphi r}\,\Gamma^{\varphi}_{\mu\nu}
\end{aligned}$$

$$+ \quad \Gamma^{\vartheta}_{t\vartheta}\,\Gamma^{t}_{\mu\nu} + \Gamma^{\vartheta}_{r\vartheta}\,\Gamma^{r}_{\mu\nu} + \Gamma^{\vartheta}_{\vartheta\vartheta}\,\Gamma^{\vartheta}_{\mu\nu} + \Gamma^{\vartheta}_{\varphi\vartheta}\,\Gamma^{\varphi}_{\mu\nu}$$

$$+ \quad \Gamma^{\varphi}_{t\varphi}\,\Gamma^{t}_{\mu\nu} + \Gamma^{\varphi}_{r\varphi}\,\Gamma^{r}_{\mu\nu} + \Gamma^{\varphi}_{\vartheta\varphi}\,\Gamma^{\vartheta}_{\mu\nu} + \Gamma^{\varphi}_{\varphi\varphi}\,\Gamma^{\varphi}_{\mu\nu}$$

sowie

$$\begin{aligned}
R^{(4)}_{\mu\nu} &= \Gamma^{\rho}_{\sigma\nu}\,\Gamma^{\sigma}_{\mu\rho} = \Gamma^{t}_{t\nu}\,\Gamma^{t}_{\mu t} + \Gamma^{t}_{r\nu}\,\Gamma^{r}_{\mu t} + \Gamma^{t}_{\vartheta\nu}\,\Gamma^{\vartheta}_{\mu t} + \Gamma^{t}_{\varphi\nu}\,\Gamma^{\varphi}_{\mu t} \\
&+ \quad \Gamma^{r}_{t\nu}\,\Gamma^{t}_{\mu r} + \Gamma^{r}_{r\nu}\,\Gamma^{r}_{\mu r} + \Gamma^{r}_{\vartheta\nu}\,\Gamma^{\vartheta}_{\mu r} + \Gamma^{r}_{\varphi\nu}\,\Gamma^{\varphi}_{\mu r} \\
&+ \quad \Gamma^{\vartheta}_{t\nu}\,\Gamma^{t}_{\mu\vartheta} + \Gamma^{\vartheta}_{r\nu}\,\Gamma^{r}_{\mu\vartheta} + \Gamma^{\vartheta}_{\vartheta\nu}\,\Gamma^{\vartheta}_{\mu\vartheta} + \Gamma^{\vartheta}_{\varphi\nu}\,\Gamma^{\varphi}_{\mu\vartheta} \\
&+ \quad \Gamma^{\varphi}_{t\nu}\,\Gamma^{t}_{\mu\varphi} + \Gamma^{\varphi}_{r\nu}\,\Gamma^{r}_{\mu\varphi} + \Gamma^{\varphi}_{\vartheta\nu}\,\Gamma^{\vartheta}_{\mu\varphi} + \Gamma^{\varphi}_{\varphi\nu}\,\Gamma^{\varphi}_{\mu\varphi}.
\end{aligned}$$

Wir berechnen nun

$$R_{\mu\nu} = R^{(1)}_{\mu\nu} - R^{(2)}_{\mu\nu} + R^{(3)}_{\mu\nu} - R^{(4)}_{\mu\nu}$$

für alle zehn unabhängigen Kombinationen von μ, ν. Es gilt

$$\begin{aligned}
R^{(1)}_{tt} &= \Gamma^{t}_{tt,t} + \Gamma^{r}_{tt,r} + \Gamma^{\vartheta}_{tt,\vartheta} + \Gamma^{\varphi}_{tt,\varphi} = \Gamma^{r}_{tt,r} \\
&= \frac{d}{dr}\left(\nu'\,e^{2\nu-2\lambda}\right) = e^{2\nu-2\lambda}\left(\nu'' + 2\left(\nu'\right)^2 - 2\nu'\lambda'\right)
\end{aligned}$$

und

$$R^{(2)}_{tt} = \Gamma^{t}_{tt,t} + \Gamma^{r}_{tr,t} + \Gamma^{\vartheta}_{t\vartheta,t} + \Gamma^{\varphi}_{t\varphi,t} = 0.$$

Ebenso

$$\begin{aligned}
R^{(3)}_{tt} &= \Gamma^{t}_{tt}\,\Gamma^{t}_{tt} + \Gamma^{t}_{rt}\,\Gamma^{r}_{tt} + \Gamma^{t}_{\vartheta t}\,\Gamma^{\vartheta}_{tt} + \Gamma^{t}_{\varphi t}\,\Gamma^{\varphi}_{tt} \\
&+ \quad \Gamma^{r}_{tr}\,\Gamma^{t}_{tt} + \Gamma^{r}_{rr}\,\Gamma^{r}_{tt} + \Gamma^{r}_{\vartheta r}\,\Gamma^{\vartheta}_{tt} + \Gamma^{r}_{\varphi r}\,\Gamma^{\varphi}_{tt} \\
&+ \quad \Gamma^{\vartheta}_{t\vartheta}\,\Gamma^{t}_{tt} + \Gamma^{\vartheta}_{r\vartheta}\,\Gamma^{r}_{tt} + \Gamma^{\vartheta}_{\vartheta\vartheta}\,\Gamma^{\vartheta}_{tt} + \Gamma^{\vartheta}_{\varphi\vartheta}\,\Gamma^{\varphi}_{tt} \\
&+ \quad \Gamma^{\varphi}_{t\varphi}\,\Gamma^{t}_{tt} + \Gamma^{\varphi}_{r\varphi}\,\Gamma^{r}_{tt} + \Gamma^{\varphi}_{\vartheta\varphi}\,\Gamma^{\vartheta}_{tt} + \Gamma^{\varphi}_{\varphi\varphi}\,\Gamma^{\varphi}_{tt} \\
&= \Gamma^{t}_{rt}\,\Gamma^{r}_{tt} + \Gamma^{r}_{rr}\,\Gamma^{r}_{tt} + \Gamma^{\vartheta}_{r\vartheta}\,\Gamma^{r}_{tt} + \Gamma^{\varphi}_{r\varphi}\,\Gamma^{r}_{tt} \\
&= \left(\nu'\right)^2 e^{2\nu-2\lambda} + \lambda'\,\nu'\,e^{2\nu-2\lambda} + \frac{\nu'}{r}\,e^{2\nu-2\lambda} + \frac{\nu'}{r}\,e^{2\nu-2\lambda}
\end{aligned}$$

sowie

$$\begin{aligned}
R^{(4)}_{tt} &= \Gamma^{t}_{tt}\,\Gamma^{t}_{tt} + \Gamma^{t}_{rt}\,\Gamma^{r}_{tt} + \Gamma^{t}_{\vartheta t}\,\Gamma^{\vartheta}_{tt} + \Gamma^{t}_{\varphi t}\,\Gamma^{\varphi}_{tt} \\
&+ \quad \Gamma^{r}_{tt}\,\Gamma^{t}_{tr} + \Gamma^{r}_{rt}\,\Gamma^{r}_{tr} + \Gamma^{r}_{\vartheta t}\,\Gamma^{\vartheta}_{tr} + \Gamma^{r}_{\varphi t}\,\Gamma^{\varphi}_{tr} \\
&+ \quad \Gamma^{\vartheta}_{tt}\,\Gamma^{t}_{t\vartheta} + \Gamma^{\vartheta}_{rt}\,\Gamma^{r}_{t\vartheta} + \Gamma^{\vartheta}_{\vartheta t}\,\Gamma^{\vartheta}_{t\vartheta} + \Gamma^{\vartheta}_{\varphi t}\,\Gamma^{\varphi}_{t\vartheta} \\
&+ \quad \Gamma^{\varphi}_{tt}\,\Gamma^{t}_{t\varphi} + \Gamma^{\varphi}_{rt}\,\Gamma^{r}_{t\varphi} + \Gamma^{\varphi}_{\vartheta t}\,\Gamma^{\vartheta}_{t\varphi} + \Gamma^{\varphi}_{\varphi t}\,\Gamma^{\varphi}_{t\varphi}
\end{aligned}$$

$$
\begin{aligned}
&= \Gamma^t_{rt}\Gamma^r_{tt} + \Gamma^r_{tt}\Gamma^t_{tr} \\
&= (\nu')^2\, e^{2\nu-2\lambda} + (\nu')^2\, e^{2\nu-2\lambda}.
\end{aligned}
$$

Zusammengefasst ergibt sich

$$
\begin{aligned}
R_{tt} &= R^{(1)}_{tt} - R^{(2)}_{tt} + R^{(3)}_{tt} - R^{(4)}_{tt} \\
&= e^{2\nu-2\lambda}\left(\nu'' + 2\,(\nu')^2 - 2\nu'\lambda'\right) + (\nu')^2\, e^{2\nu-2\lambda} + \lambda'\,\nu'\, e^{2\nu-2\lambda} \\
&\quad + \frac{2\nu'}{r} e^{2\nu-2\lambda} - 2\,(\nu')^2\, e^{2\nu-2\lambda} \\
&= e^{2\nu-2\lambda}\left(\nu'' + (\nu')^2 - \nu'\lambda' + \frac{2\nu'}{r}\right).
\end{aligned}
$$

Ganz analog berechnet sich R_{rr}, wir schreiben nur noch die Zwischenergebnisse auf:

$$
R^{(1)}_{rr} = \frac{d}{dr}\left(\lambda'\right) = \lambda''
$$

und

$$
R^{(2)}_{rr} = \nu'' + \lambda'' - \frac{1}{r^2} - \frac{1}{r^2}
$$

und

$$
R^{(3)}_{rr} = \nu'\lambda' + (\lambda')^2 + \frac{\lambda'}{r} + \frac{\lambda'}{r}
$$

sowie

$$
R^{(4)}_{rr} = (\nu')^2 + (\lambda')^2 + \frac{1}{r^2} + \frac{1}{r^2}
$$

Zusammengefasst ergibt sich

$$
\begin{aligned}
R_{rr} &= R^{(1)}_{rr} - R^{(2)}_{rr} + R^{(3)}_{rr} - R^{(4)}_{rr} \\
&= \lambda'' - \left(\nu'' + \lambda'' - \frac{2}{r^2}\right) + \nu'\lambda' + (\lambda')^2 + \frac{2\lambda'}{r} - \left((\nu')^2 + (\lambda')^2 + \frac{2}{r^2}\right) \\
&= -\nu'' + \nu'\lambda' + \frac{2\lambda'}{r} - (\nu')^2.
\end{aligned}
$$

Für $R_{\vartheta\vartheta}$ folgt entsprechend

$$
R^{(1)}_{\vartheta\vartheta} = \frac{d}{dr}\left(-re^{-2\lambda}\right) = e^{-2\lambda}\left(-1 + 2r\lambda'\right)
$$

und

$$R^{(2)}_{\vartheta\vartheta} = \frac{d}{d\vartheta}\left(\cot\vartheta\right) = \frac{d}{d\vartheta}\left(\frac{\cos\vartheta}{\sin\vartheta}\right) = -\frac{1}{\sin^2\vartheta}$$

und

$$R^{(3)}_{\vartheta\vartheta} = \nu'\left(-re^{-2\lambda}\right) + \lambda'\left(-re^{-2\lambda}\right) + \frac{1}{r}\left(-re^{-2\lambda}\right) + \frac{1}{r}\left(-re^{-2\lambda}\right)$$

sowie

$$R^{(4)}_{\vartheta\vartheta} = \frac{1}{r}\left(-re^{-2\lambda}\right) + \frac{1}{r}\left(-re^{-2\lambda}\right) + \cot^2\vartheta.$$

Zusammengefasst ergibt sich

$$
\begin{aligned}
R_{\vartheta\vartheta} &= R^{(1)}_{\vartheta\vartheta} - R^{(2)}_{\vartheta\vartheta} + R^{(3)}_{\vartheta\vartheta} - R^{(4)}_{\vartheta\vartheta} \\
&= e^{-2\lambda}\left(-1 + 2r\lambda'\right) - \left(-\frac{1}{\sin^2\vartheta}\right) - e^{-2\lambda}\left(r\nu' + r\lambda' + 2\right) \\
&\quad - \left(\frac{2}{r}\left(-re^{-2\lambda}\right) + \cot^2\vartheta\right) \\
&= e^{-2\lambda}\left(-1 + r\lambda' - r\nu'\right) + \frac{1}{\sin^2\vartheta} - \frac{\cos^2\vartheta}{\sin^2\vartheta} \\
&= e^{-2\lambda}\left(-1 + r\lambda' - r\nu'\right) + 1.
\end{aligned}
$$

Für $R_{\varphi\varphi}$ gilt

$$
\begin{aligned}
R^{(1)}_{\varphi\varphi} &= \frac{d}{dr}\left(-r\sin^2\vartheta e^{-2\lambda}\right) + \frac{d}{d\vartheta}\left(-\sin\vartheta\cos\vartheta\right) \\
&= \sin^2\vartheta e^{-2\lambda}\left(-1 + 2r\lambda'\right) - \cos^2\vartheta + \sin^2\vartheta
\end{aligned}
$$

und

$$R^{(2)}_{\varphi\varphi} = 0$$

und

$$
\begin{aligned}
R^{(3)}_{\varphi\varphi} &= \nu'\left(-r\sin^2\vartheta e^{-2\lambda}\right) + \lambda'\left(-r\sin^2\vartheta e^{-2\lambda}\right) \\
&\quad + \frac{2}{r}\left(-r\sin^2\vartheta e^{-2\lambda}\right) + \cot\vartheta\left(-\sin\vartheta\cos\vartheta\right)
\end{aligned}
$$

sowie

$$R^{(4)}_{\varphi\varphi} = \frac{1}{r}\left(-r\sin^2\vartheta e^{-2\lambda}\right) + \cot\vartheta\left(-\sin\vartheta\cos\vartheta\right)$$

$$+ \quad \frac{1}{r} \left(-r \sin^2 \vartheta e^{-2\lambda} \right) + \cot \vartheta \left(-\sin \vartheta \cos \vartheta \right).$$

Zusammengefasst ergibt sich

$$
\begin{aligned}
R_{\varphi\varphi} &= R_{\varphi\varphi}^{(1)} - R_{\varphi\varphi}^{(2)} + R_{\varphi\varphi}^{(3)} - R_{\varphi\varphi}^{(4)} \\
&= \sin^2 \vartheta e^{-2\lambda} \left(-1 + 2r\lambda' \right) - \cos^2 \vartheta + \sin^2 \vartheta \\
&+ \sin^2 \vartheta e^{-2\lambda} \left(-\nu'r - \lambda'r - 2 \right) \\
&+ \cot \vartheta \left(-\sin \vartheta \cos \vartheta \right) - \left(\left(-2 \sin^2 \vartheta e^{-2\lambda} \right) + 2 \cot \vartheta \left(-\sin \vartheta \cos \vartheta \right) \right) \\
&= \sin^2 \vartheta e^{-2\lambda} (-1 + r\lambda' - r\nu') - \cos^2 \vartheta + \sin^2 \vartheta + \cot \vartheta \left(\sin \vartheta \cos \vartheta \right) \\
&= \sin^2 \vartheta e^{-2\lambda} (-1 + r\lambda' - r\nu') - \cos^2 \vartheta + \sin^2 \vartheta + \cos^2 \vartheta \\
&= \sin^2 \vartheta \left[e^{-2\lambda} (-1 + r\lambda' - r\nu') + 1 \right] = \sin^2 \vartheta \, R_{\vartheta\vartheta}.
\end{aligned}
$$

Genauso zeigt man, dass

$$R_{\mu\nu} = 0 \; f\ddot{u}r \; \mu \neq \nu.$$

Die Vakuumfeldgleichungen liefern also vier Gleichungen, davon drei unabhängige, um die unbekannten Funktionen $\nu(r)$ und $\lambda(r)$ zu bestimmen:

$$
\begin{aligned}
R_{tt} &= e^{2\nu - 2\lambda} \left(\nu'' + (\nu')^2 - \nu'\lambda' + \frac{2\nu'}{r} \right) = 0 \\
R_{rr} &= -\nu'' + \nu'\lambda' + \frac{2\lambda'}{r} - (\nu')^2 = 0 \\
R_{\vartheta\vartheta} &= e^{-2\lambda} \left(-1 + r\lambda' - r\nu' \right) + 1 = 0 \\
R_{\varphi\varphi} &= \sin^2 \vartheta \, R_{\vartheta\vartheta}
\end{aligned}
\qquad (23.13)
$$

Der Faktor $e^{2\nu - 2\lambda}$ in der ersten Gleichung ist ungleich null, also erhält man

$$\nu'' + (\nu')^2 - \nu'\lambda' + \frac{2\nu'}{r} = 0.$$

Diese Gleichung zur obigen zweiten addiert, ergibt

$$\frac{2\nu'}{r} + \frac{2\lambda'}{r} = 0 \Leftrightarrow \nu' + \lambda' = 0.$$

Integriert man diese Gleichung, so folgt

$$\nu(r) + \lambda(r) = const.$$

Wir haben oben schon gezeigt, dass die beiden Funktionen

$$\nu(r), \lambda(r) \to 0 \; (r \to \infty)$$

erfüllen müssen, d.h., die Konstante ist null, woraus

$$\lambda(r) = -\nu(r) \tag{23.14}$$

folgt. Wenn wir dieses in die Gleichung für $R_{\vartheta\vartheta}$ einsetzen, so erhalten wir

$$e^{2\nu}\left(-1 - r\nu' - r\nu'\right) + 1 = 0$$

also

$$e^{2\nu}\left(1 + 2r\nu'\right) = 1.$$

Nun ist die linke Seite die Ableitung der Funktion $re^{2\nu}$ nach r, also folgt

$$e^{2\nu}\left(1 + 2r\nu'\right) = \left(re^{2\nu}\right)' = 1,$$

und durch Integration ergibt sich daraus

$$re^{2\nu} = r - 2m \Rightarrow e^{2\nu} = 1 - \frac{2m}{r},$$

wobei $-2m$ eine geeignete Integrationskonstante ist, deren physikalische Bedeutung gleich klar wird. Wir erhalten also mit unserem Ansatz (23.7) und mit (23.14)

$$g_{tt} = -\left(1 - \frac{2m}{r}\right)$$

$$g_{rr} = \left(1 - \frac{2m}{r}\right)^{-1}.$$

Nun wissen wir, dass nach Gl. (22.8) im Newton'schen Grenzfall

$$g_{tt} = -\left(1 - \frac{2GM}{r}\right)$$

gilt, d.h., wir können die Integrationskonstante als $m = GM$ bestimmen, wobei M die Gesamtmasse des betrachteten Zentralkörpers bezeichnet, und erhalten für das gesuchte Linienelement

$$ds^2 = -\left(1 - \frac{2GM}{r}\right)dt^2 + \frac{1}{\left(1 - \dfrac{2GM}{r}\right)}dr^2 + r^2\left(d\vartheta^2 + \sin^2\vartheta\,d\varphi^2\right). \tag{23.15}$$

Dies ist die berühmte **Schwarzschild-Lösung**, benannt nach dem deutschen Astronomen Karl Schwarzschild, der diese Metrik schon 1916 gefunden hat.

Sie ist unter den angenommenen Symmetrien *exakt* und keine Annäherung. Da sie den Newton'schen Grenzfall mit abdeckt, ist die weiter oben entwickelte Approximationslösung für eben diesen Grenzfall ebenfalls exakt. Wie verlangt, nähert sich die Schwarzschild-Lösung mit $r \to \infty$ der Minkowski-Metrik und sie gilt außerhalb eines Körpers mit der Masse M. Dabei spielt es keine Rolle, *wie* die Masse in dem Körper verteilt ist. Ein ganz ähnliches Ergebnis haben wir in Abschn. 6.3 für das Newton'sche Gravitationsfeld hergeleitet. Dort ist das Gravitationsfeld außerhalb eines Körpers mit beliebiger Massenverteilung das Gleiche, als wenn die Masse punktförmig im Schwerpunkt konzentriert ist.

23.3. Physikalische Interpretation der Schwarzschild-Lösung

Die Schwarzschild-Metrik kennzeichnet Ereignisse in der Raumzeit durch die Koordinaten t, r, ϑ, φ, die in etwa so aussehen wie die sphärischen Koordinaten für die flache Raumzeit, siehe (23.1). Um herauszufinden, welche physikalische Bedeutung diese Koordinaten haben, müssen wir die Metrik untersuchen, denn nur sie gibt Aufschluss darüber, wie Abstände bzw. Zeitintervalle physikalisch gemessen werden können.

Die radiale Koordinate

Wir betrachten einen Kreis mit konstantem r, d.h. $dr = 0$ in der äquatorialen Ebene, d.h.

$$\vartheta = \frac{\pi}{2} \Rightarrow \sin\vartheta = 1, d\vartheta = 0$$

zu einer bestimmten Zeit t, d.h. $dt = 0$, und wollen den Umfang U dieses Kreises berechnen. Dazu integrieren wir das infinitesimale Raumzeitintervall ds entlang der Umfangskurve. Es gilt unter den gemachten Annahmen

$$ds^2 = 0 + 0 + 0 + r^2 d\varphi^2$$

und damit

$$ds = r d\varphi.$$

Integration liefert

$$U = \int_U ds = \int_0^{2\pi} r \, d\varphi = 2\pi r \implies r = \frac{U}{2\pi}.$$

Das heißt, die Schwarzschild-Metrik definiert die radiale Koordinate r eines solchen Kreises als den Umfang dividiert durch 2π, und da die Orientierung der äquatorialen Ebene beliebig gewählt werden kann, gilt dieses für jeden Kreis um das betrachtete Objekt. Die Schwarzschild-Lösung liefert also das gleiche Ergebnis wie die euklidische Geometrie des flachen Raumes. Aber die r Koordinate ist - anders als bei einer Kugel im Dreidimensionalen - *nicht gleich* dem radialen Abstand vom Mittelpunkt zur Kreislinie. Um das zu sehen, integrieren wir ds entlang einer radialen Linie, d.h., wir unterstellen

$$dt = d\vartheta = d\varphi = 0$$

und erhalten

$$ds^2 = \frac{1}{\left(1 - \dfrac{2GM}{r}\right)}\, dr^2 \implies ds = \frac{1}{\sqrt{1 - \dfrac{2GM}{r}}}\, dr.$$

Der Abstand zweier Punkte mit Koordinaten r_A und r_E ergibt sich daraus zu

$$\Delta s = \int ds = \int_{r_A}^{r_E} \frac{1}{\sqrt{1 - \dfrac{2GM}{r}}}\, dr.$$

Um das Integral näherungsweise zu bestimmen, schätzen wir den Integranden mit dem Differenzial:

$$\Delta f = f(x_0 + dx) - f(x_0) \approx f'(x_0)\, dx$$

(siehe Formel 4.7 auf Seite 63) ab. Wir unterstellen, dass die Koordinate r sehr groß gegenüber $2GM$ ist (weiter unten wird erläutert, dass das für die meisten Objekte im Universum außerhalb ihrer Massenverteilung angenommen werden kann), dann ist der Term $2GM/r$ sehr klein und wir können in der Formel für das Differenzial $x_0 = 0$ setzen. Definieren wir noch die Funktion f durch

$$f(x) = \frac{1}{\sqrt{1-x}} = (1-x)^{-1/2},$$

so ergibt sich mit

$$f'(x) = \frac{1}{2}\,(1-x)^{-3/2}$$

die Näherung

$$f\left(\frac{2GM}{r}\right) - f(0) \approx f'(0)\,\frac{2GM}{r}$$

und daraus

$$\frac{1}{\sqrt{1 - \dfrac{2GM}{r}}} \approx 1 + \frac{1}{2}\,\frac{2GM}{r} = 1 + \frac{GM}{r}.$$

Nun berechnen wir näherungsweise das obige Integral:

$$
\begin{aligned}
\Delta s &= \int_{r_A}^{r_E} \frac{1}{\sqrt{1 - \dfrac{2GM}{r}}}\, dr \\
&\approx \int_{r_A}^{r_E} \left(1 + \frac{GM}{r}\right) dr \\
&= \left[r + GM \ln r\right]_{r_A}^{r_E} \\
&= r_E - r_A + GM \left(\ln\left(r_E\right) - \ln\left(r_A\right)\right)
\end{aligned}
$$

Wir erhalten einen größeren Ausdruck als $r_E - r_A$, was der entsprechende Abstand im flachen Raum wäre. Die Koordinate r liefert also *nicht* den radialen Abstand eines Punktes zum Koordinatenursprung, und das wiederum ist eine Indikation dafür, dass die Schwarzschild-Metrik eine gekrümmte Raumzeit beschreibt.

Die Zeitkoordinate

Wir betrachten eine Uhr in Ruhe an einer festen Position r, d.h.

$$
dr = d\vartheta = d\varphi = 0.
$$

In Gl. (20.3) haben wir die Eigenzeit zwischen zwei Ereignissen A und B hergeleitet und den Ausdruck

$$
\Delta t_E = t_E(B) - t_E(A) = \int \sqrt{-ds^2} = \int_{\lambda_A}^{\lambda_B} \sqrt{-g_{\mu\nu}\, d\mu\, d\nu}
$$

erhalten. Setzen wir für $g_{\mu\nu}$ die Schwarzschild-Metrik ein, so ergibt sich mit den obigen Annahmen

$$
\begin{aligned}
\Delta t_E &= \int_{t_A}^{t_B} \sqrt{\left(1 - \frac{2GM}{r}\right) dt^2} = \sqrt{1 - \frac{2GM}{r}} \int_{t_A}^{t_B} dt \\
&= \sqrt{1 - \frac{2GM}{r}}\, (t_B - t_A) = \sqrt{1 - \frac{2GM}{r}}\, \Delta t.
\end{aligned}
$$

Die Eigenzeit t_E der Uhr stimmt nur dann mit der Koordinatenzeit t überein, wenn die Wurzel gleich 1 ist, d.h., wenn $r = \infty$ ist. Die Zeitdifferenz zwischen zwei Ereignissen gemessen mit der Koordinatenzeit korrespondiert also nur dann mit der Eigenzeit, wenn die messende Uhr sich weit entfernt „im Unendlichen" befindet. Wie aber kann man die Koordinatenzeit tatsächlich an den Orten der Ereignisse messen, wenn die Uhr sich sehr weit entfernt befindet?

Nun, man kann sich vorstellen, dass an jedem Raumpunkt Uhren installiert werden, die Signale von der weit entfernten Uhr erhalten, die diese im Sekundentakt aussendet. Die lokale Uhr rückt immer dann um eine Sekunde vor, wenn sie ein Signal von der weit entfernten Uhr erhält.

Die letzte Gleichung besagt auch, dass eine in Ruhe befindliche Uhr weniger Zeit als die Koordinatenzeit misst und dass dieser Unterschied umso größer wird, je kleiner r wird. Das wiederum ist ebenfalls eine Indikation dafür, dass die durch die Schwarzschild-Metrik beschriebene Raumzeit gekrümmt ist.

Der Schwarzschild-Radius

Schaut man sich die Schwarzschild-Metrik genauer an, so sieht man, dass der Term

$$\frac{1}{\left(1 - \dfrac{2GM}{r}\right)}$$

für $r \to 2GM$ gegen unendlich strebt. Die Größe

$$r_S = 2GM \tag{23.16}$$

wird **Schwarzschild-Radius** genannt. Die Frage, was passiert, wenn man sich dem Schwarzschild-Radius nähert, wird in den folgenden Kapiteln näher beleuchtet und uns bis zu den Schwarzen Löchern führen. In diesem Kapitel wollen wir ausschließlich die physikalischen Konsequenzen der Schwarzschild-Lösung im Sonnensystem betrachten und die Gültigkeit der Allgemeinen Relativitätstheorie dort testen. Die **Singularität** (die Divergenz) der Schwarzschild-Metrik bei $2GM$ spielt im Sonnensystem keine Rolle, da der Schwarzschild-Radius der Sonne wesentlich kleiner als der Radius der Sonne ist und wir nur Untersuchungen im Außenfeld der Sonne vornehmen wollen. Wir berechnen dazu den Schwarzschild-Radius r_S für die Sonne in km und müssen zunächst von den natürlichen Einheiten ($c = 1$) wieder in SI-Einheiten ($c = 3 \cdot 10^8$ m) konvertieren. Um zu entscheiden, an welcher Stelle im Schwarzschild-Radius die Lichtgeschwindigkeit c auftritt, machen wir eine Dimensionsbetrachtung. Die Größe $2GM/r$ hat mit der Sonnenmasse $M = 1,99 \cdot 10^{30}$ kg und der Newton'schen Gravitationskonstanten

$$G = 6,67 \cdot 10^{-11} \, \frac{\text{m}^3}{\text{kg s}^2}$$

die Einheit

$$\left[\frac{2GM}{r}\right] = \frac{\text{m}^3 \, \text{kg}}{\text{kg s}^2 \, \text{m}} = \frac{\text{m}^2}{\text{s}^2},$$

soll aber in SI-Einheiten dimensionslos sein. Daher wird der Schwarzschild-Radius in SI-Einheiten zu

$$r_S = \frac{2GM}{c^2}. \tag{23.17}$$

Wir setzen die Zahlen ein und erhalten

$$r_S = \frac{2GM}{c^2} = \frac{2 \cdot 6,67 \cdot 10^{-11} \cdot 1,99 \cdot 10^{30}}{9 \cdot 10^{16}} \approx 2,95\,\text{km}.$$

Da der Sonnenradius $R = 696.000\,\text{km}$ groß ist, liegt der Schwarzschild-Radius innerhalb der Sonne. Wir nähern uns also dem Schwarzschild-Radius der Sonne nicht, da wir nur Phänomene im Außenfeld der Sonne untersuchen. Dort ist $r > R$ und damit

$$\frac{2GM}{rc^2} = \frac{r_S}{r} < 4,2 \cdot 10^{-6},$$

d.h., die Schwarzschild-Metrik weicht nur wenig von der Minkowski-Metrik ab, und die weiter oben gemachte Annahme, dass in den meisten Berechnungen $r \gg r_S$ unterstellt werden kann, ist damit erläutert.

Die Koeffizienten der Schwarzschild-Metrik werden bei $r = r_S$ singulär, was aber nicht zwangsläufig bedeutet, dass auch dort die Raumzeit singulär wird. Schaut man sich beispielsweise die Kugelkoordinaten im euklidischen Raum an, so folgt

$$g^{\varphi\varphi} = \frac{1}{\sin^2\vartheta} \to \infty\,(\vartheta \to 0, \pi),$$

d.h., die Metrik ist an den Polen singulär, obwohl an den Polen nichts Ungewöhnliches passiert. Die Kugeloberfläche ist homogen und kein Punkt unterscheidet sich von einem anderen. Man nennt solche Singularitäten **Koordinatensingularitäten** im Unterschied zu „echten" Singularitäten, und wir werden in den nächsten Kapiteln sehen, dass die Singularität der Schwarzschild-Metrik bei $r = r_S$ ebenfalls nur eine Koordinatensingularität ist, die durch geeignete Koordinatentransformationen auflösbar ist.

Trotzdem hat der Schwarzschild-Radius eine besondere physikalische Bedeutung. In Abschn. 6.1 haben wir ausgerechnet, wie groß die Fluchtgeschwindigkeit sein muss, damit ein Teilchen die Gravitation eines sphärischen Körpers mit Radius R und Masse M überwinden kann, nämlich (siehe 6.8 auf Seite 98):

$$v_F > \sqrt{\frac{2GM}{R}}$$

Unterstellt man, dass Licht aus Teilchen (Photonen) besteht, die sich mit Lichtgeschwindigkeit c bewegen, so folgt, dass das Licht von einem Körper entweichen kann, wenn

$$c^2 > \frac{2GM}{R}$$

bzw. umgekehrt, dass das Licht nicht entweichen kann, wenn

$$R < \frac{2GM}{c^2} = r_S.$$

Deshalb nennt man Sterne, deren Radius kleiner als der Schwarzschild-Radius ist ($R < r_S$), **Schwarze Löcher**. Von der Oberfläche eines Schwarzen Loches kann also kein Photon nach außen dringen (dieses gilt allerdings nur, wenn man Quanteneffekte wie die sogenannte **Hawking-Strahlung** außer Acht lässt. Mehr Details dazu findet man bei [31]). Falls die Dichte eines kugelförmigen homogenen Sterns ρ ist, so folgt

$$M = \frac{4}{3} \pi R^3 \rho$$

und damit für einen Stern, der kein Licht aussendet

$$R < \frac{2GM}{c^2} = \frac{8\pi G R^3 \rho}{3c^2},$$

also

$$R^2 > \frac{3c^2}{8\pi G \rho},$$

d.h., ist der Stern bei gegebener Dichte ρ groß genug, so wird er ebenfalls nicht scheinen.

23.4. Gravitative Rotverschiebung in der Schwarzschild-Raumzeit

Wir führen die Überlegungen aus dem Abschn. 18.2 weiter fort und unterstellen jetzt, dass wir uns in der Schwarzschild-Raumzeit befinden. Der metrische Tensor

$$g_{\mu\nu} = \begin{pmatrix} -\left(1 - \dfrac{2GM}{r}\right) & 0 & 0 & 0 \\ 0 & \left(1 - \dfrac{2GM}{r}\right)^{-1} & 0 & 0 \\ 0 & 0 & r^2 & 0 \\ 0 & 0 & 0 & r^2 \sin^2 \vartheta \end{pmatrix}$$

ist zeitlich konstant, d.h. unabhängig von der Koordinatenzeit t. Damit ist wieder die Zeit gemeint, die auf der Uhr des als weit entfernt unterstellten Beobachters angezeigt wird. Die Eigenzeit t_E eines sich im Gravitationsfeld befindlichen Teilchens ist die Zeit, die das Teilchen selbst auf seiner eigenen Uhr misst, und errechnet sich nach der Formel (19.8) durch

$$-dt_E^2 = ds^2 = g_{\mu\nu}\, d\mu\, d\nu,$$

woraus

$$dt_E = \sqrt{-g_{\mu\nu}\, d\mu\, d\nu} \tag{23.18}$$

folgt. Wenn man die Eigenzeit zwischen zwei Ereignissen, die jeweils an einem festen Raumpunkt stattfinden, messen will, so sind

$$dx = dy = dz = 0$$

und man erhält

$$dt_E = \sqrt{-g_{tt}\, dt^2} = \sqrt{1 - \frac{2GM}{r}}\, dt.$$

Da die Wurzel kleiner als 1 ist, folgt also $dt_E < dt$, was mit der gleichen Argumentation wie in Abschn. 18.2 bedeutet, dass Uhren und damit die Zeit in einem Schwarzschild-Feld langsamer verlaufen. Das gleiche Ergebnis haben wir in Abschn. 22.2 für ein schwaches, statisches Gravitationsfeld hergeleitet. Dort war

$$g_{tt} = -(1 + 2\phi),$$

was mit

$$\phi = -\frac{GM}{r}$$

im Newton'schen Grenzfall ebenfalls zu

$$dt_E = \sqrt{1 - \frac{2GM}{r}}\, dt$$

führt. Um die Rotverschiebung von Licht in der Schwarzschild-Raumzeit zu berechnen, müssen wir die Zeitunterschiede an zwei verschiedenen Punkten im Gravitationsfeld vergleichen. Dazu stellen wir uns vor, dass wir an einer Stelle r_1 Licht einer bestimmten Frequenz ν_1 aussenden, das an einer zweiten Stelle r_2 mit einer dort gemessenen Frequenz ν_2 empfangen wird. Die Wellenlänge des Lichtes korrespondiert zu einer bestimmten Eigenlänge ds und diese wiederum zur Eigenzeit $dt_E \sim ds$. In Abb. 23.1 sind die Emissionen von zwei aufeinander folgenden Lichtwellen dargestellt. Die gestrichelten Linien kann man als Wellenberge der beiden Lichtwellen interpretieren. Als Koordinatenzeitintervall Δt_1 definieren wir die Zeitspanne zwischen dem Aussenden zweier aufeinanderfolgender Wellenberge. Wegen der Zeitunabhängigkeit der

Schwarzschild-Metrik folgt, dass beide Wellenberge die gleiche Zeit brauchen, um von r_1 nach r_2 zu kommen.

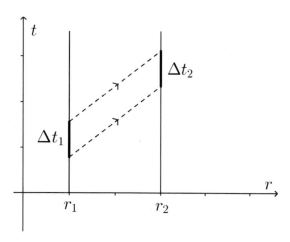

Abbildung 23.1.: Lichtwellen in der Schwarzschild-Raumzeit

Das heißt, das Zeitintervall für den Empfang bei r_2 ist ebenfalls Δt_1 groß, also

$$\Delta t_2 = \Delta t_1.$$

Die Eigenzeiten $(dt_E)_1$ und $(dt_E)_2$ messen die Zeit zwischen den beiden aufeinander folgenden Wellenbergen und damit die Periode T der Lichtwellen. Da die Periode umgekehrt proportional zur Frequenz ist $(T = 1/f)$, folgt also

$$(dt_E)_1 = \frac{1}{f_1} = \Delta t_1 \sqrt{-g_{tt}(r_1)}$$

sowie

$$(dt_E)_2 = \frac{1}{f_2} = \Delta t_2 \sqrt{-g_{tt}(r_2)} = \Delta t_1 \sqrt{-g_{tt}(r_2)}.$$

Division ergibt

$$\frac{f_2}{f_1} = \sqrt{\frac{-g_{tt}(r_1)}{-g_{tt}(r_2)}} = \sqrt{\frac{1 - 2GM/r_1}{1 - 2GM/r_2}}. \tag{23.19}$$

Um den letzten Term etwas übersichtlicher zu machen, schätzen wir Zähler und Nenner jeweils mit dem Differenzial ab. Dazu betrachten wir zunächst die Funktion $f(x) = \sqrt{1-x}$ und erhalten für kleine x

$$f(x) \approx f(0) + x \cdot f'(0) = 1 + x \left[-\frac{1}{2\sqrt{1-x}} \right]_{x=0} = 1 - \frac{x}{2}.$$

Also folgt für den Zähler

$$\sqrt{1 - \frac{2GM}{r_1}} \approx 1 - \frac{GM}{r_1}.$$

Analog folgt - wie schon in Abschn. 23.3 gezeigt - mit $f(x) = 1/\sqrt{1-x}$:

$$f(x) \approx f(0) + x \cdot f'(0) = 1 + x \left[-\frac{-1}{2(1-x)^{3/2}} \right]_{x=0} = 1 + \frac{x}{2}$$

für den Nenner

$$\frac{1}{\sqrt{1 - \dfrac{2GM}{r_2}}} \approx 1 + \frac{GM}{r_2}$$

Mit dieser Abschätzung ergibt sich

$$\frac{f_2}{f_1} \approx \left(1 - \frac{GM}{r_1} \right) \left(1 + \frac{GM}{r_2} \right)$$

und in linearer Näherung, d.h. ohne den quadratischen Term $\dfrac{G^2 M^2}{r_1 r_2}$,

$$\frac{f_2}{f_1} \approx 1 - GM \left(\frac{1}{r_1} - \frac{1}{r_2} \right). \tag{23.20}$$

Da $r_1 < r_2$ ist, folgt $1/r_1 > 1/r_2$ und die Klammer auf der rechten Seite ist positiv, d.h. $f_2 < f_1$. Das Licht ist rotverschoben. Wir wollen die Rotverschiebung im System Sonne-Erde konkret ausrechnen und betrachten ein Photon, das von der Sonnenoberfläche $r_1 = 6,96 \cdot 10^8 \, \text{m}$ mit einer Frequenz f_1 ausgesandt wird. Da die Entfernung Sonne-Erde $r_2 = 1,5 \cdot 10^{11} \, \text{m}$ beträgt und somit $r_2 \gg r_1$ ist, folgt mit (23.20)

$$\frac{f_2}{f_1} \approx 1 - GM \left(\frac{1}{r_1} - \frac{1}{r_2} \right) \approx 1 - GM \frac{1}{r_1}.$$

Nun ist der Schwarzschild-Radius der Sonne $2GM = 2950 \, \text{m}$ groß, woraus

$$\frac{f_2}{f_1} \approx 1 - \frac{GM}{r_1} = 1 - \frac{1475}{6,96 \cdot 10^8} = 1 - 2,12 \cdot 10^{-6}$$

folgt. Bezeichnet $\Delta f = f_2 - f_1$ die Differenz zwischen den beiden Frequenzen, so folgt für die relative Frequenzänderung

$$\frac{\Delta f}{f_1} = -2,12 \cdot 10^{-6}.$$

Das ist die aus der Schwarzschild-Metrik folgende Vorhersage für die Rotverschiebung des Sonnenlichtes. Der Effekt ist ziemlich klein und seine Bestimmung wird durch die Relativgeschwindigkeit zwischen Erde und Sonne, durch die thermische Bewegung der Atome und die Konvektionsströme in der Sonnenatmosphäre erschwert. Dennoch konnte in Experimenten eine gute Übereinstimmung der gemessenen Werte mit den theoretischen Vorhersagen in der Größenordnung

$$\Delta f_{exp} = \Delta f_{theor} \cdot (1,01 \pm 0,06)$$

nachgewiesen werden, siehe [42].

Bewegte Uhren und das Global Positioning System (GPS)

Bislang haben wir die Zeitunterschiede zwischen ruhenden Uhren in einem Gravitationsfeld betrachtet. Für bewegte Uhren ergibt sich die Relation zwischen der Eigen- und Koordinatenzeit ebenso aus (23.18):

$$dt_E = \sqrt{-g_{\mu\nu}\, d\mu\, d\nu},$$

wobei die Relativgeschwindigkeiten der Uhren berücksichtigt werden müssen. Als Beispiel nehmen wir eine Uhr, die auf der Erdoberfläche ruht, und eine weitere, die die Erde in einem Satelliten umkreist. Vergleicht man beide Uhren, so erkennt man zwei gegenläufige Effekte. Zum einen geht die Uhr im Satelliten schneller, da das Gravitationsfeld der Erde dort schwächer ist. Zum anderen geht sie langsamer, weil der Satellit sich relativ zur Erde bewegt. Moderne Satellitensysteme wie z.B. das Global Positioning System müssen beide Effekte berücksichtigen. Wir wollen (allerdings unter deutlich vereinfachten Annahmen, siehe den Artikel „Das GPS" von Grafarend und Schwarze in der Zeitschrift Physik Journal 1) die Gesamtzeitunterschiede für einen fiktiven Satelliten näherungsweise berechnen. Dazu nehmen wir zunächst an, dass die Erde ein momentanes Inertialsystem ist, d.h., die Bahngeschwindigkeit der Erde um die Sonne und auch die Drehung der Erde wird vernachlässigt. Der Satellit inkl. Uhr möge sich in einer Höhe von ca. 20.000 km und mit einer Geschwindigkeit $v = 3,87$ km/s relativ zur Uhr auf der Erde bewegen. Um die Zeitunterschiede aufgrund der Relativbewegung der Uhren zu berechnen, benutzen wir Minkowski-Koordinaten, setzen also $g_{\mu\nu} = \eta_{\mu\nu}$, dann folgt mit

$$\frac{di}{dt} = v^i$$

$$dt_E = \sqrt{-g_{\mu\nu}\, d\mu\, d\nu} = \sqrt{-\eta_{\mu\nu}\left(\frac{d\mu}{dt}\frac{d\nu}{dt}\right)dt^2} = \sqrt{1 - \delta_{ij}\left(v^i v^j\right)}\, dt$$

$$= \sqrt{1 - v^2}\, dt,$$

also die bekannte Formel der Zeitdilatation in der Speziellen Relativitätstheorie. Wir setzen die Zahlen ein und erhalten in *SI-Einheiten* für den relativen Zeitunterschied pro Sekunde

$$\frac{dt_E - dt}{dt} = \frac{\sqrt{1 - \frac{v^2}{c^2}}\, dt - dt}{dt} = \sqrt{1 - \frac{v^2}{c^2}} - 1 = -8,3 \cdot 10^{-11}.$$

Dieser negative Zeitunterschied summiert sich in einem Tag auf ca. sieben Microsekunden $\left(= -7 \cdot 10^{-6}\,\text{s}\right)$. Für die Berechnung des gravitativen Effekts nutzen wir die Formel

$$dt_E = \sqrt{1 - \frac{2GM}{r}}\, dt$$

und berechnen wieder in SI-Einheiten die Eigenzeit für die Uhr an der Erdoberfläche mit dem Erdradius $r_E = 6,378 \cdot 10^6\,\text{m}$, der Erdmasse $M_E = 5,97 \cdot 10^{24}\,\text{kg}$ und der Gravitationskonstanten $G = 6,67 \cdot 10^{-11}\,\text{m}^3\,\text{kg}^{-1}\,\text{s}^{-2}$

$$dt_{Erde} = \sqrt{1 - \frac{2GM_E}{c^2 r_E}}\, dt = \sqrt{1 - \frac{2 \cdot 6,67 \cdot 10^{-11} \cdot 5,97 \cdot 10^{24}}{\left(3 \cdot 10^8\right)^2 6,378 \cdot 10^6}}\, dt.$$

Für den Satelliten gilt entsprechend

$$dt_{Satellit} = \sqrt{1 - \frac{2GM_E}{c^2(r_E + 20.000.000)}}\, dt$$

$$= \sqrt{1 - \frac{2 \cdot 6,67 \cdot 10^{-11} \cdot 5,97 \cdot 10^{24}}{\left(3 \cdot 10^8\right)^2 (6,378 + 20) 10^6}}\, dt.$$

Für die relative Differenz der beiden Uhren pro Sekunde folgt daraus

$$\frac{dt_{Satellit} - dt_{Erde}}{dt_{Erde}} \approx 52,7 \cdot 10^{-11},$$

und pro Tag ergibt sich eine positive Abweichung von etwa 45 Mikrosekunden. Berücksichtigt man beide Effekte, so laufen die Uhren in den Satelliten pro Tag um ca. 38 Mikrosekunden schneller. Da die Satelliten mit präzisen Atomuhren ausgestattet sind, können diese kleinen Zeitdifferenzen gemessen und korrigiert werden. Diese Korrektur ist notwendig, da sonst die Genauigkeit der Positionsangabe (10 m) nicht mehr gewährleistet werden kann.

23.5. Bewegungen in der Schwarzschild-Raumzeit

In diesem Abschnitt arbeiten wir wieder mit natürlichen Einheiten, wenn nichts anderes gesagt wird. Wir leiten die Bewegungsgleichungen von Planeten und von Licht im Gravitationsfeld der Sonne her, d.h., wir betrachten die Planeten als Probekörper und vernachlässigen deren eigenes Gravitationsfeld. Nach Gl. (20.2) ist diese Bewegung durch die Geodätengleichung:

$$\frac{d^2\mu}{d\lambda^2} + \Gamma^\mu_{\nu\rho} \frac{d\nu}{d\lambda}\frac{d\rho}{d\lambda} = 0$$

gegeben, wobei λ ein zunächst beliebiger Bahnparameter $\mu = \mu(\lambda)$ ist. Die von null verschiedenen Christoffel-Symbole ergeben sich nach Gl. (23.12) und mit $\lambda = -\nu$ und

$$e^{2\nu} = 1 - \frac{2GM}{r} \Rightarrow \nu = \frac{1}{2}\ln\left(1 - \frac{2GM}{r}\right)$$

$$\Rightarrow \nu' = \frac{1}{2}\frac{1}{1 - \dfrac{2GM}{r}}\frac{2GM}{r^2} = \frac{GM}{r\,(r - 2GM)}$$

zu

$$\begin{aligned}
\Gamma^t_{rt} &= \Gamma^t_{tr} = \nu' = \frac{GM}{r\,(r - 2GM)}\\[2mm]
\Gamma^r_{tt} &= \nu' e^{2\nu - 2\lambda} = \frac{GM}{r\,(r - 2GM)}\left(1 - \frac{2GM}{r}\right)^2 = \frac{GM\,(r - 2GM)}{r^3}\\[2mm]
\Gamma^r_{rr} &= \lambda' = -\frac{GM}{r\,(r - 2GM)}\\[2mm]
\Gamma^r_{\vartheta\vartheta} &= -re^{-2\lambda} = -(r - 2GM)\\[1mm]
\Gamma^r_{\varphi\varphi} &= -r\sin^2\vartheta\, e^{-2\lambda} = -(r - 2GM)\sin^2\vartheta\\[1mm]
\Gamma^\vartheta_{\vartheta r} &= \Gamma^\vartheta_{r\vartheta} = \frac{1}{r}\\[2mm]
\Gamma^\vartheta_{\varphi\varphi} &= -\sin\vartheta\cos\vartheta\\[1mm]
\Gamma^\varphi_{\varphi r} &= \Gamma^\varphi_{r\varphi} = \frac{1}{r}\\[2mm]
\Gamma^\varphi_{\varphi\vartheta} &= \Gamma^\varphi_{\vartheta\varphi} = \cot\vartheta.
\end{aligned}$$

Für $\mu = t$ folgt aus der Geodätengleichung

$$\frac{d^2t}{d\lambda^2} + \Gamma^t_{rt}\frac{dr}{d\lambda}\frac{dt}{d\lambda} + \Gamma^t_{tr}\frac{dt}{d\lambda}\frac{dr}{d\lambda} = \ddot{t} + \frac{2GM}{r\,(r - 2GM)}\dot{r}\,\dot{t} = 0,$$

wobei wir für die Ableitung nach λ die „Punktschreibweise", z.B. $(dt/d\lambda = \dot{t})$, gewählt haben. Nun gilt mit der Produkt- und Kettenregel

$$\frac{d}{d\lambda} = \frac{d}{dr}\frac{dr}{d\lambda}$$

und damit

$$\frac{d}{d\lambda}\left(\left(1 - \frac{2GM}{r}\right)\frac{dt}{d\lambda}\right) = \frac{2GM}{r^2}\frac{dr}{d\lambda}\frac{dt}{d\lambda} + \frac{d^2t}{d\lambda^2}\left(1 - \frac{2GM}{r}\right)$$

$$= \left(1 - \frac{2GM}{r}\right)\underbrace{\left[\ddot{t} + \frac{2GM}{r\,(r - 2GM)}\dot{r}\,\dot{t}\right]}_{=0} = 0,$$

d.h., es gilt auch

$$\frac{d}{d\lambda}\left(\left(1 - \frac{2GM}{r}\right)\dot{t}\right) = 0$$

bzw. nach Integration

$$\left(1 - \frac{2GM}{r}\right)\dot{t} = b = const. \tag{23.21}$$

mit einer Integrationskonstanten b. Für $\mu = \vartheta$ ergibt sich aus der Geodäten-gleichung

$$\frac{d^2\vartheta}{d\lambda^2} + \Gamma^\vartheta_{\vartheta r}\frac{d\vartheta}{d\lambda}\frac{dr}{d\lambda} + \Gamma^\vartheta_{r\vartheta}\frac{dr}{d\lambda}\frac{d\vartheta}{d\lambda} + \Gamma^\vartheta_{\varphi\varphi}\frac{d\varphi}{d\lambda}\frac{d\varphi}{d\lambda} = \ddot{\vartheta} + \frac{2}{r}\dot{\vartheta}\,\dot{r} - \sin\vartheta\cos\vartheta\,\dot{\varphi}^2 = 0. \tag{23.22}$$

Und für $\mu = \varphi$ ergibt sich ähnlich

$$\ddot{\varphi} + \frac{2}{r}\dot{\varphi}\,\dot{r} + 2\cot\vartheta\,\dot{\vartheta}\,\dot{\varphi} = 0. \tag{23.23}$$

Anstelle von $\mu = r$ betrachten wir das Linienelement

$$ds^2 = -\left(1 - \frac{2GM}{r}\right)dt^2 + \frac{1}{\left(1 - \dfrac{2GM}{r}\right)}dr^2 + r^2\left(d\vartheta^2 + \sin^2\vartheta\,d\varphi^2\right)$$

und dividieren es durch $ds^2 = -dt_E^2$:

$$1 = \left(1 - \frac{2GM}{r}\right)\left(\frac{dt}{dt_E}\right)^2 - \frac{1}{\left(1 - \dfrac{2GM}{r}\right)}\left(\frac{dr}{dt_E}\right)^2$$

$$- r^2 \left(\left(\frac{d\vartheta}{dt_E} \right)^2 + \sin^2 \vartheta \left(\frac{d\varphi}{dt_E} \right)^2 \right)$$

Der Vorteil dieser Gleichung liegt darin, dass für das Licht $ds^2 = 0$ gilt, sodass die linke Seite der letzten Gleichung 0 statt 1 ist. Ist m die Masse des Probekörpers, so kann man also mit $\lambda = t_E$ für einen Planeten bzw. $\lambda \neq t_E$ für Licht zusammenfassend schreiben

$$\begin{cases} \left(1 - \dfrac{2GM}{r} \right) \dot{t}^2 - \dfrac{1}{\left(1 - \dfrac{2GM}{r} \right)} \dot{r}^2 - r^2 \left(\dot{\vartheta}^2 + \sin^2 \vartheta \, \dot{\varphi}^2 \right) = 1 \quad m \neq 0 \\[3em] \left(1 - \dfrac{2GM}{r} \right) \dot{t}^2 - \dfrac{1}{\left(1 - \dfrac{2GM}{r} \right)} \dot{r}^2 - r^2 \left(\dot{\vartheta}^2 + \sin^2 \vartheta \, \dot{\varphi}^2 \right) = 0 \quad m = 0 \end{cases}$$

$$(23.24)$$

Gl. (23.22) kann offenbar durch

$$\vartheta = \frac{\pi}{2} = const. \tag{23.25}$$

gelöst werden. Dies ist keine Einschränkung der Lösungsvielfalt, denn legt man als Anfangsbedingung der Planetenbewegung das Koordinatensystem so, dass $\vartheta(0) = \pi/2$ und $\dot{\vartheta}(0) = 0$ gilt (d.h., der anfängliche Ort- und Geschwindigkeitsvektor liegen in der Äquatorebene), dann folgt aus Gl. (23.22), dass auch $\ddot{\vartheta}(0) = 0$ ist. Differenziert man diese Gleichung noch einmal, so folgt $\dddot{\vartheta}(0) = 0$, und setzt man diesen Prozess fort, so sind alle höheren Ableitungen der Funktion ϑ an der Stelle 0 ebenfalls gleich null. Wenn aber eine solche Situation vorliegt, dann besagt ein Satz der Mathematik ("**Satz von Taylor**"), den wir hier nicht beweisen wollen, dass $\vartheta(\lambda) = \pi/2$ ist für alle λ, d.h., ϑ ist eine konstante Funktion, also ist auch $\dot{\vartheta}(\lambda) = 0$ für alle λ. Das bedeutet, dass die gesamte Bahnkurve in der Äquatorebene liegt. Wir erhalten das gleiche Ergebnis wie in der Newton'schen Mechanik, auch dort liegen die Umlaufbahnen der Planeten um die Sonne in einer Ebene.

Ist aber $\dot{\vartheta}(\lambda) = 0$, so wird aus Gl. (23.23)

$$\ddot{\varphi} + \frac{2}{r} \dot{\varphi} \dot{r} = 0.$$

Nun ist

$$\frac{d}{d\lambda} \left(r^2 \dot{\varphi} \right) = 2r\dot{r}\dot{\varphi} + r^2\ddot{\varphi} = r^2 \left(\ddot{\varphi} + \frac{2}{r} \dot{\varphi} \dot{r} \right),$$

d.h., es folgt auch, dass

$$\frac{d}{d\lambda}\left(r^2\dot{\varphi}\right) = 0$$

ist. Durch Integration ergibt sich

$$r^2\dot{\varphi} = l = const. \tag{23.26}$$

Wir können die Gl. (23.25) und (23.26) auch direkt mit der Isotropie begründen, wie dies im nichtrelativistischen Kepler-Problem üblich ist (siehe Formel 6.14 auf Seite 104 und die dortigen Ausführungen). Wegen der Isotropie ist der Drehimpuls $\vec{l}$ erhalten, damit ist auch die Richtung von $\vec{l}$ konstant, d.h., das Koordinatensystem kann so gewählt werden, dass $\vec{l}$ parallel zur z-Achse liegt, woraus unmittelbar Gl. (23.25) folgt. Da auch der Betrag von $\vec{l}$ konstant ist, gilt Gl. (23.26). Die dortige Integrationskonstante l entspricht dem Drehimpuls aus (6.14) dividiert durch die Masse.

Beachtet man noch, dass aus (23.26) und mit der Kettenregel

$$\dot{r} = \frac{dr}{d\lambda} = \frac{dr}{d\varphi}\frac{d\varphi}{d\lambda} = \frac{dr}{d\varphi}\dot{\varphi} = \frac{dr}{d\varphi}\frac{l}{r^2} \tag{23.27}$$

folgt, so erhält man durch Einsetzen von (23.21) und (23.27) in (23.24)

$$
\begin{aligned}
1 &= \left(1 - \frac{2GM}{r}\right)\dot{t}^2 - \frac{1}{\left(1 - \dfrac{2GM}{r}\right)}\dot{r}^2 - r^2\left(\dot{\vartheta}^2 + \sin^2\vartheta\,\dot{\varphi}^2\right)\\[2mm]
&= \left(1 - \frac{2GM}{r}\right)^{-1} b^2 - \left(1 - \frac{2GM}{r}\right)^{-1}\left(\frac{dr}{d\varphi}\frac{l}{r^2}\right)^2 - r^2\left(\frac{l}{r^2}\right)^2\\[2mm]
&= \left(1 - \frac{2GM}{r}\right)^{-1} b^2 - \left(1 - \frac{2GM}{r}\right)^{-1}\frac{l^2}{r^4}\left(\frac{dr}{d\varphi}\right)^2 - \frac{l^2}{r^2},
\end{aligned}
$$

wobei wir in der zweiten Gleichung $\vartheta = \pi/2, \dot{\vartheta} = 0$ und Gl. (23.26) ausgenutzt haben. Nun gilt

$$\left[\frac{d}{d\varphi}\left(\frac{1}{r}\right)\right]^2 = \left[-\frac{1}{r^2}\frac{dr}{d\varphi}\right]^2 = \frac{1}{r^4}\left(\frac{dr}{d\varphi}\right)^2. \tag{23.28}$$

Das eingesetzt in die letzte Gleichung ergibt

$$1 = \left(1 - \frac{2GM}{r}\right)^{-1} b^2 - \left(1 - \frac{2GM}{r}\right)^{-1} l^2\left[\frac{d}{d\varphi}\left(\frac{1}{r}\right)\right]^2 - \frac{l^2}{r^2}.$$

Multiplikation mit $\left(1 - \dfrac{2GM}{r}\right)/l^2$ resultiert in

$$\left(1 - \frac{2GM}{r}\right)/l^2 = b^2/l^2 - \left[\frac{d}{d\varphi}\left(\frac{1}{r}\right)\right]^2 - \frac{\left(1 - \dfrac{2GM}{r}\right)}{r^2}.$$

Umstellen und Vereinfachen führen zu

$$\left[\frac{d}{d\varphi}\left(\frac{1}{r}\right)\right]^2 + \frac{1}{r^2} = \frac{b^2 - 1}{l^2} + \frac{2GM}{rl^2} + \frac{2GM}{r^3}. \tag{23.29}$$

Wir differenzieren diese Gleichung nach φ und erhalten mit

$$\frac{d}{d\varphi}\left[\frac{d}{d\varphi}\left(\frac{1}{r}\right)\right]^2 = 2\frac{d}{d\varphi}\left(\frac{1}{r}\right)\frac{d^2}{d\varphi^2}\left(\frac{1}{r}\right)$$

$$\frac{d}{d\varphi}\left(\frac{1}{r}\right)^2 = \frac{2}{r}\frac{d}{d\varphi}\left(\frac{1}{r}\right)$$

$$\frac{d}{d\varphi}\left(\frac{b^2 - 1}{l^2}\right) = 0$$

$$\frac{d}{d\varphi}\left(\frac{2GM}{rl^2}\right) = \frac{2GM}{l^2}\frac{d}{d\varphi}\left(\frac{1}{r}\right)$$

$$\frac{d}{d\varphi}\left(\frac{2GM}{r^3}\right) = -\frac{6GM}{r^4}\frac{dr}{d\varphi} = \frac{6GM}{r^2}\left(\frac{-1}{r^2}\frac{dr}{d\varphi}\right) = \frac{6GM}{r^2}\frac{d}{d\varphi}\left(\frac{1}{r}\right)$$

und mit $\sigma = 1/r$ die Gleichung

$$2\frac{d\sigma}{d\varphi}\frac{d^2\sigma}{d\varphi^2} + 2\sigma\frac{d\sigma}{d\varphi} = \frac{2GM}{l^2}\frac{d\sigma}{d\varphi} + 6GM\sigma^2\frac{d\sigma}{d\varphi}.$$

Zunächst bemerken wir, dass diese Gleichung durch

$$\frac{d\sigma}{d\varphi} = 0$$

gelöst wird, was durch Integration zu

$$\sigma(\varphi) = const. \Rightarrow r(\varphi) = const.$$

wird. Diese Lösung ist also ein Kreis. Planetenbahnen in der Schwarzschild-Raumzeit können also genau wie in der Newton'schen Gravitationstheorie

Kreisbahnen um die Sonne sein. Wenn wir die Kreisbahnen ausschließen, so können wir die obige Gleichung durch $d\sigma/d\varphi$ dividieren und erhalten

$$\frac{d^2\sigma}{d\varphi^2} + \sigma = \frac{GM}{l^2} + 3GM\sigma^2 \tag{23.30}$$

als Bestimmungsgleichung für die Planetenbahnen. Im Fall des Lichtes erhalten wir mit genau der gleichen Herleitung statt (23.30) die Bewegungsgleichung

$$\frac{d^2\sigma}{d\varphi^2} + \sigma = 3GM\sigma^2. \tag{23.31}$$

Wir wollen Gl. (23.30) mit der Bewegungsgleichung eines Planeten in der Newton'schen Gravitationstheorie vergleichen und gehen von Gl. 6.15 auf Seite 105 aus dem Abschnitt über die Kepler-Bahnen aus. Dort ergab sich:

$$-\frac{d\sigma}{d\varphi} = \frac{1}{r^2}\frac{dr}{d\varphi} = \sqrt{\frac{2m\left(E + A\sigma\right)}{L^2} - \sigma^2}$$

mit

$$
\begin{aligned}
m &= \textit{Masse des Planeten,} \\
E &= \textit{Gesamtenergie} = \textit{const.} \\
A &= GMm \\
L &= \textit{Drehimpuls} = l \cdot m
\end{aligned}
$$

Quadriert man die letzte Gleichung und setzt die Werte ein, so erhält man

$$\frac{1}{r^4}\left(\frac{dr}{d\varphi}\right)^2 + \frac{1}{r^2} = \frac{2m\left(E + \dfrac{GMm}{r}\right)}{m^2l^2} = \frac{2E/m}{l^2} + \frac{2GM}{l^2r}.$$

Beachtet man, dass wie oben in Gl. (23.28)

$$\frac{1}{r^4}\left(\frac{dr}{d\varphi}\right)^2 = \left[\frac{d}{d\varphi}\left(\frac{1}{r}\right)\right]^2$$

ist, so folgt

$$\left[\frac{d}{d\varphi}\left(\frac{1}{r}\right)\right]^2 + \frac{1}{r^2} = \frac{2E/m}{l^2} + \frac{2GM}{l^2r}.$$

Man erhält also eine Gleichung, die große Ähnlichkeit mit (23.29) hat und genauso weiter behandelt wird. Differenziation nach φ ergibt mit $\sigma = 1/r$ wie oben

$$\frac{d\sigma}{d\varphi}\frac{d^2\sigma}{d\varphi^2} + \sigma\frac{d\sigma}{d\varphi} = \frac{GM}{l^2}\frac{d\sigma}{d\varphi}.$$

Auch hier gilt wieder die Bemerkung, dass die Gleichung durch $d\sigma/d\varphi = 0$, also durch eine Kreisbahn gelöst wird. Die anderen Lösungen erhält man nach Division durch $d\sigma/d\varphi$:

$$\frac{d^2\sigma}{d\varphi^2} + \sigma = \frac{GM}{l^2} \qquad (23.32)$$

Vergleicht man diese Newton'sche Bahngleichung mit der aus der Schwarzschild-Raumzeit (23.30), so unterscheiden sich die Gleichungen nur durch den Term $3GM\sigma^2$, der bei der Schwarzschild-Lösung auf der rechten Seite zusätzlich auftritt.

23.6. Periheldrehung des Merkurs

Im Abschn. 6.2 über die Planetenbahnen im Newton'schen Gravitationsfeld wurde darauf hingewiesen, dass es eine schon im 19. Jahrhundert bekannte Anomalie in der Umlaufbahn des Merkurs gibt, die sich mit dem Newton'schen Gravitationsgesetz nicht erklären ließ. Wir wollen in diesem Abschnitt zeigen, dass die Schwarzschild-Lösung geeignet ist, diese kleine Abweichung (43 Bogensekunden pro Jahrhundert) der Umlaufbahn des Merkurs zu erklären. Da wir jetzt wieder mit SI-Einheiten arbeiten wollen, setzen wir den Schwarzschild-Radius auf

$$r_S = \frac{2GM}{c^2} = 2m,$$

wodurch die Größe m definiert wird. In Abschn. 6.2 haben wir die Lösung von (23.32) ermittelt (siehe Gl. 6.17 auf Seite 107). Es war

$$\sigma(\varphi) = \frac{1}{r(\varphi)} = \frac{1 + \varepsilon \cos\varphi}{p} \qquad (23.33)$$

mit $p = l^2/GM = l^2/mc^2$. Die Polarkoordinaten sind so gewählt, dass der sonnennächste Punkt (das **Perihel**) bei $\varphi = 0$ liegt. Die Größe ε ist die Exzentrizität der Ellipsenbahn und hängt mit p über die Beziehung

$$p = a\left(1 - \varepsilon^2\right)$$

zusammen, wobei a die große Halbachse der Ellipsenbahn bezeichnet. Der Zusatzterm $3m\sigma^2$ in Gl. (23.30) ist in unserem Planetensystem ein kleiner Störterm. Für den Planeten Merkur schätzt man dies ab, indem man die ungestörte Lösung (23.33) in den Zusatzterm einsetzt. Es ergibt sich dann mit

$$r_S = 2m = 2,95\,\text{km}, a = 5,8 \cdot 10^7\,\text{km}, \varepsilon = 0,21 \qquad (23.34)$$

(siehe Demtröder [7], S. 70) für die relative Größe der beiden Terme auf der rechten Seite von Gl. (23.30)

$$\frac{2.\,Term}{1.\,Term} = \frac{3m\sigma^2}{mc^2/l^2} = \frac{3m\,(1 + \varepsilon\cos\varphi)^2}{(mc^2/l^2)\,p^2} \tag{23.35}$$

$$= \frac{3m\,(1 + \varepsilon\cos\varphi)^2}{p} \approx \frac{3m}{p} = \frac{3m}{a\,(1 - \varepsilon^2)}$$

$$= \frac{3 \cdot 2,95/2}{5,8 \cdot 10^7\,(1 - 0,0441)} = 8 \cdot 10^{-8}.$$

In der zweiten Zeile haben wir den Term $3m\,(1 + \varepsilon\cos\varphi)^2\,/p$ durch $3m/p$ angenähert. Setzt man die Werte aus (23.34) in den ersten Term ein, so erhält man

$$\frac{3m\,(1 + \varepsilon\cos\varphi)^2}{p} \le \frac{4,4 \cdot (1 + 0,21)^2}{5,8 \cdot 10^7\,(1 - 0,0441)} \approx \frac{6,4}{5,5 \cdot 10^7} \approx 1,4 \cdot 10^{-7}$$

d.h., die Differenz der beiden Terme beträgt maximal $6 \cdot 10^{-8}$.

Da das Verhältnis in Gl. (23.35) klein ist, kann man die Änderungen der Kepler-Bahnen durch **Störungsrechnung** bestimmen. Bei der Störungsrechnung macht man folgenden Ansatz. Man schreibt die gesuchte Lösung $\sigma(\varphi)$ als Summe der Kepler-Lösung (23.33) und einer **Störfunktion** $\delta(\varphi)$:

$$\sigma(\varphi) = \sigma^0\,(\varphi) + \delta\,(\varphi)$$

mit

$$\sigma^0 = \frac{1 + \varepsilon\cos\varphi}{p}$$

Setzt man diesen Ansatz in Gl. (23.30) ein, so erhält man

$$\left(\sigma^0 + \delta\right)'' + \left(\sigma^0 + \delta\right) = \frac{m}{l^2} + 3m\left(\sigma^0 + \delta\right)^2,$$

wobei wir der Einfachheit halber die Ableitung nach φ wieder mit einem Strich $'$ gekennzeichnet haben. Nun nutzen wir die Beziehung (23.32):

$$\frac{d^2\sigma^0}{d\varphi^2} + \sigma^0 = \frac{m}{l^2}$$

und erhalten eine Bestimmungsgleichung für $\delta(\varphi)$

$$\delta'' + \delta = 3m(\sigma^0 + \delta)^2.$$

Vernachlässigt man noch die Terme $6m\sigma^0\delta$ und $3m\delta^2$, die sich durch Ausmultiplikation der rechten Seite ergeben, so erhält man für δ die genäherte Differenzialgleichung

$$\delta'' + \delta = 3m(\sigma^0)^2 = 3m\left(\frac{1 + \varepsilon\cos\varphi}{p}\right)^2.$$

Da ε^2/p^2 eine kleine Größe ist, vernachlässigen wir den quadratischen Term auf der rechten Seite und erhalten

$$\delta'' + \delta = \frac{3m}{p^2}\left(1 + 2\varepsilon\cos\varphi\right) \approx \frac{6m\varepsilon}{p^2}\cos\varphi, \qquad (23.36)$$

wobei wir auch den nach (23.35) kleinen Term $3m/p^2$ vernachlässigt haben. Dies ist eine lineare Differenzialgleichung zweiter Ordnung, die man mit speziellen mathematischen Verfahren lösen kann. Da wir uns hier aber nicht mit diesen Methoden beschäftigen wollen, überprüfen wir, ob die Funktion

$$\delta(\varphi) = \frac{3m\varepsilon}{p^2}\,\varphi \cdot \sin\varphi$$

eine Lösung der letzten Gleichung darstellt. Wir berechnen mit der Produktregel die ersten beiden Ableitungen

$$\delta' = \frac{3m\varepsilon}{p^2}\left(\sin\varphi + \varphi\cos\varphi\right)$$

$$\delta'' = \frac{3m\varepsilon}{p^2}\left(\cos\varphi + \cos\varphi - \varphi\sin\varphi\right)$$

und addieren δ'' und δ:

$$\frac{3m\varepsilon}{p^2}\left(\cos\varphi + \cos\varphi - \varphi\sin\varphi\right) + \frac{3m\varepsilon}{p^2}\,\varphi\cdot\sin\varphi = \frac{6m\varepsilon}{p^2}\cos\varphi$$

Das heißt, die Funktion

$$\delta(\varphi) = \frac{3m\varepsilon}{p^2}\,\varphi\cdot\sin\varphi$$

löst die Differenzialgleichung (23.36). Insgesamt folgt, dass

$$\begin{aligned}\sigma(\varphi) &= \sigma^0(\varphi) + \delta(\varphi) = \frac{1 + \varepsilon\cos\varphi}{p} + \frac{3m\varepsilon}{p^2}\,\varphi\cdot\sin\varphi \\ &= \frac{1}{p}\left(1 + \varepsilon\left(\cos\varphi + \frac{3m}{p}\,\varphi\cdot\sin\varphi\right)\right)\end{aligned}$$

eine Näherungslösung für die Planetenbewegung des Merkurs ist. Man beachte, dass der letzte Term auf der rechten Seite dafür sorgt, dass die Funktion nicht periodisch, also auch keine Ellipse ist. Da der Term $3m/p$ nach (23.35) eine kleine Größe ist, kann man den Ausdruck

$$\left(\cos\varphi + \frac{3m}{p}\,\varphi\cdot\sin\varphi\right)$$

in linearer Näherung durch das Differenzial abschätzen. Es gilt mit

$$x = \varphi - \frac{3m}{p}\,\varphi, x_0 = \varphi$$

nach Formel 4.8 auf Seite 63

$$\cos x \approx \cos\left(x_0\right) - \sin\left(x_0\right)\left(x - x_0\right),$$

falls x_0 nahe bei x liegt. Setzt man die Werte für x und x_0 ein, so erhält man

$$\cos\left(\varphi - \frac{3m}{p}\,\varphi\right) \approx \cos\varphi - \sin\varphi\left(-\frac{3m}{p}\,\varphi\right) = \cos\varphi + \frac{3m}{p}\,\varphi\cdot\sin\varphi.$$

Wir können also die obige Gleichung linear annähern und erhalten

$$\sigma(\varphi) = \frac{1}{p}\left(1 + \varepsilon\cos\left[\varphi\left(1 - \frac{3m}{p}\right)\right]\right).$$

Diese Funktion wird maximal, wenn

$$\cos\left[\varphi\left(1 - \frac{3m}{p}\right)\right] = 1$$

ist, dann ist $r = 1/\sigma$ minimal und der Planet befindet sich im Perihel. Wann ist der Kosinus gleich 1? Nun, wenn φ die Werte

$$\varphi = 0, \frac{2\pi}{1 - \dfrac{3m}{p}}, \frac{4\pi}{1 - \dfrac{3m}{p}}, \cdots$$

annimmt. Den Term $1/\left(1 - 3m/p\right)$ kann man wiederum mit dem Differenzial abschätzen:

$$\frac{1}{1 - \dfrac{3m}{p}} \approx 1 + \frac{3m}{p},$$

und man erhält für die relevanten Winkel

$$\varphi = 0, 2\pi + 2\pi\,\frac{3m}{p}, \cdots$$

d.h., die Abweichung $\Delta\varphi$ gegenüber der Periode 2π beträgt pro Umlauf

$$\Delta\varphi = 2\pi\,\frac{3m}{p} = 2\pi\cdot 8\cdot 10^{-8} = 5{,}0265\cdot 10^{-7}\,\text{rad} = 0{,}10368''.$$

Der Merkur hat eine Umlaufzeit von etwa 88 Erdtagen. Im Laufe eines Jahrhunderts (auf der Erde) wandert sein Perihel daher um den Betrag

$$\Delta\varphi\cdot\frac{100\cdot 365}{88} = 43''.$$

Die tatsächlich beobachtete Periheldrehung des Merkurs ist erheblich größer, sie beträgt ca. 574 Bogensekunden pro Jahrhundert, siehe Abb. 23.2. Astronomische Berechnungen, die den Einfluss der anderen Planeten und andere Ursachen auf die ursprüngliche Kepler-Ellipse des Merkurs berücksichtigen, ergeben allerdings nur einen Teilbetrag von etwa 531''. Der beobachtete Differenzbetrag von $\sim 43''$ wird also durch die Allgemeine Relativitätstheorie schlüssig erklärt.

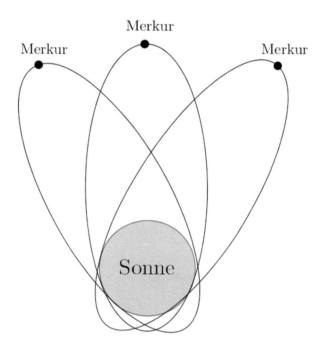

Abbildung 23.2.: Periheldrehung des Merkurs

23.7. Lichtablenkung in der Schwarzschild-Raumzeit

Neben der Periheldrehung ist die Ablenkung eines Lichtstrahls durch die Sonne der zweite „klassische" Test der Allgemeinen Relativitätstheorie. Wir gehen von der Bewegungsgleichung für Licht (23.31) in der Schwarzschild-Raumzeit aus:

$$\frac{d^2\sigma}{d\varphi^2} + \sigma = 3m\sigma^2$$

In dieser Gleichung ist der Term auf der rechten Seite im Fall der Streuung von Licht an der Sonne sehr klein. Denn vergleicht man $3m\sigma^2$ mit σ bei einem Lichtstrahl, der die Sonne an ihrem Rand streift, dann gilt mit dem Sonnenradius $R = 696.000$ km und mit $\sigma = 1/r$

$$\frac{3m\sigma^2}{\sigma} = \frac{3m}{r} \leq \frac{3r_S}{2R} = \frac{3 \cdot 2,95}{2 \cdot 696000} \approx 6,4 \cdot 10^{-6}.$$

Ohne den Term auf der rechten Seite der Bewegungsgleichung für Licht ergibt sich

$$\frac{d^2\sigma}{d\varphi^2} + \sigma = 0,$$

die allgemeine Lösung für diese (homogene) Gleichung lautet

$$\sigma(\varphi) = c_1 \sin\varphi + c_2 \cos\varphi.$$

Denn setzt man $\sigma(\varphi)$ in die Gleichung ein, so erhält man

$$\frac{d^2\sigma}{d\varphi^2} + \sigma = -c_1 \sin\varphi - c_2 \cos\varphi + c_1 \sin\varphi + c_2 \cos\varphi = 0.$$

Legt man das Koordinatensystem so, dass $\sigma(\pi/2) = 1/R$ ist, so folgt

$$1/R = \sigma(\pi/2) = c_1 \sin(\pi/2) + c_2 \cos(\pi/2) = c_1,$$

also $c_1 = 1/R$, d.h., die Lösung für die homogene Gleichung ist

$$\sigma(\varphi) = \frac{1}{r(\varphi)} = \frac{1}{R} \sin\varphi.$$

Umstellen ergibt

$$R = r \sin\varphi = y,$$

d.h., die homogene Lösung ist die Gerade $y = R$.

Abb. 23.3 verdeutlicht unsere Aufgabenstellung. Die Sonne liegt im Koordinatenursprung. Die homogene Lösung ist die waagerechte gestrichelte Linie, die durch den Punkt $(0, R)$ geht. Wir suchen die Formel für die gepunktete Linie, d.h. die Lösung von Gl. (23.31).

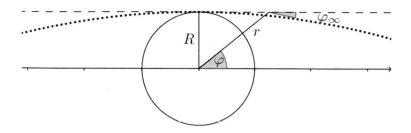

Abbildung 23.3.: Lichtablenkung an der Sonne in der Schwarzschild-Raumzeit

Wenn wir diese gefunden haben, so können wir auch den Winkel φ_∞, der von der gepunkteten Linie (im Unendlichen) und der Geraden $y = R$ gebildet wird, bestimmen. Um diesen Winkel wird der Lichtstrahl am Rand der Sonne nach rechts unten abgelenkt.

Um die Lösung von Gl. (23.31) zu erhalten, wenden wir wieder die Methode der Störungsrechnung an. Wir machen also erneut folgenden Ansatz:

$$\sigma\left(\varphi\right) = \sigma^0\left(\varphi\right) + \delta\left(\varphi\right),$$

mit $\sigma^0 = \left(\sin \varphi\right)/R$. Setzt man diesen Ansatz in (23.31) ein, so erhält man

$$\left(\sigma^0 + \delta\right)'' + \left(\sigma^0 + \delta\right) = 3m\left(\sigma^0 + \delta\right)^2.$$

Vernachlässigt man wieder die Terme $6m\sigma^0\delta$ und $3m\delta^2$, die sich durch Ausmultiplikation der rechten Seite ergeben, und beachtet, dass wegen

$$\left(\sigma^0\right)'' = -\frac{\sin \varphi}{R}$$

die σ^0-Terme auf der linken Seite wegfallen, so erhält man die genäherte Differenzialgleichung für δ:

$$\delta'' + \delta = \frac{3m}{R^2}\sin^2 \varphi = \frac{3m}{R^2}\left(1 - \cos^2 \varphi\right) = \frac{3m}{2R^2}\left(1 - \cos\left(2\varphi\right)\right), \qquad (23.37)$$

wobei wir das Additionstheorem (siehe Kap. 29):

$$\cos 2\varphi = 2\cos^2 \varphi - 1 \Rightarrow \cos^2 \varphi = \frac{\cos\left(2\varphi\right) + 1}{2}$$

benutzt haben. Die Funktion

$$\delta(\varphi) = \frac{3m}{2R^2}\left(1 + \frac{1}{3}\cos\left(2\varphi\right)\right)$$

löst Gl. (23.37), wie man folgendermaßen sieht. Es gilt

$$\delta'(\varphi) = \frac{3m}{2R^2}\left(-\frac{2}{3}\sin(2\varphi)\right)$$

und

$$\delta''(\varphi) = \frac{3m}{2R^2}\left(-\frac{4}{3}\cos(2\varphi)\right),$$

also

$$\delta''(\varphi) + \delta(\varphi) = \frac{3m}{2R^2}\left(-\frac{4}{3}\cos(2\varphi)\right) + \frac{3m}{2R^2}\left(1 + \frac{1}{3}\cos(2\varphi)\right)$$

$$= \frac{3m}{2R^2}\left(1 - \cos(2\varphi)\right).$$

Die gesamte Lösung ist damit näherungsweise gleich

$$\sigma(\varphi) = \sigma^0(\varphi) + \delta(\varphi) = \frac{\sin\varphi}{R} + \frac{3m}{2R^2}\left(1 + \frac{1}{3}\cos(2\varphi)\right).$$

Mit dieser Lösung kann man die Ablenkung eines aus dem Unendlichen kommenden Lichtstrahls an der Sonne berechnen, der ohne Störung gradlinig verlaufen würde. Mit $r \to \infty$, d.h. $\varphi \to 0$, ist $\sin\varphi \approx \varphi$ und $\cos(2\varphi) \approx 1$ sowie $\sigma \approx 0$ und somit

$$\frac{\varphi}{R} + \frac{3m}{2R^2}\frac{4}{3} \approx 0,$$

woraus

$$\varphi_\infty = -\frac{2m}{R}$$

folgt. Die gesamte Lichtablenkung zwischen $-\infty$ und ∞ beträgt

$$\Delta = |2\varphi_\infty| = \frac{4m}{R} = \frac{4GM}{R} = \frac{2 \cdot 2,95}{696.000}\ \text{rad} = 1,75'',$$

ist damit doppelt so groß wie die in Abschn. 18.3 von der Newton'schen Gravitationstheorie vorhergesagte und beseitigt somit die Diskrepanz zwischen den gemessenen Werten und der Newton'schen Prognose.

Wenn man die Beugung des Lichtes auf der Erde messen will, so benötigt man Lichtquellen, die sich aus Sicht der Erde nahe dem Sonnenrand befinden. Sterne, die das erfüllen, sieht man allerdings wegen der Helligkeit der Sonne tagsüber nicht. Nur während einer Sonnenfinsternis gelingt das. Misst man während einer Sonnenfinsternis ihre Position bezogen auf den Hintergrund von anderen Sternen, so erscheint diese gegenüber der, die man nachts misst, verschoben. Die Sterne erscheinen während einer Sonnenfinsternis weiter entfernt von der Sonne und damit weiter voneinander entfernt als in einer üblichen Nacht. Das wird in Abb. 23.4 nochmals illustriert.

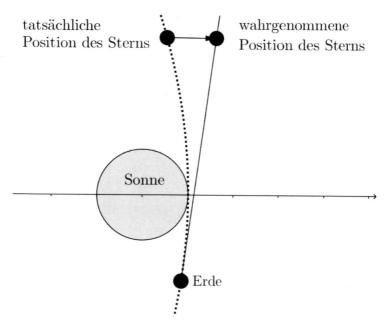

Abbildung 23.4.: Lichtablenkung bei Sonnenfinsternis

Diese Vorhersage der Allgemeinen Relativitätstheorie wurde erstmals 1919 verifiziert, als zwei unterschiedliche Expeditionen während einer Sonnenfinsternis Lichtbeugungen von ca. $1,98''$ bzw. $1,61''$ feststellten. Diese faktische Übereinstimmung mit den Vorhersagen der Allgemeinen Relativitätstheorie machte Einstein auf einen Schlag weltberühmt. Auch Messungen in den Folgejahren haben den theoretischen Wert der Lichtablenkung bestätigt, siehe z.B. [42].

24. Literaturhinweise und Weiterführendes zu Teil IV

Das erste hier empfohlene populärwissenschaftliche Buch über die Allgemeine Relativitätstheorie ist ein „Klassiker", wahrscheinlich das meistgelesene populärwissenschaftliche Buch über die Relativitätstheorie (und Quantenphysik) und deren Bedeutung für die Entwicklung unseres Universums. Es ist Stephen Hawkings Eine kurze Geschichte der Zeit [19]. Obwohl schon etwas in die Jahre gekommen, gibt es auf den ersten ca. 100 Seiten einen guten Eindruck über das, was Einsteins Allgemeine Relativitätstheorie zu leisten vermag und was nicht.

Das schon in den Literaturhinweisen zu Teil I genannte Buch von Schutz Gravity from the ground up [34] gehört ebenfalls zu den überwiegend in Alltagssprache formulierten Darstellungen der Allgemeinen Relativitätstheorie und ist - wie schon einmal erwähnt - auch deswegen sehr lesenswert, da es über die Fragestellungen, die hier behandelt werden, hinaus auch Themen wie z.B. die Entwicklung von kosmologischen Modellen allgemeinverständlich erläutert.

Lesenswert ist auch das populärwissenschaftliche Buch von Will ...und Einstein hatte doch recht [42], in dem der Stand der Überprüfung der Allgemeinen Relativitätstheorie durch Experimente bis ca. 1990 auch für Laien gut lesbar dargestellt ist. Insbesondere werden die mitunter großen Schwierigkeiten der Experimentatoren geschildert, die oftmals sehr geringen Effekte von Messungen im Sonnensystem (z.B. die Periheldrehung des Merkurs oder die Lichtablenkung an der Sonne) eindeutig der ART zuordnen zu können.

Seit dem Erscheinen der ersten Auflage dieses Buches Ende 2014 sind meiner Kenntnis nach zwei Bücher erschienen, die in etwa den gleichen Ansatz wie in diesem Text verfolgen. Das erste Buch von P. Collier (2017) [6] beschreibt die Einstein'schen Relativitätstheorien inklusive eines Kapitels über Kosmologie auf 274 Seiten und erreicht deshalb auch nicht den Detaillierungsgrad des vorliegenden Textes. Der Autor konzentriert sich auf die Darstellungen der mathematischen Grundlagen der Relativitätstheorien, die sehr ausführlich und behutsam eingeführt werden. Dafür kommt die Physik etwas zu kurz; viele wichtige Resultate, wie z.B. die Einführung der Einsteingleichungen, die Konsequenzen der Schwarzschild-Lösung im Sonnensystem, die Schwarzen Löcher oder die Gravitationswellen, werden nur oberflächlich behandelt bzw. ohne de-

© Der/die Autor(en), exklusiv lizenziert durch
Springer-Verlag GmbH, DE, ein Teil von Springer Nature 2021
M. Ruhrländer, *Aufstieg zu den Einsteingleichungen*,
https://doi.org/10.1007/978-3-662-62546-0_24

taillierte Hinführungen vorgestellt.

Das zweite Buch von T. Blankenheim (2018) [4], das ca. 630 Seiten umfasst, behandelt (bis auf das Thema Gravitationswellen) die wichtigsten Phänomene der Speziellen und Allgemeinen Relativitätstheorie, inklusive geladener sowie rotierender Schwarzer Löcher und zwei Kapitel über die relativistischen Grundlagen der Kosmologie. Der Autor verfolgt einen etwas anderen Ansatz als dieses Buch, da er großen Wert auf ausführliche Beschreibungen der physikalischen Zusammenhänge legt und dafür an einigen Stellen auf das Ableiten von Ergebnissen aus dem bisher Gelernten verzichtet und gleich die Resultate hinschreibt. Die für ein tieferes Verständnis der Allgemeinen Relativitätstheorie notwendige Mathematik (u.a. Tensorrechnung und Differenzialgeometrie) wird knapp dargestellt. Für das Studium dieses zweiten Buches sind mathematische und physikalische Vorkenntnisse über die Maxwell-Gleichungen der Elektrodynamik hilfreich.

Alle anderen mir bekannten „einfachen" Bücher über die Allgemeine Relativitätstheorie, die einfach gesagt „mit weniger Formeln auskommen", erfüllen nicht die Anforderung dieses Buches, nämlich dass die Theorie vollständig und nachvollziehbar dargelegt wird. In vielen solcher Abhandlungen „fallen die physikalischen Gesetze (z.B. die Einsteingleichungen oder die Schwarzschild-Metrik) einfach vom Himmel", ohne dass der Leser die Chance hat zu begreifen, *warum* diese Gesetze so sind, wie sie sind.

Bei der Abfassung von Teil IV musste ich auf „richtige" Fachliteratur zurückgreifen und versuchen, die dort benutzten Vorgehensweisen, die alle mathematische Kenntnisse voraussetzen, die über die in diesem Buch vermittelten hinausgehen, so zu vereinfachen, dass - wie ich hoffe - noch etwas Nachvollziehbares dabei heraus gekommen ist. Nach dem Lesen dieses Buches sollte man aber in der Lage sein, die im Folgenden genannten Bücher (mit etwas Anstrengung) durchzuarbeiten und so seine Kenntnisse über die Allgemeine Relativitätstheorie weiter zu vertiefen. Die folgenden Fachbücher, die alle dazu beigetragen haben, dass der Teil so geworden ist wie er ist, sind nach Schwierigkeitsgrad geordnet; die aus meiner Sicht einfacheren werden zuerst aufgeführt.

- Das schon mehrmals zitierte Buch von Schutz [35] ist die Quelle, auf die ich mich während der Anfertigung des gesamten Buches am meisten gestützt habe. Die Herleitung der Tensorrechnung im Riemann'schen Raum und die Hinführung zu den Einsteingleichungen sind in diesem Buch besonders gut gelungen.

- Das Fachbuch vom Thomas A. Moore A General Relativity Workbook [24] enthält viele durchgerechnete Passagen bei der Anwendung der Einsteingleichungen (z.B. bei der Ermittlung der Geodätengleichung oder auch bei dem Thema Gravitationswellen) und ist vom didaktischen Ansatz her besonders dazu geeignet, sich im Selbststudium tiefer in die Materie einzuarbeiten.

- Auch die Abhandlung von Lewis Ryder Introduction to General Relativity [32] ist „studentenfreundlich" (wie es in der Einleitung steht), da die Berechnungen ausführlich vorgetragen und erläutert werden.

- Im Buch von Torsten Fließbach Allgemeine Relativitätstheorie [14] werden insbesondere die physikalischen Konsequenzen der Wirkung der Schwerkraft an einfachen Sachverhalten anschaulich erläutert, ansonsten ist die Darstellung oftmals knapp gehalten, d.h., man muss kräftig mitarbeiten, um die Schlussfolgerungen nachvollziehen zu können.

Teil V.

Anwendung der Allgemeinen Relativitätstheorie auf ausgesuchte kosmologische Phänomene

In diesem Teil gehen wir über unser Sonnensystem hinaus und schauen uns einige im Universum beobachtete Phänomene an. Wir zeigen zunächst, dass Einsteins Gravitationstheorie die Existenz von **Gravitationswellen** vorhersagt. Gravitationswellen sind Verwerfungen der Raumzeit, die durch sich schnell verändernde relativistische Massen generiert werden. Die Einsteingleichungen für schwache nichtstationäre Gravitationsfelder lassen sich auf Wellengleichungen reduzieren, deren Lösungen Gravitationswellen sind. Wir untersuchen die Ausbreitung von Gravitationswellen, die sich frei durch den leeren Raum ausbreiten, und zeigen, welche Wirkung Gravitationswellen auf Testteilchen haben. Die schon von Einstein gefundene Quadrupolformel stellt die gesamte von einer Massenquelle abgestrahlte Energie pro Zeiteinheit dar. Für den Nachweis von Gravitationswellen beschreiben wir zwei unterschiedliche Methoden. Die erste besteht darin, die Folgen des durch die Gravitationswellenabstrahlung eintretenden Energieverlustes eines Systems zu messen, z.B. indem die Veränderungen der Rotationsgeschwindigkeit eines Binärsystems über einen langen Zeitraum aufgezeichnet werden. Die zweite Methode beinhaltet das Aufspüren von Gravitationswellen mit Messgeräten auf der Erde. Die hauptsächliche Schwierigkeit, Gravitationswellen auf der Erde zu messen, ist darin begründet, dass die Amplituden der ankommenden Wellen in einer Größenordnung von etwa nur 10^{-21} Metern liegen. Seit den 1980er-Jahren wurden die notwendigen Messinstrumente ständig verbessert, bis im September 2015 erstmals Gravitationswellen auf der Erde nachgewiesen werden konnten. Für diesen Erfolg wurden drei der hauptsächlich beteiligten Wissenschaftler (Kip Thorne, Rainer Weiss, Barry Barish) 2017 mit dem Nobelpreis für Physik ausgezeichnet.

Im darauffolgenden Kapitel beschreiben wir die grundsätzlichen Mechanismen, die zu einem durch die Gravitation bedingten Kollaps eines Sterns führen können. Wir leiten die **innere Schwarzschild-Lösung** für kugelsymmetrische stationäre Sterne her und berechnen mit ihr den Druck und die Dichte im Sterneninneren. Die resultierende Tolman-Oppenheimer-Volkoff-Gleichung beschreibt das relativistische hydrostatische Gleichgewicht im Inneren eines Sterns.

Das letzte Kapitel widmet sich den wohl rätselhaftesten Objekten im Universum, nämlich den Schwarzen Löchern. Unterschreitet der Radius eines kollabierenden Sternes den Schwarzschild-Radius, so spricht man von einem Schwarzen Loch. Wir leiten mithilfe der äußeren Schwarzschild-Metrik einige Eigenschaften von nichtrotierenden Schwarzen Löchern ab und führen Eddington-Finkelstein- und Kruskal-Koordinaten ein, um auch physikalische Aussagen über den Bereich innerhalb des Schwarzschild-Radius machen zu können.

Dieser Teil des Buches ist der mathematisch schwierigste. An der ein oder anderen Stelle werden wir Lösungen benutzen, die mit den von uns vorausgesetzten Vorkenntnissen nicht (einfach) hergeleitet werden können. Für jeden dieser Fälle gibt es Hinweise auf Literaturstellen, in denen der Leser die hier weggelassenen Ableitungen mit einiger Anstrengung nachvollziehen können sollte, wenn er sich tiefer in die Mathematik einarbeiten will.

25. Gravitationswellen

In diesem Kapitel stellen wir dar, dass sich schnell verändernde relativistische Massen die Quellen von Verwerfungen der Raumzeit sein können. Diese Verwerfungen werden **Gravitationswellen** genannt und breiten sich ähnlich wie elektromagnetische Wellen mit Lichtgeschwindigkeit aus. Es gibt viele wichtige Quellen für Gravitationswellen im Universum, z.B. binäre Sternensysteme bzw. Schwarze Löcher, Supernovaexplosionen sowie der Urknall selbst. Wir nehmen an, dass ein Beobachter, der Gravitationswellen messen will, weit entfernt von deren Quelle und das Gravitationsfeld um ihn herum schwach, aber nicht statisch ist.

In diesem Kapitel kennzeichnen wir der Übersichtlichkeit halber die partielle Ableitung einer physikalischen Größe A^μ nach der Koordinate ν durch $\partial_\nu A^\mu$ statt wie bislang durch $A^\mu_{,\nu}$. Die Darstellungen in diesem Kapitel orientieren sich an [31].

25.1. Einsteingleichungen für schwache Gravitationsfelder

In den Abschn. 22.2 und 22.4 haben wir den Newton'schen Grenzfall der Einsteingleichungen behandelt und dort unterstellt, dass das Gravitationsfeld nicht nur schwach, sondern auch statisch sein soll, und dass sich die Teilchen langsam bewegen. Hier soll das Gravitationsfeld ebenfalls schwach sein, allerdings darf sich das Gravitationsfeld zeitlich verändern, und es gibt keine Einschränkungen für die Bewegung der Teilchen. Bei einem schwachen Gravitationsfeld ist die Raumzeit „beinahe flach", d.h., es existieren Koordinaten, sodass die Metrikkomponenten die Form

$$g_{\mu\nu} = \eta_{\mu\nu} + h_{\mu\nu}, \quad |h_{\mu\nu}| \ll 1 \tag{25.1}$$

haben, wobei $h_{\mu\nu}$ eine **Störfunktion** bezeichne, deren Ableitungen auch klein sein mögen, d.h.

$$|\partial_\rho h_{\mu\nu}| \ll 1,$$

siehe Abschn. 22.2.

© Der/die Autor(en), exklusiv lizenziert durch
Springer-Verlag GmbH, DE, ein Teil von Springer Nature 2021
M. Ruhrländer, *Aufstieg zu den Einsteingleichungen*,
https://doi.org/10.1007/978-3-662-62546-0_25

Hintergrund-Lorentz-Transformation

Eine **Hintergrund-Lorentz-Transformation** für schwache Gravitationsfelder wird durch

$$\mu' = L^{\mu'}_{\ \mu}\, \mu$$

definiert, wobei $(L^{\mu}_{\ \nu})$ eine (konstante) Lorentz-Matrix (siehe Formel 14.4 auf Seite 307) wie in der Speziellen Relativitätstheorie darstellt. Natürlich befinden wir uns nicht in der SRT, d.h., die Hintergrund-Lorentz-Transformationen bilden nur *eine* Klasse aller möglichen Transformationen. Wenn wir die Metrik transformieren, so erhalten wir

$$g_{\mu'\nu'} = L^{\mu}_{\ \mu'}\, L^{\nu}_{\ \nu'}\, g_{\mu\nu} = L^{\mu}_{\ \mu'}\, L^{\nu}_{\ \nu'}\, \eta_{\mu\nu} + L^{\mu}_{\ \mu'}\, L^{\nu}_{\ \nu'}\, h_{\mu\nu}.$$

Nun ist $L^{\mu}_{\ \nu}$ eine Lorentz-Matrix, d.h., es gilt mit (15.14)

$$\eta_{\mu'\nu'} = L^{\mu}_{\ \mu'}\, L^{\nu}_{\ \nu'}\, \eta_{\mu\nu}$$

und es ergibt sich

$$g_{\mu'\nu'} = \eta_{\mu'\nu'} + h_{\mu'\nu'}$$

mit

$$h_{\mu'\nu'} = L^{\mu}_{\ \mu'}\, L^{\nu}_{\ \nu'}\, h_{\mu\nu}.$$

Unter einer Hintergrund-Lorentz-Transformation transformiert sich also $h_{\mu\nu}$ wie ein Lorentz-Tensor. Auch wenn die allgemeine Tensoreigenschaft von $h_{\mu\nu}$ (d.h. Invarianz unter *beliebigen* Koordinatentransformationen) *nicht* garantiert werden kann, interpretieren wir im Folgenden ein schwaches Gravitationsfeld als eine *flache Raumzeit* mit einem Lorentz-invarianten symmetrischen „Tensor" $h_{\mu\nu}$. Dann werden alle physikalischen Felder wie z.B. der Riemann-Tensor durch Terme von $h_{\mu\nu}$ definiert und sehen wie Felder in einer flachen Raumzeit aus. Eine solche Betrachtungsweise erleichtert viele der folgenden Berechnungen, darf aber nicht dazu führen, dass wir vergessen, dass die reale Raumzeit gekrümmt ist.

Eichtransformation

Wir wollen zeigen, dass es bei der Wahl der Störfunktionen Freiheitsgrade gibt. Dazu betrachten wir die Koordinatentransformation

$$\mu \to \tilde{\mu} := \mu + \xi^{\mu} \tag{25.2}$$

mit einer Funktion ξ^{μ}, die von den Koordinaten α abhängen darf und wie $|h_{\mu\nu}|$ die Bedingung

$$|\partial_{\nu}\, \xi^{\mu}| \ll 1$$

erfüllt. Die Beziehung (25.2) nennt man **Eichtransformation**. Für die *Transformationsmatrix* folgt dann

$$\frac{\partial \tilde{\mu}}{\partial \nu} = \frac{\partial (\mu + \xi^\mu)}{\partial \nu} = \delta^\mu_\nu + \partial_\nu \xi^\mu.$$

Für die Berechnung der Inversen verwenden wir eine ähnliche Vorgehensweise wie in (22.13) und erhalten in linearer Ordnung in $\partial_\nu \xi^\mu$:

$$
\begin{aligned}
\left(\delta^\mu_\rho - \partial_\rho \xi^\mu\right)\left(\delta^\rho_\nu + \partial_\nu \xi^\rho\right) &= \delta^\mu_\rho \delta^\rho_\nu + \delta^\mu_\rho \partial_\nu \xi^\rho - \delta^\rho_\nu \partial_\rho \xi^\mu - \underbrace{\partial_\rho \xi^\mu \partial_\nu \xi^\rho}_{\approx 0} \\
&= \delta^\mu_\nu + \partial_\nu \xi^\mu - \partial_\nu \xi^\mu = \delta^\mu_\nu,
\end{aligned}
$$

woraus für die Umkehrmatrix in linearer Näherung

$$\frac{\partial \mu}{\partial \tilde{\nu}} = \delta^\mu_\nu - \partial_\nu \xi^\mu$$

folgt. Für die transformierte Metrik folgt ebenfalls in linearer Näherung

$$
\begin{aligned}
\tilde{g}_{\mu\nu} &= \frac{\partial \rho}{\partial \tilde{\mu}} \frac{\partial \sigma}{\partial \tilde{\nu}} g_{\rho\sigma} = \left(\delta^\rho_\mu - \partial_\mu \xi^\rho\right)\left(\delta^\sigma_\nu - \partial_\nu \xi^\sigma\right) g_{\rho\sigma} \\
&= \left(\delta^\rho_\mu \delta^\sigma_\nu - \delta^\rho_\mu \partial_\nu \xi^\sigma - \delta^\sigma_\nu \partial_\mu \xi^\rho + \underbrace{\partial_\mu \xi^\rho \partial_\nu \xi^\sigma}_{\approx 0}\right) g_{\rho\sigma} \\
&= g_{\mu\nu} - \partial_\nu \xi^\sigma g_{\mu\sigma} - \partial_\mu \xi^\rho g_{\rho\nu}.
\end{aligned}
$$

Wir setzen jetzt (25.1) in die letzte Gleichung ein und erhalten mit $|h_{\mu\nu}| \ll 1$ und $|\partial_\nu \xi^\mu| \ll 1$:

$$
\begin{aligned}
\tilde{g}_{\mu\nu} &= \eta_{\mu\nu} + h_{\mu\nu} - \left(\partial_\nu \xi^\sigma \eta_{\mu\sigma} + \underbrace{\partial_\nu \xi^\sigma h_{\mu\sigma}}_{\approx 0}\right) - \left(\partial_\mu \xi^\rho \eta_{\rho\nu} + \underbrace{\partial_\mu \xi^\rho h_{\rho\nu}}_{\approx 0}\right) \\
&= \eta_{\mu\nu} + h_{\mu\nu} - \partial_\nu \xi_\mu - \partial_\mu \xi_\nu
\end{aligned}
$$

mit $\xi_\mu = \eta_{\mu\sigma} \xi^\sigma$. Wenn wir $h_{\mu\nu}$ durch

$$h_{\mu\nu} \to \tilde{h}_{\mu\nu} = h_{\mu\nu} - \partial_\nu \xi_\mu - \partial_\mu \xi_\nu \tag{25.3}$$

redefinieren, dann gilt weiterhin $\left|\tilde{h}_{\mu\nu}\right| \ll 1$, d.h., wir befinden uns nach der Transformation wieder in einem schwachen Gravitationsfeld.

Einsteingleichungen

Wir wollen zunächst die linke Seite der Einsteingleichungen bestimmen und dazu als Erstes die Christoffel-Symbole ausrechnen. Diese nehmen nach (19.16)

$$\Gamma^\tau_{\mu\lambda} = \frac{g^{\tau\nu}}{2} \left(\partial_\lambda g_{\mu\nu} + \partial_\mu g_{\lambda\nu} - \partial_\nu g_{\mu\lambda}\right)$$

in einem schwachen Gravitationsfeld in linearer Näherung die einfache Form

$$\Gamma^\tau_{\mu\lambda} = \frac{1}{2}\eta^{\tau\nu} \left(\partial_\lambda h_{\mu\nu,\lambda} + \partial_\mu h_{\lambda\nu} - \partial_\nu h_{\mu\lambda}\right) \tag{25.4}$$

an, da die partiellen Ableitungen von $\eta_{\mu\nu}$ verschwinden und die Produkte der Störfunktionen $h_{\mu\nu}$ entfallen. Wir wollen den Riemann-Tensor in einem schwachen Gravitationsfeld berechnen und können dazu die Formel (21.6) benutzen, da die Produkte der Christoffel-Symbole in Gl. (21.5)

$$R^\mu_{\rho\nu\lambda} = \partial_\nu \Gamma^\mu_{\rho\lambda} - \partial_\lambda \Gamma^\mu_{\rho\nu} + \Gamma^\mu_{\sigma\nu}\Gamma^\sigma_{\rho\lambda} - \Gamma^\mu_{\sigma\lambda}\Gamma^\sigma_{\rho\nu}$$

in linearer Näherung verschwinden. Mit Formel (21.8):

$$R_{\mu\rho\nu\lambda} = \frac{1}{2} \left(\partial_\nu \partial_\rho g_{\lambda\mu} - \partial_\nu \partial_\mu g_{\rho\lambda} - \partial_\lambda \partial_\rho g_{\nu\mu} + \partial_\lambda \partial_\mu g_{\rho\nu}\right)$$

folgt dann

$$R_{\mu\rho\nu\lambda} = \frac{1}{2} \left(\partial_\nu \partial_\rho h_{\lambda\mu} - \partial_\nu \partial_\mu h_{\rho\lambda} - \partial_\lambda \partial_\rho h_{\nu\mu} + \partial_\lambda \partial_\mu h_{\rho\nu}\right).$$

Das gleiche Ergebnis erhalten wir auch, wenn wir $h_{\mu\nu}$ durch $h_{\mu\nu} - \partial_\nu \xi_\mu - \partial_\mu \xi_\nu$ ersetzen, denn es gilt

$$\partial_\nu \partial_\rho h_{\lambda\mu} - \partial_\nu \partial_\rho \partial_\mu \xi_\lambda - \partial_\nu \partial_\rho \partial_\lambda \xi_\mu - \partial_\nu \partial_\mu h_{\rho\lambda} + \partial_\nu \partial_\mu \partial_\lambda \xi_\rho + \partial_\nu \partial_\mu \partial_\rho \xi_\lambda \quad -$$
$$\partial_\lambda \partial_\rho h_{\nu\mu} + \partial_\lambda \partial_\rho \partial_\mu \xi_\nu + \partial_\lambda \partial_\rho \partial_\nu \xi_\mu + \partial_\lambda \partial_\mu h_{\rho\nu} - \partial_\lambda \partial_\mu \partial_\nu \xi_\rho - \partial_\lambda \partial_\mu \partial_\rho \xi_\nu \quad =$$
$$\partial_\nu \partial_\rho h_{\lambda\mu} - \partial_\nu \partial_\mu h_{\rho\lambda} - \partial_\lambda \partial_\rho h_{\nu\mu} + \partial_\lambda \partial_\mu h_{\rho\nu},$$

da sich nach dem Satz von Schwarz (9.27) alle gemischten Ableitungen der ξ_μ gegenseitig aufheben. Wir definieren einige Größen durch

$$h^\mu_\nu := \eta^{\mu\rho}h_{\rho\nu}, \quad h^{\mu\nu} := \eta^{\nu\rho}h^\mu_\rho, \quad h := h^\mu_\mu,$$

wobei wir die Indizes mit der inversen Minkowski-Metrik hochgezogen haben. Das ist in linearer Näherung erlaubt, da mit (22.13)

$$g^{\mu\nu} = \eta^{\mu\nu} - h^{\mu\nu}$$

die Beziehung

$$g^{\mu\rho} h_{\rho\nu} = (\eta^{\mu\rho} - h^{\mu\rho}) h_{\rho\nu} = \eta^{\mu\rho} h_{\rho\nu} - \underbrace{h^{\mu\rho} h_{\rho\nu}}_{\approx 0} = \eta^{\mu\rho} h_{\rho\nu}$$

folgt. Mit diesen Definitionen können wir den ebenfalls eichinvarianten Ricci-Tensor, den wir schon in (22.14) hergeleitet haben, folgendermaßen darstellen:

$$
\begin{aligned}
R_{\mu\nu} &= \frac{\eta^{\lambda\sigma}}{2} \left(\partial_\lambda \partial_\mu h_{\nu\sigma} - \partial_\lambda \partial_\sigma h_{\mu\nu} - \partial_\nu \partial_\mu h_{\lambda\sigma} + \partial_\nu \partial_\sigma h_{\mu\lambda} \right) \\
&= \frac{1}{2} \left(\partial^\sigma \partial_\mu h_{\nu\sigma} + \partial_\nu \partial^\lambda h_{\mu\lambda} - \partial_\lambda \partial^\lambda h_{\mu\nu} - \partial_\nu \partial_\mu h^\sigma{}_\sigma \right) \\
&\underset{\sigma \leftrightarrow \lambda}{=} \frac{1}{2} \left(\partial_\mu \partial^\lambda h_{\nu\lambda} + \partial_\nu \partial^\lambda h_{\mu\lambda} - \Box h_{\mu\nu} - \partial_\nu \partial_\mu h \right),
\end{aligned}
\tag{25.5}
$$

wobei der **D'Alembert-Operator** $\Box$ die vierdimensionale Verallgemeinerung des *Laplace-Operators* ∇^2 (siehe 6.28 auf Seite 130) ist und in kartesischen Koordinaten durch

$$\Box := \nabla^2 - \frac{\partial^2}{\partial t^2} = -\frac{\partial^2}{\partial t^2} + \frac{\partial^2}{\partial x^2} + \frac{\partial^2}{\partial y^2} + \frac{\partial^2}{\partial z^2} = \eta_{\mu\nu} \frac{\partial}{\partial \mu} \frac{\partial}{\partial \nu} =: \partial^\mu \partial_\mu \tag{25.6}$$

definiert wird.

Der Krümmungsskalar in linearer Ordnung ergibt sich aus (25.5) zu

$$
\begin{aligned}
R &= \frac{1}{2} \eta^{\mu\nu} \left(\partial_\mu \partial^\lambda h_{\nu\lambda} + \partial_\nu \partial^\lambda h_{\mu\lambda} - \Box h_{\mu\nu} - \partial_\nu \partial_\mu h \right) \\
&= \frac{1}{2} \left(\partial^\nu \partial^\lambda h_{\nu\lambda} + \partial^\mu \partial^\lambda h_{\mu\lambda} - \Box h^\mu{}_\mu - \partial_\nu \partial^\nu h \right) \\
&= \partial^\mu \partial^\lambda h_{\mu\lambda} - \Box h,
\end{aligned}
\tag{25.7}
$$

und wir erhalten für den Einstein-Tensor

$$
\begin{aligned}
G_{\mu\nu} &= R_{\mu\nu} - \frac{1}{2} \eta_{\mu\nu} R \\
&= \frac{1}{2} \left(\partial_\mu \partial^\lambda h_{\nu\lambda} + \partial_\nu \partial^\lambda h_{\mu\lambda} - \Box h_{\mu\nu} \right) \\
&\quad - \frac{1}{2} \left(\partial_\nu \partial_\mu h + \eta_{\mu\nu} \partial^\rho \partial^\lambda h_{\rho\lambda} - \eta_{\mu\nu} \Box h \right),
\end{aligned}
\tag{25.8}
$$

also einen etwas unübersichtlichen Ausdruck. Diesen wollen wir vereinfachen, indem wir neue Variablen durch

$$H_{\mu\nu} := h_{\mu\nu} - \frac{1}{2} \eta_{\mu\nu} h \tag{25.9}$$

definieren. Diese erfüllen

$$H := \eta^{\mu\nu} H_{\mu\nu} = \eta^{\mu\nu} h_{\mu\nu} - \frac{1}{2} \eta^{\mu\nu} \eta_{\mu\nu} h = h - \frac{4}{2} h = -h$$

sowie

$$h_{\mu\nu} = H_{\mu\nu} - \frac{1}{2} \eta_{\mu\nu} H \qquad (25.10)$$

und werden deshalb auch **inverse Spur** (im Englischen: **trace reverse**) von $h_{\mu\nu}$ genannt. Wir berechnen den Ricci- und Einstein-Tensor erneut, indem wir die Variablen $H_{\mu\nu}$ benutzen. Wir setzen (25.10) in (25.5) ein und erhalten für den Ricci-Tensor

$$
\begin{aligned}
R_{\mu\nu} &= \frac{1}{2} \left(\partial_\mu \partial^\lambda h_{\nu\lambda} + \partial_\nu \partial^\lambda h_{\mu\lambda} - \Box h_{\mu\nu} - \partial_\nu \partial_\mu h \right) \\
&= \frac{1}{2} \left(\partial_\mu \partial^\lambda \left(H_{\nu\lambda} - \frac{1}{2} \eta_{\nu\lambda} H \right) + \partial_\nu \partial^\lambda \left(H_{\mu\lambda} - \frac{1}{2} \eta_{\mu\lambda} H \right) \right) \\
&\quad - \frac{1}{2} \left(\Box \left(H_{\mu\nu} - \frac{1}{2} \eta_{\mu\nu} H \right) + \partial_\nu \partial_\mu H \right) \\
&= \frac{1}{2} \left(\partial_\mu \partial^\lambda H_{\nu\lambda} + \partial_\nu \partial^\lambda H_{\mu\lambda} - \Box H_{\mu\nu} + \frac{1}{2} \eta_{\mu\nu} \Box H \right),
\end{aligned}
$$

da sich in der vorletzten Zeile der zweite, vierte und letzte Term aufheben. Für den Krümmungsskalar ergibt sich daraus

$$
\begin{aligned}
\mathcal{R} &= \frac{1}{2} \eta^{\mu\nu} \left(\partial_\mu \partial^\lambda H_{\nu\lambda} + \partial_\nu \partial^\lambda H_{\mu\lambda} - \Box H_{\mu\nu} + \frac{1}{2} \eta_{\mu\nu} \Box H \right) \\
&= \frac{1}{2} \left(\partial^\nu \partial^\lambda H_{\nu\lambda} + \partial^\mu \partial^\lambda H_{\mu\lambda} - \Box H + \frac{4}{2} \Box H \right) \\
&= \partial^\mu \partial^\lambda H_{\mu\lambda} + \frac{1}{2} \Box H,
\end{aligned}
$$

und der Einstein-Tensor ist dann

$$G_{\mu\nu} = \frac{1}{2} \left(\partial_\mu \partial^\lambda H_{\nu\lambda} + \partial_\nu \partial^\lambda H_{\mu\lambda} - \Box H_{\mu\nu} - \eta_{\mu\nu} \partial^\rho \partial^\sigma H_{\rho\sigma} \right). \qquad (25.11)$$

Der Einstein-Tensor hat sich etwas vereinfacht, ist aber immer noch kompliziert. Die zu (25.11) korrespondierenden Einsteingleichungen ergeben sich zu

$$\Box H_{\mu\nu} - \partial_\mu \partial^\lambda H_{\nu\lambda} - \partial_\nu \partial^\lambda H_{\mu\lambda} + \eta_{\mu\nu} \partial^\rho \partial^\sigma H_{\rho\sigma} = -16\pi G T_{\mu\nu}. \qquad (25.12)$$

Die linke Seite von (25.12) enthält drei Summanden, die jeweils einen Term der Form $\partial^\lambda H_{\mu\lambda}$ beinhalten, und vereinfacht sich beträchtlich, wenn wir verlangen, dass

$$\partial^\lambda H_{\mu\lambda} = 0 \qquad (25.13)$$

gilt. Das sind vier Gleichungen, und wir werden sehen, dass wir die vier freien Eichfunktionen ξ^μ so wählen können, dass (25.13) erfüllt wird. Die Eichung (25.13) nennt man **Lorenz-Eichung** nach dem Physiker L.V. Lorenz (1829 - 1891), nicht zu verwechseln mit dem Niederländer H.A. Lorentz!

Wir zeigen mit (25.9) und der Eichtransformation (25.3), dass sich $H_{\mu\nu}$ gemäß

$$H_{\mu\nu} \to \tilde{H}_{\mu\nu} = H_{\mu\nu} - \partial_\nu \xi_\mu - \partial_\mu \xi_\nu + \eta_{\mu\nu} \partial^\rho \xi_\rho \qquad (25.14)$$

transformiert. Es gilt:

$$
\begin{aligned}
H_{\mu\nu} \to \tilde{H}_{\mu\nu} &= \tilde{h}_{\mu\nu} - \frac{1}{2} \eta_{\mu\nu} \tilde{h} = h_{\mu\nu} - \partial_\nu \xi_\mu - \partial_\mu \xi_\nu - \frac{1}{2} \eta_{\mu\nu} \eta^{\rho\sigma} \tilde{h}_{\rho\sigma} \\
&= h_{\mu\nu} - \partial_\nu \xi_\mu - \partial_\mu \xi_\nu - \frac{1}{2} \eta_{\mu\nu} \eta^{\rho\sigma} (h_{\rho\sigma} - \partial_\sigma \xi_\rho - \partial_\rho \xi_\sigma) \\
&= h_{\mu\nu} - \frac{1}{2} \eta_{\mu\nu} h - \partial_\nu \xi_\mu - \partial_\mu \xi_\nu + \frac{1}{2} \eta_{\mu\nu} (\partial^\rho \xi_\rho + \partial^\sigma \xi_\sigma) \\
&= H_{\mu\nu} - \partial_\nu \xi_\mu - \partial_\mu \xi_\nu + \eta_{\mu\nu} \partial^\rho \xi_\rho
\end{aligned}
$$

Wir berechnen die *Viererdivergenz* (siehe Gl. 16.1 auf Seite 344) und erhalten

$$
\begin{aligned}
\partial^\nu \tilde{H}_{\mu\nu} &= \partial^\nu H_{\mu\nu} - \partial^\nu \partial_\nu \xi_\mu - \partial_\mu \partial^\nu \xi_\nu + \eta_{\mu\nu} \partial^\nu \partial^\rho \xi_\rho \\
&= \partial^\nu H_{\mu\nu} - \partial^\nu \partial_\nu \xi_\mu - \partial_\mu \partial^\nu \xi_\nu + \partial_\mu \partial^\rho \xi_\rho \\
&= \partial^\nu H_{\mu\nu} - \partial^\nu \partial_\nu \xi_\mu.
\end{aligned}
$$

Wenn wir also wollen, dass $\partial^\nu \tilde{H}_{\mu\nu} = 0$ gilt, so müssen die Eichfunktionen ξ_μ durch die Gleichung

$$\Box \xi_\mu = \partial^\nu \partial_\nu \xi_\mu = \partial^\nu H_{\mu\nu} \qquad (25.15)$$

bestimmt werden. Gl. (25.15) stellt ein System von vier (für jeden Wert von μ) inhomogenen Differenzialgleichungen dar, deren Lösungen schon bei schwachen Voraussetzungen an die *Störfunktion* auf der rechten Seite existieren, was wir hier aber wegen der notwendigen Mathematik nicht weiter ausführen können. Für weitere Details siehe z.B. [31]. Die Eichfunktionen ξ_μ sind nicht eindeutig, wir können beliebige Funktionen χ_μ, die

$$\Box \chi_\mu = 0 \qquad (25.16)$$

erfüllen, dazu addieren, und es gilt dann

$$\Box (\xi_\mu + \chi_\mu) = \Box \xi_\mu + \Box \chi_\mu = \partial^\nu H_{\mu\nu},$$

die Lorenz-Eichung bleibt also erhalten.

Zusammenfassend können wir feststellen, dass sich die Einsteingleichungen in der Lorenz-Eichung $\partial^\nu H_{\mu\nu} = 0$ zu

$$\Box H_{\mu\nu} = -16\pi G T_{\mu\nu} \qquad (25.17)$$

vereinfachen. Sie werden dann **lineare** (wegen der Linearität in $H_{\mu\nu}$) oder **schwache** Einsteingleichungen genannt.

25.2. Ausbreitung von Gravitationswellen

Wir betrachten in diesem Abschnitt Gravitationswellen, die sich frei durch den leeren Raum ausbreiten, untersuchen hier aber nicht, ob oder wie die Gravitationswellen durch Veränderungen eines Objektes in einem gravitativen Feld generiert werden. Unser Vorgehen unterstellt, dass wir ein schwaches Gravitationsfeld vorliegen haben und uns weit entfernt von Quellen befinden, wo der Energie-Impuls-Tensor verschwindet, d.h., wir lösen die linearen Einsteingleichungen (in der Lorentz-Eichung) im Vakuum:

$$\Box H_{\mu\nu} = \left(-\frac{\partial}{\partial t^2} + \nabla^2 \right) H_{\mu\nu} = 0 \qquad (25.18)$$

Eine Gleichung der Form (25.18) nennt man auch **homogene Wellengleichung**.

Ansatz mit ebener Welle

Wir wollen zeigen, dass die linearen Einsteingleichungen im Vakuum (25.18) durch ebene Wellen gelöst werden und verallgemeinern dazu die in Gl. 12.10 auf Seite 253 dargestellte Wellengleichung auf den Fall einer beliebigen Ausbreitungsrichtung.

Bemerkung 25.1. **MW: Ebene Welle mit beliebiger Ausbreitungsrichtung**
Die Ausbreitungsrichtung sei durch den (konstanten) **Wellenvektor** $\vec{k} \rightarrow (k^x, k^y, k^z)$ bestimmt. Dann verallgemeinert sich die Gleichung einer ebenen Welle (12.10) zu

$$A\left(\vec{x}, t\right) = A_0 \sin\left(\vec{k} \cdot \vec{x} - \omega t\right) = A_0 \sin\left(k^x x + k^y y + k^z z - \omega t\right). \qquad (25.19)$$

Wir erweitern den Wellenvektor zum **Wellenviervektor**

$$k \rightarrow k^\rho = (\omega, k^x, k^y, k^z)$$

und erhalten mit Gl. 15.16 auf Seite 332 für die zu k korrespondierende Einsform

$$\tilde{k} \rightarrow k_\rho = (-\omega, k_x, k_y, k_z).$$

Damit können wir Gl. (25.19) kurz als

$$A\left(t, x, y, z\right) = A_0 \sin\left(-\omega t + k^x x + k^y y + k^z z\right) = A_0 \sin\left(k_\rho \rho\right)$$

schreiben. □

Für die homogene Wellengleichung (25.18) wählen wir als *Lösungsansatz* ebene Wellen:

$$H_{\mu\nu}(t, x, y, z) = A_{\mu\nu} \sin(k_\rho \rho) = A_{\mu\nu} \sin\left(\vec{k} \cdot \vec{x} - \omega t\right), \qquad (25.20)$$

wobei $A_{\mu\nu}$ konstante Tensorkomponenten sind, und bestimmen die notwendigen Eigenschaften der Konstanten $A_{\mu\nu}$ und k. Solch eine ebene Welle bewegt sich mit Phasengeschwindigkeit $v = \omega/\left|\vec{k}\right|$ in Richtung von $\vec{k}$.

Den Ansatz (25.20) eingesetzt in die lineare Einsteingleichung (25.18) ergibt

$$\begin{aligned}
0 &= \Box H_{\mu\nu} = \partial^\alpha \partial_\alpha A_{\mu\nu} \sin(k_\rho \rho) = \eta^{\alpha\beta} \partial_\beta \partial_\alpha A_{\mu\nu} \sin(k_\rho \rho) \\
&= \eta^{\alpha\beta} \partial_\beta \left(k_\alpha A_{\mu\nu} \cos(k_\rho \rho)\right) = -A_{\mu\nu} \eta^{\alpha\beta} k_\alpha k_\beta \sin(k_\rho \rho),
\end{aligned}$$

woraus

$$\eta^{\alpha\beta} k_\alpha k_\beta = k^\alpha k_\alpha = 0 \qquad (25.21)$$

folgt. Aus der Lorenz-Eichung (25.13) erhalten wir

$$\begin{aligned}
0 &= \partial^\nu \left(A_{\mu\nu} \sin(k_\rho \rho)\right) = \eta^{\nu\sigma} \partial_\sigma \left(A_{\mu\nu} \sin(k_\rho \rho)\right) \\
&= \eta^{\nu\sigma} k_\sigma A_{\mu\nu} \cos(k_\rho \rho) = k^\nu A_{\mu\nu} \cos(k_\rho \rho) \\
&\Rightarrow k^\nu A_{\mu\nu} = 0 \qquad\qquad\qquad\qquad\qquad\qquad (25.22)
\end{aligned}$$

sowie mit der Symmetrie von $H_{\mu\nu}$

$$A_{\mu\nu} = A_{\nu\mu}. \qquad (25.23)$$

Aus Gl. (25.21) folgt

$$\begin{aligned}
0 &= k^\alpha k_\alpha = \eta^{\alpha\beta} k_\alpha k_\beta \\
&= (-\omega)^2 \eta^{tt} + k_x^2 \eta^{xx} + k_y^2 \eta^{yy} + k_z^2 \eta^{zz} \\
&= -\omega^2 + k_x^2 + k_y^2 + k_z^2 = -\omega^2 + \left|\vec{k}\right| \\
&\Rightarrow \omega^2 = \left|\vec{k}\right|^2 \Rightarrow v = \omega/\left|\vec{k}\right| = 1,
\end{aligned}$$

d.h., eine ebene Gravitationswelle bewegt sich wie eine elektromagnetische Welle mit Lichtgeschwindigkeit ($v = c = 1$).

Spurfreie-Transversale-Eichung

Wir nutzen nun die Freiheit, dass wir die Lorenz-Eichung um eine weitere Eichfunktion

$$\chi_\mu := B_\mu \cos\left(k_\rho\,\rho\right)$$

additiv erweitern können, wobei die k_ρ wie in (25.20) und die B_μ konstant gewählt werden. Die Voraussetzung (25.16) ist mit (25.21) wegen

$$\partial^\alpha \partial_\alpha\, \chi_\mu = -k^\alpha k_\alpha\, B_\mu\, \cos\left(k_\rho\,\rho\right) = 0$$

erfüllt. Wir definieren

$$\tilde{H}_{\mu\nu} = \tilde{A}_{\mu\nu}\, \sin\left(k_\rho\,\rho\right),$$

dann folgt mit (25.14):

$$
\begin{aligned}
\tilde{H}_{\mu\nu} &= H_{\mu\nu} - \partial_\nu\,\chi_\mu - \partial_\mu\,\chi_\nu + \eta_{\mu\nu}\,\partial^\rho\,\chi_\rho \\
&= A_{\mu\nu}\,\sin\left(k_\rho\,\rho\right) - \partial_\nu\,B_\mu\,\cos\left(k_\rho\,\rho\right) - \partial_\mu\,B_\nu\,\cos\left(k_\rho\,\rho\right) \\
&\quad + \eta_{\mu\nu}\,\partial^\alpha\,B_\alpha\,\cos\left(k_\rho\,\rho\right) \\
&= A_{\mu\nu}\,\sin\left(k_\rho\,\rho\right) + k_\nu\,B_\mu\,\sin\left(k_\rho\,\rho\right) + k_\mu\,B_\nu\,\sin\left(k_\rho\,\rho\right) \\
&\quad - \eta_{\mu\nu}\,k^\alpha\,B_\alpha\,\sin\left(k_\rho\,\rho\right)
\end{aligned}
$$

Wenn wir die Terme mit der Sinusfunktion ausklammern, erhalten wir

$$\tilde{A}_{\mu\nu} = A_{\mu\nu} + k_\nu\,B_\mu + k_\mu\,B_\nu - \eta_{\mu\nu}\,k^\alpha B_\alpha. \tag{25.24}$$

Wir zeigen, dass $\tilde{A}_{\mu\nu}$ ebenfalls die Orthogonalitätsrelation (25.22)

$$k^\nu\,\tilde{A}_{\mu\nu} = 0 \tag{25.25}$$

erfüllt. Es gilt

$$
\begin{aligned}
k^\nu\,\tilde{A}_{\mu\nu} &= \underbrace{k^\nu A_{\mu\nu}}_{=0} + \underbrace{k^\nu k_\nu\, B_\mu}_{=0} + k^\nu k_\mu\,B_\nu - \eta_{\mu\nu}\,k^\nu k^\alpha B_\alpha \\
&= k_\mu\,k^\nu B_\nu - k_\mu\,k^\alpha B_\alpha = 0.
\end{aligned}
$$

Die Komponenten B_μ sind beliebig wählbar, und wir wollen sie spezifizieren, um neben (25.25) weitere Restriktionen für $\tilde{A}_{\mu\nu}$ zu erhalten. Es folgt aus (25.24):

$$
\begin{aligned}
\tilde{A}_\mu^\mu &= \eta^{\mu\nu}\,\tilde{A}_{\mu\nu} = A_\mu^\mu + \eta^{\mu\nu} k_\nu\,B_\mu + \eta^{\mu\nu} k_\mu\,B_\nu - \eta^{\mu\nu}\eta_{\mu\nu}\,k^\alpha B_\alpha \\
&= A_\mu^\mu + k^\mu B_\mu + k^\nu B_\nu - 4k^\alpha B_\alpha \\
&= A_\mu^\mu - 2k^\mu B_\mu
\end{aligned}
$$

Wir wählen

$$k^\mu B_\mu = \frac{1}{2} A^\mu_\mu$$

und erhalten die Restriktion

$$\tilde{A}^\mu_\mu = 0. \tag{25.26}$$

Sei nun $\vec{U} \to U^\nu$ eine konstante Vierergeschwindigkeit, d.h. ein konstanter zeitartiger Einheitsvektor, dann definieren wir als weitere Bedingungen

$$\tilde{A}_{\mu\nu} U^\nu = 0. \tag{25.27}$$

Auf den ersten Blick sieht es so aus, als ob diese Festlegung vier (für jeden Wert von μ) Freiheitsgrade benötigt, es gilt aber ganz analog zu (25.25), dass für *jede* Wahl von B_μ die Beziehung

$$k^\mu \tilde{A}_{\mu\nu} U^\nu = 0$$

gilt, d.h., es werden nur *drei* Freiheitsgrade benötigt. Wir schreiben ab hier die transformierten Größen wieder ohne die Tilde $\tilde{}$. Die beiden Bedingungen (25.26) und (25.27) nennt man **Spurfreie-Transversale (ST)-Eichung,** und es gilt nach (25.10)

$$h^{ST}_{\mu\nu} = H^{ST}_{\mu\nu} - \frac{1}{2}\eta_{\mu\nu} H^{ST} = H^{ST}_{\mu\nu} \tag{25.28}$$

wegen

$$H^{ST} = \left(H^{ST}\right)^\mu_\mu = \underbrace{A^\mu_\mu}_{=0} \cos\left(k_\rho\,\rho\right) = 0,$$

d.h., in der ST-Eichung gibt es keinen Unterschied zwischen den Störfunktionen $h_{\mu\nu}$ und den Inverse-Spur-Funktionen $H_{\mu\nu}$.

Wir wollen jetzt zeigen, dass in der ST-Eichung für die Komponenten $A_{\mu\nu}$ von den ursprünglichen zehn (wegen der Symmetrie) nur noch zwei Freiheitsgrade übrig bleiben, und schreiben in der Folge der Übersichtlichkeit halber wieder

$$H_{\mu\nu} = H^{ST}_{\mu\nu} = h^{ST}_{\mu\nu} = h_{\mu\nu}.$$

In Gl. (25.27) wählen wir den Vektor $\vec{U} = \vec{e}_t \to (1,0,0,0)$ und erhalten

$$A_{\mu\nu} U^\nu = A_{\mu t} = A_{t\mu} = 0. \tag{25.29}$$

In diesem Koordinatensystem seien die Achsen so orientiert, dass sich die Welle in z-Richtung ausbreitet, d.h.

$$k^\nu = (\omega, 0, 0, \omega), \tag{25.30}$$

womit $k_\nu\, k^\nu = 0$ garantiert ist. Aus (25.30) folgt in der Lorenz-Eichung nach (25.22)

$$0 = k^\nu A_{\mu\nu} = \omega \underbrace{A_{\mu t}}_{=0} + \omega A_{\mu z} \Rightarrow A_{\mu z} = A_{z\mu} = 0.$$

Insgesamt sind also nur

$$A_{xx}, A_{yy}, \quad und \quad A_\times := A_{xy} = A_{yx}$$

von null verschieden. Aus der Spurfreiheit von $A_{\mu\nu}$ (25.26) folgt noch

$$A_{xx} = -A_{yy} =: A_+,$$

sodass sich $A_{\mu\nu}$ in folgender Matrixform darstellen lässt:

$$A_{\mu\nu} = \begin{pmatrix} 0 & 0 & 0 & 0 \\ 0 & A_+ & A_\times & 0 \\ 0 & A_\times & -A_+ & 0 \\ 0 & 0 & 0 & 0 \end{pmatrix} = A_+ \begin{pmatrix} 0 & 0 & 0 & 0 \\ 0 & 1 & 0 & 0 \\ 0 & 0 & -1 & 0 \\ 0 & 0 & 0 & 0 \end{pmatrix} + A_\times \begin{pmatrix} 0 & 0 & 0 & 0 \\ 0 & 0 & 1 & 0 \\ 0 & 1 & 0 & 0 \\ 0 & 0 & 0 & 0 \end{pmatrix}$$

(25.31)

mit den beiden voneinander unabhängigen Konstanten A_+ und $A_\times$. Eine ebene Gravitationswelle in der ST-Eichung besteht also aus einer Linearkombination zweier unterschiedlicher Lösungen, die **Polarisationen** der Welle genannt werden. Den Teil, der proportional zu A_+ ist, nennt man + Polarisation, den zweiten $\times$ Polarisation.

25.3. Beobachtung von Gravitationswellen

Wenn ein Wellenpaket sich in z-Richtung ausbreitet, so können wir alle ebenen Wellen so ausrichten, dass sie die Form (25.31) annehmen, d.h., jede Welle hat in der ST-Eichung nur die zwei unabhängigen $H_{xx} = h_{xx}$ und $H_{xy} = h_{xy}$ Komponenten. Wir betrachten ein Teilchen, das in einer sonst wellenfreien Region von einer Gravitationswelle getroffen wird, und wählen ein Koordinatensystem, in dem das Teilchen ruht, und die zu diesem Koordinatensystem korrespondierende ST-Eichung. Der Vektor U aus (25.27) bezeichne die Vierergeschwindigkeit im Ruhesystem des Teilchens

$$U = \left(\sqrt{-g_{xx}}, 0, 0, 0\right) \approx (1, 0, 0, 0)$$

in linearer Näherung. Für ein frei fallendes Teilchen gilt die Geodätengleichung (20.2):

$$\frac{d^2\mu}{dt_E^2} + \Gamma^\mu_{\nu\rho}\frac{d\nu}{dt_E}\frac{d\rho}{dt_E} = \frac{dU^\mu}{dt_E} + \Gamma^\mu_{\nu\rho}U^\nu U^\rho = 0,$$

und es folgt mit (25.4):

$$0 = \frac{dU^\mu}{dt_E} + \Gamma^\mu_{\nu\rho} U^\nu U^\rho = \frac{dU^\mu}{dt_E} + \Gamma^\mu_{tt} = \frac{dU^\mu}{dt_E} + \frac{1}{2}\eta^{\mu\nu} \underbrace{(\partial_t h_{t\nu} + \partial_t h_{t\nu} - \partial_\nu h_{tt})}_{=0},$$

da alle $h_{t\mu}$ verschwinden. Beim Durchgang der Welle ist die Viererbeschleunigung des Teilchens gleich null, d.h., das Teilchen bleibt weiterhin in Ruhe, als ob die Gravitationswelle keinerlei Einfluss auf das Teilchen gehabt hätte. Wir müssen aber vorsichtig mit einer solchen Interpretation sein, da wir ja ein mitbewegtes Koordinatensystem gewählt haben, das die Koordinaten des Teilchens unverändert lässt. Das Ergebnis hat also *keine geometrisch invariante* Bedeutung.

Um eine bessere Einschätzung der Effekte einer Gravitationswelle zu erhalten, betrachten wir bei $t = 0$ zwei räumlich infinitesimal getrennte Teilchen, eines im Ursprung und das andere bei

$$x = L^*, y = z = 0.$$

Dann folgt für die Distanz $L(t)$ zwischen diesen Teilchen

$$\begin{aligned} L(t) &= \int_0^{L^*} dx \sqrt{g_{xx}} = \int_0^{L^*} dx \sqrt{\eta_{xx} + h_{xx}} \\ &\approx L^* \sqrt{1 + h_{xx}(t, x=0)} \approx L^* \left(1 + \frac{1}{2} h_{xx}(t, x=0)\right). \end{aligned} \quad (25.32)$$

Wir definieren die **Längenänderung** δL durch

$$\delta L := L(t) - L^*$$

und erhalten aus (25.32) für die **relative Längenänderung**

$$\frac{\delta L}{L^*} = \frac{1}{2} h_{xx}(t, x=0). \quad (25.33)$$

Die Störfunktion h_{xx} ist zeitabhängig, d.h., der invariante Eigenabstand der Teilchen ändert sich mit der Zeit. Um das genauer zu untersuchen, schauen wir uns zunächst an, wie eine + polarisierte Gravitationswelle auf eine Menge von ringförmig in der (x, y)-Ebene angeordnete Teilchen wirkt. Wir betrachten mit (25.30)

$$h_{\mu\nu} = \begin{pmatrix} 0 & 0 & 0 & 0 \\ 0 & A_+ & 0 & 0 \\ 0 & 0 & -A_+ & 0 \\ 0 & 0 & 0 & 0 \end{pmatrix} \sin(\omega(z - t)).$$

Da wir den Teilchenring in der (x, y)-Ebene verankert haben, setzen wir $z = 0$, und die Störfunktion vereinfacht sich zu

$$h_{\mu\nu} = \begin{pmatrix} 0 & 0 & 0 & 0 \\ 0 & A_+ & 0 & 0 \\ 0 & 0 & -A_+ & 0 \\ 0 & 0 & 0 & 0 \end{pmatrix} \sin(-\omega t).$$

Das räumliche Linienelement des schwachen Gravitationsfeldes ergibt sich daraus mit (25.1) und wegen $z = 0$ zu:

$$ds^2 = (1 + A_+ \sin(-\omega t))\, dx^2 + (1 - A_+ \sin(-\omega t))\, dy^2 \qquad (25.34)$$

Die Abstände zwischen einem Teilchen im Mittelpunkt des Ringes und den Teilchen auf dem Ring ändern sich im Zeitablauf gemäß der Metrik (25.34). Um diese zu berechnen, führen wir ein neues Koordinatensystem ein:

$$X: = \left(1 - \frac{A_+}{2} \sin(-\omega t)\right) x = \left(1 + \frac{A_+}{2} \sin \omega t\right) x$$

$$Y: = \left(1 - \frac{A_+}{2} \sin \omega t\right) y$$

Dann folgt in erster Ordnung in A_+

$$dX^2 = \left(1 + A_+ \sin \omega t + \underbrace{\left(\frac{A_+^2}{4} \sin^2 \omega t\right)}_{\approx 0}\right) dx^2 = (1 + A_+ \sin \omega t)\, dx^2$$

$$dY^2 = \left(1 - A_+ \sin \omega t + \underbrace{\left(\frac{A_+^2}{4} \sin^2 \omega t\right)}_{\approx 0}\right) dy^2 = (1 - A_+ \sin \omega t)\, dy^2,$$

also ist das räumliche Linienelement (25.34) in erster Ordnung das der euklidischen (X, Y)-Ebene:

$$ds^2 = dX^2 + dY^2$$

Abb. 25.1 veranschaulicht das zeitliche Verhalten der Positionen der acht Teilchen auf dem Ring, der senkrecht zur Ausbreitungsrichtung der Gravitationswelle steht. Das allgemeine Muster ist eine Ellipse, deren Achsen periodisch in der Zeit oszillieren. Im ersten Viertel einer Periode wird der Ring kontinuierlich in Y-Richtung gequetscht und in X-Richtung auseinandergezogen. Im zweiten Viertel breitet sich die Y-Richtung aus und die X-Richtung zieht sich zusammen, bis wieder der Ring entsteht. Ein Viertel weiter geht es umgekehrt: Die Y-Richtung wird auseinandergezogen, die X-Richtung gequetscht. Und schließlich entsteht im letzten Viertel wieder die Ringform, und alles geht von vorne los.

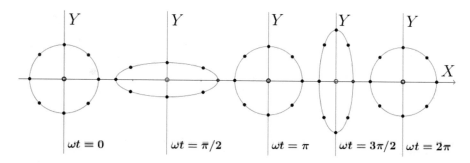

Abbildung 25.1.: Verformung beim Durchgang einer + Gravitationswelle

Ein solches Muster ist charakteristisch für alle Gravitationswellen und kann als Erkennungsmerkmal einer solchen Welle genutzt werden.

Wir behandeln jetzt den Fall einer $\times$ polarisierten Welle, d.h., wir setzen

$$h_{\mu\nu} = \begin{pmatrix} 0 & 0 & 0 & 0 \\ 0 & 0 & A_\times & 0 \\ 0 & A_\times & 0 & 0 \\ 0 & 0 & 0 & 0 \end{pmatrix} \sin\left(-\omega t\right)$$

und erhalten für das räumliche Linienelement

$$ds^2 = dx^2 + 2A_\times \sin\left(-\omega t\right) dx\, dy + dy^2. \tag{25.35}$$

Um zu sehen, welche Bewegungen der Teilchen auf dem Ring von einer solchen Gravitationswelle ausgelöst werden, ist es am einfachsten, die Achsen um 45° in der Ebene zu drehen. Die neuen Koordinaten sind mit der Drehmatrix 8.13 dann:

$$\tilde{x} = x\cos 45° + y\sin 45° = \frac{1}{\sqrt{2}}\left(x + y\right)$$

$$\tilde{y} = -x\sin 45° + y\cos 45° = \frac{1}{\sqrt{2}}\left(-x + y\right),$$

und es folgt

$$d\tilde{x}^2 + d\tilde{y}^2 = dx^2 + dy^2, \quad d\tilde{x}^2 - d\tilde{y}^2 = 2dx\, dy.$$

Damit wird das Linienelement (25.35) zu

$$
\begin{aligned}
ds^2 &= d\tilde{x}^2 + d\tilde{y}^2 + A_\times \sin\left(-\omega t\right)\left(d\tilde{x}^2 - d\tilde{y}^2\right) \\
&= \left(1 + A_+ \sin\left(-\omega t\right)\right)d\tilde{x}^2 + \left(1 - A_+ \sin\left(-\omega t\right)\right)d\tilde{y}^2,
\end{aligned}
$$

und wir erhalten wieder die Metrik (25.34). Die korrespondierende Abb. 25.2 zeigt ein analoges zeitliches Verhalten der acht Teilchen auf den Ring, die Ellipsen sind allerdings um 45° gedreht.

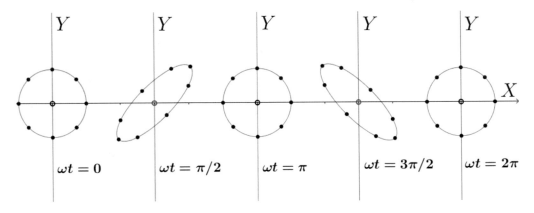

Abbildung 25.2.: Verformung beim Durchgang einer × Gravitationswelle

Typische Amplituden von astrophysikalischen Quellen

Eine Großzahl astrophysikalischer Quellen produziert Gravitationswellen mit einer Amplitude von A_+ oder $A_\times$ in einer (auf der Erde gemessenen) Größenordnung zwischen 10^{-18} und 10^{-22} Metern. Das heißt, dass freie Teilchen, die einen Abstand von $R = 10^6\,\text{m} = 1000\,\text{km}$ voneinander haben, mit Amplituden der Größenordnung von $10^{-14}\,\text{m}$ (was ungefähr der Größe von zehn Atomkernen entspricht) vor und zurück oszillieren, wenn sie von einer Gravitationswelle mit Amplitude $A_{+/\times} \approx 10^{-20}$ getroffen werden. Das ist der Hauptgrund, warum die Detektion von Gravitationswellen auf der Erde so schwierig ist. Die Auslenkungen in den Abbildungen 25.1 und 25.2 sind also stark überzeichnet. Wir werden uns in Abschn. 25.5 ausführlicher mit dem Nachweis von Gravitationswellen beschäftigen.

25.4. Erzeugung von Gravitationswellen

Wir unterstellen nun die Anwesenheit von Quellen (z.B. umeinander rotierende Sterne), die durch den Energie-Impuls-Tensor $T_{\mu\nu} \neq 0$ charakterisiert werden.

Die Quellen mögen sich in einem begrenzten Raumgebiet befinden, sodass der Energie-Impuls-Tensor außerhalb verschwindet.

Unsere Aufgabe besteht darin, die zehn unabhängigen inhomogenen linearen Einsteingleichungen (25.17)

$$\Box H_{\mu\nu} = -16\pi G T_{\mu\nu}$$

näher zu untersuchen und Lösungen zu finden. Dazu verwenden wir die allgemeine Lösungsformel

$$A_\mu(t, \vec{x}) = \frac{1}{4\pi} \int d^3 x' \, \frac{J_\mu(t_r, \vec{x}')}{|\vec{x} - \vec{x}'|} \qquad (25.36)$$

für inhomogene Wellengleichungen der Form

$$\Box A_\mu = -J_\mu,$$

deren Herleitung die mathematischen Voraussetzungen für dieses Buch überschreitet (eine gute und nicht allzu abstrakte Einführung in die Lösungstheorie partieller Differenzialgleichungen findet man in dem Buch von Burg et al. [5]). In der Lösungsformel (25.36) wird durch $|\vec{x} - \vec{x}'|$ die Entfernung zwischen dem Quellpunkt $\vec{x}'$ und dem Feldpunkt $\vec{x}$ (z.B. ein Ort auf der Erde, an dem die Gravitationswelle gemessen wird) dargestellt. Da sich gravitative Effekte mit Lichtgeschwindigkeit ausbreiten, kommt es nicht auf den Zustand der Quelle zum jetzigen Zeitpunkt t an, sondern auf den Zustand, den die Quelle zu dem früheren Zeitpunkt

$$t_r = t - |\vec{x} - \vec{x}'|$$

besaß. Da wir $c = 1$ gesetzt haben, ist $|\vec{x} - \vec{x}'|$ die Zeit, die das Licht für die Strecke $|\vec{x} - \vec{x}'|$ braucht. Die Größe t_r wird **retardierte Zeit** genannt. Wir übertragen die Lösungsformel (25.36) auf die inhomogenen linearen Einsteingleichungen und erhalten

$$H_{\mu\nu}(t, \vec{x}) = 16\pi G \frac{1}{4\pi} \int d^3 x' \, \frac{T_{\mu\nu}(t_r, \vec{x}')}{|\vec{x} - \vec{x}'|} = 4G \int d^3 x' \, \frac{T_{\mu\nu}(t_r, \vec{x}')}{|\vec{x} - \vec{x}'|}. \qquad (25.37)$$

Für die weitere Behandlung betrachten wir im Folgenden einige Spezialfälle.

Große-Distanz-Approximation

Wenn wir uns weit entfernt von dem Quellgebiet befinden und unterstellen, dass die Ausdehnung der Quelle klein ist, gilt

$$r := |\vec{x}| \gg |\vec{x}'| =: r',$$

und wir können $|\vec{x} - \vec{x}'|$ durch r und somit (25.37) durch

$$H_{\mu\nu}(t, \vec{x}) \xrightarrow[r \to \infty]{} 4G \frac{1}{r} \int d^3x' \, T_{\mu\nu}(t - r, \vec{x}')$$
(25.38)

annähern, siehe Abb. 25.3. Das Symbol $\xrightarrow[r \to \infty]{}$ repräsentiert in diesem Abschnitt die Aussage, dass der nachfolgende Term in einem großen Abstand r zur Quelle zu berechnen ist; der Pfeil symbolisiert also *keinen* mathematischen Grenzwert.

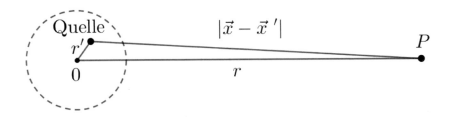

Abbildung 25.3.: Große-Distanz-Approximation

Wir unterstellen noch, dass ein schwaches Gravitationsfeld vorliegt und sich die Quellen nur langsam (im Vergleich zur Lichtgeschwindigkeit) bewegen. Der Energie-Impuls-Tensor wird dann durch die (Ruhe-)Massendichte ρ dominiert:

$$T^{\mu\nu} = \rho U^\mu U^\nu,$$

d.h., der Druck p ist sehr klein gegenüber der Massendichte ρ und wird vernachlässigt, siehe (16.6). Nach (16.10) erfüllt der Energie-Impuls-Tensor das Erhaltungsgesetz des flachen Raums:

$$\partial_\nu T^{\mu\nu} = 0$$
(25.39)

Für $\mu = t$ und $i = x, y, z$ folgt daraus und mit dem Satz von Schwarz (9.27)

$$\partial_t \, \partial_t \, T^{tt} = -\partial_t \, \partial_i \, T^{ti} = -\partial_i \, \partial_t \, T^{ti}.$$
(25.40)

Wenn wir in (25.39) $\mu = k$ setzen, ergibt sich

$$\partial_t \, T^{kt} + \partial_i \, T^{ki} = 0 \Rightarrow \partial_i \, T^{ki} = -\partial_t \, T^{kt}$$

sowie nach nochmaligem Ableiten nach ∂_k

$$\partial_i \, T^{ki} = -\partial_t \, T^{kt} \Rightarrow \partial_k \, \partial_i \, T^{ki} = -\partial_k \, \partial_t \, T^{kt}$$

und daraus mit (25.40) die Beziehung

$$\partial_t\,\partial_t\,T^{tt} = \partial_k\,\partial_i\,T^{ki}. \tag{25.41}$$

Wir multiplizieren Gl. (25.41) mit $x^m x^n$ und integrieren die rechte Seite partiell über den ganzen Raum

$$
\begin{aligned}
\int d^3x\,\partial_k\,\partial_i\,T^{ki}x^m x^n &= \left[\partial_i\,T^{ki}x^m x^n\right]_\Sigma - \int d^3x\,\left(\partial_i\,T^{ki}\right)\left(\partial_k\left(x^m x^n\right)\right) \\
&= -\int d^3x\,\left(\partial_i\,T^{ki}\right)\left(\left(\partial_k\,x^m\right)x^n + x^m\left(\partial_k\,x^n\right)\right) \\
&= -\int d^3x\,\partial_i\,T^{ki}\left(\delta_k^m\,x^n + \delta_k^n\,x^m\right),
\end{aligned}
$$

da der Oberflächenterm verschwindet, wenn Σ größer als das Quellgebiet ist. Nochmalige partielle Integration führt zu

$$
\begin{aligned}
\int d^3x\,\partial_k\,\partial_i\,T^{ki}x^m x^n &= \int d^3x\,T^{ki}\left(\delta_k^m\,\partial_i\,x^n + \delta_k^n\,\partial_i\,x^m\right) \\
&= \int d^3x\,T^{ki}\left(\delta_k^m\,\delta_i^n + \delta_k^n\,\delta_i^m\right) \\
&= \int d^3x\,\left(T^{mn} + T^{nm}\right) = 2\int d^3x\,T^{mn}.
\end{aligned}
$$

Wir erhalten zusammengefasst mit (25.41)

$$\int d^3x\,T^{mn} = \frac{1}{2}\frac{\partial^2}{\partial t^2}\int d^3x\,T^{tt}x^m x^n \tag{25.42}$$

In unserem nichtrelativistischen Grenzfall ist T^{tt} durch die Massendichte ρ bestimmt (siehe Gl. 16.11 auf Seite 355), und das Integral auf der rechten Seite von (25.42) definiert den (symmetrischen) **Quadrupolmoment-Tensor** $I^{mn}(t)$ der Energiedichte ρ durch

$$I^{mn}(t) := \int d^3x\,\rho(t,\vec{x})\,x^m x^n. \tag{25.43}$$

Aus (25.43) und (25.38) erhalten wir für die *räumlichen* Komponenten von $H^{\mu\nu}$

$$H^{mn}(t,\vec{x})\xrightarrow[r\to\infty]{}\frac{2G}{r}\ddot{I}^{mn}(t-r), \tag{25.44}$$

wobei ein Punkt eine Ableitung nach der Zeit t darstellt.

Gravitative Strahlung eines Doppelsternsystems

Wir wollen das Quadrupolmoment für den Fall eines binären Sternsystems konkret ausrechnen und betrachten zwei (Neutronen-)Sterne mit ungefähr der gleichen Masse M, die sich auf einer Kreisbahn mit Radius R um ihren Massenschwerpunkt bewegen, siehe Abb. 25.4.

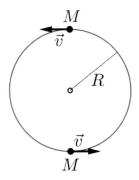

Abbildung 25.4.: Doppelsternsystem

Wir unterstellen, dass sich die Sterne langsam genug bewegen, dass ihre (gleichgroße) Geschwindigkeit v nichtrelativistisch ist und dass sie weit genug voneinander entfernt sind, sodass die Newton'sche Gravitationstheorie geeignet ist, um ihre Bewegungen zu beschreiben. Aus dem Newton'schen Gravitationsgesetz (6.2) ergibt sich der Betrag der Gravitationsbeschleunigung zu

$$a = \frac{GM}{(2R)^2},$$

und nach dem zweiten Newton'schen Gesetz gilt für den Betrag der *Zentripetalbeschleunigung* (2.11) eines Sterns

$$a = \frac{GM}{(2R)^2} = \frac{v^2}{R} = R\left(\frac{v}{R}\right)^2 = R\omega^2 \Rightarrow \omega^2 = \frac{GM}{4R^3} \qquad (25.45)$$

mit der *Kreisfrequenz (2.13)* $\omega = v/R$. Die letzte Gleichung erinnert an das *dritte Kepler'sche Gesetz*, siehe Gl. 1.5 auf Seite 11. Zur Zeit t mögen sich die beiden Sterne an den Positionen

$$\begin{aligned}(x\,(t)\,,y\,(t)\,,z\,(t)) &= (R\cos\omega t, R\sin\omega t, 0) \text{ und}\\ (x\,(t)\,,y\,(t)\,,z\,(t)) &= (-R\cos\omega t, -R\sin\omega t, 0)\end{aligned}$$

befinden. Für die Quadrupolmomente folgt wegen

$$\int d^3x\,\rho\,(t,\vec{x}) = 2M$$

dann

$$I^{mn} = 2M x^m(t)\, x^n(t)\,.$$

Mit den Additionstheoremen der Winkelfunktionen in Abschn. 29.1 ergibt sich daraus

$$
\begin{aligned}
I^{xx} &= 2MR^2 \cos^2 \omega t = MR^2 (1 + \cos 2\omega t) \\
I^{xy} &= I^{yx} = 2MR^2 \sin \omega t \cos \omega t = MR^2 (\sin 2\omega t) \\
I^{yy} &= 2MR^2 \sin^2 \omega t = MR^2 (1 - \cos 2\omega t) \\
I^{xz} &= I^{yz} = I^{zz} = 0.
\end{aligned}
$$

Wir erhalten für die zweiten zeitlichen Ableitungen der Quadrupolmomente:

$$\ddot{I}^{mn}(t) = -4\omega^2 MR^2 \begin{pmatrix} \cos(2\omega t) & \sin(2\omega t) & 0 \\ \sin(2\omega t) & -\cos(2\omega t) & 0 \\ 0 & 0 & 0 \end{pmatrix} \tag{25.46}$$

und daraus mit (25.44)

$$H^{mn}(t,\vec{x}) \xrightarrow[r\to\infty]{} -\frac{8GMR^2\omega^2}{r} \begin{pmatrix} \cos(2\omega(t-r)) & \sin(2\omega(t-r)) & 0 \\ \sin(2\omega(t-r)) & -\cos(2\omega(t-r)) & 0 \\ 0 & 0 & 0 \end{pmatrix}. \tag{25.47}$$

Die Frequenz der emittierten Strahlung ist doppelt so groß wie die Orbitfrequenz, was auch zu erwarten war, da nach einer halben Periode die beiden (gleichen) Massen quasi vertauscht werden und damit erneut die Ausgangssituation entsteht. Für die Polarisationsamplituden ergibt sich aus (25.47) mit (25.45):

$$A_+ = A_\times = \frac{8GM\omega^2}{r} R^2 = \frac{2G^2 M^2}{rR} = \frac{8GM\omega^2}{r} \frac{(GM)^{2/3}}{4^{2/3}\omega^{4/3}} = \frac{8GM}{r} \left(\frac{GM\omega}{4}\right)^{2/3} \tag{25.48}$$

Je schneller sich die Sterne umeinander drehen, umso größer werden die Amplituden, je weiter man von der Quelle entfernt ist, um so kleiner werden die Amplituden. Wir sehen, dass sich die Störfunktionen

$$H_{ST}^{\mu\nu} = H^{\mu\nu} \xrightarrow[r\to\infty]{} -\frac{8GMR^2\omega^2}{r} \begin{pmatrix} 0 & 0 & 0 & 0 \\ 0 & \cos(2\omega(t-r)) & \sin(2\omega(t-r)) & 0 \\ 0 & \sin(2\omega(t-r)) & -\cos(2\omega(t-r)) & 0 \\ 0 & 0 & 0 & 0 \end{pmatrix} \tag{25.49}$$

schon in der ST-Eichung (25.31) befinden, d.h., die $H^{\mu\nu}$ in (25.49) beschreiben eine Wellenausbreitung in z-Richtung senkrecht zur Umlaufebene der beiden Sterne. Die Welle besteht aus einer gleichgewichteten Linearkombination der beiden linearen Polarisationen in (25.31).

Quadrupolformel

Für die abgestrahlte Gesamtenergie pro Zeiteinheit L_{GW}, die man auch **Gravitationswellenleuchtkraft** bzw. **Luminosität** nennt, ergibt sich für unser Doppelsternsystem

$$L_{GW} = -\frac{dE}{dt} = \frac{G}{5}\left\langle \dddot{I}_{ij}\, \dddot{I}^{ij} \right\rangle, \qquad (25.50)$$

wobei die eckigen Klammern die Mittelwertbildung über alle Frequenzen ω kennzeichnen. Das ist Einsteins berühmte **Quadrupolformel** für die abgestrahlte Energie einer Gravitationswelle, die er schon 1916 und verbessert 1918 aus seiner Gravitationstheorie abgeleitet hat. Die Herleitung dieser Formel übersteigt die vorausgesetzten mathematischen und physikalischen Vorkenntnisse an dieses Buch, daher zitieren wir sie hier nur. Wenn man tiefer einsteigen will, findet man eine sehr ausführliche Ableitung mit allen Detailrechnungen in meinem Buch [31].

Die abgestrahlte Leistung stellt für die betrachteten Massen einen Verlust dar, daher das negative Vorzeichen vor dem Term dE/dt. An der Quadrupolformel können wir auch ablesen, dass die dritte zeitliche Ableitung des Quadrupolmoments von null verschieden sein muss, damit eine Gravitationswelle überhaupt entstehen kann. Das ist auch der Grund dafür, dass statische kugelsymmetrische und gleichmäßig rotierende kugelsymmetrische Objekte *keine* Gravitationswellen aussenden.

Für das oben betrachtete Doppelsternsystem ergibt sich mit (25.46)

$$\dddot{I}_{ij} = \frac{d}{dt}\left(-4\omega^2 MR^2 \begin{pmatrix} \cos(2\omega t) & \sin(2\omega t) & 0 \\ \sin(2\omega t) & -\cos(2\omega t) & 0 \\ 0 & 0 & 0 \end{pmatrix}\right)$$

$$= 8\omega^3 MR^2 \begin{pmatrix} \sin(2\omega t) & -\cos(2\omega t) & 0 \\ -\cos(2\omega t) & -\sin(2\omega t) & 0 \\ 0 & 0 & 0 \end{pmatrix} \qquad (25.51)$$

und daraus

$$\begin{aligned}
\left\langle \dddot{I}_{ij}\, \dddot{I}^{ij} \right\rangle &= \left\langle 64\omega^6 M^2 R^4 \left(2\sin^2(2\omega t) + 2\cos^2(2\omega t)\right)\right\rangle \\
&= 128\omega^6 M^2 R^4 \left\langle \sin^2(2\omega t) + \cos^2(2\omega t)\right\rangle.
\end{aligned}$$

Die Funktionen $\sin^2(2\omega t)$ und $\cos^2(2\omega t)$ nehmen alle Werte zwischen 0 und 1 an, daher erhalten wir für den Mittelwert

$$\left\langle \sin^2(2\omega t) + \cos^2(2\omega t)\right\rangle = \frac{1}{2} + \frac{1}{2} = 1$$

und somit

$$\left\langle \overset{...}{I}_{ij}\,\overset{...}{I}^{\,ij} \right\rangle = 128\omega^6 M^2 R^4.$$

Wir benutzen das Kepler'sche Gesetz (25.45):

$$\omega^2 = \frac{GM}{4R^3} \Rightarrow R = \frac{(GM)^{1/3}}{4^{1/3}\,\omega^{2/3}}$$

und erhalten mit (25.50) für die Leuchtkraft des Doppelsternsystems

$$L_{GW} = -\frac{dE}{dt} = \frac{128G}{5}\,\omega^6 M^2 R^4 = \frac{2}{5G}\left(\frac{GM}{R}\right)^5 = \frac{2}{5G}(2GM\omega)^{10/3}\,. \quad (25.52)$$

Diese ist umso stärker, je kleiner der Abstand der beiden Sterne bzw. je größer die Umlauffrequenz ω ist. Wir wollen noch die Formel (25.52) in SI-Einheiten aufschreiben und dazu den zur Masse M proportionalen Schwarzschild-Radius: (23.17)

$$r_S = \frac{2GM}{c^2}$$

sowie den Abstand $D = 2R$ der beiden Sterne benutzen. Dann folgt

$$L_{GW} = -\frac{dE}{dt} = \frac{2}{5Gc^5}\left(\frac{GM}{R}\right)^5 = \frac{2}{5}\frac{c^5}{G}\left(\frac{r_S}{D}\right)^5 \approx \left(\frac{r_S}{D}\right)^5 \cdot 10^{52}\,\text{Watt}. \quad (25.53)$$

Für die Abstrahlungsleistung kommt es also auf das Verhältnis des Schwarzschild-Radius zum Abstand der Sterne an. Wir wollen an drei Beispielen die möglichen Größenordnungen der Abstrahlung erläutern.

Beispiel 25.1.

1. Als erstes Beispiel berechnen wir die Gravitationswellenleuchtkraft der Erde beim Umkreisen der Sonne. Dazu müssen wir die Formel (25.52) auf den Fall unterschiedlicher Massen M_1 und M_2 erweitern. In [24] findet man eine ausführliche Herleitung, die ganz ähnlich wie die obige verläuft und als Ergebnis

$$L_{GW} = \frac{32}{5}\frac{G}{c^5}\,\omega^6\,\frac{(M_1 M_2)^2}{(M_1 + M_2)^2}\,D^4 \quad (25.54)$$

liefert. Sind die beiden Massen gleich $M_1 = M_2 = M$, so folgt aus (25.54)

$$L_{GW} = \frac{32G}{5c^5}\,\omega^6\,\frac{M^4}{(2M)^2}\,(2R)^4 = \frac{128G}{5}\,\omega^6 M^2 R^4,$$

also der Spezialfall (25.52). Das Kepler-Gesetz ist dann

$$D^3 = \frac{G\,(M_1 + M_2)}{\omega^2}, \qquad (25.55)$$

und wir erhalten aus (25.54) mit (25.55)

$$L_{GW} = \frac{32}{5}\frac{G^4}{c^5}\frac{(M_1 + M_2)\,(M_1 M_2)^2}{D^5} = \frac{32}{5}\frac{G^{7/3}}{c^5}\frac{(M_1 M_2)^2}{(M_1 + M_2)^{2/3}}\,\omega^{10/3}.$$
$$(25.56)$$

Wir setzen für die physikalischen Größen folgende Zahlenwerte (in SI-Einheiten) an, vergleiche auch die Tab. 30.3.

Physikalische Größe	Symbol	Zahlenwert
Masse der Sonne	M_S	$1,99 \cdot 10^{30}\,\mathrm{kg}$
Masse der Erde	M_E	$5,974 \cdot 10^{24}\,\mathrm{kg}$
Newtons Gravitationskonst.	G	$6,67 \cdot 10^{-11}\,\mathrm{m^3\,kg^{-1}\,s^{-2}}$
Lichtgeschwindigkeit	c	$3 \cdot 10^8\,\mathrm{m\,s^{-1}}$
Astronomische Einheit	AE	$1,5 \cdot 10^{11}\,\mathrm{m}$

Tabelle 25.1.: Physikalische Größen

Damit ergibt sich

$$\begin{aligned}
L_{GW} &= \frac{32}{5}\frac{G^4}{c^5}\frac{(M_S + M_E)\,(M_S M_E)^2}{D^5}\frac{32}{5} \\
&\approx \frac{2}{10^{41}}\frac{1}{2,4 \cdot 10^{42}}\frac{\left(1,99 \cdot 10^{30}\right)\left(1,41 \cdot 10^{110}\right)}{7,6 \cdot 10^{55}} \\
&\approx 200\,\mathrm{Watt},
\end{aligned}$$

also eine sehr bescheidene Zahl. Daher dauert es auch theoretisch sehr lange (nämlich viel länger als das Universum existiert), bis die Erde aufgrund des Energieverlustes durch Gravitationswellenabstrahlung in die Sonne stürzen würde. Ein richtiger Trost ist das aber auch nicht, da vor diesem Ereignis die Sonne schon seit Milliarden von Jahren ausgebrannt sein wird.

2. In diesem Beispiel wollen wir die Leuchtkraft für zwei Neutronensterne mit je $1,4$ Sonnenmassen zahlenmäßig abschätzen. Der Schwarzschild-Radius eines solchen Sterns beträgt nach Tab. 25.1

$$r_S = \frac{2GM}{c^2} = \frac{2 \cdot 6,67 \cdot 1,4 \cdot 1,99 \cdot 10^{30}}{9 \cdot 10^{16} \cdot 10^{11}} \approx 4\,\mathrm{km},$$

was etwa einem Drittel seines Radius entspricht. Wir nehmen zunächst an, dass sich die Neutronensterne im Abstand einer Astronomischen Einheit (= Mittlere Entfernung Sonne - Erde, siehe Tab. 25.1) umkreisen, und erhalten mit (25.53)

$$L_{GW} \approx \left(\frac{4 \cdot 10^3}{1,5 \cdot 10^{11}}\right)^5 \cdot 10^{52} \approx 1,35 \cdot 10^{14}\,\text{Watt}.$$

Das ist schon eine stattliche Zahl, die etwa 6000-mal der Leistung des zur Zeit größten Kraftwerkes der Welt (Drei-Schluchten-Damm in China) entspricht. Bedenkt man aber, dass die elektromagnetische Abstrahlungsleistung der Sonne etwa $4 \cdot 10^{26}$ Watt beträgt, so ist die gravitative Abstrahlung der Neutronensterne im astronomischen Maßstab eher gering. Die Abstrahlungsleistung des Doppelsternsystems erhöht sich allerdings beträchtlich, wenn sich der Abstand zwischen beiden verringert. So erhalten wir eine Abstrahlungsleistung in Höhe von

$$L_{GW} \approx \left(\frac{4 \cdot 10^3}{5 \cdot 10^8}\right)^5 \cdot 10^{52} \approx 3,37 \cdot 10^{26}\,\text{Watt},$$

d.h. in der Größenordnung der Sonne, wenn sich die Neutronensterne in einem Abstand von 500.000 km umkreisen. Wenn wir noch unterstellen, dass der Abstand des Doppelsternsystems zur Erde (nur) ca. 40 Lichtjahre beträgt (wie z.B. das Doppelsternsystem i Boo), dann ergibt sich für die Größe der Gravitationswellenamplitude mit

$$
\begin{aligned}
M^2 &\approx 8 \cdot 10^{60}, G^2 \approx 45/10^{22}, r = 40\,\text{Lj} = 3,8 \cdot 10^{17}, \\
R &= 2,5 \cdot 10^8, c^4 = 81 \cdot 10^{32}
\end{aligned}
$$

nach Formel (25.48) in SI-Einheiten

$$A_{+/\times} = \frac{2G^2 M^2}{c^4 r R} \approx 9,4 \cdot 10^{-20},$$

also eine ähnliche Größenordnung, wie am Ende des Abschn. 25.3 dargestellt.

3. Der größte Abstrahlungseffekt ergibt sich, wenn die zwei Neutronensterne kurz vor ihrer Verschmelzung stehen, d.h., wenn ihr Abstand gerade ihrem Durchmesser entspricht:

$$L_{GW} \approx \left(\frac{4 \cdot 10^3}{24 \cdot 10^3}\right)^5 \cdot 10^{52} \approx 1,29 \cdot 10^{48}\,\text{Watt}$$

Das ist eine unvorstellbar große Zahl, die der Luminosität von mehr als 10^{21} Sonnen entspricht. Tatsächlich wurde sogar eine etwas größere Leuchtkraft, die allerdings nur Sekundenbruchteile andauerte, im September 2015 bei der Verschmelzung zweier Schwarzer Löcher beobachtet, was wir in Abschn. 25.5 detaillierter beschreiben werden. □

25.5. Nachweis von Gravitationswellen

Für den Nachweis von Gravitationswellen gibt es im Wesentlichen zwei, allerdings grundlegend unterschiedliche, methodische Ansätze. Der eine besteht darin, die Folgen des durch die Gravitationswellenabstrahlung eintretenden Energieverlustes eines Systems zu messen, ohne die abgestrahlten Gravitationswellen selbst (auf der Erde) zu detektieren. Diese Methode nennt man **indirekten Nachweis** von Gravitationswellen. Das Aufspüren von Gravitationswellen mit Messgeräten auf der Erde (zukünftig wohl auch im Weltall), was zum ersten Mal im September 2015 gelang, nennt man **direkten Nachweis** von Gravitationswellen. Wir behandeln zunächst einige Ergebnisse, die die indirekte Methode geliefert hat.

Indirekter Nachweis von Gravitationswellen

Eine Folge des Energieverlustes durch Gravitationswellen ist die zeitliche Veränderung der Umlaufperiode eines Doppelsternsystems. Wenn man durch konkrete Messungen feststellt, dass diese gerade so groß ist wie die theoretische Vorhersage des Energieverlustes durch Gravitationswellen, und wenn man ausschließen kann, dass es andere beeinflussende Effekte gibt, so kann man von einem indirekten Nachweis von Gravitationswellen sprechen.

Wie in Abschn. 25.4 betrachten wir zwei (Neutronen-)Sterne mit ungefähr der gleichen Masse M, die sich auf einer Kreisbahn mit Radius R um ihren Massenschwerpunkt bewegen, siehe Abb. 25.4. Diese Annahmen sind zwar nicht sehr realistisch, da die Massen in der Regel unterschiedlich sind und die Umlaufbewegungen auf elliptischen Bahnen stattfinden, geben allerdings die wesentlichen Ideen gut wieder.

In unserer Newton'schen Approximation beträgt die Gesamtenergie E des Doppelsternsystems

$$E = E_{kin} + E_{pot} = \frac{1}{2}\left(2M\right)v^2 - \frac{GM^2}{2R} = M\omega^2 R^2 - \frac{GM^2}{2R}.$$

Mit dem „Kepler-Gesetz" (25.45)

$$\omega^2 = \frac{GM}{4R^3} \Rightarrow R = \frac{(GM)^{1/3}}{4^{1/3}\,\omega^{2/3}} \tag{25.57}$$

erhalten wir daraus

$$E = MR^2 \frac{GM}{4R^3} - \frac{GM^2}{2R} = -\frac{GM^2}{4R} = -\frac{GM^2 4^{1/3} \omega^{2/3}}{4(GM)^{1/3}} = -\frac{M(GM\omega)^{2/3}}{4^{2/3}}.$$

(25.58)

Die beiden Sterne im Binärsystem haben weder einen konstanten Abstand noch eine konstante Kreisfrequenz. Wegen der Gravitationswellenenergieabstrahlung verringert sich vielmehr der Abstand im Zeitablauf, und die Umlauffrequenz erhöht sich. Um das näher zu erläutern, schreiben wir die zeitlichen Ableitungen wieder mit einem Punkt und erhalten mit (25.58)

$$\frac{\dot{E}}{E} = \frac{\frac{GM^2}{4R^2}\dot{R}}{-\frac{GM^2}{4R}} = -\frac{\dot{R}}{R}$$

(25.59)

sowie mit (25.45) und der Umlaufperiode $T = 2\pi/\omega$:

$$-\frac{\dot{R}}{R} = -\frac{2}{3}\frac{\frac{(GM)^{1/3}}{4^{1/3}\omega^{5/3}}\dot{\omega}}{\frac{(GM)^{1/3}}{4^{1/3}\omega^{2/3}}} = \frac{2}{3}\frac{\dot{\omega}}{\omega} = -\frac{2}{3}\frac{\frac{2\pi}{T^2}}{\frac{2\pi}{T}}\dot{T} = -\frac{2}{3}\frac{\dot{T}}{T}$$

(25.60)

Da wir davon ausgehen, dass der Energieverlust ausschließlich eine Folge der Abstrahlung von Gravitationswellen ist, können wir die Leuchtkraft L_{GW} des Doppelsternsystems in SI-Einheiten (25.53)

$$\dot{E} = \frac{dE}{dt} = -\frac{2}{5Gc^5}\left(\frac{GM}{R}\right)^5$$

benutzen und erhalten

$$\frac{\dot{E}}{E} = \frac{-\frac{2}{5Gc^5}\left(\frac{GM}{R}\right)^5}{-\frac{GM^2}{4R}} = \frac{8}{5c^5}\frac{G^3M^3}{R^4} = -\frac{\dot{R}}{R} \Rightarrow \dot{R} = -\frac{8}{5c^5}\left(\frac{GM}{R}\right)^3.$$

(25.61)

Wir fassen die Terme mit R auf der linken Seite zusammen und erhalten

$$\dot{R}R^3 = -\frac{8}{5c^5}(GM)^3.$$

Diese Differenzialgleichung wird mit der Anfangsbedingung $R(0) = R_0$ durch Integration beider Seiten:

$$\int dt\,\dot{R}R^3 = \frac{1}{4}R^4 = -\int dt\,\frac{8}{5c^5}(GM)^3 \Rightarrow R(t) = \left(const. - \frac{32}{5c^5}(GM)^3 t\right)^{1/4}$$

mit

$$R(0) = const.^{1/4} \Rightarrow const. = R_0^4$$

gelöst. Wir definieren noch

$$t_e := \frac{5c^5 R_0^4}{32\,(GM)^3} \qquad (25.62)$$

und erhalten als Lösung von (25.61)

$$R(t) = R_0 \left(1 - \frac{t}{t_e}\right)^{1/4}, \qquad (25.63)$$

d.h., bei $t = t_e$ ist $R(t) = 0$, t_e ist also die Zeit, die bis zur Kollision der beiden Sterne vergeht. Analog ergibt sich mit dem Kepler-Gesetz (25.45) für die Periode T:

$$R = \frac{(GM)^{1/3}}{4^{1/3}\,\omega^{2/3}} = \frac{(GM)^{1/3}\,T^{2/3}}{4^{1/3}\,(2\pi)^{2/3}}$$

und wegen

$$\frac{\dot{T}}{T} = -\frac{3}{2}\frac{\dot{E}}{E} = -\frac{12}{5c^5}\frac{G^3 M^3}{R^4} = -\frac{12}{5c^5}\frac{(GM)^3\,4^{4/3}\,(2\pi)^{8/3}}{(GM)^{4/3}\,T^{8/3}}$$

$$= -\frac{24}{5c^5}\,(2\pi)^{8/3}\,\frac{(2GM)^{5/3}}{T^{8/3}}$$

die folgende Differenzialgleichung für T:

$$\dot{T} = -\frac{24}{5c^5}\,(2\pi)^{8/3}\,(2GM)^{5/3}\,\frac{1}{T^{5/3}} \qquad (25.64)$$

Die Lösung ist analog zu oben

$$T(t) = \left(const. - \frac{64}{5c^5}\,(2\pi)^{8/3}\,(2GM)^{5/3}\,t\right)^{3/8}$$

und lässt sich mit der Anfangsbedingung $T(0) = T_0$ sowie mit

$$t_e = \frac{5c^5\,T_0^{8/3}}{64\,(2\pi)^{8/3}\,(2GM)^{5/3}} \qquad (25.65)$$

als

$$T(t) = T_0 \left(1 - \frac{t}{t_e}\right)^{3/8} \qquad (25.66)$$

schreiben, wobei t_e wieder die Zerfallszeit des Systems ist, dieses Mal ausgedrückt durch T statt R.

Der Hulse-Taylor-Pulsar

Das Paradebeispiel für einen indirekten Nachweis von Gravitationswellen liefert das Doppelsternsystem **PSR B1913+16**, das aus zwei sich umkreisenden Neutronensternen besteht, von denen einer ein **Pulsar** (d.h. ein Stern, der sehr regelmäßige wiederkehrende elektromagnetische Signale abgibt) und der andere für uns unsichtbar ist. Ein solches Doppelsternsystem (auch **Binärpulsar** genannt) wurde erstmals 1974 von den Astronomen Joseph Taylor und Russell Hulse entdeckt, und statt astronomisch korrekt PSR B1913+16 wird es auch einfach **Hulse-Taylor-Pulsar** genannt. Dieser Binärpulsar emittiert Gravitationswellen in einer solchen Stärke, dass sich seine Bahnparameter über einen Zeitraum von mittlerweile mehr als 40 Jahren merklich verändert haben. Die genauen astronomischen Daten des Hulse-Taylor-Pulsars (Stand: 2016) sind nach [25]:

- Entfernung zur Erde: ≈ 22.500 Lichtjahre.

- Pulsperiode, d.h. mittlere Drehzeit des Pulsars: 59 Millisekunden.

- Masse des Pulsars: $1,44$ Sonnenmassen, $m_p = 1,44\, M_\odot$.

- Masse des unsichtbaren Begleiters („companion"): $m_c = 1,39\, M_\odot$.

- Umlaufzeit der beiden Sterne: $T = 7\,\text{h}\,45\,\text{min}$.

- Da die Umlaufbahn stark von einer Kreisbahn abweicht (die Exzentrizität der Ellipsenbahn (siehe Formel 1.1 auf Seite 8) ist $\varepsilon = 0,62$), beträgt der Abstand der Neutronensterne im **Periastron** (sternnächster Punkt) $1,1$ Sonnenradien $\left(R_\odot = 696.342\,\text{km}\right)$ und im **Apastron** (sternfernster Punkt) $4,8$ Sonnenradien.

Wir rechnen mit (25.64) die Periodenänderung für den Fall $M = 1,44\, M_\odot$ und $T = 7,75\,\text{h}$ aus und erhalten mit

$$c^5 = 2,4 \cdot 10^{42},\, (2\pi)^{8/3} = 134,4,\, M^{5/3} = 5,8 \cdot 10^{50},$$
$$G^{5/3} = \frac{23,8}{10^{55/3}},\, T^{5/3} = 2,6 \cdot 10^7$$

für die Veränderung von T pro Sekunde:

$$\dot{T} = -\frac{24}{5c^5} \left(2\pi\right)^{8/3} \left(2GM\right)^{5/3} \frac{1}{T^{5/3}} \approx -2,3 \cdot 10^{-13}$$

Dieser Wert ist nur eine grobe Schätzung, da wir bei der Herleitung von (25.64) gleiche Massen und einen Kreis als Umlaufbahn angenommen haben. Die Massengleichheit ist fast erfüllt, die Kreisbahnhypothese aber nicht. Der mit der

„richtigen" Formel

$$\dot{T} = -\frac{192\pi G^{5/3}}{5c^5} \left(\frac{T}{2\pi}\right)^{-5/3} \frac{1 + \frac{73}{24}\varepsilon^2 + \frac{37}{96}\varepsilon^4}{(1 - \varepsilon^2)^{7/2}} \frac{m_p m_c}{(m_p + m_c)^{1/3}} \tag{25.67}$$

(siehe [25]) berechnete Wert beträgt

$$\dot{T} = -2,4025 \cdot 10^{-12} \tag{25.68}$$

und stimmt zu $0,2\,\%$ mit den gemessenen Werten überein. Ist die Umlaufbahn ein Kreis, d.h., die Exzentrizität ist $\varepsilon = 0$, und sind die Massen gleich, so ergibt sich aus (25.67) sofort die Differenzialgleichung (25.64).

Die Abnahme der Umlaufzeiten in (25.68) beläuft sich auf 75 Millionstel Sekunde pro Jahr. In Abb. 25.5 ist die kumulierte Verkleinerung der Bahnperiode von 1975 bis 2013 für den Hulse-Taylor-Pulsar dargestellt, der Unterschied in diesen 38 Jahren beträgt mehr als eine Minute.

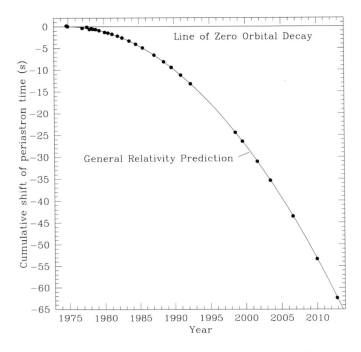

Abbildung 25.5.: Abnahme der Umlaufzeit im Hulse-Taylor-Pulsarsystem. (Quelle: [41])

Die durchgezogene Linie, die die Vorhersage der Allgemeinen Relativitätstheorie wiedergibt, ist keine gerade Linie, sondern fällt immer steiler ab, was nochmals den Verstärkungseffekt der Abstrahlungsleistung von Gravitationswellen bei Abnahme der Umlaufzeiten dokumentiert.

Für diesen ersten indirekten Nachweis von Gravitationswellen und die damit verbundene Bestätigung der Allgemeinen Relativitätstheorie erhielten die Entdecker des Binärpulsars PRS B1913+16, Hulse und Taylor, den Nobelpreis für Physik des Jahres 1993.

Direkter Nachweis von Gravitationswellen

In Abschn. 25.3 haben wir gesehen, dass sich physikalische Abstände in der Ebene senkrecht zur Ausbreitungsrichtung von Gravitationswellen periodisch ändern. Die *relative Längenänderung* beträgt nach (25.33) und (25.48)

$$\frac{\delta L}{L} \approx \frac{1}{2}\,h = \frac{G^2 M^2}{c^4 r R} = \frac{r_S^2}{4 r R}, \qquad (25.69)$$

wobei h die Amplitude der Gravitationswelle und r_S den Schwarzschild-Radius bezeichne. In (25.49) wurde gezeigt, dass die Frequenz f_{GW} einer Gravitationswelle das Doppelte der Umlauffrequenz eines Doppelsternsystems ist, d.h., mit (25.45) folgt

$$f_{GW} = \frac{2\omega}{2\pi} = \frac{(GM)^{1/2}}{2\pi R^{3/2}} = \frac{c\,(r_S)^{1/2}}{\pi\,(2R)^{3/2}}.$$

Resonanzdetektoren

Die Suche nach Gravitationswellen hat eine lange Geschichte, die in den 1960er-Jahren mit den Experimenten von **Joseph Weber** an einem von ihm entwickelten zylinderförmigen **Resonanzdetektor** (auch **Weber-Zylinder** genannt) begonnen hat. Trifft eine Gravitationswelle einen solchen Zylinder, so wird er in Schwingungen versetzt. Diese wiederum lassen sich mit piezoelektrischen Messgeräten in elektrische Impulse umwandeln und nachweisen. Die Messgenauigkeit der modernen Resonanzdetektoren liegt bei einer relativen Längenänderung von etwa 10^{-18} bis 10^{-19}.

Beispiel 25.2.

Um ein Gefühl für eine solche Größenordnung zu bekommen, berechnen wir die relative Längenänderung für den Hulse-Taylor-Pulsar, wobei wir allerdings unterstellen, dass

- die Massen der beiden Sterne gleich sind,

$$M = m_p = m_c = 1,4\,M_\odot,$$

- sie auf einer Kreisbahn mit Radius $R = 10^9$ m umeinander kreisen,

- sie von der Erde einen Abstand von $r = 25.000\,\mathrm{Lj} = 2,1 \cdot 10^{20}$ m haben

- und auf der Erde die freien Testteilchen $L = 10^3$ m voneinander entfernt angebracht sind.

Dann ergibt sich

$$\frac{\delta L}{L} \approx \frac{1}{2}\,h \approx \frac{G^2 M^2}{c^4 r R} \approx 2,1 \cdot 10^{-23}.\ \square$$

Da die Länge von Resonanzdetektoren $1-2$ m beträgt, benötigt also ein Detektor für den Nachweis einer solchen Gravitationswelle eine Empfindlichkeit von 10^{-23} m, d.h., eine, die um mehrere Zehnerpotenzen besser sein muss als die oben genannte Messgenauigkeit. Für den Nachweis von Gravitationswellen mit einem Weber-Zylinder benötigt man außerordentlich starke Gravitationsquellen.

Beispiel 25.3.
Wir betrachten die Verschmelzung von zwei (fiktiven) Schwarzen Löchern mit jeweils zehn Sonnenmassen in unserer Milchstraße. Dazu nehmen wir an, dass die beiden Schwarzen Löcher einen Abstand haben, der dem Zehnfachen ihres Schwarzschild-Radius entspricht, und dass sie $r = 25.000\,\mathrm{Lj}$ von der Erde entfernt sind. Dann folgt mit (25.69)

$$\frac{\delta L}{L} \approx \frac{R_s^2}{4rR} = \frac{\left(1,5 \cdot 10^4\right)^2}{4 \cdot 2,1 \cdot 10^{20} \cdot 1,5 \cdot 10^5} = 1,8 \cdot 10^{-18}.$$

Damit wäre die Verschmelzung zweier nicht allzu weit entfernter Schwarzer Löcher grundsätzlich mit einem Weber-Zylinder messbar. $\square$

Interferometer

Da aber solche Ereignisse extrem selten sind und es auch noch andere Schwierigkeiten (wie z.B. die Unterdrückung von akustischem und thermischem Rauschen) mit dem Resonanzdetektor gab, hat man in den 1970er-Jahren angefangen, als Gravitationswellendetektoren sogenannte **Laserinterferometer** zu bauen.
Abbildung 25.6 zeigt ein (stark vereinfachtes) Interferometer, so wie es das Projekt **LIGO** (Laser Interferometer Gravitational-Wave Observatory) zum Nachweis von Gravitationswellen einsetzt. Der grundsätzliche experimentelle Aufbau von Interferometern ist schon seit dem 19. Jahrhundert bekannt (man

denke an das berühmte **Michelson-Morley-Experiment** zum Nachweis des Äthers, siehe z.B. [25]).

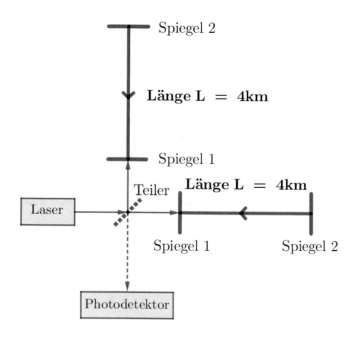

Abbildung 25.6.: Laserinterferometer

Das LIGO-Interferometer beruht auf dem Wirkungsprinzip, dass Laserlicht an einem Strahlteiler in zwei Teilstrahlen aufgeteilt wird, die sich senkrecht zueinander in Vakuumröhren der Länge L auf zwei frei bewegliche „Spiegel 2" zu bewegen, dort reflektiert und auf ebenfalls frei bewegliche halbdurchlässige „Spiegel 1" treffen, an denen sie reflektiert und wieder zu Spiegel 2 gelenkt werden. Dieser Prozessschritt wird ungefähr 280-mal wiederholt, was in Abb. 25.6 durch die fetten „Lichtstrahlen" zwischen den beiden Spiegeln 1 und 2 dargestellt wird. Durch diese wesentliche Erweiterung gegenüber einem normalen Michelson-Interferometer wird die Armlänge L auf 1120 km vergrößert. Im nächsten Schritt werden die Teilstrahlen zum Strahlteiler zurückgeführt, dort überlagert und gemeinsam zur Messung ihrer Interferenz in den Photodetektor gelenkt. Wenn eine Gravitationswelle auf die Interferometerarme trifft, so werden die Abstände zwischen den Spiegeln 1 und 2 in der einen Richtung verlängert und in der anderen gestaucht und dann umgekehrt, so wie wir es in Abschn. 25.3 beschrieben haben. Dadurch verändert sich das Interferenzmuster (die beiden Teilstrahlen sind nicht mehr „in Phase") in typischer Weise, und die Gravitationswelle kann mit dem Photodetektor identifiziert werden.

Neben der Verlängerung der Arme, der Verfeinerung der optischen Geräte sowie der Erhöhung der Laserleistung stand für das LIGO-Projekt auch die Dämpfung des auf der Erde vorhandenen Rauschens ganz oben auf der Tagesordnung. Zum Nachweis von Gravitationswellen müssen bei Messung der Auslenkungen der Spiegel andere mögliche Schwingungsquellen ausgeschlossen werden. Es gibt viele Rauschquellen, die bei verschiedenen Frequenzen unterschiedliche Auswirkungen haben. Unterhalb von 10 Hertz dominieren die seismischen Schwingungen. Gravitationswellen mit solchen Frequenzen können von LIGO nicht entdeckt werden. Am anderen Ende im Kilohertzbereich ist das sogenannte **Quantenrauschen** der limitierende Faktor. Die besten Resultate erzielt LIGO bei Gravitationswellen mit Frequenzen im Bereich zwischen 100 und 1000 Hertz, siehe [25].

Das LIGO-Interferometer hat in den über 25 Jahren seines Bestehens durch ständige Verbesserungen eine Sensitivität von etwa 10^{-19} m erreicht und ist damit in der Lage, Gravitationswellen mit Amplituden bis 10^{-23} m und Frequenzen im Bereich $50 - 1.500$ Hz zu detektieren.

Beispiel 25.4.
Wir rechnen für die Beispiele 25.2 und 25.3 die jeweiligen Frequenzen der emittierten Gravitationswellen aus.

1. Für den Hulse-Taylor-Pulsar gilt momentan

$$f_{GW} = \frac{c\,(r_S)^{1/2}}{\pi\,(2R)^{3/2}} = \frac{3 \cdot 10^8 \cdot \left(4 \cdot 10^3\right)^{1/2}}{\pi\,(2 \cdot 10^9)^{3/2}} \approx \frac{1,9 \cdot 10^{10}}{8,9 \cdot 3,1 \cdot 10^{13}} \approx 7 \cdot 10^{-5}\,\mathrm{s}^{-1},$$

damit liegen die Frequenzen außerhalb des LIGO-Bandes. Erst wenn die beiden Neutronensterne kurz vor dem Zusammenstoß stehen und ihr Abstand etwa ihrem Schwarzschild-Radius entspricht (z.B. $R = 3 \cdot 10^4$ m), beträgt die Frequenz der ausgesandten Gravitationswellen

$$f_{GW} = \frac{c\,(r_S)^{1/2}}{\pi\,(2R)^{3/2}} = \frac{3 \cdot 10^8 \cdot \left(4 \cdot 10^3\right)^{1/2}}{\pi\,(2 \cdot 3 \cdot 10^4)^{3/2}} \approx \frac{1,9 \cdot 10^{10}}{8,9 \cdot 5,2 \cdot 10^6} \approx 4 \cdot 10^2\,\mathrm{s}^{-1}.$$

Die Verschmelzung der beiden Neutronensterne kann also (theoretisch) durch das LIGO-Interferometer gemessen werden, allerdings müssen die Forscher bis zu diesem Ereignis noch ca. 300 Millionen Jahre warten, siehe [25].

2. Im Beispiel 25.3 über die Verschmelzung zweier (fiktiver) Schwarzer Löcher beträgt die Frequenz der emittierten Gravitationswellen mit den obigen Beispieldaten:

$$f_{GW} = \frac{c\,(r_S)^{1/2}}{\pi\,(2R)^{3/2}} = \frac{3 \cdot 10^8 \cdot \left(1,5 \cdot 10^4\right)^{1/2}}{\pi\,(3 \cdot 10^5)^{3/2}} \approx \frac{3,7 \cdot 10^{10}}{16,3 \cdot 3,1 \cdot 10^7} = 72\,\mathrm{s}^{-1},$$

d.h., die bei der Verschmelzung ausgesandten Gravitationswellen könnten mit dem LIGO-Interferometer gemessen werden. $\square$

GW150914

Am 14. September 2015 wurde zum ersten Mal eine Gravitationswelle auf der Erde gemessen.

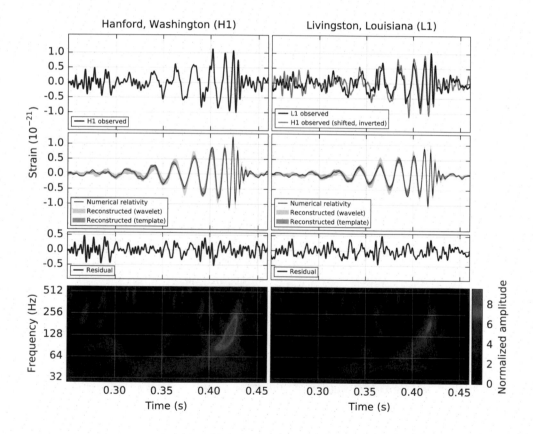

Abbildung 25.7.: GW150914. (Quelle [1])

Die 4 km langen Arme der beiden LIGO-Detektoren, die baugleich in den USA in Hanford und Livingston stehen, wurden von einer Gravitationswelle getroffen und dabei nur um den tausendstel Teil eines Protonradius $(\approx 10^{-18}\,\text{m})$ ausgelenkt. Dieses Ereignis trägt den Namen **GW150914** und wurde nach monatelangen sorgfältigen Prüfungen durch etliche der rund tausend am LIGO-Projekt beteiligten Wissenschafter am 11. Februar 2016 verkündet. Das Signal wurde von den beiden LIGO-Detektoren in einem zeitlichen Abstand von $6,9\,\text{ms}$ registriert, was genau die Zeit ist, die das Licht braucht, um die Entfernung zwischen den beiden Laboren zurückzulegen. Damit wurde auch erstmals gemessen, dass Gravitationswellen sich - wie von der Theorie vorhergesagt - mit Lichtgeschwindigkeit ausbreiten. Abb. 25.7, die aus der Erstveröffentlichung des LIGO-Projekts [1] stammt, veranschaulicht verschiedene mit den Detektoren gemessene Eigenschaften des Gravitationswellensignals.

Im oberen Drittel der Abbildung sehen wir links das in Hanford gemessene Signal. Im rechten oberen Kasten ist die Aufzeichnung aus Livingston *dunkel* eingetragen; das um $6,9\,\text{ms}$ verschobene Hanford-Signal ist dort *hell* unterlegt ebenfalls dargestellt, sodass man deutlich sehen kann, dass der Verlauf beider Signale in etwa übereinstimmt. Lokale terrestrische Auslöser können damit so gut wie ausgeschlossen werden. Horizontal ist die Zeit in Sekunden aufgetragen. Wir sehen, dass das ganze Ereignis nur $0,2$ Sekunden lang gedauert hat. An der vertikalen Achse steht im oberen Bereich die relative Längenänderung $\delta L/L$ (englisch: **strain**) in Einheiten von 10^{-21} . Wenn wir für die Armlänge $L = 4\cdot 10^3\,\text{m}$ einsetzen, dann folgt

$$\frac{\delta L}{L} \sim \frac{10^{-18}}{10^3} = 10^{-21},$$

sodass diese vertikale Skalierung Sinn bekommt. In den beiden darunter liegenden Kästchen sind die Signale eingetragen, die aus einer theoretischen numerischen Kalkulation stammen, die wegen der Stärke der gravitativen Effekte auf den *vollen* (und *nicht* auf den *linearen*) Einsteingleichungen aufsetzt. Darunter sieht man die Differenz der gemessenen und der theoretisch numerischen Signale. Ganz unten kann man (etwas verschwommen) die Frequenzentwicklung an den hellen Streifen ablesen, die Frequenzen wachsen von $35\,\text{Hz}$ bis auf $150\,\text{Hz}$ und fallen bei ca. $0,42\,\text{s}$ rapide ab. Das deutet auf ein System von zwei Objekten hin, die immer enger und damit schneller einander umkreisen und dann verschmelzen.

Wenn wir den Zeitablauf etwas genauer betrachten, so können wir drei Phasen unterscheiden, siehe auch [1]:

1. **Inspiral**: Frequenzen und Amplituden nehmen zu, d.h., die beiden Objekte nähern sich an.

2. **Merging**: Die Amplitude wird maximal und chaotisch, d.h., die beiden Objekte stoßen zusammen und verschmelzen.

3. **Ringdown**: Amplituden und Frequenzen fallen rapide ab und verschwinden dann ganz. Das neugeformte Objekt emittiert nur geringe und schließlich keine Gravitationswellen mehr.

Ein solches Signal wird auch **Chirp** („Gezwitscher") genannt, was in der Technik eine ansteigende Frequenz bedeutet. Da in der Inspiralphase bei einem Chirp-Signal die (noch kleinen) Frequenzen anwachsen, können aus diesem Frequenzverhalten die Massen M_1 und M_2 im Binärsystem berechnet werden, indem man die sogenannte **Chirp-Masse**

$$M_{Chirp} = \frac{(M_1 M_2)^{3/5}}{(M_1 + M_2)^{1/5}}$$

als Funktion der Frequenz und deren zeitlicher Ableitung ausdrückt:

$$M_{Chirp} = \frac{c^3}{G} \left(\frac{5 \dot{f}_{GW}}{96 \pi^{8/3} f_{GW}^{11/3}} \right)^{3/5}, \tag{25.70}$$

siehe [1]. Den Beweis führen wir hier nicht, man beachte aber die Ähnlichkeit von (25.70) mit der Differenzialgleichung für die Periode T (25.64) im Spezialfall gleicher Massen. Für das Ereignis GW150914 liegt die Chirp-Masse bei ca. 30 Sonnenmassen. Mit folgender Überlegung können wir die Gesamtmasse $M_1 + M_2$ der beiden Objekte abschätzen. Es gilt

$$0 \leq (M_1 - M_2)^2 \Leftrightarrow 4M_1 M_2 \leq (M_1 + M_2)^2 \Leftrightarrow \frac{4M_1 M_2}{(M_1 + M_2)^2} \leq 1$$

$$\Rightarrow \frac{(4M_1 M_2)^{3/5}}{(M_1 + M_2)^{6/5}} \leq 1 \Leftrightarrow \frac{(M_1 M_2)^{3/5}}{(M_1 + M_2)^{1/5}} \leq \frac{M_1 + M_2}{2^{6/5}},$$

woraus

$$M_1 + M_2 \geq 2^{6/5} M_{Chirp} \approx 70 \, M_\odot \tag{25.71}$$

folgt. Wenn wir gleiche Massen $M_1 = M_2 = 35 \, M_\odot$ unterstellen, so liegt der Schwarzschild-Radius eines Objektes bei

$$r_S = \frac{2GM_1}{c^2} \approx 105 \, \text{km}.$$

Wenn zwei Objekte mit der Umlauffrequenz von $\omega = 2\pi \cdot 75 \, \text{Hz}$ (die Hälfte des Maximums der Gravitationswellenfrequenz) einander umkreisen, gilt für Abstand D der beiden Objekte auf einer (kreisförmigen) Umlaufbahn mit dem Kepler-Gesetz (25.57)

$$D = 2R = 2 \frac{(GM)^{1/3}}{4^{1/3} \, \omega^{2/3}} \approx 2 \left(\frac{6,7 \cdot 35 \cdot 2 \cdot 10^{30}}{4 \cdot 39,5 \cdot 5625 \cdot 10^{11}} \right)^{1/3} \approx 350 \, \text{km} \cdot$$

Die beiden Objekte müssen also sehr kompakt sein, d.h., einen Radius in der Größenordnung ihres Schwarzschild-Radius haben. Es kommen daher nur Neutronensterne oder Schwarze Löcher infrage.

- Neutronensterne haben eine Massenobergrenze von ca. drei Sonnenmassen, damit scheidet ein Binärsystem mit Neutronensternen aus.

- Ausschließen kann man auch ein Doppelsternsystem bestehend aus einem Neutronenstern und einem Schwarzen Loch, da wegen der großen Masse des Schwarzen Loches die Umlauffrequenz geringer ausgefallen wäre (siehe [1]).

- Man hat also am 14.09.2015 die Verschmelzung zweier Schwarzer Löcher beobachtet und aus den gemessenen Daten die Massen $M_1 = 29\,M_\odot$ und $M_2 = 36\,M_\odot$ durch numerische Kalkulation der vollen Einsteingleichungen ermittelt. Deren Summe liegt bei 65 Sonnenmassen, d.h., wir haben oben in (25.71) die (in der linearen Näherung berechnete) Gesamtmasse überschätzt.

Das neu entstandene Objekt ist ein rotierendes Schwarzes Loch und hat eine Masse von 62 Sonnenmassen, d.h., in nur $0,2$ Sekunden wurde die Energie von drei Sonnenmassen in Form von Gravitationswellen abgestrahlt! Die dabei erreichte Leuchtkraft liegt nach (25.53) bei unvorstellbaren

$$L_{GW} \approx \left(\frac{R_s}{D}\right)^5 \cdot 10^{52}\,\text{Watt} \approx 2,4 \cdot 10^{49}\,\text{Watt}.$$

Erstaunlich ist auch, dass die Verschmelzung der beiden Schwarzen Löcher sich in $1,3$ Milliarden Lichtjahren Entfernung von uns ereignete, d.h., die Gravitationswelle hat $1,3$ Milliarden Jahre gebraucht, um zu uns zu gelangen.

Neuere Entdeckungen und Ausblick

Von September 2015 bis August 2017 wurden neben dem Ereignis GW150914 zehn weitere Verschmelzungen von Binärsystemen aufgezeichnet. Von diesen insgesamt elf Ereignissen sind zehn Verschmelzungen von Schwarzen Löchern. Darüber hinaus wurde im Ereignis **GW170817** *erstmals* die Vereinigung zweier Neutronensterne beobachtet.

Neben dem weiteren Ausbau der bestehenden Detektoren werden zukünftig weitere hinzukommen. Wir führen hier nur einige beispielhaft auf, eine ausführliche Beschreibung der momentanen Planungen findet man in [25].

- Die **LIGO-Kooperationsgemeinschaft** besteht neben den beiden Observatorien in den USA aus den Interferometern **Geo600** in Deutschland sowie **Virgo** in Italien (seit August 2017). Hinzugekommen ist Anfang 2020 der japanische Gravitationswellendetektor **KAGRA,** und in Planung befindet sich der Bau eines Detektors **LIGO-India** in Indien (geplanter Start 2024). Mit dieser weltweiten Verteilung werden die Messungen zuverlässiger, und man kann bei Gravitationswellen viel genauer ihren Ort der Entstehung im Universum bestimmen.

- Das **Laser Interferometer Space Antenna (LISA)** ist ein von der ESA geplanter Gravitationswellendetektor im All. Dabei sollen drei Satelliten ein Dreieck mit jeweils $2,5$ Millionen Kilometern Seitenlänge bilden. LISA wird wegen des Fehlens von seismischen Störungen in der Lage sein, Gravitationswellen mit Frequenzen zwischen $0,001$ und 1 Hertz zu messen. Damit können zum Beispiel zwei sich umkreisende supermassenreiche Schwarze Löcher aufgespürt werden (geplanter Start 2034).

26. Gravitationskollaps und die innere Schwarzschild-Metrik

In diesem Kapitel wollen wir die Gleichungen zur Berechnung des Druckes und der Dichte von Materie im Inneren eines Sterns aufstellen. Wie Sterne (theoretisch) überhaupt entstehen können und welche Entwicklungsstufen durchlaufen werden, können wir in diesem Buch nicht detailliert beschreiben, dazu sind vertiefte Kenntnisse u.a. aus den physikalischen Gebieten Thermodynamik und Quantenmechanik erforderlich. Wir beschränken uns deshalb auf eine überblicksartige Beschreibung von speziellen Entwicklungsmodellen von Sternen.

26.1. Sternenkollaps

Wir wollen unter einem Stern eine Materieansammlung verstehen, die durch ihre eigene Gravitation zusammengehalten wird. Diese Gravitationskraft tendiert dazu, den Stern immer weiter zu komprimieren. Der Stern kann das Zusammenfallen nur so lange verhindern, wie seine Materie dem Gravitationsdruck widerstehen kann. Wenn wir auch Planeten als Sterne betrachten, so gelingt das der Erde, weil die Atome im Inneren entsprechend viel Gegendruck aufbauen können. Bei Sternen, die etwa die Masse unserer Sonne haben, reicht die Atomstruktur nicht mehr aus, um der Gravitation zu widerstehen, hier wird der benötigte Materiedruck durch Kernfusionen verschiedenster Art hergestellt. Ist das Fusionsmaterial verbraucht, kühlt sich der Stern durch Abstrahlung ab und die durch die Fusionen entstandenen Atome wie z.B. Helium oder Eisen schaffen es nicht, dem Gravitationsdruck standzuhalten. Sie werden quasi „zerquetscht" und es entsteht für Sterne in der Größenordnung unserer Sonne ein Elektronengas, dessen sog. **Fermi-Druck** der Gravitation entgegenwirkt. Sterne, die dadurch einen Gleichgewichtszustand erreicht haben, nennt man **Weiße Zwerge**. Weiße Zwerge haben also ungefähr die Masse unserer Sonne $M \approx M_S$ und einen Radius, der etwa $6000\,\mathrm{km}$ beträgt, also ca. ein Hundertstel des heutigen Sonnenradius.

Ist die Masse des Sterns größer als die unserer Sonne (die theoretische obere Schranke beträgt (nur!) ca. $1,4\,M_S$ und heißt nach ihrem Entdecker **Chandrasekhar-Grenzmasse**), so kann der Fermi-Druck der Gravitation

© Der/die Autor(en), exklusiv lizenziert durch
Springer-Verlag GmbH, DE, ein Teil von Springer Nature 2021
M. Ruhrländer, *Aufstieg zu den Einsteingleichungen*,
https://doi.org/10.1007/978-3-662-62546-0_26

nicht standhalten. Durch die weitere Kontraktion können Elektronen und Protonen in Neutronen umgewandelt werden und wieder kann der Fermi-Druck der Neutronen in ein Gleichgewicht mit dem Gravitationsdruck kommen. Sterne mit dieser Eigenschaft nennt man **Neutronensterne**. Sie können im Endzustand auch geringere Massen aufweisen, z.B. wenn vorher durch den Zusammenbruch des Fermi-Drucks eine **Supernova** entstanden ist. Ein (fiktiver) Neutronenstern mit Sonnenmasse hat nur noch einen Radius r von etwa 10 km, d.h., der Radius ist nicht allzu weit von dem Schwarzschild-Radius entfernt ($r \approx 3\,r_S$). Doch die Umwandlung in Neutronensterne ist bei noch größeren Massen der Sterne (auch hier gibt es eine Abschätzung der Grenzmasse, nämlich der Bereich von $1,3$ bis $3,2$ Sonnenmassen, die sog. **Tolman-Oppenheimer-Volkoff-Grenze**) nicht die einzige Möglichkeit. Ist die Masse größer als die Grenzmasse, so kontrahieren auch Neutronensterne weiter und werden schließlich zu Schwarzen Löchern.

26.2. Ableitung der inneren Schwarzschild-Lösung

Wir gehen bei unseren Betrachtungen davon aus, dass der zu untersuchende Stern kugelsymmetrisch und statisch ist. In Kap. 23 haben wir für einen solchen Fall die Standardform der Metrik (siehe 23.8 auf Seite 471) hergeleitet:

$$
g_{\mu\nu} = \begin{pmatrix} -e^{2\nu(r)} & 0 & 0 & 0 \\ 0 & e^{2\lambda(r)} & 0 & 0 \\ 0 & 0 & r^2 & 0 \\ 0 & 0 & 0 & r^2 \sin^2 \vartheta \end{pmatrix}
$$

Die inverse Metrik dazu ist nach Gl. (23.9):

$$
g^{\mu\nu} = \begin{pmatrix} -e^{-2\nu(r)} & 0 & 0 & 0 \\ 0 & e^{-2\lambda(r)} & 0 & 0 \\ 0 & 0 & r^{-2} & 0 \\ 0 & 0 & 0 & r^{-2} \sin^{-2} \vartheta \end{pmatrix}
$$

Die beiden unbekannten Funktionen $\nu(r)$ und $\lambda(r)$ können allerdings nicht auf die gleiche Art wie im oben genannten Kapitel berechnet werden, da wir uns nun in das Innere eines Sterns begeben wollen. Um dafür die Feldgleichungen aufzustellen, benötigen wir den Energie-Impuls-Tensor für die Sternenmaterie, von der wir unterstellen wollen, dass sie als ideales Fluid vorliegt. Nach Gl. 22.3 auf Seite 452 lautet der Energie-Impuls-Tensor für ein solches Fluid

$$
T^{\alpha\beta} = (\rho + p)\, U^\alpha U^\beta + p\, g^{\alpha\beta}
$$

bzw. nach Multiplikation mit $g_{\mu\alpha} \, g_{\nu\beta}$ auf beiden Seiten der Gleichung

$$T_{\mu\nu} = (\rho + p) \, U_\mu \, U_\nu + p g_{\mu\nu}.$$

Da wir statische Sterne untersuchen, ist das Fluid zeitlich konstant, besitzt also keine Geschwindigkeit, d.h., die räumlichen Koordinaten der Eigengeschwindigkeit $\vec{U}$ sind im momentanen Inertialsystem gleich null

$$\vec{U} \to \left(U^t, 0, 0, 0\right).$$

Nun gilt die Identität

$$g_{\alpha\beta} \, U^\alpha U^\beta = U^\alpha U_\alpha = g^{\alpha\beta} U_\alpha \, U_\beta,$$

und aus der Normierungsbedingung

$$-1 = g_{\alpha\beta} \, U^\alpha U^\beta = g_{tt} \, U^t U^t = -e^{2\nu(r)} U^t U^t = U^t U_t$$

folgt

$$U^t = e^{-\nu(r)} \quad \text{und daraus} \quad U_t = -e^{\nu(r)}.$$

Damit können wir die Komponenten des Energie-Impuls-Tensors konkret ausrechnen

$$
\begin{aligned}
T_{tt} &= (\rho + p) \, U_t U_t + p g_{tt} = (\rho + p) \, e^{2\nu(r)} + p \left(-e^{2\nu(r)}\right) = \rho e^{2\nu(r)} \\
T_{rr} &= p g_{rr} = p e^{2\lambda(r)} \\
T_{\vartheta\vartheta} &= p r^2 \\
T_{\varphi\varphi} &= p r^2 \sin^2 \vartheta = T_{\vartheta\vartheta} \, \sin^2 \vartheta.
\end{aligned}
$$

Und $T_{\mu\nu} = 0$ für $\mu \neq \nu$. Wir wollen im weiteren Verlauf die Einstein'schen Feldgleichungen in der Form (22.12)

$$R_{\mu\nu} = 8\pi G \left(T_{\mu\nu} - \frac{1}{2} \, g_{\mu\nu} \, T\right)$$

benutzen und berechnen dazu den Skalar

$$
\begin{aligned}
T &= T^\mu_\mu = g^{\mu\nu} T_{\mu\nu} = g^{tt} T_{tt} + g^{rr} T_{rr} + g^{\vartheta\vartheta} T_{\vartheta\vartheta} + g^{\varphi\varphi} T_{\varphi\varphi} \\
&= -e^{-2\nu(r)} \rho e^{2\nu(r)} + e^{-2\lambda(r)} p e^{2\lambda(r)} + r^{-2} p r^2 + r^{-2} \sin^{-2} \vartheta \cdot p r^2 \sin^2 \vartheta \\
&= -\rho + 3p.
\end{aligned}
$$

Damit ergibt sich die rechte Seite der Einsteingleichungen zu

$$8\pi G \left(T_{tt} - \frac{1}{2} \, g_{tt} \, (-\rho + 3p)\right) = 8\pi G \left(\rho e^{2\nu} - \frac{1}{2} e^{2\nu} \rho + \frac{3}{2} p e^{2\nu}\right)$$

$$= 4\pi G e^{2\nu} \left(\rho + 3p\right)$$

$$8\pi G \left(T_{rr} - \frac{1}{2} g_{rr} \left(-\rho + 3p\right)\right) = 8\pi G \left(p e^{2\lambda} + \frac{1}{2} e^{2\lambda} \rho - \frac{3}{2} p e^{2\lambda}\right)$$

$$= 4\pi G e^{2\lambda} \left(\rho - p\right)$$

$$8\pi G \left(T_{\vartheta\vartheta} - \frac{1}{2} g_{\vartheta\vartheta} \left(-\rho + 3p\right)\right) = 8\pi G \left(p r^2 + \frac{1}{2} r^2 \rho - \frac{3}{2} p r^2\right)$$

$$= 4\pi G r^2 \left(\rho - p\right)$$

$$8\pi G \left(T_{\varphi\varphi} - \frac{1}{2} g_{\varphi\varphi} \left(-\rho + 3p\right)\right) = 8\pi G \sin^2 \vartheta \left(p r^2 + \frac{1}{2} r^2 \rho - \frac{3}{2} p r^2\right)$$

$$= 4\pi G r^2 \sin^2 \vartheta \left(\rho - p\right),$$

wobei wir der Einfachheit halber die Variable r bei den Funktionen $\lambda(r)$ und $\nu(r)$ weggelassen haben. Die linke Seite der Einsteingleichungen haben wir schon in Gl. (23.13) ausgerechnet:

$$R_{tt} = e^{2\nu - 2\lambda} \left(\nu'' + (\nu')^2 - \nu'\lambda' + \frac{2\nu'}{r}\right)$$

$$R_{rr} = -\nu'' + \nu'\lambda' + \frac{2\lambda'}{r} - (\nu')^2$$

$$R_{\vartheta\vartheta} = e^{-2\lambda} \left(-1 + r\lambda' - r\nu'\right) + 1$$

$$R_{\varphi\varphi} = \sin^2 \vartheta \, R_{\vartheta\vartheta},$$

wobei der Strich $'$ die Ableitung nach der Variablen r bezeichnet. Wir erhalten also drei relevante Bestimmungsgleichungen, da die vierte für $T_{\varphi\varphi}, R_{\varphi\varphi}$ unmittelbar aus der dritten folgt. Nach Division der ersten Gleichung durch $e^{2\nu}$ und der zweiten durch $e^{2\lambda}$ ergeben sich folgende drei Gleichungen:

$$e^{-2\lambda} \left(\nu'' + (\nu')^2 - \nu'\lambda' + \frac{2\nu'}{r}\right) = 4\pi G \left(\rho + 3p\right)$$

$$e^{-2\lambda} \left(-\nu'' + \nu'\lambda' + \frac{2\lambda'}{r} - (\nu')^2\right) = 4\pi G \left(\rho - p\right)$$

$$e^{-2\lambda} \left(-1 + r\lambda' - r\nu'\right) + 1 = 4\pi G r^2 \left(\rho - p\right)$$

Dividiert man die ersten beiden Gleichungen durch 2 und die dritte durch r^2, so erhält man

$$\frac{e^{-2\lambda}}{2} \left(\nu'' + (\nu')^2 - \nu'\lambda' + \frac{2\nu'}{r}\right) = 2\pi G \left(\rho + 3p\right)$$

$$\frac{e^{-2\lambda}}{2} \left(-\nu'' + \nu'\lambda' + \frac{2\lambda'}{r} - (\nu')^2\right) = 2\pi G \left(\rho - p\right)$$

$$\frac{e^{-2\lambda}}{r^2}\left(-1+r\lambda'-r\nu'\right)+\frac{1}{r^2} = 2\pi G\left(2\rho-2p\right).$$

Subtrahiert man die zweite Gleichung von der ersten, so ergibt sich

$$e^{-2\lambda}\left(\nu''+\left(\nu'\right)^2-\nu'\lambda'+\frac{\nu'}{r}-\frac{\lambda'}{r}\right)=8\pi Gp. \tag{26.1}$$

Nun addiert man die drei Gleichungen und bekommt

$$\frac{e^{-2\lambda}}{r^2}\left(2r\lambda'-1\right)+\frac{1}{r^2}=8\pi G\rho. \tag{26.2}$$

Addiert man die ersten zwei Gleichungen, so erhält man

$$e^{-2\lambda}\left(\frac{2\nu'}{r}+\frac{2\lambda'}{r}\right)=8\pi G\left(\rho+p\right), \tag{26.3}$$

und zieht die dritte davon ab, so ergibt sich schließlich

$$\frac{e^{-2\lambda}}{r^2}\left(2r\nu'+1\right)-\frac{1}{r^2}=8\pi Gp. \tag{26.4}$$

Die letzten Gleichungen können nun benutzt werden, um die unbekannten Funktionen $\nu\left(r\right)$ und $\lambda\left(r\right)$ zu finden. Allerdings sind dazu noch zusätzliche Informationen über den Druck p und die Massendichte ρ erforderlich. Im Allgemeinen geht man dabei von einer **Zustandsgleichung** der Form

$$\frac{p}{\rho}=f(\rho,T)$$

für die Sternenmaterie aus, wobei die Funktion f von der Massendichte ρ und der Temperatur T abhängen kann. Wir wollen hier allerdings einen einfacheren Weg einschlagen und als Spezialfall annehmen, dass die Materie **inkompressibel** ist, d.h., wir unterstellen, dass die Dichte ρ konstant ist. Das ist für leichtere Sterne wie die Sonne eine akzeptable Annahme und vereinfacht die folgende (ohnehin nicht ganz einfache) Herleitung der Metrik beträchtlich.

Wir schreiben Gl. (26.2) in der Form

$$e^{-2\lambda}\left(1-2r\lambda'\right)=1-8\pi G\rho r^2$$

und benutzen, dass mit der Produktregel

$$\frac{d}{dr}\left(re^{-2\lambda}\right)=e^{-2\lambda}-2\lambda're^{-2\lambda}$$

folgt, sodass sich

$$\frac{d}{dr}\left(re^{-2\lambda}\right)=1-8\pi G\rho r^2$$

ergibt. Diese Gleichung wird integriert ($\rho = const.!$)

$$re^{-2\lambda} = \int \frac{d}{dr}\left(re^{-2\lambda}\right)dr = \int \left(1 - 8\pi G\rho r^2\right)dr = r - \frac{8\pi G\rho r^3}{3} + C$$

mit einer Integrationskonstanten C. Setzt man $r = 0$, so folgt, dass $C = 0$ sein muss. Also folgt nach Division durch r

$$e^{-2\lambda} = 1 - \frac{8\pi G\rho r^2}{3} = 1 - Ar^2, \tag{26.5}$$

wodurch die Konstante A definiert wird, d.h., wir haben eine Lösung für

$$g_{rr} = e^{2\lambda} = \left(1 - Ar^2\right)^{-1}$$

gefunden. Nun betrachten wir Gl. (26.4) und schreiben sie in der Form

$$e^{-2\lambda}\left(2r\nu' + 1\right) = 1 + 8\pi Gpr^2.$$

Wir differenzieren beide Seiten nach r, beachten, dass der Druck $p = p(r)$ von r abhängt, und erhalten wieder unter Beachtung der Produktregel

$$-2\lambda'e^{-2\lambda}\left(2r\nu' + 1\right) + e^{-2\lambda}\left(2\nu' + 2r\nu''\right) = 8\pi Gp'r^2 + 16\pi Gpr.$$

Aus Gl. (26.1) erhalten wir durch Umstellung

$$e^{-2\lambda}r\nu'' = 8\pi Gpr - e^{-2\lambda}\left(r\left(\nu'\right)^2 - r\nu'\lambda' + \nu' - \lambda'\right)$$

und setzen diesen Ausdruck in die vorletzte Gleichung, die wir noch durch 2 teilen, ein:

$$-\lambda'e^{-2\lambda}\left(2r\nu' + 1\right) + e^{-2\lambda}\nu' + 8\pi Gpr - e^{-2\lambda}\left(r\left(\nu'\right)^2 - r\nu'\lambda' + \nu' - \lambda'\right) =$$
$$4\pi Gp'r^2 + 8\pi Gpr$$

Einige Terme heben sich auf und wir erhalten

$$-\frac{2e^{-2\lambda}}{r}\left(\nu'\left(\nu' + \lambda'\right)\right) = 8\pi Gp'.$$

Nun benutzen wir noch Gl. (26.3), um den Term

$$e^{-2\lambda}\left(\frac{2\nu'}{r} + \frac{2\lambda'}{r}\right)$$

zu ersetzen, und erhalten

$$p' = -\nu'(\rho + p) \Leftrightarrow \frac{p'}{(\rho + p)} = -\nu'. \tag{26.6}$$

Wir integrieren die letzte Gleichung, beachten die Substitutionsregel

$$p'\,dr = \frac{dp}{dr}\,dr = dp$$

und erhalten für die linke Seite

$$\int \frac{p'}{(\rho + p)}\,dr = \int \frac{1}{(\rho + p)}\,dp = \ln\left(\rho + p(r)\right) + C_1$$

und für die rechte Seite

$$-\int \nu'\,dr = -\nu(r) + C_2.$$

Also ergibt sich nach Zusammenfassung der beiden Integrationskonstanten C_1, C_2 und durch Potenzieren

$$\ln\left(\rho + p(r)\right) = -\nu(r) + C \implies \rho + p(r) = e^{-\nu(r)+C} = Be^{-\nu(r)} \tag{26.7}$$

mit der Integrationskonstanten $B = e^C$. Um den Druck $p(r)$ aus der letzten Gleichung zu eliminieren, multiplizieren wir diese mit $8\pi G$ und benutzen noch einmal Gl. (26.4)

$$8\pi G\rho + 8\pi Gp = 8\pi G\rho + \frac{e^{-2\lambda}}{r^2}\left(2r\nu' + 1\right) - \frac{1}{r^2} = 8\pi GBe^{-\nu}.$$

Nun ersetzen wir den Term $e^{-2\lambda}$ gemäß Gl. (26.5) und erhalten

$$8\pi G\rho + \frac{1 - Ar^2}{r^2}\,2r\nu' + \frac{1 - Ar^2}{r^2} - \frac{1}{r^2} = 8\pi GBe^{-\nu}.$$

Da $A = 8\pi G\rho/3$ ist, ergibt sich daraus

$$2A + \frac{1 - Ar^2}{r}\,2\nu' = 8\pi GBe^{-\nu}$$

bzw. nach Umstellen

$$Are^\nu + \left(1 - Ar^2\right)\nu'e^\nu = 4\pi GBr. \tag{26.8}$$

Um diese (Differenzial-)Gleichung zu lösen, setzen wir

$$u(r) = e^{\nu(r)},$$

dann ergibt sich

$$u'(r) = \nu'(r)\, e^{\nu(r)}$$

und wir erhalten die Differenzialgleichung

$$Aru(r) + \left(1 - Ar^2\right) u'(r) = 4\pi GBr.$$

Eine spezielle Lösung ergibt sich, wenn man $u(r)$ als konstante Funktion ansetzt, dann ist $u'(r) = 0$ und man erhält

$$u(r) = 4\pi G\,\frac{B}{A}.$$

Für die allgemeine Lösung benötigen wir noch die Lösung der homogenen Differenzialgleichung, d.h. von

$$Aru(r) + \left(1 - Ar^2\right) u'(r) = 0.$$

Diese Gleichung dividieren wir durch $u(r)$ und $\left(1 - Ar^2\right)$ und erhalten

$$\frac{u'(r)}{u(r)} = -\frac{Ar}{1 - Ar^2}.$$

Integration auf beiden Seiten ergibt wieder mit

$$u'\,dr = \frac{du}{dr}\,dr = du$$

für die linke Seite

$$\int \frac{u'(r)}{u(r)}\,dr = \int \frac{1}{u}\,du = \ln u + C_1$$

und für die rechte Seite

$$\int \left(-\frac{Ar}{1 - Ar^2}\right) dr = \frac{1}{2}\ln\left(1 - Ar^2\right) + C_2 = \ln\left(1 - Ar^2\right)^{\frac{1}{2}} + C_2,$$

was man durch Ableiten nachvollziehen kann. Wir fassen wieder die Integrationskonstanten zusammen, potenzieren beide Seiten und erhalten

$$u(r) = D\left(1 - Ar^2\right)^{\frac{1}{2}}$$

mit einer Integrationskonstanten D. Die allgemeine Lösung von (26.8) ist nun die Summe aus der speziellen Lösung und der Lösung der homogenen Differenzialgleichung, also

$$e^{\nu(r)} = u(r) = 4\pi G\,\frac{B}{A} + D\left(1 - Ar^2\right)^{\frac{1}{2}}, \tag{26.9}$$

und damit haben wir die Lösung für g_{tt} gefunden:

$$g_{tt} = -e^{2\nu(r)} = -u(r)^2 = -\left(4\pi G \frac{B}{A} + D\left(1 - Ar^2\right)^{\frac{1}{2}}\right)^2 \qquad (26.10)$$

Das Linienelement der Metrik ergibt sich mit (26.5) zu

$$ds^2 = -\left(4\pi G \frac{B}{A} + D\left(1 - Ar^2\right)^{\frac{1}{2}}\right)^2 dt^2 + \left(1 - Ar^2\right)^{-1} dr^2 + r^2 d\Omega^2.$$

Diese Metrik nennt man **innere Schwarzschild-Metrik**, auch sie wurde 1916 von dem deutschen Astronomen Karl Schwarzschild gefunden. Die Metrik enthält noch die beiden Konstanten B und D (A ist ja durch die Dichte ρ festgelegt), die wir durch folgende Anforderungen bestimmen wollen. Zunächst soll der Materiedruck an der Sternenoberfläche gleich null sein. Wenn wir den Sternenradius mit R bezeichnen, so soll also $p(R) = 0$ gelten. Und zweitens soll die innere Schwarzschild-Metrik an der Sternenoberfläche mit der äußeren Schwarzschild-Metrik übereinstimmen.

Wenn wir in Gl. (26.7) $p(R) = 0$ setzen, so erhalten wir

$$\rho + p(R) = \rho = Be^{-\nu(R)} \implies B = \rho e^{\nu(R)}.$$

Nun ersetzen wir gemäß (26.9) den Term $e^{\nu(R)}$ und bekommen mit $A = 8\pi G\rho/3$:

$$\begin{aligned} B &= \rho\left(4\pi G \frac{B}{A} + D\left(1 - AR^2\right)^{\frac{1}{2}}\right) = 4\pi G\rho \frac{B}{\dfrac{8\pi G\rho}{3}} + \rho D\left(1 - AR^2\right)^{\frac{1}{2}} \\ &= \frac{3}{2}B + \rho D\left(1 - AR^2\right)^{\frac{1}{2}}, \end{aligned}$$

also

$$B = -2\rho D\left(1 - AR^2\right)^{\frac{1}{2}}.$$

Dies in (26.9) eingesetzt liefert wieder mit $A = 8\pi G\rho/3$

$$\begin{aligned} e^{\nu(r)} &= 4\pi G\rho \frac{-2D\left(1 - AR^2\right)^{\frac{1}{2}}}{A} + D\left(1 - Ar^2\right)^{\frac{1}{2}} \\ &= -3D\left(1 - AR^2\right)^{\frac{1}{2}} + D\left(1 - Ar^2\right)^{\frac{1}{2}} \\ &= 8\pi G\rho \frac{-D\left(1 - AR^2\right)^{\frac{1}{2}}}{\dfrac{8\pi G\rho}{3}} + D\left(1 - Ar^2\right)^{\frac{1}{2}} \\ &= -3D\left(1 - AR^2\right)^{\frac{1}{2}} + D\left(1 - Ar^2\right)^{\frac{1}{2}}, \end{aligned}$$

und das Linienelement der inneren Schwarzschild-Metrik ist damit

$$ds^2 = -D^2 \left(-3\left(1 - AR^2\right)^{\frac{1}{2}} + \left(1 - Ar^2\right)^{\frac{1}{2}}\right)^2 dt^2 + \left(1 - Ar^2\right)^{-1} dr^2 + r^2 d\Omega^2.$$

Wenn wir dieses Linienelement mit dem der äußeren Schwarzschild-Metrik

$$ds^2 = -\left(1 - \frac{2MG}{r}\right) dt^2 + \left(1 - \frac{2MG}{r}\right)^{-1} dr^2 + r^2 d\Omega^2$$

vergleichen und verlangen, dass beide bei $r = R$ übereinstimmen sollen, so stellt man zunächst fest, dass die Gesamtmasse M des (kugelförmigen) Sterns wegen der konstanten Dichte ρ gleich

$$M = V \cdot \rho = \frac{4}{3} \pi R^3 \rho$$

ist und damit

$$\frac{2MG}{R} = \frac{\frac{8}{3} \pi R^3 \rho G}{R} = AR^2$$

liefert, sodass bei $r = R$ die Terme vor dr^2 übereinstimmen. Zur Bestimmung der Konstanten D setzen wir $r = R$ und erhalten

$$D^2 \left(-3\left(1 - AR^2\right)^{\frac{1}{2}} + \left(1 - AR^2\right)^{\frac{1}{2}}\right)^2 \overset{!}{=} 1 - \frac{2MG}{R} = 1 - AR^2.$$

Die linke Seite kann man weiter ausrechnen

$$D^2 \left(-3\left(1 - AR^2\right)^{\frac{1}{2}} + \left(1 - AR^2\right)^{\frac{1}{2}}\right)^2 = D^2 4 \left(1 - AR^2\right),$$

also folgt

$$D = \pm \frac{1}{2},$$

und das Linienelement der inneren Schwarzschild-Metrik ergibt sich zu

$$ds^2 = -\left(-3D\left(1 - AR^2\right)^{\frac{1}{2}} + D\left(1 - Ar^2\right)^{\frac{1}{2}}\right)^2 dt^2 + \left(1 - Ar^2\right)^{-1} dr^2 + r^2 d\Omega^2.$$

Da bei $r = R$ die äußere Schwarzschild-Metrik rauskommen soll, muss also $D = -1/2$ gewählt werden und man erhält schließlich den endgültigen Ausdruck

$$ds^2 = -\left(\frac{3}{2}\left(1 - AR^2\right)^{\frac{1}{2}} - \frac{1}{2}\left(1 - Ar^2\right)^{\frac{1}{2}}\right)^2 dt^2 + \left(1 - Ar^2\right)^{-1} dr^2 + r^2 d\Omega^2$$

$$\text{(26.11)}$$

für das Linienelement der inneren Schwarzschild-Metrik mit

$$A = \frac{8\pi G\rho}{3}.$$

Wir berechnen den Wert AR^2 für die Sonne und benutzen die Gleichung von oben

$$\frac{2MG}{R} = AR^2.$$

Der Sonnenradius beträgt $R_s = 6,69 \cdot 10^8$ m, und der Schwarzschild-Radius der Sonne ist $r_S = 2M_S\, G/c^2 = 2,96 \cdot 10^3$ m, also folgt

$$AR_S^2 = \frac{2,96 \cdot 10^3}{6,69 \cdot 10^8} = 4,42 \cdot 10^{-6},$$

d.h. $AR_S^2 \ll 1$, und auch die innere Schwarzschild-Metrik (genauso wie die äußere) weicht zumindest in der Nähe des Sonnenrandes nicht sehr von der Minkowski-Metrik ab.

26.3. Die Tolman-Oppenheimer-Volkoff-Gleichung

Wir leiten noch eine weitere wichtige Beziehung zwischen dem Anstieg des Druckes und der Dichte her, wobei wir wieder unterstellen, dass die Dichte ρ konstant ist und wir deshalb die Ergebnisse der letzten Abschnitte verwenden können. Wir gehen von Gl. (26.6) aus:

$$\frac{p'}{(\rho + p)} = -\nu'$$

und wollen die rechte Seite durch Benutzung von Gl. (26.4):

$$\frac{e^{-2\lambda}}{r^2}\left(2r\nu' + 1\right) - \frac{1}{r^2} = 8\pi Gp$$

weiter ausrechnen. Zunächst ersetzen wir nach Gl. (26.5) den Term $e^{-2\lambda}$ durch

$$e^{-2\lambda} = 1 - \frac{8\pi G\rho r^2}{3} = 1 - Ar^2$$

und erhalten

$$\frac{1 - Ar^2}{r^2}\left(2r\nu' + 1\right) - \frac{1}{r^2} = 8\pi Gp.$$

Ausmultiplizieren und Zusammenfassen der linken Seite führt zu

$$-A + \frac{2\nu'}{r} - 2Ar\nu' = 8\pi Gp.$$

Multiplikation mit r, Division durch 2, Einsetzen von A und Umstellen ergibt

$$\nu' \left(1 - Ar^2\right) = 4\pi Gpr + \frac{4\pi G\rho r}{3} = 4\pi Gr \left(p + \frac{\rho}{3}\right).$$

Also

$$\nu' = \frac{4\pi Gr}{1 - Ar^2} \left(p + \frac{\rho}{3}\right).$$

Dies eingesetzt in Gl. (26.6)

$$\frac{p'}{(\rho + p)} = -\nu'$$

führt zu

$$p' = \frac{dp}{dr} = -\frac{4\pi Gr}{1 - Ar^2} \left(p + \frac{\rho}{3}\right)(\rho + p). \qquad (26.12)$$

Ersetzt man noch

$$1 - Ar^2 = \frac{r - Ar^3}{r} = \frac{r - 2\left(\frac{4}{3}\pi\rho r^3\right)G}{r} = \frac{r - 2M\left(r\right)G}{r},$$

so erhält man die übliche Form der **Tolman-Oppenheimer-Volkoff-Gleichung (TOV-Gleichung)**

$$\frac{dp}{dr} = -\frac{4\pi Gr^2 \left(p + \frac{\rho}{3}\right)(\rho + p)}{r - 2M(r)G} \qquad (26.13)$$

für den Spezialfall $\rho = const.$ An der Gleichung kann man ablesen, dass eine höhere Dichte ρ zu einem stärken Abfall des Druckes führt, was den Gravitationskollaps des Sterns begünstigt. Das ist auch intuitiv zu erwarten gewesen, was allerdings erstaunt, ist die Tatsache, dass auch eine Erhöhung des Druckes p den Kollaps befördert. Das ist wieder ein wichtiger Unterschied zwischen der allgemeinen Relativitätstheorie, in der der Druck die Gravitation erhöht, während in der Newton'schen Theorie der Druck nicht nur keinen verstärkenden Effekt auf die Gravitation hat, sondern oftmals dafür sorgt, dass ein Kollaps verhindert wird, was wir jetzt an einem einfachen Beispiel plausibel machen wollen.

Nichtrelativistischer Grenzfall, Emden'sche Gleichung

Dazu betrachten wir einen kugelförmigen Stern mit Dichte $\rho\left(r\right)$ und darin eine Schale mit Dicke dr, die um die Länge r vom Zentrum entfernt liegen möge.

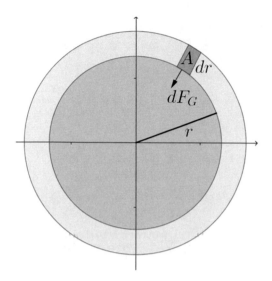

Abbildung 26.1.: Gleichgewicht zwischen Druck und Schwerkraft

Ein (kleiner) Ausschnitt der Kugelschale in Abb. 26.1 mit Fläche A und Dicke dr hat die Masse $\rho A \, dr$ und erfährt eine (Newton'sche) Gravitationskraft dF_G der Größe

$$dF_G = -\frac{GM(r)}{r^2} \rho(r) A \, dr,$$

wobei $M(r)$ die Masse des Sterns vom Zentrum bis zur Kugelschale bezeichnet. Damit der kugelförmige Stern nicht kollabiert, muss diese auf das Zentrum gerichtete Kraft durch die Druckdifferenz $dp = p(r + dr) - p(r)$ aufgehoben werden, d.h.

$$dF_G = A \, dp.$$

Es ergibt sich also als Gleichgewichtsbedingung

$$\frac{dp}{dr} = -\frac{GM(r)}{r^2} \rho(r). \tag{26.14}$$

Diese Gleichung wird **Emden'sche Gleichung** genannt und reduziert sich im Fall konstanter Dichte wegen

$$M(r) = \frac{4}{3} \pi \rho r^3$$

auf

$$\frac{dp}{dr} = -\frac{4\pi G}{3} \rho^2 r. \tag{26.15}$$

Wenn wir noch einmal auf die TOV-Gleichung (26.13) schauen und den nicht-relativistischen Fall, d.h. $r \gg 2MG$ und $\rho \gg p$, betrachten, so reduziert sich die Gleichung auf

$$\frac{dp}{dr} = -\frac{4\pi G r^2 \left(p + \frac{\rho}{3}\right)(\rho + p)}{r - 2M(r)G} = -\frac{4\pi G r^2 \left(\frac{\rho}{3}\right)\rho}{r} = -\frac{4\pi G}{3}\rho^2 r,$$

d.h., die Tolman-Oppenheimer-Volkoff-Gleichung geht im nichtrelativistischen Grenzfall in die Emden'sche Gleichung über. Wenn wir die Emden'sche Gleichung (26.15) integrieren, so ergibt sich

$$\int_0^r dp = p(r) - p(0) = \int_0^r -\frac{4\pi G}{3}\rho^2 r\, dr = -\frac{2\pi G}{3}\rho^2 r^2,$$

also

$$p(r) = p(0) - \frac{2\pi G}{3}\rho^2 r^2,$$

wobei die Integrationskonstante $p(0) = p_0$ der Druck im Zentrum des Sterns ist. Der Druck ist also im Zentrum des Sterns am größten und nimmt mit wachsendem r ab. Da für $r = R$ (Sternradius) der Druck $p(R)$ null werden muss, ergibt sich

$$p_0 = \frac{2\pi G}{3}\rho^2 R^2$$

und damit

$$p(r) = \frac{2\pi G}{3}\rho^2 \left(R^2 - r^2\right), \tag{26.16}$$

bzw.

$$\frac{p_0}{\rho} = \frac{2\pi G}{3}\rho R^2 = \frac{2\left(\frac{4\pi\rho}{3}R^3\right)G}{4R} = \frac{2MG}{4R} = \frac{r_S}{4R},$$

wobei r_S den Schwarzschild-Radius des Sterns bezeichnet. Das Sterngleichgewicht ist also im nichtrelativistischen Fall und bei konstanter Dichte ρ durch ein bestimmtes Verhältnis von Schwarzschild-Radius zu Radius des Sterns bestimmt. Bei „normalen" Sternen wie unserer Sonne hält der kinetische Druck der Temperaturbewegung der Gasmoleküle der Gravitation die Waage. Dieses Gas betrachten wir als ideal, sodass sich der Druck aus dem **idealen Gasgesetz** (siehe Kap. 29):

$$p = \frac{N k_B T}{V}$$

bestimmen lässt. Dabei bezeichnen N die Anzahl der Teilchen im Volumen V, T die Temperatur und k_B die sogenannte **Bolzmann-Konstante** (siehe

Kap. 30). Beachtet man, dass sich die Masse M als Summe der Massen m aller Einzelteilchen

$$M = Nm$$

errechnen lässt, und dass für die Dichte

$$\rho = \frac{M}{V} = \frac{Nm}{V}$$

gilt, so erhält man

$$p = \frac{k_B \, \rho T}{m}.$$

Die Größe $k_B \, T/m$ ist für unsere Sonne sehr klein

$$\frac{p}{\rho} = \frac{k_B \, T}{M} \approx 10^{-6},$$

sodass

$$\frac{r_S}{4R} \approx \frac{p}{\rho} \approx \frac{k_B \, T}{m} \approx 10^{-6}$$

folgt. Beachtet man noch, dass der Schwarzschild-Radius der Sonne ungefähr $r_S = 2,96 \cdot 10^3 \, \text{m}$ groß ist, so kann man den Radius R der Sonne durch die obige Gleichgewichtsbedingung abschätzen

$$R \approx \frac{2,96}{4} 10^9 \, \text{m} = 740.000 \, \text{km},$$

was dem tatsächlichen Radius der Sonne von ca. 700.000 km nahe kommt.

Konsequenzen für relativistische Sterne

Wir verlassen nun den nichtrelativistischen Grenzfall und leiten aus der TOV-Gleichung (26.12) einige Resultate für relativistische Sterne ab, d.h. für Sterne mit starkem Gravitationsfeld. Die TOV-Gleichung lässt sich umschreiben in

$$\frac{p'}{\left(p + \dfrac{\rho}{3}\right)(\rho + p)} = -\frac{4\pi G r}{1 - A r^2}.$$

Wir integrieren beide Seiten und erhalten für die rechte Seite

$$\int \frac{p'}{\left(p + \dfrac{\rho}{3}\right)(\rho + p)} \, dr = -\frac{3}{2\rho} \ln\left(\frac{p + \rho}{p + \dfrac{\rho}{3}}\right) + const.$$

Um das einzusehen, differenzieren wir die rechte Seite mit der Ketten- und Quotientenregel und erhalten wegen $\rho = const.$

$$\frac{d}{dr}\left[-\frac{3}{2\rho}\ln\left(\frac{p+\rho}{p+\frac{\rho}{3}}\right)\right] = \left(-\frac{3}{2\rho}\right)\left(\frac{1}{\frac{p+\rho}{p+\frac{\rho}{3}}}\right)\left(\frac{p'\left(p+\frac{\rho}{3}\right)-(p+\rho)\,p'}{\left(p+\frac{\rho}{3}\right)^2}\right)$$

$$= \left(-\frac{3}{2\rho}\right)\left(\frac{p+\frac{\rho}{3}}{p+\rho}\right)\left(\frac{-\frac{2\rho}{3}\,p'}{\left(p+\frac{\rho}{3}\right)^2}\right)$$

$$= \frac{p'}{\left(p+\frac{\rho}{3}\right)(\rho+p)}.$$

Für die linke Seite ergibt

$$\int -\frac{4\pi Gr}{1-Ar^2}\,dr = \frac{4\pi G}{2A}\ln\left(1-Ar^2\right)+const.$$

Auch hier differenzieren wir zur Überprüfung die rechte Seite

$$\frac{d}{dr}\left[\frac{4\pi G}{2A}\ln\left(1-Ar^2\right)\right] = \left(\frac{4\pi G}{2A}\right)\left(\frac{1}{1-Ar^2}\right)(-2Ar) = -\frac{4\pi Gr}{1-Ar^2}.$$

Wir fassen die beiden Integrationskonstanten zusammen und erhalten schließlich aus Gl. (26.12) als Ergebnis

$$\ln\left(\frac{p+\rho}{p+\frac{\rho}{3}}\right) = -\frac{4\pi G\rho}{3A}\ln\left(1-Ar^2\right)+const.$$

Nun ist $A = 8\pi G\rho/3$, damit folgt

$$\ln\left(\frac{p+\rho}{p+\frac{\rho}{3}}\right) = -\frac{1}{2}\ln\left(1-Ar^2\right)+const.$$

Wir potenzieren und erhalten

$$\frac{p+\rho}{p+\frac{\rho}{3}} = C\left(1-Ar^2\right)^{-\frac{1}{2}}. \tag{26.17}$$

Da am Sternenrand der Druck null ist, d.h. $p(R) = 0$, bestimmt sich die Konstante C durch

$$\frac{p(R)+\rho}{p(R)+\frac{\rho}{3}} = C\left(1-AR^2\right)^{-\frac{1}{2}} \iff 3 = C\left(1-AR^2\right)^{-\frac{1}{2}} \iff C = 3\sqrt{1-AR^2}.$$

Gl. (26.17) lösen wir nach p auf:

$$\frac{p+\rho}{p+\frac{\rho}{3}} = C\left(1-Ar^2\right)^{-\frac{1}{2}} \Longleftrightarrow$$

$$p = \left(p+\frac{\rho}{3}\right)\left(C\left(1-Ar^2\right)^{-\frac{1}{2}}\right)-\rho \Longleftrightarrow$$

$$p\left(1-C\left(1-Ar^2\right)^{-\frac{1}{2}}\right) = -\rho\left(1-\frac{C}{3}\left(1-Ar^2\right)^{-\frac{1}{2}}\right) \Longleftrightarrow$$

$$p = \frac{-\rho\left(1-\frac{C}{3}\left(1-Ar^2\right)^{-\frac{1}{2}}\right)}{1-C\left(1-Ar^2\right)^{-\frac{1}{2}}}.$$

Wir bringen Zähler und Nenner auf den Hauptnenner, setzen die Konstante C ein und erhalten

$$p = \rho\,\frac{\sqrt{1-Ar^2}-\sqrt{1-AR^2}}{3\sqrt{1-AR^2}-\sqrt{1-Ar^2}}.$$

Mit

$$Ar^2 = \frac{8\pi G\rho r^2}{3} = 2\,\frac{4\pi G\rho R^3}{3}\frac{Gr^2}{R^3} = 2MG\,\frac{r^2}{R^3} = \frac{r_S r^2}{R^3}$$

führen wir den Schwarzschild-Radius ein und erhalten schließlich die endgültige Gleichung für den Druck im relativistischen Fall

$$p = \rho\,\frac{\sqrt{1-\dfrac{r_S r^2}{R^3}}-\sqrt{1-\dfrac{r_S}{R}}}{3\sqrt{1-\dfrac{r_S}{R}}-\sqrt{1-\dfrac{r_S r^2}{R^3}}}. \tag{26.18}$$

Für $r \geq R$ ist $p(r) = 0$.

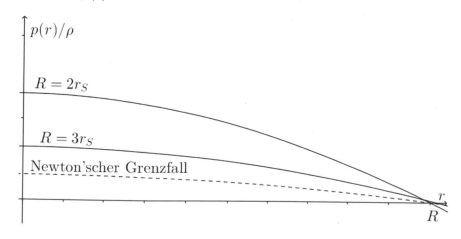

Abbildung 26.2.: Relativer Druckverlauf p/ρ

Abb. 26.2 zeigt einige Druckverläufe und enthält auch einen Vergleich mit dem nichtrelativistischen Grenzfall (26.16), der sich mit dem Schwarzschild-Radius r_S als

$$p\left(r\right) = \frac{2\pi G}{3}\rho^2\left(R^2 - r^2\right) = \rho\frac{r_S}{4R^3}\left(R^2 - r^2\right)$$

schreiben lässt.

Wenn sich der Radius des Sterns R dem Schwarzschild-Radius nähert, nehmen die relativistischen Effekte zu. Für den Druck p_0 im Sternenzentrum folgt aus Gl. (26.18)

$$p_0 = p\left(0\right) = \rho\frac{1 - \sqrt{1 - \frac{r_S}{R}}}{3\sqrt{1 - \frac{r_S}{R}} - 1},$$

d.h., der Gravitationsdruck ist im Zentrum maximal und er divergiert für $R \to 9/8\,r_S$, da für den Nenner

$$3\sqrt{1 - \frac{r_S}{\frac{9}{8}r_S}} - 1 = 3\sqrt{1 - \frac{8}{9}} - 1 = 0$$

gilt, also

$$p_0 \to \infty \quad \text{für} \quad R \to \frac{9}{8}r_S.$$

Wenn der Gravitationsdruck im Zentrum divergiert, dann ist kein Gleichgewicht mit dem Materiedruck mehr möglich, d.h., der Stern kollabiert. Ein Sternengleichgewicht setzt also

$$R > \frac{9}{8}r_S$$

voraus. Da der Schwarzschild-Radius $r_S = 2MG$ ist, bedeutet diese Stabilitätsbedingung, dass die Masse M bei gegebenem Sternenradius eine obere Grenze nicht überschreiten darf, bzw. wenn die Masse gegeben ist, darf der Radius nicht zu klein werden. Im nichtrelativistischen Fall und für inkompressible Materie ($\rho = const.$) ist - wie oben gezeigt - der maximale Druck

$$p_0 = \frac{2\pi G}{3}\rho^2 R^2,$$

also immer endlich. Lässt man allerdings die Annahme der Inkompressibilität weg, so kann sich auch hier eine Instabilität ergeben, die z.B. für Weiße Zwerge zu einer Massenobergrenze führt.

Die Instabilität für $R \to 9/8\,r_S$ ist dagegen von grundsätzlicher Natur, da sie durch die relativistischen Effekte in der TOV-Gleichung verursacht wird. Wir haben oben schon ausgeführt, dass hohe Drücke unabhängig von der Art der Materie zu einem selbstverstärkenden Anstieg des Druckes zum Zentrum hin führen. Die Einstein'schen Feldgleichungen haben damit zu dem Ergebnis geführt, dass der zentrale Gravitationsdruck eines Sterns (mit konstanter Massendichte) divergiert, wenn sich der Radius des Sterns dem Schwarzschild-Radius nähert. Die Folge davon ist, dass der Stern einen Gravitationskollaps erleidet, der im Extremfall zu einem Schwarzen Loch führen kann, womit wir uns im nachfolgenden letzten Kap. 27 dieses Buches beschäftigen wollen.

27. Schwarze Löcher

Kein Objekt in unserem Universum regt die Fantasie mehr an als ein Schwarzes Loch. Viele Science-Fiction-Autoren haben darüber geschrieben und ihm die fantastischsten Eigenschaften zugeschrieben, wie z.B. die Ermöglichung von Zeitreisen, Wurmlöchern, Überlichtgeschwindigkeit und vieles mehr. Wir behandeln die Schwarzen Löcher hier wie alle anderen bislang beschriebenen gravitativen Phänomene, nämlich nüchtern, und fragen uns, was man über Schwarze Löcher quantitativ aussagen bzw. konkret messen kann.

27.1. Massendichte von Schwarzen Löchern

Schwarze Löcher haben wir in den vorherigen Kapiteln als Materieansammlungen der Masse M definiert, deren Ausdehnungsradius r kleiner als der Schwarzschild-Radius ist ($r \leq r_S = 2GM$). Und wir haben auch schon nachgewiesen, dass von solchen Objekten kein Licht nach außen entweichen kann, deshalb der Name „Schwarze Löcher". Unterstellt man, dass eine kugelförmige gleichverteilte Materieansammlung M dabei ist, ein Schwarzes Loch zu bilden, so kann man etwas über dessen Massendichte ρ aussagen. Das Volumen der Materieansammlung ist dann

$$V = \frac{4\pi r_S^3}{3} = \frac{4\pi (2GM)^3}{3} = \frac{32\pi G^3 M^3}{3},$$

und für die Dichte folgt daraus

$$\rho = \frac{M}{V} = \frac{3}{32\pi G^3 M^2},$$

d.h., die Materiedichte, die man braucht, um ein Schwarzes Loch zu bilden, ist umgekehrt proportional zum Quadrat der Masse der Materieansammlung. Objekte, die nur eine geringe Masse besitzen, müssen also eine hohe Massendichte besitzen, um ein Schwarzes Loch zu bilden. Umgekehrt reicht eine geringe Massendichte aus, wenn die Masse der Materieansammlung genügend groß ist. Wir wollen uns die letzte Gleichung etwas näher anschauen und einige Berechnun-

M. Ruhrländer, *Aufstieg zu den Einsteingleichungen*,
https://doi.org/10.1007/978-3-662-62546-0_27

gen damit anstellen. Zunächst stellen wir die Dichte ρ in SI-Einheiten dar

$$\rho = \frac{M}{V} = \frac{3M}{32\pi \left(\dfrac{GM}{c^2}\right)^3} = \frac{3c^6}{32\pi G^3 M^2} = \frac{7,3 \cdot 10^{79}}{M^2}\, \text{kg}\,\text{m}^{-3}.$$

Diese Größe allein ist schwer zu interpretieren, deshalb setzen wir sie in Bezug zur Masse der Sonne $M_S = 1,99 \cdot 10^{30}\,\text{kg}$ und erhalten

$$\rho = \frac{3c^6}{32\pi G^3 M^2} = 1,84 \cdot 10^{19} \left(\frac{M_S}{M}\right)^2 \text{kg}\,\text{m}^{-3}.$$

Nun weiß man aus der Atomphysik, dass die typische Massendichte in einem Atomkern etwa $2 \cdot 10^{17}\,\text{kg}\,\text{m}^{-3}$ beträgt und diese Dichte auch in einem Neutronenstern vorherrscht. Die oben berechnete Dichte für ein Schwarzes Loch *mit Sonnenmasse* liegt also ca. 100-mal höher als die Atomkerndichte, und das ist der Grund dafür, dass wir keine Schwarzen Löcher mit Sonnenmasse im Universum erwarten können.

Schwarze Löcher mit einer Masse, die zehnmal der Sonnenmasse entspricht, haben etwa Atomkerndichte, und so ist es keine Überraschung, dass die Schwarzen Löcher, die man in Doppelsternsystemen beobachtet, typischerweise diese Größe haben. Die riesigen Schwarzen Löcher in Galaxiezentren können mit sehr geringen Massendichten entstehen. Unterstellt man bei solchen Schwarzen Löchern eine Masse, die eine Milliarde größer als die unserer Sonne ist, so entsteht ein solches Schwarzes Loch mit einer Massendichte von ca. $40\,\text{kg}\,\text{m}^{-3}$, die deutlich geringer als die Dichte von Wasser ($1000\,\text{kg}\,\text{m}^{-3}$) ist.

27.2. Rotverschiebung am Schwarzschild-Radius

In den folgenden Abschnitten unterstellen wir die Existenz eines Schwarzen Loches und nehmen die äußere Schwarzschild-Lösung

$$ds^2 = -\left(1 - \frac{2m}{r}\right) dt^2 + \frac{1}{\left(1 - \dfrac{2m}{r}\right)}\, dr^2 + r^2 \left(d\vartheta^2 + \sin^2\vartheta\, d\varphi^2\right)$$

her, um den Bereich außerhalb des Schwarzen Loches zu untersuchen. Da der Radius des Schwarzen Loches R kleiner als der Schwarzschild-Radius ist, bedeutet das, dass wir uns auch in die Region $R < r \leq 2GM = 2m$ begeben müssen. Wir haben schon gezeigt, dass

$$g_{rr} = \frac{1}{\left(1 - \dfrac{2m}{r}\right)}$$

bei $r = 2m$ singulär wird. Schaut man sich g_{tt} bei $r = 2m$ an, so gilt

$$g_{tt} = 0.$$

Dieser Wert ist mathematisch ok, führt aber dazu, dass auf der Fläche $r = 2m$ die Rotverschiebung unendlich wird. Dazu schauen wir uns nochmals die Gleichung der Rotverschiebung im äußeren Schwarzschild-Feld (23.19):

$$\frac{f_2}{f_1} = \sqrt{\frac{g_{00}(r_1)}{g_{00}(r_2)}} = \sqrt{\frac{1 - 2GM/r_1}{1 - 2GM/r_2}}$$

an, wobei r_1 ein Ort „im Unendlichen", d.h. weit entfernt vom Schwarzschild-Radius, sein ($r_1 \to \infty$) und r_2 sich dem Schwarzschild-Radius nähern möge. Dann folgt für den Zähler

$$\sqrt{1 - \frac{2GM}{r_1}} \approx 1$$

und für den Nenner

$$\sqrt{1 - \frac{2GM}{r_2}} \to 0 \ \text{für} \ r_2 \to 2GM,$$

also insgesamt

$$\frac{f_2}{f_1} = \sqrt{\frac{1 - 2GM/r_1}{1 - 2GM/r_2}} \to \infty \ \text{für} \ r_2 \to 2GM.$$

Nähert sich ein Objekt dem Schwarzschild-Radius von außen, so werden Signale, die das Objekt versendet, „im Unendlichen" zunehmend rotverschoben wahrgenommen, bis schließlich von einem entfernten Beobachter gar kein Lichtsignal mehr beobachtet werden kann. Wir wollen das noch genauer untersuchen und betrachten im Folgenden zunächst Objekte, die in der Schwarzschild-Raumzeit radial in ein Schwarzes Loch fallen.

27.3. Radialer Fall in der Schwarzschild-Raumzeit

Wir betrachten ein Teilchen, das zum Zeitpunkt $t = 0$ aus einer Entfernung $r = R > 2m$ mit Anfangsgeschwindigkeit

$$\left(\frac{dr}{dt}\right)_{r=R} = 0$$

radial auf ein Schwarzes Loch zufällt, wie in Abb. 27.1 gezeigt. Dabei meint radial, dass sich die Winkel ϑ und φ nicht ändern, dass also

$$d\vartheta = d\varphi = 0$$

gilt. Die Zeit t wird auf einer Uhr im „Unendlichen" abgelesen, ist also die Koordinatenzeit eines weit entfernten Beobachters.

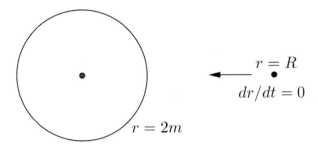

Abbildung 27.1.: Radialer Fall eines Teilchens in ein Schwarzes Loch

Damit ergibt sich das Linienelement der Schwarzschild-Metrik zu

$$ds^2 = -\left(1 - \frac{2m}{r}\right) dt^2 + \frac{1}{\left(1 - \frac{2m}{r}\right)} dr^2.$$

Mit

$$ds^2 = -dt_E^2$$

und den Definitionen

$$\dot{t} = \frac{dt}{dt_E}, \dot{r} = \frac{dr}{dt_E}$$

folgt daraus nach Division durch ds^2

$$\left(1 - \frac{2m}{r}\right) \dot{t}^2 - \frac{1}{\left(1 - \frac{2m}{r}\right)} \dot{r}^2 = 1.$$

Nun ist mit der Kettenregel

$$\dot{r} = \frac{dr}{dt_E} = \frac{dr}{dt} \frac{dt}{dt_E} = \frac{dr}{dt} \dot{t},$$

also folgt

$$\left[\left(1 - \frac{2m}{r}\right) - \frac{1}{\left(1 - \frac{2m}{r}\right)}\left(\frac{dr}{dt}\right)^2\right]\dot{t}^2 = 1. \qquad (27.1)$$

Mit der Anfangsbedingung $(dr/dt)_{r=R} = 0$ ergibt sich daraus

$$\left[\left(1 - \frac{2m}{r}\right)_{r=R} - \frac{1}{\left(1 - \frac{2m}{r}\right)}\left(\frac{dr}{dt}\right)^2_{r=R}\right]\left(\frac{dt}{dt_E}\right)^2_{r=R} =$$

$$\left[\left(1 - \frac{2m}{R}\right)\right]\left(\frac{dt}{dt_E}\right)^2_{r=R} = 1,$$

woraus durch Umstellen und Wurzelziehen

$$\left(\frac{dt}{dt_E}\right)_{r=R} = \left(\frac{R}{R - 2m}\right)^{1/2}$$

folgt. Nach Gl. (23.21) gilt für alle r:

$$\left(1 - \frac{2m}{r}\right)\frac{dt}{dt_E} = b = const.$$

also insbesondere auch für $r = R$, woraus

$$b = \left(1 - \frac{2m}{R}\right)\left(\frac{dt}{dt_E}\right)_{r=R} = \left(1 - \frac{2m}{R}\right)\left(\frac{R}{R - 2m}\right)^{1/2} = \left(\frac{R - 2m}{R}\right)^{1/2}$$

folgt. Also gilt für alle r

$$\frac{dt}{dt_E} = \left(1 - \frac{2m}{r}\right)^{-1}b = \left(\frac{r}{r - 2m}\right)\left(\frac{R - 2m}{R}\right)^{1/2}. \qquad (27.2)$$

Dies setzen wir in Gl. (27.1) ein und erhalten

$$1 = \left[\left(1 - \frac{2m}{r}\right) - \frac{1}{\left(1 - \frac{2m}{r}\right)}\left(\frac{dr}{dt}\right)^2\right]\dot{t}^2$$

$$= \left[\left(\frac{r - 2m}{r} \right) - \frac{1}{\left(\frac{r - 2m}{r} \right)} \left(\frac{dr}{dt} \right)^2 \right] \left(\frac{r}{r - 2m} \right)^2 \left(\frac{R - 2m}{R} \right).$$

Wir stellen nach dr/dt um und erhalten zunächst

$$\left[\left(\frac{r - 2m}{r} \right) - \frac{1}{\left(\frac{r - 2m}{r} \right)} \left(\frac{dr}{dt} \right)^2 \right] = \left(\frac{r - 2m}{r} \right)^2 \left(\frac{R}{R - 2m} \right),$$

woraus

$$\left(\frac{dr}{dt} \right)^2 = -\left(\frac{r - 2m}{r} \right) \left(\frac{r - 2m}{r} \right)^2 \left(\frac{R}{R - 2m} \right) + \left(\frac{r - 2m}{r} \right) \left(\frac{r - 2m}{r} \right)$$

$$= -\left(\frac{r - 2m}{r} \right)^2 \left(\left(\frac{r - 2m}{r} \right) \left(\frac{R}{R - 2m} \right) - 1 \right)$$

$$= -\left(\frac{r - 2m}{r} \right)^2 \left(\left(\frac{r - 2m}{r} \right) \left(\frac{R}{R - 2m} \right) - \frac{r\,(R - 2m)}{r\,(R - 2m)} \right)$$

$$= -\left(\frac{r - 2m}{r} \right)^2 \left(\frac{Rr - 2Rm - Rr + 2rm}{r(R - 2m)} \right)$$

$$= \left(\frac{r - 2m}{r} \right)^2 \frac{2m\,(R - r)}{r(R - 2m)}$$

folgt. Es ergibt sich weiter

$$\frac{dr}{dt} = \pm \left(\frac{r - 2m}{r} \right) \sqrt{\frac{2m\,(R - r)}{r(R - 2m)}}.$$

Wir müssen das Minuszeichen vor dem Term auf der rechten Seite wählen, da wir einen Fall in das Schwarze Loch betrachten, d.h., mit wachsendem t wird r immer kleiner. Damit erhalten wir

$$\frac{dr}{dt} = -\sqrt{\frac{2m}{R - 2m}} \left(\frac{(r - 2m)\,(R - r)^{1/2}}{r^{3/2}} \right) \tag{27.3}$$

und daraus

$$dt = -\sqrt{\frac{R - 2m}{2m}} \left(\frac{r^{3/2}}{(r - 2m)\,(R - r)^{1/2}} \right) dr.$$

Beide Seiten werden integriert, wobei wir als Integrationsvariablen t' und r' benutzen

$$\int_0^t dt' = -\sqrt{\frac{R-2m}{2m}} \int_R^r \frac{(r')^{3/2}}{(r'-2m)(R-r')^{1/2}}\,dr'.$$

Die linke Seite ergibt t, also folgt

$$t = -\sqrt{\frac{R-2m}{2m}} \int_R^r \frac{(r')^{3/2}}{(r'-2m)(R-r')^{1/2}}\,dr'.$$

Das ist die Zeit, die das Teilchen braucht, um vom Ausgangspunkt $r = R$ bis zu einem beliebigen Punkt $r > 2m$ zu gelangen. Der Integrand strebt gegen Unendlich, wenn $r' \to 2m$ geht. Um das genauer zu untersuchen, setzen wir

$$r' = 2m + \varepsilon$$

mit einem kleinen $\varepsilon > 0$. Dann folgt mit dieser Substitution, dass $d\varepsilon = dr'$ ist und sich die Integralgrenzen ändern zu $R \to R - 2m$ und $r \to r - 2m$. Wir erhalten

$$
\begin{aligned}
t &= -\sqrt{\frac{R-2m}{2m}} \int_{R-2m}^{r-2m} \frac{(2m+\varepsilon)^{3/2}}{\varepsilon\,(R-2m-\varepsilon)^{1/2}}\,d\varepsilon \\
&\approx -\sqrt{\frac{R-2m}{2m}} \int_{R-2m}^{r-2m} \frac{(2m)^{3/2}}{\varepsilon\,(R-2m)^{1/2}}\,d\varepsilon \\
&= -2m \int_{R-2m}^{r-2m} \frac{1}{\varepsilon}\,d\varepsilon = -2m \ln\left(\frac{r-2m}{R-2m}\right).
\end{aligned}
$$

Wir exponieren diese Gleichung und es folgt

$$r - 2m = (R - 2m)\,e^{-t/2m}.$$

Der Term auf der rechten Seite ist wegen $R > 2m$ immer positiv und konvergiert gegen null, wenn $t \to \infty$ geht. Also ist der Term auf der linken Seite für jeden Zeitpunkt t größer als null. Mit anderen Worten: Aus Sicht des entfernten Beobachters fällt das Teilchen zwar auf das Schwarze Loch zu und nähert sich im Laufe der Zeit dem Schwarzschild-Radius immer mehr, erreicht ihn aber niemals, geschweige denn: überschreitet ihn.

Was sieht denn ein mit dem Teilchen fallender Beobachter auf seiner eigenen Uhr? Dazu berechnen wir die Eigenzeit des Teilchens, die es braucht, um den Schwarzschild-Radius zu erreichen. Wir gehen von dr/dt_E aus. Es gilt mit Gl. (27.2) und (27.3)

$$\frac{dr}{dt_E} = \frac{dr}{dt}\frac{dt}{dt_E}$$

$$= -\sqrt{\frac{2m}{R-2m}} \left(\frac{(r-2m)\,(R-r)^{1/2}}{r^{3/2}} \right) \left(\frac{r}{r-2m} \right) \left(\frac{R-2m}{R} \right)^{1/2}$$

$$= -\left(\frac{2m\,(R-r)}{R\,r} \right)^{1/2} = -\sqrt{\frac{2m}{R}} \left(\frac{R-r}{r} \right)^{1/2},$$

woraus

$$dt_E = -\sqrt{\frac{R}{2m}} \left(\frac{R}{r} - 1 \right)^{-1/2} dr$$

folgt. Integration auf beiden Seiten ergibt

$$\int_0^{t_E} dt'_E = -\sqrt{\frac{R}{2m}} \int_R^r \frac{dr'}{\sqrt{\dfrac{R}{r'} - 1}}.$$

Das Integral auf der linken Seite ergibt t_E, das auf der rechten Seite formen wir um, indem wir die Substitution

$$\rho = \frac{r'}{R} \;\Rightarrow\; \frac{d\rho}{dr'} = \frac{1}{R} \;\Rightarrow\; \frac{dr'}{d\rho} = R$$

verwenden. Unter Beachtung der Änderung der Integrationsgrenzen (vgl. Bemerkung 6.4) finden wir

$$-\sqrt{\frac{R}{2m}} \int_R^r \frac{dr'}{\sqrt{\dfrac{R}{r'} - 1}} = -\sqrt{\frac{R}{2m}} \int_1^{r/R} \frac{R\,d\rho}{\sqrt{\dfrac{1}{\rho} - 1}} = -\sqrt{\frac{R^3}{2m}} \int_1^{r/R} \frac{\sqrt{\rho}\,d\rho}{\sqrt{1-\rho}}.$$

Wir substituieren jetzt

$$\rho = u^2 \;\Rightarrow\; \frac{d\rho}{du} = 2u$$

und erhalten damit für das Integral auf der rechten Seite

$$-\sqrt{\frac{R^3}{2m}} \int_1^{r/R} \frac{\sqrt{\rho}\,d\rho}{\sqrt{1-\rho}} = -\sqrt{\frac{R^3}{2m}} \int_1^{\sqrt{r/R}} \frac{u\,2u\,du}{\sqrt{1-u^2}}$$

$$= -2\sqrt{\frac{R^3}{2m}} \int_1^{\sqrt{r/R}} \frac{u^2\,du}{\sqrt{1-u^2}}.$$

Schließlich substituieren wir noch

$$u = \cos v \;\Rightarrow\; \frac{du}{dv} = -\sin v$$

582

und erhalten mit

$$\sqrt{1 - u^2} = \sqrt{1 - \cos^2 v} = \sin v$$

für das rechte Integral

$$-2\sqrt{\frac{R^3}{2m}}\int_1^{\sqrt{r/R}} \frac{u^2\,du}{\sqrt{1-u^2}} \quad = \quad -2\sqrt{\frac{R^3}{2m}}\int_{\arccos(1)}^{\arccos\left(\sqrt{r/R}\right)} \frac{\cos^2 v\,(-\sin v)\,dv}{\sin v}$$

$$= \quad 2\sqrt{\frac{R^3}{2m}}\int_0^{\arccos\left(\sqrt{r/R}\right)} \cos^2 v\,dv.$$

Da

$$\left(\frac{\cos v \sin v + v}{2}\right)' \quad = \quad \frac{1}{2}(-\sin^2 v + \cos^2 v + 1) = \frac{1}{2}(1 - \sin^2 v + \cos^2 v)$$

$$= \quad \frac{1}{2}(2\cos^2 v) = \cos^2 v,$$

ist

$$\frac{\cos v \sin v + v}{2}$$

die gesuchte Stammfunktion für das letzte Integral. Wir erhalten

$$2\sqrt{\frac{R^3}{2m}}\int_0^{\arccos\left(\sqrt{r/R}\right)} \cos^2 v\,dv \quad =$$

$$\sqrt{\frac{R^3}{2m}} \left[\cos v \sin v + v\right]_0^{\arccos\left(\sqrt{r/R}\right)} \quad =$$

$$\sqrt{\frac{R^3}{2m}} \left[\cos v \sqrt{1 - \cos^2 v} + v\right]_0^{\arccos\left(\sqrt{r/R}\right)} \quad =$$

$$\sqrt{\frac{R^3}{2m}} \left[\left(\sqrt{r/R}\right)\sqrt{1 - r/R} + \arccos\left(\sqrt{r/R}\right)\right].$$

Also folgt insgesamt für die gesuchte Eigenzeit

$$t_E = \sqrt{\frac{R^3}{2m}} \left[\left(\sqrt{r/R}\right)\sqrt{1 - r/R} + \arccos\left(\sqrt{r/R}\right)\right],$$

was für alle $r \leq R$ ein wohldefinierter Ausdruck ist. Die Stelle $r = 2m$ ist also für das Teilchen problemlos in endlicher Zeit zu erreichen, mehr noch: Setzt man $r = 0$, so folgt für die Eigenzeit bis zum „Aufschlag"

$$t_E = \sqrt{\frac{R^3}{2m}} \arccos(0) = \frac{\pi}{2}\sqrt{\frac{R^3}{2m}},$$

also ebenfalls eine endliche Eigenzeitspanne. Zusammengefasst sieht also ein entfernter Beobachter ein Teilchen auf den Schwarzschild-Radius zufallen, aber er sieht niemals, dass das Teilchen diesen erreicht. Aus diesem Grunde wird der Ort (die Fläche) $r = 2m$ auch **Ereignishorizont** genannt. Misst das Teilchen allerdings seine eigene Zeit, so erreicht es nach endlicher Zeit den Horizont, durchquert diesen und fällt in ebenfalls endlicher Zeit in das Schwarze Loch. Der Horizont hat für das fallende Teilchen überhaupt keine physikalische Bedeutung. Das ist ein wichtiger Hinweis darauf, dass die Singularität der Schwarzschild-Metrik bei $r = 2m$ doch „nur" eine Koordinatensingularität ist, die man durch geschickte Wahl von anderen Koordinatensystemen umgehen kann. Das wollen wir in den folgenden Abschnitten zeigen.

27.4. Eddington-Finkelstein-Koordinaten

Wir erinnern daran, dass die Allgemeine Relativitätstheorie freie Wahlmöglichkeiten des Koordinatensystems zulässt. Die Einsteingleichungen sind kovariant formuliert, d.h., sie gelten in jedem Koordinatensystem. Die physikalischen Phänomene, die wir untersuchen wollen, sind koordinatensystemunabhängig, und wir können uns je nach Problemstellung diejenigen Koordinatensysteme aussuchen, die zur Lösung des Problems am besten geeignet sind. Wir werden sehen, dass die in diesem Abschnitt gewählten Koordinaten uns wesentliche Fortschritte beim Verständnis der Eigentümlichkeiten am Ereignishorizont $r = 2m$ bringen werden.

Wir betrachten zunächst einen Lichtstrahl, der radial auf das Schwarze Loch zuläuft. Dabei gehen wir wieder von dem Linienelement der Schwarzschild-Metrik

$$ds^2 = -\left(1 - \frac{2m}{r}\right) dt^2 + \frac{1}{\left(1 - \dfrac{2m}{r}\right)} dr^2 + r^2 \left(d\vartheta^2 + \sin^2 \vartheta \, d\varphi^2\right)$$

aus. Wegen der radialen Bewegung sind $d\vartheta = d\varphi = 0$, und für Licht gilt $ds^2 = 0$, d.h., wir erhalten

$$0 = -\left(1 - \frac{2m}{r}\right) dt^2 + \frac{1}{\left(1 - \dfrac{2m}{r}\right)} dr^2$$

und daraus

$$dt^2 = \frac{1}{\left(1 - \dfrac{2m}{r}\right)^2} dr^2,$$

also

$$\frac{dt}{dr} = \pm \left(1 - \frac{2m}{r}\right)^{-1}. \tag{27.4}$$

Ist der Abstand r groß und weit entfernt vom Horizont $2m$, so wird der Term auf der rechten Seite ± 1, und wenn wir die obige Gleichung integrieren, erhalten wir

$$t = \pm r + const.,$$

also genau das, was wir für einen Lichtstrahl im Minkowski-Raum erwarten. Andererseits wird dt/dr immer größer (bei $+$) bzw. kleiner (bei $-$), falls $r \to 2m$. Da dt/dr die Steigung des Lichtkegels bestimmt, bedeutet das, dass die Lichtkegel immer schmaler werden, wenn man sich dem Schwarzschild-Radius nähert. Das wird in Abb. 27.2 illustriert.

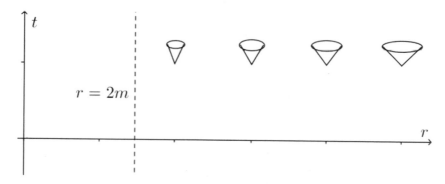

Abbildung 27.2.: Zukunftslichtkegel in der Schwarzschild-Raumzeit

Integrieren wir die obige Gl. (27.4) für kleine r, so erhalten wir

$$\int dt = \pm \int \frac{r}{r - 2m}\, dr.$$

Um das Integral auf der rechten Seite zu berechnen, wenden wir partielle Integration an und beachten, dass die Funktion $1/(r - 2m)$ die Stammfunktion $\ln|r - 2m|$ hat:

$$\int \frac{r}{r - 2m}\, dr = r \ln|r - 2m| - \int \ln|r - 2m|\, dr \tag{27.5}$$

Nochmalige Anwendung der partiellen Integration auf das rechte Integral ergibt mit der Stammfunktion $r - 2m$ von 1

$$\int \ln|r - 2m|\, dr = \int 1 \cdot \ln|r - 2m|\, dr$$

$$= (r - 2m) \ln |r - 2m| - \int (r - 2m) \frac{1}{r - 2m} \, dr$$
$$= (r - 2m) \ln |r - 2m| - r.$$

Dieses in Gl. (27.5) eingesetzt führt zu

$$\int \frac{r}{r - 2m} \, dr = r \ln |r - 2m| - ((r - 2m) \ln |r - 2m| - r) = r + 2m \ln |r - 2m|.$$

Wir erhalten also insgesamt mit einer geeigneten Integrationskonstanten

$$t = \pm (r + 2m \ln |r - 2m|) + const. \qquad (27.6)$$

Das Pluszeichen steht dabei für Lichtstrahlen, die sich vom Schwarzen Loch entfernen, das Minuszeichen für Lichtstrahlen, die in das Schwarze Loch hinein-fallen. Abb. 27.3 demonstriert den Verlauf der Lichtstrahlen, wobei $2m = 2,95$ gesetzt wurde.

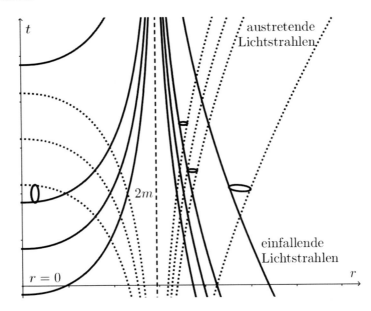

Abbildung 27.3.: Lichtstrahlen in der Schwarzschild-Raumzeit

Abb. 27.3 ist kompliziert und bedarf einiger Erläuterungen. Zunächst sieht man die Singularität bei $r = 2m$ (gestrichelte vertikale Linie). Alle vier ein-fallenden Lichtstrahlen (durchgezogene Linien auf der rechten Seite) aus der Region $r > 2m$ können diese Grenze niemals erreichen. Unterstellt man aber, dass die einfallenden Lichtstrahlen die Singularität überwunden haben (durch-gezogene Linien auf der linken Seite), so scheinen sich Zeit und Raum um-zukehren bzw. die Zeit rückwärts zu laufen, denn die Lichtstrahlen landen in rückwärtslaufender, aber endlicher Zeit im Schwarzen Loch (Achse $r = 0$). Bei den austretenden Lichtstrahlen (vier gepunktete Linien) ist die rechte Seite wieder klar, sie entfernen sich mit fortlaufender Zeit immer mehr vom Schwarzschild-Radius. Man beachte auch die (abnehmenden) Krümmungen der Lichtstrahlen! Unterstellt man auf der linken Seite, dass die gepunkteten Lichtstrahlen sich vom Schwarzen Loch entfernen, so passiert etwas Ähnliches wie mit den anderen: Sie nähern sich - ebenfalls in rückwärtslaufender Zeit - dem Schwarzschild-Radius, können ihn aber nicht überwinden. Das Licht kann dem Schwarzen Loch nicht entkommen. In Abb. 27.3 sind auf der rechten Seite noch drei Zukunftslichtkegel eingezeichnet, die von jeweils einem einlaufenden und auslaufenden Lichtstrahl gebildet werden. Man sieht noch einmal, dass sich die Lichtkegel verengen, je näher sie dem Schwarzschild-Radius kommen. Auf der linken Seite ist ebenfalls ein Zukunftslichtkegel eingezeichnet. Man sieht, dass er jetzt raumartig liegt und einem Teilchen oder einem Lichtstrahl keine andere Wahl lässt, als in das Schwarze Loch zu fallen.

Das Phänomen, dass sich Raum und Zeit beim Übergang von $r > 2m$ zu $r < 2m$ quasi umdrehen, kann man auch direkt an der Schwarzschild-Metrik

$$ds^2 = -\left(1 - \frac{2m}{r}\right) dt^2 + \frac{1}{\left(1 - \dfrac{2m}{r}\right)} \, dr^2 + r^2 \left(d\vartheta^2 + \sin^2 \vartheta \, d\varphi^2\right)$$

ablesen. Denn innerhalb des Schwarzschild-Horizonts ($r < 2m$) ist

$$g_{tt} = -\left(1 - \frac{2m}{r}\right) > 0$$

$$g_{rr} = \left(1 - \frac{2m}{r}\right)^{-1} < 0.$$

Außerhalb ($r > 2m$) jedoch gilt

$$g_{tt} = -\left(1 - \frac{2m}{r}\right) < 0$$

$$g_{rr} = \left(1 - \frac{2m}{r}\right)^{-1} > 0.$$

Schauen wir auf die Geometrie innerhalb des Schwarzschild-Radius, aber nahe bei $r = 2m$, und definieren dazu die Größe $\varepsilon = 2m - r$, so folgt für das Linienelement

$$ds^2 = -\frac{r - 2m}{2m - \varepsilon} dt^2 - \frac{2m - \varepsilon}{\varepsilon} \, dr^2 + (2m - \varepsilon)^2 \left(d\vartheta^2 + \sin^2 \vartheta \, d\varphi^2\right).$$

Da $\varepsilon > 0$ für $0 < r < 2m$ ist, gilt also für eine Gerade mit $t, \theta, \varphi = const.$

$$ds^2 < 0,$$

sie ist zeitartig, d.h., ε und damit auch r sind zu zeitartigen Koordinaten geworden, während t raumartig geworden ist. Ein auf das Schwarze Loch zufallendes massives Teilchen bewegt sich auf einer zeitartigen Weltlinie, es muss dazu ständig den Abstand r verändern, und zwar verringern. Das heißt, ist das Teilchen innerhalb des Schwarzschild-Radius angekommen, wird es unausweichlich in das Schwarze Loch ($r = 0$) fallen. Was aber passiert, wenn das Teilchen innerhalb des Schwarzschild-Radius versucht, ein Signal nach außen zu senden? Dieses Photon muss sich, egal in welche Richtung es losgeschickt wurde, aus Sicht des Teilchens ebenfalls vorwärts in der „Zeit" bewegen, aber innerhalb des Schwarzschild-Radius zeigt die Koordinate r die Zeit an und r wird immer kleiner. Das Photon kann nicht entweichen. Nichts kann mehr entweichen, wenn es einmal innerhalb des Schwarzschild-Radius angekommen ist. Mehr noch, alles wird auf die echte Singularität bei $r = 0$ zufallen, da $r = 0$ die Zukunft jeder zeit- oder lichtartigen Weltlinie innerhalb $r = 2m$ ist. Hat ein Teilchen einmal den Horizont überschritten, so kann es von außerhalb nicht mehr beobachtet werden. Die Schwarzschild-Koordinaten sind daher unbrauchbar, um mit ihnen die Physik der Bewegung selbst zu beschreiben – sie beschreiben nur die beobachtete Bewegung!

Wir wollen nun Koordinaten definieren, die die Koordinatensingularität der Schwarzschild-Metrik bei $r = 2m$ beheben. Die neuen Koordinaten sollen so gewählt werden, dass die einlaufenden Lichtstrahlen gerade Linien werden. Da die einlaufenden Lichtstrahlen nach Gl. (27.6) durch

$$t = -r - 2m \ln |r - 2m| + const.$$

dargestellt werden, werden die neuen Koordinaten durch

$$\bar{t} = t \pm 2m \ln |r - 2m| \,, \bar{r} = r, \bar{\vartheta} = \vartheta, \bar{\varphi} = \varphi \tag{27.7}$$

definiert. Wir wählen zunächst das Pluszeichen.

In einem $(\bar{t}, r, \vartheta, \varphi)$-Koordinatensystem wird dann die Gleichung mit (27.6) zu

$$\bar{t} = t + 2m \ln |r - 2m| = -r + const.$$

d.h., der einlaufende Lichtstrahl ist eine Gerade und bildet einen Winkel von $-45°$ mit der r-Achse. Aus der Definition der neuen Zeitkoordinate folgt

$$\frac{d\bar{t}}{dt} = 1 + \frac{2m}{r - 2m} \frac{dr}{dt}$$

und daraus

$$d\bar{t} = dt + \frac{2m}{r - 2m}\, dr.$$

Quadrieren und Umstellen ergibt

$$dt^2 = d\bar{t}^2 - \frac{4m}{r - 2m}\, d\bar{t}\, dr + \frac{4m^2}{(r - 2m)^2}\, dr^2.$$

Das setzt man in das Linienelement der Schwarzschild-Metrik ein und erhält (Terme mit ϑ und φ weggelassen)

$$
\begin{aligned}
ds^2 &= -\left(1 - \frac{2m}{r}\right) dt^2 + \frac{1}{\left(1 - \frac{2m}{r}\right)}\, dr^2 \\[2mm]
&= -\left(1 - \frac{2m}{r}\right)\left(d\bar{t}^2 - \frac{4m}{r - 2m}\, d\bar{t}\, dr + \frac{4m^2}{(r - 2m)^2}\, dr^2\right) \\[2mm]
&\quad + \frac{1}{\left(1 - \frac{2m}{r}\right)}\, dr^2 \\[2mm]
&= -\left(\frac{r - 2m}{r}\right) d\bar{t}^2 + \frac{4m}{r}\, d\bar{t}\, dr - \frac{4m^2}{r(r - 2m)}\, dr^2 + \frac{r}{(r - 2m)}\, dr^2 \\[2mm]
&= -\left(\frac{r - 2m}{r}\right) d\bar{t}^2 + \frac{4m}{r}\, d\bar{t}\, dr + \frac{r^2 - 4m^2}{r(r - 2m)}\, dr^2 \\[2mm]
&= -\left(\frac{r - 2m}{r}\right) d\bar{t}^2 + \frac{4m}{r}\, d\bar{t}\, dr + \frac{r + 2m}{r}\, dr^2.
\end{aligned}
$$

Also jetzt mit allen Termen:

$$ds^2 = -\left(1 - \frac{2m}{r}\right) d\bar{t}^2 + \frac{4m}{r}\, d\bar{t}\, dr + \left(1 + \frac{2m}{r}\right) dr^2 + r^2\left(d\vartheta^2 + \sin^2\vartheta\, d\varphi^2\right)$$

$$(27.8)$$

Das ist die **Eddington-Finkelstein-Form** der Metrik. Es ist zu bemerken, dass der Koeffizient vor dr^2 jetzt bei $r = 2m$ nicht mehr singulär wird, d.h., der Wechsel auf die neue Zeitkoordinate $\bar{t}$ hat den Gültigkeitsbereich der radialen Koordinate r von $2m < r < \infty$ auf $0 < r < \infty$ ausgedehnt. Wir betrachten jetzt die Weltlinie eines radialen Lichtstrahls in diesen Koordinaten und erhalten

$$0 = -\left(\frac{r - 2m}{r}\right) d\bar{t}^2 + \frac{4m}{r}\, d\bar{t}\, dr + \frac{r + 2m}{r}\, dr^2.$$

Division durch $d\bar{t}^2$ und $(r+2m)/r$ ergibt

$$0 = \left(\frac{dr}{d\bar{t}}\right)^2 + \frac{4m}{r+2m}\left(\frac{dr}{d\bar{t}}\right) - \frac{r-2m}{r+2m}.$$

Dies ist eine quadratische Gleichung für dr/dt und von der Form

$$x^2 + px + q = 0,$$

für die es die (p,q)-Lösungsformel

$$x_{1/2} = -\frac{p}{2} \pm \sqrt{\left(\frac{p}{2}\right)^2 - q}$$

gibt (siehe Kap. 29). Wir erhalten also die beiden Lösungen

$$
\begin{aligned}
\left(\frac{dr}{d\bar{t}}\right)_{1/2} &= -\frac{2m}{r+2m} \pm \sqrt{\left(\frac{2m}{r+2m}\right)^2 + \frac{r-2m}{r+2m}} \\
&= -\frac{2m}{r+2m} \pm \sqrt{\frac{4m^2}{(r+2m)^2} + \frac{(r-2m)(r+2m)}{(r+2m)^2}} \\
&= -\frac{2m}{r+2m} \pm \sqrt{\frac{4m^2}{(r+2m)^2} + \frac{r^2-4m^2}{(r+2m)^2}} \\
&= -\frac{2m}{r+2m} \pm \frac{r}{r+2m} \\
&= \begin{cases} -1 \\ \dfrac{r-2m}{r+2m} \end{cases}.
\end{aligned}
\tag{27.9}
$$

Die Lösung $dr/d\bar{t} = -1$ besagt noch einmal, dass einfallende Lichtstrahlen auf Geraden mit Steigung -1 auf das Schwarze Loch zufallen. Für ausgehende Lichtstrahlen müssen wir in Gl. (27.6) das Pluszeichen nehmen, also

$$t = r + 2m\ln|r-2m| + const.$$

Setzen wir die Eddington-Finkelstein-Koordinaten (27.7) ein, so ergibt sich

$$\bar{t} = t + 2m\ln|r-2m| = r + 4m\ln|r-2m| + const.$$

Daraus folgt

$$\frac{d\bar{t}}{dr} = 1 + \frac{4m}{r-2m} = \frac{r+2m}{r-2m},$$

womit gezeigt ist, dass die zweite Lösung (27.9) zu den ausgehenden Lichtstrahlen gehört. Integrieren wir die letzte Gleichung, so erhalten wir die Funktion $\bar{t}(r)$ für ausgehende Lichtstrahlen

$$\bar{t} = \int d\bar{t} = \int \left(1 + \frac{4m}{r - 2m}\right) dr = r + 4m \ln|r - 2m| + const.$$

Insgesamt ergibt sich folgendes Bild.

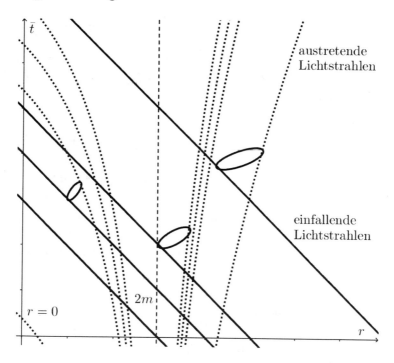

Abbildung 27.4.: Lichtstrahlen in Eddington-Finkelstein-Koordinaten

Abb. 27.4 ist wieder zweidimensional (ϑ und φ sind nicht dargestellt), und die Koordinaten sind r und $\bar{t}$. Man sieht wieder den Schwarzschild-Radius bei $r = 2m$ (gestrichelte Linie). Einfallende (durchgezogene) Lichtstrahlen sind Geraden. Im Bereich $r > 2m$ austretende (gepunktete) Lichtstrahlen entfernen sich vom Schwarzschild-Radius und krümmen sich mit $r \to \infty$ immer mehr, bis sie schließlich (im Unendlichen) die Steigung $+1$ annehmen und damit mit den einfallenden Lichtstrahlen die Minkowski-Lichtkegel bilden. Lichtstrahlen, die in dem Bereich $r < 2m$ entstehen, können diese Region nicht verlassen, sie fallen in das Schwarze Loch. In Abb. 27.4 sind drei Zukunftslichtkegel eingezeichnet. Diese werden, wenn sie auf das Schwarze Loch zufallen, enger und kippen um $45°$ nach links. Die Fläche $r = 2m$ wirkt wie eine Einwegmembrane:

Licht von außerhalb kann sie durchqueren, Licht von innerhalb kann sie nicht durchdringen.

Wenn wir in Gl. (27.7) das Minuszeichen wählen, also die Zeitvariable t^* durch

$$t^* = t - 2m \ln |r - 2m|$$

definieren und eine analoge Rechnung anstellen, so erhalten wir für das Linienelement in Eddington-Finkelstein-Koordinaten

$$ds^2 = -\left(1 - \frac{2m}{r}\right) dt^{*2} - \frac{4m}{r} dt^* dr + \left(1 + \frac{2m}{r}\right) dr^2 + r^2 \left(d\vartheta^2 + \sin^2 \vartheta \, d\varphi^2\right),$$

d.h. ein Minuszeichen vor dem Term mit $dt^* dr$. Für die Lichtstrahlen bedeutet das

$$\frac{dr}{dt^*} = 1 \quad oder \quad \frac{dr}{dt^*} = -\left(\frac{r - 2m}{r + 2m}\right).$$

Die Situation hat sich also umgedreht: Lichtstrahlen innerhalb des Schwarzschild-Radius können durch die Fläche bei $r = 2m$ nach außen gelangen, aber nicht umgekehrt. Auch Teilchen können nicht in das Innere der Fläche hineinkommen. Ein solches Objekt wird **Weißes Loch** genannt, es ist sozusagen ein zeitlich umgekehrtes Schwarzes Loch. Es ist ziemlich wahrscheinlich, dass Schwarze Löcher existieren, aber unwahrscheinlich, dass es Weiße Löcher gibt. Die Einsteingleichungen sind zwar invariant unter Zeitumkehr, die Natur scheint aber davon keinen Gebrauch zu machen.

27.5. Kruskal-Koordinaten

Durch die Einführung der Eddington-Finkelstein-Koordinaten haben wir ein besseres Verständnis über die Schwarzschild-Lösung erhalten. Es gibt allerdings eine Weiterentwicklung dieses Ansatzes, durch die die positiven (Schwarzes Loch) als auch die negativen (Weißes Loch) Koordinaten vereinheitlicht werden. Wir definieren den **avancierten Zeitparameter** v durch

$$v = t + r + 2m \ln \left|\frac{r - 2m}{2m}\right|. \tag{27.10}$$

Dann folgt

$$\frac{dv}{dt} = 1 + \frac{dr}{dt} + \frac{2m}{r - 2m} \frac{dr}{dt} = 1 + \left(1 + \frac{2m}{r - 2m}\right) \frac{dr}{dt},$$

also

$$dv = dt + \left(\frac{r}{r - 2m}\right) dr.$$

Das setzen wir in die Schwarzschild-Metrik ein und erhalten mit

$$d\Omega^2 = d\vartheta^2 + \sin^2\vartheta\, d\varphi^2$$

die Beziehung

$$
\begin{aligned}
ds^2 &= -\left(1 - \frac{2m}{r}\right) dt^2 + \frac{1}{\left(1 - \dfrac{2m}{r}\right)} dr^2 + r^2 d\Omega^2 \\
&= -\left(1 - \frac{2m}{r}\right)\left(dv - \left(\frac{r}{r - 2m}\right) dr\right)^2 + \frac{1}{\left(1 - \dfrac{2m}{r}\right)} dr^2 + r^2 d\Omega^2 \\
&= -\left(\frac{r - 2m}{r}\right)\left(dv^2 - \left(\frac{2r}{r - 2m}\right) dv\, dr + \left(\frac{r}{r - 2m}\right)^2 dr^2\right) \\
&\quad + \frac{r}{r - 2m} dr^2 + r^2 d\Omega^2 \\
&= -\left(1 - \frac{2m}{r}\right) dv^2 + 2\, dv\, dr + r^2 d\Omega^2.
\end{aligned}
$$

Dieses Linienelement ist wegen des gemischten Terms $dv\, dr$ nicht invariant, wenn man die avancierte Zeit umkehrt ($v \to -v$). Die avancierte Zeitumkehr bedeutet „normale" Zeitumkehr ($t \to -t$) und

$$
r + 2m \ln\left|\frac{r - 2m}{2m}\right| \to -r - 2m \ln\left|\frac{r - 2m}{2m}\right|,
$$

was nach Gl. (27.6) bedeutet, dass man einfallende Lichtstrahlen durch ausgehende ersetzt. Analog definiert man die **retardierte Zeitkoordinate** durch

$$
w = t - r - 2m \ln\left|\frac{r - 2m}{2m}\right|. \tag{27.11}
$$

Damit ergibt sich

$$
v - w = 2r + 4m \ln\left|\frac{r - 2m}{2m}\right| \tag{27.12}
$$

und analog zu oben

$$
ds^2 = -\left(1 - \frac{2m}{r}\right) dw^2 - 2\, dw\, dr + r^2 d\Omega^2.
$$

Wenn wir die Koordinate r^* durch

$$
r^* = r + 2m \ln\left|\frac{r - 2m}{2m}\right|
$$

definieren, so ergibt sich

$$v = t + r^*, w = t - r^*,$$

d.h., in einem (r^*, t)-Koordinatensystem erfüllen ein- und ausgehende Licht-strahlen die Gleichungen $v = const.$ und $w = const.$; w und v nennt man auch **Nullkoordinaten**.

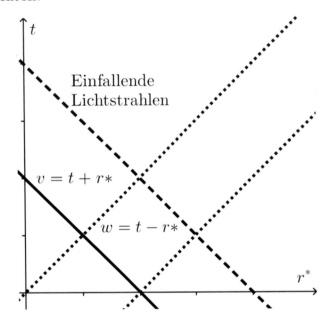

Abbildung 27.5.: Lichtstrahlen in (r^*, t)-Koordinaten

In Abb. 27.5 bleiben die Lichtkegel in der (r^*, t)-Ebene konstant, d.h., sie verengen sich nicht mehr. Nun gilt

$$
\begin{aligned}
dv\, dw &= \left(dt + \left(\frac{r}{r - 2m} \right) dr \right) \left(dt - \left(\frac{r}{r - 2m} \right) dr \right) \\
&= dt^2 - \left(\frac{r}{r - 2m} \right)^2 dr^2 = dt^2 - \left(1 - \frac{2m}{r} \right)^{-2} dr^2,
\end{aligned}
$$

woraus

$$\left(1 - \frac{2m}{r} \right) dv\, dw = \left(1 - \frac{2m}{r} \right) dt^2 - \left(1 - \frac{2m}{r} \right)^{-1} dr^2$$

folgt, d.h., die Schwarzschild-Metrik lässt sich in Nullkoordinaten ausdrücken:

$$ds^2 = -\left(1 - \frac{2m}{r} \right) dt^2 + \left(1 - \frac{2m}{r} \right)^{-1} dr^2 + r^2 d\Omega^2$$

$$= -\left(1 - \frac{2m}{r}\right) dv\, dw + r^2 d\Omega^2. \tag{27.13}$$

Dieses Linienelement hat immer noch den Nachteil, dass der Koeffizient vor $dv\, dw$ bei $r = 2m$ null wird. Dieses kann man umgehen, wenn man die sogenannten **Kruskal-Koordinaten** benutzt, die von M. D. Kruskal 1960 gefunden wurden. Sie werden für $r > 2m$ durch

$$v' = \frac{1}{2}\left(e^{v/4m} + e^{-w/4m}\right)$$

$$w' = \frac{1}{2}\left(e^{v/4m} - e^{-w/4m}\right)$$

definiert. In Schwarzschild-Koordinaten t, r ausgedrückt, ergibt sich mit (27.10) und (27.11) durch Ersetzen von v und w

$$\begin{aligned}
v' &= \frac{1}{2}\left(e^{\left(t+r+2m\ln\left(\frac{r-2m}{2m}\right)\right)/4m} + e^{-\left(t-r-2m\ln\left(\frac{r-2m}{2m}\right)\right)/4m}\right)\\
&= e^{r/4m}\left(\frac{r-2m}{2m}\right)^{1/2}\frac{1}{2}\left(e^{t/4m} + e^{-t/4m}\right)\\
w' &= \frac{1}{2}\left(e^{\left(t+r+2m\ln\left(\frac{r-2m}{2m}\right)\right)/4m} - e^{-\left(t-r-2m\ln\left(\frac{r-2m}{2m}\right)\right)/4m}\right)\\
&= e^{r/4m}\left(\frac{r-2m}{2m}\right)^{1/2}\frac{1}{2}\left(e^{t/4m} - e^{-t/4m}\right).
\end{aligned}$$

Die Radialkoordinate r ist dann eine Funktion von v' und w', für welche man folgende implizite Darstellung findet

$$\begin{aligned}
v'^2 - w'^2 &= e^{r/2m}\left(\frac{r-2m}{2m}\right)\frac{1}{4}\left[\left(e^{t/4m} + e^{-t/4m}\right)^2 - \left(e^{t/4m} - e^{-t/4m}\right)^2\right]\\
&= e^{r/2m}\left(\frac{r-2m}{2m}\right). \tag{27.14}
\end{aligned}$$

Für die Zeitkoordinaten t folgt die Beziehung

$$\frac{v'}{w'} = \frac{e^{t/4m} + e^{-t/4m}}{e^{t/4m} - e^{-t/4m}} = \frac{1 + e^{-t/2m}}{1 - e^{-t/2m}}. \tag{27.15}$$

Wir wollen das Linienelement der Schwarzschild-Metrik durch die Kruskal-Koordinaten ausdrücken und berechnen dazu zunächst dv' und dw'. Wir rechnen die Differenziale mit Gl. (4.16)

$$dv' = \frac{\partial v'}{\partial r}\, dr + \frac{\partial v'}{\partial t}\, dt$$

aus und erhalten

$$\frac{\partial v'}{\partial r} = \frac{1}{2}\left(e^{t/4m} + e^{-t/4m}\right)e^{r/4m}\left(\frac{1}{4m}\left(\frac{r-2m}{2m}\right)^{1/2} + \frac{1}{4m}\left(\frac{r-2m}{2m}\right)^{-1/2}\right)$$

$$= \frac{1}{4m}\left(\frac{1}{2}\left(e^{t/4m} + e^{-t/4m}\right)\right)e^{r/4m}\left(\sqrt{\frac{r-2m}{2m}} + \frac{1}{\sqrt{\frac{r-2m}{2m}}}\right)$$

$$= \frac{1}{4m}\left(\frac{1}{2}\left(e^{t/4m} + e^{-t/4m}\right)\right)e^{r/4m}\frac{1}{\sqrt{\frac{r-2m}{2m}}}\left(\frac{r-2m}{2m} + 1\right)$$

$$= \frac{1}{4m}\left(\frac{1}{2}\left(e^{t/4m} + e^{-t/4m}\right)\right)e^{r/4m}\frac{\sqrt{2m}}{\sqrt{r-2m}}\frac{r}{2m}$$

$$= \frac{\sqrt{2m}}{8m^2}e^{r/4m}\frac{r}{\sqrt{r-2m}}\left(\frac{1}{2}\left(e^{t/4m} + e^{-t/4m}\right)\right)$$

sowie

$$\frac{\partial v'}{\partial t} = \frac{1}{4m}e^{r/4m}\left(\frac{r-2m}{2m}\right)^{1/2}\left(\frac{1}{2}\left(e^{t/4m} - e^{-t/4m}\right)\right).$$

Kürzt man die Terme

$$\frac{\sqrt{2m}}{8m^2}e^{r/4m}\frac{r}{\sqrt{r-2m}} = a, \quad \frac{1}{4m}e^{r/4m}\left(\frac{r-2m}{2m}\right)^{1/2} = b$$

ab, so erhält man

$$dv' = a\left(\frac{1}{2}\left(e^{t/4m} + e^{-t/4m}\right)\right)dr + b\left(\frac{1}{2}\left(e^{t/4m} - e^{-t/4m}\right)\right)dt$$

und genauso

$$dw' = a\left(\frac{1}{2}\left(e^{t/4m} - e^{-t/4m}\right)\right)dr + b\left(\frac{1}{2}\left(e^{t/4m} + e^{-t/4m}\right)\right)dt.$$

Daraus folgt

$$dv'^2 - dw'^2 = a^2 dr^2 - b^2 dt^2$$

$$= \frac{1}{32m^3}e^{r/2m}\frac{r^2}{r-2m}dr^2 - \frac{1}{32m^3}e^{r/2m}(r-2m)dt^2$$

$$= \frac{r}{32m^3}e^{r/2m}\left(\frac{r}{r-2m}dr^2 - \frac{r-2m}{r}dt^2\right).$$

Also gilt für das Schwarzschild-Linienelement in Kruskal-Koordinaten

$$ds^2 = \frac{32m^3}{r} e^{-r/2m} \left(dv'^2 - dw'^2\right) + r^2 d\Omega^2. \qquad (27.16)$$

Bei der Herleitung dieser Formel haben wir vorausgesetzt, dass $r > 2m$ ist. Den Fall $r < 2m$ behandelt man analog, indem man die Kruskal-Koordinaten durch

$$v' = e^{r/4m} \left(\frac{2m-r}{2m}\right)^{1/2} \frac{1}{2} \left(e^{t/4m} - e^{-t/4m}\right)$$

$$w' = e^{r/4m} \left(\frac{2m-r}{2m}\right)^{1/2} \frac{1}{2} \left(e^{t/4m} + e^{-t/4m}\right)$$

definiert und durch eine ähnliche Rechnung das *gleiche* Linienelement (27.16) erhält. Das Kruskal-Linienelement enthält jetzt keinen Term mehr, der auf eine Besonderheit bei $r = 2m$ hinweist. Es wird auch maximale Erweiterung der Schwarzschild-Lösung genannt. Natürlich bleibt die echte Singularität bei $r = 0$ erhalten. Wenn wir uns wieder auf radiale Lichtstrahlen (ϑ, φ sind konstant) beschränken, so erhält man

$$0 = \frac{32m^3}{r} e^{-r/2m} \left(dv'^2 - dw'^2\right),$$

d.h.

$$dv' = \pm dw',$$

also werden auch hier wie bei den Nullkoordinaten die Lichtstrahlen durch gerade Linien in der (v', w')-Ebene abgebildet. Schauen wir uns noch einmal die Beziehungen zwischen den Kruskal- und den Schwarzschild-Koordinaten (27.14) und (27.15) an, so erhalten wir einerseits

$$v'^2 - w'^2 = e^{r/2m} \left(\frac{r-2m}{2m}\right)$$

und andererseits

$$\frac{v'}{w'} = \frac{1 + e^{-t/2m}}{1 - e^{-t/2m}}.$$

Mit diesen Relationen können wir das Kruskal-Diagramm 27.6 entwerfen. Das Diagramm hat vier Sektoren, die mit I, II, III und IV gekennzeichnet sind.

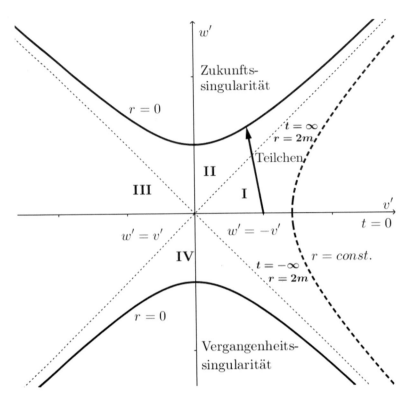

Abbildung 27.6.: Kruskal-Diagramm eines Schwarzen Loches

Die Region I stellt den Raum außerhalb Schwarzschild-Radius dar ($r > 2m$), sie wird begrenzt von den beiden rechten (gepunkteten) Winkelhalbierenden ($r = 2m, t = \pm\infty$) bzw. ($w' = \pm v', v' > 0$). Die Zeitkoordinate t ist für $t = 0$ die v'-Achse, andere Zeitwerte liegen auf Geraden durch den Nullpunkt, die zwischen der v'-Achse und den Winkelhalbierenden liegen (in der Grafik nicht dargestellt). Die Winkelhalbierenden selbst repräsentieren die (maximalen) Zeitwerte $\pm\infty$.

In Abb. 27.6 ist die zeitartige Weltlinie eines Teilchens (der Einfachheit halber eine gerade Linie) eingezeichnet, die von $t = 0$ startet, den Schwarzschild-Radius $r = 2m$ überquert, damit die Region II erreicht und in der echten Singularität (schwarze Hyperbel) bei $r = 0$ endet. Wenn wir uns einen Lichtstrahl vorstellen, der aus Region I startet (also parallel zu und oberhalb der Linie $w' = -v'$) , so kann dieser nur die Region II erreichen, nicht aber die Regionen III und IV.

Ist ein Teilchen (oder ein Lichtstrahl) einmal in Region II ($r < 2m$) angekommen, so erreicht es schließlich die Zukunftssingularität $r = 0$, d.h., die Koordinate r schrumpft unbeeinflussbar und spielt damit eine ähnliche Rolle wie in Region I die Zeit t, die allerdings unbeirrt wächst. Die Region II ist das Schwarze Loch, alles kann hineinfallen, nichts kann herauskommen.

Unsere Welt I kann die Region IV nicht beeinflussen, aber sie könnte von dort beeinflusst werden, wenn ausgehende Lichtstrahlen oder zeitartige Objekte von IV nach I gelangen. Die Region IV hat ebenfalls eine Singularität, aber nichts kann dort hineinfallen, da die Zeit rückwärts laufen müsste, die Region IV ist also ein Weißes Loch. Der Sektor III ist völlig getrennt von uns. Nichts, was dort geschieht, kann uns je erreichen. Und nichts, was bei uns passiert, hat einen Einfluss auf das, was dort passiert.

Im Kruskal-Diagramm wird die Symmetrie der Zeitumkehr der Schwarzschild-Lösung deutlich. Im Weißen Loch läuft die Zeit rückwärts und die Schwerkraft ist nicht anziehend, sondern abstoßend. Aber, wie weiter oben schon erwähnt, die Natur macht offensichtlich keinen Gebrauch von dieser Möglichkeit.

Ausblick

Mit diesen Ausführungen über Schwarze Löcher endet unsere Expedition in die Einstein'sche Allgemeine Relativitätstheorie. Für die Behandlung weiterer Phänomene rund um die ART, wie z.B. Untersuchung rotierender Schwarzer Löcher oder Anwendungen der ART in der Kosmologie, müssen wir auf weiterführende Texte verweisen, von denen einige in Kapitel 28 kurz vorgestellt werden.

28. Literaturhinweise und Weiterführendes zu Teil V

Auch für den Teil V empfehle ich zur Vertiefung ein populärwissenschaftliches Buch mit dem Titel Gekrümmter Raum und verbogene Zeit von Kip Thorne [37]. Es beschreibt auf über 700 Seiten detailliert die Teilbereiche Gravitationswellen, Sternenkollaps, Sterneninneres und insbesondere Schwarze Löcher, aber auch die klassischen Themen aus Teil IV werden ausführlich diskutiert. Das Buch kommt ähnlich wie Hawkings Eine kurze Geschichte der Zeit [19] ohne Formeln aus und beschäftigt sich auch (durchaus ernsthaft) mit den aus der Science-Fiction-Literatur bekannten Phänomenen Wurmlöcher und Zeitreisen.

Für weitere Vertiefungen insbesondere der Themen des letzten Teils gibt es eine Reihe von fortgeschrittenen Lehrbüchern, die allerdings mathematische und physikalische Vorkenntnisse etwa in dem Umfang voraussetzen, wie man sie in einem Bachelorstudium der Physik erlernt.

- Zunächst ist das Buch von A. Zee Einstein Gravity in a Nutshell [43] zu nennen. Der Titel des Buches (deutsch etwa Einsteins Gravitation in aller Kürze) ist etwas irreführend, da das Buch immerhin 866 Seiten umfasst. Es ist amüsant zu lesen, da der Autor vielfach Anekdoten und kleine Scherze zum Besten gibt, aber auch anspruchsvoll, da die Darlegung der Sachverhalte oftmals Kenntnisse voraussetzt, die bei einem Nichtfachmann so nicht vorhanden sind. Dieses Buch ist inhaltlich umfassend und streift am Ende auch aktuelle Forschungsgebiete wie die Quantengravitation und die Stringtheorie.

- Das Lehrbuch von Wald General Relativity [39] deckt das gesamte Spektrum der Allgemeinen Relativitätstheorie ab und ist überwiegend in einer modernen (abstrakten) mathematischen Sprache verfasst. Es ist daher nicht einfach zu lesen und man muss auch kräftig mitarbeiten, da viele Details ausgelassen oder als Übungsaufgaben formuliert sind, für die es leider weder im Buch noch an anderer Stelle Lösungen gibt.

- Nicht fehlen in einer Literaturliste über die Allgemeine Relativitätstheorie dürfen die beiden Klassiker Gravitation and Cosmology [40] (knapp 700 Seiten) von Weinberg und das Standardbuch der Allgemeinen Relativitätstheorie Gravitation [23] (knapp 1300 Seiten!) von Misner, Thorne und Wheeler, die beide in den 1970er-Jahren entstanden und bis heute wichtige Quellen und Nachschlagewerke geblieben sind.

Natürlich soll auch mein zweites Buch über die Allgemeine Relativitätstheorie [31], das die Hauptgrundlage für den letzten Teil dieses Buches war, nicht unerwähnt bleiben. Es ist ähnlich ausführlich wie das vorliegende Buch geschrieben, dringt aber tiefer in mathematische (z.B. Mannigfaltigkeiten, Differenzialformen) und physikalische (z.B. Elektrodynamik, Gravitationswellen, Schwarze Löcher, Kosmologie) Themenbereiche ein und ist daher in vielen Aspekten eine Fortsetzung bzw. Vertiefung der „Einsteingleichungen".

Teil VI.

Anhang: Formeln und Tabellen

29. Funktionen, Formeln und physikalische Gesetze

In diesem Kapitel sind diejenigen Formeln und physikalischen Gesetze aufgeführt, die im Text benutzt, aber nicht erläutert oder hergeleitet werden.

29.1. Funktionen

Trigonometrische Funktionen

Die trigonometrischen Funktionen werden am Einheitskreis $x^2 + y^2 = 1$ definiert, siehe Abb. 29.1 Ist $P(x, y)$ ein Punkt auf dem Einheitskreis zum Argu-

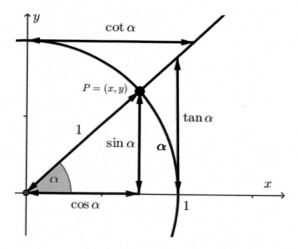

Abbildung 29.1.: Die Winkelfunktionen am Einheitskreis

mentwinkel α, so wird definiert:

- $\sin \alpha = y$

- $\cos \alpha = x$

- $\tan(\alpha) = \dfrac{\sin \alpha}{\cos \alpha}$

© Der/die Autor(en), exklusiv lizenziert durch
Springer-Verlag GmbH, DE, ein Teil von Springer Nature 2021
M. Ruhrländer, *Aufstieg zu den Einsteingleichungen*,
https://doi.org/10.1007/978-3-662-62546-0_29

- $\cot \alpha = \dfrac{\cos \alpha}{\sin \alpha}$

- Ist der Radius des Kreises gleich r, so folgt entsprechend

  - $\sin \alpha = y/r$

  - $\cos \alpha = x/r$

  - $\tan(\alpha) = \dfrac{\sin \alpha}{\cos \alpha}$

  - $\cot \alpha = \dfrac{\cos \alpha}{\sin \alpha}$

Eigenschaften und Additionstheoreme der trigonometrischen Funktionen

1. $\sin^2 x + \cos^2 x = 1$

2. $\sin(x \pm y) = \cos x \sin y \pm \sin x \cos y$

3. Für $x = y$ folgt daraus: $\sin 2x = 2 \cos x \sin x$

4. $\cos(x \pm y) = \cos x \cos y \mp \sin x \sin y$

5. Für $x = y$ folgt daraus: $\cos 2x = \cos^2 x - \sin^2 x$

6. $\sin^2 x = \dfrac{1 - \cos(2x)}{2} = \dfrac{1}{1 + \tan^2 x}$

7. $\cos^2 x = \dfrac{1 + \cos(2x)}{2} = \dfrac{\tan^2 x}{1 + \tan^2 x}$

Die Umkehrfunktionen der trigonometrischen Funktionen, Arcusfunktionen

Die **Arcusfunktionen** sind die Umkehrfunktionen der trigonometrischen Funktionen. Diese lassen sich in ganz $\mathbb{R}$ nicht umkehren. Vielmehr muss man den Definitionsbereich der trigonometrischen Funktionen auf ein Intervall einschränken, auf dem die Funktionen streng monoton sind. Schränkt man beispielsweise die Sinusfunktion auf das Intervall $\left[-\dfrac{\pi}{2}; \dfrac{\pi}{2}\right]$ ein, so ist sie dort streng monoton wachsend und damit existiert die Umkehrfunktion **Arcussinus**

$$\arcsin : [-1; 1] \to \left[-\frac{\pi}{2}; \frac{\pi}{2}\right]$$

mit

$$\arcsin(\sin x) = x$$

und

$$\sin(\arcsin y) = y.$$

Genauso werden die Umkehrfunktionen **Arcuskosinus**

$$\arccos : [-1; 1] \to [0; \pi]$$

mit

$$\arccos(\cos x) = x$$

und

$$\cos(\arccos y) = y$$

sowie **Arcustangens** $\arctan(x)$ und **Arcuscotangens** $\text{arccot}(x)$ definiert.

Exponential- und Logarithmus-Funktionen

1. Die Funktion $\exp : \mathbb{R} \to \mathbb{R}$ mit $\exp(x) = e^x$, wobei $e \approx 2,71828$ die Euler'sche Zahl ist, heißt *Exponentialfunktion*.

2. Die Exponentialfunktion ist auf ihrem Definitionsbereich $\mathbb{R}$ streng monoton wachsend und nimmt positive Werte an. Daher existiert auf ihrem Wertebereich $\mathbb{R}_{>0}$ ihre Umkehrfunktion $\ln : \mathbb{R}_{>0} \to \mathbb{R}$, die *natürlicher Logarithmus* genannt wird.

29.2. Mathematische Formeln

Geometrische Formeln

Satz des Pythagoras: In einem rechtwinkligen Dreieck mit den Seiten a, b und c, wobei der rechte Winkel von den Seiten a und b eingeschlossen wird, gilt:

$$c^2 = a^2 + b^2 \tag{29.1}$$

Algebraische Formeln

1. Binomische Formeln: Für beliebige reelle Zahlen a und b gilt:

   a) $(a + b)^2 = a^2 + 2ab + b^2$

   b) $(a - b)^2 = a^2 - 2ab + b^2$

   c) $(a - b)(a + b) = a^2 - b^2$

2. (p, q)-**Formel** : Eine quadratische Gleichung der Form

$$x^2 + px + q = 0$$

hat die Nullstellen

$$x_{1/2} = -\frac{p}{2} \pm \sqrt{\left(\frac{p}{2}\right)^2 - q}.$$

3. **Satz von Vieta**: Die Nullstellen x_1 und x_2 einer quadratischen Gleichung der Form

$$x^2 + px + q = 0$$

erfüllen

$$\begin{aligned} x_1 + x_2 &= -p \\ x_1 \cdot x_2 &= q. \end{aligned}$$

29.3. Physikalische Gesetze

In diesem Abschnitt werden die im Text benutzten, aber nicht hergeleiteten physikalischen Gesetze aufgelistet.

Einstein'sches Energiegesetz für Lichtteilchen / Photonen

$$E = h \cdot f,$$

wobei f die Frequenz der Lichtwelle und h die Planck-Konstante bezeichnen.

Ideales Gasgesetz

In einem idealen Gas lässt sich der Druck p durch

$$p = \frac{N k_B T}{V}$$

bestimmen. Dabei bezeichnen N die Anzahl der Teilchen im Volumen V, T die Temperatur und k_B die Boltzmann-Konstante.

30. Einheiten und Konstanten

30.1. SI-Einheiten

Basisgrößen

Basisgröße / Dimension	Größen-symbol	Dimensions-symbol	Einheit	Einheiten-zeichen
Zeit	t	T	Sekunde	s
Länge	l, s	L	Meter	m
Masse	m	M	Kilogramm	kg
Stromstärke	I	I	Ampere	A
Temperatur	T	Θ	Kelvin	K
Stoffmenge	$\dot{n}$	N	Mol	mol
Lichtstärke	I_V	J	Candela	cd

Tabelle 30.1.: Basisgrößen

Abgeleitete Größen

Alle anderen in der Physik benötigten Größen werden aus diesen sieben Basis-größen abgeleitet. Jede physikalische Größe Q hat eine **Dimension**, die sich als Produkt von Potenzen der Dimensionen der Basisgrößen darstellen lässt:

$$\dim Q = \mathsf{T}^\alpha \cdot \mathsf{L}^\beta \cdot \mathsf{M}^\gamma \cdot \mathsf{I}^\delta \cdot \Theta^\varepsilon \cdot \mathsf{N}^\zeta \cdot \mathsf{J}^\eta,$$

wobei die griechischen Exponenten positive oder negative ganze Zahlen (inkl. null) sein können. Sind alle Exponenten gleich null, so gilt

$$\dim Q = 1$$

und man nennt Q dann **dimensionslos**. Bei Anwendung von komplizierteren Funktionen (als z.B. Addition oder Multiplikation) auf physikalische Größen

M. Ruhrländer, *Aufstieg zu den Einsteingleichungen*,
https://doi.org/10.1007/978-3-662-62546-0_30

nehmen wir immer an, dass die unabhängigen Variablen und die Werte der Funktionen dimensionslos sind. So sind Ausdrücke wie z.B. $e^{\alpha t}$, $\ln(\beta x)$ oder $\sin(\gamma y)$ dimensionslos und ebenso die Argumente αt, βx und γy.

Die zugehörige **abgeleitete SI-Einheit** lässt sich analog als Produkt von Potenzen der Einheitenzeichen ausdrücken:

$$[Q] = \mathsf{s}^\alpha \cdot \mathsf{m}^\beta \cdot \mathsf{kg}^\gamma \cdot \mathsf{A}^\delta \cdot \mathsf{K}^\varepsilon \cdot \mathsf{mol}^\zeta \cdot \mathsf{cd}^\eta$$

Die in diesem Buch verwendeten abgeleiteten Größen sind in Tab. 30.2 zusammengefasst.

Abgeleitete Größe	Größen-symbol	Einheit	Einheiten-zeichen	in SI-Basis-Einheit
Fläche	A	Quadratmeter		m^2
Volumen	V	Kubikmeter		m^3
Frequenz	f	Hertz	Hz	s^{-1}
Geschwindigkeit	v	Meter pro Sekunde		$\mathsf{m\,s}^{-1}$
Beschleunigung	a	Meter pro Quadratsekunde		$\mathsf{m\,s}^{-2}$
Kraft	F	Newton	N	$\mathsf{kg\,m\,s}^{-2}$
Arbeit, Energie	W	Joule	J	$\mathsf{kg\,m}^2\,\mathsf{s}^{-2}$
Leistung	P	Watt	W	$\mathsf{kg\,m}^2\,\mathsf{s}^{-3}$
Druck	p	Pascal	Pa	$\mathsf{kg\,m}^{-1}\,\mathsf{s}^{-2}$
Dichte	ρ	Kilogramm pro Kubikmeter		$\mathsf{kg\,m}^{-3}$

Tabelle 30.2.: Abgeleitete Größen

30.2. Natürliche Einheiten

Zur Definition der **natürlichen Einheiten** wird die Konstanz der Lichtgeschwindigkeit $c = 3 \cdot 10^8\,\mathsf{m/s}$ genutzt. Die Zeit wird in Meter gemessen: Ein **Zeitmeter m** ist die Strecke, die das Licht braucht, um 1 Meter zu durchqueren. Der Wert der Lichtgeschwindigkeit ergibt sich daraus als

$$c = \frac{1\,\mathsf{m}}{\text{Zeit, die das Licht braucht, um 1 Meter zu durchqueren}} = \frac{1\,\mathsf{m}}{1\,\mathsf{m}} = 1.$$

Der Wert der Lichtgeschwindigkeit ist also gleich 1 und darüber hinaus ist c dimensionslos. Die Umrechnung von natürlichen auf SI-Einheiten erhält man durch

$$3 \cdot 10^8 \, \text{m/s} = 1 \Rightarrow 1 \, \text{s} = 3 \cdot 10^8 \, \text{m} \Rightarrow 1 \, \text{m} = \frac{1}{3 \cdot 10^8} \, \text{s}.$$

Das SI-System enthält eine Menge abgeleiteter Einheiten, wie z.B. Joule und Newton. Bei Benutzung von natürlichen Einheiten vereinfachen sich die Dimensionen von vielen SI-Einheiten beträchtlich, z.B. gilt für Joule in SI-Einheiten

$$\text{J} = \text{N} \cdot \text{m} = \text{kg} \cdot \text{m}^2/\text{s}^2$$

und in natürlichen Einheiten

$$\text{J} = \text{kg} \cdot \text{m}^2/\text{m}^2 = \text{kg}.$$

30.3. Physikalische Konstanten und astronomische Größen in SI-Einheiten

Name	Wert
Lichtgeschwindigkeit im Vakuum	$c = 299.792,458 \, \text{km/s}$
Äquatorradius der Erde	$R_E = 6,378 \cdot 10^6 \, \text{m}$
Masse der Erde	$M_E = 5,974 \cdot 10^{24} \, \text{kg}$
Radius der Sonne	$R_s = 6,96 \cdot 10^8 \, \text{m}$
Masse der Sonne	$M_S = 1,99 \cdot 10^{30} \, \text{kg}$
Mittlere Temperatur der Sonne	$T = 1,6 \cdot 10^7 \, \text{K}$
Schwarzschild-Radius der Sonne	$r_S = 2 M_S \, G/c^2 = 2,96 \cdot 10^3 \, \text{m}$
Bolzmann-Konstante	$k_B = 1,38 \cdot 10^{-23} \, \text{JK}^{-1}$
Newton'sche Gravitationskonstante	$G = 6,67 \cdot 10^{-11} \, \text{m}^3\text{kg}^{-1}\text{s}^{-2}$
Erdbeschleunigung	$g = 9,81 \, \text{ms}^{-2}$
Planck'sches Wirkungsquantum	$h = 6,626 \cdot 10^{-34} \, \text{Js}$

Tabelle 30.3.: Physikalische Konstanten und astronomische Größen

30.4. Mathematische Konstanten

Name	Abkürzung	Wert
Kreiszahl	π	$3,14159\ldots$
Euler'sche Konstante	e	$2,71828\ldots$
Wurzel aus 2	$\sqrt{2}$	$1,41421\ldots$
Wurzel aus 3	$\sqrt{3}$	$1,73205\ldots$

30.5. Griechisches Alphabet

Buchstabe	Name	Buchstabe	Name
A, α	Alpha	N, ν	Ny
B, β	Beta	Ξ, ξ	Xi
Γ, γ	Gamma	O, o	Omikron
Δ, δ	Delta	Π, π	Pi
E, ϵ, ε	Epsilon	P, ρ, ϱ	Rho
Z, ζ	Zeta	Σ, σ	Sigma
H, η	Eta	T, τ	Tau
$\Theta, \theta, \vartheta$	Theta	Υ, υ	Ypsilon
I, ι	Jota	Φ, φ, ϕ	Phi
K, κ	Kappa	X, χ	Chi
Λ, λ	Lambda	Ψ, ψ	Psi
M, μ	My	Ω, ω	Omega

Literaturverzeichnis

[1] Abbott, B. P. et al. (2016) Observation of gravitational waves from a binary black hole merger, Phyical Review Letters **116**, 061102

[2] Beyvers, G. & Krusch, E. (2007) Kleines 1x1 der Relativitätstheorie, Books on Demand Norderstedt

[3] Born, M. (2001) Die Relativitätstheorie Einsteins, Springer Berlin Heidelberg New York

[4] Blankenheim, T. (2018) Unterwegs in gekrümmter Raumzeit, printed by Amazon Fullfillment

[5] Burg, K., Haf, H., Wille, F., Meister, A. (2010) Partielle Differenzialgleichungen und funktionalanalytische Grundlagen, Vieweg+Teubner Wiesbaden

[6] Collier, P. (2017) A Most Incomprehensible Thing, printed by Amazon Fullfillment

[7] Demtröder, W. (2006) Experimentalphysik 1, Springer Berlin Heidelberg New York

[8] Dörsam, P. (2012) Mathematik zum Studiumsanfang, PD-Verlag Heidenau

[9] Einstein, A. (2001) Über die spezielle und die allgemeine Relativitätstheorie, Springer Berlin Heidelberg New York

[10] Epstein, L. C. (1983) Relativitätstheorie anschaulich dargestellt, Birkhäuser Basel Boston Berlin

[11] Fleisch, D. (2013) Vectors and Tensors, Cambridge University Press Cambridge

[12] Freund, J. (2005) Spezielle Relativitätstheorie für Studienanfänger, vdf Hochschulverlag ETH Zürich

[13] Fließbach, T. (2009) Mechanik, Spektrum Akademischer Verlag Heidelberg Berlin

© Der/die Herausgeber bzw. der/die Autor(en), exklusiv lizenziert durch
Springer-Verlag GmbH, DE, ein Teil von Springer Nature 2021
M. Ruhrländer, *Aufstieg zu den Einsteingleichungen*,
https://doi.org/10.1007/978-3-662-62546-0

Literaturverzeichnis

[14] Fließbach, T. (2003) Allgemeine Relativitätstheorie, Spektrum Akademischer Verlag Heidelberg Berlin

[15] Gamov, G. (2002) Gravity, Dover Publications Mineola New York

[16] Gross, D., Hauger, W., Schröder, J. & Wall, W. A. (2012) Technische Mechanik 3 Kinetik, Springer Vieweg Berlin Heidelberg

[17] Hagedorn, P. (2003) Technische Mechanik Band 3 Dynamik, Harri Deutsch Frankfurt

[18] Halliday, D., Resnick, R. & Walker, J. (2003) Physik, Wiley-VCH Weinheim

[19] Hawking, S. W. (2010) Eine kurze Geschichte der Zeit, Rowohlt Reinbek bei Hamburg

[20] Jänich, K. (2001) Vektoranalysis, Springer Berlin Heidelberg New York

[21] Korsch, H.J. (2005) Mathematik-Vorkurs, Binomi Springe

[22] Lambacher Schweizer (2007) Mathematik für Gymnasien, Gesamtband Oberstufe, Ernst Klett Stuttgart Leipzig

[23] Misner, C. W., Thorne, K.S., Wheeler, J. A. (2017) Gravitation, Princeton University Press

[24] Moore, T. A. (2013) A general relativity workbook, University Science Book Mill Valley, California

[25] Müller, A. (2017) 10 Dinge, die Sie über Gravitationswellen wissen wollen, Springer-Verlag Berlin

[26] Papula, L. (2011) Mathematik für Ingenieure und Naturwissenschaftler Band 1, Vieweg+Teubner Wiesbaden

[27] Papula, L. (2011) Mathematik für Ingenieure und Naturwissenschaftler Band 2, Vieweg+Teubner Wiesbaden

[28] Physik Oberstufe Gesamtband (2009), Cornelsen Berlin

[29] Ruhrländer, M. (2017) Lineare Algebra, Pearson Deutschland Hallbergmoos

[30] Ruhrländer, M. (2019) Brückenkurs Mathematik, 2. Auflage, Pearson Deutschland Hallbergmoos

[31] Ruhrländer, M. (2021) Allgemeine Relativitätstheorie Schritt für Schritt, Springer Berlin

[32] Ryder, L. (2009) Introduction to General Relativity, Cambridge University Press Cambridge

[33] Scheck, F. (2007) Theoretische Physik 1, Springer Berlin Heidelberg New York

[34] Schutz, B. (2007) Gravity from the ground up, Cambridge University Press Cambridge

[35] Schutz, B. (2003) A first course in general relativity, Cambridge University Press Cambridge

[36] Schutz, B. (1999) Geometrical methods of mathematical physics, Cambridge University Press Cambridge

[37] Thorne, K. S. (1999) Gekrümmter Raum und verbogene Zeit, Weltbild Verlag München

[38] Tipler, P. A. (1995) Physik, Spektrum Akademischer Verlag Heidelberg Berlin

[39] Wald, R. M. (1984) General Relativity, The University of Chicago Press

[40] Weinberg, S. (Reprint 2017) Gravitation and Cosmology, Wiley India New Delhi

[41] Weisberg, J. M. & Huang, J. H. (2016) Relativistic Measurement from Timing the Binary Pulsar PSR B1916+16, The Astrophysical Journal **829**, 55

[42] Will, C.M. (1989) ...und Einstein hatte doch recht, Springer Berlin Heidelberg New York

[43] Zee, A. (2013) Einstein Gravity in a Nutshell, Princeton University Press Princeton New Jersey

Index

Printed in the United States
By Bookmasters